分子生物学講義中継 番外編

# 生物の多様性と進化の驚異

**講師** 井出利憲　愛媛県立医療技

羊土社
YODOSHA

**本書の書評から**

# この教科書を読む学生さんへ

丹羽 太貫（京都大学 名誉教授）

　教科書はもちろん知識を得るための手段です。でも教科書から得る知識は、人により読み方により、さまざまです。**分子生物学の知識**は、この本を丹念に読めば得られます。ただ、**それ以外の学ぶべきものもここから得られますので**、これについて少し紹介します。

　すべての人の行為は、**縦糸と横糸といえる関係で綴**られています。個々の行為を横糸とすれば、その数々をつないで人生を送るそれぞれの人の想いは縦糸です。勉強や研究でも同様です。**横糸の知識の量と質**は大切ですが、これを綴る想いの縦糸は負けず劣らず大切です。この教科書は、ともすれば**横糸ばかりになり勝ちの分子生物学の知識を強力な縦糸で綴って見せて**いるといえるでしょう。そしてこの縦糸が面白いのです。それは井出先生のまるごとの生き物に対する**強い興味と深い洞察**なのです。だからこの本では「なぜ」がやたらと多い。東京のご出身と聞きますが、井出先生はあのメガロポリスにあってもご幼少のみぎりには蝉やトンボを追っかけていたに違いない。縦糸になる生き物まるごとへの興味が強いからこそ、膨大で多様な知識を網羅してこの教科書を一人でまとめられました。昨今の分子生物学の教科書のすべてが複数の著者で書かれていることからすると、ほんと、信じられないですよね。

　井出先生の生き物まるごとに対する興味の背後には、人間に対する興味が見え隠れします。だから**随所にヨタ話があります**。それにしてもよくもこれを掲載したものだと思わせるきわどいのもありますよね。でもこれらのすべてに井出先生の**人間に対する興味と洞察が見える**ので、まあ少々の品の悪さは仕方ありません。というわけで、井出先生の縦糸は人間まるごとの縦糸でもあります。

　今日の分子生物学につながる生物学にはもちろん長い歴史があります。言わずもがなですが、生 19 世紀にずいぶんと新しい展開があり、20 世紀後半になって加速度的に発展しました。この急速な展開には、**要素還元主義的手法が大いに力**があり、これは今も同じです。でもこの手法の限界も議論されています。例を挙げましょう。演算機能では人間の何億倍・何兆倍の能力のあり要素還元主義の権化であるスーパーコンピューターをもってしてもチェスの天才カスパロフに完勝することができません。コンピューターの限界はそれを生み出したわれわれの思考の限界でありますが、**生身の人間は時としてこの限界を突破**します。**まるごとの生き物は突破だらけです**。19 世紀から 20 世紀前半の生物学は、学問が成熟していなかったこともあり、まるごとの生物学で、しかもほかの学問領域とも密接に関係を持っておりました。さらに生物学は自然科学を超えて、文学や芸術そして宗教とも関係がありました。情動と知性の間でどうしようもない存在としての人間を考える上で、**生命科学は技術以上のものを与えてくれます**。そして今は人間を考えることがこれまで以上に大切な時代になっております。というわけで、井出先生の教科書に見え隠れする**人間への洞察、そして「ものの見方」についても十分心して読んでほしい**。

　この教科書で面白く語られているいろいろなお話のいささか**チャランポランさの背後**には、繊細な心使いがこめられてある点も知って下さい。教科書は本来知識を得るためなので、知識を体系化して効率よい伝達を図ります。教科書ではありませんが、大学院生などの研究の現場に近い者を対象にする科学の総説では、解明されている点が強調して書かれてあることが多いようです。体系化や解明された点の強調があると、読む方はすべてわかってしまっているような気になりかねず、これは**困った落とし穴**となります。井出先生は**この危険性を十分に心得ておられ**、整理された知識に加えて現段階でまだわかっていない点についても繰り返し言及しておられます。この本にある**「なぜ」は井**出先生のものでもありますが、**同時に皆さんのもの**でもあります。

　以上、教科書でも小説でもそれを学び読むという行為は、読者と著者とのキャッチボールであると言えます。個々の知識を楽しむだけではなく、それを書いた著者の意図を読み個性の軌跡をたどることも誠に興味深いものです。

　それでは良いキャッチボールを楽しんで下さい。

# 講義のはじめに

 **シリーズ中の本書の位置付け**

　これまで、『分子生物学講義中継』を5冊のシリーズとして書きました。分子生物学は生物学である、分子生物学は生物とは何であるかを理解する1つの方法・手段・道筋・考え方・捉え方である、という考え方でお話してきました。2002年に刊行したpart 1は2010年現在で11刷りに、2006年に刊行した一番新しいpart 0下巻も4刷りになり、ずいぶん多くの読者に愛されています。これらは私が広島大学で講義していた内容を元にしたもので、part 1は真核生物の分子生物学としてコアの部分、part 2はより細胞生物学的な領域、part 3は発生・分化・再生・老化・癌といった分野を分子生物学的に理解する展開編として書きました。その後、分子生物学の基本としての生化学的領域について、part 0の上下巻として書きました。

　今回刊行する本書は、分子生物学（だけではないけれども）から理解した『生物の多様性と進化の驚異』について紹介するものです。この本を、分子生物学講義中継の『番外編』と位置づけ、副題的なものとして『生物多様性への讃歌』とした背景について説明しておきます。

 **『分子生物学』の番外編とする理由**

　分子生物学の進歩、特に遺伝子の働きにかかわる研究は目覚ましい進歩を遂げています。1953年にワトソンとクリックによるDNA構造モデルが出されたとき、これで遺伝子のことがすべてわかった、生物学の一番大きな謎が解明されてしまった、生物学で残っているのは落ち穂拾い的研究だけである、と言ったエライ先生がおられましたが、私には到底賛成できませんでした。言うまでもなくその後も分子生物学、遺伝子の研究はさらに怒濤の勢いで進んでおり、本書でも紹介するように、従来の謎が解明されてきただけでなく、誰も予想できなかったしくみを生物がもつことが次々に明らかにされています。思いもよらぬ新たなしくみが、新たな研究領域として誕生し、大きく展開することが次々に起きているのです。生物の謎はどこまでいっても大きく、さらに新たな謎が生まれるばかりです。これらの新発見の多くは、分子生物学としてのコアの部分であり、詳しさの程度に違いはあっても、理学や工学でも、農学や水産学でも、医学や薬学や歯学でも、学部でも大学院でも講義される対象です。

　コアの分子生物学がどんどん進んで行く一方で、例えば医学の分野でも、生理学や薬理学、免疫学や内分泌学といった基礎分野だけでなく、内科学や外科学やあるいは産婦人科や精神科等、あ

らゆる臨床的分野で、ヒトの正常と疾患についての分子生物学的な研究と理解が、輪をかけた怒濤の勢いで進んでいます。1つ1つの病気がどのように起きて症状を表すのか、どうやって元に戻したらよいか、分子生物学的な解析とそれによる理解が進んでいます。分子生物学によってすべてが理解できる、というのは行き過ぎた（誤った）期待というべきでしょうが、分子生物学によってはじめて理解できた医学の領域はどんどん広がっています。もちろん、分子生物学による生物の理解が進んでいるのは、医学領域だけではありません。生物の多様性や進化についても同様です。そういう各論ともいうべき領域の1つを紹介する本書は、分子生物学という講義のコア的分野ではないという意味で、『番外編』と呼んだ次第です。もちろん、番外編だからといって、価値が低いといった意味は全くありません。

##  『生物学』の基本

本書のテーマは分子生物学としては『番外編』だけれども、単なる応用編・展開編の1つではないという思いがあります。むしろ、生物学としては番外どころか『基本中の基本編』であるというのが、私の立場です。講義中継シリーズで最初に書いたpart 1で、第1日は生物の分類、第2日は進化としました。生物学をかじる者であれば、多様性と進化の理解は基本中の基本である、と思ったからです。『分子生物学講義中継』シリーズのすべてに、丹羽太貫先生による『この教科書を読む学生さんへ』という書評（推薦文）が載っています。そのなかに『すべての人の行為は、縦糸と横糸といえる関係で綴られています。』と書かれています。生物学において、生物多様性は横糸、進化は縦糸です。分子生物学や細胞生物学の教科書に載っている内容の大部分は、横糸と縦糸の交

点に相当する、現在の生物のもつ共通の性質、あるいは高等動物など一部の生物がもつ性質について述べられています。もちろんそれは重要で必要なことですが、それは1つの交点をみているに過ぎません。生物学では、広範な横糸と縦糸があってその上に交点が存在しているのだ、という極めて当り前の視点が、前提として存在するのです。生き物の織りなす横糸と縦糸は、生物学の前提であり基本なのです。本書は、分子生物学を学ぶ者にとって最低必須のコアであるとは言えないので『番外編』としましたが、分子生物学で対象とした生物とはこういうものなのですよ、という生物学の『基本中の基本編』をそれなりの常識として知っておいてもらいたいと思う次第です。

生物学分野としてはコア領域であり、また、分子生物学の成果の1つでもあり、細かいことを覚えてもらうつもりは毛頭ないけれども、分子『生物学』を学ぶからには、この程度のことはパラパラッとでも概観しておいた方がよい、と心から願っている次第です。書いてあることが比較的詳しいのは、具体的な例示や説明があった方が概略を理解する助けになるだろうと思うからに他なりません。

##  生物の多様性と進化が科学になった

もう1つ、今という時期にこの本を書いたことには明確な背景があり、これも紹介しておく必要があります。先ほど、分子生物学による生物の理解が進んでいるのは、生物の多様性や進化についても同様であると書きました。生物学のなかで分類と進化という領域は、長い間、形態学と想像力に頼るところが多く（と言い切ってしまうのは行き過ぎと承知ですが）、近代科学の観点からは学問とは言い難かったと私には思えました。誤解されると困りますが、この分野の研究者が非科学的

であったとか、さぼっていたなどと言っているのでは全然ありません。命がけで試料を収集し、対象について利用できる限りの方法や道具とアイデアを使って、ここまでやるのかと思うくらいに丁寧に徹底的に調べ尽くした努力については、知れば知るほど頭の下がる思いがしますし、結果として実に膨大なデータが蓄積しています。しかしそれでもなお、強大な敵（敵ではありませんが）に対して竹槍程度の武器しかなく、それでも怯むことなく、使える限りの武器を活用してできる限りのことをやってきた、という歴史にみえます。使える道具や手段が目標に対して原始的すぎて、どう頑張っても得られる情報に限界があったのだと私には思えます。

　分子生物学の進歩によって、生物の分類と進化がようやく科学になった、科学として扱える対象になったことは明らかです。これは、この分野にとって画期的なできごとでした。もちろん、分子生物学ですべてがわかるなどという誤った思い上がりは排除しなければなりませんが、分子生物学による生き物の理解がこの領域を根本的に変化させたことは疑いありません。現在も進歩と変化の真っただ中にありますが、それを含めて是非紹介したいと思った次第です。10年前は、この分野を紹介するには未熟であった。今こそその時期が到来した、と思っています。

## 生物多様性への讃歌

　次に、本書の副題的なものを『生物多様性への讃歌』とした背景を説明します。講義中継 part 1 を出した際に、ある方が書評に『この本は生命の多様性に対する讃歌である』という意味のことを書いてくださいました。どの書評も好意的なもので嬉しかったのですが、なかでもこの言葉は、私にとって無上の喜びとなるものでした。私が本当に書きたかったことは『生物多様性への讃歌』だったとしても、分子生物学のコア的部分の教科書として書く際には、『生物多様性への讃歌』は控え目にせざるを得ませんでした。しかしそれにもかかわらず、それを汲み取ってくださった読者がおられたことは、私にとって信じられないほど意外なことであり、望外の喜びというほかありませんでした。そんなこともあって、一連の講義中継シリーズで分子生物学のコア的部分を中心に、より基礎的な生化学領域から若干の展開編まで含めて書いたあとで、山ほどあり得る番外編の領域のなかで、本来私が書きたかったところを書いてみよう、と思い続けていた次第です。

　私は、小さい頃から分類と進化になぜか非常に興味がありました。まさに『生物多様性への讃歌』の思いでした。小学校の頃には単純に、博物学的な意味での生き物や分類への興味でしたが、中学生の頃には、系統分類学の完成は生物学の完成であると思っていました。分類の系統図は進化の系統図そのものであるはずだ、という思いはその頃からのものです。当時の本に描かれていた生物分類表や分類の考え方は、専門書といえども、はなはだご都合主義的で非科学的なものに私にはみえました。また、進化が起きたことには疑いなく、具体的に何が起きていたのかについて興味津々ではありましたが、そのしくみについての記述は学問とは言い難く、提供されているのは想像（空想）だけと言えるのではないか、と思っていました。生意気な中学生だったと思います。そういう自分の歴史があります。

　2006年に広島大学を定年退職した後、2年間広島国際大学に勤める間、それまでの多忙さに比べると時間が作れたので、骨子となる部分を書き進めました。その後、愛媛県立医療技術大学に勤めながら、少しずつ推敲して仕上げていったのがこの本です。本書の完成までには、もちろんさま

ざまな制約があったことはやむを得ないことですが、基本的には、書きたいものを書きたいように書いたという意味で、私にとって実に楽しい作業でした。

## 『生物』多様性か『生命』多様性か

『生物』多様性ではなく、『生命』多様性とした方がよかったのではないか、と気になる読者がおられるかもしれません。これは単に個人的な好みの問題です。多様性という言葉に対しては、個々の『生き物（生物）』を対象とした見方という感覚があり、生き物の多様性が実現される背景に、生き物が共通に保有する抽象された性質としての『生命』の連続性がある、という感覚が私にはあります。多様性は生き物になじむ言葉であるように思えます。あえてもう1つ言えば、『生命』という言葉に、今風のはやり言葉的なニュアンスを感じていて、安易に迎合したくないという感覚もあります。いずれも、確固たる信念などではない勝手な感覚に過ぎず、『生命』とした方が売れるからそうしましょう、と編集者に言われれば、ではそうしましょう、と答える程度のものです。感覚そのものは譲りませんがね。

## 本書を読むにあたって

これまでの『分子生物学講義中継』と違って、この分野の勉強のために、必要に迫られてこの本を読む学生さんは極めてわずかであることは承知の上です。広義の生物学領域を学ぶ多くの学生さんにとって、必要に迫られて勉強するための材料としてではなく、私が楽しみながら書いたのを受けて、『生物多様性への讃歌』を楽しみながら読んでもらえると嬉しいと思っています。むしろ、本書を手に取るのは、これまでにもおられたように、門外漢でありながら、入門書的で簡単なものではなく、もう少しちゃんとしたものに食いついてみたい、と思っておられる一般の方々の方がずっと多いかもしれないと思っています。知的好奇心（おおいなる野次馬根性）にあふれた方々は、日本にたくさんおられるのです。

これまでの講義中継では、読者に『この点はしっかり理解してもらいたい』『ここは覚えておいたほうがよい』と思って書いたところが多々ありましたが、この本を読むときは、何1つ覚えようとするな、じっくり読まなくてよい、さらりと読み飛ばしてくれ、と思っています。読者それぞれなりの理解度で流してくれればよい、それでも何かは残るだろう、それで十分だ、と思っています。

分類も進化も、生物学のあらゆる分野を統合した上で理解するべき内容があります。本書では、主として分子生物学の分野からみているので、今までの『講義中継』を読みこなした上でこれを読むことが望ましい、とは思います。ではありますが、単行本というものは、これ一冊を単独で読んでも理解できるように書くべきとも思うので、これまでの『講義中継』に書いたことと内容的に重複しても、最低の説明は繰り返しました。本としては1ページ目から読み進むように書いたつもりではありますが、読む方がどう読もうと、読み手の勝手です。面白そうなところから食いついて、楽しみながら読み飛ばしてみてください。私が面白くてたまらないと思うことをぜひ多くの方々に伝えたいし、その面白さを共有できれば嬉しいと思う次第です。

平成22年7月

井出利憲

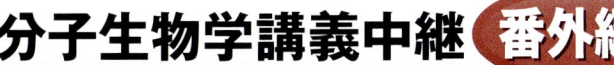

# 分子生物学講義中継 番外編
# 生物の多様性と進化の驚異

## 目次

講義のはじめに ……………………………………………………3

## 1日目　生物とは何か──その特徴　　12

　Ⅰ. 物質からみた地球型生物の特徴／12
　Ⅱ. 生物の特徴は高分子有機化合物の集合体／13
　Ⅲ. 水は生き物の主成分／15　　　Ⅳ. 生物はシステムである／19
　Ⅴ. 生物は自然法則に反する存在にみえる／20
　Ⅵ. 生物は外界からの刺激に応答する／22
　Ⅶ. 生物は子孫を作る／23　　　Ⅷ. この本で扱うこと／23

## 2日目　生き物の多様性と系統　　28

　Ⅰ. 生物の分類と系統／28　　　Ⅱ. 分類学の今／28
　Ⅲ. 生物の自然分類／30　　　Ⅳ. どうやって分類するか／31
　Ⅴ. ヒトに身近なところから分類していく／33
　Ⅵ. 脊椎動物亜門という見通し／37　　　Ⅶ. 原索動物亜門／39
　Ⅷ. 脊椎動物門というひとまとめ／40

## 3日目　もっと広く動物の世界を
## 　　　　グループ分けする　　42

　Ⅰ. 分類表と系統樹／42　　　Ⅱ. 新口動物のグループ／45
　Ⅲ. 旧口動物のグループ／47　　　Ⅳ. 2つの幹の根元のグループ／55
　Ⅴ. 単細胞生物のグループ／61

# 4日目　植物界のグループ分け　　　　　　　　　　　　65

　　Ⅰ. 植物界の全体像／65　　　　Ⅱ. 狭義の植物界／66
　　Ⅲ. 藻類／69　　　　　　　　　Ⅳ. 菌類／73
　　Ⅴ. 全部でどのくらいの種類の生物がいるのか／76

# 5日目　生物界全体のグループ分け　　　　　　　　　　78

　　Ⅰ. 生物界全体を分ける／78　　Ⅱ. 従来の分類法の限界／80
　　Ⅲ. 生物界全体の関係を定量的に測る共通の尺度／81
　　Ⅳ. 分子時計を使って調べる／82　　Ⅴ. 3超界分類／86
　　Ⅵ. 遺伝子の変化しやすさ／91　　Ⅶ. もう少し動物界の細部をいうと／93

# 6日目　真核生物の6界分類と共生進化　　　　　　　　97

　　Ⅰ. 真核生物の再分類／97　　　Ⅱ. 光合成する生き物／100
　　Ⅲ. 共生による生物進化／102　　Ⅳ. 生物系統学の完成へ／107

# 7日目　生物多様性は進化によって生まれた　　　　　109

　　Ⅰ. 生物の歴史を探るために重要な地球の歴史／109
　　Ⅱ. 遺伝子と化石で辿る生物の歴史／116

# 8日目　地球の誕生から細胞の誕生　　　　　　　　　121

　　Ⅰ. 地球の誕生／121　　　　　　Ⅱ. 有機化合物ができる／123
　　Ⅲ. 高分子の合成と小胞の生成／127　Ⅳ. 古細菌の誕生／135
　　Ⅴ. 真正細菌の誕生／140

# 9日目　真核生物の誕生　　　　　　　　　　　　　　145

　　Ⅰ. 真核生物は古細菌から生まれた／145
　　Ⅱ. 真核生物はDNAを貯蔵する核をもった／147
　　Ⅲ. 真核生物はクロマチン構造をもった／152
　　Ⅳ. 真核生物は複雑な細胞内構造をもった／154
　　Ⅴ. 真核生物は細胞骨格をもった／157
　　Ⅵ. 真正細菌の共生とオルガネラ化／160
　　Ⅶ. ヒトの誕生までに必要だったこと／161

# 10日目　有性生殖　164

　Ⅰ. 子孫を作るということ／164　　Ⅱ. 真核生物における有性生殖／165
　Ⅲ. 生殖細胞と有性生殖のさまざまなあり方／168
　Ⅳ. 有性生殖の意味／172　　Ⅴ. 動植物の無性生殖／176
　Ⅵ. 雌雄の決定／179　　Ⅶ. ヒトの場合の生殖細胞形成／183

# 11日目　多細胞への多様な遺伝子を準備する　187

　Ⅰ. ラクシャリー遺伝子の準備／187　　Ⅱ. 遺伝子セットの倍数化／188
　Ⅲ. 有性生殖による遺伝子の混ぜ合わせ／191
　Ⅳ. DNA組換えによる遺伝子重複／193
　Ⅴ. シャフリングによる新しい遺伝子の構築／198
　Ⅵ. 遺伝子の水平移動とトランスポゾン／201
　Ⅶ. 形作りの遺伝子を用意する／208　　Ⅷ. 遺伝子の蓄積とやりくり／213

# 12日目　遺伝子の働き方と表現型の変化　219

　Ⅰ. 多細胞動物における遺伝子の働き方の調節／219
　Ⅱ. 細胞分化と遺伝子の働き／224　　Ⅲ. シグナル伝達系と遺伝子発現調節／236
　Ⅳ. 小型RNAというとんでもない調節系／246

# 13日目　多細胞真核生物の誕生　252

　Ⅰ. 多細胞化の時代／252　　Ⅱ. 原生代…多細胞生物の夜明け／258
　Ⅲ. 古生代という夜明け／262　　Ⅳ. 中生代という時代／273
　Ⅴ. 新生代は哺乳類の時代／285

# 14日目　生物大絶滅　289

　Ⅰ. 地球規模の大変動による大絶滅／289
　Ⅱ. プルームテクトニクスと生物の栄枯盛衰／295
　Ⅲ. 超大陸の形成と分裂の歴史／297　　Ⅳ. 氷河期の襲来／299
　Ⅴ. 大絶滅はどのくらいあったか／301　　Ⅵ. 大絶滅は進化の源である／304
　Ⅶ. 生物の繁栄と酸素濃度／305

# 15日目　ヒトの誕生

Ⅰ. 化石からみた霊長類の展開／310　　Ⅱ. ヒトの先祖としてのヒト族／311
Ⅲ. 新たな人類の誕生はあるのか／318

**講義のおわりに** ……………………………………………………………… 324

**参考文献** …………………………………………………………………… 325

**索　引** ……………………………………………………………………… 327

## コラム

| | |
|---|---|
| ヒルガタワムシ ……………………………… 54 | 染色体数の変化はヒトでは稀である …………… 191 |
| 個体と群体 …………………………………… 57 | 隔世遺伝もあり得る ……………………………… 192 |
| 個体が集まった群体 ………………………… 58 | 失われた遺伝子が重複で復活する ……………… 197 |
| 若返る動物 …………………………………… 59 | 1塩基の変化にも重要な意味がある …………… 202 |
| 後生動物、中生動物、原生動物 …………… 60 | *Alu*配列がヒトを作った？ ……………………… 207 |
| センモウヒラムシの遺伝子解析 …………… 61 | 同じ遺伝子をもたない体細胞の例 ……………… 225 |
| ミクソゾアという動物 ……………………… 62 | 1つの遺伝子から異なるmRNAを作るプロセスは |
| 進化は生存競争ではない …………………… 63 | いろいろある ……………………………………… 225 |
| ヒトやウシは葉緑体をもてないのかもしれない … 106 | mRNAの種類による個別の転写後調節もある … 226 |
| 炭素の同位体の別の使い方 ………………… 119 | 体細胞で遺伝子を失う例 ………………………… 228 |
| 電子（水素）という表現 …………………… 125 | 女王蜂の発育もエピジェネティクス …………… 229 |
| 光学活性の問題 ……………………………… 128 | インスレーターという配列 ……………………… 233 |
| 光合成する古細菌もいる …………………… 141 | X染色体の不活性化 ……………………………… 233 |
| ゲノムというもの …………………………… 151 | 遺伝子の刷り込み…親から子へ伝わるエピジェネティクス |
| 体細胞の有限分裂寿命 ……………………… 152 | ……………………………………………………… 234 |
| テロメアと有性生殖 ………………………… 153 | 体細胞クローンの成功率が低いのは… ………… 235 |
| バクテリアとの共生はほかにもいろいろある … 161 | 小型RNAにはいろいろな種類がある ………… 246 |
| 進化を進めるもの …………………………… 163 | 真核生物のDNAは大部分が遺伝子かもしれない … 247 |
| 不老不死はよいことか ……………………… 165 | 人工siRNAは応用価値が高い ………………… 248 |
| 体細胞クローンというもの ………………… 175 | RNAiということ ………………………………… 249 |
| 幹細胞があるだけでは個体はできない …… 176 | 海産の硬骨魚の繁栄はずっと新しい …………… 267 |
| 二次性徴は性ホルモンが決める …………… 182 | 卵が先か親が先か ………………………………… 272 |
| 倍数化とパンコムギのルーツ ……………… 189 | 魚類でも胎生がみられる！？ …………………… 309 |
| | 1つの遺伝子の小さな変化が脳を大きくしたのかも |
| | しれない …………………………………………… 315 |
| | ミトコンドリアを辿って母系先祖へ …………… 318 |

分子生物学講義中継 番外編

# 生物の多様性と進化の驚異

# 1日目　生物とは何か——その特徴

## I. 物質からみた地球型生物の特徴

　植物に被われた大地と、むき出しの大地を見間違うことはまずありません。大地に転がっている岩と、動物とを見間違うこともまずありません。どっちかなあ、と迷う場合もないとはいいませんが、だいたいは区別できるでしょう。では、生物とは何か定義せよ、といわれると実はなかなか難しい。抽象的な『生命』ではなく、地球上の『生物』だけに限定しても、簡単ではありません。教科書をみても、複数の特徴をあげざるを得ないようです。定義ではなく、特徴をあげるだけです。成長するとか、卵や子供を産んで子孫を増やすとか、運動するとか、いろいろな特徴があります。ただ、こういう特徴は、目に見える動物、具体的には、多細胞動物の特徴です。植物を含めても、生き物全体のなかでは多細胞生物はごく一部であって、単細胞生物の方が種類も数でも重さでもはるかに多いのです。単細胞生物まで含めた共通の特徴となると、目に見えないものなのだから抽象的にならざるを得ない。特徴とされるいくつかについて紹介しておきます。

### 1 生き物は地球表面のありふれた元素でできている

　生き物の特徴は何だろう。物質としてみたとき生物を作り上げているのは、**地球表面にある軽い元素が中心**です（**図 1-1**）。特徴は、生き物には珪素ではなく**炭素が多い**ことです。元素組成からみた生物の特徴はこれしかないといえます。

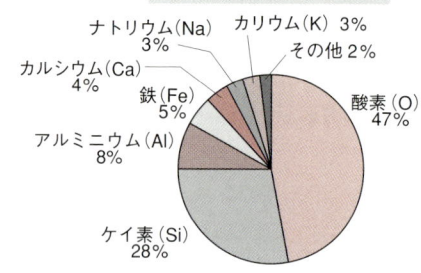

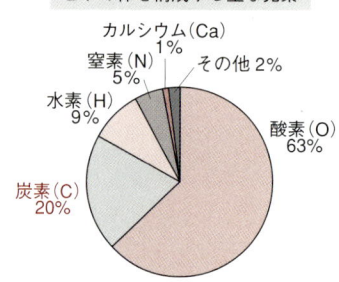

図 1-1　ヒトと地殻の構成元素（重量%）

### 2 生物は水と有機化合物からできている

　生物は、**約 70 ％の水と約 30 ％の有機化合物（有機物）**からできています（**表 1-1**）。それ以外のものは非常にわずかです。**有機化合物は、炭素原子が、水素や酸素や窒素などの原子と共有結合によって結合した、一定の構造をもつ単位**です。生体の元素に酸素と水素が多いのは水が多いことの反映ですが、炭素が多いのは有機化合物でできていることの反映です。地球上で有機化合物がみつかれば、それは生物が作ったものであり、生物の体そのものか、それに由来するものです。これには深い理由があります

表1-1◆細胞の構成成分

| | 重量（％） |
|---|---|
| 水 | 70 |
| タンパク質 | 16 |
| 他の高分子（核酸，多糖） | 10 |
| 無機イオン | 1 |
| 低分子の糖質 | 1 |
| アミノ酸 | 0.4 |
| 低分子の核酸関連物質 | 0.4 |
| 脂質 | 1 |
| その他 | 0.2 |

表1-2◆有機化合物が作る高分子

| モノマー（単量体） | ポリマー（多量体） |
|---|---|
| アミノ酸 → | タンパク質 |
| 単糖類 → | 多糖類 |
| ヌクレオチド → | ポリヌクレオチド |

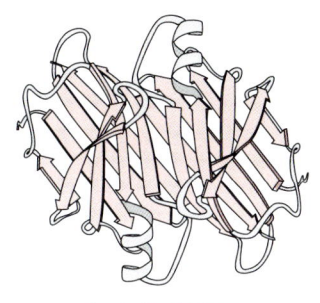

図1-2 タンパク質の例

が、その理由は8日目で紹介することにしてここでは省略します。理由がどうあれ、有機化合物は、物質レベルで生物を特徴づけるものです。

### 3 生物は分子でできている

生物を作っている**水と有機化合物は、どちらも分子でできています**。分子とは、原子が**共有結合**という結合でつながった、一定の構造をもった原子集団の単位です。共有結合は、2つの原子が電子を共有して安定なペアを作る、強い結合です。水と有機物以外には、地球上で分子からなるものは空気の成分くらいのものです。ただ、水も空気も一定の形をもつものではないので、若干の例外を除けば、**分子の集合体で一定の大きさと形をもつものは生物（および生物に由来するもの）**だけである、といって差し支えありません。生物は、分子の集合体であって、生物の種類によって決まった一定の形と大きさをもっている、という特徴があります。地球上の岩や砂は、原子の結晶のようなものの集合で、分子ではありません。結晶のように集まった原子の結合は共有結合ではなく、したがって分子のような姿の集合単位がなく、また結合する原子の数には制限がなく、原理的にはいくらでも大きな塊になれます。

## II. 生物の特徴は高分子有機化合物の集合体

### 1 生物の特徴は高分子有機化合物

生物を構成する有機化合物の特徴は、大部分が高分子であることです（表1-1）。それぞれ、単位となる小さな分子が多数つながって、巨大な高分子になります（表1-2）。**生体高分子は、分子量が数万Da（ダルトン）から数十万Daあるいはそれ以上という大きな分子です。高分子はいずれも一定の立体構造（高次構造）をもってさまざまな機能を果たします。高分子のなかで一番多いのはタンパク質です**。図1-2には、血清タンパク質の1つであるプレアルブミンの構造を示します。全体としてまとまったコンパクトな構造をもち、内部に$\beta$シートという構造（詳しくは図1-5）をもつことが示されています。遺伝子であるDNAは、ヌクレオチドという単位がたくさんつながった高分子（図1-3）ですし、遺伝子が働く際に必要なRNAも高分子です。DNAは本当に巨大な分子で、ヒトの細胞1つには、分子量およそ1,000億Daに近いDNA分子が46本含まれています。糖がたくさんつながった多糖類は、動物にも植

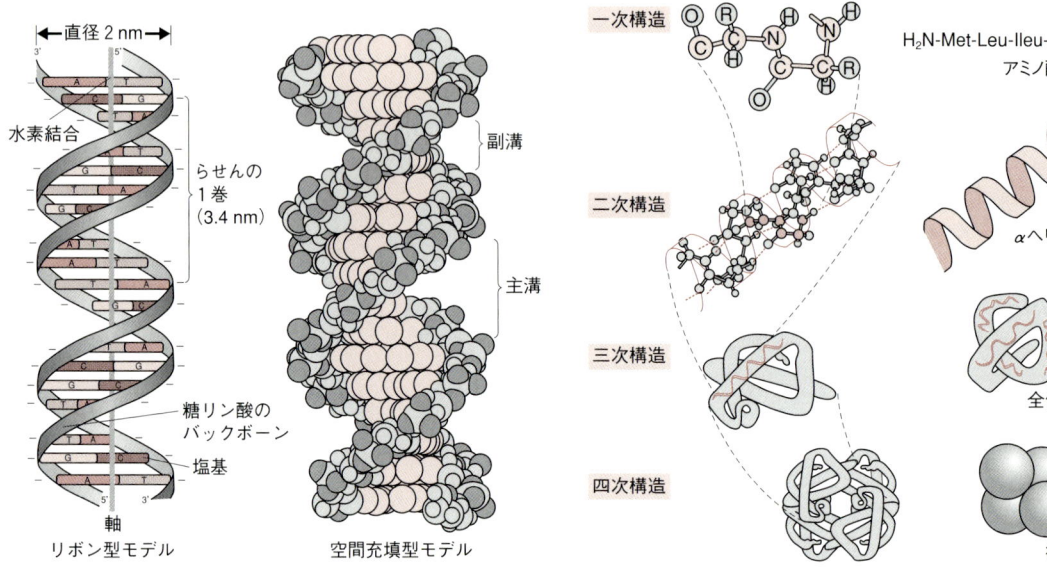

図 1-3　DNA

図 1-4　タンパク質の高次構造

物にもたくさんみられます。多糖類のもつ重要で微妙な機能については最近急速に研究が進んでおり、グリコバイオロジーと呼ばれる新しい分野を形成しています。高分子は、それぞれが一定の構造と機能をもったナノマシンなのです。こういう高分子の集合体は、自然界には生物体以外にみることはできません。生物の大きな特徴です。

## 2 タンパク質はナノマシンである

　体内のあらゆる機能にタンパク質がかかわっています。動物が運動できるのは筋肉があるからで、筋肉が収縮するのは筋肉のモータータンパク質が構造変化するためです。食べたものが消化されるのは消化管の中で消化酵素というタンパク質が働くためであり、食べたものが吸収されるのは細胞膜にある輸送タンパク質が栄養分を体内へ輸送するためです。細胞内ではアミノ酸や糖質や脂質が相互に変換して、食べたものから体に必要な物質を作り上げ、逆に不要なものを分解して排泄しますが、こういう物質変換（代謝）には酵素というタンパク質が働いています。眼が光を感じ、鼻が匂いを感じ、舌が味を感じるのは、それぞれ刺激を感じ取る受容体タンパク質があるからです。哺乳類では、匂いを感じるタンパク質は1,000種類もあるといわれます。刺激を感じてから神経に伝えるまでには、細胞内シグナル伝達系のタンパク質が働きます。細胞が移動したり、細胞内のものが移動するときには、モータータンパク質が働きます。構造を維持する構造タンパク質にもたくさんの種類があります。このように、体内の働きのほとんどは、何千種類ものタンパク質が担っています。**タンパク質は、十数 nm（1 nm = $10^{-9}$ m）〜数十 nm の大きさの分子レベルの機械で、ナノマシンあるいはナノシステムというべきものです。**

## 3 タンパク質の一次構造・高次構造

　タンパク質はアミノ酸が直鎖状につながったもの（**一次構造**）ですが、特定の**二次構造**をもち、さらに特定の**三次構造・四次構造**をもちます（図1-4）。二次構造にはさまざまなものがありますが、主なものはαヘリックスとβシートで、それぞれ水素結合によって構造が安定に維持されています（図1-5）。一定の構造が単位になって、それが繰り返されているタンパク質もあります（図1-6A）。タンパク質によっては複数集まって機能しますが、集合体の構造を四次構造といいます。二次構造以上を**高次構造**といい、どのタンパク質も二次構造を組合わせて全体的

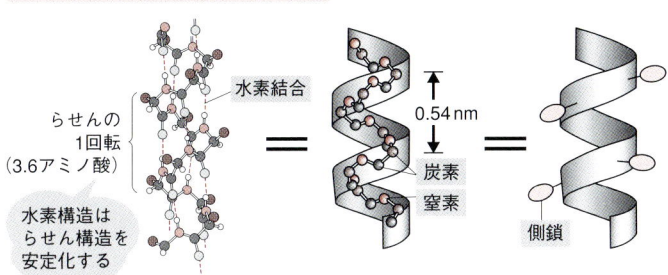

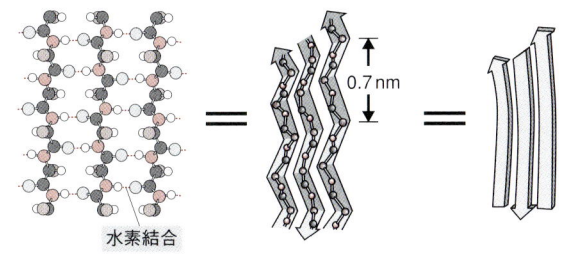

図1-5　αヘリックスとβシート

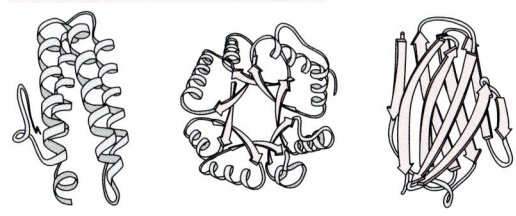

図1-6　タンパク質の高次構造の代表例

な高次構造を作っています（図1-6B）。**タンパク質が決まった構造構造をもつことが、ナノマシンとして機能するために必要**です。

### 4 高分子は柔らかいナノマシンである

　タンパク質、DNA、RNA、多糖類はいずれも高分子で、ナノマシンとして働いています。非常にたくさんの種類がある高分子は、それぞれ一定の構造をもったナノマシンですが、小さな歯車が組合わさった機械と違って、**一定の構造をもちながら、構造にゆらぎのある、全体として柔軟性がある**のが普通です。特に、機能する部分はかなり柔軟に動くことが多い。適切に変形して機能し、機能が終われば復元する、そういう構造の柔軟性がなければ機能できません。普段は比較的自由度のある構造をもっていて、相手分子と結合することで一定の高次構造を決める（**誘導適合**：induced fit）こともあります。こういうことがわかってきたのは、1つはX線結晶解析学のような、動かない分子の構造を決める方法の進歩で、大きなタンパク質や、タンパク質が集合した複合体や、膜に組み込まれた複合体までも解析できるようになったことと、NMR（核磁気共鳴）によって水中での自由な構造をみることができる方法の急速な進歩の両方が寄与しています。いずれも、データ解析のためのコンピュータの進歩が大きく貢献しています。

## III. 水は生き物の主成分

### 1 生き物の大部分は水である

　生き物の体のもう1つの主成分である水は、約70％を占めます。生物の体は、水に浮いた高分子で

できているともいえそうですが、希薄な水溶液ではなく、高分子を非常に濃厚に溶かしている状態であることは重要です。**水という分子は、極めて小さな分子であって、強い極性をもつことと、水素結合という比較的強い結合をもつという特徴的な性質**をもっています。

## 2 水は極性溶媒である

**極性**というのは、分子の中で電子分布が偏り、その結果として電荷の偏りがあることをいいます。酸素原子は電子を強く引きつけ、水素は電子を押し出す性質があるので、水分子には$\delta^+$と$\delta^-$という電荷の偏りがあります（図 1-7A）。水分子同士もプラスとマイナスで引き合います。**静電的結合**です。水がものを溶かすのは、極性をもった溶媒分子として、極性の物質となじむからです。$Na^+$や$Cl^-$などのイオンは、電荷をもっているので、$Na^+$イオンの周りには水分子が$\delta^-$で引きつけられ、$\delta^+$が被るので、更に周囲を水分子が被います（図 1-7B）。これが、$Na^+$イオンや$Cl^-$イオンが水に溶けている、という状態です。周りからみると、水分子の塊のようにみえるわけです。有機化合物のなかには、アミノ酸のように、分子の中にアミノ基（$-NH_3^+$）やカルボキシ基（$-COO^-$）といったイオン化した部分を含むものが多く、水分子を強く引きつけ、水によく溶けます（図 1-7C）。

## 3 水は水素結合する

もう１つは、**水素結合**です。水分子の酸素原子は２つの水素原子と結合していますが、別の水分子の水素原子とも結合します。水分子の酸素原子は$H_2O$として存在しているのではなく、水素原子を介して隣の分子の酸素とも結合します（図 1-8A）。このような水素原子を介した結合を水素結合といいます。**水素結合は共有結合よりは弱いものの静電的結合などに比べて強い結合**で、器の中の水は互いに全部の水分子と水素結合をしているのです（図 1-8B）。水と同じくらいのサイズの硫化水素やメタンが常温で気体であるのに、水の沸点や融点が高いことや比熱が高いという異常性を示すのは、分子同士の水素結合が強いためです。アルコールや糖類が水に溶けるのも、これらの分子がもつ水酸基（-OH）が水素結合によって水分子と強く結合するからです（図 1-9A）。=O や -OH 基の酸素原子や、$-NH_2$ や -NH- 基の窒素原子の間でも、水素原子を介した水素結合が起きます（図 1-9B）。極性基や水素結合に参加する基を、水分子とよくなじむ基、**親水基**といい、親水基の多い分子は水に溶けやすい性質をもちます。

## 4 高分子の大部分は水と非常になじんでいる

水の性質を少し詳しく説明したのは、ほとんどの生体高分子は、水と非常になじむものであることをいいたかったからです。タンパク質は、その表面に

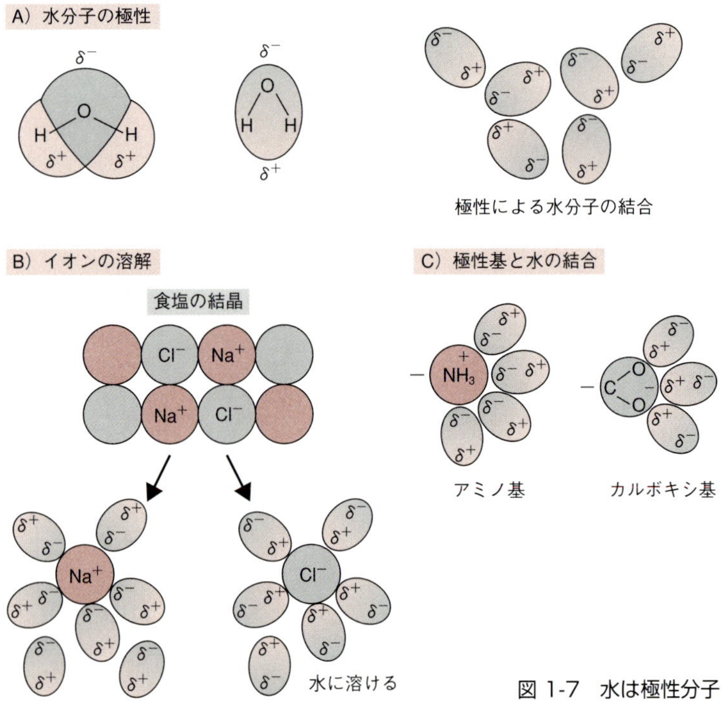

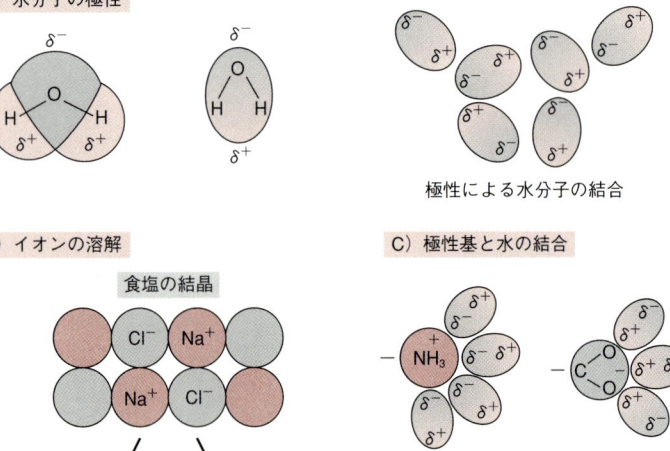

図 1-7　水は極性分子

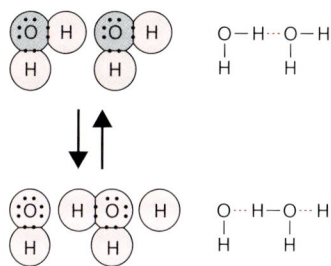

図1-8 水分子の水素結合

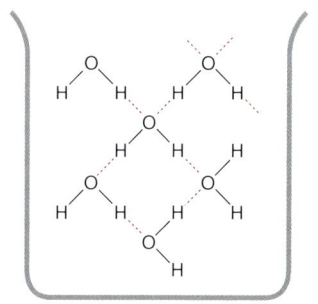

図1-9 親水基と水素結合

アミノ基やカルボキシ基、水酸基などの親水基を出しています。タンパク質相互が親水基同士で引きつけ合って、互いに結合することもしばしばありますが、多くのタンパク質では表面にたくさんの親水基があって、水分子を引きつけているので水によく溶けます（図1-10A）。極性だけでなく、水素結合を通じた結合もあります。こういう状態の水分子は、さらさら流れる水ではなく、結合していて自由に動けない**結合水**です。核酸は、DNAもRNAも非常にたくさんのリン酸基（$-PO_4^-$）をもっているので、DNA分子の水溶液では、DNA分子としての体積の1万倍以上もの体積の水分子を周囲に結合しているといわれます。結合組織や粘膜の表面、粘液などには多くの種類の多糖類が含まれます。これにはたくさんの水酸基があって水分子が水素結合する上に、アミノ基、カルボキシ基、硫酸基があって極性によっても水と結合するので、非常に水となじんでいます（図1-10B）。この図に示すのは、軟骨に含まれる多糖類とタンパク質の巨大な複合体で、たくさんの水酸基（-OH）、ケト基（=O）、イミノ基（-NH-）な

ど水素結合する基や、カルボキシ基（$-COO^-$）、硫酸基（$-SO_3^-$）などの極性基が多数存在することがわかります。高分子の多糖類は、結合組織の水分保持とともに組織の柔軟性と弾力性と変形からの復元性に重要です。1gのヒアルロン酸は6Lの水を保持するといわれます。最近のおむつが水を吸ってもさらっとした感じを保つのは、親水性の高い高分子を含んでいてたくさんの水を結合水として保持するために、自由に動ける水がなくなるためです。

## 5 疎水性分子は疎水性同士で集合する

体内成分で疎水性の高いものは脂質と総称されます。さまざまな種類がありますが、分子としては炭素と水素からなる化合物（炭化水素）で、電子分布の偏りがないために極性がなく、水素結合にかかわる水素ももたないため、水との親和性がありません（図1-11A）。圧倒的な水環境の中で、**疎水性分子は水から排除されて疎水性基同士で集合**します（図1-11B）。疎水性基同士によって集合する力を**疎水性結合**といいます。この結合自身

1日目 生物とは何か──その特徴 *17*

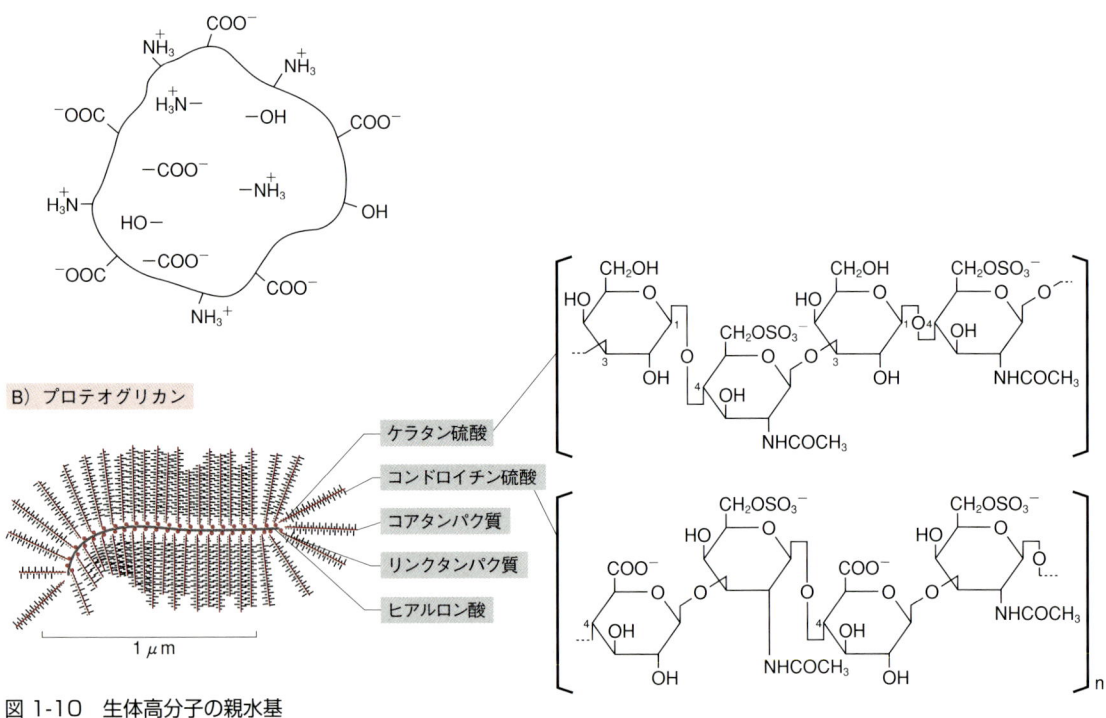

図 1-10 生体高分子の親水基

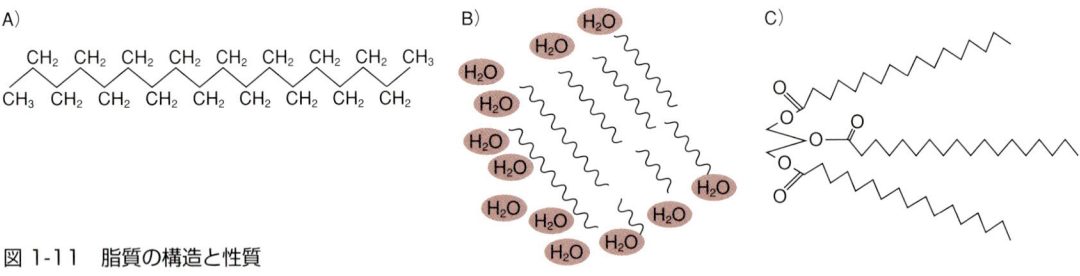

図 1-11 脂質の構造と性質

は強い結合ではありませんが、水の環境の中でははがしにくい（間に水分子が入りにくい）という意味で、比較的強い結合としてふるまいます。多細胞動物における脂質分子の集合体の1つは脂肪組織ですが、これは細胞内に貯蔵された脂質です（図 1-11C）。あらゆる生物に存在している脂質の集合体は**細胞膜**です。極性基を一端に、他端に疎水性の長い部分をもつリン脂質を主成分として、疎水性基を内側にした二重層からなります（図 1-12）。そこに、タンパク質が疎水結合で入り込んで、膜貫通型あるいは膜結合型タンパク質として

さまざまな機能を果たしています（図 1-13）。

## 6 高分子が柔らかい構造で集合しているのが生物

　生物というものは70％の水と26％の高分子有機化合物からできているわけだけれども、自由水は少なく、いわゆる水溶液という状態ではありません。肝臓は細胞がぎっしり詰まった臓器ですが、これをすりつぶすと、レバーペーストができます。水溶液という印象ではなく、はるかに濃いものです。細胞とはそういうものです。高分子同士が直接に、ある

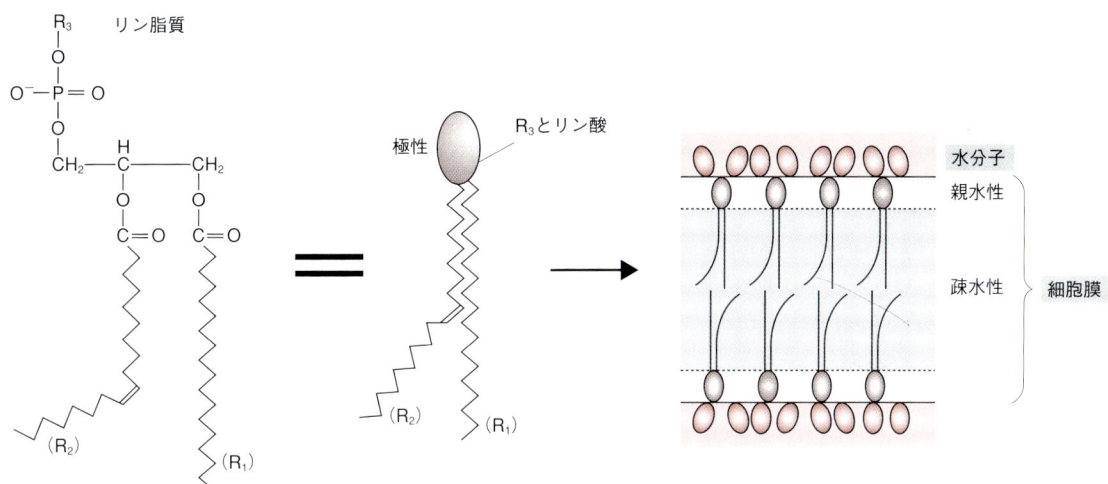

図 1-12　リン脂質

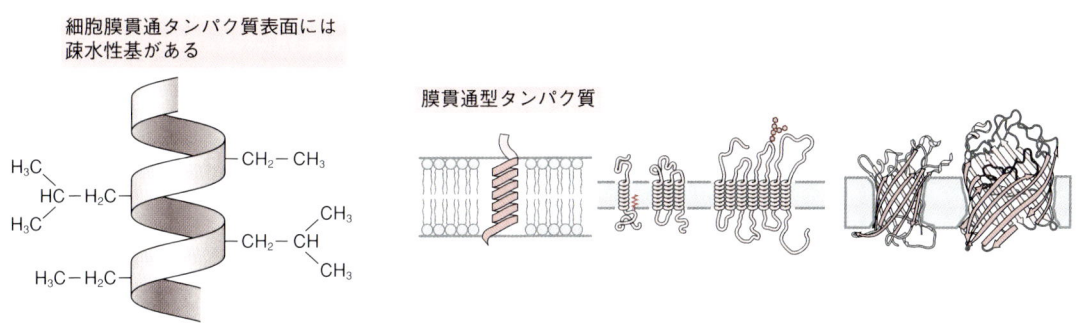

図 1-13　膜貫通タンパク質

いは周囲にふんだんにある水分子と適度な結合力で結合して、**全体として一定の構造をもちながら、柔軟で復元性のあるシステムを作って、高次の機能を果たしているのが、細胞という生命の基本構造**であり、細胞の集合体としての個体であるわけです。生物は、一定の形をもった柔らかい物体であり、これは、自然界の無機物からなる物体にはほとんどみられない特徴です。もちろん、形のある柔らかい物体は周囲にたくさんあると思うかも知れませんが、素材をみると、生物由来のものか、分子を材料にした人工的なものに限られていることに気付くでしょう。2010 年 1 月の Nature 誌には、微量の高分子有機化合物と粘土を含み、98 ％が水でありながらコンニャクの 500 倍もの強度をもつ、しっかりした透明な新素材が報告されています。

## IV. 生物はシステムである

### 1 システムを構成しているのが生物

細胞をすりつぶせば有機化合物のスープ（実際にはペースト状）ができますが、これは生きているとはいえません。**細胞から有機化合物のスープは作れるけれども、有機化合物のスープから細胞を作ることは簡単にはできません。**成分は全く同じなのに、一方は生きている生物、他方は無生物的なスープに過ぎない。この差はどこにあるかというと、細胞は

構成成分としては有機化合物のスープと同じであっても、構成成分を混ぜ合わせただけものではなく、**高分子化合物が一定の構造をもった『システムを構築』していて、一定の『機能を果たしている』**ところに、**生き物としての特徴**があります。これが生物を特徴づける最も重要な点でしょう。生物とは、ナノレベル（分子レベル）、ミクロレベル（細胞レベル）、マクロレベル（個体レベル）で一定の構造と機能をもち、柔軟に統合されたシステムを形成している分子集合体です。こういうシステムが一定の機能を果たしている状態を生命と呼ぶわけです。システムがおかしくなった状態は病気であり、システムを維持できなくなれば死にます。

## 2 細胞は生物システムの基本単位

形態的な面から生物の特徴をいえば、地球上では、すべての生物は『細胞』からできています。細胞というのは、単純にいえば、脂質でできた薄い膜で囲まれた小さな袋ですが、実際には、細部まで実に複雑で巧妙にできています。細胞は、さまざまな高分子が、互いに強固にあるいは緩やかに結合あるいは集合して、一定の高次の構造を作り、細胞膜やその他のオルガネラ（細胞内小器官）から構成された、数 μm（$10^{-6}$ m）～数十 μm レベルの構造体です。**細胞は、まさに生命の単位としてのミクロシステム（マイクロシステム）**です。

『**生物は細胞からできていて**』『**細胞からできているものは生物しかない**』というのが現状の理解です。多細胞生物では、組織や器官や器官系といったさらに大きな**マクロシステム**を構成して、統合の取れた個体として機能しますが、そこから一匹の細胞をとり出して培養系で生かし続けることができるという意味では、単細胞生物と同様に細胞が生命としての基本単位といえます。ウイルスを生物として扱わない理由の1つは、ウイルスは細胞という構造をもたないからです。

## 3 生物は解放系のシステム

単細胞生物では1つの細胞が生物としての単位であり、多細胞生物では1つの個体が生物としての単

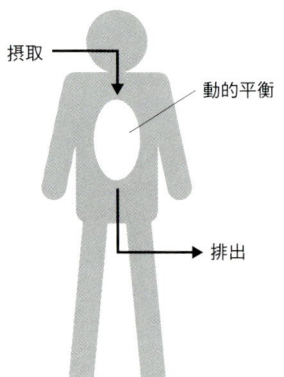

図 1-14 代謝の動的平衡

位ですが、生物としての単位は、外から物質を取り入れ（摂取）、体内で合成・変換・分解などの変化をさせ、エネルギーを生産して利用し、不要な物質を排出します。物質やエネルギーの『**代謝**』という働きです。**生物を構成する物質は、量的にはほぼ一定を保っているけれども、中身は常に置き換わっているので、これを『動的平衡』といいます**（図 1-14）。生物の体を構成する水も有機化合物も、分子という小さな単位でできているわけで、分子という単位が出たり入ったりして置き換わるわけです。構成成分がすべて流動（移動）しているのに、ほぼもとの姿を保てるのは、一定のシステムとして働いているからです。これは実に大きな特徴です。行く川の流れは絶えずして、しかももとの水にはあらずです。形も機能も一定の状態を保っているようにみえても、いつもものの出入りがあって、系として閉じていないことから、『**解放系システム**』といいます。自然界にある岩のような物体は、ものの出入りがない閉鎖系です。

## V. 生物は自然法則に反する存在にみえる

## 1 生物は物理化学法則に一見反する存在

有機化合物を燃やしてエネルギーを生み出し、エネルギーを消費する代謝反応をすることで、エネルギーの低い分子からエネルギーの高い分子を作る

『吸エネルギー反応』や、無秩序から秩序を作り出す『エントロピー減少反応』など、一見、物理化学の法則（熱力学の第二法則）に反するようにみえる反応を平気で行うことも、生物の大きな特徴です。生物は、物理化学の法則に一見反する、自然界ではまず起きない反応を平気で起こす存在なので、生物の体内では『生気』のような超自然的な力が働いている、との考えは比較的近年まで残っていたものです。エネルギーをうまく利用できさえすれば、熱力学的に禁止されている反応ではないのですが、こういう反応を起こすためにエネルギーを利用するシステムが自然界で用意されることがまずありません。

## 2 生物が吸熱反応を起こせるのは…

細胞内では、アミノ酸や脂質や糖質などさまざまな物質の変換が起き、低分子のアミノ酸やヌクレオチドからタンパク質や核酸などの高分子への合成も盛んです。これらの反応のかなりのものが、実は自然界では起きにくい吸熱（吸エネルギー）反応です。これを実行するのも酵素タンパク質です。具体的な例では、ATPのような高エネルギー化合物を分解する**発熱反応**を起こし、それで**遊離したエネルギーをうまい具合に吸熱反応側の分子に受け渡す**ことで、単独では起きない吸熱反応を可能にしています（**図1-15A**）。うまい受け渡し装置（酵素タンパク質）がなければ、ATPが分解して（これは自然におきる発熱反応）、発熱して、それでお終いです。熱になって放出されたエネルギーは、吸熱反応を起こすのには使えません。

グルコースを燃やす（酸化する）と、大きなエネルギーが遊離します。逆反応は『吸エネルギー反応』で、炭酸ガスと水からグルコースを作る反応は簡単には起きません。反応の複雑さはさておいてエネルギー収支だけに注目したとき、太陽光のエネルギーを利用して水と炭酸ガスから有機化合物を生み出すには、材料である水分子や二酸化炭素分子にエネルギーを注入して、高エネルギー分子を作り、そこから発熱反応によってグルコースを作ります。生物は、特定の機能をもったさまざまなナノマシン（タンパク質）を一定の構築をもって配列した、葉緑体とい

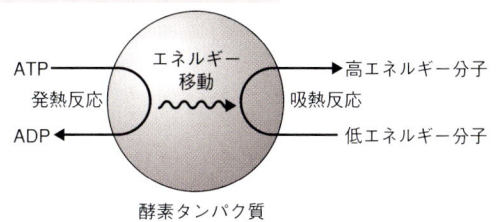

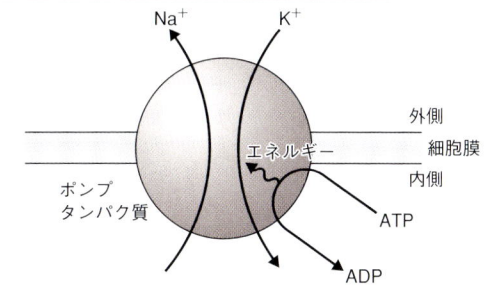

図 1-15　エネルギー移動による吸熱反応

うしくみ（精巧な装置）を用意することで、この反応を可能にしました。装置がなければ、光が当たっても温度が上るだけで、それでお終いです。エネルギーを上手く変換して吸熱反応を進められるような装置が自然界には存在せず、生物のなかにはごく当たり前に存在して機能していることが、生物を特殊な存在にみせるわけです。

## 3 エントロピー減少反応を起こす

自然界で自然に起きる反応（変化）は、エントロピーが増大する反応（変化）です。乱暴を承知でいえば、放っておいて起きる反応は、整えられた状態（低エントロピー状態）から乱雑な状態（高エントロピー状態）への変化である、といわれます。ヒトの体内では、細胞膜という薄い膜を隔てて、細胞外のナトリウムイオン（$Na^+$）濃度は細胞内の約10倍、細胞外のカリウムイオン（$K^+$）は細胞内の約10分の1というイオンの濃度勾配（整えられた状態）が維持されています。放っておけば、薄い膜を介して高濃度側から低濃度側への拡散によって均一化します（乱雑な状態へ変化する）。これは自然に起こる変

化（エントロピー増大）です。しかしすべての細胞はこれに逆らって細胞内外の濃度差を保っています。カルシウムイオン（$Ca^{2+}$）濃度にいたっては、細胞内は細胞外の約1万分の1の濃度に維持されています。グルコースやアミノ酸などの栄養素は、細胞外濃度の方が低くても濃度勾配に逆らって細胞内に輸送しています。エントロピー減少反応は生物の体内では日常的に起きているわけです。

### 4 エントロピー減少反応を起こすには…

細胞膜にある $Na^+$、$K^+$ ポンプタンパク質は、2種類のイオンを選別し、それぞれのイオンを膜の内外で別々に結合して、それぞれを膜を横切って運搬し、膜の反対側で遊離する、という複雑なナノマシンとして働いています（図1-15B）。図ではポンプタンパク質を単なるマルで描きましたが、これほど複雑な働きをしているのです。$Ca^{2+}$ にも、グルコースやアミノ酸の輸送にも、それぞれにかかわる輸送タンパク質が働き、エネルギーを使って（消費して）濃度勾配に逆らった輸送をしています。エネルギーを消費してエントロピーを減少させることは、物理化学法則に反することではありません。エントロピー減少反応を起こす秘密は、エネルギーを使ってこのような反応を引き起こすことのできる装置（タンパク質というナノマシン）が、自然界には存在しないけれども、生き物の体内には存在することです。そこが生き物の特徴の1つです。

## VI. 生物は外界からの刺激に応答する

### 1 生物は外界からの刺激に応答する

外界の状況に『応答する』というのも生物の特徴です。自然界にある岩石のような物体は、刺激に対する応答反応がありません。太陽が昇れば岩は熱くなり海水は温まるといった単純な反応はありますが、複雑な応答をするわけではありません。生物は、外界からのさまざまな刺激、光、熱、音、浸透圧、磁力などのほか、多くの化学物質に対してさまざまな応答反応をします。多細胞生物では外部からの刺激だけではなく、体温やpH、酸素や栄養素を一定に保つように、体内からの刺激（シグナル）に対しても、『刺激応答反応』を起こして『恒常性を維持』します。体温やpHを一定に保つ応答性も、危機を避けたり、みつけた餌を追うといった積極的な行動に出る応答性も、生物にしかない特徴といえます。

### 2 複雑な応答のしくみ

生物が複雑な応答をすることができるのは、刺激を受け取る装置をもっていて、刺激（シグナル）と応答反応の間に、体の中で複雑な『シグナル伝達系』が用意されているからです。眼（受容器）に入った光（刺激）は、網膜細胞のロドプシンタンパク質（受容体）を刺激して、複雑な細胞内シグナル伝達経路を動かし、視神経を刺激して情報を脳に伝えます。脳では神経細胞が刺激を受け取って細胞内のシグナル伝達系を動かして、別の神経細胞に刺激を伝えます。神経細胞同士の刺激のネットワークが働いて、眼に入っている情報を処理し、筋肉を動かす指令を出して行動させようとします。具体的には、筋肉を動かす神経が信号を伝達し、刺激を受け取った筋肉内では筋肉タンパク質が収縮します。これを可能にしているのは生体がもつ複雑なシグナル伝達システムであり、そのシステムのいたる所で信号を変換し、**エネルギーを供給されながら信号を増幅しつつ伝達する反応（吸熱反応）**が働いていることに特徴があります。

自然界には、こういう複雑なシステムをもつものはなく、エネルギーを供給されながら進行する反応もまず起きません。人間が作ったもののなかには、携帯電話やロボットマシンのように、微弱な電磁信号を受信して、電源や電池によってエネルギー補給しながら内部でシグナルを伝達し、音声や画像やときには行動をも伴う出力にいたる、複雑な人工システムが多数あります。しかし、生物以外の自然界ではまずみられません。

### 3 生物は柔軟な強靭さをもつシステム

　生物は、環境の変化に対してあっけなく死ぬ場合もあるという意味では脆弱なものですが、他方では、さまざまな環境変化に対しても、生命システムを維持して生きのびる強靭さをもっています。無機物質のような硬い頑健さではなく、しなやかに応答する強靭さです。日常的・短期的には、例えば、遺伝子や組織の損傷に対する監視・修復機能、代謝にかかわるホメオスタシス（恒常性維持）機構、非自己に対する免疫応答反応などさまざまな応答システムが働いて、生き物の内外から来る侵襲や変化要因に対して生命機構を一定に維持しようとします。**変化要因に対して一定を保とうとするこの特性は、ロバストネス（頑健さ）と表現される**ことがあります。容易に変化しない強さです。

　ただ、変化しない強さだけでなく、むしろ**変化することで生きのびるしなやかな強靭さもまた、生命の特徴**でしょう。例えば、短期的には、状況の変化に応じて代謝の平衡状態を異なる平衡状態に移行させて順応するとか、少し長期的には、環境変化に応じた代謝応答や体の構造や全体の姿形まで変化させる適応現象、長期的には、環境変化に対してそれに適した子孫を残すことで、種としての形質を変化させながら種の保存をはかるなど、さまざまな状況変化に対して変化する応答性がみられます。**内的・外的な状況の変化に対応して、維持と変化の両方によってシステムを継続させようとする柔軟で強靭な応答性**が、生命のもつ普遍的な特性であると私には思えます。

## VII. 生物は子孫を作る

### 1 子孫を作るのは生物の特徴

　以上の機能は、基本的には1つの細胞・1つの個体の生存を維持するために必要な機能です。これに加えて生物の大きな特徴は、**自分とよく似た子孫を残す**ことです。生き物以外には、自然界でこういうことをする物体はほとんど見当たりません。子孫を残すことは生物が存続し続けるために必須の機能です。**子孫を残す機能が、35億年という長期にわたって地球上で生命を繋いできた**わけですし、親と少し異なる子孫を作ることの積み重ねが生物の『多様性』を生み出し、『進化』の原動力となったわけです。

　しばしばいわれることですが、個体が不老不死であれば、子孫を残さなくても生命は維持できるのでしょうか。個体を増やす機能がなければ、事故などによって個体数が減少すれば、やがて消滅します。したがって、生命を維持するためには、個体が不老不死であっても、個体を増やすことは必要なことです。

### 2 生命は設計図をもったシステムである

　子孫を作ることは、遺伝子という設計図を伝達することでもあります。**生物のもっている構造と機能というシステム**自身が驚異的なものですが、それに**設計図が存在していて、それが伝達されるというシステム**も驚くべきことです。設計図に従って精密に施行して、細胞や個体の構造と機能を作るプロセスの存在も大きな驚異です。その驚異は、現時点で存在している生物の仕組みに対する驚異ですが、さらに大きな驚異は、設計図を作り、設計図から製品を作り出すシステムが、進化の産物であるということです。『遺伝子に起きる無方向の変化』の蓄積と、生物を取り巻く『環境による選択』とによって、次第に複雑で多様な生物が生まれてきた、というのが進化に対する現在の理解です。正直なところ、そんなプロセスでできあがったものとは信じにくいし、これからも多様化する可能性があることも、とても信じにくい気がします。将来は、より妥当な（信じられる）しくみが明らかになる可能性はありますが、現在のところはそのように理解する、ということです。

## VIII. この本で扱うこと

### 1 地球上には生物があふれている

　詳しい説明は省略して、**1日目では地球上の生物の特徴を概観**しました。生物としての共通性・特徴

を抽象したわけですが、直接に眼に入るのは個々の生物です。個別の特徴をもった生物が地球上にあふれています。熱帯や温帯の、生物が棲みやすいところには、たくさんの生物が繁栄しています。熱帯雨林などでは、調べがついていない生物がどれほどいるか見当がつかない。調べないうちにどんどん開発が進んで生物多様性が失われることが大きな問題になっています。**地球上にどのような生物がいるか、多細胞生物を中心に 2～4 日目まで概略を紹介します。**

それだけでなく、調べが進むと、とても生物が棲めるとは思ってもいなかったところに、実にたくさんの生物が暮らしていることがわかってきました。調べはまだまだはじまったばかりというべきです。数千mもの暗黒の深海にも、意外に多くのサカナや無脊椎動物が棲むことがわかってきました。深海底の熱水噴出口の周辺では、特殊なバクテリアが増えていて、それを食べて生きている多くの多細胞動物の群れがあることが発見されています。深海底の地下は酸素が乏しく、栄養もないので、生物が棲めるとは思われませんでしたが、ここにもバクテリアが棲んでいて、地球全体では莫大な量になることがわかってきました。陸上でも、地下数千mの岩盤の隙間に棲むバクテリアの大きな集団があることがわかってきました。温泉の熱水や、強い酸性の湯、高い塩濃度といった、とんでもない環境を好んで暮らすバクテリアの研究が進んでいます。**極限微生物**といいます。山岳地帯の氷河や南極の氷の中で生活するバクテリアもいるそうです。地球上のほとんどどこにでも生物がいる、ということです。

## 2 生物の系統

おそらく何十億種類もいる可能性がある生物全体は、どのように系統づけてわけたらよいのだろうか。長い間、生物はお互いの間で比較して、共通性の高いものをひとまとめにするという方法で、系統づけてきました。外から見た姿形や、解剖学的な内部構造や、生化学的な共通性や、発生過程や、たくさんのことを調べて系統づけましたが、つい最近までその成果は、非常に不満足なものでしかありませんでした。この本の前半の 4 日目までは、現在の地球上にはどんな生物がいるのか、たくさんの生物群はどう系統づけられてきたかについて紹介し、**最近の遺伝子研究の画期的な進歩によって得られた、思いもかけぬ全生物界の新しい系統づけについて 5 日目で、真核生物に関する驚くべき系統観について 6 日目で**眺めてみたいと思います。

## 3 多様な生物の誕生と展開

生物は、地球上で誕生し進化し展開してきました。この本の後半の 7 日目以降では、生物がどのようなプロセスとしくみによって誕生し、やがて今日みられる多様性を生み出したプロセスはどのようなものか、進化の過程を眺めることにします。**生物の誕生と進化を探る背景の研究と、生命誕生の初期過程についての研究は大きく進歩しており、7～9 日目で**紹介します。

地球上の生物は、生物としての共通性をもっていることを述べました。生物はすべて有機化合物からできていて、細胞からできていて、子孫を残す性質をもっていて……という性質をもっている。そういう共通性をもった生物は、実に多様な、おそらく何億種類もの生き物として、地球上のあらゆる環境に適応して生きています。個別の生き物は、それぞれに固有の工夫を凝らしてそれぞれの環境で生きています。生物というものは実に複雑かつ巧妙にできていて、一見、これ以上考えられないくらいに合目的的に作られています。それは、形態学的にも、解剖学的にも、生理学的にも、生化学的にも、分子生物学的にも、細胞生物学的にも、あらゆる分野で研究者が調べれば調べるほど、その巧妙さに驚き感動するほどのものです。

ここではそれらを具体的に紹介する余裕はありませんが、最初は比較的単純な生き物から、長い時間をかけて複雑で多様な生き物を生み出す過程があったものと考えられます。それをどう理解することができるか、長い間、想像すること以外には手がかりがありませんでしたが、具体的な自然科学の研究対象として扱われ、理解が進むようになってきました。

## 4 進化は証明できない科学であった

2009年は、チャールズ・ダーウィンが生まれてちょうど200年、種の起原が出版されてちょうど150年という記念すべき年でした。生物は進化する、進化によって多様な生物が誕生した、という考えは画期的なものでした。ただ、その後の展開についていえば、進化というのは、どの時代にどのような生物がいたかを記述することが中心でした。古生代には三葉虫がいた、中生代には恐竜がいた、哺乳類は新生代に生まれて繁栄している、といった概略だけでなく、膨大な化石の発掘から相当に細かいことがわかってきています。これはあくまでも記述です。これに対して、進化はどのように起きるのか、進化の機構については、概論的説明しかできていませんでした。

遺伝子の存在がわかってからは、遺伝子にランダムに起きる変化（変異）が生き物の形質を変化させ、変化した形質をもった個体が環境に許容されれば生きのびて子孫を残し、適さなければ子孫を残しにくい、こういう繰り返しが進化として現れる、という基本的な考えが提示されていました。ただ、具体的に証明することの困難な領域でした。最近の分子生物学分野の大きな進歩によって、生物進化の分野は、実証しにくい理論だけによる考察から、自然科学の対象として解析できる領域が大幅に増えて、実証的な科学への顕著な進展がみられました。

## 5 遺伝子研究の進歩で全生物の系統関係が語れるようになった

大きな進歩は、遺伝子にかかわる研究です。すべての生物が遺伝子としてDNAをもっていることはわかっていましたが、ほとんど不可能と思われてきた遺伝子の構造（塩基配列）決定ができるようになり、1990年代後半に入ると、ヒト遺伝子の全構造を決めようとするヒトゲノム計画が具体的に進行しました。技術の進歩が急速に進んで、進化上で重要な生物に関するゲノム計画が並行して進行し、2003年ごろにはヒトゲノムがほぼ解明されるとともに、続々と他生物でも明らかにされました。具体的には5、6日目で紹介しますが、**ゲノムの比較によって、従来不可能だった全生物界における系統関係が語れるようになり、進化の過程が推定できるようになったことは画期的な進歩でした。**

## 6 真核生物における新しい遺伝子の構築法がみつかった

遺伝子の変化は大部分が生存に不利なものと考えられます。遺伝子の変異が新しく有益な遺伝子を構築し、進化を引き起こしている可能性はどのくらいあると見積もるのでしょうか。遺伝子が変異して、生存にとって有利な変化が現れることなど、ゼロとはいわないまでもほとんどあり得ないことであると思います。ただ単に、時間の長さがそれを可能にしたといった解釈では、素直には納得できません。**真核生物で新しい遺伝子を作る方法として、遺伝子の組換えが積極的に使われていることの発見は画期的な進歩**でした。限られた数の構造や機能の単位としてのモジュールを組合わせて、無限ともいえる新たな遺伝子を作り出すエキソンシャフリングというプロセスは、このことが明らかにされるまでは誰にも予想できなかったことです。これは10、11日目で紹介します。シグナル伝達経路の研究から、限られた数の反応経路を単位としたモジュールを組合わせてとんでもなく複雑な反応経路を新たに構築して、複雑な応答機能をもつ多細胞生物を構成することもわかってきました。この過程では、既存のタンパク質や反応経路を流用し、やりくりして、今までなかった新たな構造や機能を作り出して行くプロセスがみられます。**遺伝子の働き方の工夫を含めて12日目で紹介**します。

## 7 動物の体は共通の形作り遺伝子によって作られることがわかった

**多細胞動物の誕生と展開は13日目で紹介**しますが、受精卵から多細胞動物の個体ができていく発生の過程に関して、遺伝子の働きによって形が作られていくプロセスが具体的にわかってきたことは、画期的な大進歩でした。こういう遺伝子の働きで、頭やしっぽができる、鰭から脚ができるといったしくみが具体的にわかってきました。それだけでなく、

形作りの遺伝子は、クラゲから、ショウジョウバエやセンチュウ、マウスやヒトにいたるまで、多細胞動物すべてについて共通の遺伝子が存在しそれが複雑化したものであることがわかったことは画期的なことです。このあたりの背景は11、12日目でも紹介しますが、多細胞動物が1つの系統として出発して進化し多様化したものであることの、具体的な証拠が示されたものと理解されています。

14日目では生命の歴史のなかで度々おきた**大絶滅**について考察し、最後の**15日目**ではヒトの進化とヒトの将来について簡単に述べます。

## 8 生命の誕生と展開

生物とは、細部にまで渡って調べれば調べるほど、構造的にも機能的にも極めて精巧に作られたものであることに驚くばかりです。このような不思議な存在である生物が、地球上にどのように誕生し、多様な展開をしてきたかについてこれからお話ししていくつもりですが、生命の誕生とその後の展開について、2つの基本的な疑問と、それに対する一応の答えを出しておきます。具体的なことは8日目以降で紹介します。

### 疑問1：生命の誕生は偶然か必然か？

はじめに紹介したように、現在の生物は、自然界には他に存在しない特徴をもった、特殊な存在です。精巧で複雑な構造と機能をもつ生命体が自然に発生する確率は、ほとんどあり得ないほど小さいように思われます。何億分の1、何兆分の1というあり得ないほどの小さな確率であったけれども、偶然にもある時期に地球上で成立した。これは再び起きることはなさそうな、宇宙全体を見渡しても滅多に起きそうもない、確率の低い現象だったと考えるのが常識的かも知れません。それとも、ありそうもないことに思われるけれども、実は、ある時期に地球に存在した環境では必然的に起きること、似た環境があれば何回でも起きることだったのだろうか。端的には、**生命の誕生は偶然だったのか必然だったのか**。

### 疑問1への答え：必然と考えられている

元素や成分組成、温度その他の条件が、**原始の地球上にみられた条件に近い一定の範囲内であれば**、有機化合物も細胞もほとんど必然的にできる、というのが現在の理解であると思います。原始の地球表面の条件を与えれば、試験管内反応として、有機化合物や高分子の有機化合物だけでなく、細胞のような小胞までができることが示されています。複雑な機能をもった現在のような細胞が試験管内で作れるかというと、そこにいたるにはまだ大きなギャップがありますが、いずれそこまでつなげられるに違いないと研究者は考えています。

原始の地球表面のような環境条件は、宇宙にたくさんあるとはいわないまでも、非常に稀というほどのものでもないと思われます。Natute 誌の2010年1月号の報告によれば、地球からたった40光年しか離れていないところに地球の2.7倍の直径をもつ惑星があって、大量の水と氷があるらしいということです。大気圧が高くて表面温度は200℃くらいあるということですが、生命誕生の条件にひどくかけ離れているわけではありません。現在、太陽系外惑星の新たな発見は年間60個程度にものぼっており、銀河系の中だけでも地球型の生命が誕生する可能性があると考えることは自然と思います。その場合、人類の文化が大きく進んだのは高々数千年のできごとであること、近代科学がわずか数百年でこれほど進んだことを考えると、高度な文明や技術をもった他の生命体の存在は、あり得ないと考える方が不自然に思えます。

### 疑問2：多様な生物群への展開も必然か？

地球上の生命は、およそ38あるいは35億年前に原始的なバクテリアのような細胞として誕生したと考えられています。誕生した当時のバクテリア様の生き物から、やがて多細胞の植物や動物（ヒトを含む）が誕生し、地球上のあらゆる場所に多種多様な生物群として展開していきました。このような**多様な生物群への展開は、偶然だったのだろうか必然だったのだろうか**。

### 疑問2への答え：やはり、必然と考えられている

生物が変化し、多様な生物に展開することは必然と考えられます。親とほとんど同じような子孫を作るようにみえても、生物のもつ遺伝子は常に変化し、子孫は必ず新しい遺伝子構造をもって生まれます。

有性生殖では、親と同じ遺伝子をもつ子は決して生まれないのです。遺伝子が変化しても、実際に新しい生物が展開するためには、既存の生物の絶滅による生物種の置き換えが大きな役割りを果たしました。歴史上度々あった大絶滅とその後の大展開です。

　ただ、**生物が変化し多様な生物に展開することは必然**であっても、変化（進化）の方向性については予測する方法をほとんどもっていません。多様な生物が展開することは必然であっても、現状では、どのような生物が具体的に生ずるか予測することはできず、実際の展開は偶然というほかはありません。環境に適した変化をした生物が生き残りやすいとしても、適した変化の方向はさまざまあり得ます。生き物の側からと自然環境側からの両方について、ちょっとした条件の違いで、どのような生物が展開するかが大きく異なる可能性が大です。そういう意味で、**多様性への具体的な予測は難しく、偶然が支配している**と表現せざるを得ません。今後の生物がどう変化し展開するかを予測することも現在できませんが、将来の研究の進展によって、予測可能になることを否定する理由は全くありません。

# 今日の講義は...
# 2日目 生き物の多様性と系統

## I. 生物の分類と系統

　皆さんが普段目にする生き物、あるいは、生き物であると認識して目に留めている生き物は、多くても数百種類を越えることはまずないと思います。しかし、地球上には1,000万種を超える生き物がいるといわれます。実際には、何十億を越える可能性があると考えるべきでしょう。それぞれの生き物が、信じられないほどの生きる工夫を凝らして、あらゆる環境に適応しています。

　たくさんの生き物について話をするには、整理が必要です。何千万種類もあるものを、グループ分けしておかなければ、とても話すことができません。整理することは、分類することです。

## II. 分類学の今

### 1 生物界におけるヒトの位置

　生物界でヒトはどんな位置にいるのだろうか。生物の頂点にいるのだろうか。ヒトは生物界のなかでどのように誕生し、生物全体のなかでどのような位置を占めているのか。生き物とは何なのか、ヒトとは何なのかについて少しでも関心があれば、これは避けて通れないことです。簡単な分類は小学校でも中学校でも習ったはずですが、生物をどのように比べ、どのように互いの関係を計測し、どのように分類するのが妥当なのだろうか。科学的な視点としては、そこが問題です。

### 2 分類学は終わった学問分野であるのか

　分類学は学問として終わった分野である、という印象があるかもしれません。確かに、分類の大きな枠組みは、18世紀のカール・フォン・リンネの時代にできてしまった。動物と植物の区分に今さら変更の余地があるとは思えないでしょう。しばしばニュースでも取り上げられるホットな話題、例えば、ゲノム科学や脳科学や、再生医学やクローン生物のように、わくわくする、ときには危険をはらんだ大発見が控えているとも思えず、癌やアルツハイマーや臓器移植などの医療への応用につながる展望もなさそうです。分類学とは、時々、新種の生き物が発見されたときだけ思い出される、カビの生えた学問であるように思えます。あるいは、分類の好きな奴を思い出してみると、珍しい生き物や変わった生き物が大好きで、本人も相当に変わった奴だった、という印象があるかもしれません。それはとんでもない大誤解です。

### 3 系統分類学は最もホットな分野である

　1990年以降の状況は、生き物全体の大枠の見直しからはじまって、再検討の余地なしと思われていた、動物・植物を含めた真核生物の大枠さえも再検討の対象として、大議論の最中なのです。全体が大揺れに揺れていて、非常にホットで眼が離せない分野になっています。もちろん、細かいところでは、同じ仲間だと思っていた生き物が全然違うグループだった、などという局所的にホットな話題は枚挙にいとまがありません。生物とは何か、生命とは何か、という根源的な問題とも直結するようになってきまし

た。系統分類学がわかることは生物とは何かがわかることと等しい、と私は昔から思っていましたし、分類学は、昔も今も生物学の本道であると思います。

## 4 生物の分類学がはじめて科学になった

どうしてこんな激動の時代になったのか。一番大きなことは、生き物全体を比べるのに、遺伝子で比べるという新たな手法が使えるようになったためです。これは画期的なできごとあり、その流れのなかで現在もまだ大変革の最中なのです。どういうことか。

ヒトとカエル、ヒトとミミズ、ヒトとクラゲ、ヒトとイネ、ヒトとキノコ、ヒトとバクテリアを比べたとき、それぞれ違う生き物であることはわかっていたし、ヒトとカエルよりヒトとミミズの方が遠い関係だろうということは容易に推測できるけれども、どのくらいかけ離れている生き物なのか、わからなかった。今まで生物間の距離を定量的に測る共通のものさしがなかったからです。それが手に入ったということなのです。大げさにいえば生物学の歴史上はじめてのことであり、定量的なものさしが使えることではじめて科学的解析が可能になった、ともいえるのです。

## 5 遺伝子からみたら系統分類が激変

遺伝子構造の比較によって、生物多様性の系統と進化とが一度に語れるようになった。歴史上はじめて、生物界全体に関して、多様性と進化が実証的な自然科学の対象としてつながったのです。それをもとにした分類学は、今どんどん変化しています。どんどんいろいろなことがわかってきている。毎年のように新たな発見があり、大きな知的興奮に満ちあふれた、面白くてたまらない分野になったのです。

## 6 これまでの研究分野にも再ブーム

遺伝子の解析から、今までかけ離れていると思われていた生き物同士が意外に近い関係にあるとわかったり、逆に、近いと思っていた生き物同士が遠い関係にあるとわかったりしています。ただ、遺伝子からの結果が絶対正しいという保証はないので、得られた意外ともいえる結果が妥当なのかどうか、改めて形態学や、生理学や発生学や生殖のやり方や、さまざまなことについて調べ直してみると、今まで見逃していたことがみつかって、遺伝子解析の結果が確かめられるケースがしばしばあります。そのつもりでみなければ、あるものもみえていなかったということは、いろいろな場面であることなのです。そういう意味で、従来の研究分野（といっても使われる技術や方法の進歩は日進月歩ですが）で生物を見直すことがブームになっています。もちろん、遺伝子解析による意外な結果について、他の方法からは支持するデータが得られない、というケースもあるのは当然です。そういう場合には、当面、結論が保留されることはやむを得ない。

## 7 化石の研究も大ブーム

同じことは化石の分野についてもいえます。遺伝解析によって、ある生物同士が親類関係にあること、分岐はおよそ 2,500 万年前と推定されることなどが推定されたとします。分岐時点あたりに該当する化石はほとんどみつかっていない、といったことは普通のことです。目的をもち、あるはずと思って捜すことで、みつからなかったものがみつかる、見逃していたものをみつける、といったことがしばしば起きます。もちろん、化石の発掘についても、発掘した化石の解析についても技術や知識の蓄積といった進歩があってのことですが、化石研究にもあらたな発見が相次ぐことで、大ブームになっています。

## 8 その前にこれまでの到達点を

これからこのあたりについて紹介したいと思いますが、これまでの分類の考え方と歴史が不要になったということではありません。むしろ大切なことは、これまでの成果の延長線上に立って、遺伝子による成果を生かすことができるのです。科学の歴史は、どんなに画期的なパラダイムの変換がある場合でも、それまでに蓄積された成果の上に立って成立したものであることを示しています。そんなわけで、遺伝子の話をする前に、これまでの分類の成果についてざっとおさらいしておきます。

# III. 生物の自然分類

たくさんの生き物を分類して理解することには、長い歴史がありました。アリストテレスが生物の多様性や分類について記した『自然誌』を表したのは紀元前のことですが、すでに、海綿は動物であるという先駆的な記述があるのだそうです。歴史をやるつもりはありませんが、分け方に関する基本的な考え方は、生き物とは何かを理解する上で重要なことなので、ちょっと紹介しておきます。

## 1 人為分類という分け方

ものを分けるにはいろいろなやり方があり、生き物を分けるにもさまざまな方法があります。食べられる植物、薬草になる植物、毒のあるキノコ、役に立つ昆虫といった分け方も分類には違いない。このように、**人の都合で分類するのを、人為分類**といいます。海の生き物、草原の生き物、山の生き物といった分け方も、自然のなかの分類ではありますが、人為分類ともいえます。歴史上では、人為分類が長い間、幅をきかせていました。人の暮らしのなかで生物を分類する目的を考えてみれば、人の暮らしの役に立つのは人為分類なんです。

## 2 系統分類は進化を背景に分類する

ダーウィンによる進化という概念が受け入れられて以降、**進化の過程に従って分類する考え方**が生まれました。**系統分類**あるいは**自然分類**ともいいます。**生物の多様性が進化の結果生まれたものなら、進化の過程で最近分かれたものは、関係が近くて互いによく似ている近い親戚である**。大昔に分かれた生き物同士ほど、姿形もかけ離れている遠い親戚である。関係の深さは、いつ分かれたかと相関する。ヒトの先祖がカエルの先祖と別れたのは、相当に昔である。それに比べれば、ヒトの先祖がサルの仲間から別れたのはごく最近のことで、ヒトとサルは、ヒトとカエルより近い関係にある。こうやって分類していくのが系統分類です。これは、生物分類の考え方として、自然で妥当なものと思います。

## 3 化石は進化を示す物的証拠

進化の過程が残した貴重な証拠の1つは化石です。生物進化の証拠は、化石からかなりのことがわかります。恐竜というとんでもない生き物が大昔生きていたことを証明するものは、化石以外には存在しません。みつかるまでは誰も想像したことさえなかった、比類のない成果です。硬い骨や殻に比べて、柔らかい組織は残りにくいといった一般的な問題はありますが、トンボの化石、ナマコの化石、クラゲの化石のような柔らかい化石もみつかります。現在までに膨大な量の化石が発見され、現在でもますますそれは加速され、生物の歴史に関して実に大きな成果をあげています。顕微鏡で見なければわからないような微化石の研究も、飛躍的に進んでいます。ただ、ヒトとサルのように最近分かれたものでさえ、研究者が懸命に捜しても、分岐の証拠となる化石をピンポイント的にみつけるのは、なかなか難しい。サルとネズミの分岐や、哺乳類と爬虫類の分岐を示す化石の発見も十分とはいえません。しかしこういった化石は必ずどこかに埋もれているはずなので、時間が経てばいずれ発見される可能性があります。

## 4 生物系統が分岐した時代まで遡れるか

問題は、ヒトの先祖とミミズの先祖のような、分岐したとしても相当に古い時代であったと推定されるものは、共通の先祖の化石は発見が難しいだろう、ということです。正確な言い方をすれば、ヒトの先祖を辿っていった先の大先祖と、ミミズの先祖を遡っていった先の大先祖とが、どこかで共通の先祖にぶつかるか、共通先祖の化石をみつけられるか、ということです。問題は2つあります。

1つは、そういう大先祖は、現在の生物とは似ても似つかぬものでしょうから、仮に化石がみつかったとしても、それが共通の先祖であったかどうか判断が難しいことです。これについては、化石が非常にたくさんみつかって、先祖を辿るにつれて変化する姿がほとんど連続的に辿れるようになれば、判断できると思います。実際、後で例を示しますが、ヒトとウニの共通先祖に相当するあたりと判定される化石が、最近たくさんみつかってきています。ヒトと

ウニの共通先祖は、意外なことにそんなに古い時代ではなく、豊富な化石がみつかる時代のことだったのです。それにしても、ちょっとすごい発見です。

### 5 分岐の時代は古すぎる

問題なのは、ヒトとミミズの共通先祖の存在は、多くの場合、化石が豊富にみつかる時代よりはるか以前のできごとと想定されることです。豊富に化石がみつかるのは5億4,200万年前にはじまる古生代のカンブリア紀です。ヒトとミミズの共通先祖は、カンブリア紀以前の時代に遡るはずです。カンブリア紀以前は、極端に化石の発見が少ない、化石があまり存在しない時代なのです。将来的にも不可能とまではいいませんが、見通しとしては、このような化石をみつけるのははなはだ難しいと思われます。

## IV. どうやって分類するか

### 1 性質の似たものを集める分類

分類の基本は、**現在生きている生物について、似た性質をもったものをグループにまとめる**、という作業です。まずは外見からはじめて、体内構造を含めた解剖学や組織学といった形態学的類似性、神経系やホルモン系などの調節システムからの類似性、子孫を作る生殖のし方、受精卵から誕生するまでの発生過程の類似性、場合によっては生態を含めて、その他たくさんのことを調べて比較し、生き物同士の近いか遠いかの関係を推定します。

現在生きている生物についての具体的で豊富な証拠を使って、進化が残した証拠の1つと考えるわけです。

### 2 分類の項目

さて、**界、門、綱、目、科、属、種**というのを聞いたことがありますか。生き物全体をこういう項目で系統的に整理します。必要に応じてこの間の項目として、亜・上・下などを付けた段階を設けることもあります。表2-1に簡単な例をあげておきます。

**表2-1◆分類の階級**

|  | 界 | 門 | 綱 | 目 | 科 | 属 | 種 |
|---|---|---|---|---|---|---|---|
| ヒト | 動物界 | 脊椎動物門 | 哺乳綱 | 霊長目 | ヒト科 | ヒト属 | ヒト |
| ヤマザクラ | 植物界 | 種子植物門 | 双子葉綱 | バラ目 | バラ科 | サクラ属 | ヤマザクラ |

別の見解もある流動的なものであることは承知ですが、ヒトの場合に一例をちょっと細かく示してみます（図2-1）。いうまでもなく、こんな分類の細目を覚える必要は毛頭ありませんが、現在記載されている約1,000万種の生物は、だいたいこのように分類の所属が決まっている（議論のあるものもありますが）と聞いたら、すごいことだと思いませんか。

### 3 分類の単位は種

ヒトは、種です。白人、黒人、黄色人種、といった分け方もあり、もっと細かく、アイヌ人や琉球人とかいうこともあるし、歴史的には縄文人とか弥生人もいるとして、とにかくすべてのヒトは生物としては1種である。ヒトの**学名**は *Homo sapiens* であるなんてことを知っているヒトも多いでしょう。*Homo* は属名、*sapiens* は種名ですが、属名と種名をあわせて命名する**二名法**は、近代分類学の祖であるリンネによります。日本語では、種名をカタカナで表記して、**和名**といいます。ヒトは *Homo sapiens* の和名です。同じ種のなかではあっても、比較的大きな違いがみられる場合に、種より下位の**亜種**を設ける場合があります。現生人は種として *Homo sapiens* ですが、20万年前に誕生した後の変化から、現在のヒトを1つの亜種として *Homo sapiens sapiens* といいます。最後の *sapiens* は亜種としての名前です。変種や品種ということもあります。

分類の単位である『種』とは何か、というのは結構な大問題ですが、**高等動植物では、互いの間で子孫を作ることができる（1代だけでなく何代も）のは同一種である**と考えます。ライオンとトラの間では1代だけの子はできるそうですが、孫ができないので別の種である。ただ、この定義に当てはまるかどうか、実際の種の間で確認されているのはごく限られた範囲ですし、ネアンデルタール人が現生人と同一種と考えてよ

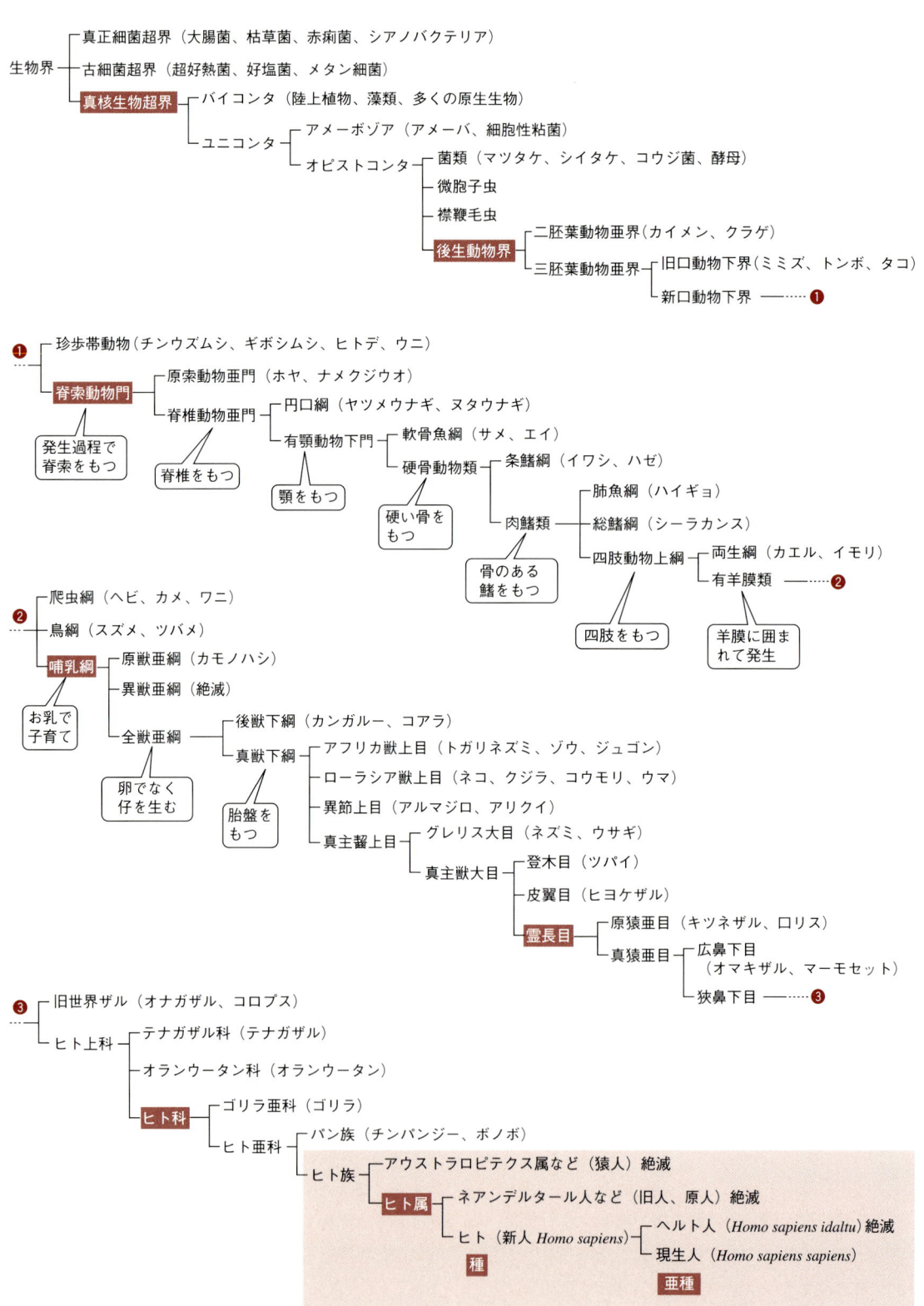

図 2-1　生物界でのヒトの分類

### 4 何に注目するかは問題

似たものを集めてグループ分けする際に、何に注目すべきかは、実はやっかいなものです。赤い○、白い○、赤い□、白い□があったとき、2つのグループに分けなさいといわれたらどうしますか。○と□の2グループに分ける、赤と白の2グループに分けるというのは常識的で平凡ですが、どちらの分け方が正しいかという質問には答えがない。それだけでなく、赤い○とそれ以外、という2つのグループに分けていけない理由はありません。それなりの理由があればOKです。先ほど、動物界のなかでヒトまでたどり着くまでの図2-1では、ナントカとそれ以外という分け方の繰り返しでした。

### 5 似た生き物のグループ化も簡単ではない

生き物の性質として何に注目すべきかが重要なポイントでありながら、明確化しにくいところがあるのです。比べる項目の選択が難しい。それが進化の系統を反映した性質なのか、簡単にはわからないし、いろいろな項目について調べてみると、全部が矛盾なく同じ結論を導くとは限らない。海に戻った哺乳類であるシャチやイルカは、陸上の哺乳類であるウシやキリンより魚類と似ています。これは、陸生だった先祖から、水中という生息環境に適合した姿なのです。こういう現象を**収斂**といいます。サカナの形に収斂するわけです。シャチやイルカの場合には、毛で覆われていないところはケモノ（哺乳類）らしくないけれども、子供を産み、お乳で育て、肺で呼吸するところや、体の構造的特徴から、サカナではなくケモノの仲間であるという結論が出せるのですが、一般的には、進化の上では遠い関係ではあるが機能的に収斂しているだけなのか、進化の上で近い仲間なのか、簡単にわからない場合も多いのです。

### 6 似た性質をもつものは山ほどある

ヘビには鱗があります。センザンコウやアルマジロのように鱗で覆われた哺乳類もいます。サカナにも鱗があります。でも、サカナ（硬骨魚類）とヘビ（爬虫類）の間に位置するカエル（両生類）には鱗はありません。ヘビは脱皮して大きくなります。カニも脱皮して大きくなります。でも、ヘビとカニは直接にはつながる系統関係にはありません。哺乳類を含めた脊椎動物は閉鎖血管系をもちます。血液は血管の中だけを流れる。そんなことは当たり前と思うかもしれませんが、実はトンボ（節足動物）やハマグリ（軟体動物）などは、心臓もあり、心臓へ入る静脈、心臓から出る動脈はありますが、細い血管がなく、血液は動脈から出て体内を適当に流れて静脈に戻る開放血管系です。こういう動物は多い。なぜかミミズ（環形動物）は閉鎖血管系である。しかし脊椎動物と環形動物には系統関係はありません。

### 7 学問の進歩と共に所属が変わる

似ていることが単なる偶然なのか、環境に適応して収斂することで似ているのか、進化上の系統が近いために似ているのか、さまざまな形質に関して調べたとき、見解が一致するとは限りません。特に、遠い親類を比べるほど、本当に関係者なのかどうかさえ、疑わしくなる。それはやむを得ないところです。判断項目や判断基準の妥当性を決めるのは容易ではなく、違う項目から得られる結果に矛盾が起きたりしますし、研究の進歩とともに判断が変わるのは避けられません。後からこういう例も出てきます。

## V. ヒトに身近なところから分類していく

身近なところから分類の実際をちょっとみていきます。現在の生物の特徴からグループ分けし、化石から分かる進化の系統を推定しながら進めていきます。

### 1 サルの仲間は霊長類（霊長目）

ヒトはサルの仲間と一番近い親類と考えるのは誰もが賛成するところでしょう。コマーシャルに出てくるチンパンジーやゴリラは、並のヒトより風格があったりしますが、ヒトを含めて**類人猿**（ヒト上科）

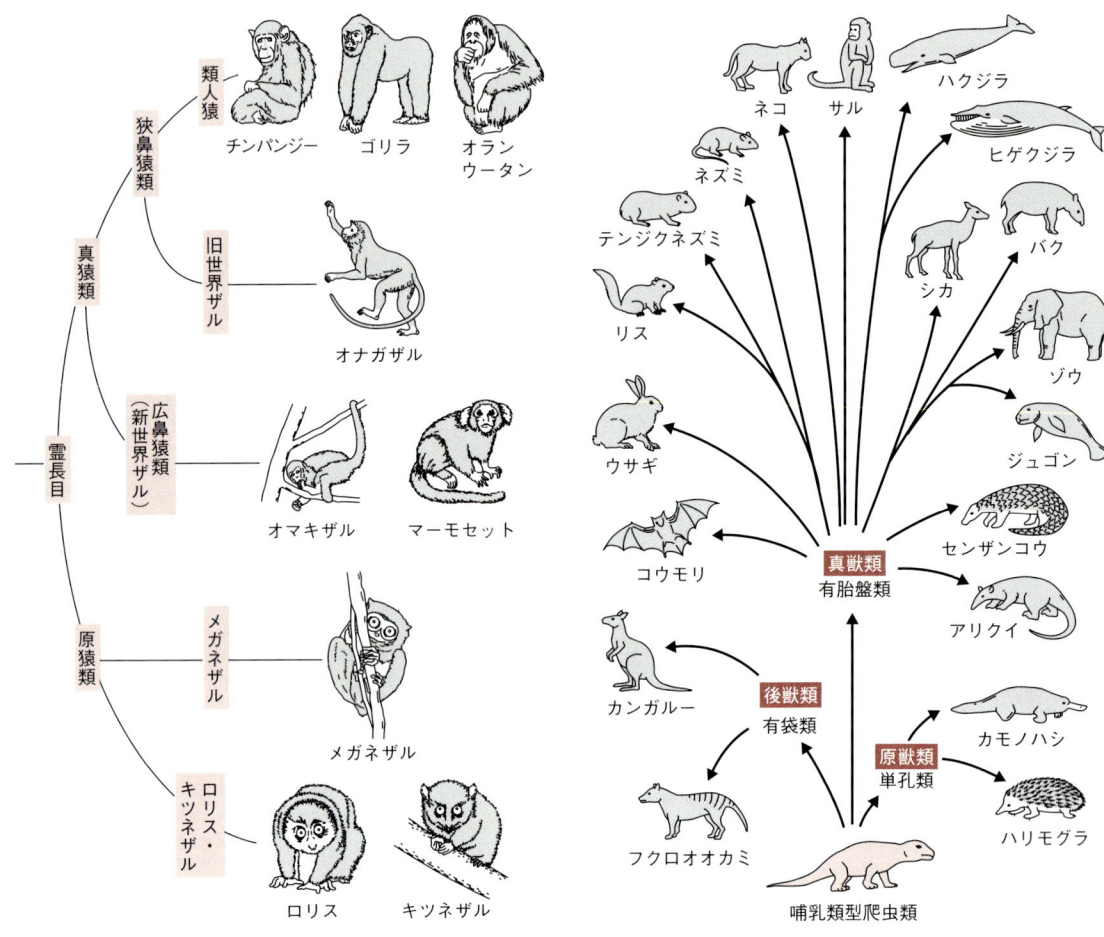

図2-2 霊長目の分類

図2-3 哺乳綱の分類

です。もう少し広く見渡すと、サルの仲間全体を**霊長類（霊長目）**としてまとめる（図2-2）。ずいぶんたくさんの種類がいることに驚きます。子供たちと歌った歌に出てくるアイアイというサルはメガネザルの仲間です。なかには、見ただけではサルの仲間とは思えないようなのもいて、他に属させるべきかどうか悩む可能性はある。

### 2 哺乳類（哺乳綱）

もう少し遠くまでまとめると、イヌ、ネコやウシ、ウマなど身近な動物を含めて、ケモノの仲間を**哺乳類（哺乳綱）**としてまとめます。哺乳類にはおよそ4,500種の仲間がいるといわれますが、いずれも哺乳類型爬虫類から誕生しました（図2-3）。コウモリや

クジラも哺乳類です。子供を産んで（胎生）、お乳で子育てする（哺乳）仲間です。体表に毛が生えていて、体温が高く（温血性）、一定（恒温性）である。横隔膜があって、肺呼吸する。現在の動物界ではっきりと恒温性であるのは、鳥類と哺乳類です。ただ、鳥類と哺乳類が爬虫類の先祖から分かれる分岐は全く違っているので、恒温性の獲得は進化の過程で、違う系統で別の時期に独立に起きたことであると考えられています。

### 3 有袋類という哺乳類

哺乳類は卵ではなくて赤ちゃんを産みます（胎生）。動物界の大部分が卵を産む（卵生）なかで、胎生は大きな特徴です。赤ちゃんを産めるのは、お母さん

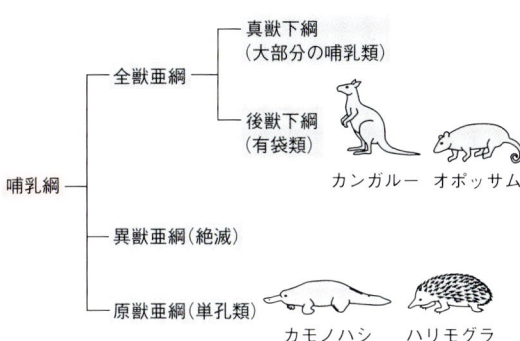

図 2-4　正式名称での哺乳綱の分類

の子宮の中で、胎盤を通じて栄養を補給されながら成長できるからです。ではありますが、カンガルーの仲間である**有袋類**は、哺乳類に属すとはいえ、胎盤がないか非常に未発達です。種類によっては、受精後8日くらいで生まれてしまうものもあるのだそうです。赤ちゃんが非常に未熟な状態で生まれるので、産まれた後で袋の中で育てる必要があります。有袋類は正式には後獣下綱（図 2-4）といいます。フクロネズミ、フクロオオカミ、フクロコウモリなど、袋をもたない哺乳類と同じくらい多様に展開していて、いないのは、フクロクジラ、フクロゾウ、フクロサルくらいのものだそうです。ヒトを含めて、胎盤があって、お腹の袋がない哺乳類は、無袋類とはいわず真獣類（真獣下綱）といいます。後獣下綱と真獣下綱をあわせて全獣亜綱といいます（図 2-4）。

## 4 体内で子供を育てるという特徴

哺乳類の特徴としては、お乳で育てるより、子供を産むこと（胎生）の方が特徴的であるように思えます。子供を産む動物は、サメだのタツノオトシゴだの、カエルの仲間など結構いますが、これらの多くは卵が母親の体内で孵るだけのことで、胎児を育てているわけではなく、卵胎生といいます。昆虫にも卵胎生があります。卵胎生といっても、サメやエイの仲間には、母親の体中で卵を孵す際に周囲の壁から栄養分をしみ出させ、体内の子供をそれで育てる例があります。ヒトの受精卵も、受精してから細胞分裂が進行して、胞胚になって着床するまでは、卵管や子宮壁からの分泌物で養われています。似たしくみを使っているわけです。哺乳類では着床した後で胎盤ができます。

## 5 単孔類は哺乳類なのか

哺乳類にはまだ仲間がいます。オーストラリアにいる、カモノハシの仲間の**単孔類**というのは、子供を産まないで卵を産む。尿も糞も生殖もする総排泄口が1つで、くちばしがあって、足には水かきがあるなど、鳥類とよく似ています。温血であるところは鳥類とも哺乳類とも共通ですが、体には毛が生えていて、卵から生まれた赤ちゃんをお乳で育てるところは哺乳類と似ている。といっても乳首はないので、子供は浸み出したお乳をなめとるんだそうです。あまり哺乳類らしくない。単孔類のもう一種のハリモグラでは、くちばしはなく、母親はお腹に袋があって、生まれた子を授乳して育てる。普通の哺乳類のハリネズミのような針が全身に生えている。単孔類ではあるけれども有袋類的でずっとケモノに近い。

単孔類は、哺乳綱のなかで一番原始的なものとして、原獣亜綱といいます（図 2-4）。絶滅グループを除けば、単孔類以外の全部の哺乳類は全獣亜綱です。だから哺乳綱は、まず原獣亜綱と全獣亜綱に大きく二分され、全獣亜綱がさらに後獣下綱（カンガルーの仲間）と真獣下綱（ヒトを含む通常のケモノ類）に二分されるわけです。

## 6 お乳で子供を育てれば哺乳類か

お乳で育てるから哺乳類というわけですが、お乳で育てる性質だけで哺乳類に含めるというなら、背中のくぼみにオタマジャクシを入れて、分泌液を出して保育するコモリガエルなども含めてよさそうなものですが、これは両生類であって哺乳類ではありません。母親が分泌物を出して子供を保育する動物は、ほかにも結構います。そこだけみてカモノハシとどこが違うか、といわれると答えに窮する。

いろいろな動物が、それぞれいろいろな工夫をして生きている。そういう工夫のどれか1つ、例えば哺乳あるいは胎盤による保育という特徴で動物界の一部をグループ分けしようとすれば、例外がでてく

## 7 もう一度、単孔類は哺乳類なのか

どんな分類にもあることですが、典型的なものはわかりやすくて異論がありません。ウシやネズミやサルなどを哺乳類としてまとめることには、誰も疑問を挟まない。でも、哺乳類に含めるべきなのかアヤシイものが出てくる。単孔類はかなりアヤシイ。とはいえ、哺乳綱から外して鳥綱や爬虫綱に入れるのは、なおさら不適切です。違いすぎる。もう1つの手は、独立したグループを作ることです。後で紹介しますが、含まれる生物の種類は少なくても、独立した門や綱を設けざるを得ない変わり者（既存のグループに入り得ない動物）はずいぶん例があります。とはいえ、単孔類を独立した綱にするには、現存の他の綱からの際立った違いが小さすぎる。だからやむなく哺乳綱に含めておく、ということなのでしょう。いずれにしても、落ち着きの悪い話であることは仕方ありません。

## 8 どうしてこんな変な生き物がいるのか

系統分類は進化を念頭に置きます。どうしてこんな変な生き物がいるかを進化的に考えると、原始的な爬虫類から哺乳類の先祖が枝分かれするときに、爬虫類から分かれて哺乳類に向けて一歩踏み出したけれども、現在の哺乳類からみればかけ離れた、哺乳類としては一部の性質しかもっていない動物ができて、それがあまり変化することなく今まで生き残ったのが単孔類なんだろう、というのが1つの解釈です。そうであれば、まさに生きた化石です。現在の哺乳類のなかではずいぶん変わり者ですが、爬虫類とはもっと違っています。哺乳類の先祖としての爬虫類が、その後の爬虫類の主流を生み出す先祖と別れたのは、古生代の終わりの2億3,000万年くらい前と考えられ、その後、中生代になって、単孔類の先祖が生まれました。誕生したときから比べれば、現在の単孔類はずいぶん変化しているかも知れませんが、今の大部分の哺乳類はさらにもっと大きく変化した、ということでしょう。単孔類が誕生した当時は、単孔類の仲間としてもっと多様な試みがあった可能性があります。化石として発見されないかぎり、どんな工夫があったか、想像もつかないことです。

## 9 多様性を生み出すもの

「哺乳類が誕生するときに、現在の哺乳類からみればかけ離れた、哺乳類としては一部の性質しかもっていない動物ができたのではないか」といいましたが、哺乳類を生み出すことが方向性として決まっていたかの印象を与えてはいけません。**進化**というのは、『遺伝子がランダムな変化（変異）をする』『遺伝子の変異が生物の性質（表現型）に影響を与える』『生存への都合や有利・不利は環境に左右される』『表現型の変化が不都合でなければ生きのびて子孫をつくる』『変異が生存に有利であれば繁栄する』『変異が生存に不利であれば生き残れない』ということの繰り返しと考えます。基本的に『ランダムな変異』と『環境による選択』です。それが生物の多様性と進化の原動力です。カモノハシという生き物は特にアグレッシブでも強靭でもなく、生存に有利な特徴をもつとは思えないのですが、住んでいた環境と生き物としての特性の関係が、生存に特に有利とはいえないまでも、特に不都合ではなかった、ということなのでしょう。中生代、新生代と長い時代を生き続けるには十分の性質をもっていた。

## 10 分類の妥当性と難しさ

比較的問題が少ないかと思われるヒトに近い哺乳類の分類についてさえ、それなりになかなかの問題があることを交えながら紹介してきました。実際には、大部分の哺乳類については大きな問題はないのです。ごく一部に難しい動物がいる。ただ、こういう難しい動物の存在が、哺乳類とは何かを改めて考えさせる機会になっています。ヒトから遠く離れるほど、実は、難しさも多くなる傾向があるように私には思われます。

## 11 化石から分けられる地球の歴史

話の都合上、化石を理解する上で必要な、過去の時代区分を示しておきます（図2-5）。地球の歴史はおよそ46億年ですが、ここに示すのは生物が顕著に

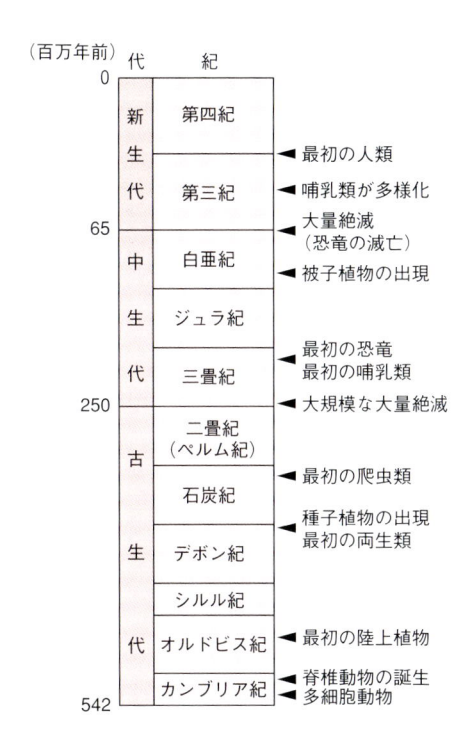

| (百万年前) | 代 | 紀 | |
|---|---|---|---|
| 0 | 新生代 | 第四紀 | ◀ 最初の人類 |
| | | 第三紀 | ◀ 哺乳類が多様化 |
| 65 | 中生代 | 白亜紀 | 大量絶滅（恐竜の滅亡） |
| | | | ◀ 被子植物の出現 |
| | | ジュラ紀 | |
| | | 三畳紀 | ◀ 最初の恐竜<br>最初の哺乳類 |
| 250 | 古生代 | 二畳紀（ペルム紀） | ◀ 大規模な大量絶滅 |
| | | 石炭紀 | ◀ 最初の爬虫類 |
| | | デボン紀 | 種子植物の出現<br>最初の両生類 |
| | | シルル紀 | |
| | | オルドビス紀 | ◀ 最初の陸上植物 |
| 542 | | カンブリア紀 | ◀ 脊椎動物の誕生<br>多細胞動物 |

図 2-5　顕生代の区分

図 2-6　脊椎動物の系統

あらわれるようになった顕生代という時代です。これからも度々出てくる時代の名前なので、必要に応じて参考にして下さい。

## Ⅵ. 脊椎動物亜門という見通し

　ここまできたところで、**脊椎動物亜門**というまとめについての全体像をいっておきましょう。脊椎動物亜門は、脊椎（背骨）をもつという共通の性質をもつグループで、**哺乳類、鳥類、爬虫類、両生類、硬骨魚類、軟骨魚類、無顎類（円口類）**という7つの綱に分けます（図 2-6）。なお、この図で、左右への振り分けには意味はありません。図 2-7 の系統図は、進化の過程でどのように変化してきたかをあらわしています。脊椎（背骨）をもった大先祖（脊椎動物亜門）から、顎をもつ動物が生まれ、その一部から硬い骨をもつ動物が生まれ、というように分かれていくわけです。四肢をもつ動物の共通の先祖か

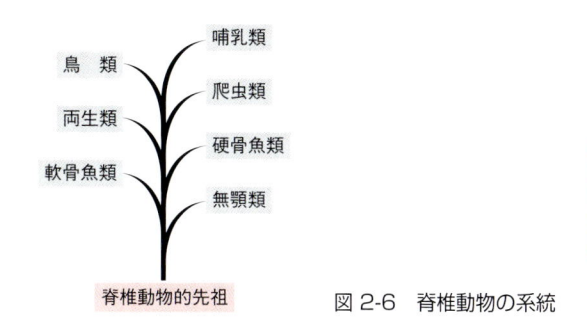

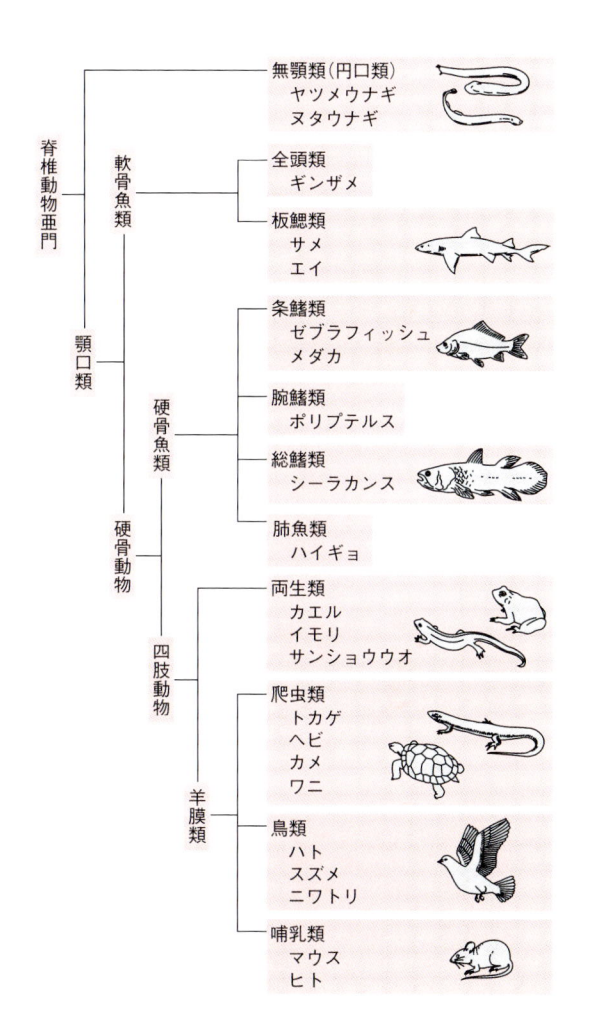

図 2-7　脊椎動物亜門の分類

ら、両生類、爬虫類、鳥類、哺乳類が分かれていきますが、羊膜に包まれて胚（胎児）が成長する性質を得た先祖として有羊膜類が生まれ、爬虫類、鳥類、哺乳類になります。羊膜に包まれる発生の過程は、

2日目　生き物の多様性と系統　　37

爬虫類と鳥類は卵の中で、哺乳類は子宮の中でのことです。すべての脊椎動物は、発生過程で中胚葉からできる棒状の組織である脊索をもっていて、発生が進んで脊椎が形成されると脊索は消失します。脊椎動物亜門は、こういう動物群を含む大きなグループで、以下に残りのところを紹介します。

### 1 鳥類（鳥綱）

**鳥類**にはおよそ1万種がいて、なかなか繁栄しているグループです（図2-7）。歯がなく、くちばしをもちます。大きなサカナでも鵜呑みして、食物を砕くのは砂嚢です。焼き鳥のスナズリです。哺乳類と同様に温血・恒温で、これを維持する莫大なエネルギー供給が必要ですが、活発な行動が常に可能です。体表には**羽毛**があって、保温に優れているところも鳥類の特徴です。心臓は2心房2心室で、動脈血と静脈血が混じることはなく、体内のガス交換が効率的に行えるのも、鳥類と哺乳類に特徴的な構造です。哺乳類と同じように、子供が一人前になるまで育てることも大きな特徴です。前肢は翼になっていて飛翔することは大きな特徴で、飛ぶためにさまざまな工夫をしている。糞を体内に溜めることなくすぐに排泄するのも、体を軽く保つためです。一般に非常に眼がよく、なかには、地磁気を感じて、太陽の位置や星座をみて、自分の位置と方向を知る優れたナビゲーション能力をもっていて、長距離を飛行できるものもいます。

### 2 鳥類の分岐

鳥の化石として有名なのは、1億5,000万くらい前のジュラ紀の始祖鳥です。いずれにせよ鳥類の起源は、ティラノサウルス・レックスなどを含む恐竜の主流ともいうべき獣脚類から枝分かれしたものといわれています。**鳥類は現在生きのびているどの爬虫類に比べても、恐竜の直系の子孫である**、といわれます。

### 3 爬虫類（爬虫綱）

**爬虫類**は、体表が鱗や甲羅で被われている、肺で呼吸する、心臓は2心房1心室である、変温動物である、卵生である、などの特徴があります。中生代に大繁栄した恐竜を含めて、絶滅種のグループは膨大なものですが、現在では、**カメ目、ムカシトカゲ目、有鱗目**（トカゲ、ヘビ）、**ワニ目**など、合わせて7,500種といわれます。（図2-7）

### 4 爬虫類は最初の陸上動物

古生代の石炭紀中期に、両生類から最初の爬虫類が誕生したと考えられます。**両生類から爬虫類へは、水中生活から陸上生活へという、体の非常に大きな変化を伴いました**。水分が失われないような乾いた皮膚、呼吸器としての肺、地上で重力に耐えて体を支えるしっかりした脚を誕生させました。それだけでなく、十分に成長してから孵化できるだけの栄養をもった大きな卵、発生中に乾燥を防ぐ**羊膜**や**卵殻**（図2-8）、その他たくさんの変化が必要でした。代謝系にも大きな変化が起きました。進化の過程で、これらの変化が一度に起きたわけではないでしょう。卵を陸上で孵すことができるようになったことは画期的ですが、逆にいうと水中で孵すことができなくなりました。水中では胚が窒息するので、カメやワニが水中生活に戻っても卵は陸上に生みますし、中生代の魚竜は卵胎生になることで解決しました。

### 5 両生類（両生綱）

古生代のデボン紀あたりに誕生して、古生代の間に大繁栄し、絶滅種まで含めると非常にたくさんの種類を含む大きなグループですが、現在の**両生類**は、

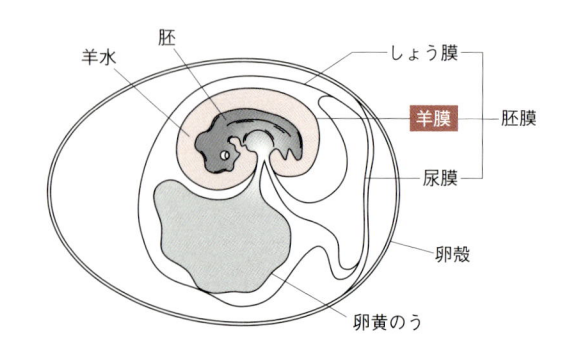

図2-8 爬虫類の卵の構造

有尾目（サンショウウオ、イモリ）、無足目（アシナシイモリ）、無尾目（カエル）の3目だけで、それほど大きくありません（図2-7）。

幼生は基本的には鰓呼吸で水中生活し、**変態**して陸上に上がることができるようになります。変態後は肺をもちますが、皮膚呼吸の割合が大きい。基本的には、水中生活と陸上生活の両方が必要な動物ですが、生涯を通じて水棲で、ずっと鰓呼吸や皮膚呼吸に頼り、空気呼吸せずに生活する種もいます。心臓は2心房1心室で、動脈血と静脈血が混じり合って、体全体および呼吸器の双方に送られる。卵生が中心ですが、**卵胎生**も結構います。卵は殻をもたず、ゼラチン質で囲んで水中に生みます。親は陸上にある程度適応したけれども、卵は乾燥に耐えられません。

## 6 硬骨魚類（硬骨魚綱）

一生の間、水中で生活し、鰓（えら）呼吸を行い、鰭（ひれ）を用いて移動し、鰾（浮き袋）で浮力調節し、体表は鱗（うろこ）で覆われ、外界の温度によって体温を変化させる変温動物である、といった特徴があります。鰓はガス交換のほかにも、塩類細胞によるイオンの排出・取り込みやアンモニアの排泄を行っています。硬骨魚綱は、**肺魚亜綱**（ハイギョ）、**総鰭亜綱**（シーラカンス）、**腕鰭亜綱**（ポリプテルス）、**条鰭亜綱**（普通のサカナ類）に分けられます（図2-7）。これら全部を綱とし、硬骨魚を上綱にまとめることもあります。肺魚亜綱と総鰭（そうき）亜綱は、骨のある鰭をもっていて**肉鰭**（にくき）**類**とまとめることもあります。肉鰭類の仲間は生きた化石といわれます。ポリプテルスは肉鰭類と条鰭（じょうき）類の中間的な性質で、現在はごくわずかの種がいるだけです。条鰭亜綱が普通のサカナです。スジのある鰭をもっていますが、堅いスジは骨ではありません。イワシ、マグロ、タイなど普通のサカナは全部これに含まれます。チョウザメ、ウミヘビ、ウナギ、ドジョウなども仲間です。大部分は卵で増えますが、タツノオトシゴなど**卵胎生**するものも少なくありません。条鰭類でも一番原始的なチョウザメは、まだ大部分の骨が軟骨で、サメのように上下非対称の尾鰭をもちます。

## 7 軟骨魚類（軟骨魚綱）

軟骨魚類として現在栄えているのは、**板鰓亜綱**（サメ、エイ）と**全頭亜綱**（ギンザメ）の仲間です（図2-7）。ジンベイザメは魚のなかで一番大きい。背骨を含めて、全部の骨が軟骨である。ただし、歯は硬い。サメの化石としてしばしば歯が注目されるのは、だいたい歯しか残らないからです。サメでもエイでも**卵胎生**がしばしばみられます。軟骨魚類は鰾（浮き袋）をもたないので、浮力の調節は、肝臓に蓄積した油（肝油）によって行います。このため肝臓は非常に大きく、全体重の3分の1を占める種もあるほどです。肝油の成分は主にスクアレン（スクアラン）です。軟骨魚類は浸透圧調節のため、体内に尿素などを蓄積していることも特徴です。サメの刺身は尿素の分解によるアンモニア臭がありますが、慣れるとなかなか悪くないものです。サメの鱗は楯鱗と呼ばれ、硬骨魚の鱗とは構造的に違い、基本的には哺乳類などの歯と同一の構造でエナメル質や象牙質をもっており、皮膚に生えた歯、**皮歯**と呼ばれます。ザラザラした鮫肌はこのためです。

## 8 無顎類（無顎綱）

顎がなく、口を開けると丸いので円口類ともいう、ヤツメウナギ、ヌタウナギの仲間です（図2-7）。脊索動物の仲間から最初に誕生した脊椎動物です。卵から孵ったヤツメウナギの幼生は、親とは全く異なる姿をしており、形も性質もナメクジウオ（脊索動物）によく似ています。似ているからといって、脊索動物から誕生した証拠とはいいませんが、ナルホドという気にはなります。数年間にわたって幼生期を送った後、変態して成体と同じ形の幼体、あるいは成体になります。

# VII. 原索動物亜門

脊椎をもたないけれども、**生涯あるいは生涯の一部の時期に脊索をもつ**、尾索綱（ホヤ、サルパ、タリア）と頭索綱（ナメクジウオ）を原索動物亜門と

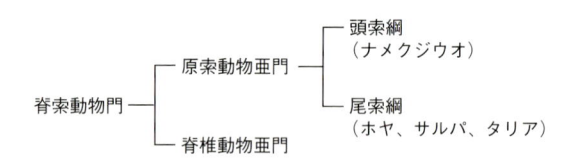

図2-9 脊椎動物門の分類

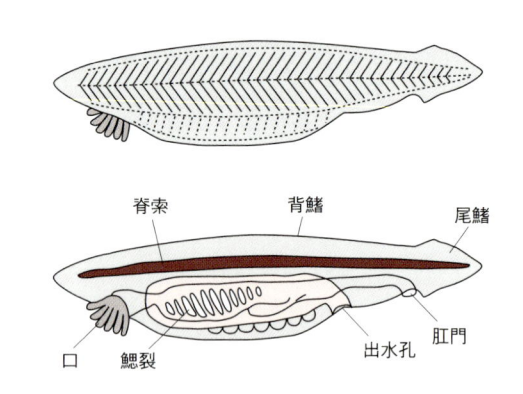

図2-10 ナメクジウオ

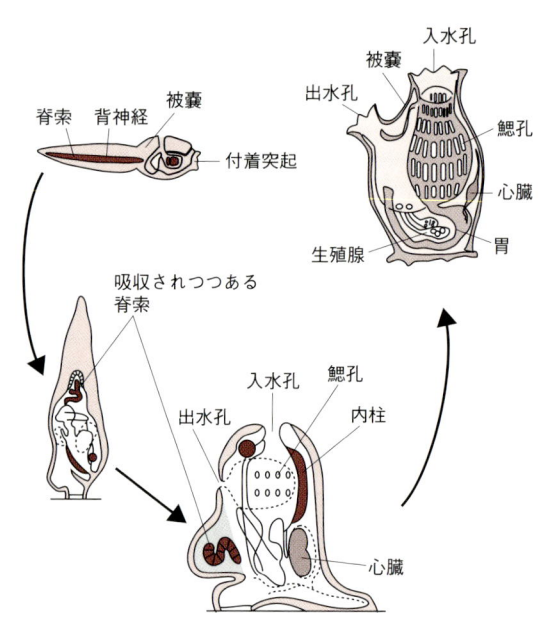

図2-11 マボヤ

いいます（図2-9）。一見した印象としては、どれも原始的な生き物にみえます。

　頭索綱のナメクジウオは、3～5 cmの長さで、目鼻も鰭もないのっぺりした姿をしています（図2-10）。生涯にわたって脊索をもち、脊索の背側に神経索をもちます。閉鎖血管系をもっていて、鰓で呼吸する。瀬戸内海にいる天然記念物です。

　尾索綱のホヤは、幼生の時代にはオタマジャクシのような形をしていて泳ぎ、尾の部分に脊索をもっていますが、成長すると変態して固着性になります（図2-11）。尾がなくなり、内部構造も大きく変化し、筋肉質の被嚢で被われるようになります。吸水口と出水口で水を出し入れして、酸素を補給し、餌（プランクトン）をとります。サルパ、タリアも同様に変態しますが、固着せず浮遊状態のまま過ごします。有性生殖しますが、ホヤでは出芽による無性生殖もしますし、サルパ類（図2-12）では有性世代と無性世代を繰り返す複雑な生活史をもちます。

## VIII. 脊椎動物門というひとまとめ

　脊椎動物亜門と原索動物亜門をあわせて、**脊索動物門**とします（図2-9）。現在では、脊椎動物亜門、尾索動物亜門（ホヤ、サルパ、タリア）、頭索動物亜門（ナメクジウオ綱）の3亜門とするのが標準ですが、これは5日目でもう一度触れます。

　これでやっと、脊索動物門という1つの門についての説明が終わりました。分類というのは、こうやって次第に遠い関係にまでグループ分けを広げる作業です。

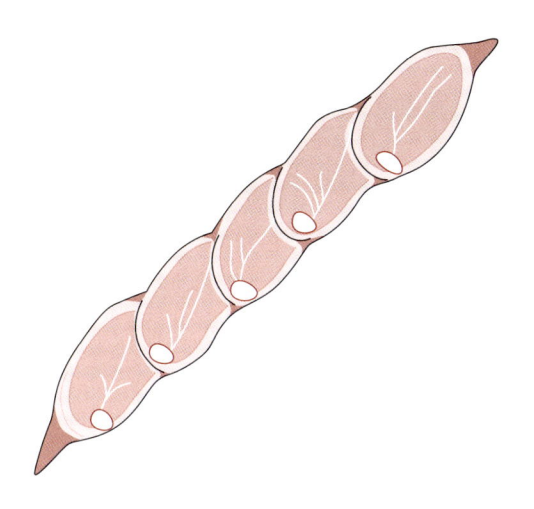

図2-12　サルパの群体

## 今日のまとめ

　多様な生物は、進化の過程をもとにして分類します。系統分類あるいは自然分類です。現在生きている生物について、最近分岐したものほど近い親戚として同じグループにまとめ、古い時代に分岐したものほど遠い親戚と考えるのは妥当なことです。進化の過程を直接に見ることはできなので、最近分岐したものほど互いよく似ているだろう、古い時代に分岐したものほど違いが大きいだろうと考えて、生物のもつさまざまな性質を比べてグループ分け（分類）します。ヒトは類人猿（ヒト上科）というグループに属し、少し遠い親戚を含む霊長目というグループに属し、もっと大きい哺乳綱というグループ、さらに大きい脊索動物門というグループに属します。

## 今日の講義は...
## 3日目 もっと広く動物の世界をグループ分けする

　動物とは何か。**他の生き物を捕まえて、餌として摂取する生き物を動物の共通性と考えます**。餌となる生き物を捕まえるために、動くものだから「動物」です。他の生き物の存在に従属した栄養の取り方を**従属栄養**といいます。動物といったとき、最も狭義にはケモノを指しますが、通常はより広くトリやサカナあるいはトンボやミミズなど、多細胞からなる動物を指します。生き物の範囲がどんどん広がってきて、顕微鏡で観察しないとみえない単細胞の微生物がたくさんみつかったとき、ゾウリムシのように他の単細胞を追いかけ、捕まえて食いつくものは、単細胞ではあっても動物に含めました。

　3日目は動物界のさまざまなメンバーを紹介します。新しい種類の動物や、新しいグループの発見は今後も続くでしょうが、『このようにさまざまな動物がいる』という事実については極端に大きな変更があるとは思えません。ただ、グループ分けについては、今後の研究の進展によって変化する可能性があります。今日は、分類方法はあくまで暫定的なものであると承知の上で、こんなにも多様な動物がいるということを紹介して、多様性を感じてもらうのが目的です。

## 1. 分類表と系統樹

### 1 動物の分類表

　ちょっと古い分類ではありますが、高校の生物で習う程度の動物界の一覧表（分類表）をざっとみておきます（表3-1）。高校生物をとっていない人は見たこともない言葉があると思いますが、無視してかまいません。

### 2 新口動物と旧口動物

　図3-1は動物の系統樹です。広範囲の動物は、外見的な姿や形などだけから互いを関係づけることは難しく、発生過程における共通性も参考にして系統づけます。動物の系統は、発生過程の違いから**新口動物（後口動物）**と**旧口動物（先口動物）**の2つの系統に大別されます。動物の発生の初期段階をみると原腸胚で原口ができます（図3-2）が、**原口が大人になっても口として使われる動物群が旧口動物、原口が大人になったときは肛門になり、新たに口ができる動物群が新口動物**です。表3-1をみると、ヒトを含む新口動物に比べて旧口動物の方がはるかに多様性を発揮しているという意味では、成功しているグループに思えます。

### 3 左右相称動物

　新口動物と旧口動物を合わせて、**左右相称動物**という大きなグループにまとめます（図3-1）。これらの生物は基本的に左右相称というわけです。とはいえ、棘皮動物は放射相称ですし、巻貝はネジネジで左右相称にはみえませんし、ハマグリなど相称軸がないようにみえます。ただ、これらも基本的には左右相称で、発生の途中から二次的にそうでなくなったものです。

### 4 体腔

　哺乳類の体内に存在する空隙、腹腔や胸腔のような体内の隙間のことを体腔といいます。発生の過程

表3-1 ◆ 動物の分類表

|  |  |  | 門 | 特徴 | 綱 | 特徴 | 代 表 例 |
|---|---|---|---|---|---|---|---|
| 単細胞性 |  |  | 原生動物 | 単細胞・細胞器官、おもに分裂 | 鞭毛虫類 | 鞭毛 | ヤコウチュウ・エリベンモウチュウ・トリパノゾーマ |
|  |  |  |  |  | 根足虫類 | 擬足 | アメーバ・タイヨウチュウ・ホウサンチュウ |
|  |  |  |  |  | 繊毛虫類 | 繊毛・細胞器官発達・接合 | ゾウリムシ・ラッパムシ・ツリガネムシ |
|  |  |  |  |  | 胞子虫類 | 胞子形成・受精・寄生性 | マラリア病原虫 |
| 二胚葉性 | 側生動物 |  | 海綿動物 | 内外2層と間充織、骨片 |  |  | カイロウドウケツ・ホッスガイ |
|  | 有腔腸動物 |  | 腔腸動物 | 放射相称・のう胚期・散在神経系 | ヒドロ虫類 |  | ヒドラ |
|  |  |  |  |  | ハチクラゲ類 |  | ミズクラゲ |
|  |  |  |  |  | サンゴ虫類 | ポリプのみ | サンゴ・イソギンチャク |
|  |  |  |  |  | クシクラゲ類 | 二放射相称・粘着細胞 | ウリクラゲ |
| 原中胚葉細胞幹 | 先口動物 | 原体腔類 | 扁形動物 | 消化管は盲管、原腎管・雌雄同体 | 渦虫類 | 体表に繊毛・自由生活 | プラナリア |
|  |  |  |  |  | 吸虫類 | 変態・寄生性 | カンテツ・ジストマ |
|  |  |  |  |  | 条虫類 | 片節・変態・寄生性 | サナダムシ |
|  |  | 袋形動物 | 輪形動物 | 繊毛管・原腎管、トロコフォアに似る |  |  | ミズワムシ |
|  |  |  | 線形動物 | 直接発生・寄生性 |  |  | 回虫・十二指腸虫・ハリガネムシ |
|  |  | 真体腔動物 | 環形動物 | 同規体節・閉鎖血管系・腎管・はしご状神経系・トロコフォア | 貧毛類 | 剛毛・雌雄同体・直接発生 | ミミズ |
|  |  |  |  |  | 多毛類 | 剛毛・側脚・鰓 | ゴカイ |
|  |  |  |  |  | ヒル類 | 吸盤・直接発生 | チスイビル |
|  |  |  |  |  | ユムシ類 | 雌雄異形 | ユムシ・ボネリア |
|  |  |  | 軟体動物 | 外とう・開放血管系・腎管・貝がら・トロコフォア・カメラ眼 | 多板類 | 8枚の貝がら・原始的 | ヒザラガイ |
|  |  |  |  |  | 斧足類 | 二枚貝 | ハマグリ |
|  |  |  |  |  | 掘足類 | つの状の貝がら | ツノガイ |
|  |  |  |  |  | 腹足類 | 巻貝・目・触角・歯舌 | アワビ・マイマイ・ウミウシ |
|  |  |  |  |  | 頭足類 | 目・直接発生 | タコ・イカ・オウムガイ |
|  |  |  | 節足動物 | 異規体節・外骨格・開放血管系、腎管またはマルピーギ管、はしご状神経系 | 甲殻類 | 鰓・ノープリウス・複眼 | ミジンコ・フジツボ・エビ・カニ |
|  |  |  |  |  | クモ形類 | 気管(書肺)・直接発生 | クモ・ダニ・サソリ・カブトガニ |
|  |  |  |  |  | 倍脚類 | 気管・直接発生 | ヤスデ |
|  |  |  |  |  | 唇脚類 | 気管・直接発生 | ムカデ・ゲジ |
|  |  |  |  |  | 昆虫類 | 気管・変態・複眼 | シミ・バッタ・ハエ |
| 原腸体腔幹 | 後口動物 |  | 棘皮動物 | 成体は放射相称、皮下に骨片、水管系・管足・変態 | ウミユリ類 | 固着または浮遊・直接発生 | ウミシダ |
|  |  |  |  |  | ヒトデ類 | ビピンナリア | アカヒトデ |
|  |  |  |  |  | クモヒトデ類 | オフィオプルテウス | テヅルモヅル |
|  |  |  |  |  | ウニ類 | エキノプルテウス | ムラサキウニ |
|  |  |  |  |  | ナマコ類 | アウリクラリア・左右対称 | ナマコ |
|  |  | 脊索動物 | 原索動物 | 脊索・鰓穴 | 尾索類 | オタマジャクシ型幼生 | ホヤ |
|  |  |  |  |  | 頭索類 | 脊索と神経管発達 | ナメクジウオ |
|  |  |  | 脊椎動物 | 脊索・脊椎・閉鎖血管系・赤血球・脳・脊髄・カメラ眼 | 円口類(無羊膜類) | 脊索残存・あごなし | ヤツメウナギ |
|  |  |  |  |  | 軟骨魚類(無羊膜類) | 鱗・鰭・軟骨 | サメ・エイ |
|  |  |  |  |  | 硬骨魚類(無羊膜類) | 鱗・有対鰭 | フナ・マグロ・ハイギョ |
|  |  |  |  |  | 両生類(無羊膜類) | 変態 | イモリ・サンショウウオ・カエル |
|  |  |  |  |  | 爬虫類(羊膜類) | 角質の鱗 | トカゲ・ヘビ・カメ・ワニ |
|  |  |  |  |  | 鳥類(羊膜類) | 羽毛・恒温 | ダチョウ・ニワトリ |
|  |  |  |  |  | 哺乳類(羊膜類) | 毛・恒温・胎生 | カモノハシ・カンガルー・モグラ |

で中胚葉ができ、その内部にできるのが真体腔です（図3-2）。旧口動物にも新口動物にも真体腔をもった動物がみられます（図3-1）。真体腔ができる以前の隙間は原体腔で、比較的下等な旧口動物にみられますが、新口動物には原体腔をもつ動物がありません。もっと原始的な、原腸胚に相当する動物（二胚葉動物）には体腔がなく、卵割腔に相当するものがあるだけです。体腔のあり方の共通性は、体作りの基本的な構造として、分類上重要な項目と考えられていました。

## 5 二胚葉と三胚葉

発生の初期に、原口が陥入することでまず内胚葉と外胚葉という2つの胚葉が現れ、後に中胚葉が加わって三胚葉になります。**新口動物も旧口動物も三胚葉動物です。**図3-2にみられるように、中胚葉のでき方には旧口動物と新口動物で違いがあります。それぞれの胚葉から体が作られていきますが、ヒトの場合を例に示すと、内胚葉からは主に胃や腸、唾液腺や肝臓などほとんどの消化器官や肺ができ、外胚葉からは体表を覆う表皮のほか、脳や脊髄を含めた神経系ができ、中胚葉からは、骨や筋肉など骨格系のほか、真皮その他の結合組織、血管や心臓などの循環系などができます。

腔腸動物（刺胞動物）と海綿動物の体の作りは、身体の構成が本格的な三胚葉を形成する以前の、二胚葉の原腸胚に近い状態（図3-2 ⑧）であるということで、三胚葉を形成する新口動物と旧口動物が分かれる以前の段階に位置づけます（図3-1）。進化の過程でも、古い時代に出現したものと考えられます。個体発生は系統発生を繰り返す、というヘッケルの言葉は完全に正しいわけではないけれども、概略的な指針としてわかりやすいと思います。

## 6 単細胞の生物

単細胞の原生生物は、発生過程との関係でいえば、受精卵に相当するといえます。単細胞生物のなかの

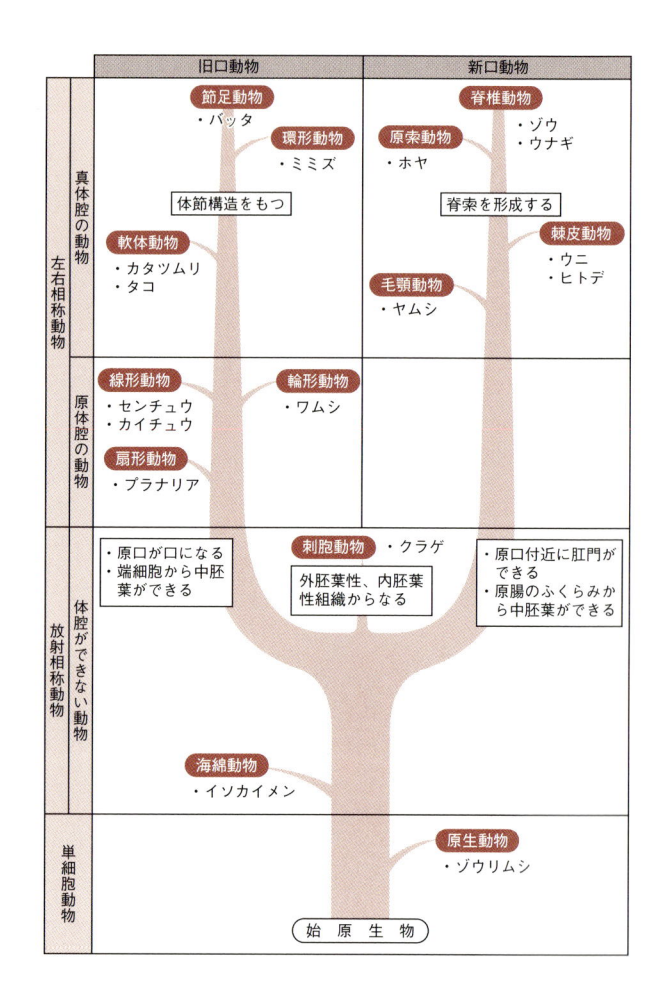

図3-1 動物の系統樹

動物的なものを原生動物として、動物界の一番下位におきます（図3-1）。

## 7 動物界は広い

もう少し専門的な本から取った系統図はこのようになります（図3-3）。この図では新口動物とされている毛顎動物と有鬚動物は、その後の遺伝子解析によって現在では旧口動物とされています。節足動物や軟体動物のように、多くの綱や種を含む大きなグループもあれば、極めて少数の種類しか含まれないけれども1つの門や綱を構成しているグループもあります。生物の示す多様性、多様な試みの結果が示されているわけです。

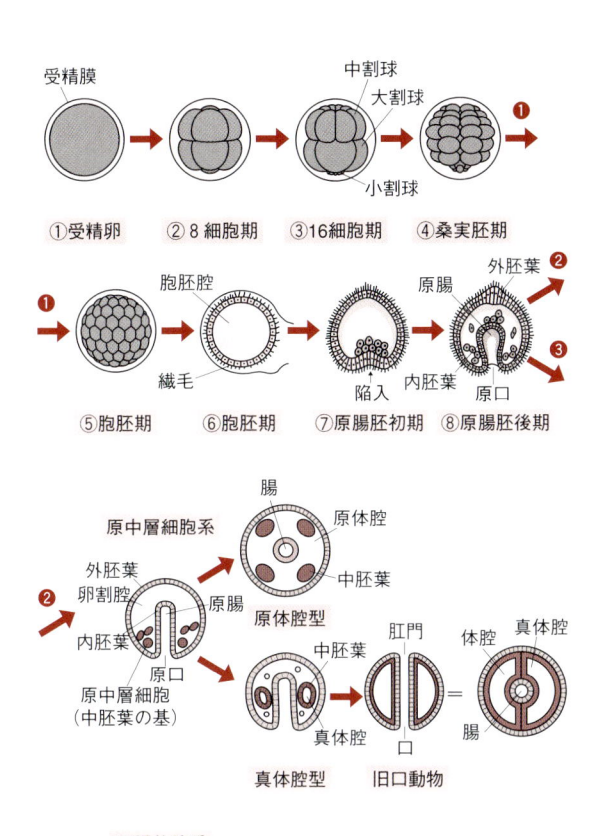

図 3-2　発生の初期段階

## 8 生物学は各論が面白い

　分子生物学や生化学を学ぶとき、生き物のもっている共通の性質としての細胞の共通構造から、遺伝情報の複製・転写・翻訳のしくみ、物質代謝・エネルギー代謝、細胞応答、シグナル伝達系その他、5 cm も 6 cm もの分厚い教科書を学ぶかもしれません。それぞれの生物がもつ特徴的な各論ではなく、共通にもつ性質を述べた総論を学びます。各論的なものとしては、原核生物と真核生物における違い程度しかやりません。

　生物としての共通性を保持してはいても、多くの単細胞生物が、細胞の構造や細胞の働き方、細胞分裂の仕方についても各生物としての特徴をもっています。これを細胞という共通項で捉えてよいのか、と驚くほどのバリエーションがあるのです。単細胞生物も多細胞動物も、姿形の多様性はもちろんですが、環境の中で工夫して餌を探し、餌を捕まえ、生きのび、有性生殖する相手を探して子孫を残す、それぞれのことのために、それぞれの生物が驚くべき工夫をしています。こういう各論が面白く、それぞれ一冊の本になるほどの特徴があります。そうではあるのですが、ここではそれを具体的に紹介する余裕はないので、とりあえずは、へー、こんなにもさまざまな生き物がいるのか、とパラパラ眺めて感心してくれるだけで十分です。表面の形だけをみたのでは同じようにみえるだけで、別の門として扱う理由がわからないものが多いかも知れませんが、それなりの理由はあるのです。

# II. 新口動物のグループ

## 1 脊索動物門

　これについては 2 日目で述べたので省略します。

## 2 半索動物門

　幼生の一時だけに脊索に似た構造をもちます。代表であるギボシムシやフサカツギ（図 3-4）は、海にいる何の変哲もないヒモのようなムシで、ちょっと見たところでは、取り立てて特徴もありません。目立たない動物ですが、100 種類くらいの仲間がいます。この生き物の重要な地位は、我々脊椎動物と、どうみてもかけ離れた存在としか思えない棘皮動物との中間を結ぶ動物である、という一点のみです。古生代には、この仲間の筆石（フデイシ）などが非常に栄えていました。

## 3 棘皮動物門

　ヒトデ綱、クモヒトデ綱、ナマコ綱、ウニ綱、ウミユリ綱などの綱を含んでおり、一見ずいぶん違った生き物を含みます（図 3-5）が、発生過程は共通

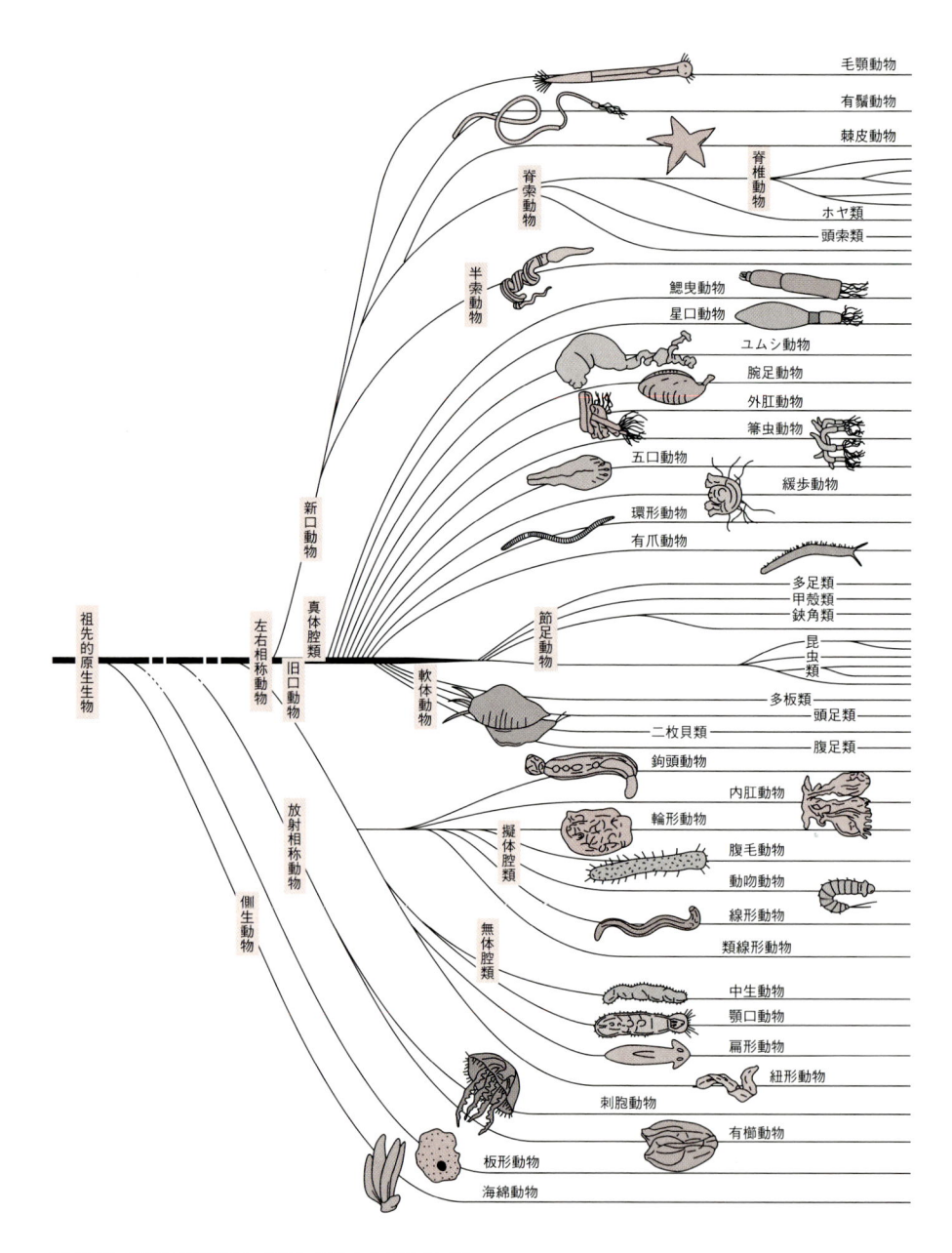

図 3-3　動物の系統樹（参考文献 1 を元に作成）

性が高く、体内の構造にも共通性が高いものです。5億年前のカンブリア紀からみつかっていて、古生代に大繁栄しました。大きな特徴は、**放射相称**であることです。動物界広しといえども、放射相称の動物は他にクラゲ、イソギンチャクの仲間（刺胞動物）くらいにしかみられません。珍しい。ただ、幼生は左右相称で、図 3-1 でも左右相称動物に含めています。どうして左右相称が発生途中から放射相称に変化するのか、不思議です。この動物群が、見かけによらず脊索動物にとって一番近い親戚であるという話を後でします。

### 4 珍渦虫動物門

表皮が消化腔を包んでいるだけで、およそ器官と

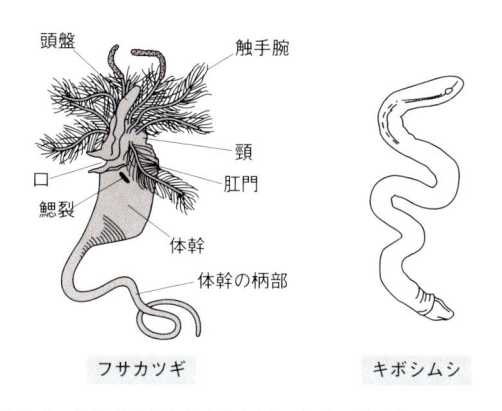

図 3-4　半索動物門（参考文献 2 を元に作成）

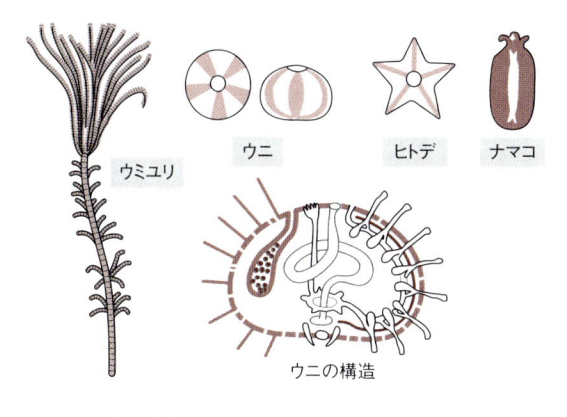

図 3-5　棘皮動物門

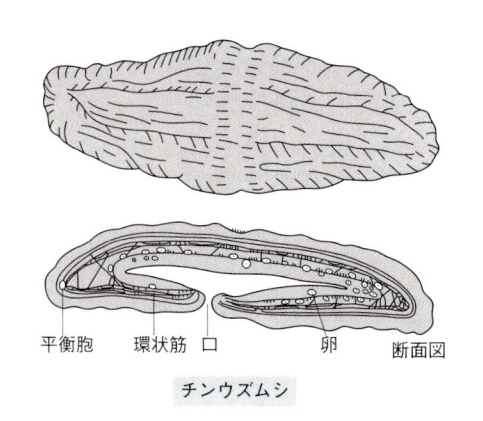

図 3-6　珍渦虫動物門（参考文献 2 を元に作成）

のに不思議はありませんが、これは単独で自由生活をしています。この体からでは、どういう系統なのか見当もつきませんでしたが、2003 年に DNA 解析が行われ、新口動物に属するグループとされ、さらにその後の研究で、2006 年に棘皮動物や半索動物に近い、独立の門とされました。

## III. 旧口動物のグループ

### 1 節足動物門

　節足動物は、全動物界の 80% を占めます。唇脚綱（ムカデやゲジ）、倍脚綱（ヤスデ）、クモ綱（クモ、ダニ、ツツガムシ、サソリなど）、甲殻綱（エビ、カニ、ミジンコ、カメノテ、フジツボ）、剣尾綱（カブトガニ）、昆虫綱（トンボ、チョウチョ、アリ、カブトムシ）などの綱から構成されます（図 3-7）。それぞれがずいぶん独自性があるようにみえるので、どうして独立の門にしないのだろうと思うほどです。ただ、体の構造とか、発生過程をよく調べると共通性が高いのです。グループによって栄枯盛衰はあるけれども、古くから栄えていて現在でも栄えています。カブトガニは、古生代に栄えた三葉虫の生き残りといわれます。昆虫類は節足動物のなかの 80% を占めていて、本当に地球上のいたる所にいて大繁栄している生物群です。石炭紀には体長 30 センチ、翅の差し渡し 1 m を超えるトンボがいたといわれます。ほとんどの昆虫は、幼虫と成体が全く異なる変態という過程を経ます。蛹（さなぎ）という中間段階で、幼虫の体内の構造を破壊・消化して、成体の構造に作り変えるという、大胆極まりないリストラをして、毛虫が蝶になり、ヤゴがトンボになるわけです。5 百万種以上が知られていますが、実際にはこの数十〜数百倍はいると推定されます。エビ、カニは甲殻類の代表ですが、カメノテやフジツボのように貝のようにしか見えないものや、顕微鏡でなければ見えないミジンコなども甲殻類の仲間です。カメノテはエビやカニと似た味がします。甲殻類も百万種近くが知られています。それぞれなりに非常に

呼べるものがない、長さ数 cm のものすごく単純な体の生き物で、2 種類が知られているだけです（図 3-6）。寄生生活しているものなら、体が簡単になる

3 日目　もっと広く動物の世界をグループ分けする

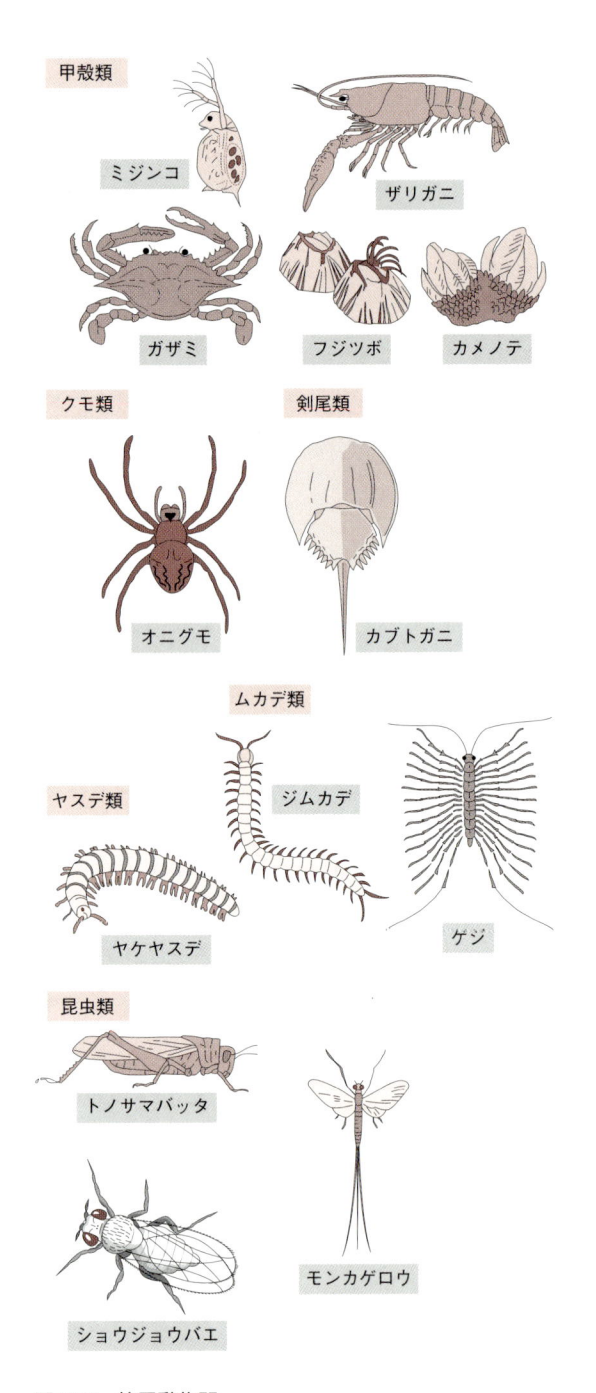

図 3-7　節足動物門

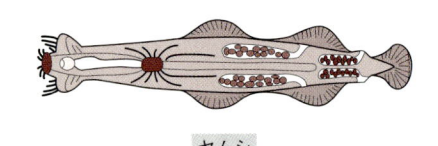

図 3-8　毛顎動物

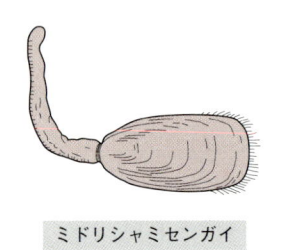

図 3-9　腕足動物門

工夫された、高級な生き物であるという印象があります。

## 2 毛顎動物門

体長数 mm 〜数 cm 程度のヤムシ（図 3-8）という動物を含む小さな門で、70 種くらいが知られています。現在は旧口動物とされていますが、遺伝子解析が進むまで、新口動物に属するとされていました。ただ、発生過程では確かに後から口ができるので、そういう意味では、新口であるという事実がひっくり返ったわけではありません。そのことと、遺伝子的には旧口グループとの類似性が高いこととの矛盾をどう理解すべきか、解決がついていません。

## 3 腕足動物門

シャミセンガイ（図 3-9）やホウズキガイを含む門です。2 枚の貝殻をもち、海底に穴を掘って住んでいます。5 億年以上前のカンブリア紀からよく似た化石がみつかる、古く栄えた生物ですが、現在では 250 〜 300 を超える種が知られているだけです。

## 4 箒虫動物門

ホウキムシ（図 3-10）など、10 種類あまりの種が知られる小さな門です。自分で分泌したキチン質で管を作って、その中に住んでいます。消化管は体内を一周して、口の近くに肛門があります。ヘモグロビンを含んだ赤血球をもちます。形態的に腕足動物に近いといわれ、遺伝子解析からも同様の結論が得られています。

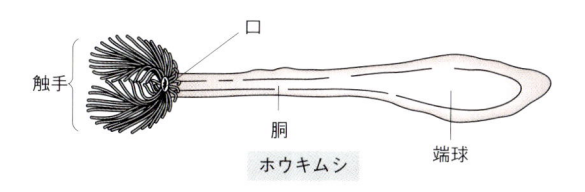

図 3-10 箒虫動物門（参考文献 2 を元に作成）

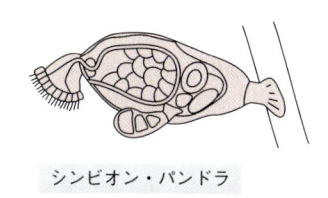

図 3-11 有輪動物門（参考文献 2 を元に作成）

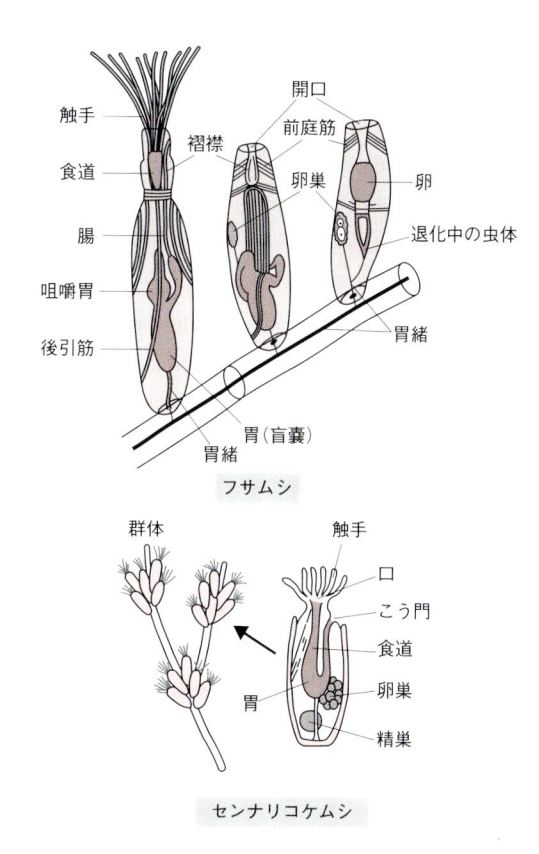

図 3-12 外肛動物門（参考文献 2 を元に作成）

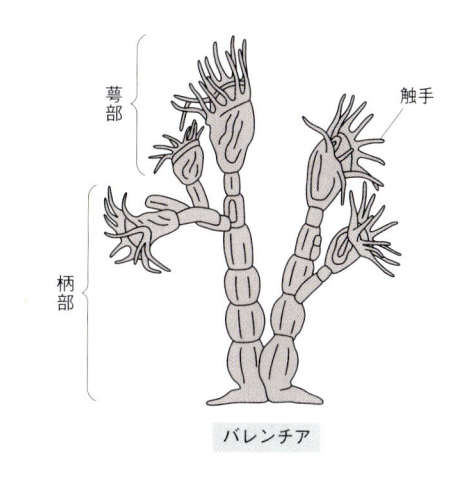

図 3-13 内肛動物門（参考文献 2 を元に作成）

## 5 有輪動物門

シンビオン・パンドラ（図 3-11）という種がみつかって、1995 年に作られた新しい門です。現在、数種がみつかっていますが、どれも特別なエビの口器を生息場所とするという、マニア的なこだわりの典型のような生き物です。出芽による無性生殖と有性生殖を繰り返す上に、有性生殖世代には 3 種類もの異なった幼生時代を経るという、複雑な生活環をもちます。形態や増殖の仕方から、外肛動物門や内肛動物門に近いとされましたが、遺伝子解析からは、鉤頭動物門と輪形動物門に近いといわれます。

## 6 外肛動物門

コケムシ（図 3-12）など、1 mm くらいの小さなムシが、クチクラや石灰質の小さな部屋を作って、多数集まった群体を形成しているので、海藻やサンゴのようにみえることがあります。群体というのは、サンゴやホヤのように、同じ形をした個体がたくさん集合している場合もありますが、異なった形と機能をもった個体が集合して、全体が 1 つの個体のように振る舞うものもあります。外肛動物のなかにも、異なった形と機能をもった個体が集合して、群体を作るものがあります。あまり目立たない仲間ですが、2 万種くらい知られています。オルドビス期から似たものがみつかっています。

## 7 内肛動物門

ウドンゲ（図 3-13）など、付着性の小さな水棲

3 日目　もっと広く動物の世界をグループ分けする　49

動物の仲間です。150種くらいが知られている。

## 8 環形動物門

多毛綱（ゴカイ、イソメ、ケヤリムシ）、貧毛綱（ミミズ、イトミミズ）、ヒル綱（ヒル）の3綱からなる、1万2,000種を含む門です（図3-14）。まだまだたくさんみつかると思われます。ミミズの仲間で大きいのは2mにもなるものがいます。たくさんの体節からなり、クチクラで覆われている。それぞれの体節には、排泄器官である腎管をもっている。閉鎖血管系をもちます。多くは有性生殖で増えますが、ゴカイ類は体がちぎれて増えたり、出芽して増えたりという無性生殖でも増えます。

## 9 有鬚動物門

ヒゲムシ、ハオリムシ（図3-15）など、細長い触手を頭部にもつ。150種くらいが知られています。ハオリムシは、ガラパゴス諸島付近の深海で、熱水噴出口付近にたくさん生息しているのが1976年に発見されて、有名になりました。チューブワームともいいます。ジャイアントチューブワームは直径10cm、長さ2mを超えるものもあります。口も胃腸も肛門もないヒモ状の生物で、体内に硫黄酸化細菌を共生させている。これが熱水から出てくる水素や硫化水素を還元剤として、炭酸ガスから有機物を作ります。体重の半分から90%が硫黄酸化細菌で占められるものもいるといいます。遺伝子解析からは、環形動物の多毛類と近い、あるいはそこに属させるべき可能性が示されています。新口動物とされてきたものですが、遺伝子解析の結果から旧口動物へ移動しました。

## 10 ユムシ動物門

ユムシ、ボネリムシ（図3-16）など、約150種を含む小さな門です。体内には長い消化管があり、

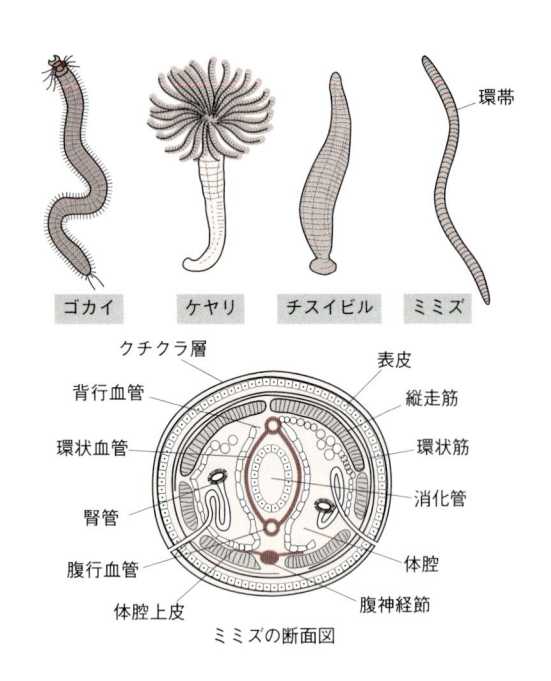

図3-14　環形動物門

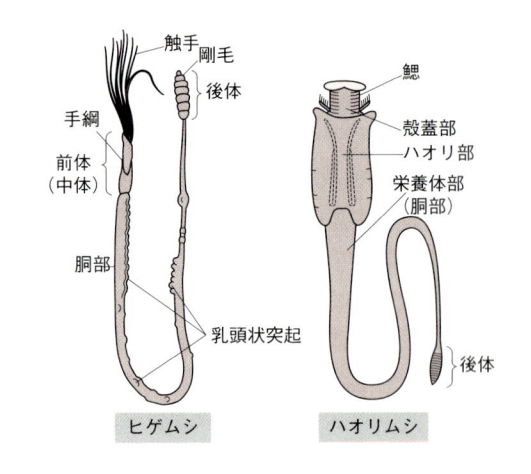

図3-15　有鬚動物門（参考文献2を元に作成）

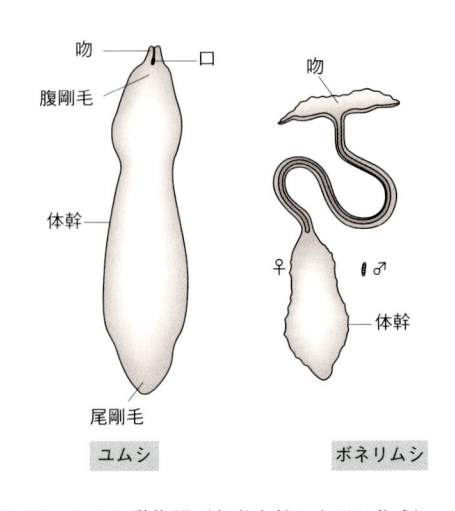

図3-16　ユムシ動物門（参考文献2を元に作成）

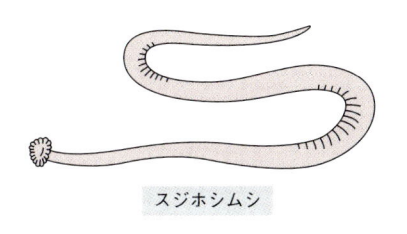

図 3-17　星口動物門（参考文献 2 を元に作成）

1 ～ 400 本にも達する腎管をもつものや肛門囊があるなど、案外複雑な構造をもっています。遺伝子解析からは、環形動物に属させるべき可能性が示されています。

### 11 星口動物門

ホシムシ（図 3-17）など 320 種くらい知られています。外形だけみると他の動物と区別がつきませんが、体の作りは比較的簡単です。消化管がありますが、明瞭な血管系はありません。排泄用に腎管がある。

### 12 軟体動物門

8 つの綱を含む大きな門です。尾腔綱（ウミヒモ）、溝腹綱（カセミミズ）、単板綱（ネオピリナ）など、ほとんどお目にかからないものもありますが、多板綱（ヒザラガイ）、掘足綱（ツノガイ）など、気をつければ海岸でよく目にするものもあります（図 3-18）。絶滅種がたくさん知られており、普段はあまりお目にかからないものですが、以上の仲間だけでも 1,600 種を超えます。また、単板綱は 3 億年以上前に絶滅したと考えられていたものですが、1952 年になって深海から生き残りが発見され、2010 年 4 月には志摩半島沖から日本初の新種発見が報告されました。斧足綱（アサリ、ハマグリ）は 8,000 種を超える大きなグループです。さらに、頭足類（イカ、タコ、オウムガイ）、腹足類（サザエ、タニシ、カタツムリ、ナメクジ、アメフラシ、ウミウシ、クリオネ）など、よく知られたものも含む大きなグループです。

いずれも体のしくみはかなり複雑です。腹足類の体は左右相称ですが、巻貝の貝殻は動物界のなかでも珍しいうずまき構造です。斧足類は二枚貝の仲間

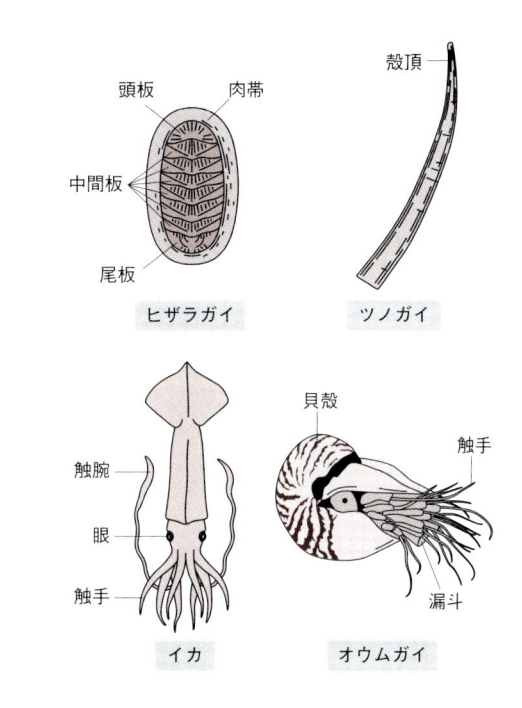

図 3-18　軟体動物門

ですが、これも体の作りは左右相称でも放射相称でもないようにみえます。しかし、発生過程ではいずれも左右相称の幼生を経由します。頭足類は相当に高級な行動ができる動物で、イカの求愛行動など、よくテレビで放映されます。タコは相当に利口な動物です。周囲の岩に合わせた色彩や突起物などの形態的擬態だけでなく、腕や体の動かし方などによって他の生物に似せた行動的擬態をすることも、信じられないくらいすごいことです。頭足類の先祖では、古生代オルドビス紀には殻がまっすぐな直角貝がいましたが、大きいのは 2 ～ 4 m もあったといいます。中生代のアンモナイトでも殻が 2 m 近い大きいものがあった。現在のオウムガイはアンモナイトの子孫と考えられます。

### 13 舌形動物門

すべてが寄生性で、体内構造は簡単です（図 3-19）。100 種類くらいが知られており、キチン質に覆われるなど、節足動物に近いものとされていましたが、遺伝子解析からは、そのなかでも甲殻類のなかのグループに近いものとされました。甲殻類とはず

3 日目　もっと広く動物の世界をグループ分けする　51

いぶん違ってみえますが、寄生しているために変化したものと考えられます。

### 14 有爪動物門

カギムシ（図 3-20）を含む小さな門である有爪動物は、短い脚の先に、爪のような鉤があるイモムシのような動物です。160 種くらいが知られています。5億年以上も前のカンブリア紀にもそっくりな化石がみつかっています。環形動物とも節足動物とも近い動物として注目されます。神経索が各環節部で膨らみ、排泄器として腎管をもち、縦走筋・輪走筋ともに平滑筋であることは環形動物的です。キチン質の表皮で覆われ、脱皮して成長し、解放血管系で、触角をもち、大顎をもつなどは、節足動物に近い。でも、どちらとも異なる独立の門です。

### 15 緩歩動物門

クマムシ（図 3-21）という 0.5mm 程度の小さな生き物が代表ですが、乾燥に耐える、乾燥したものは電子レンジでチンしても死なない、真空にも耐える、放射線にも強い、液体窒素につけても生き返る、などというものすごい生き物として一般向けにも紹介されているので、ご存知の方もおられることでしょう。550 種あまりが知られていて、その気になってみつければ、結構身近にみられる動物らしい。有爪動物門とも節足動物門とも似た性質をもっていますが、独立した門です。

### 16 鰓曳動物門

エラヒキムシ（図 3-22）など 14 種類くらいが知られているだけの小さな門です。0.5mm 程度の小さなものから 20cm くらいの大きなものまであります。体は案外複雑です。

### 17 胴甲動物門

1983 年に記載された新しい門です（図 3-23）。1mm 以下の小さな体でありながら、なかなか複雑な

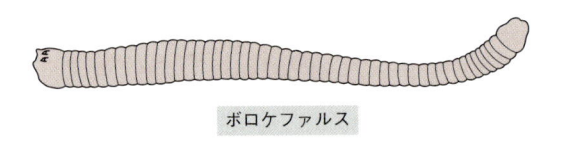

図 3-19　舌形動物門（参考文献 2 を元に作成）

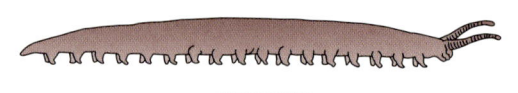

図 3-20　有爪動物門

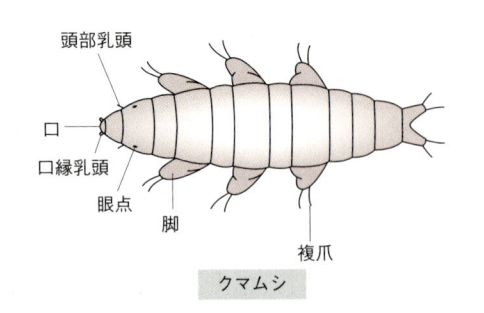

図 3-21　緩歩動物門（参考文献 2 を元に作成）

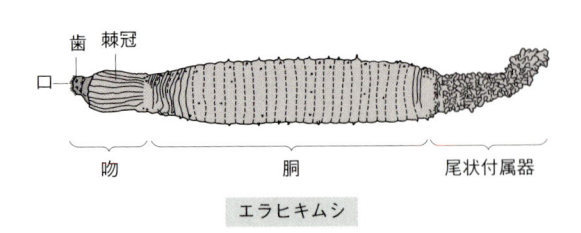

図 3-22　鰓曳動物門（参考文献 2 を元に作成）

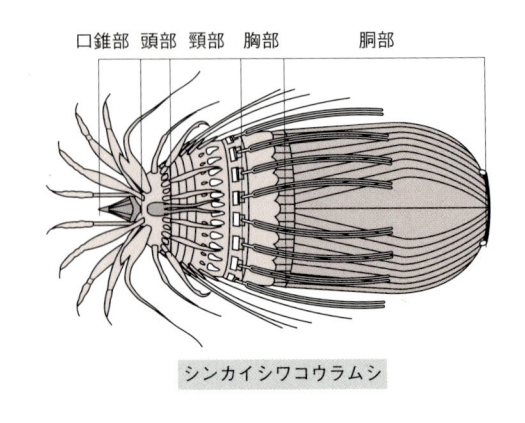

図 3-23　胴甲動物門（参考文献 2 を元に作成）

構造をもっています。形態観察からは、鰓曳動物や動吻動物との関係が想定されています。50種くらいの小さなグループです。

### 18 動吻動物門

13の体節からなる、体長1mm以下の小さな生き物で、160種くらい知られています。動吻という名前は、吻（口の部分）が内側に折れ曲がって引き込めるからだそうです。小さくて簡単な体ですが、消化管や排泄器、神経や筋肉もある。

### 19 線形動物門

クチクラで覆われた、円形の断面をもつ細長い身体をもちます。ヒトに寄生するカイチュウやギョウチュウ、松枯れの原因といわれたマツノザイセンチュウ、イヌに寄生するフィラリア、発生や分子生物学の研究に使われるエレガンス（C. elegans）など、知られているものが結構あります（図3-24）。ちゃんとした消化管がありますが、循環器はなく、排泄器はないか貧弱です。無脊椎動物のなかでも繁栄しているグループで、知られているものだけでも1万種を超えるけれども、自然界にはまだたくさんの知られていないものがいるだけでなく、動物ごとに異なる種類の線形動物の寄生虫がいると考えられるなど、実際には100万～1,000万種はあると推定されています。

### 20 類線形動物門

ハリガネムシ（図3-25）など、線虫以上に細長い生物です。消化器はあってもほとんど機能せず、栄養は体表面から吸収し、循環器も排泄器もないという簡単な構造です。ハリガネムシはカマキリの腹に寄生していることがあります。

### 21 鉤頭動物門

すべてが寄生性で、1,000種程度が知られています。1mm～1mの長さをもち、寄生先の腸管に固着する鉤をもっているので鉤頭動物といいます（図3-26）。エビ、サカナなどいくつもの宿主の間を感染し、その間、幼生生殖をし海産哺乳類（最終宿主）に感染するなどの例があります。体の構造は非常に簡単で、消化器、呼吸器、循環器を欠き、栄養は体表面から吸収されます。

### 22 輪形動物門

ワムシを代表として大部分が0.5mm以下の小さな動物で、輪状に生えている繊毛が運動して、輪が回

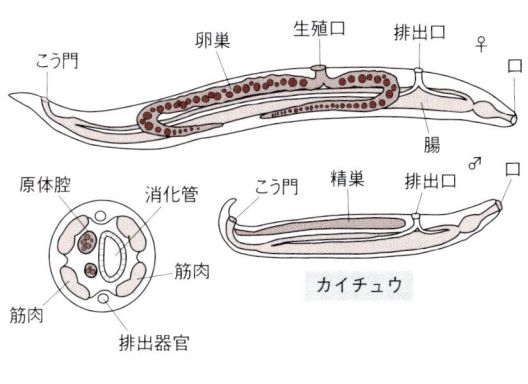

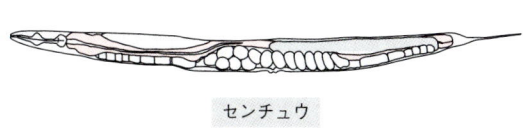

図3-24 線形動物門

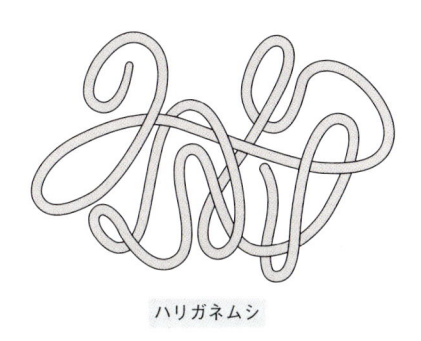

図3-25 類線形動物門（参考文献2を元に作成）

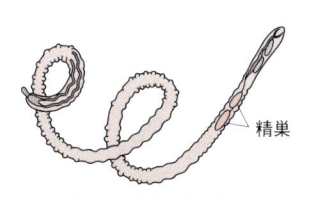

図3-26 鉤頭動物門

3日目　もっと広く動物の世界をグループ分けする

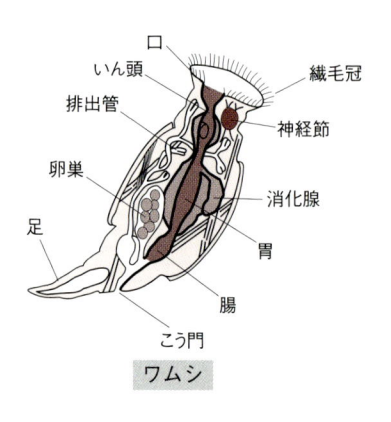

図 3-27 輪形動物門

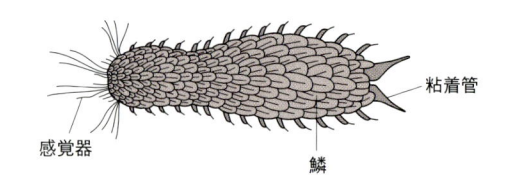

図 3-28 腹毛動物門（参考文献 2 を元に作成）

転するようにみえるので輪形動物といいます（図 3-27）。小さいけれどもなかなか複雑な構造をもっていて、3,800 種くらいが知られています。通常は雌の単為生殖（2 倍体の卵を産む）で増えますが、環境によっては減数分裂によって半数体の卵を産み、これが発生して雄になって、有性生殖します。

### 23 腹毛動物門

大部分が 1 mm 以下の小さな動物（図 3-28）で、450 種くらいが知られています。体内構造は比較的単純です。遺伝子解析によっても、他のどの門と近いかがよくわかりません。有性生殖するグループと、単為生殖するグループがあります。

### 24 紐形動物門

長さ数 mm〜数 m のヒモ状の生物です。知られている最長の記録は 30m とされ、これはシロナガス

## コラム ヒルガタワムシ

ワムシはどこの水たまりにでもいますが、この仲間の一種であるヒルガタワムシは、日本を含めてほとんど世界中のどこの水たまりにもいる、極めて普遍的な生き物だそうです。ワムシの仲間はよく単為生殖しますが、ヒルガタワムシの仲間は雄ができず、「絶対的単為生殖を営む」などと記載されています。単為生殖というのは、相手がいなくても子孫を増やすという意味では無性生殖的ですが、個体のもとになるのは生殖細胞であるという変な増え方です。絶対に有性生殖しない動物は極めて珍しい存在ですが、8,000 万年も前から単為生殖を続けながら、800 種類にも分岐しているのだそうです。有性生殖は、遺伝子の多様性を大きくし、種の多様性を大きくする画期的な方法で、それが環境の変化にも耐えて真核生物の生存と多様化に大きな効果をもった、と理解されています（11 日目）。だから、無性生殖だけでじり貧に陥ることもなく、これほど長く、生きながらえているのは意外というほかはありません。

2008 年の Science 誌に、ヒルガタワムシのゲノム解析が報告されました。ヒルガタワムシの DNA は、テロメア（DNA 末端）の近傍に、さまざまなトランスポゾン（11 日目）という飛び回る遺伝子の配列をもっています。ここに、実に驚くべきことに、動物だけでなく植物や菌類（カビ、キノコ）やバクテリアに由来すると考えられる、異種起源のたくさんの遺伝子をもっていること、これらの遺伝子はちゃんと機能していることがわかりました。本来の固有の遺伝子群は、DNA 末端ではなく内側の方に集まって存在している。ヒルガタワムシは何らかの方法で、遺伝子の水平移動（11 日目）という手段をつかって、遺伝子の多様性を実現している可能性があるわけです。遺伝子の水平移動は、通常はウイルスの感染を通じて遺伝子を移動させますが、ヒルガタワムシの場合のやり方はまだよくわかっていません。ヒルガタワムシは乾燥に耐えるので有名ですが、乾燥時や湿潤に戻る際に細胞膜が痛んで、周囲にある DNA が細胞内に入り込んでしまう、などという乱暴極まりない方法もないとはいえないらしい。Science 誌の 2010 年 1 月号では、乾燥はヒルガタワムシの生存にとって大切なプロセスで、乾燥して風に飛ばされて分布を拡大するだけでなく、感染した細菌を排除する役割ももつということです。いずれにせよ、有性生殖しなくても、遺伝子の多様性をはかることができる希有な例と思われます。

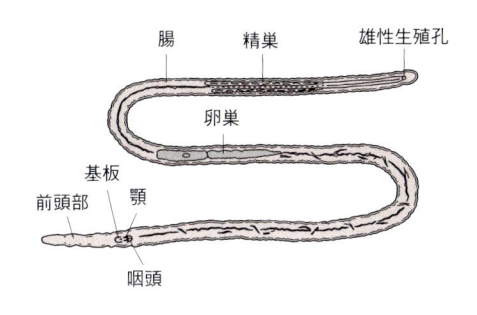

図 3-29　顎口動物門（参考文献2を元に作成）

クジラより長い。俗にヒモムシといわれるもので、1,000種以上が知られています。体の作りは結構複雑で、閉鎖血管系をもっています。一般に有性生殖で増えますが、体をちぎった断片から再生する無性生殖で増える場合も知られています。

### 25 顎口動物門

体長0.2～3.5mmくらいの線状の小さな動物（図3-29）で、1969年に門に格上げされました。100種くらいが知られています。血管系、体腔がなく、消化管に肛門がなく、雌雄同体で、体内受精するなどの性質から、左右相称動物の最も原始的な、扁形動物に近いものと考えられていましたが、遺伝子解析からは、毛顎動物や線形動物と近いという結果が得られました。

### 26 扁形動物門

旧口動物のなかで最も原始的なものと考えられる大きな動物門で、1つにまとめるべきかに疑問があります（図3-30）。渦虫綱（ウズムシ、プラナリア、ヒラムシ）が約4,500種、吸虫綱（肝臓ジストマ、日本住血吸虫）約9,000種、条虫綱（サナダムシ）約5,000種からなります。口から腸管が続きますが、腸管は袋状あるいは枝状で、肛門がありません。寄生虫では、消化管が全然なく体表面から栄養を吸収するものもあります。呼吸器、循環器はありません。酸素は体表面から吸収するので、体が平たくないと内部まで行き届かないために、扁平にならざるを得ないので扁形動物です。現在、従来の形態学に加えて、電子顕微鏡的な微細構造と、遺伝子解析による

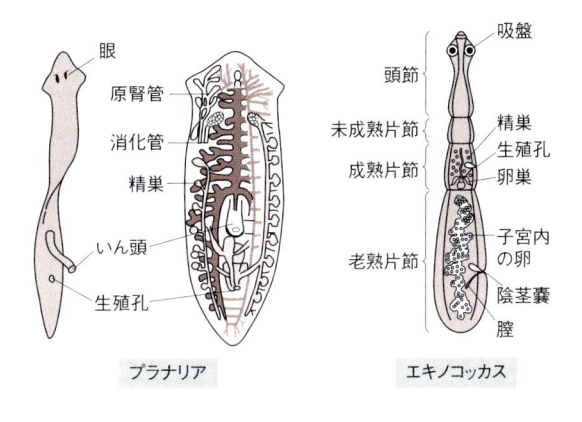

図 3-30　扁形動物門（参考文献2を元に作成）

研究の進展から、扁形動物の分類についての見直しが進んでいて、互いの系統関係や、どれが一番古いタイプか、などについて議論が進んでいるところです。ほとんどが有性生殖ですが、プラナリアの仲間やコウガイビルなどの渦虫類は体が分裂して（ちぎれて）増える無性生殖するものも多く、再生能力が非常に高い生き物としても有名です。サナダムシやジストマでは、幼生が内部に次世代の胚を作って増える幼生生殖も有名です。

## IV. 2つの幹の根元のグループ

動物が新口動物と旧口動物に分かれる前の、根元に相当する動物がいます。有櫛動物、刺胞動物、平板動物、海綿動物などは、発生過程でいえば、原腸が陥入した段階で、内胚葉と外胚葉の2つの細胞群からなり、中胚葉がまだできていない段階に相当すると考えられます。すなわち、**二胚葉動物**のグループです。陥入部分が口と肛門の両方の役割を果たします。ただ、組織や器官としてちゃんとした中胚葉由来のものはできていなくても、内胚葉と外胚葉の間を埋める原始的な中胚葉組織といえる、さまざまな機能をもった細胞群としての間葉系細胞群は存在するので、広い意味では三胚葉動物といってよいのではないかともいわれます。中生動物はそれに比べる

と単純で、発生過程でいえば、さらに前の段階である胞胚期あるいは桑実期に相当するようにみえます。みえる、という以上の積極的な意味付けを与えるものではありませんが、こうしてみると、発生過程のすべてに相当する、多細胞からなる動物群がみられることに感心します。

根元に相当する動物グループのもう1つの特徴は、形です。新口動物と旧口動物は基本的に左右相称でしたが、根元のグループは有櫛動物と刺胞動物は放射相称で、それ以外は相称軸のない、無定形ともいうべきものです。

### 1 有櫛動物門

クシクラゲ、フウセンクラゲ、ウリクラゲ、オビクラゲの仲間（図 3-31）で、140種あまりが知られています。体制は放射相称です。ネオンサインのようにきれいに発光し、点滅するものが多い。クラゲ（刺胞動物）に似ているけれども、刺胞をもたず、代わりに膠胞をもっているところが違います。フウセンクラゲなど、多くは体に8列の櫛板という構造をもっています。櫛板は繊毛がたくさん生えていて、この繊毛を動かして移動します。早く移動することはできませんが、繊毛で運動する一番大きな動物といわれます。口と肛門が一緒で、貪欲な肉食動物です。2本の大きな触手をもっています。表皮と胃壁上皮の間に厚い間充織をもち、間充織にはアメーバ様の食細胞や網目状の筋繊維を含んでいます。胃からは水管という管が胃水管系を作り、浸透圧や浮力の調整をします。

### 2 刺胞動物門

クラゲやイソギンチャクの仲間（図 3-32）で、8,000種くらいが知られています。腔腸動物ともいい、体制は放射相称です。いずれも、触手というたくさんの腕をもっていて、その先に刺胞という細胞があって、魚などをつかまえ、胃に運んで消化します。触手が動くわけです。刺胞があるから刺胞動物です。クラゲには、感覚細胞や神経細胞や筋肉細胞があって、笠を収縮させて運動することはよく知られています。眼や平衡器官をもったものもいます。立方クラゲの仲間には、レンズや網膜まで備えた立派な眼があります。ただ、脳はないので、画像処理ができるとは思えません。何をしているのか不思議です。だいたいは小さいけれども、エチゼンクラゲは体重200kgにもなります。深海では、群体を作って連なって泳ぐ、全長40メートルにも達するヒドロクラゲ

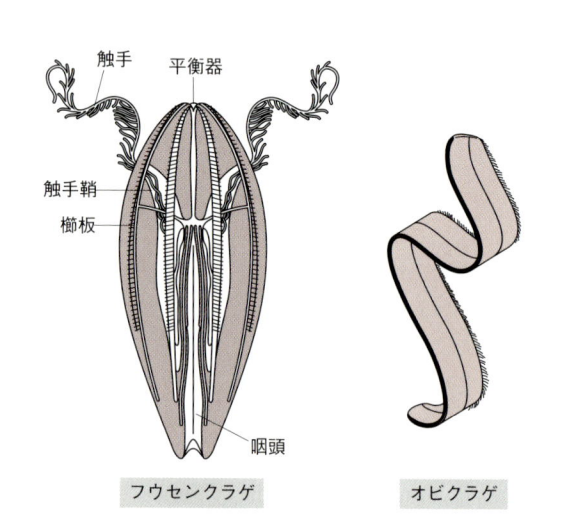

図 3-31　有櫛動物門

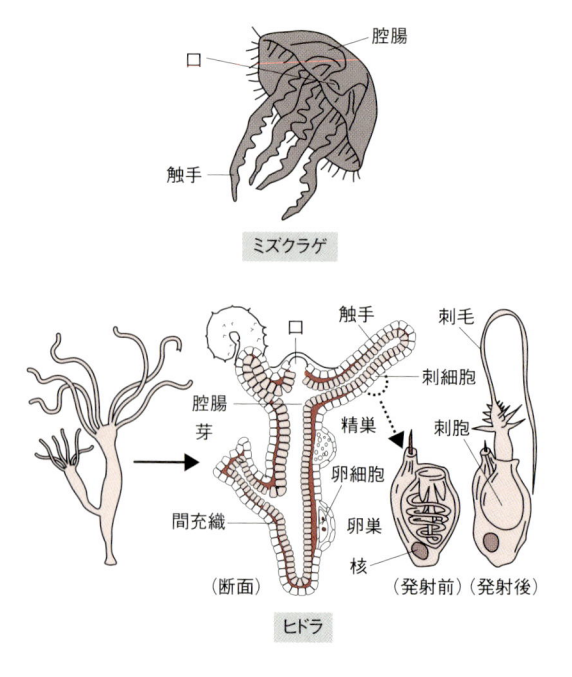

図 3-32　刺胞動物門

の仲間がいます。クラゲは、出芽や分裂のような無性生殖でも、有性生殖でも増えます。2分裂で体が縦に裂けるなどという、動物としては稀にみる過激な方法まで採用されています。ハチクラゲの仲間は、有性生殖で増える過程のなかでも、ポリプが何枚にもはがれる無性生殖で増える過程が入ります。

口を上にして水底に付着しているのが、ヒドラ、イソギンチャク、サンゴの仲間です。こういう形をポリプといいます。クラゲと同様に、触手をもっていて、刺胞でプランクトンや魚やなどをつかまえて

### コラム 個体と群体

同じような形態と機能をもった細胞の集合を、群体といいます。群れです。個体とは、異なる形態と機能をもった分化した細胞からなる、有機的な集合です。ヒトの場合を考えると、たくさんの種類の分化した細胞、皮膚細胞、神経細胞、肝細胞、血球細胞などが有機的に集合した1つのまとまりが個体であり、個々の細胞に分けられたら生きていけません。ヒトは個体であって、細胞の群体ではないのはよくわかる。

クラミドモナスは2本の鞭毛をもった単細胞の緑藻類ですが、パンドリナやボルボックスは、細胞が集まった群体といわれます（図3-33）。でも、細胞はただ群れているだけではなく、細胞同士のつながりまであり、全体として一定の大きさと形をもっている。生殖細胞の分化もある。卵が受精して、親のお腹（？）の中に子供のボルボックスをいくつも抱えていたりする。個体のように振る舞うけれども個体と呼ばないのは、集まっている細胞の分化が乏しく、生殖細胞を除けば、体細胞としては1種類にみえるからです。ヨツメモという緑藻類は、こういう鞭毛を2本もった細胞が集まって藻らしい形を作っている（図3-33）。コンブやワカメやアオノリなども同様で、結構な大きさになりますが、この場合にも、根、茎、葉といった分化が不十分とみなして、多細胞植物とみないという見方があります。ただ細胞をみると、何種類かの細胞分化がみられます。

多細胞動物の場合、個々の細胞あるいは組織や器官を取り出したら、取り出したものは単独で生きて行けませんから、集合体は群体ではなく個体である、というのは納得できます。それに対して植物の場合には、切り分けたり個々の細胞にまでばらしても生きられるだけでなく、元の形を再現できる可能性さえあります。だからからといって、植物は個体ではなく細胞の群体であるというのはどうなのだろうか。動物と植物では、細胞のあり方に基本的な違いがあるからではないかと思います。

細胞性粘菌は、たくさんの細胞が集まって、全体がアメーバ状の運動をして、朽ち木の上などを這い回ります。1つのまとまりではあるけれども、個々の細胞の分化はみられないので、細胞の群体であるともいえますが、全体として統合された運動をするとみれば、個体のようでもあります。餌が乏しくなると、細胞の集合体は分化をはじめて、地面から上へ柄を伸ばし、その先に胞子嚢を作り、その中に胞子を作り出す。これはもう押しも押されもせぬ個体です。途中までは群体だったものが、個体に変わる、ということなのだろうか。これらの例について、『これは多細胞生物とはいわない』『本当の多細胞生物はこうあるべきだ』というだけの本質的な違いの線引きができるのかどうか、私には疑問です。

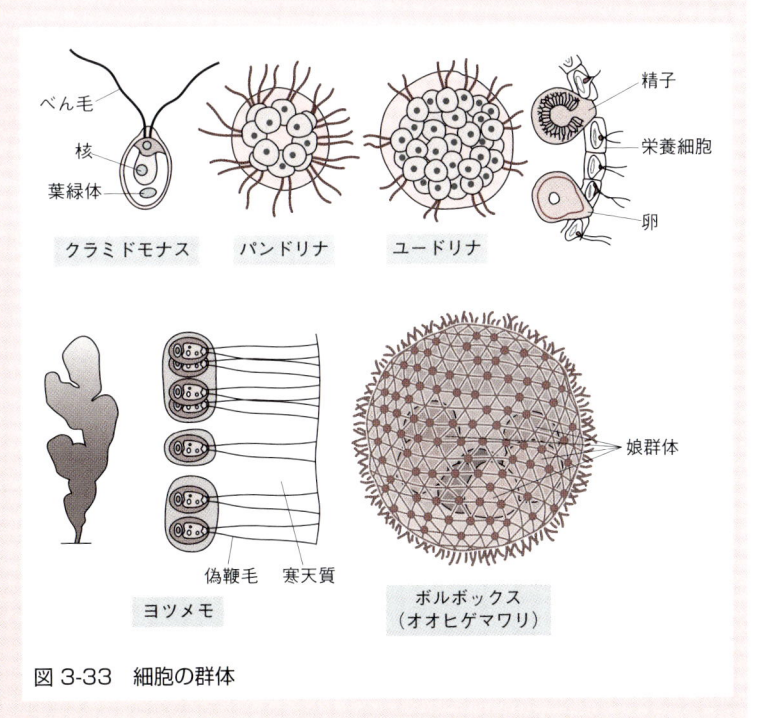

図3-33 細胞の群体
（クラミドモナス、パンドリナ、ユードリナ、ヨツメモ、ボルボックス（オオヒゲマワリ））
べん毛、核、葉緑体、偽鞭毛、寒天質、精子、栄養細胞、卵、娘群体

3日目　もっと広く動物の世界をグループ分けする

食べます。イソギンチャクはゆっくりだけれども移動できます。サンゴは、小さなポリプの個体が、出芽や分裂の無性生殖で増えて大きな群体を作り、全体が樹枝状やテーブル状になっています。2,000kmを越えるグレートバリアリーフは世界最大のサンゴ礁の連なりです。有性生殖もする。サンゴが満月の夜に一斉に放卵するところは、しばしばテレビで放映されます。受精卵はやがて海底に付着して新しいサンゴを作ります。

### 3 中生動物門

中生動物は20個程度の細胞からできた個体で、多細胞動物のなかでは最も小さく、最も簡単な構造のものです。ニハイチュウとかチョクユウチュウ（図

---

**個体が集まった群体**

カイメンとか、サンゴ、イソギンチャク、ホヤなど、同じ形の個体が集まって、大きな集団を作っているのは個体の集合からなる群体です。全体が樹の枝状やテーブル状になったサンゴはよく知られています。フサムシもそうだった。異なった形態をもち異なった機能を分担した個体が集まってできた群体もあります。ヒドロクラゲの仲間は、生殖用、摂食用、攻撃用などの個体がつながった群体を形成し、カツオノエボシはどうみても1匹のクラゲの個体としかみえませんが、個体が集まった群体なのです（図3-34）。群体からできた個体というべきなのだろうか。こういう生き物をみると、個体とは何だろうと思います。

植物でも、マツやスギ1本を1つの個体と考えることに問題はないし、イネやホウレンソウの一株を1つの個体と考えて問題ありません。タケだって1本を個体と考えたいところですが、大きなタケの林全体が地下茎でつながっているといわれると、全部が1つの個体ともいえそうだし、群体というべきなのかなあとも思います。林の中で、キノコが輪状に生えていることがあります。妖精の輪（fairy circle）という美しい名前がついていて、妖精が輪舞した跡というわけです。これは、中央から伸びていった菌糸が、周辺部分でいっせいにキノコを形成するのだそうです。菌糸がひとつながりになっていますが、これも群体なのだろうか。

メダカの群れやイワシの群れは、群れていても群体とはいわない。これらは、個々が離れても生きていけます。でも、ハチやアリの仲間には、女王以外にも、形態的にも機能的にもいくつかの種類に分化していて、それぞれが役割り分担して1つの集団として生きている（図3-35）。個々の個体を取り出したら、ヒトから個々の細胞を取り出したときのように、まともには生きられなくなります。こういう場合、ハチやアリの集団は社会と表現し、群体ということはありませんが、振る舞いとしては有機的な存在であり、個体的であるとさえみなせます。

生き物の生き方について、個体とか群体とか、典型的なものに名前をつけることは意味あることでしょうし、その道の専門家は言葉を定義してキチンと使う必要があるでしょうが、これは個体、あれは群体など、所詮、生き物の自由な工夫に対しては言葉が追いつかない、という気がします。普通の人にとっては、生き物はいろいろな生き方をしていると感心できさえすればそれで十分と私は思います。

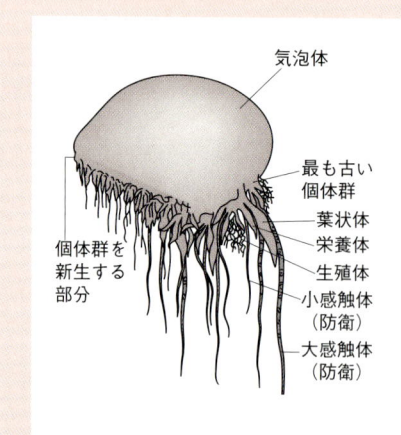

---

図 3-34　カツオノエボシの群体

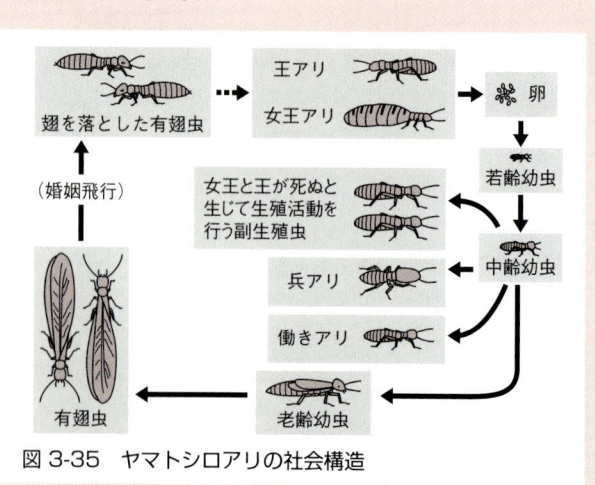

図 3-35　ヤマトシロアリの社会構造

3-36）が代表的なもので、90種類くらいが知られています。両者はかなり異なるので、二胚虫門と直遊虫門に分けるべきとの見解が有力です。細胞としての分化はみられますが、組織や器官をもっていない。これでも雌雄があって有性生殖し、受精卵から発生して、図 3-36 のような大人の体になります。メスの体は卵だらけです。すべて寄生性のもので、もっと複雑な動物であったものが、寄生生活を続けることで単純化したものと考えられています。元は左右相称の動物であったと考えられます。だから、現在の体の作りは簡単ですが、これが多細胞動物のなかで最初に生まれたグループである、とは考えません。ただ、遺伝子の解析によっても、他の動物門との近縁性はよくわかっていません。

### 4 平板動物門

平板動物は、1層の細胞からなる袋をつぶしたような形の、平べったい、1～2 mm程度の、簡単な海の生き物です（図 3-38）。1971年に門が新設され、そこに属すことが決まりました。今のところセンモウヒラムシという1種しか知られておらず、1門1

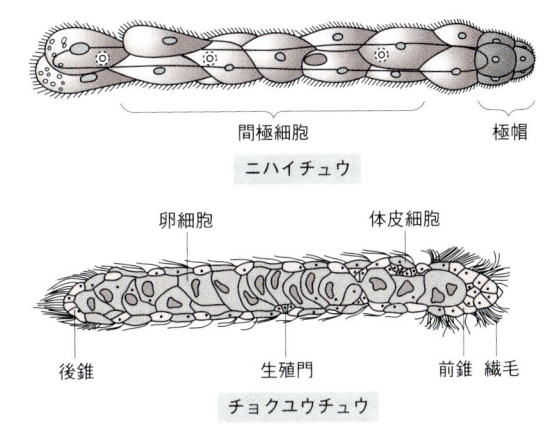

図 3-36　中生動物門（参考文献2を元に作成）

## コラム　若返る動物

クラゲの仲間であるベニクラゲは、傷ついたり老化したりすると、一度細胞の塊にもどってから若返り、新たな個体を生み出すので、若返り能力をもつものとして注目されています（図 3-37）。通常の生活史では、受精卵から発生して、ポリプの群体を作ります。やがて大きくなると、茎からクラゲ芽を出し、これが外れてクラゲになります。老化したり傷ついたりすると、全体が未熟な体細胞の塊になって、ポリプから作り直します。通常の増殖サイクルの発生初期状態に戻れるところがミソなのだと思います。細胞の塊をつくる際に、生殖細胞は切り離されるか消滅するかし、若返りには参加できません。若返りには体細胞だけが参加する。

ベニクラゲでは、体細胞から全能性幹細胞に戻れるらしい、ということが画期的です。普通の動物の体細胞にはできないことです。山中伸弥先生たちのiPS細胞では、幹細胞で働いている4種類の遺伝子を人工的に導入することで、体細胞の幹細胞化に成功したわけですが、ベニクラゲは自分で勝手に幹細胞化をやっているわけです。そこがすごいところです。このプロセスは何回か繰り返せることが確認されているようですが、もし何回でも繰り返せるなら不老不死の可能性もあります。多細胞動物が、個体として若返るなんて、他に例がありません。いろいろな変わり者がいるものです。

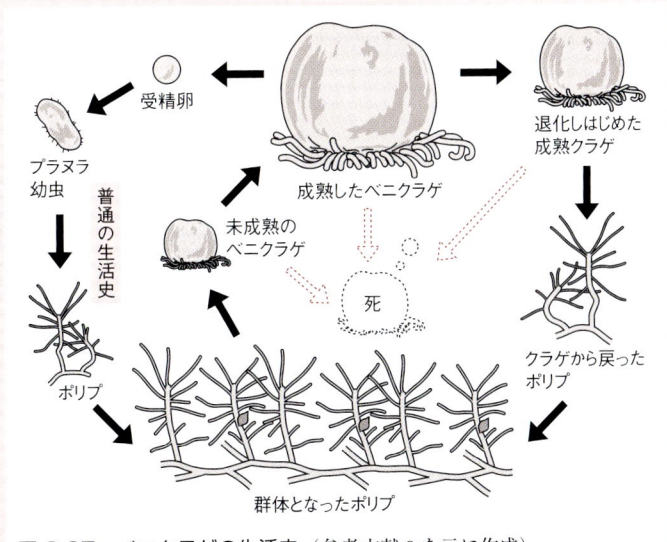

図 3-37　ベニクラゲの生活史（参考文献3を元に作成）

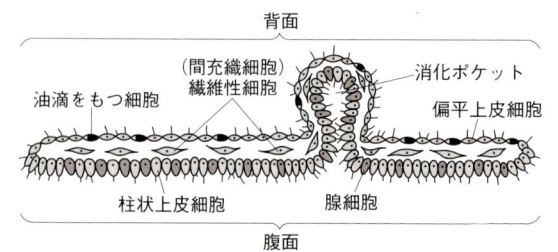

図3-38 平板動物門（参考文献2を元に作成）

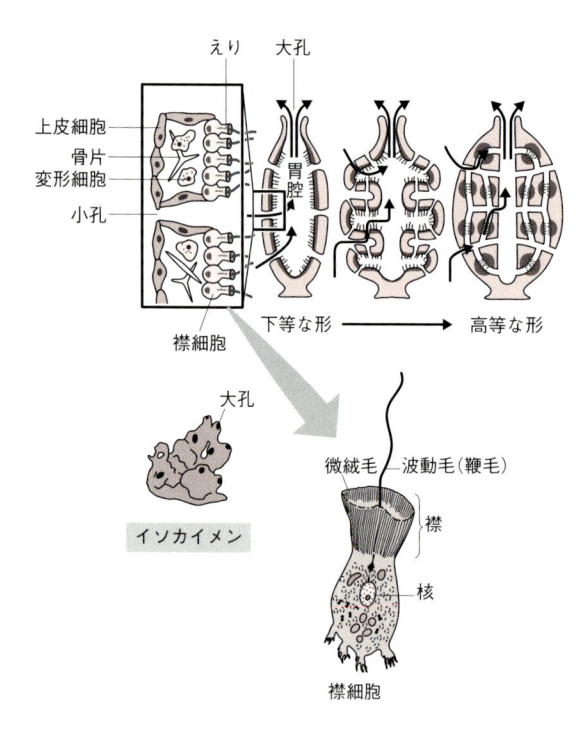

図3-39 海綿動物門

種という最小のグループです。紛らわしいのですが、ヒラムシというのは扁形動物の仲間で、かなり大型のものです。センモウヒラムシは、熱帯や亜熱帯の海岸でその気になって探せば、案外簡単にみつかるものだそうです。2,000〜3,000個の細胞からなり、4種類の細胞が存在しますが、組織も器官もありません。表面の細胞は繊毛をもっていて、それで移動できます。DNA量は小型の原生生物程度で、多細胞動物のなかでは1番小さい。寄生する生物のなかには、中性動物のよう単純になってしまったものがいくらでもいますが、平板動物は、独自に自由生活する動物としてはもっとも簡単な動物として、注目に値するものです。発生過程でいえば、胞胚をつぶしたようなものといえそうです。遺伝子の研究が進んできても、他のどの門にも属させることができず、小さくても独立させざるを得ません。分裂や出芽による無性生殖で増えますが、卵細胞も作り有性生殖もするらしい。

## 5 海綿動物門

カイメンは海中の岩などにへばりついていて、運動しない動物です（図3-39）。形としてもこれが一匹のカイメンとわかるものもありますが、互いの境目のない個体がたくさん集まって、全体として不定形としかいいようがないものも少なくありません。運動しないので動物にはみえないけれども、体を構成する壁の中にたくさんの小さな穴が空いていて（英語でスポンジという）、穴の表面にある鞭毛をもった細胞（襟細胞）が水流を起こして、流れてくる

---

**コラム　後生動物、中生動物、原生動物**

動物といえば、元々は獣（哺乳類）をさす概念でした。次第に、カエルやサカナ、やがて昆虫やミミズなど、概念がどんどん広がりました。やがて、顕微鏡で見てようやく見えるような生き物（単細胞生物）がいることがわかって、単細胞の生き物を原生生物、そのなかでも動物的なものを**原生動物**と称しました。原生動物に対する動物群、すなわち多細胞動物を**後生動物**と呼びます。これらの言葉は現在でも生きていて、本書でもあちこちで使われています（例えば5日目、6日目）。中生動物というグループは、元々は、後生動物というには体の構造が簡単すぎる、とはいえ単細胞の原生動物ではなく、同じ細胞が集合しただけの集合体（群体）ともいえないということで、どちらにも位置づけられない中間的存在として、中生動物とされました。動物界のなかで、原生動物亜界、後生動物亜界、中生動物亜界という位置を占めるものでした。ただ、今では後生動物の1つの門と位置づけられます。

プランクトンなどを捕まえて食べます。集めた水が入っていく大きな空洞が中央にあり、排出する大きな排出口が上を向いています。他の生物を捕まえて食べるところは、まさに動物の原型です。

この襟細胞が単細胞の襟鞭毛虫とそっくりなことから、襟鞭毛虫と海綿は兄弟なのではないか、襟鞭毛虫に似た祖先から両者が生まれたのではないか、と考えるきっかけになりました。海綿動物は、現在まで生きのびている動物としては、多細胞動物の一番根元に近い動物である、と考えられます。細胞同士の接着タンパク質は多細胞動物に共通ですし、結合組織の主要成分であるコラーゲンをもっていて組織細胞を結合させ、体を構築しているという点でも、多細胞動物の原型です。筋肉のような細胞をもっていて収縮したり、骨片による骨組みをもったものもいるなど、動物としての原始的な性質をもっています。

## V. 単細胞生物のグループ

単細胞の真核生物を原生生物といいます。そのなかで、光合成をする葉緑体をもたず、他の微生物や原生生物を捕食するものを動物群と考えて、原生動物門とします。なお、原生生物界として大きな枠組みで捉えるとき、綱としているグループを門として格上げして扱うので、動物界全体での門の数はずっと多くなります。後生動物界に匹敵する、あるいはそれ以上に広いグループを含んでいるともいえます。6日目で紹介するように、植物に分類されていたものを含めて単細胞真核生物界の分類は、大幅な編成変えを迎えていますが、ここでは古典的な分類として代表的なものを4つにまとめて紹介しておきます。

### 1 鞭毛虫門

トリパノゾーマ（眠り病の病原）や夜光虫など、鞭毛をもつグループです（図3-40）。鞭毛の数は1本から2本が多いけれども、非常に多数の鞭毛をもつものまでが含まれます。トリコモナスは4～6本、シロアリの消化管に共生する超鞭毛虫は多数の鞭毛をもちます。オパリナでは多数の鞭毛が体表に何列も走っていて、細胞内には多数の核があります。ランブル鞭毛虫類のギアルディアなど、ミトコンドリアをもたない種類も多く、ミトコンドリア獲得以前の非常に古い真核生物の名残として期待されました

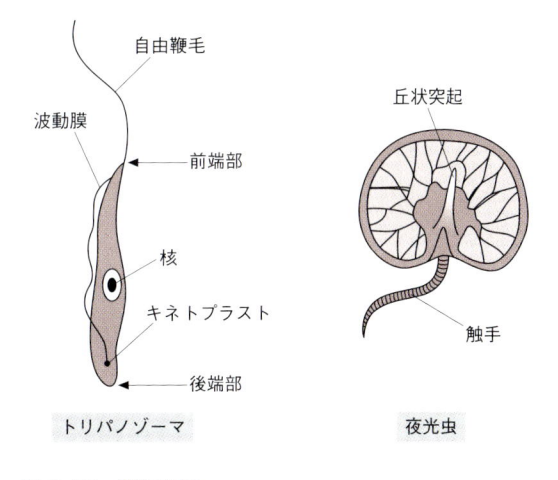

図3-40　鞭毛虫門

---

### コラム　センモウヒラムシの遺伝子解析

2008年のNature誌にセンモウヒラムシのゲノム解析が報告され、なんと遺伝子は1万1,500もあることがわかりました。ヒトの遺伝子が約2万5,000であることと比べて約半分であり、意外に多い。数が多いだけでなく、誰もが驚いたことに、遺伝子発現を調節する転写因子、細胞接着タンパク質、神経伝達にかかわるタンパク質の遺伝子、発生過程で働く数々のタンパク質など、複雑な多細胞生物がもっている遺伝子の仲間を多くもっていることがわかりました。センモウヒラムシ自身は、大して複雑な構造をもたないにもかかわらず、どうしてこのような遺伝子をたくさんもっているのか、不思議といえば不思議です。

最も単純で下等とみえる動物に、すでに多細胞動物に必要な遺伝子セットが用意されている、という事実は意味深長です。いろいろな解釈はできますが、多細胞生物の体を作るために必要な遺伝子群は、本格的な多細胞動物ができる以前に用意されていた可能性が高い。これについては後で（11日目）もう一度考察します。

が、二次的にミトコンドリアを失ったことがわかっています。ユーグレナやクラミドモナスは、鞭毛をもって運動しますが葉緑体をもっていて光合成するので、単細胞の藻類（植物界）にも分類されていました。

　1980年代以降に進んだ遺伝子解析によって、現在ではこのグループは大きな再編成がなされ、黄金色藻類、黄緑藻類、緑藻類、ハプト藻類、クリプト藻類、渦鞭毛藻類、ミドリムシ類、ラフィド藻類などの光合成するグループの門や、トリパノゾーマ類、ディプロモナス類、ヒゲムシ類、パラバサリア類（超鞭毛虫類）などの光合成しないグループの門があり、それぞれが、大きな分類グループのあちこちに分散しています（6日目参照）。このグループの一員である**襟鞭毛虫類**は1本の鞭毛をもち、遺伝子解析から多細胞動物に最も近い単細胞生物であることがわかりました。共通の先祖から、単細胞のままで今まで生きてきた（その間に変化はしたでしょうが）ものが襟鞭毛虫、多細胞化して展開したものがすべての動物、ということになります。

## 2 肉質虫（根足虫）門

　原形質流動によって、足を出すよう偽足を出して移動します。白血球などがバクテリアを取り込むときに同じように移動するので、アメーバ運動といいます。アメーバらしいアメーバの仲間のほかに、炭酸カルシウムの殻をもつ有殻アメーバや有孔虫、針状の骨格をもつ太陽虫や珪酸の殻をもつ放散虫など、

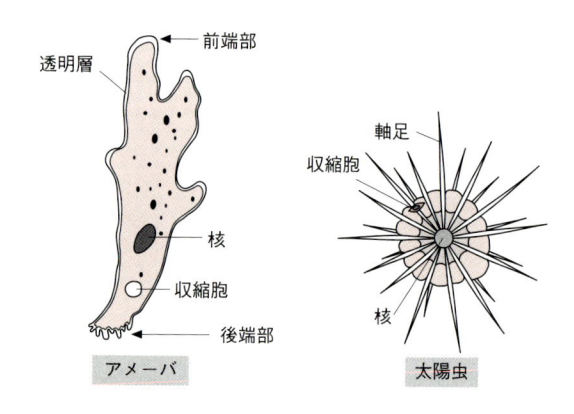

図3-41　肉質虫門

さまざまなものを含みます（図3-41）。有孔虫には大きなものもあり、殻は星の砂としても有名です。沖縄などで小さなビンに入れてお土産に売っています。他のグループに属するものでも生活環の一部ではアメーバ状運動するものはたくさんあり、逆に、肉質虫に属するグループでも生活環のなかで鞭毛をもって運動するものもあったりして、分類はすっきりしないところがありました。1980年代以降に進んだ遺伝子解析による分類では、大きな再編成がなされています。

## 3 繊毛虫門

　ゾウリムシ、ツリガネムシ、ラッパムシなど、体表面に繊毛をもっています（図3-42）。テトラヒメナのように、繊毛をもって運動するけれども葉緑体をもって光合成するものは、単細胞の藻類（植物界）

---

### コラム　ミクソゾアという動物

　かつて、原生動物の胞子虫類に属していた、粘液胞子虫や軟胞子虫を含むミクソゾアというグループがあります。1,000種類近い種を含むグループです。寄生性で、繊毛や鞭毛などの運動手段をもたず、胞子を作って増えます。1995年以降に遺伝子解析が進んで、このグループは、細胞間接着分子の存在など多細胞動物の特徴をもち、Hox遺伝子（11日目）などの存在からみて左右相称の多細胞動物との共通性をもっていることがわかり、遺伝子の特徴から線形動物に近いものと考えられるようになりました。元々は三胚葉性で左右相称の多細胞動物だったものが、寄生を続けるうちに次第に単純化し、ついに単細胞の動物（原生動物）になってしまった、と考えられます。寄生すると体が単純化することは中性動物にもみられたことですが、単細胞生物にまで戻ってしまうのは驚きです。そこまでいくかとあきれる思いがします。逆に、単細胞から多細胞動物ができたときの先祖である可能性を考えてもよさそうですが、そう考えないないのは、共通先祖としてもつべき共通な性質ではなく、線形動物という特殊化した多細胞動物に近い性質をもっているからです。

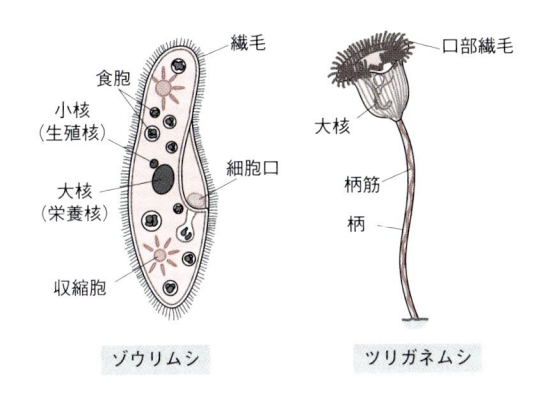

図 3-42 繊毛虫門

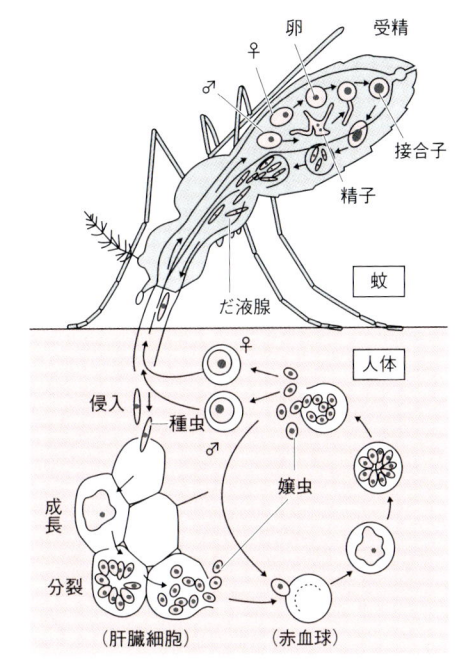

図 3-43 胞子虫門（参考文献4を元に作成）

に分類します。ゾウリムシの仲間は、繊毛を使って相当な速度で移動します。ツリガネムシやラッパムシは固着性で、繊毛は水流を起こして餌を捕まえるのに使われます。群体を作っているものもある。

ゾウリムシは単細胞として非常に複雑化した細胞内構造をもっており、細胞内には、大核、小核、口と食胞、収縮胞などさまざまな細胞内小器官をもっていて、あたかも多細胞動物が多くの器官から組み立てられているのと似ています。小核は遺伝情報のすべてをもっているが普段は働いておらず、生殖に際してのみ機能する、生殖細胞みたいなものです。大核は普段の生活や増殖に必要な遺伝子を選んでもっていて、普段の生活にはこの遺伝子だけで足りる、体細胞みたいなものです。口から他の生物を飲み込み、食胞内に取り込んで消化し、不消化物を出すのはまさに消化器官だし、収縮胞は水の排泄器官で腎臓みたいなものです。繊毛を統一的に動かして運動するのは、神経系と骨格系みたいなものだし、化学

## 進化は生存競争ではない

**コラム**

ここで紹介したように、動物には実にたくさんの種類があることがわかります。動物の多様性です。これらはいずれもそれなりに、長い進化の歴史を生き抜いてきました。これらのなかには、攻撃的でもなく、強くもなく、毒性が強いわけでもなく、どうやって進化の過程を生きのびてこられたのか、不思議に思う生物がたくさんいます。むしろ、そういう方がずっと多いようにみえます。「進化は生存競争である」、進化の過程で生き残った生物は、「激しい生存競争を勝ち抜いたものである」という考え方は必ずしも正しくないことを実感させるでしょう。

「進化には環境による選択が働いていた」と理解することは正しい。環境による選択とは、環境によほど不適合なものは死に絶えた、環境に不適合でないものは生き残れた、ということであると思います。生き残るためには、素早く運動し大きな口や歯をもって他の生き物を捕まえて食べる、という競争的な工夫もあるでしょうが、硬い殻や刺をもつ、あるいは毒をもつことで食べられにくくする防御的な工夫もあるでしょうし、捕食者がこないところでひっそり暮らす、食べられてもおいしくない、などという消極的ともいえる工夫もあります。いずれの工夫でも、生き残れたものは環境からみて適者なのです。少なくとも不適者ではないことが重要です。適者生存とはそういう意味です。環境には他の生物群も含まれますが、生物は、互いに競争していたわけではないのです。そういう意味で、生存競争という言葉は必ずしも正しくないのです。

3日目　もっと広く動物の世界をグループ分けする　63

物質に対して反応して濃い方へ移動したり逆に避けたりするのは、感覚器官をもって応答するといえます。

### 4 胞子虫門

マラリア原虫などすべて寄生性です（図 3-43）。実にたくさんのグループがありますが、1980 年代以降に遺伝子による解析が進み、微胞子虫の仲間は菌類に、粘液胞子虫などミクソゾアの仲間は多細胞動物に、らせん胞子虫の仲間は緑藻植物に分類され直し、元の胞子虫という門はすっかり解体されました。およそ 5,000 種を含む残りの胞子虫類は、アルベオラータという大きなグループ（6 日目）のなかのアピコンプレクサという門に集約されています。このなかに、マラリア病原虫やトキソプラズマ、コクシジウムなどの寄生虫が含まれています。

## 今日のまとめ

動物界は何百万種も含むといわれますが、実際にはさらにその数百倍もの種類の動物がいるのではないかと私は思っています。さすがに哺乳類では、今までみつかっていたものとは全然違う、新たなグループを作らなければならないような新種がみつかることはまずないかもしれませんが、脊椎動物まで広げるとしばしば新種がみつかります。特に両生類には多い。これに対して、いわゆる無脊椎動物については、まだ調べられていないものが多く、深海探査船が行くたびに深海などからは何十、何百種類という新種がみつかることも稀ではありません。深海どころか浅い海の珊瑚礁でも、調べさえすれば何百種類もの新種が発見されます。それでも調査できるのはホンの小さな点状の領域です。ほとんどの領域で調べがついていないというほかはありません。生物の宝庫といわれる熱帯雨林などでも調査が進みつつありますが、それでも、特定のものにしか注目しないために、見逃されているものが今でも多いのです。熱帯雨林ではどんどん開発が進んでいて、発見される前に絶滅してしまう生物が多いことが危惧されています。せめて記録には留めておきたいものだと思います。

# 今日の講義は…
# 4日目 植物界のグループ分け

## I. 植物界の全体像

　生物界全体としては、動物に加えて植物の世界があります（図4-1）。おおざっぱには、**狭義の植物（陸上植物）、藻類、菌類（キノコの仲間）に大別**できます。陸上植物の系統樹は比較的描きやすいけれども、藻類と菌類のなかでの相互の系統関係を調べることは、大変に難しい問題でした。少し前の分類では、原核生物（バクテリアの仲間）は細胞壁をもつので、植物との共通性があると考えて植物の一番下におきました。

### 1 独立栄養の植物

　植物の細胞は、チューリップやシクラメン、マツやイチョウ、それからシダやコケや藻類にいたるまで、**動物細胞と違って、セルロースやペクチンなどの多糖類でできた硬い細胞壁をもっていることが、共通の特徴**としてあげられます。葉緑体をもっている植物は光合成し、身体に必要な栄養素を自ら合成できます（図4-1）。藻類の多くも同様です。栄養素を自ら合成するので、**独立栄養**といいます。**追いかけて餌を捕まえる必要がないから、原則として動かない生物です。その場に植わっている物だから植物**です。単細胞生物のなかでも、クロレラのように葉緑体をもっていて光合成するものは、広義の植物界に含めます。ミドリムシは鞭毛をもっていて動くので、動物に含めることもあり、葉緑体をもっていて光合成するので藻類に含めることもありました。

### 2 従属栄養の植物

　カビやキノコの仲間は光合成できず、他の生き物や生き物の屍骸に取り付いて栄養を吸収する従属栄養生物なのですが、他の生物を追いかけて捕まえることはなく、植物と同様に細胞の周囲に丈夫な細胞壁をもっているので、広義の植物の仲間と考えます。

### 3 バクテリアの仲間

　生物界全体を動物界と植物界に分ける場合には、バクテリアの仲間は、植物細胞と同様（成分は違いますが）にしっかりした細胞壁をもっているので、植物界に含めていました。ただし現在では、バクテリアの仲間は、核をもたない原核生物という1つの界として分類されます。

### 4 世代交代

　動物界にはほとんどみられませんが、植物界には世代交代と核相交代がみられるのが普通です。世代交代というのは、**有性生殖で増えるとき（有性世代）と無性生殖で増えるとき（無性世代）とを交互に繰り返すことをいいます**（図4-2）。卵細胞（卵子）と精子が受精し、受精卵が細胞分裂し成長して体を作ったとき、構成細胞は卵由来の遺伝子1セットと精子由来の遺伝子1セットの2セットをもつので、核相2n（複相）あるいは2倍体といいます。この植物体の細胞が減数分裂することで、1倍体（核相n、単相）の胞子をたくさん作ります。まき散らされた胞子が細胞分裂し成長して体を作ったとき、構成細胞は1セットの遺伝子をもつ1倍体（単相）です。この植物体に造卵器と造精器ができ、それぞれ卵細胞と精子を作ります。たくさんの卵子と精子を作って

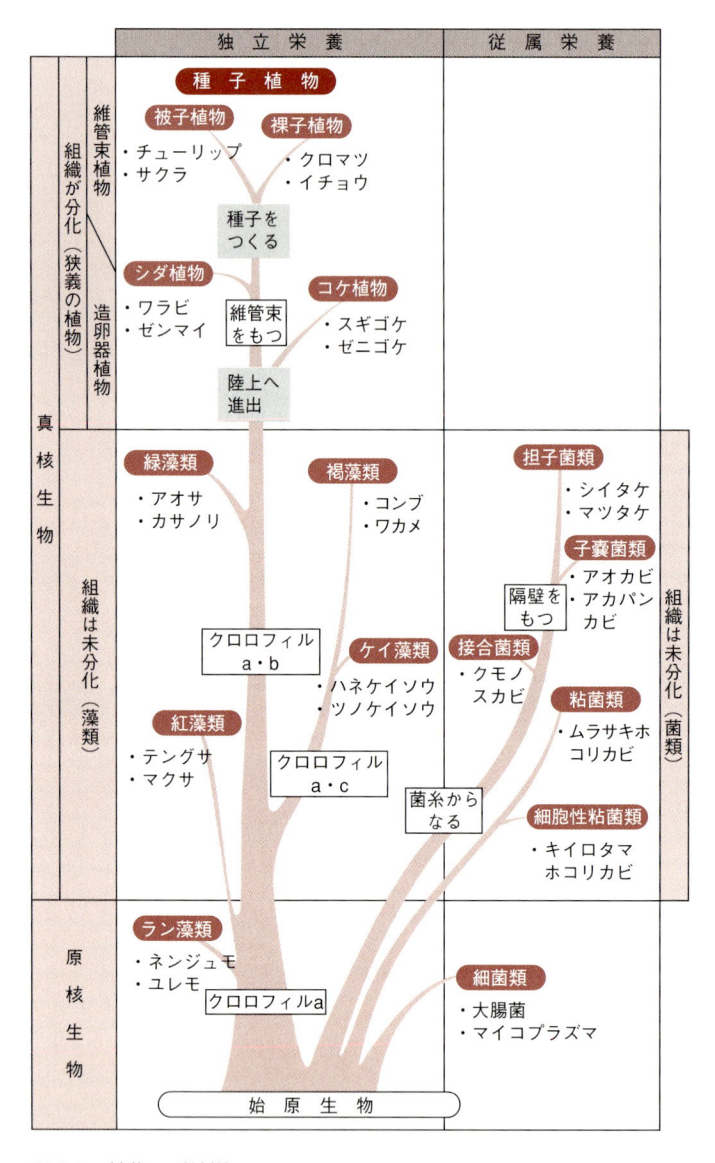

図4-1　植物の系統樹

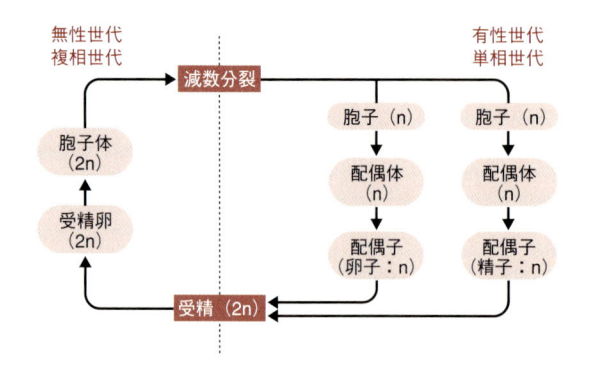

図4-2　世代交代と核相交代

増えるのは有性生殖、たくさんの胞子をまき散らして増えるのは無性生殖です。

## 5 核相交代

　nか2nかという核相が交代することを核相交代といいます。胞子を作る複相（2n）の植物体を胞子体といい、減数分裂して胞子（n）を作ります。卵子（n）や精子（n）のような配偶子を作る単相（n）の植物体を配偶体といい、減数分裂しないで配偶子（n）を作ります（図4-2）。植物界全体をみると、胞子体と配偶体のどちらも同じような植物体を作る場合（同形世代交代）と、一方の代の植物体の方が大きい場合（異形世代交代）があります。植物の場合、世代交代が特徴的なので、これを考えながら紹介します。

## 6 動物では世代交代も核相交代もまれ

　動物でも有性生殖と無性生殖を繰り返す世代交代は皆無ではありませんが、稀で特殊です。動物の無性生殖は出芽や体の分裂であって、胞子を作るような無性生殖はまずありません。単相（n）の動物体は稀で、あっても子孫を作りません。有性生殖では、複相（2n）の動物体の細胞が、減数分裂して卵子と精子という配偶子（n）を作ります。**ほとんどの動物では、単相世代は生殖細胞だけです。**

# II. 狭義の植物界

## 1 被子植物門

　新生代は被子植物の時代で、現在、20～30万種が

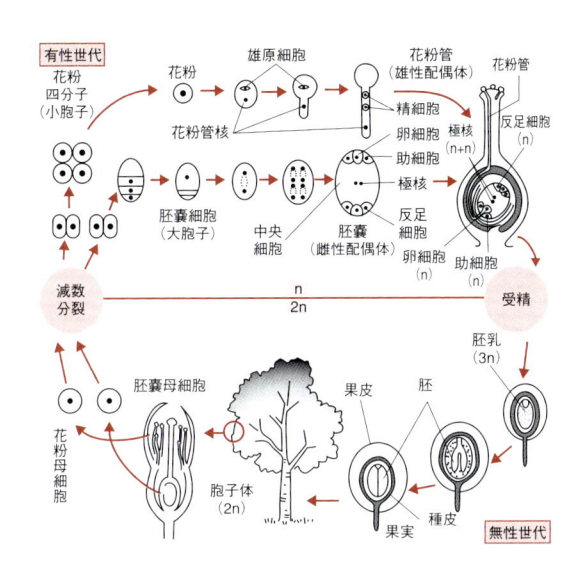

図4-3 被子植物の世代交代

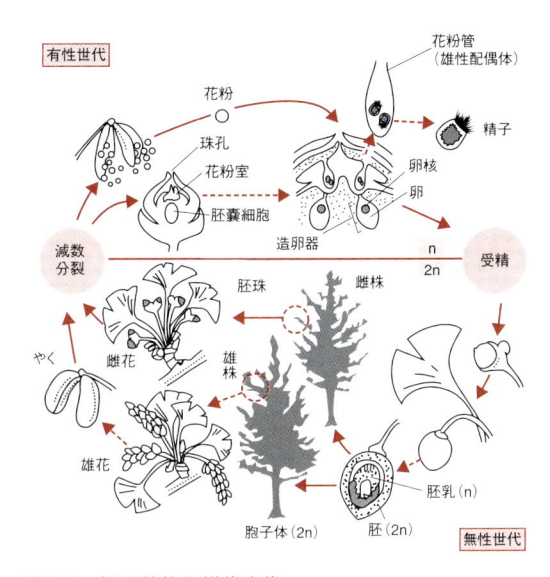

図4-4 裸子植物の世代交代

栄えているといわれます。きれいな花を咲かせるのは被子植物です。多くは草花といわれる小さな植物ですが、サクラやウメのような木も含まれ、花が目立たないブナやケヤキなどの広葉樹も含まれます。種子が発芽したときにはじめて出てくる葉（子葉）が2枚であるか（双子葉植物綱）1枚であるか（単子葉植物綱）に分けられます。アサガオ、ホウレンソウやダイコンは双子葉植物です。単子葉植物には、チューリップやイネ、ユリ、タケなどがあります。中生代の終わりに裸子植物から出現したと考えられますが、具体的な先祖の系統はよくわかっていません。

被子植物では、通常目にする植物体は複相（2n）の胞子体です（図4-3）。花粉母細胞と胚嚢母細胞が減数分裂して、小胞子（花粉）と大胞子（胚嚢）に相当する細胞を作ります。卵細胞を含む胚嚢がめしべの根元で子房に包まれているので、子が被われている被子植物と称するわけです。

胞子が発芽しても眼に見える大きさの単相（n）の植物体（配偶体）を作ることはありませんが、胚嚢母細胞が減数分裂した後、1nになった4細胞のうち3つは消失し、残った1つが3回核分裂して8つの1n核ができ、卵細胞を含む7つの細胞になって胚嚢を形成します（中央細胞は核を2つもっています）。花粉母細胞が減数分裂してできた胞子（花粉）がめしべについて発芽し、花粉管を伸ばしたとき、その内部に花粉管核と精細胞2つができます。精細胞の核の1つは卵細胞と受精し、もう1つの核が2核の中央細胞と合体する、重複受精が特徴です（図4-3）。中央細胞は3nになって、胚乳を形成します。米の食べる部分は胚乳で3n細胞です。

胚嚢も花粉管も非常に小さいとはいえ雌雄の単相（1n）植物体といえなくはないので、単相の植物体（配偶体）に卵細胞と精細胞が作られると考えれば、極端な異形世代交代ともいえます。

## 2 裸子植物門

裸子植物の大部分は、マツやスギ、ヒノキなどの針葉樹で、これらを球果植物亜門といいます。球果は松かさ（松ぼっくり）類のことです。このほかに原始的な裸子植物として、種類は少ないものの、グネツム亜門（マオウ）、ソテツ亜門、イチョウ亜門があります。古生代中期にシダ植物からシダ種子植物類が生まれて、古生代後期には大いに繁栄しましたが、今は絶滅しています。古生代末期にはイチョウ類やソテツ類が生まれ、中生代を通じて針葉樹がおおいに繁栄しましたが、現在では裸子植物全体で約800種が知られるのみです。

卵細胞を含む胚嚢が露出していて、花被（花びらやがく片）もありません（図4-4）。子（卵子）が裸だから裸子植物です。ここへ花粉が飛んで来て受精

4日目　植物界のグループ分け　67

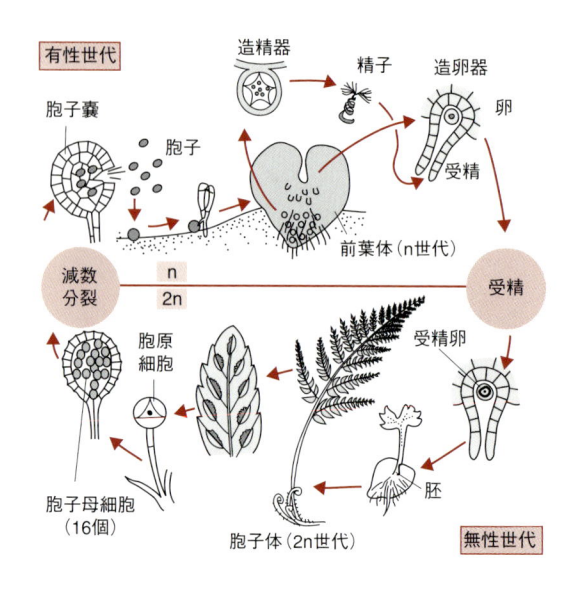

図4-5 シダ植物の世代交代

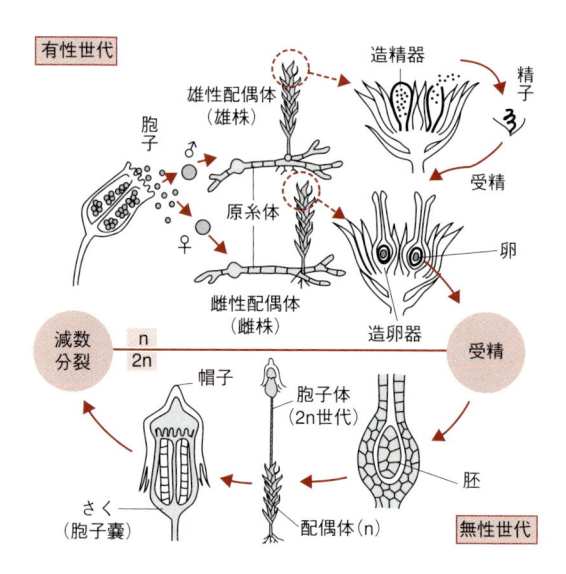

図4-6 コケ植物の世代交代

します。スギ花粉は今や有名、というか悪名高いものですが、花粉は雄の生殖細胞です。ソテツもイチョウも、雄の生殖細胞が鞭毛をもった精子であることは日本人が発見したものです。泳ぐ精子の存在は古い時代の名残と考えられます。裸子植物でも眼に見える単相（n）の植物体はつくられませんが、花粉（n）が発芽して花粉管を伸ばしたところや、胚嚢細胞が増えたできた胚乳部分は、小さいけれども単相（n）の植物体といえなくはないので、極端な異形世代交代ともいえます。裸子植物は重複受精しないので、胚乳はnのまま成長して種子に含まれます。

## 3 種子植物

被子植物と裸子植物は、どちらも種子を作って増えるので、種子植物という大きなグループにまとめられます。

## 4 シダ植物門

マツバラン植物綱（マツバラン）、ヒカゲノカズラ植物綱（ヒカゲノカズラ、クラマゴケ、ミズニラ）、トクサ植物綱（トクサ、スギナ）、シダ植物綱（ワラビ、ゼンマイ、ウラジロ）など、約1万種が知られています。互いの違いが大きいと考えて、それぞれ

を綱ではなく門とする考えもあります。古生代の石炭紀に大木の大森林を作ったリンボクやフウインボクはヒカゲノカズラ類の先祖、ロボク（カラミテス）はトクサ類の先祖と考えられます。これらは世界中の良質な石炭になりました。

維管束をもち、胞子を作って増えます。胞子は発芽して、前葉体という単相の植物体を作ります。前葉体は、配偶子（卵細胞と精子）を作る体なので、配偶体です（図4-5）。ここに造卵器と造精器を作り、それぞれ卵細胞と精子を作ります。卵細胞のところへ精子が泳いで行って受精すると、受精卵は発育して普通にみられる植物の大きな体（胞子体）になります。これはやがて葉の裏に胞子嚢をつくり、減数分裂して胞子を作ります。胞子で殖える無性生殖の世代と、卵細胞・精子による有性生殖の世代が繰り返す、異形世代交代です。

## 5 維管束植物

被子・裸子・シダ植物の植物グループは、維管束という水や無機塩類や養分の通路が分化していて、これが植物の体を支える役割りをしており、根、茎、葉が分化している共通性もあり、維管束植物として大きなグループにまとめられます。地表から垂直に

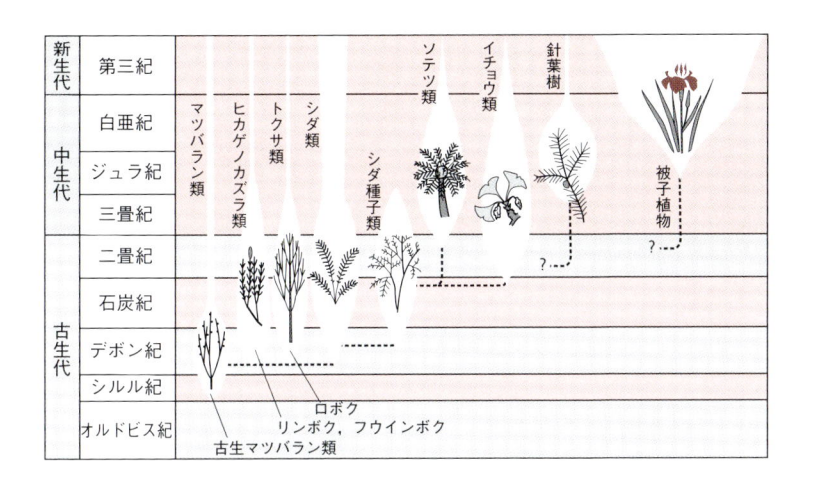

図4-7 維管束植物の出現と盛衰

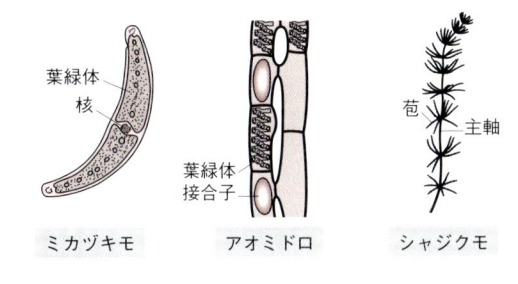

図4-8 車軸藻植物

伸びて大木にまでなれるのは維管束があるからです。維管束が発達していないコケなどは、地上から高く垂直に伸びることができません。藻類では、コンブの仲間などで10～20mにもなる大きなものもありますが、水中では体を支える必要がなく、塩類なども体表面から吸収でき、維管束はありません。

### 6 コケ植物門

コケの仲間です。苔綱（ゼニゴケ）、ツノゴケ綱（ツノゴケ）、蘚綱（スギゴケ、ミズゴケ）など、2万種を超えます。それぞれ綱ではなく、門とする考えもあります。維管束がないので地面から高く生えることができず、葉状体あるいは葉茎体になります。シダ植物と同様に無性生殖と有性生殖を繰り返す世代交代をしますが、シダの場合と逆で、普通にみられるコケの姿は配偶体です（図4-6）。ここに卵細胞と精子を作って、精子が泳いで行って受精すると配偶体の上で小さな植物体（胞子体）を作りますが、ほとんど目立ちません。胞子体が胞子嚢を作って胞子をバラまきます。

### 7 陸上へ進出した植物の系統

以上の植物は、緑色植物の仲間で緑藻類を起源とするものです。緑藻類は単細胞から多くの藻類を含む大きなグループですが、系統的に陸上植物の先祖に最も近い仲間は車軸藻類と考えられます。オルドビス紀にはコケ植物が陸上に進出し、シルル紀には維管束植物が誕生して地上から立ち上がりました。石炭紀には、20～30mに達するシダ植物の大木からなる大森林ができました。中生代には主に裸子植物が、新生代には花の咲く被子植物が繁栄しました（図4-7）。シダ植物も裸子植物も、現在残っているのはかつて栄えたもののごく一部であることがわかります。

## III. 藻類

分け方によっては10～20近いグループ（門）があるとする考えがあり、相当に複雑なのですが、その多くは単細胞の微小なもののため、ごく代表的なものだけ紹介しておきます。

### 1 車軸藻植物門

シャジクモ、フラスモなど約200種が知られています（図4-8）。一見、根・茎・葉があるようにみえますが、維管束はありません。この仲間には、単細胞のミカヅキモのようなものから、糸状に細胞が連なったアオミドロやホシミドロのような仲間を含めることもあります。通常みられるものは単相の細胞からなり、シャジクモでは卵細胞と精子ができ、受精して2nの接合子になりますが、すぐに減数分裂して

4日目　植物界のグループ分け　69

発生し、藻になります。他の仲間も細胞同士が融合して接合子を作り、すぐに減数分裂しますが、そのあと胞子に相当する遊走子を作るものと、直接に大人になるものとがあります。シャジクモは陸上植物（コケ）に一番近い藻類と考えられ、オルドビス紀後半からシルル紀にかけて、陸上へ進出したものと考えられます。たびたびいうことですが、一番近いといっても、現在のシャジクモからコケが生まれたわけではなく、共通の先祖から、現在のシャジクモと現在のコケ類につながる系統が別れた、という意味です。現在のシャジクモの姿はコケとはずいぶん違うわけで、それからどうやってコケが生まれるのか、悩んではいけません。

### 2 緑藻植物門

単細胞のユーグレナ（ミドリムシ）やクロレラ、細胞が集合したイカダモやクンショウモ、数千の細胞集団からなるオオヒゲマワリ（ボルボックス）、多細胞からなるジュズモ、アオサ、アオノリ、ミルなど、約5,000種があります（図4-9）。広義には、原始的な単細胞緑藻であるプラシノ藻類から、アオサ藻類、狭義の緑藻類のほか、車軸藻類、陸上植物を含めて緑色植物と称することもあります。いずれも、緑色の葉緑体をもっていて緑色にみえます。多くは淡水産でクロロフィルのほかにカロチン、キサントフィルを含みます。イワズタやハネモは、全体として細胞間の仕切りがなく、大きな1つの細胞内にたくさんの核がある構造になっています。カサノリは実に風変わりな生活環をもっていますが、省略します。世代交代するものが多く、アオサのように同形世代交代もあれば、ヒトエグサのように配偶体が大きい異形世代交代も、ミルのように胞子体が大きい異形世代交代もあります（図4-10）。ミルの場合は、動物と同様に単相の配偶体がありません。

### 3 褐藻植物門

単細胞のものはなく、ほとんどが海産の藻類です。ワカメ、コンブ、ホンダワラなど1,500種があります（図4-11）。クロロフィルのほかに多量のフコキサンチンをもっていて褐色にみえます。無性生殖と有性生殖の世代交替をします。普通にみられる体はワカメの場合のように胞子体です（図4-12）が、アミジグサのように同形世代

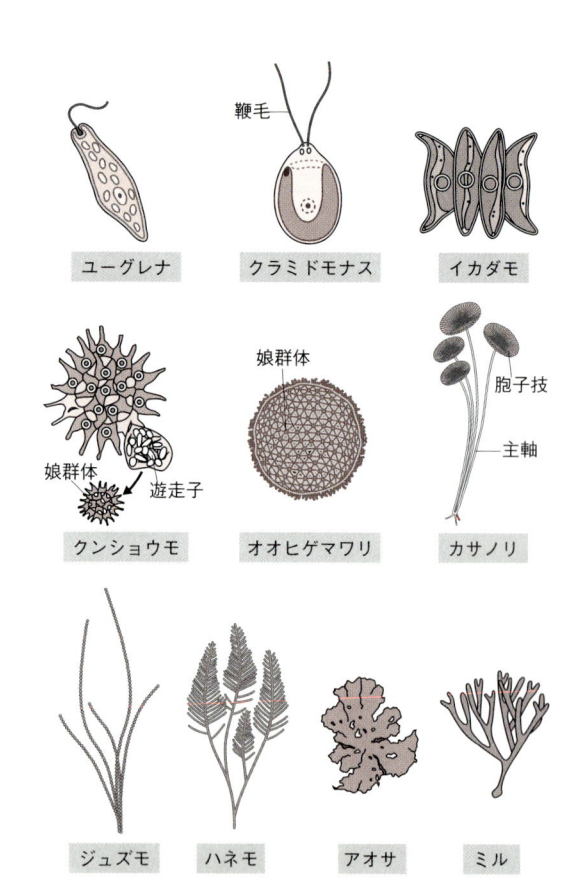

図4-9 緑藻植物（参考文献5を元に作成）

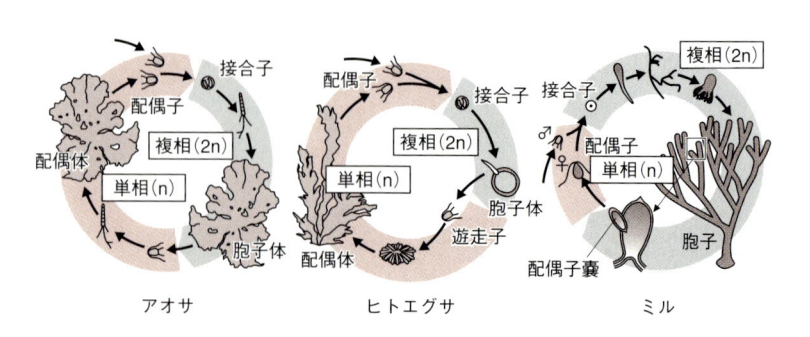

図4-10 緑藻植物の生活環（参考文献5を元に作成）

交代するものや、配偶体がないヒバマタのような例もあります。

### 4 黄緑色植物門

不動性の単細胞、群体、糸状体などの形態をもちます。クロロフィルのほかキサントフィルを含んで、黄色くみえます。ヒカリモ、フウセンモなど単細胞の藻類です（図4-13）。フシナシミドロは糸状の多核細胞からなります。有性生殖も無性生殖もします。

### 5 橙色植物門

葉緑体のクロロフィルに加えて別のカロチノイド色素をもつので、橙色にみえます。約1,000種が知られています。この仲間である渦鞭毛藻類はしばしば異常増殖により赤潮を起こします（図4-14）。

### 6 紅藻植物門

クロロフィルの他にフィコシアニンなどの色素を含んでいて、紅色にみえます。アサクサノリ、テングサ、カワモズク、フノリ、ツノマタなど、人の暮らしに関係の深い海藻が多く、約4,000種が知られています（図4-15）。さまざまな世代交代のタイプがありますが、テングサの場合は、配偶体と胞子体が同形の世代交代をします（図4-16）。

### 7 ハプト植物門

こういうのもいる、という以外には特に紹介しません（図4-17）。炭酸カルシウムでできた、円石という鱗片状のものを身にまとった仲間（円石藻）もあります。

図4-11　褐藻植物（参考文献5を元に作成）

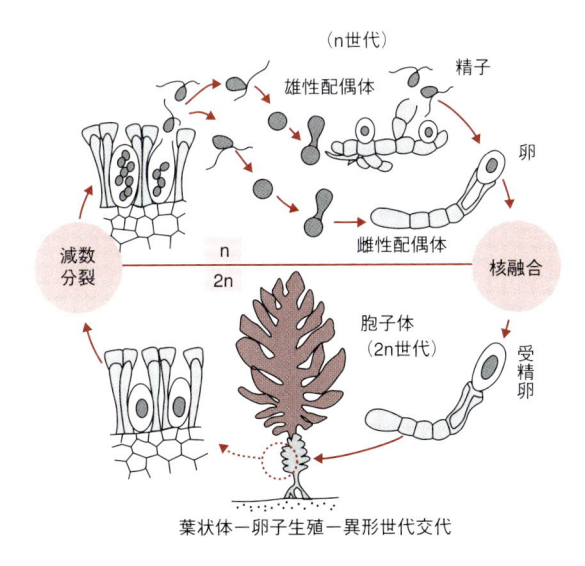

図4-12　褐藻植物の生活環

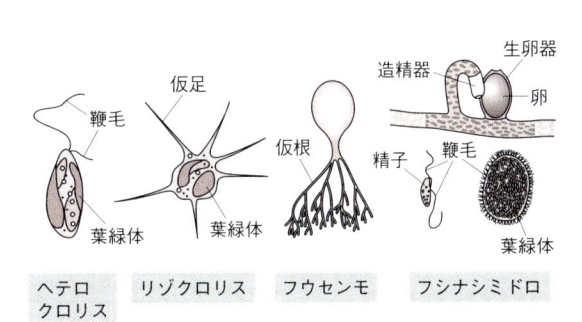

図4-13　黄緑色植物（参考文献5を元に作成）

図4-14　渦鞭毛藻植物（参考文献5を元に作成）

4日目　植物界のグループ分け

図4-15 紅藻植物

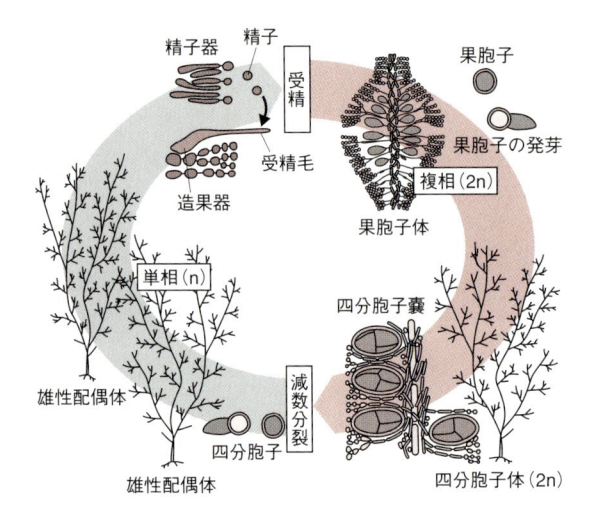

図4-16 テングサの生活環（参考文献5を元に作成）

図4-17 ハプト植物（参考文献5を元に作成）

図4-18 珪藻植物（参考文献5を元に作成）

## 8 珪藻植物門

珪酸でできた殻を被っているのが特徴です。生物界全体を見渡しても、炭酸カルシウムやリン酸カルシウムの殻や骨はよくみられますが、珪酸の殻というのは珍しい存在です。小さな孔が規則正しく開いていて、電子顕微鏡で見ると非常に美しい（図4-18）。多くは単細胞ですが、群体を作るものもあります。無性生殖で分裂して増えるとき、古い殻の中で新しい殻を作る結果、分裂するたびに小さくなるので、時々有性生殖して新たな個体としてやり直しをします。珪藻の屍骸が堆積してできた珪藻土は、サンマを焼く七輪の材料です。

## 9 藍藻植物門

藍藻類（blue green algae）は、単細胞のものから、細胞が集合したもの、ユレモのように細胞同士が糸状に集合して多細胞の藻類の形をもつもの、ジュズモのように分化した細胞を含むようにみえるものもあり、藻類として植物に含められていました（図4-19）。ただ、これまで述べたすべての生物と、以下に述べる菌類（カビ、キノコ）を含めて、細胞内に核をもつ真核生物界であるのに対して、藍藻類は核をもちません。核をもたないバクテリアの仲間とともに、現在ではいわゆる動物や植物とは全く異なる界（**原核生物界**）に分類されます。藍藻類という名前が真核生物の藻類と紛らわしいので、今日ではシアノバクテリアと呼びます。食用にするスイゼンジノリ（水前寺海苔）もこの仲間です。

生物学上で重要なことは、酸素を作るタイプの光合成をする最初の生物として27億年前に誕生して以来、**地球上に遊離の酸素を供給し続けたことです**。

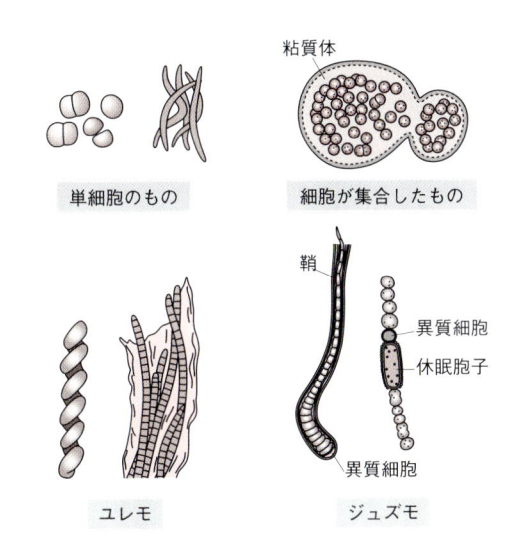

図4-19 藍藻植物（シアノバクテリア）
（参考文献5を元に作成）

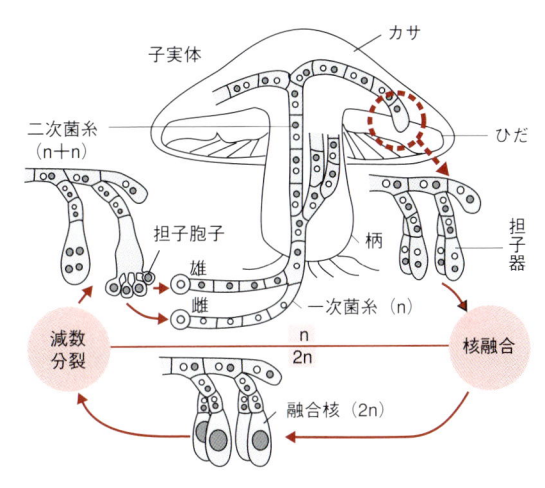

図4-20 マツタケ（担子菌）の生活環

酸素を生み出したことで、それを利用する好気的生物が誕生し、現在のすべての動物、植物、藻類、菌類、原生生物が誕生したわけです。シアノバクテリアがいなければ、地球上には嫌気性バクテリアしかいなかった可能性が高い。シアノバクテリアは20億年くらい前に真核生物の先祖に入り込んで葉緑体になり、現在のすべての植物を生み出すもとになっています。

# Ⅳ. 菌類

カビ、キノコの仲間である菌類も実にたくさんの種類がありますが、主なものだけを、ごく簡単に紹介しておきます。

## 1 担子菌門

マツタケやシイタケなど、いわゆるキノコらしい、カサがあって柄がついているものです。他に、キクラゲやホコリタケ、サルノコシカケなど、変わった形のキノコもあります。多くのものは、枯れた植物や土壌などで有機物を分解して生活していますが、生きた植物に寄生するものもあります。キノコのカサが開くと、やがてカサの内側から胞子が出てきます。胞子で殖えるのは無性生殖ですが、それ以前に菌糸同士が接合する有性生殖をします。接合して、1つの細胞から相手の細胞へ核が移動する。核を送る側を雄、核を受け取る側を雌と定義できそうですが、相手によって出す側になったり受け取る側になったりするようで、そういう意味では2つ以上の複数の性があるようにみえます。仮に雄の菌糸があったとすると、雌に対しては雄として振る舞うけれども、超雄に出合うと雌として振る舞う。超雄も、超超雄に相当する菌糸に出合うと雌として振る舞う。そういうランクが何段階もあるらしい。接合後に2核が融合せずに2核のままの細胞（核相としてはn）がどんどん増えて菌糸をのばし、胞子を作る直前に核融合して2nになり、すぐに減数分裂に入って胞子（n）を作ります（図4-20）。2n状態の核はホンの一瞬しかできないわけです。

## 2 子嚢菌門

微小な子嚢（しのう）を形成しその中に胞子を作ります。有性世代と無性世代の世代交代をするものが多い。単細胞の酵母（分裂酵母、出芽酵母）や、カビ（アオカビ、コウジカビ、アカパンカビ、バッカクキン）、一部のキノコ（チャワンタケ、アミガサタケ、トリュフ、冬虫夏草）など、人の暮らしに関係深いものを含み、菌界の70％を占めています。藻類との共生体を形成して地衣類となる菌類も、大部

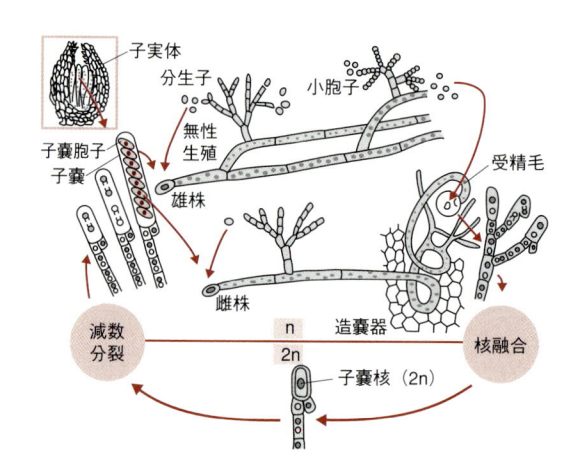

図4-21 アカパンカビ（子嚢菌）の生活環

分は子嚢菌類です。他方、うどん粉病菌や天狗巣病菌など多くの植物病原菌や、白癬菌（水虫）、膣炎や皮膚炎の原因となるカンジダ、アスペルギルス症を起こすコウジカビ属菌など、人の病気の原因になるものも少なくありません。実に多彩な仲間がいて、生活環についても非常に多彩なものがあります。アカパンカビの生活環を紹介しておきます（図4-21）。あまりにも面白いので1つ1つ紹介したいところですが、興味のある方は自分で調べていただければと思います。

### 3 接合菌門

ケカビ、クモノスカビなど、カビの仲間です。太い菌糸からなり、基質中に菌糸を伸ばして栄養を摂取します。菌糸の細胞の間には隔壁がなく、共有する細胞質内に多数の核が浮いています。菌糸のあちこちから、分枝した仮根状菌糸を伸ばします。基質上の菌糸体から生じて空中に伸びた柄の先に膨らみが生じて胞子嚢ができ、内部に多数の胞子を作ります。成熟すると、外壁が破れて胞子が散布されます。有性生殖では、2つの菌糸の細胞が接合して核融合して接合胞子（2n）を作り、これがすぐに減数分裂して、すぐに胞子を作ります。胞子は発芽して細胞分裂し、菌糸として伸びていきます。自由生活するもののほか、植物や動物に寄生するものもあります。

### 4 卵菌門

ミズカビやフハイカビはよくみられるものです。水中の死んだ生き物などの表面に、綿毛のように密生して生えるカビです。ベト病や白錆病など植物の病気の原因になるカビもあります。細胞間に隔壁のない多核体を作ります。有性生殖と無性生殖をします。

### 5 ツボカビ門

菌界に属する生物としては、鞭毛をもつ遊走細胞を作る唯一のもので、祖先的形質をもつ群と考えられています。多くのグループを含むなかなか大きなグループなのですが、普通の人にはほとんど知られることのないグループでした。カエルツボカビという種類がカエルに寄生して、カエルを絶滅に追い込むのではないかと心配されて、一躍有名になりました。

### 6 微胞子虫門

1,200種類以上が知られていますが、すべて寄生性です。ゲノムは真核生物中で最も小さく、DNAは300万塩基対しかないものもあります。原核生物の大腸菌より小さい。真核生物としてはめずらしく、ミトコンドリアをもっていません。このため、ミトコンドリアをもつ以前の真核生物として、最も原始的な真核生物の子孫ではないかと期待されました。その後、核にはミトコンドリアに由来すると考えられる遺伝子があり、細胞質にはミトコンドリアに由来したと考えられるマイトソームというオルガネラがあることから、かつてはミトコンドリアをもっていたけれども、寄生生活を続けるうちに退化したものと考えられています。生活環は多様で、無性生殖を繰り返すものや、有性生殖と無性生殖をするものがあります。宿主は1種類とは限らず、複数の宿主を渡り歩くものもあります。昆虫に寄生するものでは、卵子に寄生して子の宿主に伝わる（垂直伝播）場合もあります。

### 7 変形菌門

変形菌類（粘菌類）というのは実に変わった生物

にみえます。ムラサキホコリカビ、ツノホコリカビ、モジホコリカビなどホイッタカーの分類（5日目）でもちょっと菌類からはみ出しそうだし、3超界分類（5日目）でも、独特のグループとしての位置を占めています。単細胞としてアメーバのように這い回って、周囲のバクテリアなどを餌にして分裂増殖している時期と、細胞分裂あるいは細胞の集合によって大きな集合体（大きい場合には1mにもなる）である変形体を作って這い回る時期と、細胞が分化してキノコのような子実体を作り、そこに胞子を作って増える時期があります（図4-22）。胞子が発芽すると遊走子が出てきます。こういう特異な生活環（ライフサイクル）をもっています。真性粘菌では、たくさんの細胞による集合体ができる際に、互いに細胞膜で仕切られず、大きな細胞質を共有して、何千、何万という多核の大きな集合体となって、這い回ります。本来の粘菌ということで真性粘菌と呼ばれます。細胞としては1つですが、単細胞といってよいのだろうか。いってよければ、厚みは薄いけれども1mもの大きさの細胞です。これがゆっくり森の中で這い回る。とても特殊な生き物にみえます。まあ、よくよくみればどんな生き物だって、それぞれに特殊ともいえるわけですが……。

　変形体になったとき、細胞間の仕切りが残っていて、多細胞の集合体になるものは偽変形体といい、細胞性粘菌といって別に分類します。偽変形体は小さなものが多く、タマホコリカビなどの種類があります。

## 8 地衣植物門

　これは単独の植物ではなく、菌類の作った構造の内部に、緑藻などの藻類が共生して成立している、複合的な**共生生物体**です。これらを分けて、独立した生物として生きることも可能です。しかし、実際には両者は強く結びついて生活しており、また両者が揃うことではじめて形成される成分があったり、特殊な環境で生活できたりするので、独立した生物とみなしています。共生体であることは明らかであるが、1つの個体と認定する、というわけです。地衣成分と呼ばれる特殊な成分を含み、古くから研究

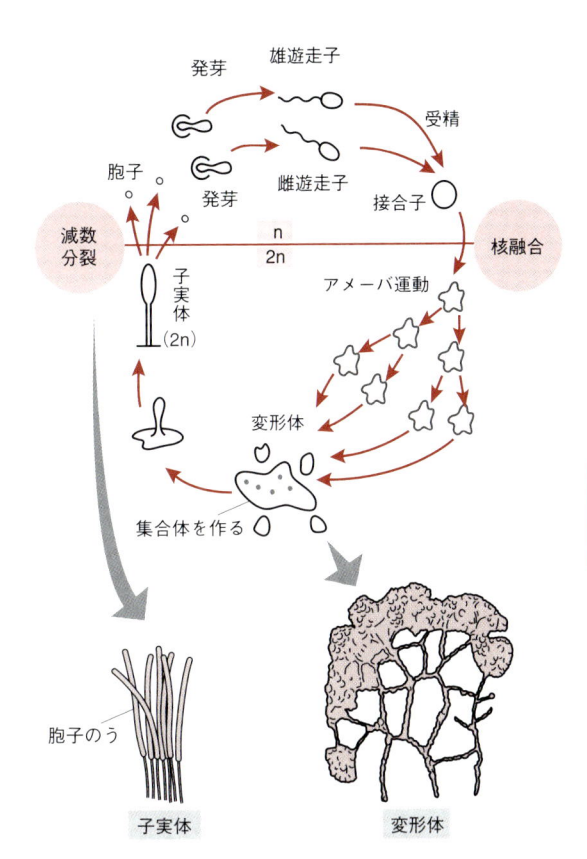

図4-22　変形菌の生活環

と実用の対象になっていました。岩の表面など、環境条件が厳しく他の植物が生育できないような所にもよく生育できるので、極地や高山にも多く、溶岩流が冷えた後に最初に進出する植物でもあります。サルオガセ、イワタケ、モジゴケなど、2万種くらい知られています。イワタケは食用になります。

## 9 分裂菌門

　バクテリア（細菌）の仲間です。かつて、バクテリアの仲間は細胞壁をもつものが多いので広義の植物にいれていました。細胞壁の構造も成分も複雑で、植物のものとは異なります。多くは0.5〜数$\mu$mのサイズで、細胞内に核という構造をもちません。ミトコンドリアや小胞体などの細胞内小器官（オルガネラ）もありません。

　通常のバクテリアは狭義の細菌類で、大腸菌や赤痢菌などを含みます。スピロヘータ類は、長さ5〜

250μmもあって、通常のバクテリアに比べれば大型のものを含みます。梅毒の病原菌もこれに属します。放線菌類は、菌糸を作るバクテリアで、この仲間のアクチノミセスやストレプトミセスなどは抗生物質を生産する菌として有名です。菌糸を作るのでカビの仲間と似ていますが、通常のカビは真核生物なので全然違います。マイコプラズマ類は最も小さな仲間です。原核生物のなかで遺伝子の量は最少で、寄生のためにさまざまな機能を失っているために、培養するのが難しい。堅い細胞壁がなく、変形し運動します。

現在では、**原核生物界**として、真核生物界に対する別の界とします。5日目で紹介する遺伝子による系統解析から、古細菌界と真正細菌界に大別され、それぞれが非常にたくさんの門から構成されると理解されています。

## V. 全部でどのくらいの種類の生物がいるのか

陸上植物も藻類もカビ・キノコの菌類も、実に多くの種類がありますが、記載されていないものがどれほどあるか、よくわかりません。これらの間では、陸上植物について一番調べがついています。それでも、思いもよらない場所から、あるいはあまり調査の進んでない熱帯雨林のような生き物の宝庫から、未知のものが山ほどみつかる可能性は小さくありません。藻類にはずっと大きな未知の部分がありますが、特に単細胞あるいは微細な藻類には調べが行き届いていません。何といっても未知の領域は、カビ・キノコの菌類の仲間です。今でもとんでもない変わり者が多いのですが、思いもかけないとんでもない変わり者がまだまだ隠れている可能性があります。

### 1 バクテリアでは調べることも難しい

いわゆるバクテリアの全貌は、現在知られている種類の100倍、1,000倍では済まない可能性があります。同じ種のちょっとした違いなのか、別の種というべきなのかといった細部の問題だけでなく、全然違う仲間がどれほどいるかわからないという状況です。病原性や、有用性などがないと調査の対象にならなかったという歴史もありますが、現在でも、調べようにも調べられないという現実問題もあります。

それは、バクテリアの特定の種類について解析しようとすれば、それを1種類だけ分離して、ある量まで増やす必要がある、という問題です（ものの考え方としては他の生物でも同様です）。これには、単離あるいはクローニングという操作が必要です。

一番単純には、栄養分を含んだ寒天のような培地の上に、例えば土壌に含まれるバクテリアをうんと希釈して塗り付け、しばらく培養しておくと、1匹から出発して分裂増殖したバクテリアの集落（コロニー）ができます。これはバクテリアのクローン（同一の遺伝子セットをもつ生物の集団）です。これをさらに増やして調べれば、そのバクテリアについての性質がわかります。問題なのは、大部分のバクテリアは、どういう条件で培養すれば増殖するかがわからず、増やすことができないことです。

### 2 何とか推測できないものか

未知のバクテリアの存在についての1つの推定方法として、一塊の土壌に含まれるバクテリア全部からまとめてDNAをとってきて、DNAの塩基配列を片端から調べ尽くす、という方法があります。既知のバクテリアあるいはその近縁のバクテリアのDNA塩基配列は、どんどんわかってきて記録されていますから、それとは異なる、未知の塩基配列をもったDNAが含まれていれば、今まで報告されたことのない種類あるいはグループのバクテリアの存在が推定されます。未知配列DNAの量が多ければ多いほど、未知のバクテリアが多く含まれていると考えられます。

こうして、通常の土壌の中にさえ、既知のバクテリアの数百倍とか数千倍の種類におよぶ未知のバクテリアがいるだろうといった推定が、概略的にではあってもできます。草原から採取した土壌か、鉱山の廃石か、深海底の泥か、材料によって結果は異なりますが、未知のものの方が圧倒的に多い、という結果がみられるのが普通です。どのような性質をも

った生き物であるかも、遺伝子構造を解析することで推測できる可能性があります。

## 今日のまとめ

餌を捕まえて食べることをしないで、植わっている生物が植物です。水中にはえている藻類には、単細胞のものも多細胞のものもありますが、光合成することで必要な栄養素を確保します。藻類のなかの緑藻類から進化したと考えられるすべての陸上植物も、光合成によって栄養素を確保します。ただ、カビやキノコの仲間である菌類は光合成できません。大量の胞子を風に乗せてまき散らし、生物や生物の死骸や排泄物などの有機物のありそうなところで発芽して成長します。普段目にする陸上植物さえ調査十分とはいえませんが、藻類や菌類にはなお調査が行き届いておらず、どのくらいの種類と変わった生態があるか想像しきれません。

# 今日の講義は...
# 5日目 生物界全体のグループ分け

## 1. 生物界全体を分ける

　さて、4日目まで生物界には実にさまざまな生物がいることを紹介しましたが、生物界全体を大まかに分ける考え方はいくつかあり、それぞれにもっともらしさがあります（図5-1）。

### 1 2界分類

　生物全体を**動物**と**植物**に大別する考え方です。リンネによる生物分類の近代的な体系が提示されたのは1735年という古い時代で、生物界全体は、動物界と植物界の2界に分けられました。動物と植物に分類する考え方は古い歴史があるだけではなく、比較的最近にいたるまで、高校の教科書から権威ある専門書のレベルでも、採用されていました。3日目、4日目ではこれに従って、地球上の生き物をざっと紹介しました。背景にある考え方として、動物と植物という違いは大きいものと考え、それに比べれば、単細胞か多細胞か、あるいは、原核か真核か、という違いは些細なものである、との認識があったものと思います。

### 2 3界分類

　ロバート・フックが自分で作った顕微鏡で生き物を観察し、『ミクログラフィア』という本を出したのは1665年のことです。それ以後、顕微鏡でしか見えない小さな生き物がいることがわかってきました。たくさんの単細胞生物がみつかってくると、これら全部を動物と植物のどちらかに分けるのは、ちょっと無理があるのではなかろうかと考えられました。単細胞生物を**原生生物**、多細胞生物を**後生生物**として大きく2分し、後生生物をさらに**植物**、**動物**に分けるという、全体を3グループに大別するエルンスト・ヘッケルの3界分類が生まれました。

### 3 4界分類

　さらに、系統的な類縁関係と進化を結びつけて**動物界、植物界、原生生物界、モネラ（バクテリア）界**に分けたのも、ヘッケルでした。1894年頃のことです。ただ、原核生物と真核生物を分ける考え方は、なかなか定着しませんでした。バクテリアの類は、

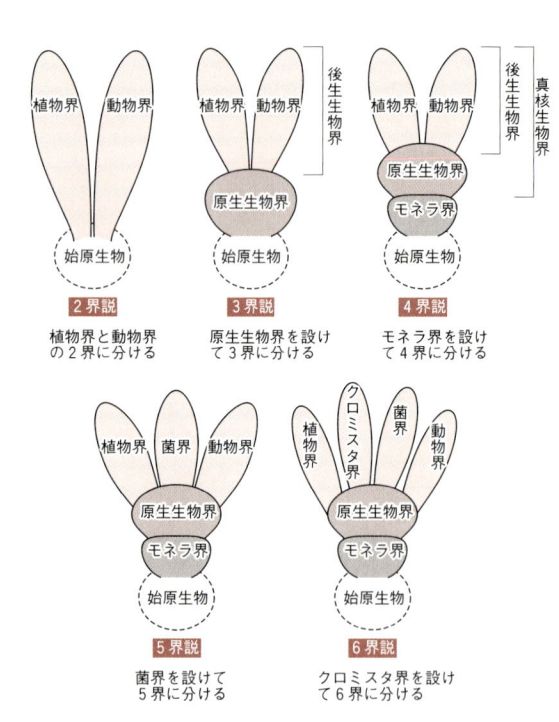

図5-1　生物界の分け方の変遷

**2界説** 植物界と動物界の2界に分ける
**3界説** 原生生物界を設けて3界に分ける
**4界説** モネラ界を設けて4界に分ける
**5界説** 菌界を設けて5界に分ける
**6界説** クロミスタ界を設けて6界に分ける

単細胞といってもアメーバやミドリムシなどの原生生物と比べると、大きさが随分小さい、核が見えない、といった光学顕微鏡レベルでの違いに加えて、さまざまな性質に大きな違いのあることがわかったのはずっと後になってからのことです。クロマチン構造もない、細胞内のオルガネラもない、タンパク質合成系や膜の脂質にも大きな違いがあるなど、かなり基本的な違いがあることがわかり、進化の上からも、35 億年の歴史をもつ原核生物と、20 億年程度の歴史と考えられる真核生物の歴史には、大きな違いがあることがわかりました。そこで、バクテリアの類を**原核生物**とし、核のある生き物を**真核生物**として、生物界全体をまず大きく 2 分し、真核生物をさらに単細胞の**原生生物**と、多細胞の**後生生物**に分け、後生生物を**植物**と**動物**に分ける 4 界分類法が次第に定着してきました。

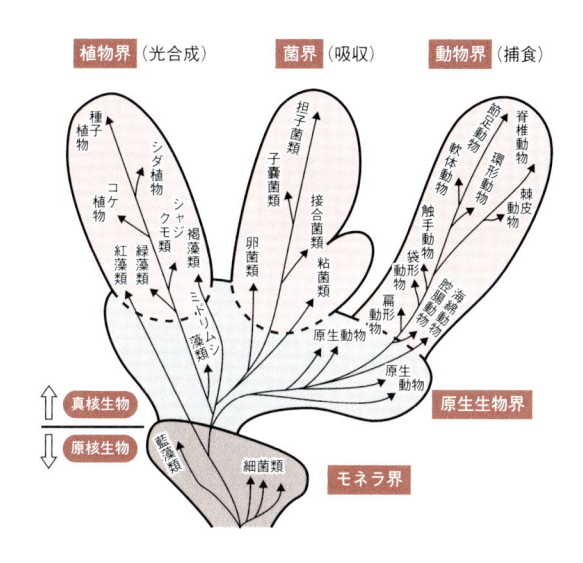

図 5-2 ホイッタカーの五界説

## 4　5 界分類

現在では、高校の生物でも**ロバート・ホイッタカーの 5 界分類**を習うと思います（**図 5-2**）。1969 年に提唱されたものです。これが系統分類の 1 つの到達点であったと思います。これまでとの大きな違いは、従来は植物に入っていたカビやキノコの仲間の**菌界**を独立させて、真核生物を 4 界に分けたことです。多細胞生物（後生生物）のグループを、栄養摂取様式の違いから、自分で有機物を作れる植物、有機物の餌を捕まえる動物、有機物を吸収する菌類に分ける。従属栄養であるという観点からは、菌類は植物より動物に近いという認識です。

もう 1 つ、リン・マーグリスによる 5 界分類を示しておきます（**図 5-3**）。1989 年のことです。この分類では、原生生物界が、動物界や植物界に匹敵するくらい多様でたくさんの門からなることが、明確に認識されています。さらにもう 1 つ、原生生物界は単細胞の真核生物だけでなく、多くの藻類を含めたことです。藻類は多細胞生物ではありますが、明確な胚発生がなく、組織や器官の分化も低レベルで、多細胞ではあるけれども細胞の集合体（群体）に近い、という考え方によるものです。

### コラム　マーグリスの共生説

マーグリスは、真核生物（真核細胞）はさまざまな種類の原核細胞が共生することで形成されたという画期的な説を出しました。真核生物がもつ鞭毛やミトコンドリアや葉緑体は、それぞれ別種の原核生物に由来するという考えで、ミトコンドリアと葉緑体についてはその通りと認められています（9 日目）。葉緑体については 6 日目も参照して下さい。図 5-3 では、真核生物のもとになったのは、原核生物のなかでも細胞壁をもたないマイコプラズマとしていましたが、今日では古細菌の仲間であろうと修正されています（9 日目）。また、真核生物の鞭毛の起源を、鞭毛をもつバクテリア（スピロヘータ）に求めましたが、真核細胞の鞭毛とバクテリアの鞭毛は構造的にも組成的にも全く異なるもので、現在では否定されています。

この考えの画期的な点は、直接的には、真核生物の誕生の秘密に迫ったことですが、より一般的には、生物の進化あるいは多様性の誕生が、遺伝子の変異の蓄積によるだけでなく、共生という全く別のしくみによっても進行することを示した点です。

5 日目　生物界全体のグループ分け

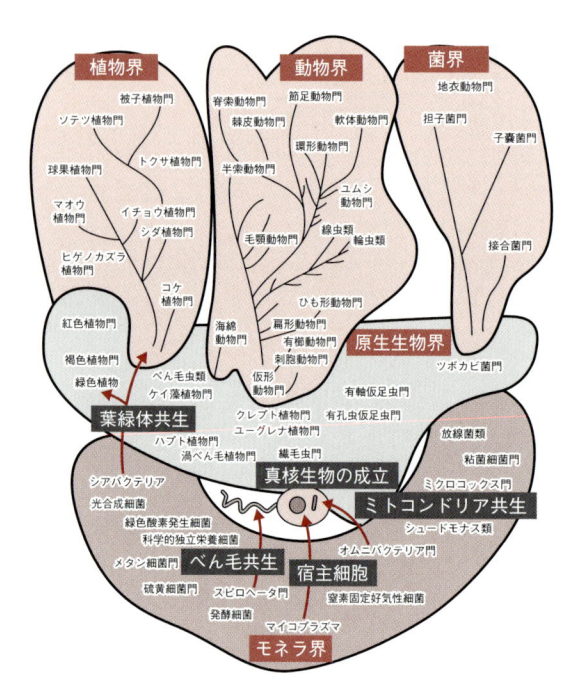

図 5-3　マーグリスの五界説

## 5　6界分類

　トーマス・キャバリエ＝スミスは生物の分類に大きな貢献をし、2004年に第20回国際生物学賞を受賞しました。この賞は、昭和天皇のご在位60年を記念して1985年（昭和60年）に設立されたもので、国際的に優れた生物学の業績をあげた研究者のなかから毎年1人に贈られるものです。キャバリエ＝スミスは、多細胞真核生物にクロミスタ界を増やして、全体で6つの界にしました（図5-1）。私が注目してもらいたいと思っているのは、この発表が1998年のことであるという一点です。ほんの10年ちょっと前のことです。いろいろな説が出るということは、なかなか決定版が出ない状態だったということです。

# II. 従来の分類法の限界

## 1　従来の分類法の問題点

　生き物が共通の先祖から進化し、多様化したものであるという仮定に立てば、似たものを集めて分類するのは意味があります。最近分かれた生き物同士では、たくさんの項目についてよく似ていて、共通性が高いはずだからです。ヒトとチンパンジーが近い関係にあることはわかりやすい。これに比べて、ヒトとミミズは相当遠い関係にあるだろうこともわかりやすい。しかし、ヒトとミミズの関係は、ヒトとサザエより遠いのか近いのか遠いのか、これは簡単にはわかりません。ヒトとミミズあるいはヒトとサザエの関係は、ミミズとサザエの関係よりずっと遠いような気がしますが、どう判断できるんだろうか。ヒトとゴキブリはどう、ゴキブリとクラゲはどう、など皆同様です。ヒトと大腸菌の近縁関係の推定など、どうしたらよいのか絶望的です。

　2界分類から6界分類まで、それぞれなりに理解も納得もできるところはあります。もっと細部の分類についてもそれなりのもっともらしさはあります。ただ、あるグループは主に形態上の類似性から、別のグループは発生過程の類似性から、というようにさまざまな性質に注目してグループをまとめている、といったことがみて取れます。脊椎動物としてまとめる際にはそれなりの統一基準でまとめられ、軟体動物としてまとめるにもそれなりの統一基準でまとめられているけれども、脊椎動物と軟体動物の間の系統関係を、同じ基準で論じることができません。

## 2　分類学には自然科学とはいえない前近代的な面があった

　従来の分類学は、事実に基づいて結論が導かれるというより、悪くいえばご都合主義的で、客観的であるべき自然科学の大系にまだ入れない前近代的な印象があることは、いなめませんでした。膨大な研究成果が背景にあることは確かですが、ややもすると、研究者の主義主張というか、ものの見方・考え方の影響が色濃く出てしまう恐れもありました。系統分類は生物学にとって中心的に重要な分野で、系統分類の完成は生物学の完成であると私は思っています。ただ、近代化されるためには、なにか画期的な展開がどうしても必要なのだと思っていました。もちろん、進化を実際にみることができないことはやむを得ませんが、進化をみられない限り系統分類

はできないと諦めるのでは、潔いけれども進歩はない。何をどう解決すればよいのでしょうか。

### 3 共通性のある定量的な物差し

近いか遠いかの関係を測る物差しを求めるとすれば、**生物界に共通で、かつ定量性のあるものであることが必要十分条件です**。定量的に距離が測れれば、地球生命は一元的なのか、という疑問に応えられる可能性もあります。生物間の距離を定量的に把握し、進化の過程に添った系統樹を作成するには、生物界全体に共通的でしかも定量的な判断基準が必要である。現在、それが可能になった。遺伝子の解析が、画期的な指標になったのです。

## III. 生物界全体の関係を定量的に測る共通の尺度

### 1 地球上のすべての生物が遺伝子をもっている

共通的な尺度であるためには、すべての生物がもつ性質でなければなりません。遺伝子をもつこと、遺伝子の本体はDNAであることは、現在生きている全部の生物に共通な性質です。もしかすると大昔には、DNA以外の物質を遺伝子としていた生き物や、遺伝子をもっていない生き物がいたかもしれませんが、それらの子孫は現在生き残っていません。

すべての生物に共通的な性質としては、脂質でできた細胞膜をもつ、機能する高分子であるタンパク質をもつ、など他にもたくさんあります。タンパク質の一次構造を比較することで、進化の過程、生物間の距離を探る研究が、遺伝子を利用する方法に先行しました。しかし、タンパク質の構造解析がなかなか進まなかったために、研究は進みませんでした。

遺伝子が物差しとして使われるようになったのは、DNAが物差しとしてより適切であったことはもちろん重要ですが、DNAの構造解析が想像を絶する勢いで進んで、さまざまな生物のDNA構造に関する情報が集積したことが、もう1つの理由です。

### 2 塩基配列の違いは生き物が分かれてからの時間に比例する

脊椎動物には、哺乳類や鳥類や爬虫類や両生類や魚類が含まれます。ヒトもトリもカエルもサカナも、赤血球の中で酸素を運ぶのはヘモグロビンという共通のタンパク質です。共通先祖の動物もヘモグロビンをもっていたと考えられます。ヘモグロビンの構造（アミノ酸配列）を決めるのは、ヘモグロビン遺伝子です。これらの動物のヘモグロビンは同じ機能を果たしていて、構造的にもほとんど同じです。だから、遺伝子の構造（塩基配列）もほとんど同じで、**相同遺伝子**といいます。相同遺伝子は、生物間で遺伝子の構造がほとんど同じですが、細部まで完全に同じというわけではありません。相同遺伝子であっても、塩基配列には生き物によって少しずつの違いがみられます。長い間に少しずつ突然変異が起きて、塩基配列が変化するからです。酸素を運搬するというヘモグロビンタンパク質の機能は共通でも、ヒトヘモグロビン遺伝子の構造は、ゴリラとはほんの少し違い、ブタやウマとはずいぶん違います。もちろん、カエルやサカナとはもっと違いが大きい。

### 3 分子時計

2種類の生物が共通の先祖から分岐した時期が、化石などによってかなり正確に示されている場合、その生物間の塩基配列の違いを調べれば、塩基1つが変化するのにおよそ何千万年かかる、といった数値がわかります。**塩基配列の変化速度は常に一定であると仮定すると、任意の生き物の間での塩基配列の違いから、共通先祖からお互いが別れた後の時間が推定でき、生き物同士の近いか遠いかの関係を定量的に描くことができる**はずです。

### 4 ヒトゲノムプロジェクト

1977年にDNAの塩基配列を決定する画期的な方法が開発され、それが大変な勢いで改良されたことにより、1990年代に入って、ヒトのゲノムの全塩基配列を決定しようという**ヒトゲノムプロジェクト**が世界規模でスタートしました。1つのヒト体細胞がもつDNAは $6 \times 10^9$ 塩基対ですが、これは、母親

（卵子）に由来する遺伝子の1セット（ゲノム）と、父親（精子）に由来する遺伝子の1セット（ゲノム）を含んだものです。体細胞はゲノムを2セットもっています。全塩基配列といっても、遺伝子1セット分の解読目標は$3 \times 10^9$塩基対で、それが解読できれば塩基配列がわかったといってよいわけです。それでも、膨大な塩基配列です。2000年のちょっと前くらいから毎年のように、90％解読、95％解読、98％解読といったニュースが続き、2003年についに解読されました。といっても若干は未解読部分が残っていますが、重要な部分は解読されたと判断されています。現在では他の生き物についても解読が進み、90％以上の解読が進んでいる生物は、1,000種を超えているといわれます。

現在でもまだ、解読のための技術は日進月歩で、1台の装置で1日に数百万塩基は読めるとか、どんどん加速しています。塩基配列情報が蓄積するにつれて、定量的な系統樹を描けるものがどんどん増えていきました。

## IV. 分子時計を使って調べる

### 1 タンパク質は分子時計

赤血球の中で酸素を運搬するヘモグロビンは、4つのヘモグロビン分子が会合して働きます（図5-4）。タンパク質部分はグロビンで、$\alpha$と$\beta$の2種類があり、それぞれにヘムという小さな分子が結合していて、ヘムの中心に鉄原子が結合しています。酸素は鉄原子に結合して運ばれます。細かいことは省略しますが、さまざまな脊椎動物についてヘモグロビンのアミノ酸配列を調べると、系統的に遠い関係の生物ほど、お互いのアミノ酸配列に違い（アミノ酸置換）があることがわかりました。

図5-5にはグロビン$\alpha$タンパク質に付いて、ヒトと比べて他の動物ではアミノ酸がどのくらい違っているかについて比較した結果を示します。ヒトとゴリラでは1つしか違わないけれども、ヒトとウシでは17個も違い、ヒトとイモリ（両生類）では62個も違います。**着目した生物間でのアミノ酸置換数を縦軸に、化石から知られている生物同士が分岐した年代を横軸に示すと、直線関係にあることがわかりました**（図5-6）。

この図から明らかなことは、2つの系統の生き物が分岐して以降、時間に比例してタンパク質のアミノ酸の置換が増えていくことです。このことから、**タンパク質に記録されたアミノ酸の変化は、時を刻む分子時計である**といわれるようになりました。

### 2 アミノ酸の変化は自由ではない

ヘモグロビンタンパク質を構成するアミノ酸が変化する場合について考えてみると、酸素を運搬する機能が失われるようなアミノ酸置換が起きたとき、その生物は生きられません。したがって、現在生きのびている生物を調べる限り、そのようなアミノ酸

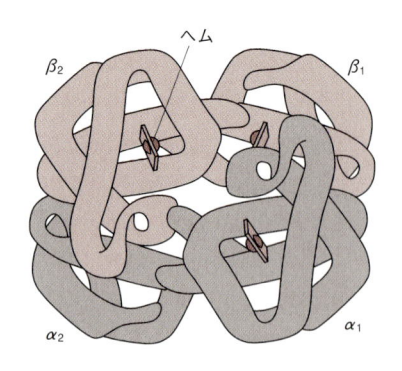

図5-4 ヘモグロビンの構造

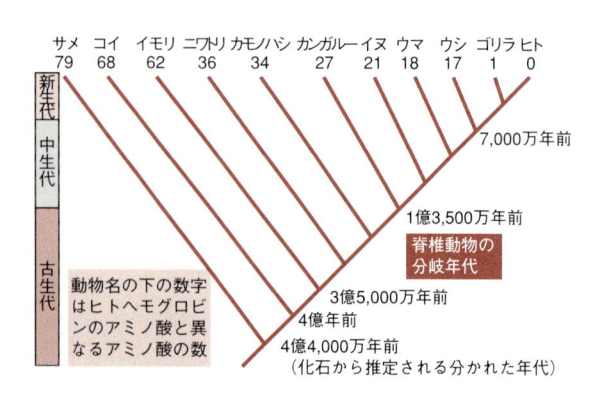

図5-5 ヘモグロビンの$\alpha$鎖のアミノ酸配列比較による脊椎動物の系統

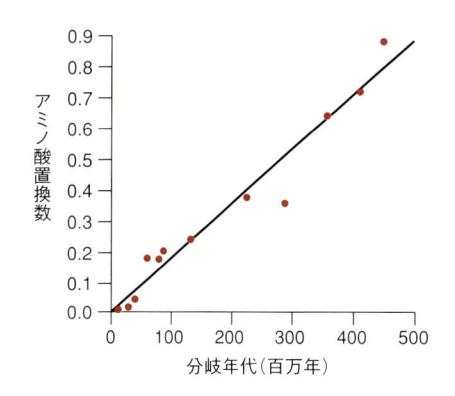

図5-6 生物間のアミノ酸置換速度

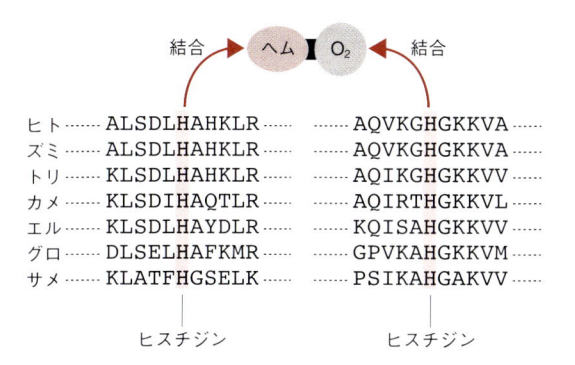

図5-7 機能に重要なアミノ酸は保存されている（参考文献6を元に作成）

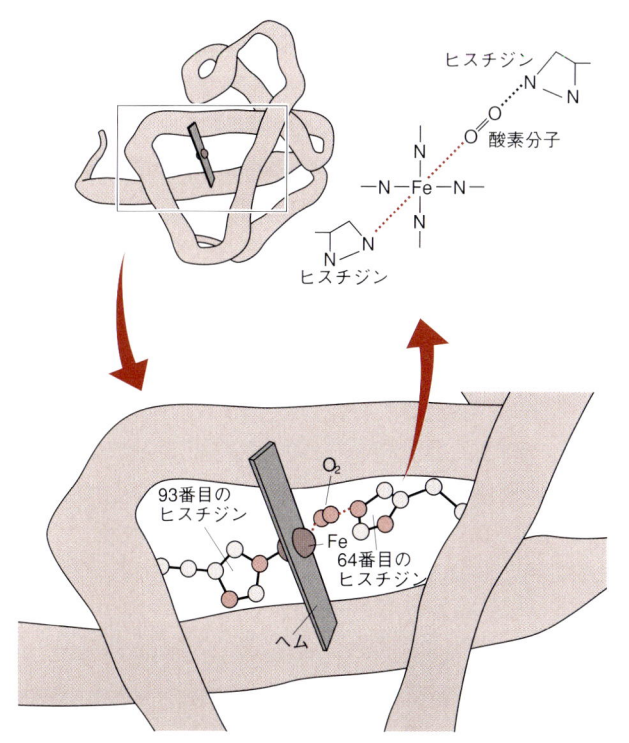

```
ヒト    ALSDLHAHKLR    AQVKGHGKKVA
ネズミ   ALSDLHAHKLR    AQVKGHGKKVA
トリ    KLSDLHAHKLR    AQIKGHGKKVV
カメ    KLSDIHAQTLR    AQIRTHGKKVL
カエル   KLSDLHAYDLR    KQISAHGKKVV
マグロ   DLSELHAFKMR    GPVKAHGKKVM
サメ    KLATFHGSELK    PSIKAHGAKVV
```

図5-8 保存されているヒスチジンは酸素結合に必須

の置換はないはずです。実際、ヘモグロビン中の2カ所のヒスチジンというアミノ酸は、すべての生物で変化していません（図5-7）。この図では、アミノ酸をアルファベット1文字で表しており、ヒスチジンはHで示します。鉄原子は6本の結合手をもっていて、そのうち4本はヘムの窒素原子と結合し、もう1本はタンパク質中のヒスチジン（93番目）の窒素原子と結合し、最後の1本は酸素と結合し、酸素はさらにタンパク質中の64番目のヒスチジンと結合します（図5-8）。酸素を安定に結合するには2つのヒスチジンが必須で、このアミノ酸を変更したヘモグロビンをもった生物は生きられないため、結果として、このヒスチジンは生物間で変化しません。**生物間で変化がない（小さい）ことを、保存されている、あるいは保守的である、といいます。**ヒスチジンに限らず、**機能への役割が大きいアミノ酸ほど、置換が少ない**という傾向にあります。逆にいえば、**生物間で保存されているアミノ酸があったとき、それは機能的に重要であると推定できます。**

機能上で重要な位置でなくても、アミノ酸の変化は多かれ少なかれ機能に影響を与えます。タンパク質を構成するアミノ酸は20種類ありますが、物理化学的性質からいくつかのグループに分けられます。例えば、酸性アミノ酸、塩基性アミノ酸、疎水性アミノ酸、芳香族アミノ酸などです。物理化学的な性質の近いアミノ酸への変化は、異なるアミノ酸への置換より頻度が高いこと（図5-9）も理解できます。性質の異なるアミノ酸へ置換した場合には、機能も変化する可能性が大きく、その生物の生存に不利になるからです。機能に影響を与えない変化ほど、変化速度は大きくみえる。

## 3 タンパク質によって変化速度は異なる

表5-1を見て下さい。4種類のタンパク質の進化速度（アミノ酸置換の速度）が示してあります。フィブリンというタ

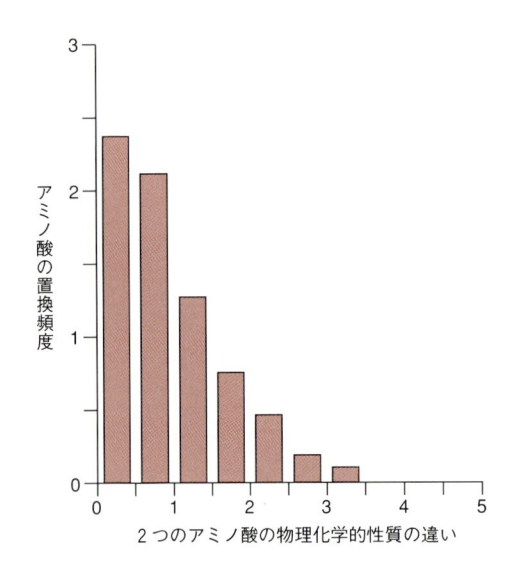

図5-9 アミノ酸の性質が近いと置換頻度が高い（参考文献6を元に作成）

**表5-1 ◆ タンパク質のアミノ酸変化速度**

| タンパク質 | 単位進化時間<br>（百万年）* | 機能 | 変異率 |
|---|---|---|---|
| フィブリノペプチド | 0.7 | 低 | 大 |
| ヘモグロビン | 5 | ↓ | ↑ |
| シトクロムc | 21 | ↓ | ↑ |
| ヒストンH4 | 500 | 高 | 小 |

＊：100個のアミノ酸あたり、1個のアミノ酸に変異が出現するのに要する平均時間

ンパク質は血液凝固に働きますが、凝固の際に切り取られて捨てられる不要な部分がフィブリノペプチドです。捨てられる部分なので、特別な機能はなく（機能上の重要性が低い）、ほとんど全部の部位でアミノ酸が置換可能です。変化（進化）速度が速いのは、アミノ酸が置換した個体でも生きのびられるためです。

これに対してシトクロムcは小さなタンパク質ですが、2種類のタンパク質と相互作用して、一方から電子を受け取り、他方へ電子を渡すという仲介役をします。タンパク質表面の広い範囲に渡って、相手タンパク質との相互作用のための一定構造が必要ですし、表面構造に影響を与えるような内部構造の変化も許されません。つまり、全体的に機能が高く、

置換の許されるアミノ酸が少なく、変化（進化）速度が遅くみえるわけです。ヘモグロビンはこの中間に属する。ヒストンは非常に小さなタンパク質ですが、DNAと強く結合して複合体を作る構造的な重要性だけでなく、遺伝子の働きを調節する重要な役割りがあることがわかってきました（12日目）。そのため、わずかのアミノ酸置換でも生存に影響するため、生物間でほとんど違いがなく、時間が経っても変化しない極めて保守的なタンパク質であるわけです。機能上の重要性が大きい程、変化速度は小さくなる。

## 4 遺伝子変化の速度は同じでも結果には違いがある

タンパク質は、アミノ酸がつながってできた高分子です。アミノ酸配列の特徴が、タンパク質の構造と機能を決めています。タンパク質のアミノ酸配列を決めているのは、遺伝子DNAの塩基配列です。塩基配列に起きた変化（変異）が、タンパク質のアミノ酸を変化させ、タンパク質の構造と機能を変化させるわけです。繰り返しますが、どの種類のタンパク質についても、タンパク質中のどのアミノ酸についても、アミノ酸の変化（その原因としての遺伝子の塩基配列の変化）は、ほぼ同じ頻度で起きるはずです（厳密には、塩基によって損傷と修復の頻度には多少の差があります）。時間あたりの変異の起きる頻度すなわち変異速度は等しい。しかし、**変化した個体の生き残りの違いがあるために、生き残った生物で調べると、変化の速度に違いがあるようにみえるわけです。**生存に影響しないようなタンパク質の変化（遺伝子の変化）は、遺伝子損傷の頻度（修復され残ったものの頻度）に近いと考えられます。

## 5 DNAの方が分子時計として「細かい」

1種類のアミノ酸に対しては、1種類のDNAの暗号（コドン）が対応する場合から、6種類もの暗号が対応する場合まであります。対応はアミノ酸によって決まっています。複数の遺伝暗号が1種類のアミノ酸に対応する場合、DNAが変化してもアミノ酸は変わらない場合があります。暗号としては変化しても同じ意味（アミノ酸）への変化なので、**同義**

表5-2 ◆ 同義置換の方が高速

| 遺伝子 | コドン数 | 非同義置換速度 | 同義置換速度 |
|---|---|---|---|
| ヒストンH4 | 101 | 0.004 | 1.43 |
| アクチンα | 376 | 0.014 | 3.67 |
| インスリン | 51 | 0.16 | 5.41 |
| 副甲状腺ホルモン | 90 | 0.44 | 1.72 |
| 成長ホルモン | 189 | 0.95 | 4.37 |
| プロラクチン | 195 | 1.29 | 5.59 |
| α-グロビン | 141 | 0.56 | 3.94 |
| β-グロビン | 144 | 0.87 | 2.96 |
| インターフェロンα1 | 166 | 1.41 | 3.53 |
| フィブリノーゲンγ | 411 | 0.55 | 5.82 |
| アルブミン | 590 | 0.92 | 6.72 |

置換といいます。DNA 上の暗号に変化が起きても、同義置換の場合には機能が変化しないので、DNA の変化速度が大きいはずです。予想通り、同義置換（アミノ酸は変化しない）の起きる速度は、非同義置換（アミノ酸が変化する）に比べてずっと高いことがわかります（表5-2）。同義置換はタンパク質の分子時計ではみることができませんが、DNA の塩基配列を調べる分子時計ではみることができます。

## 6 遺伝子ではない部分まで分子時計として使える

実は、DNA 全体のなかで、タンパク質の構造を決めている部分（狭義の遺伝子部分）はホンの一部、ヒトの場合には DNA 全体の 1.2 ％でしかありません。遺伝子とかかわる部分を広く見積もっても、25 ％程度のもので、遺伝子ではない領域の塩基配列が変化する速度は、遺伝子部分に比べてずっと高いことがわかっています。遺伝子と構造的によく似ているけれども遺伝子として働いていない、偽遺伝子が真核生物にはたくさんありますが、これらの変化速度も速い。これらのことは、機能上の重要性が小さいほど、変化速度は大きくなることと矛盾しません。**遺伝子以外の部分についての変化は、タンパク質の分子時計では知ることができず、DNA の分子時計ではじめてわかる**ことです。

## 7 遺伝子の変異が集団に広がることが進化

さて、進化とは、生物の性質（表現型）が時間と共に変化することであり、表現型変化のもとは遺伝子の変化（変異）です。遺伝子の変異と、その結果としての表現型の変化には、大きなものも小さなものもあります。いずれにせよ、最初はたった 1 つの個体に遺伝子の変異（突然変異）が起きたとして、変異をもった個体が少数のまま、あるいは変異した個体が消滅したときは、進化が起きたとはみなされません。進化が起きたとみられるためには、変化（変異）した個体が集団全体のかなりの部分を占めるにいたることが必要です。

この場合、変異した遺伝子をもつ個体が集団に広がって、結果として集団全体が姿形の変化した個体に移行する場合と、もとの種とは異なった性質をもつ個体からなる別の集団を作る場合（種の分岐）があり得ます。小型だったウマやゾウの先祖から、大型のウマやゾウに変化してきたのは前者の例ですし、恐竜から鳥類が誕生するのは後者の例です。どちらの場合でも、変異した遺伝子（その結果としての変化したタンパク質）をもつ個体は、はじめは少数であっても、やがてそれがあるサイズの大きな集団を形成することで、進化が起きたことがみえるわけです。

## 8 自然選択というもの

遺伝子に起きた変化でアミノ酸置換が起きたとき、**機能的に大きなマイナスが生じる場合には、その個体は生きていけず、消滅することは理解できます。生存に不利な個体は排除されるという自然選択**です。他方、生存に有利な変化は滅多に起きませんが、全然ないわけではありません。ヘモグロビンの例でいえば、たった 1 つのアミノ酸の置換が、酸素との結合を強くした例が鳥類にみられます。高度 1 万 m のヒマラヤ山脈を超えてチベットとインドの間を渡るベニヅルの仲間はこういうヘモグロビンをもっていて、酸素濃度が低くても酸素補給ができるわけです。**生存に有利な個体が集団の大部分を占めるようになる自然選択**です。

## 9 中立的な変化でも優位を占める

明らかに生存に不利な変異は自然選択によって集団から排除され、逆に、有利な変異は集団中で優越することはわかりやすい話です。まさに、適者生存です。しかし、大部分のアミノ酸置換は、生存に大きな不利益も利益も与えないのが普通です。これを**中立的な変化**といいます。先ほど、ヒトとウマではアミノ酸が18個も違うといいましたが、そのほとんどは、ヒトにとってもウマにとっても、大きな不利でも利益でもありません。だからこそ、それぞれの種が大きな問題なく（ヘモグロビンに関しては）生きているわけです。選択が働いていないと思われるにもかかわらず、ほとんどのヒトとほとんどのウマで、それぞれの種に特有の一定のアミノ酸配列をもったヘモグロビンが存在するということは、考えてみると不思議なことです。**はじめはたった1頭の動物に生じたと考えられる、有利でも不利でもないアミノ酸置換が、生物集団（種）の全体に広がって優位を占めている**ことになります。先ほどまで、このことに目をつむって説明を進めてきましたが、事実とすれば不思議です。自然選択を考えると、そんなことはありそうにないけれども、実際にはそれが起きている。そんなことが可能なのだろうか。

## 10 分子進化の中立説

とても不思議なことですが、**中立的な変異をもった個体は、集団の中で一定の割合で存在し続けることはなく、やがて消滅するか、あるいは次第に増えて集団全体を占めるようになる**、というのが**進化の中立説**です。どちらに傾くかは偶然が支配するのであって、外からの選択が一方向に働くわけではありません。種全体に広がるかどうかは運である、というわけです。国立遺伝学研究所の木村資生先生の説です。**適者生存ではなく、幸運者生存である。多数を占める者を幸運者というなら、ですが。** 1968年に発表された当初は主に理論的な考察からでしたが、理論でそうなるといくら主張しても、そんなことはありそうもないとしてずっと無視され続けました。それに対して多くのデータを集めて反論しましたが、タンパク質の分子時計だけでなくDNAの分子時計の成果が出るにつれて、中立説を支持する証拠が急速に蓄積しました。1983年にそれまでの成果を『分子進化の中立説（紀伊國屋書店/刊）』として出版し、ついに、進化に関するダーウイン以来の偉大な学説と評価されるにいたりました。

## 11 分子時計の成立が中立説を支持する

先ほど、機能上の重要性が小さいタンパク質やアミノ酸ほど、変化速度は大きくなるといいました。機能がない部分や機能に影響しない部分のDNAほど、変化速度が大きいことも事実として得られたことです。従来の自然選択説では、機能的に必要性が低ければ、プラスの選択もマイナスの選択も働かないので変化速度は低いはずです。中立説によれば、機能的に重要でない部分のDNAに起きた変化は、ある頻度で必ず集団全体に広がるので変化が大きくみえるけれども、機能的に重要な部分の変化は、多くの場合マイナスの効果であるために個体が生き残れず、生き残った個体でみる限り変化速度が小さくみえる。得られた事実は、まさに中立説のいう通りだったわけです。**分子時計が成立するという事実が、中立説を支持する根拠**になっているのです。

# V.3 超界分類

## 1 すべての生物がもっている種類の遺伝子に注目する

先ほど例にあげたヘモグロビン遺伝子は、全部の動物がもっているわけではなく、植物にはありませんし、バクテリアにもありません。全生物の系統を調べる際には、一部の生物ではなく、すべての生物がもっている共通の遺伝子を対象にする必要があります。タンパク質合成という機能はすべての生き物に必要で、それにかかわる遺伝子はすべての生き物がもっています。こういう遺伝子は生物間で塩基配列が保存されているはずです。保存されているけれども生物間で少しずつ構造に差がある。

## 2 3超界（3ドメイン）という大分類

　塩基配列のデータから系統樹を描くには、実はいくつもの仮定と技術が必要なのですが、細部はとばして1つの結論をいえば、1986年にカール・ウーズによって示された**3超界（3ドメイン）分類**があります（図5-10A）。すべての生物がもっているタンパク質合成系の共通要素の1つであるリボソームRNA遺伝子の解析から得られたものです。これはゲノムプロジェクトが開始する前のことですが、リボソームRNA遺伝子の解析については以前から進んでいたために比較が可能になりました。この成果が、リボソーム遺伝子だけでなく、他の多くの遺伝子についても解析を進めて、系統関係をより詳細に見極めようとする機運を一気に加速しました。

## 3 定量的な関係を示したはじめての全生物系統樹である

　この図5-10Aでは、各枝の先端に現在生きている生物がいます。生物同士の近縁関係は、1つの生物の枝から分岐点まで辿って別の生物の枝に移動して先端まで辿って、全部の長さを合計したものによって示されます。そういう意味で、**定量的に描かれたはじめての系統樹**というわけです。実は、図5-10Aに示したのは最初の報告ではなく、さらに研究が進んでからの結果をまとめたものですが、3超界に分けるという基本は最初の報告と違いはありません。

## 4 すべての生物は共通先祖に由来する

　第一に重要なことと思うのは、地球上のすべての生物が遺伝子DNAという共通の物質を継承していて、生物間で一定の関係をもって定量的な違いが存在することを示したことです。**すべての生き物が共通の先祖から進化し多様化したものである**、という仮定が具体的に支持あるいは保証されたことは重要です。これを進化の証明といってよいかどうかは、証明という言葉をどうとらえるかによって、異論があるかもしれませんが、従来に例をみないほどの強力な、**地球上生命の一元性と、生物進化に対する証拠**の提示であることは疑いないでしょう。

## 5 3つのグループを超界（ドメイン）と呼ぶ

　この系統図の特徴は、生物界が大きく3界に分けられることです。**真核生物、真正細菌、古細菌**の3つです。動物界、植物界の界は、英語でkingdomといいますが、3超界は**ドメイン（domain）**といいます。従来、原核生物は、生物界のなかではマイナーな扱いしかされていませんでした。生物界全体のなかで、本来の生き物ではない「その他」的な扱いを受けてきたわけですが、真核生物と対等の、真正細菌、古細菌という大きな2つのグループを形成しています。真正細菌は、従来からからよく知られている普通のバクテリアや光合成をする藍藻類（シアノバクテリア）、多くの病原菌やマイコプラズマなども含まれます。

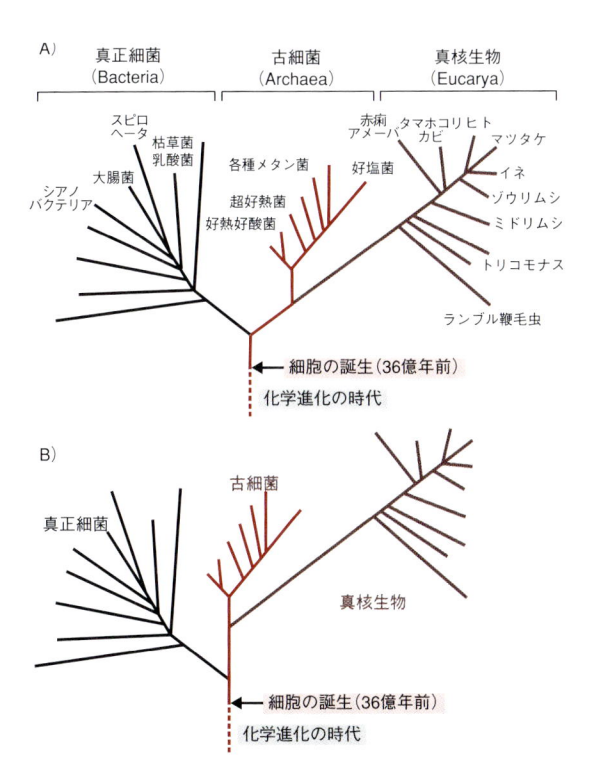

図5-10　リボソームRNA配列に基づく3ドメイン説
　　　　（参考文献7を元に作成）

5日目　生物界全体のグループ分け

## 6 古細菌という超界

古細菌は、地球上で最初に誕生したバクテリアの性質を残しているものと考えられます。深海だけでなく、温泉とか、地下深くとか、無酸素である上に、とんでもなく超高温、超高圧、高塩濃度、高い酸性など、極限的環境で生息するものが多いのも特徴です。**嫌気的細菌**に属しますが、酸素がいらないのではなく、**酸素があると有害である（嫌気的）**という意味では、原始の地球環境にいた生き物としてもっともらしいものです。細菌のグループのなかでもマイナー中のマイナーに思われていた古細菌が3超界の一角を占めていることは、思いもよらぬ結論でした。

## 7 古細菌のグループ

古細菌には、生息環境から主に3つのグループに分けられます。

### ◆ 高度好熱好酸性菌のグループ

高温の酸性環境という恐ろしいところに棲む高度好熱好酸性菌がいます。これは、高温で硫黄を酸化して硫酸にします。逆に、硫黄を還元して硫化水素にする超好熱菌は、100度を超える深海の熱水噴出口でみつかったものがいます。いずれも硫黄の存在に依存しているという共通性があります。

### ◆ 高度好塩菌のグループ

高度好塩菌は飽和に近いほどの高濃度の食塩中で生きられます、というより、濃度が下がると生きられない。死海のような塩湖や岩塩や塩田などでみつかる。なかには、アルカリ性環境でないと生きられない高度好塩好アルカリ菌もいます。

### ◆ メタンを作るグループ

もう1つ、古細菌の最大グループはメタン細菌です。メタン細菌の仲間は、地中深いところで無酸素的に生育していて、水素と炭酸ガスからメタンを作ります。メタンから、さらにそれをつなげた炭化水素を産生するともいわれます。埋蔵されている世界中の石油や天然ガスなどを作ったのもメタン細菌ではないかといわれます。深海底の泥の中は嫌気的環境で、ここには多くの古細菌がいて、世界中で最も多い生物は古細菌であると考えられています。菌の個体数ではなく重量で比べても、他のすべてのバクテリア（真正細菌）、動物、植物などの全部を合わせたより多いと推定されています。ウシの胃（ここは嫌気的な環境）に棲んでいるメタン細菌が作るメタンは、ゲップとともに空気中に出て、これが温室効果ガスとして地球温暖化の原因になっている、という説もあります。

### ◆ ユーリ古細菌とクレン古細菌という分け方

遺伝子解析からは、**ユーリ古細菌**と**クレン古細菌**の2つに大別されます。上記の3つのグループとの関係はやや錯綜していますが、ユーリ古細菌の方がずっと大きなグループとして、概略的には高度好塩菌とメタン細菌のグループを含みます。クレン古細菌の方がグループとしては小さく、硫黄依存性の高度好熱古細菌を含んでいます。

## 8 古細菌は細菌といっては紛らわしい

古細菌は核をもたない原核生物で、細胞壁をもち、顕微鏡でなければ見えないなど、通常のバクテリア（細菌）と似ているようではあります。しかし、古細菌は細菌の仲間であると考えてはいけない、古細菌というのは誤解を招く誤った命名である、といわれます。ちょっと乱暴な言い方をすれば、真正細菌と古細菌は非常に異なる生き物で、両者の違いは、大腸菌（真正細菌）とヒト（真核生物）の違いほど大きい、ともいえるわけです。3超界に分けられるとはそういうことを意味します。細菌（真正細菌）とは全然別の生き物群であることを強調して、本来なら古細菌には全然別の名前をつけるべきであった、という主張には妥当性があります。適切な日本語がありませんが、**アーキア**あるいは**アーケア**（archaea）と呼ぶのが妥当と思います。最近では日本語の本でもよくみかけ、定着しつつあります。ただ、この本では古細菌ということにします。これに対して真正細菌についてはユーバクテリアという言葉が対応しますが、単純にバクテリアといわれることもあります。細菌あるいはバクテリアというと、原核生物全体を差すのか真正細菌だけを差すのか紛らわしい。

## 9 古細菌と真核生物の関係

古細菌が遺伝子的には真核生物に近いことがわかったことは、意外なことの1つでしょう。遺伝子にイントロンをもっているところや、タンパク質合成系についても真核生物との高い共通性がみられます。系統樹（図5-10A）でみると、共通の先祖からまず真正細菌の枝が分岐し、その後で、古細菌と真核生物とが分岐するわけです。最近分かれたものの方を関係が近いと考える、というわけです。

ただ、この描き方で誤解しやすいのは、真核生物の枝が分かれたところから真核生物の歴史がはじまるのはそれでよいのですが、古細菌の方は枝分かれしたところから古細菌の歴史がはじまるわけではないことです。最初に誕生した生物は古細菌に近いものと考えられており、その意味では、一番古いところから古細菌の幹が生えていて、そこから最初の枝として真正細菌の枝が分岐し、その後で、真核生物の枝が分岐すると理解するのが妥当なのではないかと私には思われます（図5-10B）。

## 10 3超界の生物の特徴

ごく簡単にですが、古細菌、真正細菌、真核生物の特徴を表にしておきます（表5-3）。説明は省きますので、具体的にどういうことかわからないとは思いますが、DNA合成系やmRNA合成系、タンパク質合成系などの、**遺伝子の構造を機能にかかわる生命の基本的な機能と特徴について、古細菌と真核生物の間で共通性が高い**ことが伺えます。それ以外の点では、独自の特徴と同時に、真核生物と真正細菌あるいは古細菌と真正細菌の2つの界同士に共通の性質をもっていて、互いの共通性を探ることはなかなか難しいことがわかります。

## 11 ミトコンドリアと葉緑体の起源

真核生物の細胞質にあるオルガネラである**ミトコンドリアと葉緑体の遺伝子が、真正細菌の仲間に属することが明らかになったことも、驚異の1つです**。酸素を使って有機物を燃焼し、大きなエネルギーを生み出す好気性細菌が、真核生物の細胞質に共生して、やがてミトコンドリアになった。ミトコンドリアDNAは、現在の$\alpha$プロテオバクテリア（リケッチア）と近いといわれます。光合成する原核生物であるシアノバクテリア（藍藻）が真核生物の細胞質に共生したものがやがて葉緑体になり、それをもった生物が植物になったと考えられます。真核生物が、さまざまな原核生物の共生によって誕生したという**マーグリスの共生説は、遺伝子レベルでの位置づけがはっきりしたことで最終的に認知され、定着した**といえます。

表5-3◆3界生物の違い

| | 真正細菌 | 古細菌 | 真核生物 |
|---|---|---|---|
| 細胞膜 | エステル脂質 | エーテル脂質 | エステル脂質 |
| 細胞膜での栄養素輸送 | プロトンとの共輸送 | $Na^+$との共輸送（好塩細菌） | $Na^+$との共輸送 |
| DNA | 環状 | 環状 | 直鎖状 |
| DNA結合タンパク質 | HUなど | ヒストン様 | ヒストン |
| イントロン | 特定配列にある | 特定配列にある | さまざまな配列にある（核型イントロン） |
| 細胞内小器官 | なし | なし | あり |
| DNA複製前複合体 | なし | あり | あり |
| RNAポリメラーゼ | 4サブユニット | 8～14サブユニット | 12サブユニット（RNAポリメラーゼⅡ） |
| | リファンピシン感受性 | リファンピシン耐性 | リファンピシン耐性 |
| 転写開始部位のDNA配列 | さまざまなタイプ | TATAボックスに似た配列 | TATAボックス |
| mRNAのキャップ構造 | なし | あり | あり |
| スプライシング | 自己スプライシング型 | 酵素切断型 | スプライソソーム型 |
| ポリA付加 | なし | あり | あり |
| リボソーム結合 | SD配列 | mRNAキャップ | mRNAキャップ |
| リボソーム構造 | 30S、50S | 30S、50S（ただし構造は真核生物と類似） | 40S、60S |
| ジフテリア毒素感受性 | なし | あり | あり |
| 翻訳開始tRNA | fMet-tRNA | Met-tRNA | Met-tRNA |

色文字：古細胞と真核生物に共通の性質

## 12 動物も植物も小さな世界

意外という意味では、**動物や植物が、真核生物のなかでも極めて小さな範囲にしか広がっていないことは驚きです**。図 5-10 のヒトとイネとマツタケはそれぞれ動物、植物、菌類の代表として示してあります。全塩基配列が明らかになった生物も多数にのぼるようになり、全体を3グループに分けることには変化がありませんが、多くの生物についてより詳細な関係が示されるようになりました。ヒトとウシを比べたらずいぶん違う生き物だというのが実感だろうと思いますが、ヒトとウシの違いどころか、ヒトとショウジョウバエの間の違いに比べても、真核単細胞の分裂酵母と出芽酵母という酵母同士の違いの方が大きいことがわかりました。ヒトとショウジョウバエどころか、ヒトとイネの間の違いに比べても、枯草菌（納豆菌の仲間）と大腸菌との違いの方がずっと大きいこともわかりました（図 5-10）。感覚的な常識からは意外な感じがすると思います。

## 13 生物間の距離は相対的

意外とも思えるこのような結果ですが、動物も植物も菌類も、多細胞生物としての歴史は、せいぜい10億年程度でしかなく、現在みられる多様な枝分かれは、もっと最近のことと考えれば納得がいきます。**ヒトとマツタケでは、同じ生き物といってもずいぶん違う印象をもつと思いますが、生物界全体のなかではどちらもごく最近分かれたもので、遺伝子でみればそんなに大きく変化していない**、ということなのです。だから小さな範囲にまとまっている。ヒトとカエルは随分違うと考えるのはもちろん正しいし、ヒトとミミズはもっと遠いと考えるのも正しいけれども、近い遠いは相対的なものですから、ヒトとマツタケの距離が、ヒトとバクテリアの距離に比べてずっと近いということも正しいわけです。

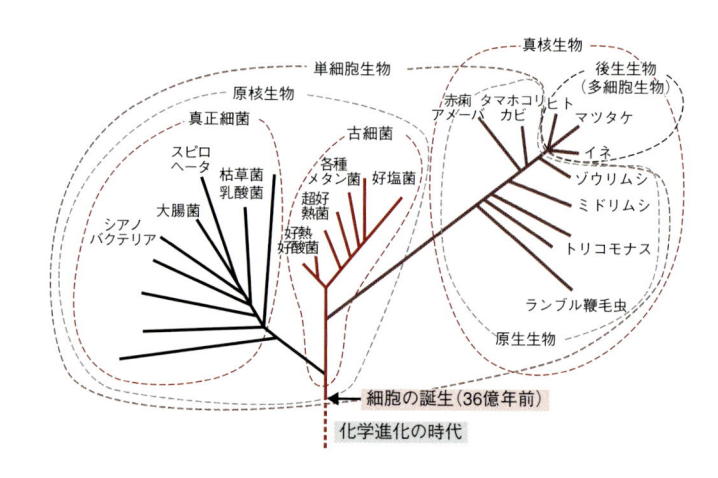

図 5-11　3超界と他の分類の関係（参考文献7を元に作成）

## 14 真核生物における原生生物の広がり

意外性という意味ではもう1つ、**真核生物の枝のなかをみたとき、原生生物の広がりが非常に大きい**ことがわかります（図 5-10）。原生生物という生き物の遺伝子の多様性が大きい、ということです。お互いの遠さをみると、原生生物と1つにまとめることは妥当ではなく、動物や植物、という程度の大きさの分類グループがいくつも含まれている、というべきであるようにみえます。

真核単細胞生物である原生生物は、21億年くらい前（27億年前の痕跡もあるといわれる）には誕生していました。それから今日までの間に、途中で多細胞の動物や植物を生み出し、藻類などはかなり初期から多細胞化したけれども、動物の多細胞化は6億年より大きく遡るわけではないようです。単細胞の方は20億年以上をかけて多様に展開したわけですから、その幅広さが多細胞の動植物に比べて大きいことは、何の不思議もありません。それが現在の原生生物の多様性です。

## 15 改めて遠くが広い

図 5-11 は図 5-10 と同じ図ですが、単細胞生物と多細胞生物、原生生物（単細胞真核生物）と後生生物（多細胞真核生物）、真核生物と原核生物などの範囲がわかるように整理してあります。自分の理解をチェックしてみてください。2日目では自分に近

い類人猿や霊長類や哺乳類の分類から、四肢動物、脊椎動物、脊索動物と話を進めました。3日目では、新口動物からさらに動物全体に拡張するにおよんで、動物の世界が想像を絶する広大な世界であることがわかりました。動物界だけでも広大さに驚いた読者が多いのではないかと思います。4日目では植物界を紹介しましたが、多細胞生物としての動物界と植物界および菌界が、図 5-11 ではそれぞれ小さな枝1つずつに納まっていて、真核生物の世界はさらに想像を絶する単細胞の大きな世界があるわけです。真核生物の世界は広い。ところが、生物全体の3超界はさらにずっと広いことがわかったわけです。

# VI. 遺伝子の変化しやすさ

## 1 遺伝子データの解釈はなかなか難しい

遺伝子から得られた結果は、これまで他のデータから得られていた系統分類の結果と概略的には整合性があり、化石から得られていた進化の過程とも概略的には矛盾してはいませんでした。遺伝子解析の結果は概略的には信用できるものとしての評価を得たわけです。一般には、2つの生物群が分岐した時点についての推定値について、遺伝子からのデータの方が古く出る傾向がありますが、古い化石が次々にみつかってきて、化石のデータが遺伝子データを追いかけ、両者が近づく傾向にあります。そんなこともあって、概略的には遺伝子データの信頼性がますます高まりつつありますが、他方では、遺伝子というだけで、むやみに信じてしまうむきがあったりするので、ちょっと注意しておきましょう。少し以前には、コンピューターで出した答えだというと無条件に信じてしまう困ったヒトたちがいたのと似ている。どういう前提・仮定で計算するかによって、どんな結果でも導ける可能性があるんだよ、という程度のことはわきまえておいた方がよいことです。

## 2 遺伝子の変化（変異）をもたらす原因

遺伝子を傷つけ、変異を生じさせるものはさまざまあります。現在では、酸素は大きな原因物質ですが、地球の歴史の上では長いこと酸素濃度は低く、酸素濃度が1％を超えたのは20億年くらい前、現在と同じ20％程度になったのは6億年くらい前のことです。もう1つは放射線です。宇宙線や、地殻に含まれる放射性物質による放射線です。短期的な変動はありますが、長期的には比較的一定で、これによる遺伝子の変化はほぼ時間経過とともに蓄積すると考えてよいはずです。このほか、DNAを損傷する化学物質や熱による分子の揺らぎも原因です。

遺伝子を変化させるもう1つは、DNAが複製するときに起きるエラーです。**放射線や酸素による DNA 損傷も、複製時に起きる DNA のエラー（塩基変化）も、大部分は修復酵素によって修復されますが、ある頻度で変異が残って固定されることは避けられません。** 複製によって起きる変異は、複製回数が多いほど蓄積することは当然です。数百万年を単位として考えたとき、生物の1世代が短いほど生殖細胞の複製回数は多くなり、変異の蓄積速度が大きくなることはわかりやすいと思います。実際、哺乳類のなかでも世代時間（生まれてから子孫を作るまでの時間）が短いネズミ類では、世代時間の長い大型の哺乳類に比べて、遺伝子に変異が蓄積する速度が確かに速いことがわかっています。寄生生物は一般に宿主に比べてはるかに世代時間が短く、変異蓄積速度が非常に速いことも知られています。複製時のエラーも分子時計を進める原因になっていることがわかります。放射線や酸素などによる変異の蓄積と、複製時に起きる変異の蓄積と、寄与の大きさの推定はなかなか難しいところですが、特に高等動物では複製による寄与がかなり大きいといわれます。

## 3 変化しやすい DNA 部分と変化しにくい DNA 部分

DNAの変化速度は、DNAの部位によって一定ではなく、10倍、100倍、ときにはそれ以上の違いがあります。どういう遺伝子にどういう変異が起きる

かによって、生物が生き残れるかどうかに差があるために、結果的にみられる変化速度のちがいが生じることは、前にも言った通りです。真核生物では、DNA全体の中で、遺伝子の中のタンパク質のアミノ酸に対応している部分はホンの一部で、それ以外のDNA部分は、アミノ酸に対応する部分に比べてずっと変化が大きいのが普通です。

生物の系統をどの範囲で解析したいかによって、対象とするDNA領域を選ぶ必要があります。

## 4 近い関係は早く変化する遺伝子を使う

ヒトとチンパンジーの間の分岐は700万年前といわれます。これは、両者の遺伝子を比較した解析から算出されたものです。分岐してからの700万年の間に、ヒトとチンパンジーの間で塩基配列が変化した遺伝子もありますが、全然変化しなかった遺伝子もあります。分岐の時期がわかるためには、地球の歴史からみたらホンの一瞬ともいえるこの期間に変化する、比較的変化の早いDNA部分を採用しなければなりません。すなわち、近い関係にある生物間の系統を調べるには、早く変化するDNA部分で比べます。ちなみに、もっと最近の系統、例えば縄文人と弥生人の違いや民族の移動といった、1万から数万年程度の短い歴史や、ネアンデルタール人との関係なども、遺伝子解析で追いかけることができます。この場合に、核の遺伝子ではなくミトコンドリアDNAを対象にします。1つには解析しやすさからですが、もう1つは核DNAに比べて非常に変化が早いために、短い期間の変化を追跡しやすいためです。

## 5 遠い関係は変化しにくい遺伝子を使う

他方、このように早く変化する遺伝子を使って、細菌とヒトとの分岐を調べることは不可能です。真核生物の分岐は、21億年くらい前（27億年との推定もある）とされており、これほど長い時間経過を追うためには、変化速度の遅い遺伝子を対象に選ぶ必要があります。リボソームRNAの遺伝子は変化速度の遅い遺伝子で、生物界の全体像を解析するには相応しいものだった。

## 6 1つの遺伝子の変化速度は一定か

遺伝子の種類やDNA全体の中の領域によって変化速度に違いがあるようにみえることは事実ですし、その理由も納得できるものですが、1つの遺伝子に注目したとき、変化速度は時代を通じて一定なのだろうか。**遺伝子の比較から系統を推定する際に、時代を通じて変化速度が一定であるという仮定を用いました**。しかし、1つの遺伝子に注目したとき、長い期間を通じてその遺伝子の変化速度を一定と仮定するには問題があります。だいたい、リボソーム遺伝子に着目して描かれたはずの図5-9では、枝分かれした2つの枝は先端（現在）までの長さが同じでなければなりません。しかし実際には、分岐点から現在までの2つの枝は、長さが違うものの方が多くみられます。これは、枝分かれした後、2つの枝での変化速度が違っていたことを示しているわけです。**変化速度が変わる可能性**として、どんな原因が考えられるだろうか。

## 7 変化速度が変わる可能性

◆ 変化しうる部分はすべて変化した場合

長い間に、変化しうる部分の変化は起きてしまっていて、これ以上の変化が重なると機能を維持できなくなる（変化が起きた生物は生きられない）場合には、一見、その遺伝子は、その後新たな変化をしないか、変化が非常に遅くなったようにみえます。

◆ 変化を修復する遺伝子が変化した場合

すべての生物は、放射線や化学物質によって起きる遺伝子の損傷を修復する、おそらく100種を越える修復酵素や関連タンパク質をもっています。これらのなかでも気取って **guardian of genes（遺伝子の保護者）** ということもある重要な修復遺伝子に、たった1つの異常が起きただけでも、他の遺伝子に突然変異が多発し、ヒトの場合、癌の多発（増殖調節遺伝子の変異）や老化促進（遺伝子機能の変異による早期の機能低下）といった異常を示します。小さな変異が修復酵素系のどれかに起きたとき、それが

子孫に伝われば、遺伝子の変異速度が増加し、変異が蓄積するはずです。**変異の速度は、保護者遺伝子に起きた変異の程度にかかっている。**

◆ 環境が変化した場合

遺伝子に起きた変異が生物の生存に与える影響は、環境によって変化する可能性があります。遺伝子が変化したとき、ある環境では生きのびにくいけれども、異なる環境なら生きのびやすい、ということはあり得ます。生物が生きてきた環境は、長い間には変化しているわけですから、時代時代によって、遺伝子の変化が生存に与える影響は、一様であったはずはないのです。生きのびた生物で比べる限り、**過去の環境変化が遺伝子の変異速度を変えたようにみえる可能性**があります。

◆ 大多数の生き物が絶滅した場合

環境変化の結果、大多数の生き物が絶滅し、競争相手や捕食者の消滅によって、生き残ったものが自由に生きられる環境になった場合はどうだろうか。大絶滅の後、生き残った者のなかから一気に多様な生物が生まれて、大規模に放散するのが普通です。あるいは、新たな環境で生きられる工夫をした生物が、その環境で爆発的に栄える。古生代に魚類が大繁栄し、中生代に恐竜が大繁栄し、新生代に哺乳類が大繁栄する。多様化を伴う大繁栄の時期には、競争相手や捕食者がいないために、いろいろな変異を起こした遺伝子をもつ生物が、生きのびて展開する可能性が高い。**遺伝子に変異が起こる速度は一定であっても、見かけ上、その時期には遺伝子変化が促進されるようにみえる**はずです。

◆ 遺伝子の重要性が変化した場合

2つの系統の生物群が分岐した後、それぞれの生物体内で、**他の遺伝子群が変化したり、それぞれの生きる状況が変化することで、特定の相同遺伝子の必要性や重要性に違いを生じる可能性**があります。その結果、見かけの遺伝子変異速度が変化する。遺伝子の変化速度が変わらなければ、分岐点から現在までの枝の長さは2つの生物間で同じになるはずですが、2つの生物間で長さが異なるケースが結構頻繁にみられるのは、現にこういうことが起きている可能性を示唆しています。

◆ 宇宙線などの強さが変わった場合

放射線や宇宙線の強さ、あるいは酸素濃度が変化して、**突然変異の発生頻度そのものが変化した可能性**だってあります。時代によって遺伝子を変化させる要因の強さが変化する可能性です。その結果、実際に突然変異が固定される頻度も変化する。

## 8 遺伝子変化速度は完全に一定でなくても重要

注目する遺伝子の変化速度が長い間一定だったかどうかは、本当のところはなかなかわかりにくいし、一定ではなかった可能性は高いのです。そんなわけで、複数種類の遺伝子を解析したとき、それぞれから得られる結果、例えば2つの生物の分岐年代が一致するとは限らず、矛盾することも少なくありません。それでも、遺伝子で比べる方法は大変重要なので、いろいろな条件をできるだけ考慮し、可能な限りの補正をして、適正な系統図を求めていくことになります。

# VII. もう少し動物界の細部をいうと

## 1 動物界の2系統

動物界の系統樹の幹が、大きく2つの幹に分かれていました。旧口動物と新口動物です。これは発生学的な違いをもとにした分類ですが、遺伝子解析の結果は、動物をこのように2系統に大別することが概略的には妥当であることを示しました。これは、全く異なる手法が同じ結論を導いたという意味で、結論の信頼性を高める大変に重要なことでした。単純には、動物進化の初期過程で、旧口と新口というやり方で発生する生物が分かれて、それぞれの子孫がそれぞれに展開していったと、考えられるわけです。

## 2 旧口動物のまとめ直しの必要

ヒトを含む新口動物がたった4つの門しか含ま

い（図 5-13）のに比べると、旧口動物の方は数え方にもよりますが、およそ 30 に近い門を含んでいます。門の種類も多いけれども、中身をみると、節足動物門や軟体動物門など、門のなかに多くの綱を含んだ大きな門もあります。実に、動物界の大部分を含んでいる。旧口動物とひとまとめにしてよいものか問題になるほど幅広く、旧口動物は単系統ではない可能性もあるのです。この大きなグループのなかを系統づけられないものかと、発生過程や幼生の共通性、体腔のでき方や体の構造の共通性などを元に、さまざまな試みがありましたが、なかなかうまくいきませんでした。

### 3 旧口動物は大きく 2 つのグループ

遺伝子解析からは、**旧口動物が冠輪動物と脱皮動物の大きな 2 つのグループに大別される**ことがわかりました。今まで近いと思われていた生物群が案外遠いものであったり、その逆だったりと、かなりの変化がありました。新しい分け方では、従来、分類の根拠として比較的重視されてきた、体腔のでき方や、発生の初期過程や、幼生の変化の共通性などからの分類と、合う部分と合わない部分があります。遺伝子解析は大変に有力なものですが、さまざまな仮定の上に立ったものであり、遺伝子が歴史のなかでどのように変化したかは不明な部分も多いので、無批判的に絶対的な信頼性を置くことはできないでしょう。それでも、遺伝子解析による解析から近い仲間とされたグループの間に、今までみつかっていなかった共通の構造が発見されて、共通性が補強される例がみつかる場合があります。漫然とみていたときはみえていなかったものが、その気になってみるとみえてくる、ということでしょう。ただ、これ**でも脱皮動物は 8 つの門、冠輪動物は 19 もの門を含んでいて、もっと細かいグループ分けと進化の過程の系統的な理解が必要なことは明白**です。

### 4 脊索動物と脊椎動物

ヒトを含めた脊椎動物が他の動物グループとどのような関係にあるのか、進化の過程でどのようなグループと近い親戚なのか、関心のあるところです。

私が生物を習ったころは、脊椎動物門に一番近いのは原索動物門で、これは半索類（ギボシムシ）、尾索類（ホヤ、サルパ）、頭索類（ナメクジウオ）などの綱を含んでいました（図 5-12A）。

その後の研究から、この 2 つの門は脊索動物門に統一されました。両者には別の門に属するといえるほどの違いがない、というわけです。原索動物亜門と脊椎動物亜門とに分け、原索動物亜門のなかに尾索綱と頭索綱をおく考えでした（図 5-12B）。その後、脊索動物という大きな枝から、まず尾索動物亜門が分かれ、それから頭索動物亜門と脊椎動物亜門とが分かれる、という考えに変わりました（図 5-12C）。尾索動物と頭索動物の違いが大きく、ひとまとめにはできないという判断に加えて、ホヤに比べればナメクジウオの方が脊椎動物に近いという判断です。

ところが、2008 年にナメクジウオの遺伝子解析が完成して Nature 誌に公表されたとき、多くのヒトが驚いたのは、脊索動物という大きな枝としてまず頭索動物亜門が最初に分岐し、次に尾索動物亜門と脊椎動物亜門が分かれる、とすべきであるという結果が得られたことです（図 5-12D）。ナメクジウオよ

A) かつての考え
- 原索動物門 ─ 半索類（ギボシムシ）／尾索類（ホヤ、サルパ）／頭索類（ナメクジウオ）
- 脊椎動物門

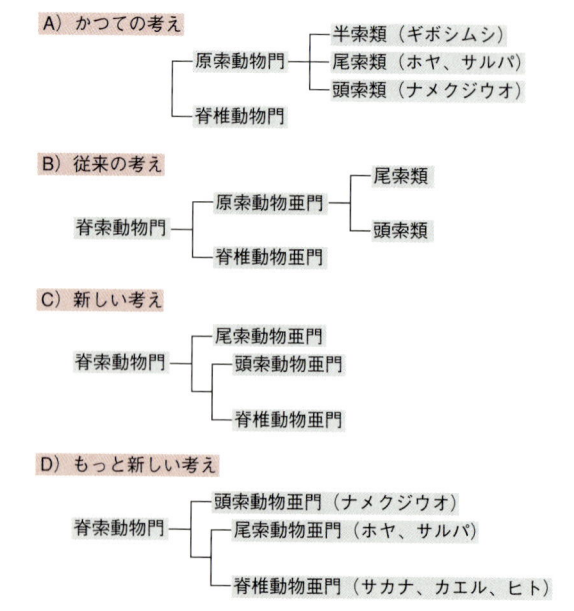

B) 従来の考え
- 脊索動物門 ─ 原索動物亜門 ─ 尾索類／頭索類
- 脊椎動物亜門

C) 新しい考え
- 脊索動物門 ─ 尾索動物亜門／頭索動物亜門／脊椎動物亜門

D) もっと新しい考え
- 脊索動物門 ─ 頭索動物亜門（ナメクジウオ）／尾索動物亜門（ホヤ、サルパ）／脊椎動物亜門（サカナ、カエル、ヒト）

図 5-12　脊索動物の系統の見直し

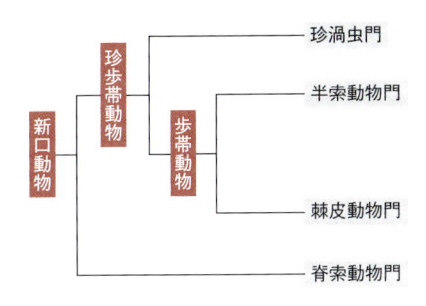

図 5-13　新口動物の 4 つの門

りホヤの方がヒトに近いというわけです。いずれにせよ、半索類は脊索動物から外れました。

## 5 半索動物と棘皮動物

外れた半索類は、独立した半索動物門を作りました。細か過ぎるかも知れませんが、ヒトという脊椎動物に比較的近い親類の話しなので、ちょっといっておきます。これに一番近い動物は棘皮動物門です。棘皮動物と半索動物は、1 つの大枝の先で分かれている（図5-13）。この大枝を歩帯動物といいます。さらに、珍渦虫門もこの大枝の根元から分岐していることがわかりました。この根元を珍歩帯動物といいます。新口動物には 4 つの門しかなく、これらは遺伝子レベルで共通性があるといわれても、ずいぶん違う生き物にみえます。遺伝子解析からは近い関係にあるといっても、進化の過程でこのように本当に枝分かれしてきたのかどうか、にわかには信じ難い思いがします。

## 6 脊索動物と棘皮動物は他の遺伝子からも親戚

脊索動物と棘皮動物が近い、ヒトとウニが近い関係にあるというわけですが、リボソーム遺伝子以外にも脊索動物と棘皮動物の親戚関係を示す遺伝子は、山ほどあります。脊索動物の特徴は、脊索をもつことです。遺伝子レベルでいうと、**脊索動物の発生過程で Bra という遺伝子が働きはじめると、その指令で脊索作りを実行する複数の遺伝子が働き出し、やがて脊索が作られます**。棘皮動物のウニには脊索はありませんが、Bra 遺伝子をもっています。ウニの Bra 遺伝子を取ってきて、ホヤに入れて働かせれば、

ちゃんとホヤに脊索を作らせる機能をもっています。本来は脊索を作らない場所で働かせても、そこに脊索を作れます。相同遺伝子として構造が似ているだけでなく、機能的にも維持されているわけです。ウニでは、脊索を作ることを指令する Bra 遺伝子があっても、その指令を実行する遺伝子がないので脊索を作れません。ウニでも Bra は働いていることはわかっていますが、脊索を作ることではなく、他のところで働いているらしい。半索動物であるギボシムシにも Bra 遺伝子が存在します。こういう面からみても確かに親戚筋であるらしい。

## 7 脊索遺伝子はクラゲまでたどれる

系統樹をさらに根元に向かってたどると、新口動物と旧口動物の根元には腔腸動物があります。クラゲ、イソギンチャクの仲間です。クラゲの仲間にも Bra 遺伝子とよく似た遺伝子が存在することがわかりました。ここまで親戚筋をたどれるわけです。脊索を作る段階ではじめてこの遺伝子が誕生したわけではないことは明らかです。

## 8 脊索動物と棘皮動物は化石からも親戚

もう 1 つ、ごく最近、中国雲南省のカンブリア紀初期の地層から、**棘皮動物と脊索動物の共通の先祖と思われる化石**がたくさんみつかってきました。この動物化石について遺伝子解析はもちろん不可能ですが、**ヴェツリコリア門という新しい門**を作ろうと提案されています。このあたりについては 13 日目で詳しくやります。

## 9 哺乳類のなかの系統

哺乳類のなかで、お互いの系統関係は長い間不明確でした。哺乳類のなかにはたくさんの目がありますが、どれとどれとが近い仲間であるか、よくわかりませんでした。比較的短期間に多様な展開をしていて、中間段階の化石が十分に得られていないことが理由の 1 つです。ゲノム解析ができるようになってきても、種間での塩基配列の差が小さく、遺伝子によって矛盾した結果が得られるなど、短期間に多

様な分岐をしたものをグループ分けすることは困難でした。

　最近、**哺乳類に特有なレトロトランスポゾン（11日目）の解析によって、新しい整理ができる**ようになりました。2つの動物グループの間で、DNA全体のなかの同じ位置に同じトランスポゾンが挿入されていることがわかれば、それは、共通先祖の段階で入り込んだものと考えられ、2つの動物グループは先祖を共有すると判断されます。2つの動物グループが分岐した後で、DNA全体のなかの特定の同一位置に、独立にトランスポゾンが入り込む可能性はゼロに近いからです。この方法では、分岐した時期については推測できませんが、たくさんの例を調べることで、哺乳類のさまざまな目や科のグループ内でも分岐の順番を詳細に決めることができます。例えば、**ウシやカバは偶蹄目、クジラは鯨目と全く別のグループに分かれていましたが、両者が共通の先祖から分かれたものであることがわかって、現在では鯨偶蹄目として1つにまとめられています**。カバとクジラが近い関係にあることは、私事ではありますが孫娘チーちゃんのお父さん、というか娘のダンナさんの島村満さんが大学院生のときにみつけた成果です。偶蹄目の身内のなかから、鯨が分かれて展開していったらしい。哺乳類の系統については13日目でもやります。

### 10 塩基配列の量的な違いと質的な違い

　リボソーム遺伝子の**塩基配列の違いを量的に比較**することから、3超界分類が得られました。他の遺伝子の情報も使って、より精密化されました。他方、哺乳類内部の系統関係は、**塩基配列の質的な違い（特定の挿入配列があるかどうか）を比較する**ことから分岐の詳細がわかってきました。両者の方法はそれぞれ長所と弱点をもっています。強みと弱みというべきかも知れません。**両者をうまく使うことによって、系統関係を推定**する例はこの後もたびたび出てきます。

## 今日のまとめ

　生物間に共通する定量的な物差しによって、多種多様な生物の系統を整理するという長年の夢を、遺伝子という分子時計を使って初めて実現することができました。現在生きている生物の系統的な分類と、進化における生物の変化と分岐の過程とを、一体的なものとして理解する手段を手に入れたわけです。分子時計は万能ではないし限界もあることはわきまえておく必要がありますが、論理的に妥当で現実的にも有効な手法であることは疑いないことです。大枠的には、全生物の3界分類や真核生物の6界分類（6日目）という結果を生み、中くらいの枠では動物界、脊索動物門、哺乳綱の見直しについても紹介しました。どの分野の研究もまだ進行中です。

# 6日目 真核生物の6界分類と共生進化

今日の講義は...

## 1. 真核生物の再分類

5界分類でも3超界分類でも同様でしたが、原生生物（真核単細胞生物）は、非常にかけ離れたたくさんの生き物が含まれているのに、単細胞という理由だけでひとまとめにした、という印象が強いものでした。3超界分類の図5-10では、わずかの原生生物しか解析の対象になっていなかったので、全体のグループ分けをするだけのデータが不足でした。**たくさんの原生生物についてゲノムの比較ができれば、真核生物全体のグループ分けについて適切に再構成できる可能性が高い**と期待されます。現在では全ゲノムが解析できた生き物がどんどん増えていますので、比較する遺伝子の種類もリボソームRNAの遺伝子以外にたくさん利用できますし、比較できる生物の種類もどんどん増えています。

### 1 驚きの真核生物6界分類

数々の遺伝子データをもとにした、真核生物界の再分類の1つの可能性を示します（図6-1）。驚きの**6界分類**です。2005年に国際原生生物学会議（International Society of Protistologists）から提案されたもので、これにはキャバリエ＝スミスの成果が大きく取り入れられています。バイコンタのなかのスーパーグループについては、クロムアルベオラータやエクスカバータを2つずつに分けた方がよいとか、クリプト植物とハプト植物はクロムアルベオラータから出してそれぞれ独立グループとすべきとか、もっと細かく10グループのほうがよいとか、意見はいろいろあるようですし、個々の生物がどのグループに属すかについても今後の変更の可能性はありますが、真核生物の系統樹の現状の到達点としてそれなりの重みがあるものです。生物界全体を3界に分類するという提案は相当に衝撃的なものでしたが、真核生物全体が6つに大別できるというのも、かなり衝撃的なものです。いくつかのことについて説明しておきましょう。

この図6-1について1つだけ注意しておきます。ここに示した枝の長さは、互いの関係の距離を示すほど定量的に描いたものではありません。6つのスーパーグループに分けられる関係だけを描いた、定性的な図であると理解してください。スーパーグループも、そのなかの小さな枝の先に記された名前も、今まで聞いたこともないものが多いでしょう。名前を気にとめる必要も覚える必要もありません。

ちなみに、真核生物の6界分類を含めた上での全生物の系統について、グラム陽性菌・陰性菌、ユーリ古細菌・クレン古細菌を区別した形のものも示しておきます（図6-2）。

### 2 1鞭毛類と2鞭毛類に大きく分けられる

古くから、真核生物全体を鞭毛によって分類する考え方がありました。とはいえ、分ければ分けられるだろうが、進化の過程や系統的な分類にかかわる根拠が薄弱で、意味あることかどうかわかりませんでした。ところが、意外なことに遺伝子解析からの全体像として、1本鞭毛（ユニコンタ）と2本鞭毛（バイコンタ）のグループに大別することは妥当とわかりました。生物の一生のいずれかの時点で、あるいは身体の中のどれかの細胞で、鞭毛が1本である

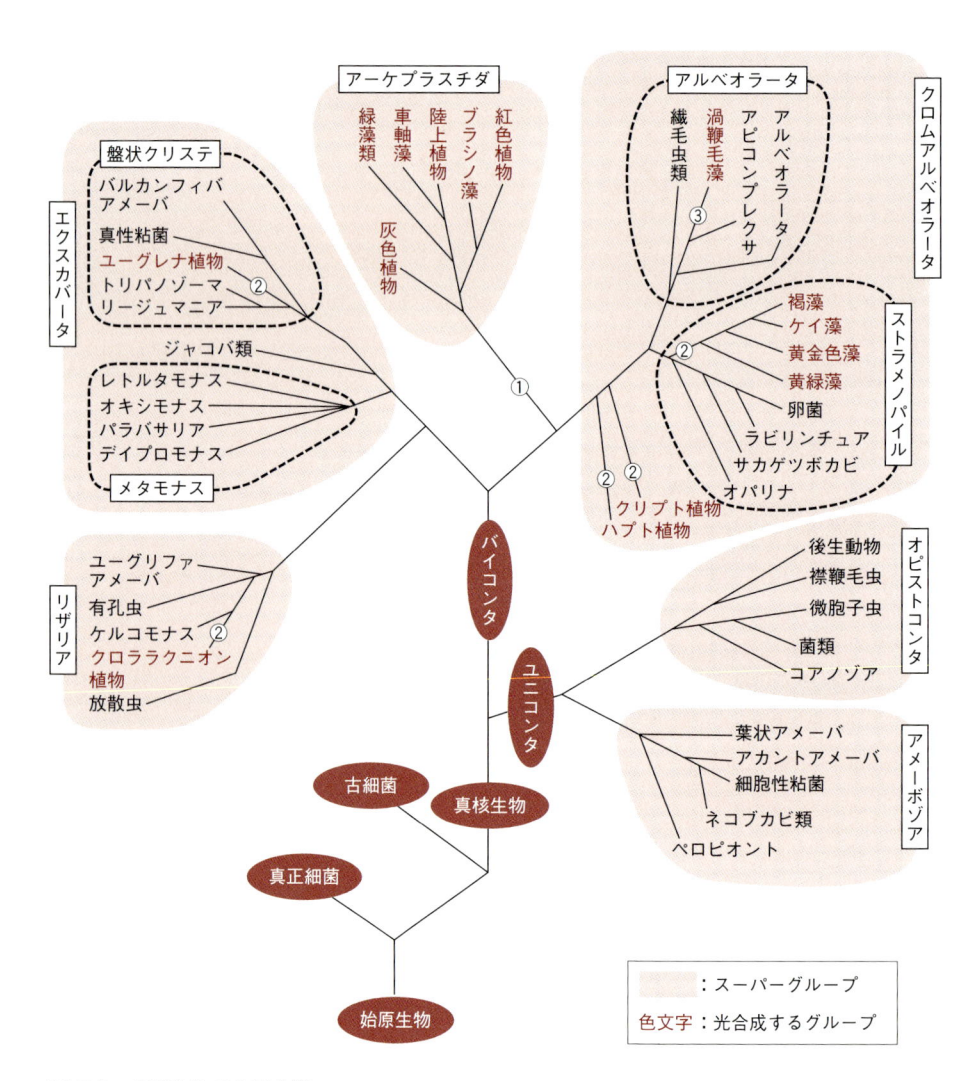

図 6-1　真核生物の 6 界分類

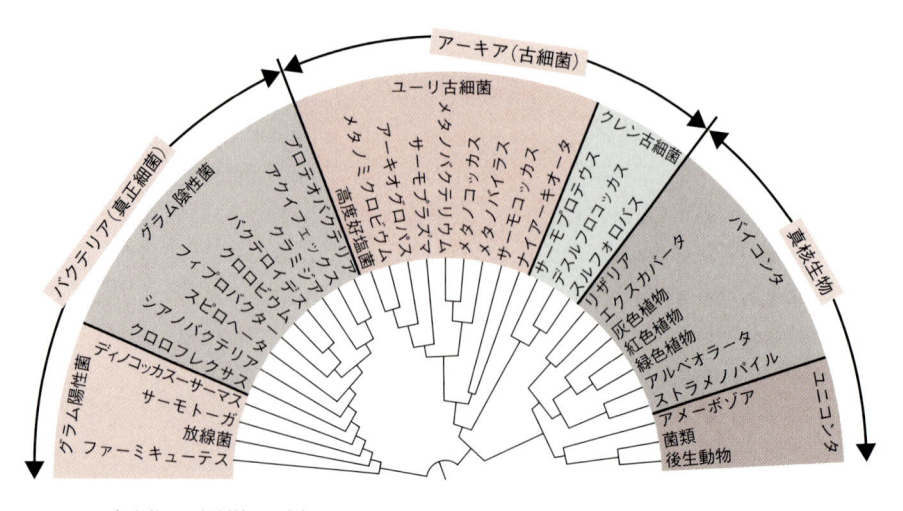

図 6-2　全生物の系統樹の 1 例

か2本であるかは、生物によって違います。例えばヒトの場合は、鞭毛をもつ細胞の代表は精子ですが、これは1本の鞭毛をもっています。それぞれのスーパーグループは、概略的には1本の鞭毛をもつか2本の鞭毛をもつかが決まっていて、1つのスーパーグループのなかに、1本の鞭毛をもつ生物と2本の鞭毛をもつ生物はないのです。

## 3 ここに出てくる名前はほとんどが門あるいは門より大きい

図6-1の各グループのなかの名前は、ナントカ類、ナントカ藻、ナントカ植物とか、片仮名だけの名前とかいろいろありますが、一部を除いて、それぞれが門として扱われる、あるいは門より大きなグループの呼称です。それほどたくさんの門が含まれています。大部分が単細胞の生物で、3日目と4日目で紹介したとき、単細胞の原生動物あるいは単細胞の藻類として、ごく簡単に一部だけを紹介したものです。なお、アーケプラスチダのなかの陸上植物と、オピストコンタのなかの後生動物と菌類という3つの小枝は多細胞生物で、3日目と4日目で紹介したように、それぞれの中にたくさんの門を含みます。

## 4 多細胞動物を含むグループ

オピストコンタというスーパーグループのなかにみられる、後生動物という小さな枝が、多細胞動物です。この小枝は、図3-3あるいは表3-1に示したすべての多細胞動物のグループを含んでいるわけで、遺伝子レベルでは1系統にまとまっています。多細胞動物は原生生物の襟鞭毛虫と系統が近く、両者は襟鞭毛虫に似た単細胞の共通祖先から分かれて、一方は単細胞生物として現在まで生きのび、他方はすべての多細胞動物に展開したことがみて取れます。多細胞動物と襟鞭毛虫は、最も近い兄弟姉妹です。

## 5 最も古い真核生物と期待された微胞子虫の仲間

オピストコンタのなかの**微胞子虫は真核生物のなかで最もゲノムサイズが小さく**、300万塩基対に満たないものもあり、大腸菌のゲノム（460万塩基対）より小さいほどです。微胞子虫はゲノムサイズが小さいだけでなく、細胞内の膜系オルガネラがほとんどなく、ミトコンドリアももたないため、好気性バクテリアが共生する以前の最も古いタイプの真核生物ではないかとも期待されたものです。しかし、かつてはミトコンドリアをもっていたけれども、二次的にミトコンドリアを消失したものである証拠がみつかりました。こんな生き物が、多細胞動物と同じスーパーグループに入っているわけです。

## 6 多細胞動物とキノコ類は近い

オピストコンタには、**カビ・キノコの仲間の菌類も属しています**。担子菌類、子嚢菌類、接合菌類などありふれたもののほか、多くの菌類がここに属します。動物も菌類も従属栄養という意味で共通性が高い。多細胞動物は積極的に動いて餌を摂るので、運動器官、感覚器官、消化器官を発達させていますが、それは動物として新たに加わった新しい機能でしょう。キノコの類は、胞子が有機物を吸収できるところへ飛んだときに生き残れればよい。そこに大きな違いはあるけれども、餌（有機物）を自分で作らずに摂って生きていた共通先祖から、そう遠くない時期に分かれたもので、遺伝子レベルでの基本的な共通性をもっているものと思います。

## 7 アメーボゾア

鞭毛1本のユニコンタにはもう1つ、アメーボゾアというスーパーグループがあります。要するにアメーバの仲間です。ここには細胞性粘菌も含まれます。粘菌細胞が集合して、多細胞の集合体として移動し、やがて胞子を作る子実体を形成する、タマホコリカビなどの仲間です。かつてアメーバの仲間に含まれていた有孔虫や放散虫の仲間はリザリアというスーパーグループになり、太陽虫の仲間はリザリアまたはストラメノパイルに分散して入りました。

## 8 陸上植物を含むグループ

アーケプラスチダというスーパーグループがあります。アーケは古い、プラスチドは色素体（葉緑体の仲間）の意味で、アーケプラスチダは、一次共生

によって古い時代に葉緑体を得た仲間という意味のグループです。光合成をする原核生物であるシアノバクテリアが共生（一次共生）した結果の葉緑体をもつ植物群です。葉緑体は2枚の膜で囲まれています。狭義の植物としての陸上植物は、すべてここに属します。図 6-1 のなかでは小さな枝に過ぎませんが、コケ植物門、シダ植物門、裸子植物門、被子植物門が含まれます。これは、緑藻類という大きなグループの一部から、車軸藻類を経て地上へ進出したものと考えられています。

### 9 粘菌を含むグループ

真性粘菌の仲間は、エクスカバータというスーパーグループに属することになりました。このスーパーグループは、ユーグレナやトリパノゾーマなどの鞭毛をもった生き物のほか、聞いたこともないようなさまざまな生き物を含む大きなグループです。

### 10 かつての原生生物はバラバラになった

かつて、鞭毛をもつ単細胞生物である鞭毛虫類あるいは鞭毛藻類のグループとしてまとめられていたものが、トリパノゾーマやユーグレナはエクスカバータに、渦鞭毛虫や夜光虫、渦鞭毛藻はクロムアルベオラータに、クラミドモナスはアーケプラスチダに、襟鞭毛虫はオピストコンタに、バラバラになってしまいました。逆に、ゾウリムシやラッパムシなどの繊毛虫類が渦鞭毛藻類と近く、さらにコンブのような褐藻類とも同じクロムアルベオラータに属するなど、意外なものが1つのスーパーグループに入っています。ちょっと想像がつかない展開です。

**遺伝子の類似性**からは、真核生物がこのようにグループ分けできるというわけですが、これが**進化のプロセス**と本当に合っているかどうかは、**簡単には検証できません**。現状では、単細胞生物の化石がどんどんみつかっているとはいえ、ここで見るような系統を化石で確認できるほどには、識別と系統付けが進んでいません。したがって、遺伝子解析による系統を化石から検証することは当面困難です。

## II. 光合成する生き物

### 1 バイコンタスーパーグループ4つはすべて光合成する植物を含む

バイコンタ（2本鞭毛）スーパーグループ4つは、すべて光合成する植物を含みます。図 6-1 では、光合成するグループを色文字で示しています。このうちアーケプラスチダは、全部が光合成する植物ですが、他の3つのスーパーグループは、一部に葉緑体をもって光合成する生き物を含んでいます。アーケプラスチダの根元には①とマークがあり、シアノバクテリアの一次共生によってできた葉緑体を含んでいることを示してあります。そのほかは、枝分かれの根元に、②あるいは③と書いてあるものがあります。②は二次共生、③は三次共生を示しますが、これについて説明しておきます。

### 2 一次共生

初期にシアノバクテリアの内部共生（一次共生）によって葉緑体を得たアーケプラスチダの緑藻類の仲間が、やがて陸上植物へと展開していきました。ほかに灰色植物門と紅色植物門が一次共生で独立に葉緑体を得ました（図 6-3A）。緑色植物、灰色植物、紅色植物の色が違うのは、光合成色素の吸収波長に違いがあるためです。緑色植物は浅い水中で、灰色植物は中くらいの深度で、紅色植物が比較的深いところで生育するのは、その水深まで透過する太陽光の色調と光合成色素の吸収帯を合わせているからです。浅いところで光を吸収する緑色植物だけが陸上に進出でき、やがて陸上植物として繁栄していきました。

葉緑体は二重の膜で被われていますが、シアノバクテリアは細胞膜に加えて、ペプチドグリカンの細胞壁と、外膜など合わせて3重の膜をもっており、これと宿主細胞に由来する食胞膜の合計4つの膜のうち、どれが残るかにはグループによって違いがあるようです。一番内側はシアノバクテリアの細胞膜ですが、外膜は食胞膜である場合とシアノバクテリ

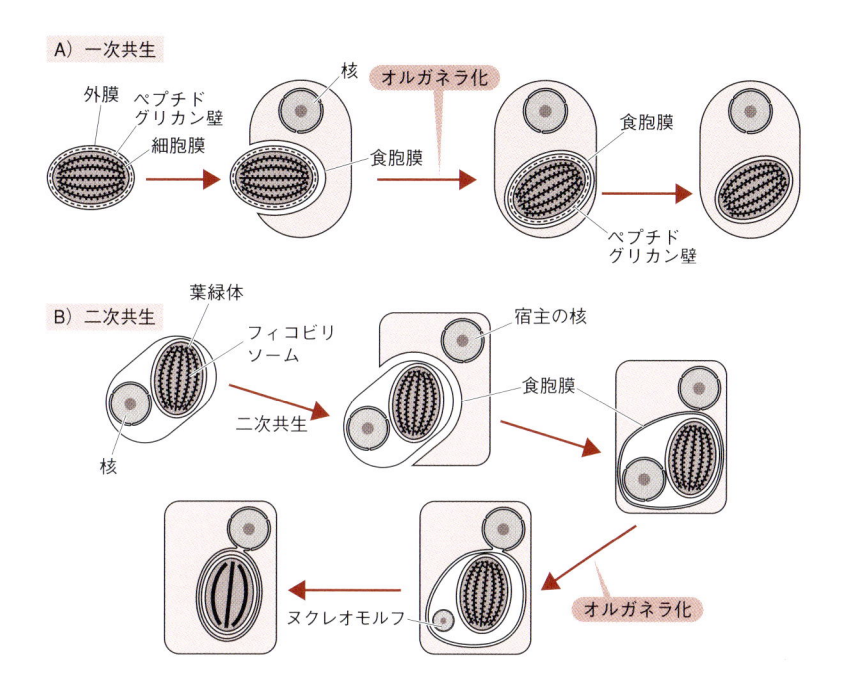

図 6-3　葉緑体の一次共生と二次共生（参考文献5を元に作成）

アの外膜である場合があり、また、ペプチドグリカン膜を残している場合（灰色植物）など、細かいことをいうと単純ではないようです。

## 3 二次共生

単細胞のアーケプラスチダのなかには、単細胞のまま展開するだけでなく、他の真核単細胞生物の細胞質に入り込んで共生するものが現れました。これが二次共生です（図6-3B）。真核細胞が、真核細胞内に共生したわけです。共生したアーケプラスチダは、やがて核やその他のオルガネラを失い、葉緑体だけが残る方向に退化していきました。これらの葉緑体は、4重の膜で被われるのが基本です。葉緑体として2重の膜、それをもっていた真核細胞の細胞膜、それを取り込んだ細胞の膜が食胞として折れ込んだもの、あわせて4枚です。4枚が保存されているものだけでなく、一部の膜が消失して3重膜で囲まれているものもありますし、核が消失し切らずにヌクレオモルフとして残る場合や、その他のオルガネラの一部がまだ残っているものもあります。

## 4 三次共生

渦鞭毛藻の場合は、二次共生によって葉緑体を得たさまざまな単細胞真核生物を、鞭毛虫類の細胞内に三次共生させることによって、誕生したものと考えられます（図6-4）。渦鞭毛藻はたくさんの種類がありますが、赤潮の原因になるプランクトンも仲間です。ここまでくると、四次共生があったって、もう驚くものではありません。

## 5 二次共生によって生まれたグループは、あちこちにみられる

緑色植物、灰色植物、紅色植物は、シアノバクテリアが一次共生してできました。一次共生によって誕生した緑藻類が鞭毛虫に二次共生してユーグレナ類が、アメーバ類に二次共生してクロララクニオン類が生まれました（図6-5）。また、紅藻類が二次共生してクリプト藻類やハプト藻類が生まれ、卵菌類などに二次共生したグループには褐藻類（コンブやワカメ）や珪藻類（ハネケイソウなど）という身近なグループが含まれます。コンブやワカメを食べるとき、これは二次共生による藻類なのだ、と思い出

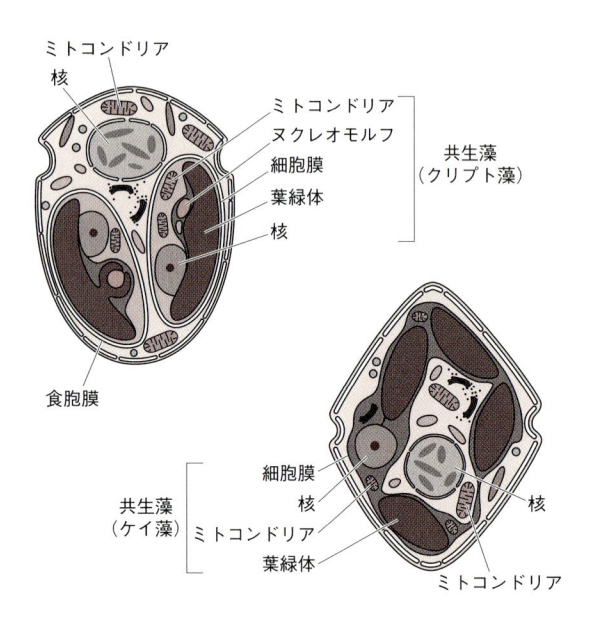

図6-4　三次共生の生き物（参考文献5を元に作成）

してください。二次共生によって誕生した緑藻やクリプト藻類、ハプト藻類、ストラメノパイルなどが、それぞれ鞭毛虫類に三次共生して、さまざまな渦鞭毛藻になりました。渦鞭毛藻には、どうしてそれほどいろいろな種類の藻類が三次共生したのか理由はわかっていません。

## 6 同じスーパーグループに植物とそうでないものが含まれるが・・・

　生物全体を動物と植物の2界に分類したとき、原生生物については、鞭毛や繊毛をもって運動する鞭毛虫類や繊毛虫類、這い回るアメーバのような根足虫類は、いずれも運動して餌を補食するので動物グループに入れました。他方、細胞壁をもっていて運動せずに葉緑体をもっていて光合成する単細胞生物は、植物グループとしました。ところが、ユーグレナ、ミドリゾウリムシ、ミドリアメーバなどは、運動する動物グループでありながら、葉緑体をもって光合成するために、植物分類表にも動物分類表にも顔を出す始末でした。どっちなの、と尋ねられても、「さあ？」としか応えられなかった。分類法として完成度が低く、未熟にみえます。

　6界分類の系統図をみると、それぞれのスーパーグループのなかに、葉緑体をもった植物的な生き物と、葉緑体をもたない動物的な生き物がいることがわかります（図6-1）。1つのスーパーグループに、植物的な生き物と、動物的な生き物が同居しているわけです。2界分類時代の混乱が再現しているようで、進歩がないようにみえる。系統分類の新たなグループ分けとして妥当なのだろうか。

## 7 スーパーグループの考え方は妥当である

　分類法として、完成度が低いわけでも未熟なわけでもありません。これで妥当である、が答えです。進化の過程を考慮した系統分類を考えるとき、葉緑体をもつかどうかは、二次的な変化です。重要ではないということではありませんが、生き物としての主要な過程は、核の遺伝子の変化のなかに記録されているはずです。もちろん、葉緑体をもち光合成ができるようになることによって、その後の核遺伝子にも影響を与えたに違いありませんが、核の遺伝子が進化系統の記録には一次的に重要な役割をもっているのです。ですから、核遺伝子の共通性によってグループ分けすることは妥当であり、そのグループに二次的・三次的に葉緑体をもつものともたないものがいることはあり得ることだし、かまわないと考えるのです。例えば、葉緑体をもった鞭毛藻類であるユーグレナの核遺伝子は、葉緑体をもたない鞭毛虫類であるトリパノゾーマの核遺伝子と共通性が高いので、同一グループとしてまとめる。一見混乱しているようにみえますが、話としてはスッキリと筋が通っているのです。

# III. 共生による生物進化

## 1 マーグリスの共生進化説

　生物の進化の原動力は、遺伝子の変異です。遺伝子のランダムな変異があり、その結果として、生物のさまざまな性質の変化が起きる。環境に不適切であれば生きのびられないけれども、不適切とはいえ

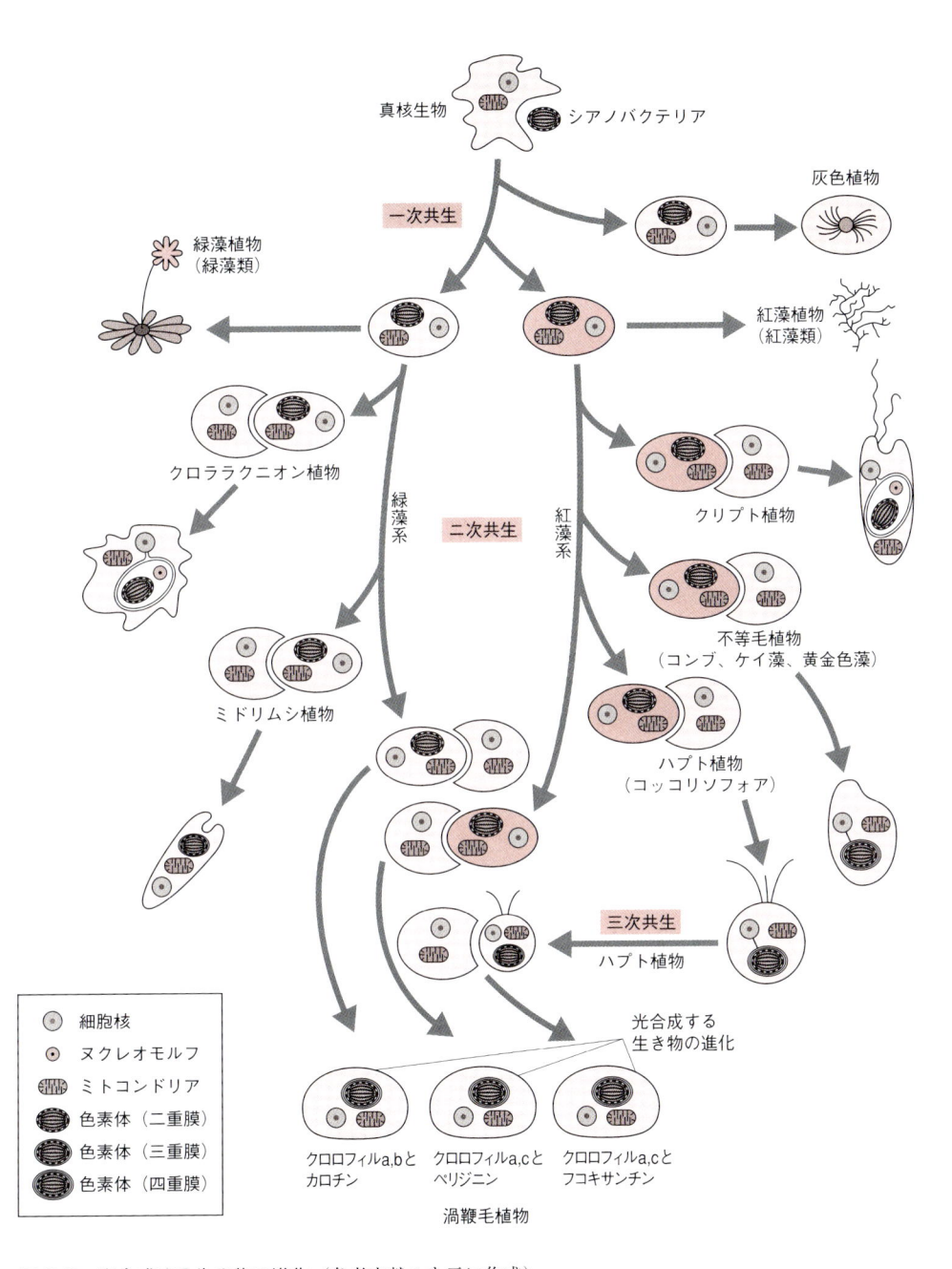

図 6-5　光合成する生き物の進化（参考文献 8 を元に作成）

ない、あるいは有利である生き物は生きのびて子孫を作る。生きのびた子孫それぞれに、環境の変化による栄枯盛衰がある。それが進化の基本と考えられます。

マーグリスの共生進化説はここに大きな一石を投じました。原核生物の遺伝子が少しずつ変化して真核生物になったのではなく、真核生物の特徴である核の存在、さまざまなオルガネラの存在、特殊な構造をもった鞭毛の存在は、**異なる原核生物の共生によって生じたものである、という説**です。これは**遺伝子が徐々に変化することが進化である、という従来の考え方に対する画期的に新しい考え方の提示**で

した。現在では、ミトコンドリアと葉緑体だけが古細菌に共生した真正細菌の名残りと認められていますが、**共生による真核生物の誕生という基本的な考え方**は、生きているわけです。

## 2 ミトコンドリアはすべての真核生物がもった

ミトコンドリアは、真正好気性細菌が細胞内に共生した名残であることは、度々いいました。エネルギーを非常に効率よく作り出して、活発な活動ができたために、共生していなかった真核生物がいたとしても駆逐されてしまったと考えられます。**共生した時期は不明ですが、真核細胞ができて比較的初期のことで、現在の真核生物はすべてがその子孫である**と考えられます。このような経過から、ちょっと極端ですが、進化の過程で好気性細菌は一度だけ真核生物に共生してミトコンドリアになった、と表現されることがあります。寄生生物として生きる間に二次的にミトコンドリアを失ったマイナーなグループはありますが、真核生物はすべて、ミトコンドリアをもった細胞の子孫です。

## 3 葉緑体はそうではない

葉緑体は、シアノバクテリアが共生することでできたオルガネラです。ただ**葉緑体は真核生物の一部にしか存在しません**。それだけでなく、できる過程については、**歴史上何回も違うやり方（一次、二次、三次）でさまざまな真核生物に対して共生した**というところが、ミトコンドリアの場合と大いに異なる点です。

## 4 改めて動物と植物

単細胞真核生物のなかにも動物的なものと植物的なものがあることを紹介しました。植物的なものは、葉緑体をもっていて光合成をする。動物的なものは、餌を摂って食べる。

葉緑体は、独自の遺伝子DNAやタンパク質合成系ももっているけれども、細胞から取り出すと単独では生きられない。単独で生きる能力を失っている。これが基本です。概略はそうですが、実は動物的生き方と植物的生き方は、そう簡単に区別できるとは限らない、というところをちょっと紹介しておきます。

## 5 ミドリゾウリムシは動物か植物か

ゾウリムシは、繊毛で運動する動物的な単細胞真核生物ですが、その仲間で、細胞内にクロレラのような単細胞の緑藻をたくさん抱え込んだ、ミドリゾウリムシという生き物がいます。光合成能力をもった緑色のゾウリムシです。この場合のクロレラはまさに共生しているのであって、ゾウリムシから逃げ出すと外でクロレラとして生きていけます。普段のミドリゾウリムシは大部分の栄養とエネルギーをクロレラの光合成から得ていますが、ちょっとした環境の変化や薬物によってクロレラが死んだり逃げ出したりすると、無色のゾウリムシになってしまう。そうすると、動物として餌をとって生きのびます。食べた餌のなかに生きたクロレラがいると、大部分のクロレラは消化されてしまいますが、一部は生き残って増え、やがてミドリゾウリムシに戻ります。**元々は動物で、動物としても生きられるけれども、通常は植物的に生きている**、ということなのでしょうか。働けるくせに働かずに、クロレラを働かせて横着して生きている、ヒモ的な生活にもみえます。

## 6 ハテナという単細胞藻類

ハテナ・アレニコラという単細胞の藻類がいます。日本人がみつけて日本人が付けた学名ですが、ハテナという命名は、ハテナと思うほど変わった生き物だからだそうです。国際学会などで『ハテナが・・・』と話題になっているところを想像すると、なかなか楽しい。葉緑体をもっていて光合成しますが、細胞分裂するとき、片方の娘細胞は葉緑体を受け継いで植物として生きられるけれども、他方の娘細胞は葉緑体を分けてもらえないので、無色の藻になるのだそうです。こちらは仕方なく餌を摂る補食器を作り出して、動物として生きていきます。餌はプラシノ藻ですが、これを食べたハテナ・アレニコラは、プラシノ藻の一部を消化せずに細胞内に閉じ込めて、葉緑体として利用し、植物として生きてい

くようになります。植物になると、補食器は消失し、代わりに光を感じる眼点をつくる。光合成するには、光のある方へ行く方が有利だから合目的的な変化です。**基本は植物であるけれども、時々は動物的に生きる**、ということなのでしょうか。

## 7 光合成するサンゴやクラゲ

実は、似たことは多細胞動物にもみられます。サンゴは多細胞動物ですが、珊瑚礁をつくるサンゴのほとんどが細胞内に褐虫藻という単細胞の藻をもっています。褐虫藻は渦鞭毛藻類の仲間です。実はサンゴだけでなく、クラゲやイソギンチャクの仲間にも褐虫藻をもっているものがいて、光合成で栄養分を作っています。プランクトンや小さな生物を捕まえて食べる動物としての暮らし方を失ってはいないのだけれども、それだけでは生きていけません。

海水温のちょっとした上昇で褐虫藻が逃げ出してサンゴの白化現象が起きると、サンゴは死んでしまいます。沖縄でもそうですが、オーストラリアのグレートバリアーリーフでも大規模な白化現象が起きていて世界的な問題になっています。造礁サンゴは褐虫藻なしでは生きられない。この場合、逃げ出した褐虫藻は自力で生きていけるけれども、逃げ出されたサンゴは死んでしまう。つまり、**サンゴもクラゲも動物であるけれども、光合成なしでは生きられない**。

このようなサンゴが、将来、単独では生きられなくなった葉緑体による光合成能力をもつようになったら、植物になった、というべきなのだろうか。余計なことですが、褐虫藻は渦鞭毛藻類の仲間で、渦鞭毛藻類が三次共生の結果の葉緑体をもっているわけだから、現在は4次共生の最中ということになりそうです。

## 8 もっと高等な動物だって光合成する

実は軟体動物のウミウシやシャコ貝などにも藻類と共生しているものがいます。シャコ貝は浅い海にいて、藻が共生している外套膜の部分を貝殻の外へ出して、光に当てて光合成します。シャコ貝は海底で横になっておらず、蝶番のところを海底に突き刺して、いつでも上を向いて口を半開きにしているので、変な貝だなあと思っていましたが、光合成するためだったんです。それだけではありません。ヒトに近い脊索動物のホヤの仲間にも藻類やシアノバクテリアを共生させて光合成する仲間がいます。

## 9 共生から葉緑体までの連続性

ユーグレナや植物では、取り出した葉緑体は単独では生きられない。これはもう共生とはいわない。葉緑体は細胞内オルガネラです。二次共生、三次共生でできた植物細胞中では、共生した単細胞藻類のオルガネラが失われていくさまざまな過程を含んでいます。核様構造やオルガネラがかなり残っているもの、核の断片様のものが残っているもの、核もオルガネラもまったく消失したものなどさまざまです。

ちょっと紛らわしいけれども、これらいずれの場合もスタートは共生であったけれども、現在では元の単細胞藻類の残骸はほぼ消失してオルガネラになってしまっているので、葉緑体も植物細胞も別々では生きられず、現在の状況は共生とはいいません。ミドリゾウリムシやハテナでは、葉緑体をもった単細胞藻をとり出してもそれぞれが単独で生きられます。それぞれが単独で生きられるならそれぞれが別の生き物であって、2種類の生き物が共生（寄生の場合も含めて）しているとみなされます。現在でも新たな共生が生まれ進行しつつあるとすれば、数百万年か経てば新たな藻類として誕生する可能性もあるのかも知れません。そういう意味で、動物細胞的な生き方から葉緑体の獲得による植物的生き方への変化は、過去のできごとではなくて現在進行形なのだと思います。

## 10 生物の相互依存と共生

サンゴの場合はどうなのでしょうか。褐虫藻はサンゴから出て単独でも生きられますが、褐虫藻に逃げ出されたサンゴは栄養が取れなくて死にます。もはや褐虫藻を含めて1つの生き物になっている、と考えざるを得ないのでしょうか。しかし、この段階ではまだ1つの生き物になってはいない、と考えるのが普通です。ともに生きる共生です。

共生と考える1つの理由は、生殖を通じて褐虫藻が子孫に伝えられるわけではないからです。植物の葉緑体は、通常、卵細胞を通じて子孫に伝達されます。しかしサンゴの褐虫藻は、サンゴの生殖細胞から子孫に伝わることはなく、受精後に発生が進行する過程で新たに取り込まれるのです。だから、生きるためには必須であるけれども、生き物として別であると考える。

## 11 生き物はもちつもたれつ

生きるために必須の生物同士、という関係はほかにいくらでもあります。シロアリの腸管内に原生生物が棲んでいて、その原生生物の中にバクテリアが棲んでいます。共生です。これらは、シロアリの食事であるセルロースを消化するのに必須です。原生生物あるいはバクテリアを駆除してしまうと、シロアリは生きていけない。

特定の昆虫が特定の花の蜜だけを吸う。その花がなくなれば昆虫は死に絶える。その昆虫がいなくなればその花は子孫を作れない。共生ではありませんが、このような生物同士の強い相互依存関係は本当に数えきれないほどたくさんの例があります。もちろん、もっと緩い関係の生物同士のもちつもたれつという関係はむしろ当たり前であって、生態系とはそういう全体像である、ということなのです。

## 12 生態系というもの

地球にいる生物全体は、本当に単独で暮らすものもありますが、関係が深いか浅いかの違いはあっても、大部分の生物は相互に関係し合って暮らしています。熱帯雨林などが紹介されるとき、それこそ高さ何十メートルの木のてっぺんから、湿った地面の中まで、数えきれない生き物がひしめき合い、競合しつつも協調し合って生きているようにみえる。捕食者と被捕食者の関係でさえ、被捕食者を食い尽くしては捕食者は生存できないのです。珊瑚礁の海や海藻の茂る海でも、泳ぐ生き物、底に生きる生き物を含めた、濃い生態系があります。生物密度の低い砂漠や氷の世界にも、それなりの生態系がみられます。地球全部が1つの生態系であるといえます。どのような生態系でも個々の生物には栄枯盛衰がみられます。案外脆弱なところがあると同時に、全体としては生態系が別の平衡状態に移動して安定するだけのこととみれば、生態系とは強靭なものであるという気もします。生物は決して個別に生きてきたわけではなく、35億年の間、互いに深くかかわりつつ生きてきたことは間違いないことです。

---

**コラム　ヒトやウシは葉緑体をもてないのかもしれない**

大学院生の頃、生化学若い研究者の会というのがあって（今でもあります）、その機関誌に、ある会員がフィクションを載せていました。ヒトに葉緑体を導入して光合成できるようになる話です。ウシにも葉緑体を導入して、餌がなくても（少量の餌だけで）飼育できる話もあったかもしれない。いずれにせよ、この画期的な成功に学会や産業界が大騒ぎするあたりの話しは、いかにもありそうな成り行きで面白かったけれども、『友達と一緒に梅田地下街の喫茶店へ行き、人工太陽の光を浴びながら、ミネラルを含んだ砂地の水に足を浸けて養分を吸収していると、ごっつう気持ちええ（正確な表現は思い出せませんが）』、といった関西弁の会話が、今でもひどく印象に残っています。なかなかの名作だったと私は思っています。著者は関西の会員だったのですが、残念ながら名前を覚えておりません。

6界分類のなかで、ユニコンタのスーパーグループのなかには、葉緑体をもった生物が全く含まれていません。動物もそうです。藻類と共生をしている動物についてはいろいろと例をあげましたが、葉緑体にまで進んでいるものはありません。ユニコンタの歴史はバイコンタと同じくらい古いことを考えると、共生してから葉緑体になるまでの時間が足りないということは考えられませんから、このグループの生物は共生はできても葉緑体にまで進むことに強い抵抗性をもっているのかもしれません。だとすると緑のヒトやウシを作ることは難しいことなのかもしれません。そこはわからない。

# IV. 生物系統学の完成へ

## 1 分類と進化の系統樹

　遺伝子解析による3超界分類や6界分類の完成型は、化石等による結果を含めて矛盾することなく、進化の過程での枝分かれを辿ったものと期待されます。地球上の多様な生物を進化の道筋に沿ってグループ分けするのが自然分類・系統分類の考え方です。進化の道筋は完全にはわかってはいませんが、過去から現在までを含めたすべての生物の関係を木の枝のように表したのが進化の系統樹です（図6-6A）。

　**時間軸に沿った血縁関係を描いたものが系統樹**だとすれば、系統樹をうんと細部までみることができるとすると、個々の生き物の親子関係の系図に相当するものがみえるはずです。それをうんと遠くから眺めて、種や目や門などの系統ごとにまとめて描いたものが図6-6A です。**生物の分類は、元々『現在の時点で切った切り口』として似たものを集めることからスタート**しましたが、これが進化の系統を反映したものなら、図6-6A の現在の分類に投影図として示した系統図として対応するはずです。

## 2 絶滅種を含めた系統樹の完成

　進化の系統としての各枝の途中の部分には、現在の生物にいたる途中の（過去の）生物がいるはずです（図6-6B）。この系統樹のなかでは、途中で絶滅した生物の枝も途中で伸びが止まった枝として示されます。途中状態がどのような生物であったか、現在の生物とどう違うのか、かなりよくわかっているものもありますが、それらは、現在の生物と共通性はあっても現在の生物と同じグループにできるかどうか問題があります。図6-6B では、現在の生き物について●で示したように、過去の生き物も●で表していますが、過去の生き物については、こういう位置にも過去の生物がいたことを示すだけで、本来は連続的な存在です。変化が連続的であったら、どこでグループを分けるかは決め難いものです。この困難さは、後（13日目）で哺乳類や鳥類が誕生する

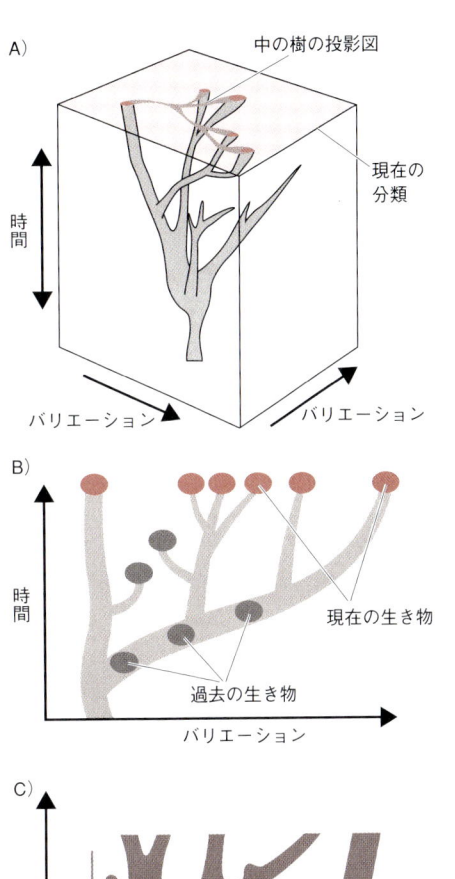

図6-6　進化と系統樹の考え方

に際して、実際の例が出てきます。この図6-6B は、枝分かれした後の生物が比較的垂直である（形質の変化が少ない）ように描きましたが、こういう例は生きている化石であって、実際には枝分かれした後でさらにバリエーションが進む（線が斜めになる）のが普通です。なお、図6-6C では生物グループにおけるバリエーションの幅（多くの場合、個体数すなわち繁栄状態あるいは分布の広さなどとも比例する）を強調して示しており、バリエーションが大きくなってやがて別系統に分岐するように描いてあります。実際には、突然に分岐するようにみえること

も少なくありません（図6-6C）。

### 3 系統樹の完成は将来の進歩に待つ

　分類と進化の系統は、図6-6Aのような立体的な姿で表すのが妥当と私は考えます。生物の歴史は大絶滅の繰り返しでした。古生代と中生代の間のペルム紀の大絶滅では、90〜95％を超える生き物が絶滅したと推定されています。中生代の終わりには恐竜が絶滅した結果、それまで細々と生きていた哺乳類が大きく展開することができた。古生代や中生代の各紀の間にも相当大きな絶滅がありました。それら生物も含めることで、この地球上に存在したすべての生き物の系統樹ができあがります。

　**絶滅種を含めた系統樹の完成はほど遠いものがあります。**問題は、時間をかけさえすればできあがる、という状況にないことです。現状では、絶滅種がどれだけ存在したのかについても、絶滅種の系統の位置づけについても、化石に頼る以外には調べる方法がありません。現在生きている生物の系統については絶大な力を発揮した遺伝子解析による方法は絶滅種には適用できません。ましてや、化石として残っていない、あるいは残っているけれどもまだ発掘されていない絶滅種がどのくらいあるか、見当がつきません。未発掘のものの方がはるかに多いはずで、全体像は圧倒的に未完成なのです。

　科学技術の進歩によって、不可能と思われていたことが可能になることはこれまでにも度々ありました。地球上にどのような生き物が展開可能であったのか、将来可能であるのか、といった予測が可能になる研究が生まれる可能性だってないわけではないでしょう。現状ではとても可能とは思えませんが、将来の研究の展開についての可能性は否定しません。希望をもっていたいと思います。

## 今日のまとめ

　原生生物は長い間、真核生物界のなかの単細胞生物門として、『その他』とでもいうべき小さな扱いを受けてきました。現在生きている原生生物同士を比べるだけでは、互いの系統関係や多様性を定量的に探ることに限界があったためです。分子時計としての遺伝子解析から、単細胞の原生生物は、多細胞生物に比べてはるかに広範な多様性を示すことがわかり、真核生物はおよそ6つのスーパーグループに分けるのが妥当とされました。6つのスーパーグループに分布する多様な真核生物はかつての原生生物であり、多細胞生物はそのなかでホンの一部を占めるに過ぎません。それは、単細胞真核生物が多細胞生物に比べて、誕生からの歴史が長いことを考えると極めて妥当な結果です。

**今日の講義は...**

# 7日目　生物多様性は進化によって生まれた

　これまでに、地球上には驚くほど多様な生物が暮らしていることを紹介しました。これらは大昔の地球で無生物から簡単な生物として誕生し、多様な生物群に展開していったものと考えられています。これから、地球の生物の歴史・進化の過程を探っていきますが、その前に地球の歴史を調べるにあたって調査の対象にすべきことの全体像を簡単に紹介しておきます。

## I. 生物の歴史を探るために重要な地球の歴史

### 1　地球の歴史の全体像

　宇宙の誕生は137億年前といわれます。どうやって無から宇宙が生じたのか、エネルギーや物質がどうやって生じたのかといった大問題について、すごい勢いで研究が進んでいますが省略します。やがて銀河系が生まれ、太陽系が生まれ、太陽の周りを回っていた大量の隕石のような微惑星が集合して、地球が生まれたのが46億年前といわれます。希薄なガスが集合して太陽が誕生してから、惑星が生まれるには1,000万年くらいしかかからなかったらしい。

　地球誕生から現在までの概略をまず示しておきます（図7-1）。全体を古い方から冥王代、始生代、原生代、顕生代に分けます。詳しい説明は後からも出てきますが、この間には、地球内部の変化や、大陸の離合集散などの変化、大気の変化や地球全体を被う氷河など、地球全体が非常にダイナミックな変化をしていることがわかってきました。このような変化は生命の歴史に大きな影響を与えました。生物の化石が顕著にあらわれるのは5億4,200万年前にはじまる顕生代からですが、最初の生命は35億年あるいは38億年くらい前に地球上で生まれたことが明らかになりつつあります。35億年というのは確実と思われる微生物化石がみつかった最古の年代で、38億年は生命活動の結果と思われる地質的な記録のみられる最古の証拠です。

#### ◆ 生命の歴史を探るには学際的研究が必要

　長い生命の歴史全体を探るには、化石の研究は重要なものですが、それ以外にも実に多くの分野の研究が必要です。そのことを概括しておきます。生命の歴史には生物の画期的・飛躍的な進化段階があり、他方では、何回にもわたる大絶滅の繰り返しがあります。地球の全体的な環境が生命の誕生と展開に大きな影響を与えているので、その全体像を理解するには地学、物理学など学際的な多方面からの研究が重要であり、それは現在急速に進展しつつあります。

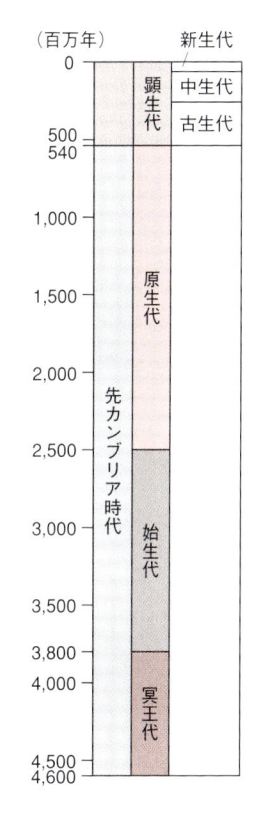

図7-1　地球誕生からの時代区分

## 2 地球外からの生物への影響

### ◆ 宇宙からの影響

　地球の誕生は、ごく局所的な事象とはいえ宇宙的なできごとですが、その後にも、宇宙からの影響はあるのです。古生代オルドビス紀の終わりの絶滅では、地球上の85％の生物が滅びたといわれますが、この原因は、地球に極めて近いところで起きた**超新星爆発による強いγ線バースト**（爆発的なγ線の放射）によるとの説があります。γ線は波長の短い（エネルギーの高い）電磁波で、医学的にはコバルト照射やγナイフとして癌細胞を殺したり、手術道具の滅菌にも使われるなど、照射された細胞を殺す力の強い放射線です。宇宙からのγ線バーストは、エネルギー的にも光量的にも、人工のものをはるかに上回る強烈な照射があったと考えられます。

### ◆ 巨大隕石の落下

　恐竜が絶滅した6,500万年前の白亜紀大絶滅は、メキシコのユカタン半島に落下した直径10〜15km程度の隕石による気候変動との説があります。隕石落下の証拠は、隕石起源と思われるイリジウムが世界中の堆積物中の特定時期の薄い層に局在すること、このすぐ上に世界的な規模の火災のためと思われる煤の層がみられること、落下地点におけるクレーター（チチュルブ・クレーター）の発見などの成果の蓄積です。恐竜絶滅の原因は地球の外にあったことになります。2010年のScienc誌3月号には、この事件に関する12カ国の国際チームによる総合的な再調査の結果が報告されました。衝突時のエネルギーは広島型原爆の10億倍とされ、高さ300mもの大津波が発生しただけでなく、大量のチリによる太陽光の遮蔽と気温低下が10年くらいも続き、この間に海洋のプランクトンや植物が絶滅し、食物連鎖の上位にいる動物も死滅したとされます。

　巨大な隕石の落下は稀なことですが、小さなものは毎日数万個も地球に降り注いでいて、時々存在密度の高い宇宙空間を地球が横切るとき、流星群が見られます。隕石落下によるクレーターで一番大きなものは、南アフリカ共和国のフレデフォート・ドーム（20億2,300万年前）で、当初は直径300kmくらいあったと考えられています。2番目はカナダのサドベリー・クレーター（18億5,000万年前）で直径200〜250km、メキシコのものは3番目で180km程度です。最近のものでは、1908年にシベリアのツングースで起きた大爆発は、直径100mくらいの隕石が空中で爆発したものと考えられています。日本で唯一の公認されているものは、南アルプスにある直径900mの御池山クレーターで、数万年前に50mくらいの隕石が落下したものとされています。

### ◆ 太陽の変化

　太陽は地球に実に多量の放射エネルギーを与えているので、太陽自身の変化は地球に大きな影響を与えます。日本という気候温暖な地域でも夏の日差しは厳しく、冬の寒さも結構厳しい。地表からみる太陽の高さの違いだけで、つまり垂直に近いか斜めから光を受けるかの違いだけで、夏と冬の気温の違いが出るわけです。ちょっとの違いが大きな影響になることが実感できます。

　地球が誕生した頃、太陽は今の70％の輝きしかなかったといわれます。大気が現在と同じ組成であったら、地表の温度は極めて低く、液体の水は存在できず、生物の発生は不可能であったと考えられます。実際には、温暖化ガスとして有名なメタンガスや炭酸ガス濃度が高く、大きな温室効果のために海が凍ることもなかったと考えられています。その後、太陽の輝きが次第に増加する一方で、メタンガスと炭酸ガスの低下が起きていったために、結果として、生物の発生を許す範囲の温度が保たれていたと考えられています。ただ、後で紹介するように、地球の歴史のなかで大規模な地殻変動が度々起き、メタンガスや炭酸ガス濃度はその度にかなり大きく変動しました。これも生命の誕生とその後の展開に大きな影響を与えてきたわけで、微妙なバランスがどちらかに傾くことで高温化と凍結の間を振れ、大昔から現在にいたるまで、生物維持にとってはずいぶん危ない橋を渡ってきたものだと思います。

### ◆ 地球の公転・自転

　地球は太陽の周りを楕円軌道で公転していますが、**楕円軌道の離心率**（円からのずれ）が10万年周期で変化することで地球と太陽との距離が変化します（図7-2）。太陽との距離が変化すれば、日照の強さ

23.5°

自転軸の傾き
(21.5°～24.5°)
4万1,000年周期

自転軸の歳差運動
2万6,000年周期

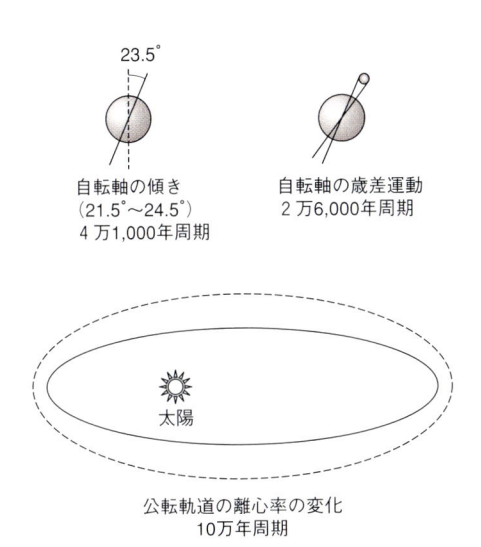

太陽

公転軌道の離心率の変化
10万年周期

図 7-2　地球の公転・自転の変化周期

が変化し、それは地球の表面温度に影響します。また、**地球の自転軸**は公転軸に垂直ではなく、現在は23.5°傾いていますが、これは4万1,000年周期で変化しています。また、**自転軸の歳差運動**が2万6,000年周期で起きるといわれます。**自転速度**は一定ではなく、地球誕生時には6時間程度と早かったものが、現在の24時間まで次第に遅くなってきたといわれます。これは月による潮汐力のためです。海水が1日に2回満潮と干潮を繰り返すのは潮汐力のせいですが、海水だけでなく地球そのものも**潮汐力で歪みます。これが地球の自転を遅らせます**。この反作用として月の公転速度は増加し、地球との距離は年間2mずつ遠ざかってるといいます。公転・自転の変化は、数字的には小さいようにみえますが、太陽の高度（地表から見える角度）が少し変化するだけで夏と冬の違いが出るように、**太陽から受け取る放射エネルギー量のちょっとした変化は、地表の温度、その結果として気候に大きな影響を与えます**。氷河期など、3～4℃の気温の変化で起きるともいわれているわけで、地球に対しては非常に大きな影響をもっています。

◆ 概日リズム

　地球上の生物は、ヒトをはじめ、動物、植物、菌類、藻類のみならず、バクテリアの一部でも、**大体1日を周期とする体内時計（概日リズム）をもっています**。1日の長さは地球の自転によって決められるので、まさに**地球環境が作り出した生物のしくみ**であり、自転周期の変化と共に生物の概日リズムも変化してきたはずです。元々は、DNA 複製の最中はDNA 損傷に対して脆弱であるため、DNA 複製中に太陽からの紫外線を避けることが必要で、太陽光の当たる場所で生存するようになった以後は、バクテリアから多細胞生物まで概日リズムをもつことが有益だったとの説があります。太陽光を使って光合成をする真正細菌のシアノバクテリアには概日リズムがあり、リズムを生み出す機構もわかっています。ヒトの場合、脳の視交叉上核の細胞がリズムを作り出し、体外に取り出しても概日リズムを刻み続けます。外界からの刺激を遮断した状態でも、内在的な機構が概日リズムを作り出しますが、光などの外界刺激によって修正されます。概日ではないけれども、**季節や1年を周期とするリズムももっているようです**。また、大潮の満月の夜に一斉産卵するといった行動がさまざまな生物にみられるのは、1カ月あるいは月の公転を対象とするリズムも感じ取っているのだと思います。

## 3　地球全体の変化

◆ 地磁気の誕生

　地磁気は地球誕生のはじめからあったわけではありません。隕石のような固まりがぶつかり合いながら集合してできた初期の地球は、中心までドロドロに溶けた熱い塊でした。比重の大きい鉄は中心に沈んで、軽い岩石が上に浮きました。地球の中心には、鉄のコアが存在します。コアの上にはマントルという層がありますが、はじめの頃は、上部マントルと下部マントルでそれぞれ別の対流をしていました（**図 7-3**）。27億年くらい前に、マントル全層で対流するようになり、上部の冷たい層が落下して直接にコアを冷やすようになり、コアの冷却が進んだと考えられます。冷却が進んだ結果、液状で均一だった鉄のコアの中心部から、固体状の鉄が分離して内核を作るようになりました。外殻の方が温度は低いけれども、圧力も低いことと、純粋の鉄ではなく不純

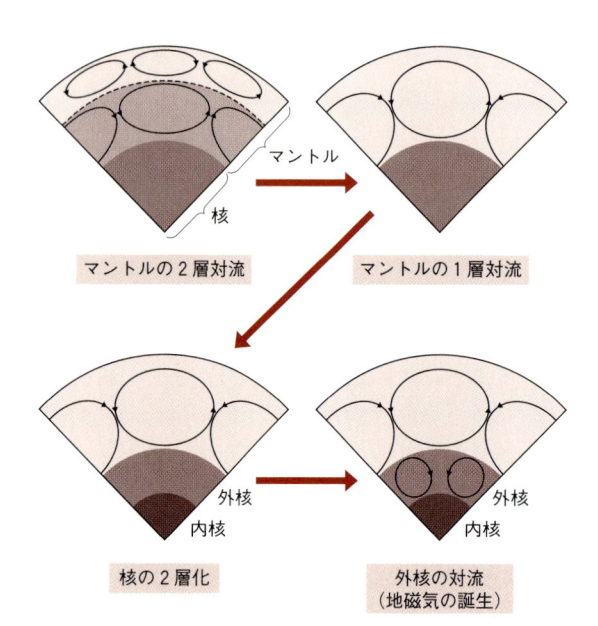

図 7-3 地磁気誕生までの地球の内部変化

物が含まれることから融点が下がり、液体状態が保たれました。コアが内核と外殻の2層になって、層状になった液状外核では、表面の冷却による対流が順調に流れるようになり、対流によって生じる円電流が現在のような強い地磁気を誕生させました。27億年くらい前のことです。

◆ 地磁気の生物への影響

地磁気の磁力線が、太陽や宇宙から降り注ぐ荷電粒子線を遮り、一部を南北両極方向へ集めることになりました。そのために低緯度地方では荷電粒子線（高エネルギーの放射線）が降り注がなくなり、海底で誕生し海中に展開しつつあった生物が、海の表面に出られるようになったと考えられます。**生き物が海の表面に出てきても、宇宙線によって死ぬことがなくなったわけです。**その結果、海の表面に出て太陽光を利用できるようになり、光合成細菌が誕生して生きのびるようになったといわれます。なお、遮られた荷電粒子の一部は、上空でヴァンアレン帯という層を作っています。赤道付近では上空2,000～2万kmまでに達する、荷電粒子が飛び回る厚い層です。人工衛星による観察で、こういう強い放射能帯があることがわかったのは1958年のことです。地球以外にも、地磁気をもつ惑星にはヴァンアレン帯があることが、惑星探査機によってわかっています。

これとは別の話ですが、地磁気の直接的な生物利用として、例えば伝書鳩や渡り鳥が地磁気を感じるしくみをもっていて、眼で星座や太陽を見て自分のいる位置を測るとともに、自分の位置や飛んで行く方向を決めるのに利用しているといわれます。また、体内に鉄の小粒でできた磁石をもった特殊なバクテリアもいて、磁気の俯角から移動方向を決めるといわれます。**生き物は昔から、自然界からの影響を受けると共に、利用できるものは利用していたものと**思われます。

◆ 地磁気は変化する

コア外殻の対流はマントルの対流状態の変化によって影響を受けます。その結果起きる電流の変化のために、地磁気は過去に何度も北と南が逆転したりしています（図7-4）。逆転の途中では、地磁気は消失するので、その都度、地表に到達する宇宙線や太陽風の荷電粒子線の量が変化し、強い荷電粒子線は地表の生物に損傷を与えます。ただ、度々起きた地磁気の消失や逆転にもかかわらず、生物が壊滅的な打撃を受けているわけではないのは、成層圏より上空の90～500kmには電離層があって、それも太陽や宇宙からの荷電粒子線を遮る役割りを果たしているためと考えられています。太陽の紫外線によって電離した原子が電離層を形成して、宇宙からの荷電粒子を遮るのです。地球誕生からしばらくの間は、太陽の輝きが弱かったために電離層も弱かった可能性があります。

◆ プレートテクトニクスとプルームテクトニクス

地球の表面は、プレートと呼ばれるいくつかの板状の地殻で覆われており、これが相対的に移動しているために、その上に乗っている大陸が移動する、という話を聞いたことがあるかもしれません。大西洋が広がりつつあるために、南北アメリカ大陸がヨーロッパ・アフリカ大陸と別れつつある話も聞いたことがあるかもしれません。これがプレートテクトニクスです。詳しくは14日目で紹介しますが、1990年以降、プレートを動かすプルームテクトニクスという思いもかけぬダイナミックな話に展開し、はる

かな大昔から大陸はほぼ一定の間隔で集まったり、分裂したりを繰り返していることがわかってきました。現在は、古生代の末期に集合していたパンゲア超大陸が分裂している最中です。大陸の移動は、生物の大絶滅と、その後の多様な展開に極めて重要な役割をもっていることがわかってきました。

### 4 海の重要性

#### ◆ 海と陸の誕生と拡大

　生物が誕生するには、海が必須でした。熱かった地球が冷えて海ができたのは、堆積岩の歴史から、38～40億年前頃とされます。やがて海のあちこちに陸地ができました。はじめは小さな陸地があちこちに散在していましたが、次第に拡大していったと考えられます。一様に拡大したわけではなく、30億年前、20億年前、10億年前あたりで段階的に大きくなったと考えられています。陸地は海底部分を含めた地殻の上に乗っているわけですが、地球深部からスーパープルームが湧き上がってきて、それが陸地を作り出すことがおよそ10億年の周期で起きていることと関係している可能性があります（14日目）。

#### ◆ 海の拡大と縮小

　海は最大で数百mも上下していたことがわかっています。後で詳しく紹介しますが、地球深くからプルームという熱い塊が上昇して海洋底を押し上げると、結果として海面は上昇し、陸地が狭くなります。氷河期になって分厚い氷が陸を被うと、海面は下がります。現在の陸地の周囲にみられる水深150～200mまでの大陸棚は、今からホンの2万年前の氷河期には陸地だった名残です。生物は海で誕生し、陸上生物が誕生した後も、海は依然として多くの生物を宿していますが、**ほとんどの海洋生物の生息場所は、陸地に近い浅い海です**。海面の上下は、**陸地に近い浅い海の生息環境が増えたり減ったりすることになり、生物に大きな影響を与えます**。

#### ◆ 浅い海の重要性

　実際、6～7億年前くらいには、ロディニア超大陸の分裂と氷河の消失による海面上昇とによって、陸地周囲に浅い海がたくさんできた。これが生き物の展開にとって重要でした。大陸からミネラルが流れ込んで富栄養化し、太陽光を利用した植物プランクトンが大いに繁栄した。生き物の大絶滅が起きるたびに酸素の増加は中断され、大きな地殻変動が起きるたびに酸素濃度の低下もみられたけれども、この時期しばらくは、酸素濃度も増加の一途をたどりました。

　現在でもそうですが、大洋の真ん中はミネラルの供給が乏しく、植物プランクトンが増えられず、それを餌とする動物プランクトンも増えられず、それらを餌とする小型動物や、それを食べる大型の動物も乏しいのが普通です。ただ、深海底にはミネラルや有機物に富んだ海水がありますが、上層の海水と混じることはほとんどなく、これが湧昇流として表面に現れるのは、一定の地形と海流の条件の限られた陸の近くで、いずれも世界有数の漁場になっています。

#### ◆ 海の大循環

　大洋には海流があることはよく知られています（**図 7-5A**）。黒潮の一番早いところは秒速7kmを越えるといわれ、ヒトが歩く速度よりかなり早い。これは表層の流れです。実は、**海全体で、深層と表**

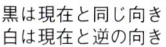

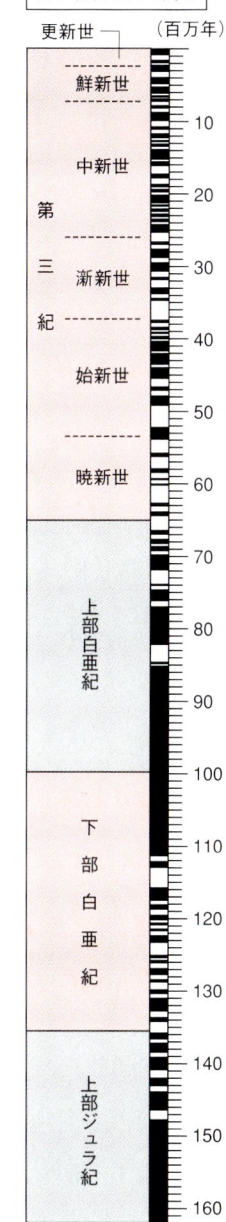

図 7-4
地磁気の逆転の歴史
（参考文献9を元に作成）

層との大循環があることがわかってきました（図 7-5B）。北極に近いところで、冷やされた海水が深く潜り込む。これが深海を流れて大西洋を南下し、インド洋を経て太平洋を北上して、カナダの沖合で表面に出る。表面に出た海水は太平洋、インド洋を通って、大西洋を北上し、北極圏に戻る。およそ 2,000 年を周期に一巡するということです。北極だけでなく、南極大陸の近くで潜る別の流れもある。こんなことは最近までわかりませんでした。こういう大循環によって海の生態系が維持されています。**地球温暖化や、逆に氷河期には、この大循環が弱くなったり停止することがあり、それが海洋生物の大絶滅につながった**といわれます。

## 5 大気と気候

### ◆ 古い時代の大気の重要性

生物の歴史を辿るに際して、例えば、**温度、湿度、酸素濃度、炭酸ガス濃度の**ような環境がどのように変化したかは重要なことで、そういうことがわかるようになってきました。古大気や古気候の研究です。図 7-6 に、地球大気中の窒素、炭酸ガス、酸素の変化を示しました。縦軸は対数スケールで、炭酸ガスがいかに急速に低下したか、途中から酸素がいかに急速に増加したかがわかります。初期の炭酸ガスの低下は、海ができたことによって急速に吸収されたためです。後半の炭酸ガスの減少と酸素の増加はシアノバクテリアの誕生による光合成の結果です。

地球が誕生した当時は、前述したように今よりはるかに炭酸ガス濃度が高かったのですが、海ができて吸収されて以降も、光合成するシアノバクテリアが繁栄するようになって、空気中の炭酸ガス濃度はさらに低下しました。ただ、プルームの上昇による大規模な噴火や溶岩流の噴出は、大量の炭酸ガスやメタンガスの噴出を伴い、その都度、高温化への変化を伴います。参考のため、現在における炭素循環

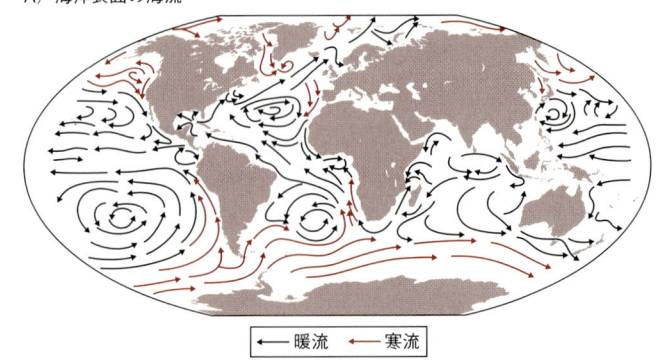

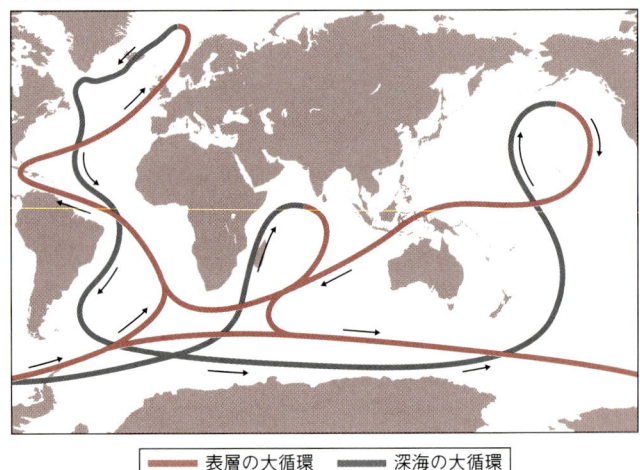

図 7-5 現在の海の流れ（参考文献 10 を元に作成）

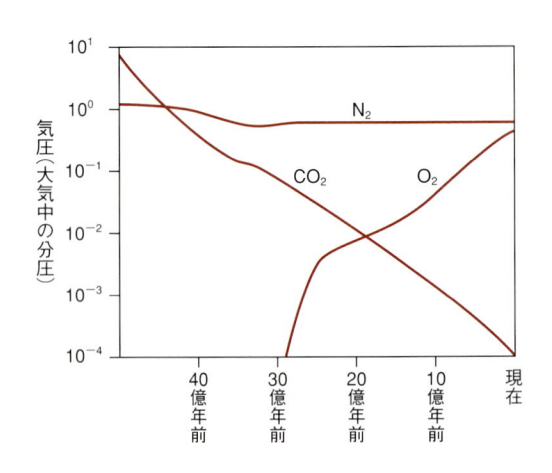

図 7-6 地球大気の歴史

についての1つの見積もりを示します（図7-7）。循環している量は意外に少なく、炭酸塩としての堆積と、堆積物中の有機物が大部分であることがわかります。

13日目で詳しく紹介しますが、空気中の酸素濃度や温度や湿度や降雨量の変化は、生物の繁栄と絶滅の両方に大きな影響をもちます。そういう環境変化についての情報がかなり正確に得られるようになってきました。降水量に関しては、大陸の分裂や集合によって、局地的に乾燥地帯や湿潤地帯ができた経過が追跡できるようになり、それが植物の盛衰に影響し、ひいては動物の盛衰にも影響することを追いかけられるようになってきました。

◆ 氷河期の襲来

地球は度々氷河期に襲われています。**人類が誕生した後にも氷河期はあり、最近の例では、50万年前くらいから1万年前近くまでおよそ4回繰り返されました**。現在は4回目の間氷期あるいは後氷期に相当します。通常の氷河期は極地からせいぜい中緯度地方まで氷で覆われる程度ですが、地球の歴史では、**23億年前あたりと7.5億年前および6億年前あたりには、全球凍結（スノーボールアース）の時代**がありました。地球全体が1,000mを超える厚さの氷に覆われた時代であるといわれます。信じられないくらい大規模なものですが、さまざまな証拠があって確かなものとされています。23億年前あたりでは、すでに誕生していた光合成するシアノバクテリアが太陽光を十分に得られずに大打撃を被った可能性がありますし、6〜7.5億年前あたりでは、浅い海で誕生したばかりの多細胞動物の先祖が大打撃を被った可能性があります。氷河期については14日目で詳しく紹介します。

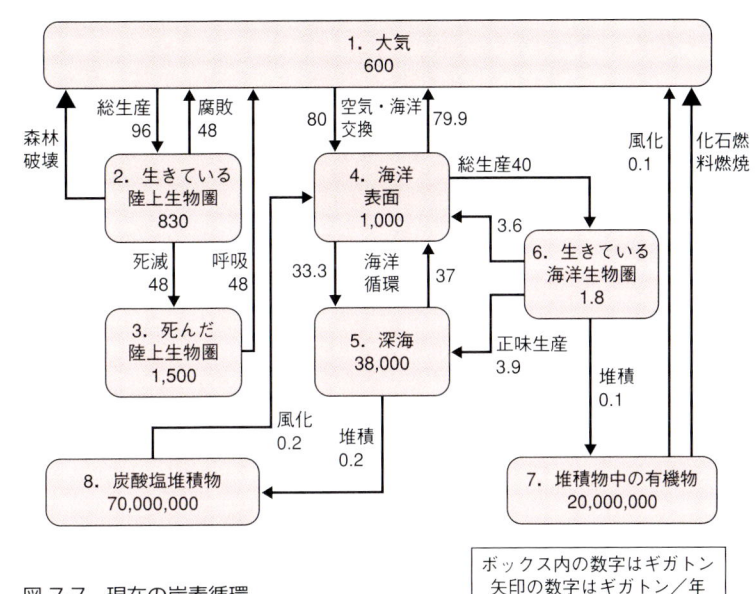

図7-7　現在の炭素循環
（参考文献10を元に作成）

## 6 地質年代の推定方法

岩石の中にはさまざまな地球の歴史の証拠が閉じ込められています。証拠が閉じ込められた年代を知るのは重要なことです。化石の埋まっている地層では、標準化石（時代が確定している化石）の存在から地層のできた年代を決める方法がしばしば使われました。アンモナイトや三葉虫の化石はその例ですし、フズリナ（有孔虫という単細胞生物の仲間）も有名なものです。ただ、化石が豊富にみつかるのは5億年前までです。化石が乏しい古い時代について現在よく使われるのは、放射性同位元素による年代測定です。放射性同位元素（親核種）は、一定の半減期で崩壊し娘核種になります。半減期は放射性同位元素によって決まっており、短いものも長いものもありますが、長いものでは$^{87}Rb$（ルビジウム）が$^{87}Sr$（ストロンチウム）に崩壊する半減期は$4.9 \times 10^{10}$年です。490億年で半分に減る。時間と共に$^{87}Rb$が減って$^{87}Sr$が増えるはずです。岩石中のこれらの量と、安定同位元素である$^{86}Sr$の量を量ることで、岩石ができて（固まって）からの時間経過を計算できます。このほか、ウラン・トリウム・鉛系列では、$^{238}U$（半減期$4.5 \times 10^{9}$年）、$^{235}U$（半減期$7.0 \times 10^{8}$年）、$^{232}Th$（半減期$1.4 \times 10^{10}$年）などが

あります。また、$^{40}$K は半減期 $1.3 \times 10^9$ 年で $^{40}$Ar になるので、これも使われます。$^{40}$Ar は気体なので、岩石中にとじ込められていないと測れません。

# II. 遺伝子と化石で辿る生物の歴史

## 1 生物の進化を探る2つの大きな方法

### ◆ 化石という証拠

誰もが知っているように、地球上の生物の歴史を辿るとき、直接の証拠は化石です。**化石は、生物進化を辿る唯一の証拠品**です。博物館で見る恐竜の骨は、子供たちにとって（大人にとっても）わくわくする対象であり続けますし、恐竜の化石が発見されるとニュースになります。シーラカンスが生きた化石といわれるのは、そっくりなものが4億年前の化石としてみつかっているからです。シーラカンスがアフリカだけでなくインドネシアでもみつかったとか、泳いでいる姿が撮影されたとか、みんなニュースになります。近年、生物の歴史を辿るに際して重要な、化石以外の地質学的さまざまな情報も得られるようになってきました。それを含めて、学問的な価値としての情報は生物の歴史を探るなかで、ますます重要になっています。

### ◆ 遺伝子解析の画期性

生物の進化を探るもう1つの方法は、これまでにも紹介した遺伝子の解析です。**遺伝子の解析によって得られる系統分類は、進化を直接にみたものではないけれども、進化の過程を記録したものである**、と期待できるわけです。遺伝子解析という方法が画期的でしかも重要であることについては、2つのポイントがあります。1つは、**すべての生物の間の類縁関係（遠いか近いかの距離関係）を定量的に把握できる可能性がある**ことです。その距離は、進化の過程での分岐時点からの経過時間を示すと考えられます。このような方法はこれまで例がない、極めて画期的な方法です。もう1つの重要なポイントは、**化石による系統の解析は、せいぜい5億年前くらい**前までのものしかできませんが、**遺伝子解析からは、それ以前の分岐についても、正確さには問題があるものの、推定できる**ことです。

## 2 化石の研究はもっと必要

遺伝子の研究があまりにも目覚ましかったため、それですべてがわかるとの期待をもったり、化石などの研究は過去のものになったといったといった印象をもつむきがあるようです。これは全くの誤りです。5日目でも紹介したように、今後も古い時代まで遡って、遺伝子のデータを化石のデータからサポートする必要があります。真核生物の誕生は21億年前（あるいは27億年前）、最初の生命の誕生は35億年前（あるいは38億年前）と推定されている根拠も、化石などによるものです。こういう古い時代の化石などの研究がどんどん進んでいて、遺伝子の研究と互いに補い合っています。化石研究の必要性と重要性について強調して紹介しておきます。

### ◆ 遺伝子の研究からは知り得ない絶滅動物の存在

**過去の時代に恐竜のようなとんでもない生き物がいたことは、現在生きている生物の遺伝子を調べただけでは、決してわからない**ことです。何も恐竜に限らない。生物の歴史は大絶滅の歴史です。生物がどのように多様な工夫を凝らして展開していたか、絶滅種については現存生物の遺伝子を調べてもわかりません。

進化の歴史のなかでは、生物はその時代に可能なあらゆる多様な試みをしている。そのなかで、その時代環境にあった生き物が繁栄する。しかし大きく環境が変われば、繁栄していた生き物の大部分が死滅し、かろうじて生き残ったごく少数の生き物、ごくわずか残った系統から、再びあらゆる可能な試みがなされて、次の時代環境に適した生き物が、数も増やし系統も増やして繁栄する。こういう歴史が繰り返されていたことが化石の研究からわかっていますが、遺伝子の研究からでは知り得ないことです。

### ◆ 遺伝子の研究では描けない系統関係

**遺伝子の比較からわかることは、現在生きている生物について、お互いの距離と系統**です。実際に進化の過程で、どのように他の生物群から分かれ、分

かれた後どういう経過を辿ってそれぞれが変化してきたかは、現在生きている生物を調べるだけでは不十分です。一例をいうと、系統樹のなかで爬虫類へ向かう大きな枝と哺乳類へ向かう大きな枝が分かれたのは、古生代の石炭紀（およそ３億年前）といわれます（図 13-21）。これは化石の研究からわかっていたことであり、遺伝子の解析からも示されたことです。ただ、石炭紀に哺乳類への先祖動物として分岐した単弓類という生物は、実は体の特徴としては爬虫類に属しているものであって、爬虫類に分類される単弓類から、哺乳類としての特徴をもった生物が実際に誕生したのは中生代の三畳紀の終わり頃のことです。鳥類と哺乳類の分岐についても同様で、図 13-21 では石炭紀の終わりに両者が分岐します（石炭紀まで遡ると哺乳類と鳥類の共通の先祖に辿りつく）が、鳥類の誕生はジュラ紀で、恐竜の枝から分岐します。

これらのことは**遺伝子から知ることはできず、化石の研究からしかわかりません**。遺伝子の解析から知ることができるのは、将来の哺乳類と、将来の鳥類を生み出す、爬虫類であった先祖が分岐したのは石炭紀の終わりであることだけで、哺乳類や鳥類を生み出す途中経過にある爬虫類の存在は、遺伝子から知ることはできず、化石から調べるほかはありません。

◆ 化石の研究は非常にホットな分野になっている

古生代の一番古い時代をカンブリア紀といい、５億4,200万年前にはじまります。この時代以降は化石がたくさんみつかりますが、これ以前の化石は非常にわずかしかみつかりません。カンブリア紀の開始とともに、生物が爆発的に展開したようにみえます。カンブリア紀には、現在の生物とは似ても似つかない、変わった生き物が実にたくさんみつかっています。保存のよい大量の化石がみつかったのは、カナダのバージェス頁岩が有名ですが、最近では中国のチェンジャンなど世界中の多くの場所でもみつかってきています。最近のこの分野の研究は、新しい生き物の発見が相次ぐだけでなく、すでに発見されていたものの詳細な構造や、それに基づく系統への研究が、極めて急速に進んでいるホットな分野です。

◆ 新たな化石と古い化石の再解釈と…

古生代には、たくさんの無脊椎動物の化石が出てきますが、現在の生物との違いが大きいため、どういう系統に属すのか、わけのわからない化石が圧倒的に多くみつかります。完全な化石が少なくて、断片的なものが多く、どれとどれをあわせて一匹なのかわからない、といった問題もあります。

例えば、アノマロカリスという大型の動物がいますが、長い間、何種類もの別々の動物のものと思われていたパーツが、実は１つの動物のものに由来することがわかりました。体全体が複雑な構造をもっていたわけです。また、コノドントという小さな化石がたくさんみつかるけれども、長い間何であるかわかりませんでした。全身の化石がみつかって、ヤツメウナギのような動物の歯であることがわかったという例もあります。化石の資料がどんどんみつかることで、従来わからなかったことが次々に明らかになっています。

過去には、いろいろな試みをした生き物がいたわけで、後の動物とは関係がなさそうな、途中で滅びた試みがたくさんあるのは当然といえます。現在の生き物との関係がつかないものがたくさんあり、互いの系統がわからない生き物の化石が現在でも山ほどありますが、それでも、**たくさんの化石資料がみつかってきたことで、従来考えられなかったくらいに系統上の位置関係の整理が進んでいます**。ただ、これらの生物がどのように生きていたのか、生態的なことはなかなかわかりません。

◆ 柔らかい組織の化石もどんどんみつかってきている

脊椎動物は骨が残るので追いかけやすいのですが、柔部組織の構造についての情報に乏しいことは、系統を探る上で大きな制約です。特に、古生代には、堅い殻をもった生き物の工夫の大爆発があったことはよくわかりますが、身体の内部組織や、殻をもたない柔らかい生き物については、化石として残る可能性は非常に稀でしかないことも、みつかった化石の系統をつなげにくい理由の１つでしょう。失われたピースの多いジグソーパズルを完成させるようなものです。それでも、クラゲの化石のようなすごい代物もみつかるなど、柔らかい組織を記録した化石

がたくさんみつかってきています。中世代の恐竜のタンパク質が残っていて解析された例や、鳥型恐竜の羽毛の色素胞の発見から体色や体の模様がわかるなど、最近の発見は著しいものがあります。

◆ カンブリア紀以前の多細胞生物

　最近まで、ほとんどの生物が柔らかい体だったカンブリア紀以前の化石は希にしかみつかっていなかったのですが、最近の研究によって、このすぐ前の時代から多細胞生物の大きな展開がはじまっていたことがわかってきました。**新しい化石群の登場です**。オーストラリアのエディアカラ動物化石群が有名ですが、現在では中国のドウシャンツォをはじめ、アフリカや北米など世界中の多くの場所で、この時代のよく保存された化石がみつかるようになってきました。**左右相称動物の卵割期や初期胚**と思われる5億7,000万年前の化石の発見など、多細胞生物群の誕生に迫る分野が展開していて、これもホットな分野になっています。

　6,000m級を超える山々が連なるヒマラヤ山脈も、ロッキー山脈も、アンデス山脈も、堆積岩からできています。グランドキャニオンだって堆積岩です。化石が埋まっている可能性のある堆積岩は、世界中にあるのです。掘り出されているものは、残されているであろう記録のなかの実に些細な部分に過ぎないことは明らかでしょう。まだまだどれほどのお宝が埋まっているかわからないのです。

◆ 顕微化石の時代

　もっと古い時代、10億年を超える大昔は、単細胞の生物しかいなかった時代です。これがまた現在、おおいにホットな分野になっています。最近のテクノロジーの進歩によって、**顕微鏡でみなければわからない単細胞生物の化石を調べる方法が進んできた**ためです。調べてみると、想像を超えて豊富な化石がみつかることがわかってきました。原核生物と思われる35億年前の化石、単細胞真核生物の誕生を推測させる21億年前の化石の発見など、生物の歴史に迫る微小な化石の発見が相次いでいます。

◆ 化石そのものでない化石

　生物そのものの姿が石の成分に置き換えられたものが**化石**ですが、ミミズのような生き物が這った跡などの**生痕化石**も、どのような生物がいたかを推定する重要な情報になります。新しいところでは、古代人の足跡なども生痕化石です。動くものがいた、ということは、動物がいた、という可能性につながります。実は、エディアカラの化石群には、いかにも運動しそうな動物らしい化石はみつかっていないのですが、何かが移動した痕跡が化石としてみつかっていることから、動く生き物、動物がいたのではないかと推測されます。

◆ 化学化石というもの

　生物が作った有機化合物などの痕跡が大地の中に残されたものを、**化学化石**といいます。古細菌の仲間は、真正細菌や真核生物と異なり、細胞膜にテルペンという分子がつながった炭化水素の分子をもっている特徴があります。岩石の中からこのような炭化水素がみつかったとき、**古細菌の存在が推定され**ます。真核生物についての信頼できる一番古い化石は21億年前のものといわれていますが、真核生物特有の脂質であるステロールに由来する**ステランの痕跡が、27億年前の岩石層の炭化水素から発見され、真核生物の歴史がそこまで遡る可能性**があります。自然界でできるアミノ酸はD型とL型が同じくらいできるのが普通ですが、生物が作るのはほぼL型に限られます。古い岩石中にL型アミノ酸だけが発見されたとき、生物の痕跡である可能性があります。

◆ 炭素同位元素の生物による濃縮の痕跡

　自然界の炭素には、$^{12}C$ と $^{13}C$ という安定な同位元素が存在します（量的には圧倒的に $^{12}C$ が多い）。**生き物が炭酸ガスから有機物を作る過程で、軽い同位元素を余計に濃縮して利用するので、有機物中には $^{12}C$ が濃縮され、$^{13}C$ の比率が小さくなります**。$^{13}C$ と $^{12}C$ の存在比［検体中の（$^{13}C$／$^{12}C$）／標準物質の（$^{13}C$／$^{12}C$）］－1を千分率で表した値を$δ^{13}C$ といいます。世界の標準物質として、サウスカロライナ州のPB層から掘り出される箭石化石（ベントナイトあるいは矢石という中生代の頭足類の仲間の化石）の炭酸カルシウムを用います。標準物質に比べて検体中の $^{12}C$ が多ければ値はマイナスになります。**値がマイナスになれば、それは生物によって $^{12}C$ が濃縮されたものである可能性**があります。

実際、図7-8に示すように、海成石灰岩や貝殻の値はほぼゼロで、標準物質と同等ですが、堆積性有機物や石油の値は陸生植物と同様にマイナスの値で、生物由来であることを示しています。土壌中の炭酸ガスは、土壌中の微生物などが有機物の酸化（呼吸を含む）によって排出したもので、植物と同じマイナスの値を示すのは妥当です。大気中の炭酸ガスの値がゼロではなく、小さいけれどもマイナスの値を示すのは、火山活動などによって排出される炭酸ガスは標準物質と同様にゼロに近く、これに、マイナスの値をもつ生物由来の炭酸ガスを若干含むからと思われます。生物由来の炭酸ガスには、呼吸によるもののほか、石油・石炭・木材など生物資源の燃焼によるものを含みます。

### 3 一番古い化石？

さて、地球上で一番古い生物化石は35億年前の微生物ですが、グリーンランドの複数の場所から、38億年前あるいは38.5億年前のものと考えられる直径数μmの球状石墨がみつかりました。これに含まれ

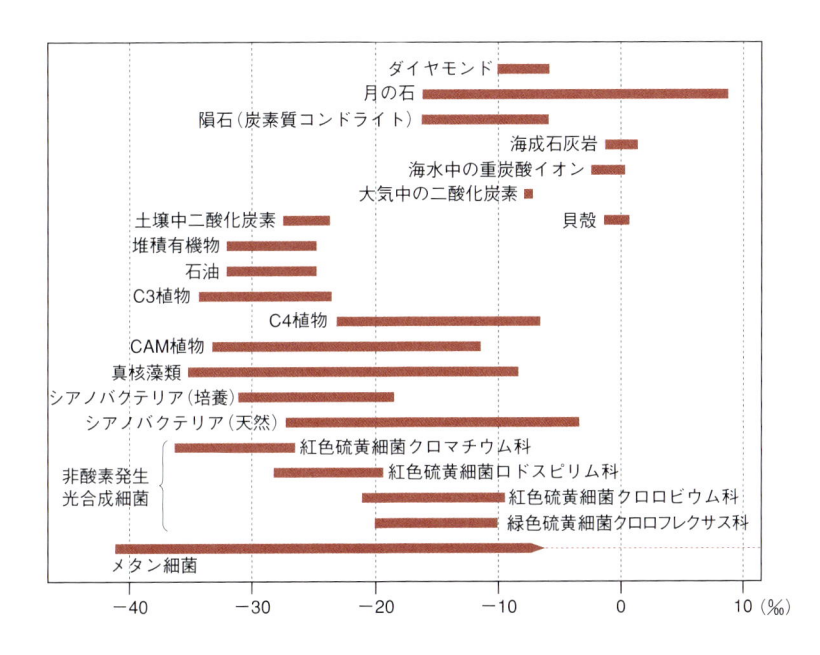

図7-8　炭素同位体比（$\delta^{13}C$）（参考文献10を元に作成）

### 炭素の同位体の別の使い方

古代の遺跡やミイラの時代測定に、$^{14}C$の存在比（$^{14}C/^{12}C$）を測定するのは全く別の原理です。$^{14}C$は、地球上空で宇宙線によってできた中性子が（$^{14}N+n \to {^{14}C}+p$）という反応を起こすことによって、常に一定量作られています。ちなみにnは中性子を、pは陽子を表します。窒素の原子核に中性子が当たると、原子核は陽子を放出して炭素の原子核に変換するわけです。$^{14}C$は5,730年の半減期をもつ放射性同位元素ですが、植物は炭酸同化によって有機物を作り、動物はそれを食べるので、生きている生物の体内の存在比（$^{14}C/^{12}C$）は常に一定を保ちます。ところが生物が死ぬと炭素の補給がなくなり、存在している有機化合物中の$^{14}C$は放射崩壊して一方的に減少する（$^{14}C/^{12}C$が小さくなる）ので、この比を測れば年代測定ができるわけです。ただ、半減期が短いために数千〜1万年前くらいまでしかわかりません。いうまでもなく、何千万年とか何億年の歴史をもつ石炭や石油の炭素に含まれる$^{14}C$は、ほとんどゼロです。

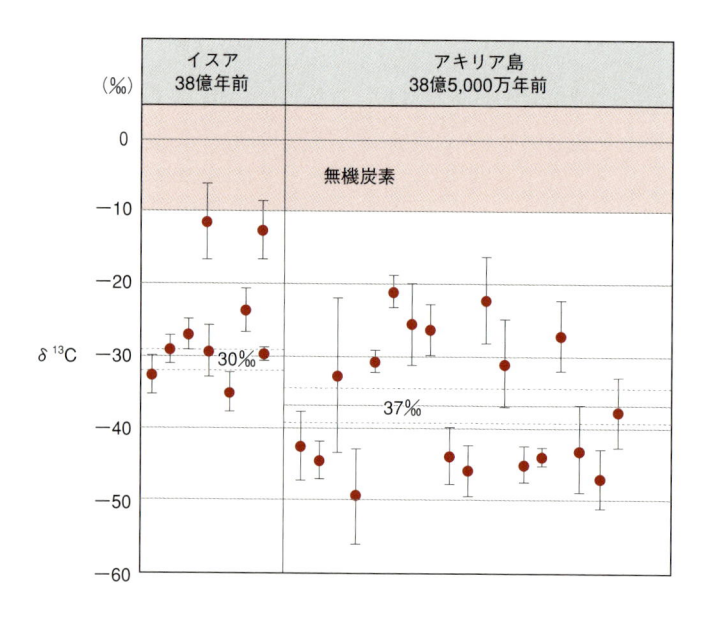

図 7-9　生物による $^{12}C$ 濃縮の痕跡（参考文献 11 を元に作成）

る炭素の同位元素の存在比 $\delta^{13}C$ から、$^{12}C$ が濃縮されていることがわかり、生物による濃縮と推定されました（図 7-9）。その時代には生物が存在していた可能性があるわけです。

　同位元素の存在比はさまざまな原因で変動する可能性はありますが、**大絶滅の時代にはこの比がゼロからプラスの値に傾き、氷河期が繰り返された時代には、それと合わせてこの比がきれいに上下する**ことがわかってきました。こういったことから、存在比 $\delta^{13}C$ が大きなマイナスを示すのは生物が隆盛を極めた時代、ゼロからプラスを示すのは生物がうんと減ってしまった時代であると想定できます。生物の痕跡中の炭素についてはこの通りですが、時として、その時代に海水中から沈殿した炭酸カルシウムの炭素についての値を出すことがあります。この場合、生物が繁栄したときには海水中の $^{12}C$ が減るために、$\delta^{13}C$ は相対的に増えてプラスになります。逆に、生物が絶滅したときにはゼロからマイナスに振れることになります。

## 今日のまとめ

　地球上の生物の歴史を探るためには、化石の研究がこれまでだけでなく今後の研究にも重要な役割をもちます。これに加えて、分子生物学による分子時計の研究が大きな役割を果たしたことは今まで紹介した通りです。それだけでなく、宇宙からの影響や、地球内部や表面の物理的・化学的変動が、生物の歴史に大きな変化を与えていたことがわかってきました。そういうこともあり得ただろうと想像されていたことが実証されただけでなく、かっては想像もされなかった大変な事態が起きていた（今後も起き得る）ことが実証されつつあることも、関連分野の大きな進歩によるものです。

# 今日の講義は...
# 8日目 地球の誕生から細胞の誕生

『生物は自然発生しない』『細胞は細胞からしか生まれない』ということは、パスツールの実験の結論として有名です。近代科学の出発です。しかし**生物は、一度は地球上で自然に発生したはず**です。パスツールは間違っていたのか。そんなことはありません。パスツールはちゃんと『自分のやった実験の短い期間の範囲では…』と断っているのだそうです。ここでは、地球上の生命がどのように誕生しどう展開したかという全体の経過（図8-1）のなかで、比較的初期のところについて、現在わかっていることを紹介します。

## 1. 地球の誕生

### 1 惑星の誕生

太陽の周りを回っていた**大量の微惑星が集合して、他の惑星とともに地球が生まれたのが46億年前**と考えられます。地球が誕生した後しばらくは、激しい微惑星の落下が続いて、地球表面はドロドロに溶けた溶岩の海、マグマオーシャンでした。45億年前くらいに、火星くらいのサイズの天体が斜めにぶつか

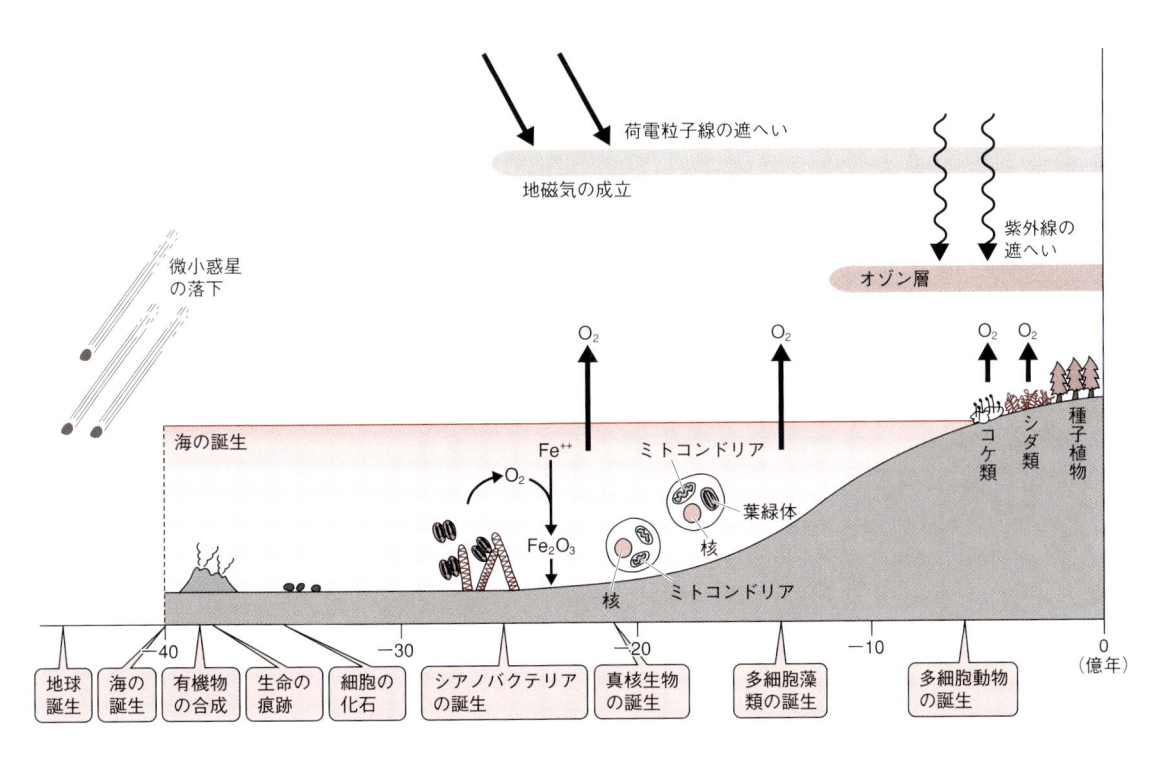

図8-1 生命誕生の経過

って、飛び出した破片が集まって月ができたという考えがあります。溶解した地球では、**比重の大きい鉄が中心に沈んでコアを作り、その上をマントルが被った2層構造**になりました。全体が溶けていなければ、こういう2層構造はできません。微惑星の落下が少なくなると、表面が冷えて固まりはじめました。オーストラリアの堆積岩中に含まれているジルコンという鉱物粒子が44億年くらい前の最古のものとされています。この年代は含まれている放射性物質の崩壊によって調べたものです。ただ、これを含む堆積岩ができたのはずっと後のことです。**地球が生まれた46億年前から40億年前くらいまでの岩石の証拠が残っていない時代を冥王代**といいます。ただ、激しい隕石の落下とそれによるマグマオーシャンは38〜40億年くらい前に再び起きた（後期重爆撃）との考えもあり、冥王代を38億年前までとする考えもあります。いずれにせよ、冥王代は岩石の記録が乏しい時代で、生命誕生以前の時代です。

## 2 海の誕生

地球表面が冷却すると、やがて地球表面から放出された**水蒸気が水になって地表に溜まり、海ができました**。水の起源については、この時期にたくさんの彗星（多くは氷の塊）が地球に降り注いで、それに大量に含まれた水が元になったという考えもあります。いずれにせよ、水の惑星の誕生です。陸地を構成する主要な岩石は花崗岩です。後でも述べますが、**花崗岩は海がないとできず、その存在は海があった間接的証拠**といわれます。みつかっている**最古の花崗岩は約40億年前**のものであり、そのころには海ができていたと思われます。

また、土砂が海底で堆積してできる**堆積岩についても、最も古いものは40億年前のもの**といわれるなど、40億年前には海ができていた証拠がいろいろ存在しています。ただ、後期重爆撃期によってマグマオーシャンが再び起きたとすれば、この時期に海が消失した可能性があります。

38億年前には、海底に噴出した溶岩が固まってできる枕状溶岩が残っていますし、38億年以降には堆積岩が世界のあちこちから発見されるので、38億年前以降には海があったことは間違いありません。大量の炭酸ガスの存在で大気圧が高かったために、初期の海は100℃をはるかに超える高温だったはずです。しかし、海ができるとそれまで**60気圧**ほどもあった**空気中の炭酸ガスは、海水に溶け**、カルシウムやマグネシウムと結合して**炭酸塩として沈殿することで、空気中の濃度が急速に低下し、数気圧にまで減少した**といわれます。それでも現在と比較すれば、とんでもなく高い炭酸ガス濃度には違いありませんが、**温室効果は急速に低下**して、地球はますます冷却しました。

## 3 プレートテクトニクスの開始と大陸地殻の誕生

海が誕生し大気中の炭酸ガスが低下して地球はますます冷却され、表層の地殻は完全に固体化し、地表全体は、現在のように**十数枚の固体状のプレートに覆われた**と考えられます。その上に海があった。冷却の進行とともに、マントル層は表面から冷却するために対流を起こし、**マントルの対流に乗ったプレートが相互に移動して、プレートテクトニクス（14日目）がはじまりました**。プレートが移動して他のプレートの下に潜り込むような運動が起きるためには、海水が地殻表面から内部に侵入して地殻表面の岩石の粘性を低下させる必要があるといわれます。これがおよそ**40億年前**のことです。プレート同士が衝突して一方が他方の下へ潜り込むと、両プレートの摩擦で一部が溶解してマグマができ、これが上昇して表面まで噴出したものは安山岩や玄武岩になりますが、地殻の地下30〜50kmで固まったものが花崗岩になります。大陸地殻の大部分は花崗岩でできています。こうして**大陸地殻が誕生**しました。上昇するマントルの一部は海底を押し上げて海上に顔を出し、火山として地表に噴出することによっても陸地を拡大しました。ただ当時の陸地の面積は、現在の10分の1以下の小さなものであったと考えられます。

## 4 生命誕生までの短さ

生命の誕生にとって重要なことは、海の誕生によ

ってはじめて水を溶媒とした化学反応が可能になり、その結果、有機化合物の合成が可能になったことです。海の誕生が40億年前だったとすると、細胞が誕生する（最初の化石がみつかる）35億年前までたった5億年しかかかっていません。生命の痕跡は38億年前にあるとの証拠が正しければ、2億年しかたっていないのかも知れません。後期重爆撃によるマグマオーシャンが38億年前まで続いていて、継続的な海の誕生はその後だったとすれば、海の誕生から生命の誕生までの間はもっと短いのかも知れません。いずれにせよ、**有機化合物が無生物的に作られ、有機物のスープが濃縮され、細胞ができるまでの過程はせいぜい数億年で、短ければ1億年程度の可能性さえあるわけです**。2億年でも5億年でも、それだけをみれば非常に長い時間で、その間に有機物が作られ、生命が誕生する時間として十分ともいえますが、地球全体の歴史からみると意外にみじかいことに驚きます。

## II. 有機化合物ができる

地球上の生命は、どこかで誕生したものが飛来したのではなく、地球上で誕生したと考えられます。海ができて化学反応が可能になると、化学進化はすぐにはじまり、**無機物から有機化合物が合成されました**。この過程を化学進化といいます（図 8-2）。やがて誕生した生物が多様な変化をするのが、生物進化です。進化といえば通常は生物進化のことを指しますが、当然のことながらそれ以前のプロセスがあるわけです。ここではまず化学進化の前半あたりについて話します。

### 1 生物の特徴は有機化合物

生物を構成する主な成分は水と有機化合物です（表 1-1）。有機化合物とは、炭素を中心に、水素や酸素や窒素などが共有結合によって結合した、一定の原子集団からなる単位です。生物体を構成する代表的な有機化合物は、アミノ酸、糖質、脂質、核酸などです。重要なことは、現在の地球上に存在する有機化合物は、屍骸や排泄物を含めて、生物の体に由来する以外にはほとんど存在しないことです。つまり、地球上に有機化合物がみつかるとき、それは生物がいた証拠と考えられます。生物を物質的に特徴づけると、有機化合物が水とともに存在して一定の構造を作っているもの、ということができます。

### 2 有機化合物は一度は自然に作られた

有機化合物が非生物的にできたのだろうとの考えは、すでにダーウィンがいっていたそうですが、具体的な考察としてはオパーリンが1920年代初頭に発表した『生命の起源』が有名なものです。論文が英訳されたのは1938年のことで、西欧の学者が知ったのはそれ以後といわれます。画期的に重要なことは、遊離の酸素を作り出したのは生き物であって、原始の地球には遊離の酸素がほとんどなく還元的な環境にあり、この環境の中では、還元された炭素の化合物である有機化合物は、浅い海で比較的容易に合成できたのではないか、と考えたことです。

### 3 有機化合物の生成と維持

有機化合物の生成には、その合成と維持という2つの問題があります。有機化合物は炭酸ガスに比べると還元された物質で（図 8-3）、酸素濃度の高い現在のような大気中では、有機化合物は酸化される運命にあります。地表の鉄がすぐに酸化されるのと同

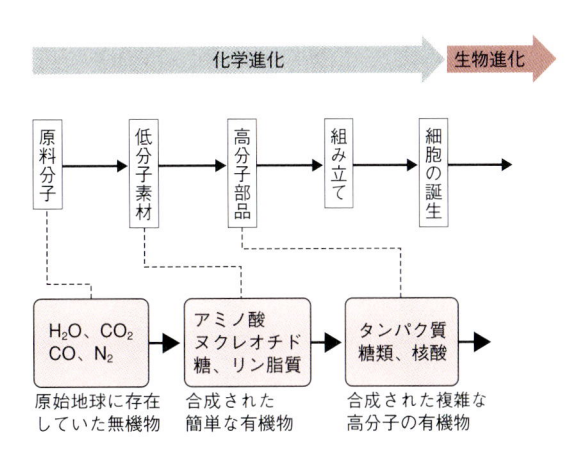

図 8-2 化学進化

様です。還元された物質である有機化合物は、酸素のある環境では酸化され、最終的には炭酸ガスと水になる方向に変化します。つまり、**酸素のある条件では炭素化合物は炭酸ガスになってしまい、有機化合物を合成することは難しく、合成されたとしても維持しにくいわけです。**原始の地球は大量の炭酸ガスの大気で覆われていました。現在の金星も同様です。

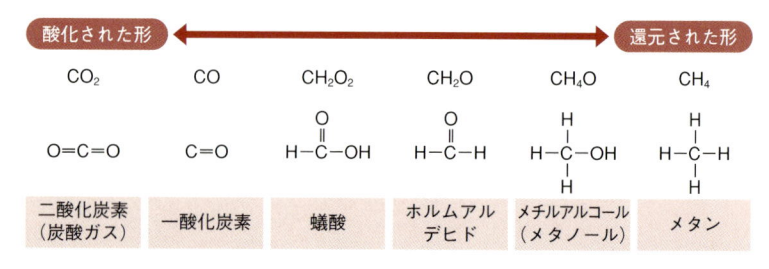

図 8-3　炭素の酸化と還元

　このことをエネルギー収支の観点からみると、自然に起きる反応は、高エネルギー状態からエネルギーを放出して低エネルギー状態への変化する反応といえます（図 8-4）。有機化合物（と酸素）の分子としてもつエネルギー状態は、炭酸ガス（と水）のもつエネルギーよりずっと大きく、有機化合物を燃やせば、熱や光としてエネルギーを出して、炭酸ガスと水になります。逆に、炭酸ガスと水から有機物（と酸素）を作るには、反応分子にエネルギーを注入しなければならないので、自然に起きる反応ではありません（図 8-5）。つまり、有機化合物はエネルギー的にみても、現在のような酸化状態の環境の中では、自然には容易に作れないし仮に作っても維持できないような物質なのです。そのような特徴をもつ物質が生物を構成しているわけです。

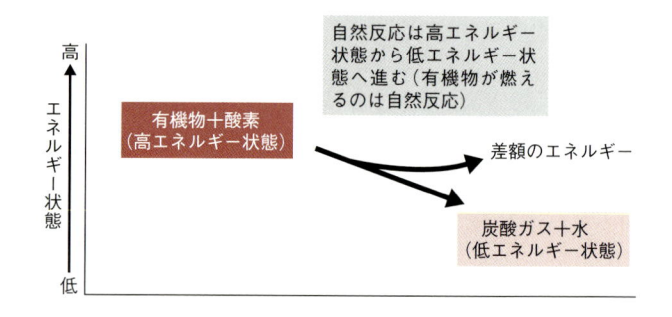

図 8-4　自然に起きる反応は発熱反応

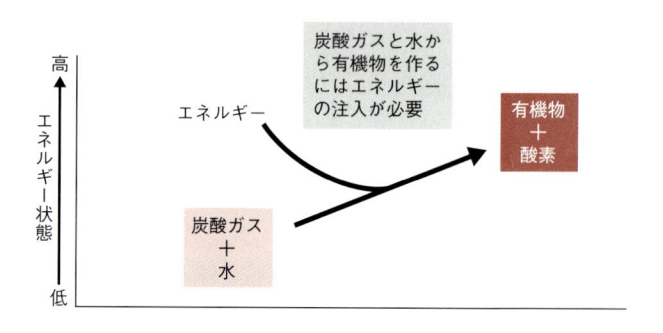

図 8-5　吸熱反応は自然に起きない

## 4　有機化合物を合成するには

　豊富に存在している**炭酸ガスから有機化合物を合成する**には、ごくごく単純化した乱暴な言い方をすれば、**炭酸ガスに『エネルギーを注入して高エネルギー化すること』と『高エネルギー化した分子を還元すること』の 2 つが必要**なのです。これを楽々と行っている葉緑体では、太陽のエネルギーを使って『水から電子（水素）を引き抜いて強力な還元性物質（NADPH）として蓄える』と共に『太陽エネルギーを変換・蓄積した ATP という高エネルギー分子を合成』して、ATP のエネルギーと NADPH の電子（水素）を注入することで、『炭酸ガスを有機化合物（例えばグルコース）に変換する』反応を行います。ものすごく複雑で長い反応経路を無視して、要点だけを言えばこうなります（図 8-6）。これを他の図に合わせて単純化すれば（単純化し過ぎですが）、図 8-7 のようになります。**材料や道具を混ぜ合わせただけの水溶液ではこのような反応は起きません。**葉緑体は、複雑な一連の反応がうまく進行するように、た

図 8-6 光合成

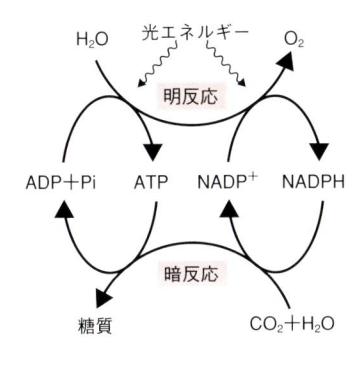

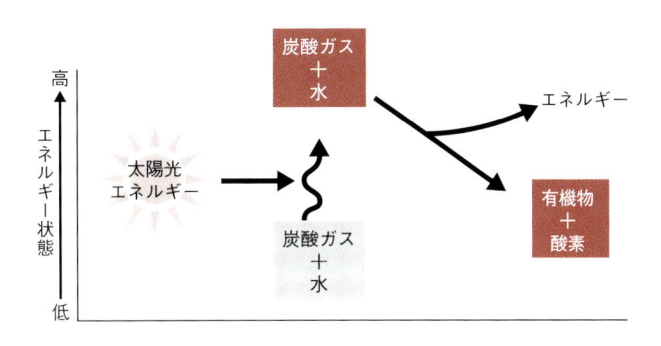

図 8-7 太陽光のエネルギーを使った発熱反応で有機物を作る

くさんのタンパク質を組合わせて、一定の構造をもった分子装置あるいは分子工場として作られているのです。自然にこういう反応が起きることは、不可能とは言いませんが相当に難しい。

## 5 有機化合物の合成を実証する

1950年代まで、原始大気は、水素（$H_2$）、メタン（$CH_4$）、水（$H_2O$）、アンモニア（$NH_4^+$）などが大量に含まれていると考えられていました。遊離の酸素がなく、炭素、窒素、酸素などの原子は水素と結合していて、還元された状態の分子ばかりといえます。つまり、還元的な環境であった。還元された分子からなる環境では、還元された物質である有機化合物の合成は可能です。還元的な環境下で有機物ができるというアレクサンドル・オパーリンの考えは、1953年になってユーリー・ミラーが、酸素のない原始地球大気を模した環境で放電のエネルギーを与えて、アミノ酸などの有機化合物を作ったことで最初の証明が得られました。有機化合物がひどく簡単にできてしまった。可能性があることをきちんと主張する先駆性はもちろん重要ですが、それをきちんと実証することも重要です。その後、大気の条件をさまざまに変え、エネルギーも放電以外にさまざまなものを使って、結局、アミノ酸、脂質、核酸の塩基など、主要な有機化合物が比較的容易に合成されることが証明されました。

## 6 しかし原始大気は酸化的だった

ミラーが仮定した原始大気が還元的であるとの考えは、地球が冷たいものであった歴史をもつという考え

### コラム　電子（水素）という表現

本文で電子（水素）と書きましたが、これはどういう意味か不思議に思ったかも知れません。これは、酸化・還元をいいたかったのです。中学や高校では、酸化とは酸素と結合することまたは水素を引き抜くこと、還元とは水素と結合することまたは酸素を引き抜くこと、と習ったかも知れません。大学では、酸化とは電子を引き抜くこと、還元とは電子を結合すること、と習います。詳しく説明する余裕はありませんが、有機化合物から電子が引き抜かれる（酸化される）と、付随的にプロトン（水素イオン：$H^+$）が抜けます。電子が抜けただけの状態は分子として不安定で、プロトンが抜けることで安定化するからです。光合成で最初に起きることは、太陽のエネルギーを使って水分子から電子２つを引き抜いて、電子伝達系に渡す反応です。電子を引き抜かれた水分子は、プロトンを外した方が安定化するので、プロトンが２つ外れ、結果として残る不要な酸素原子が２つ集まって酸素分子を形成するわけです。外れた電子は電子伝達系という経路を順次受け渡されて、最後に NADP という物質に渡されて一次的に $NADP^-$ ができますが、このままでは不安定なので周囲にいくらでもあるプロトンを１つ結合して、NADPH になるわけです。NADP は電子を貰って還元されるわけですが、還元とは水素を結合することであるという中学時代の理解とも矛盾しません。

8日目　地球の誕生から細胞の誕生

によるものです。しかし、現在ではできたての地球はマグマオーシャンがあって非常に熱く、次第に冷えてきて海ができた時にも、海水は 120 ℃とか 130 ℃という高温であったと考えられるようになりました。こういう経過を経た環境では還元的な大気はできず、水蒸気（$H_2O$）のほかは炭酸ガス（$CO_2$）や窒素（$N_2$）など、酸化的な分子からなります。**自由な酸素こそなかったと考えられますが、酸化されてしまった物質からなる環境であった**、ということです。こういう酸化的な環境では、**有機化合物は簡単にはできません**。有機物誕生の話は、再び困難に陥りました。

### 7 熱水噴出口の発見

1977 年に、ガラパゴス諸島の北東 320km あたりの深さ 2,600m を超える深海底で、熱水噴出口が発見されました。ホットプルームの先端がマグマとなって海底に噴出して、新しい海洋底が誕生する場所で（ホットプルームについては 14 日目で説明します）、**海底からしみ込んだ海水がマグマに熱せられ、周辺の岩石から金属イオンを大量に溶かし込んで、350 ℃にも達する高温の水になって海底に噴出する場所**です。噴出すると周囲の水で冷やされて溶けていた金属イオンが析出するので、黒い煙を噴出するように見えるため**ブラックスモーカー**といわれます。また、析出する金属イオンや岩石鉱物が、何 m もの高さの煙突構造を作り出し、**チムニー**といわれます。

周辺には、噴出する**水素**や**硫化水素**や**メタン**を餌にして、たくさんの**硫黄細菌**というバクテリアが生息しています。また、大量に存在するバクテリアを共生させた**チューブワーム**をはじめ、それを餌として食べる**エビやカニの仲間**、さらには**サカナの仲間**まで、たくさんの多細胞動物が棲み着いていることも発見されました。このような場所に棲むバクテリアは、光合成能力もなく酸素を利用することもない古細菌の仲間で、この環境下で大いに繁栄しています。

### 8 深海の熱水噴出口が生命誕生の場所

有機化合物を合成するのに必要な条件として『還元性』と『エネルギー』といいましたが、深海底の熱水から供給できるエネルギーとして『高温と高圧』

があり、噴出する水素（$H_2$）や硫化水素（$H_2S$）やメタン（$CH_4$）やアンモニア（$NH_3$）などは『還元性物質』です。有機化合物を作る条件はそろっています。もう 1 つの特徴は熱水が高濃度の『金属イオン』を含んでいることです。金属イオンは、有機化合物を合成する際の触媒として働く可能性が高いものです。熱水噴出口は、その構造からみて高温状態で反応が起き、反応物ができた後はすぐに周囲の低温の水に接するため、できた有機物は分解されにくくなります。現在の熱水噴出口の周辺では生き物が集まっていて、生き物が有機物を合成しているのですが、**こういう環境では、生き物がいなくても有機物の合成が起きる可能性が高い**、というところが重要です。

### 9 実験室内で有機化合物が合成できた

このような環境を実験室で再現し、材料としてメタンや窒素を加えて高温高圧の条件を与えることによって、さまざまな種類のアミノ酸や、その他の生体を構成する有機化合物が作れることがわかりました。

生物がいない環境で有機化合物が合成され、チムニー周辺で次第に高濃度に蓄積していった、というシナリオが考えられています。

### 10 実は核酸は簡単にできない

実は、何もかもうまくいったわけではありません。遺伝子である DNA や、遺伝子が働くときに機能している RNA は簡単にできないことがわかっていました。まず、**高分子の DNA や RNA 以前に、その単位であるヌクレオチドができないのです**（図 8-8）。ヌクレオチドの構成成分の 1 つである塩基は比較的容易にできるのですが、RNA の材料である五炭糖（リボース）は簡単には合成できません。五炭糖ができても、それを塩基と結合させる反応ができません。仮にここまでうまくできたとしても、RNA の材料としてのリボヌクレオチドであって、DNA の材料であるデオキシリボヌクレオチドを作るには、五炭糖を還元して 2- デオキシリボースにする必要があります。この還元反応が一段と難しい。というわけで、核酸の合成だけはさまざまな問題があって一筋縄ではいかなかった

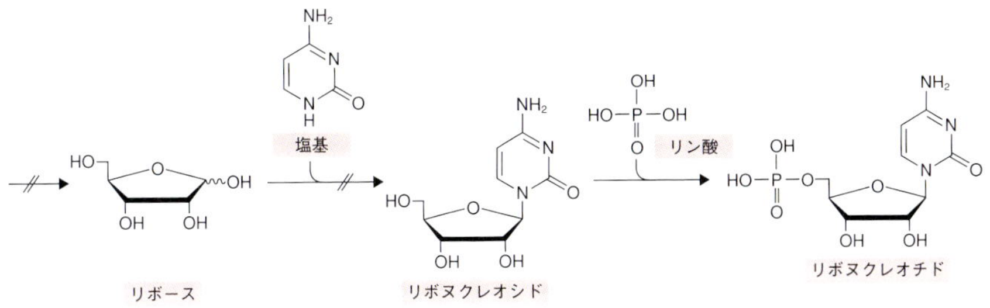

図 8-8　リボースと塩基によるリボヌクレオチド合成

のです。**遺伝子ができなければ生物はできません**から、ここは**大変な問題**でした。

2009年5月号のNature誌によれば、塩基と五炭糖をくっつけるのではなく、シアナミド、シアノアセチレン、グリコールアルデヒド、グリセルアルデヒドなどの簡単な有機化合物を作っておいて、無機のリン酸塩とともに反応させることでピリミジンヌクレオチド（リボヌクレオチドの一種）ができたと報告しています（**図8-9**）。原料となる有機化合物は原始地球の条件で簡単に合成され、それからピリミジンヌクレオチドを作る反応も、まさに原始地球の条件で進行するのだそうです。余計な反応をあまり起こさずにヌクレオチドを効率的に合成するにはそれなりの条件が必要ですが、原始の環境で充分に可能な条件であるということです。これですべてが一件落着というわけではありませんが、こうやって一歩一歩、謎が解けていく、という感じがします。それが大事なことです。

### 11 最も古い化石は熱水活動の盛んな場所からみつかっている

もう1つ、深海底の熱水噴出口が生命誕生の場であるという証拠は、**最古の生物化石として35億年前のバクテリア様化石がみつかったのが、海底で噴出したマグマである枕状溶岩のすぐ上に堆積したチャート（頁岩）という堆積岩からである**ことです。マグマが海底で噴出する場所、すなわち熱水活動の盛んな場所付近であったと考えられます。

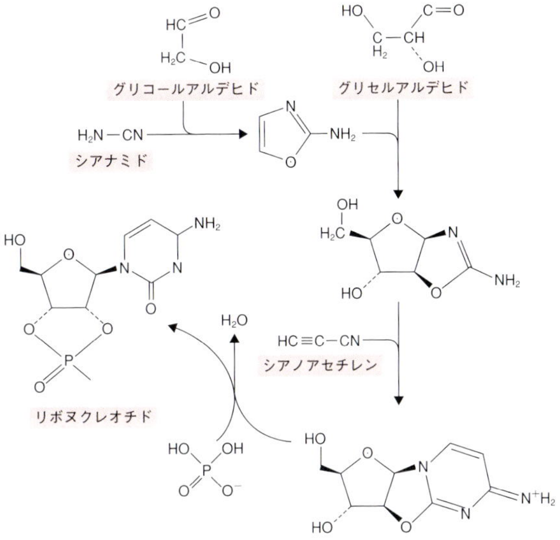

図 8-9　簡単な有機化合物からのリボヌクレオチドの合成

## III. 高分子の合成と小胞の生成

### 1 生体の特徴である高分子有機化合物ができる

アミノ酸から高分子であるタンパク質の合成、単糖から高分子糖鎖の合成、モノマーのヌクレオチドから高分子核酸の合成は、いずれも吸熱反応です。つまり、反応分子にエネルギーを注入して、高エネルギー状態にしないと起きない反応です。現在の細胞内では、高エネルギー貯蔵分子であるATPを分解

8日目　地球の誕生から細胞の誕生　*127*

して、遊離するエネルギーを反応分子に注入することで、合成反応を行っています。これを触媒するのは酵素タンパク質です（タンパク質合成の際には触媒機能をもつRNAも働きます）。自然に起きやすい反応ではありませんが、**熱水噴出口付近の条件で反応を進めると、アミノ酸が重合したタンパク質までもが合成できることがわかりました**。生き物にとって重要な高分子であるタンパク質が無生物的にできたことは、とんでもなく重要なことです。熱水噴出口という条件さえ与えられれば、生体を構成する高分子の有機化合物が必然的に案外簡単にできてしまうわけです。さて、タンパク質はできても、働きのあるタンパク質ができるのだろうか。

## 2 タンパク質には膨大な種類があり得る

仮に、材料としてのアミノ酸が現在と同じ20種類であったとすると、アミノ酸10個からなるペプチド（小さなタンパク質をペプチドといいます）でさえ、

### コラム　光学活性の問題

アミノ酸には、立体構造的にD型とL型の違いがあります。化学合成すると、D型とL型は同量できます。宇宙でみつかるアミノ酸も、D型とL型は同量存在しています。ところが、生物が作るアミノ酸は、ごく稀な例外を除いて、L型に限られます。つまり、生物のアミノ酸はL型であり、アミノ酸が重合して作られるタンパク質も、みんなL型アミノ酸からできている。ちょっと説明しておきましょう。

有機化合物を構成する元素である炭素は、4本の結合手をもっています。酸素は2本、水素は1本の結合手をもっている。炭素の4本の結合手は、炭素原子を正四面体の内部中央においたとき、4つの頂点へ向かって伸びています。図8-10をみて下さい。図8-10Aはアミノ酸の一般式ですが、図8-10Bでは炭素から出る結合手の方向がわかるように示しています。中央の炭素（α炭素）からでる4本の結合手のうち、図で上と下に向かう結合手は炭素から紙面のこちら側へ向かって、左右に出ている結合手は炭素から紙面の向こう側へ向かってでていることを模式的に表示しています。結合手の方向を遠近法的に示した図8-10Bは直感的にわかりやすい。図8-10Cは同じアミノ酸ではありますが、左はL型、右はD型です。立体的に異なり、両者

はどう回転させようが重ならない鏡像体です。これを溶かした水溶液は、偏光という光を回転させる方向が逆なので、互いに光学異性体ともいいます。アミノ酸の種類によって、この図のR基の部分が異なりますが、生物の作るアミノ酸は全部L型です。

アミノ酸が重合して作られる高分子のタンパク質では、立体構造としてαヘリックスという右巻きのらせん構造を作りますが、人工的に作ったD型アミノ酸でタンパク質を作ると、左巻きのらせんになります。それだけでなく、タンパク質の立体構造全体が鏡像的になります。そのため、生物のもっている酵素タンパク質は、L型アミノ酸だけを基質として使って合成したり分解したりします（だから酵素によって新

たにできるアミノ酸はみんなL型になる）。人工的にDアミノ酸から作った酵素タンパク質は、D型アミノ酸だけを代謝します。生物は、L型アミノ酸でできたタンパク質（酵素）がアミノ酸を合成するので、新たにできるアミノ酸はみんなL型である、ということは理解できます。

問題は、生命ができた、あるいは生命の元となる有機化合物ができた時点で、どうしてL型アミノ酸しか作られなかったか、あるいは、L型アミノ酸しか残らなかったのか、です。納得できる説明がまだありません。実は、グルコースなどの糖類にもD型とL型の光学異性体がありますが、生物界ではD型の糖だけしかありません。これも理由はわかりません。

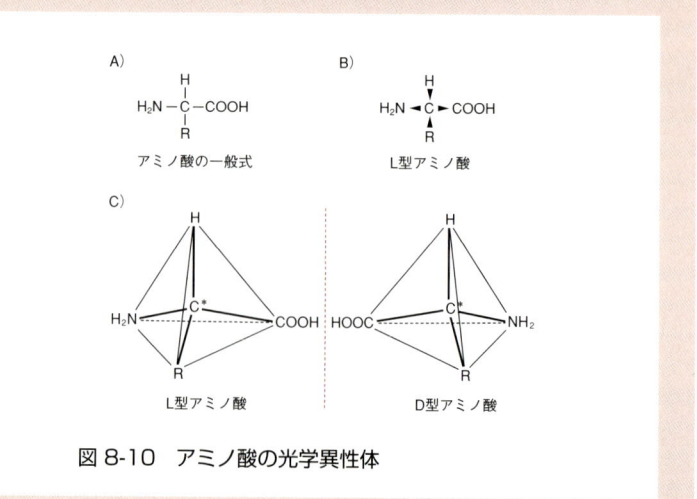

図8-10　アミノ酸の光学異性体

配列の種類は $20^{10}$ 種類という膨大なものです。小さなタンパク質でも数百、大きなタンパク質では数千個ものアミノ酸がつながっているので、$20^{100}$ とか $20^{3000}$ といったとんでもない種類のタンパク質ができる可能性があるわけです。当時使えるアミノ酸が 20 種類だったかどうかわかりませんが、いずれにせよタンパク質の種類は、事実上無限に近い。

## 3 タンパク質の高次構造と機能

　機能をもつタンパク質は、それぞれが特有の三次構造（高次構造）をもっています。ほとんど無限の可能性を端から試して（ランダムな合成が起きて）、そのなかで、特定の立体構造を有し、特定の機能を果たすものができることを期待するのは、あまりに楽観的に過ぎると思われます。

　最近の研究では、非生物的にタンパク質を合成する際に、反応条件によってできるアミノ酸の組成や配列に特徴あるいは偏りがあり、特定のアミノ酸組成からなる特定のアミノ酸配列ができやすいことがわかってきました。その結果できる特定範囲の一次構造をもったペプチドから、αヘリックスやβシート、その他の二次構造がエネルギー的に安定で自然に組み上がること、結果として特定の二次構造をもったタンパク質が高次構造（三次構造）にまで組み立てられたものは、安定で分解されにくいことなどもわかりました。ミラーの実験では、アミノ酸としてグリシン、アラニン、アスパラギン酸、バリンの4種類のアミノ酸ができましたが、たったこれだけの種類のアミノ酸からなるタンパク質を作ったところ、触媒作用をもったという報告もあります。**実験的に作り出した範囲では、非常に多種類のものができるわけではありませんが、それでも作られたタンパク質のなかには特定の機能をもつものがあったの**は、意外とも思えることです。このようにしてできたタンパク質から、利用できるものを利用していった、というプロセスが想定されます。この当時に起きたできごとを推定し、機能をもったタンパク質の誕生過程を探る研究が現在盛んに進められています。**まだまだ研究として未熟ではありますが、想像の世界から実証の世界へ入ってきたことが重要です**。

## 4 小胞ができる

　模擬環境でさまざまに条件を変えて有機化合物の合成を試みると、条件によって、**膜をもった直径数μm程度の球状の物体（ミクロスフェアあるいはマリグラニュール）**までが生成することがわかりました。水溶液の中でタンパク質という高分子ができると、均一な水溶液から不均一な物体として分離し、それが集まってある大きさをもった小胞を作ることがあるというわけです。大きさ的には小型のバクテリアに近いもので、条件によっては、こうしてできた小胞が膜で囲まれた構造をもっていて、**細胞のように外部からものを取り込んで次第に大きくなったり、分裂して数を増やしたりまでするのだそうです**。ただこの膜は現在の細胞のような脂質の膜ではなく、タンパク質による膜です。細胞の原型としてオパーリンはコアセルベートという仮想的なものを想定しましたが、今日ではタンパク質の集合体として類似のものを作り出せるようになったわけです。これで細胞ができた、とは到底いえないことは確かですが、**生命誕生の初期の段階が、決してあり得ないものでも単なる夢想的なものでもなく、科学の方法で追いかけられる範囲に近づきつつある**、というところが重要なことです。

## 5 脂質による細胞膜の形成

　現在の真核細胞の細胞膜は、グリセロ脂質やスフィンゴ脂質のほか、動物細胞ではコレステロールを含むなど、さまざまな脂質成分を含んでいますが、**主成分は、グリセロール-3-リン酸に長い炭化水素分子がエステル結合したグリセロリン脂質**です（図8-11）。真正細菌も同様です。古細菌はイソプレノイドという枝分かれのある炭化水素分子がエーテル結合したグリセロリン脂質です。このような脂質分子を非生物的に合成することは、アミノ酸やタンパク質に比べて難しく、生命が誕生するまでのプロセスで、いつ頃どのように作られたかの理解は実は不十分です。

　グリセロリン脂質の構造は、一方の端に親水性の高いリン酸があります。実際には、リン酸の先にさらにコリンやセリンや糖など親水性分子がついてい

るのが普通です。分子の他方には、炭化水素の長い鎖の部分があり、ここは水との親和性がない（疎水性であり親油性である）構造をもっています。親水基と疎水基の両方をもつ分子が水中にあると、親水性部分は水となじみますが、疎水性部分は水を避けようとするために、疎水性部分同士が集まって集合し、脂質の二重層でできたミセル構造を作ります。膜に囲まれた小胞もできます（図 8-12）。それぞれの脂質分子が分散している状態に比べて、膜構造を形成する方がエネルギー状態が低くて安定なためです。**脂質分子ができさえすれば、疎水性部分が水から排除されて集合することで、水中では自然に小胞ができるわけです。**原始的ではあるものの、細胞の原型ができたともいえます。細胞の内側と外側という環境の違いを生み出す、最初のしくみを用意したことになります。

## 6 細胞膜機能の進展

脂質でできた細胞膜は疎水性の層をもっているため、親水性の物質を通しにくい性質があります。主要な生体成分である**アミノ酸も糖もヌクレオチドも親水性物質なので、現在のすべての細胞の細胞膜には、それらを輸送する特異的な輸送タンパク質があって、エネルギーを使って積極的に細胞内へ運び込んでいます。**$Na^+$や$K^+$、$Ca^{2+}$、$H^+$、$Cl^-$などについても、**それぞれのイオンを専門に輸送するタンパク質があります。エネルギーを消費した能動輸送**です。つまり、細胞内外の濃度勾配に逆らって、濃度の低い側から高い側へ向かって輸送することが可能です。現在の細胞膜と違って、誕生したばかりの小胞には、十分に機能する輸送タンパク質が組み込まれてはいなかったでしょうが、内部にあった有機化合物が消費されて濃度が下がると、外から膜を浸み通って少しずつ入ってくる受動的なプロセスはあったに違いありません。消費というのは、分解して消失するようなケースもあ

図 8-11 細胞膜の主な脂質成分

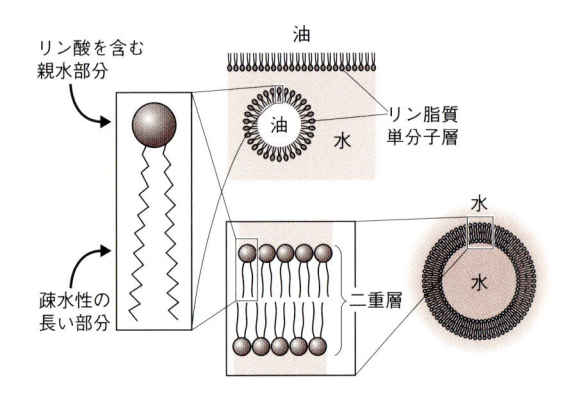

図 8-12 グリセロリン脂質の性質

るでしょうし、重合して高分子になることで低分子有機化合物の濃度が下がるというケースもあるはずです。やがてどこかの時点では、**膜に組み込まれるタンパク質が作られ、タンパク質による輸送機能をもった膜ができたと考えられています。**

## 7 代謝と触媒作用

現在の細胞内では、実にさまざまな物質が変換を繰り返しています。エネルギー源の中心であるグルコースは、代謝されて変化し、最終的に炭酸ガスと

水にまで分解されるだけでなく、ガラクトースやアミノ糖など別の種類の糖に変換したり、脂肪に合成され直して蓄えられたり、アミノ酸に変換したり、核酸の材料として使われたりします。アミノ酸も他のアミノ酸に変換したり分解したりします。こういう物質変換反応あるいは代謝反応はすべて、**酵素というタンパク質性の触媒によって進められます**。植物の場合に太陽エネルギーを使って光合成する反応も、すべてタンパク質が触媒しています。

糖の分解やタンパク質の分解といった比較的単純な反応でさえ、試験管内反応として触媒なしで行おうとすれば、しばしば非常な高温や強い酸性あるいはアルカリ性で反応させる必要があります。酵素という触媒なしには、体温くらいの温度で、中性のpHといった温和な条件で反応させることは不可能です。

### 8 初めて触媒作用をもった分子

現在の触媒はほとんどタンパク質が担っていますが、生命誕生の初期、触媒機能をもつタンパク質が誕生する以前の段階では、触媒反応の中心はRNAであったと考えられています。RNAというのは不安定な分子で、不安定ということは反応を起こしやすいともいえます。RNAの単位であるヌクレオチドにも、高分子のRNAにも、化学反応を触媒する働きがあることがわかりました。**触媒作用をもったRNAをリボザイムと呼びます**。例えば、真核生物のpre-mRNAからmRNAができる際のRNAの切断と結合というスプライシング反応を、RNA自身が行っている例が知られています。リボザイムの触媒作用を表8-1にまとめました。

### 9 RNAワールド

RNAは、触媒としての機能をもつことに加えて、遺伝子としての機能をもっています。現在の生物の遺伝子はすべてDNAですが、DNAの構成成分であるデオキシリボースは、非生物的（非酵素的）に合成することは大変困難です。だから、DNAが利用できるようになったのは、酵素的にリボースをデオキシリボースに変換できるようになってからのことであると考えられます。それ以前は、遺伝子として働

**表8-1 ◆ リボザイムが触媒する生化学反応の例**

| 活性 | リボザイム |
|---|---|
| タンパク合成におけるペプチド結合形成 | リボソームRNA |
| tRNAとペプチドの間の結合切断 | リボソームRNA |
| RNA切断、RNA連結 | 自己スプライシングRNA、*in vitro*で選択されたRNA |
| DNA切断 | 自己スプライシングRNA |
| RNAスプライシング | 自己スプライシングRNA、スプライソソームのにもその可能性 |
| RNAの重合 | *in vitro*で選択されたRNA |
| RNAとDNAのリン酸化 | *in vitro*で選択されたRNA |
| RNAのアミノアシル化 | *in vitro*で選択されたRNA |
| RNAのアルキル化 | *in vitro*で選択されたRNA |
| アミド結合の形成 | *in vitro*で選択されたRNA |
| アミド結合の切断 | *in vitro*で選択されたRNA |
| グリコシド結合の形成 | *in vitro*で選択されたRNA |
| ポルフィリンの金属化 | *in vitro*で選択されたRNA |

いていたのはRNAであったと考えられています。現在でも、ウイルスのなかには、インフルエンザウイルスのように、RNAを遺伝子としてもち、RNAを複製して増殖するものがたくさんあります。また、RNA癌ウイルスのように遺伝子であるRNAを鋳型として逆転写によってDNAを合成し、DNAを転写してRNAを増やすウイルスもいます。**RNAが化学反応を触媒する分子として中心的な役割をもち、遺伝子としての中心的な働きをしていた時代があったと考えて、その時代をRNAの時代（RNAワールド）と呼びます**（図8-13）。

### 10 実はRNAタンパク質ワールド

RNAは化学的に不安定で触媒作用を示したかも知れませんが、RNAができた時代にはすでに多くの種類のタンパク質が存在していた可能性が高いことを考えると、RNAは裸で働いていたのではなく、RNAとタンパク質とが複合体を作ってRNAを安定化し、触媒作用を発揮するのを助けていたと考える方が妥当に思います。触媒作用については、多くの種類のタンパク質が多くの種類の反応を触媒できるようになると、触媒としての役割がRNAからタンパク質

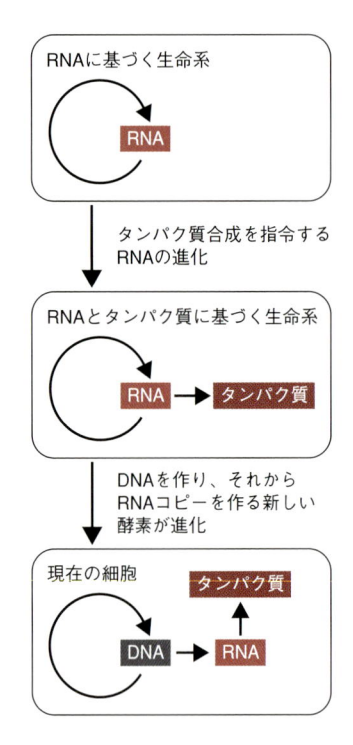

図 8-13　RNA ワールドからの進化

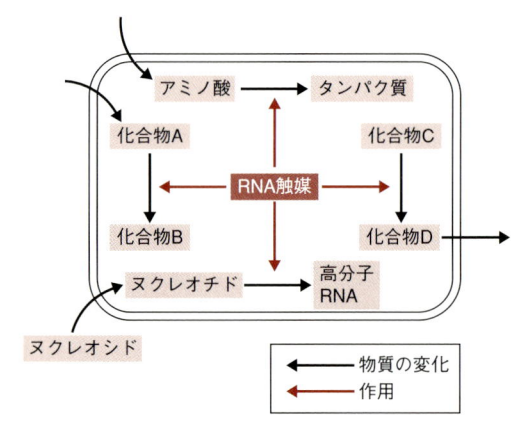

図 8-14　細胞内部環境の確立

に移行していったのだろうと思います。限られた範囲の触媒作用しかできなかった RNA に比べて、タンパク質は信じられないくらい広範な機能を果たし、タンパク質による新しい機能世界が生まれたわけです。また、現在でも RNA が遺伝子として機能することは明らかですが、DNA の方が安定であることと、誤りの修復の観点からも有利な DNA に置き換わっていったと考えられます。

## 11 細胞内部環境の確立

膜で囲まれた原始の細胞内で触媒作用を発揮して、ヌクレオチドから高分子 RNA を合成したり、高分子 RNA を鋳型に RNA を複製したり、アミノ酸をつないでタンパク質を合成すると、合成された高分子は細胞膜を通らないために、細胞内に蓄積しました。細胞膜というバリアーによって、細胞内には細胞外とは異なるさまざまな物質が濃縮し、あるいは分解して消失しました。外部と異なる内部環境の成立です（図 8-14）。やがてタンパク質はさまざまな機能をもったナノマシンとなって、細胞膜に組み込まれて輸送機能を果たしたり、細胞内の栄養物質を代謝できるようになったと考えられます。こうして、脂質膜で囲まれた小胞は、次第に細胞らしい機能をもつようになった。そんなに都合よく進行するものか、という疑問はもちろんありますが、今後 1 つ 1 つ検証されていくものと期待されます。

## 12 初期の細胞は細胞集団として機能か

細胞が生まれようとしている初期の状況では、適切な裏打ちタンパク質によって補強されていない細胞膜は、脆弱なために破れたり閉じたりしていて、その度に物質が流出したり流入したりした可能性が高いと思われます。個々の原始的細胞は、どういう高分子触媒をもつかによって、特定の化学反応が起きやすくなるという特徴が生まれていたと思いますが、ある細胞のなかである代謝によってある物質が生成すると、それが他の細胞へ流れ込んで、そちらの細胞で特徴的な代謝系によってさらに別の物質に代謝される、といった変化が頻繁に起きていて、細胞集団が 1 つの細胞あるいは組織のように協調していた可能性があります。ナノマシンとしてのタンパク質や、ナノマシンでもあり遺伝子でもあった RNA も、時々破ける細胞膜を通って漏れだしたり、他の細胞に取り込まれたり、細胞の融合や分裂によっても、細胞間で盛んにやり取り（受動的ではあっても）されていた時代であったと考えられています。

## 13 今でも似た状況はあるのかも知れない

　協調という意味では、現在でもこれと似た状況はあるかも知れません。土の中には実におびただしい種類と数の細菌がいます。種類として、500〜1,000万種類くらいはいると推定されますが、調べがついているのはそのなかの1％にも満たないといわれます。調べがつかない理由の1つは、1種類の菌を単独で培養できないものが多いためです。単独で細菌を培養できない理由のかなりの部分は、ほかの細菌との共生が必要なためと考えられます。ある細菌が作って分泌したものを別の菌が利用して、さらに別の化合物に変化させると、それを他の細菌が利用するといった複雑な共生関係があって、集団中の多くの細菌が生育していると考えられます。どれか1つを取り出すと、1種類の細菌では生きていけないし、増殖できない。生命誕生の初期には、細胞と呼ぶには不完全な構造と機能をもったものが、集団として共生することで生きのびていたと考えられますが、現在の細菌の場合に構造的にはそれぞれが完成品であっても、機能的には似た状況で生きているのかも知れません。

## 14 遺伝子のごちゃ混ぜ

　生命誕生の初期には、細胞間で遺伝子の移動もかなり大規模に起きていた可能性があります。遺伝子のこういう伝わり方を**遺伝子の水平移動**といいます。親から子へ遺伝子が伝わる現象を遺伝子の**垂直移動**というのに対する言葉です。水平移動というより、ごちゃ混ぜといった方がよいかも知れません。現在の細胞には、外来の遺伝子が自分の遺伝子と簡単に混ざらないような防御機構がかなりしっかり作られていますが、初期には特別な防御機構はなく、細胞膜が時々破けて、周囲にあった裸のDNAや、ほかの生きもののDNAが自分のDNAになってしまうことがあった可能性があります。

　このような見解が生まれたのは、古細菌と真正細菌と真核生物は、それぞれに特徴的な遺伝子構造をもっていますが、お互いに特徴的な遺伝子をモザイク的に共有しているという事実のためです。遺伝子の複製、転写、翻訳といった基本的な役割りに関するタンパク質の遺伝子については、移動や混ざり合いが少なく、本来の系統の遺伝子を保存していて、真核生物ではこのような遺伝子の大部分が古細菌と共通のタイプです。こういう基本的な遺伝子で調べると、古細菌、真正細菌、真核生物という3つのグループ分けは比較的明確です。これに対して、真核生物のもつ代謝などにかかわる酵素の遺伝子では古細菌由来のものが多いとはいえ、20〜30％が真正細菌タイプの遺伝子で占められており、真正細菌（の先祖）から移動したと思われます。真正細菌のなかの超好熱細菌では遺伝子のおよそ4分の1が古細菌タイプといわれます。こういうDNAのやり取りが頻繁にあって、徐々に古細菌、真正細菌、真核生物が成立していったものと考えられます（図8-15）。古細菌と真正細菌と真核生物の3者が完全に分離するまでは、このような渾然一体的な状態だったとすれば、真核生物の分岐も相当に古いことなのではないか、という見方が可能です。時代的にはずっと後の話ですが、真核生物と原核細胞との共生の結果、ついにミトコンドリアや葉緑体として細胞質内にとじ込めたことも、広義の遺伝子の水平移動と捉えることもあります。

## 15 地球上の生物の先祖は1つだ

　この図は概念的なものではありますが、過去に遡っても1つに収斂しておらず、遺伝子的にみると地球上の生物の起源は1つだとはいえない、とも読み取れます（収斂しないと結論しているわけではありませんが）。2010年5月のNature誌の論文は、タンパク質構造の解析から、地球上の生物の起源は1つとするのが妥当、と結論しています。かつてはさまざまな祖先によるさまざまな試みがあったかも知れませんが、現在生き残っている生物は、**共通祖先**（**UCA**：universal common ancestry）の子孫である、と考えられます。

## 16 細胞としての基本的な機能の誕生

　さて、現在の生物を構成する細胞は、どんなに単純にみえても相当に複雑な構造と機能をもっています。すべての細胞には、少なくとも以下3点の体系

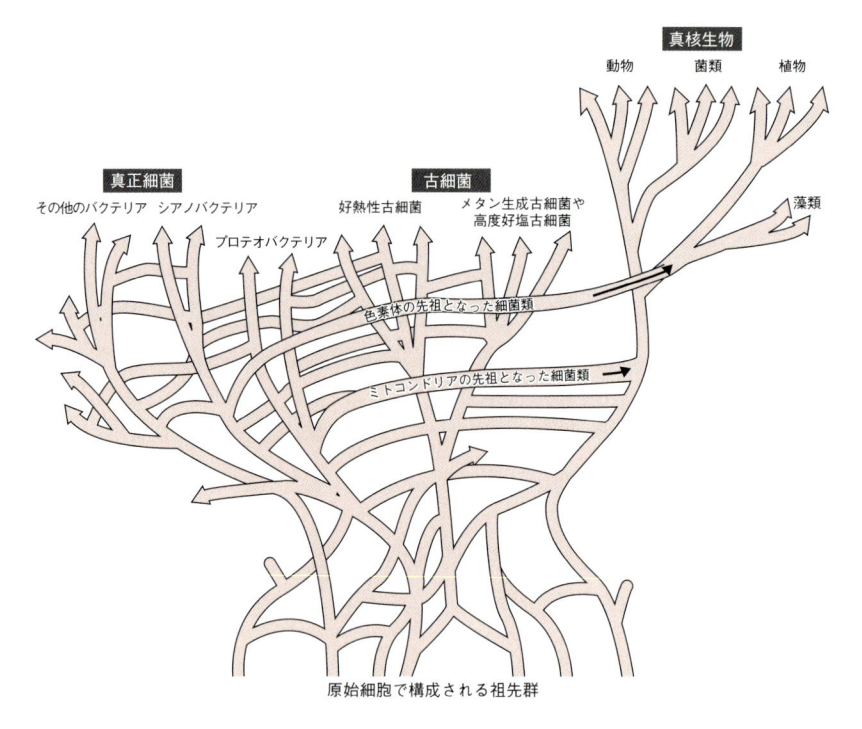

図 8-15 遺伝子の水平移動（参考文献 7 を元に作成）

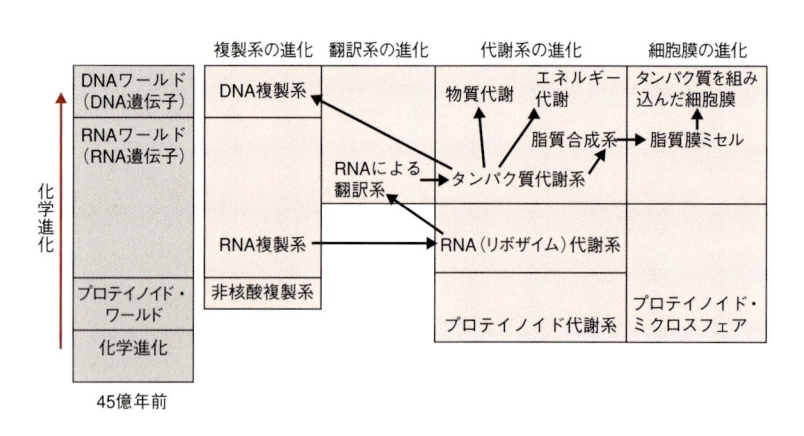

図 8-16 細胞の基本機能の進化（参考文献 11 を元に作成）

的な機能が必要です（図 8-16）。
① **遺伝子の働き**：DNA という物質が複製して遺伝情報を子孫に伝えることと、遺伝情報から RNA 転写を介して必要なときに必要な種類のタンパク質を必要な量だけ合成し、体を構築し機能させるシステムの全体。
② **細胞膜の働き**：物質の選択的通過、物質の能動輸送による必要な物質の細胞内濃縮、周囲の環境情報を受容して、それに対応して応答反応を起こすシステムの全体。
③ **物質代謝とエネルギー代謝**：細胞に必要な物質を合成・変換・分解し、それに必要なエネルギーを生産するシステムの全体。

これに加えて、細胞分裂という子孫を作る機能が必要です。原始的ではあっても、基本的にこのような性質をもった単位ができたとき、細胞の誕生といえます。このような先祖から誕生した現在のすべての細胞は、先祖のもっていた性質を共有していると

## 17 これらのプロセスは理解されつつある

遺伝情報機構の成立だけに着目しても、DNAの複製、mRNA合成による遺伝情報の転写、アミノ酸とtRNAとmRNAの共同作業による翻訳など、それぞれのステップが相当に複雑なものです。複製だけでも、何十種類もの特徴的な機能をもったタンパク質が、協調的に複合的に働くことによってはじめて進行できます。タンパク質合成系でも、多くのタンパク質とRNAがかかわる複雑なシステムが働いています。初期から精緻を極めたものではなかったとしても、基本的な性質は備えた初期の系が成立するまでには、多くの試行錯誤があったと想像できます。このような系が進化してきたプロセスについても、単なる想像ではなく、実証的に迫る研究がはじまっています。ここでは研究の現状について詳細を紹介することはやめますが、かつてのように想像だけしかできなかった時代と違い、**これらの分野についても理論的考察と実証的研究が少しずつ進んでおり、断片的ではあってもジグソーパズルのピースがあちこちで理解できるブロックを作り出していて、いずれ相互につながって全体像がみえてくる**という期待をもってよいと思います。

## 18 生命の誕生は必然であった

この段階ではまだ生命が生まれたとはいえませんが、この先のプロセスまで含めて考えても、地球上の生命の誕生は、滅多に起きない、再現することの困難な事象であって、『非常に稀な偶然』によって起きたことであると考えるより、そう長い時間をかけることなく『一定環境の中では必然的に起きること』と考えられます。**一定の環境がありさえすれば、長くても5億年、短ければ1億年以内に、生命は必然的に誕生する**と考えてよいと思います。

# IV. 古細菌の誕生

炭素同位体である $^{12}C$ を濃縮した微細炭素粒の化学化石が、38億年前の頁岩からみつかっている（図7-9）ことから、このあたりが細胞の誕生、生命の誕生、と一応考えられています。35億年前には微生物と思われる化石がみつかっています（図8-17）。形からみて、光合成する現在のシアノバクテリアと非常によく似ているので、この時代にすでにシアノバクテリアがいたとの主張もありますが、酸素産生の証拠からみてシアノバクテリア誕生はもう少し後のことと考えられます。

## 1 熱い海で生まれた生命

岩石が溶けていた灼熱の時代からみれば、液体の水ができ、海が生まれたときには120℃程度になっていたわけでしょうが、それでもまだまだ熱い海です。そのなかでも深海の熱水噴出口では、一段と大きな圧力と熱エネルギーに満ち、炭酸ガスや水素や硫化水素に満ちていて、有機物が作られ、最初の細胞、すなわち最初の生命が生まれました。海全体が80℃とか60℃とかくらいに冷えてきたのは、30億年より新しいことと考えられてきました。ただ、熱水噴出口付近は依然として熱かったとしても、2009年11月号のNature誌には、34億年前の頁岩に含まれる酸素原子と水素原子の同位体比から、この時期の海水温度はすでに40℃程度に下がっていたのではないかとの報告があり、2010年4月号のNature誌には、堆積岩中のリン酸塩の酸素同位体比から、26〜35℃程度であった可能性が示されています。後者の論文では、この時代にはリン酸塩の循環が活発であったとみられ、それは生物の活動が活発であった

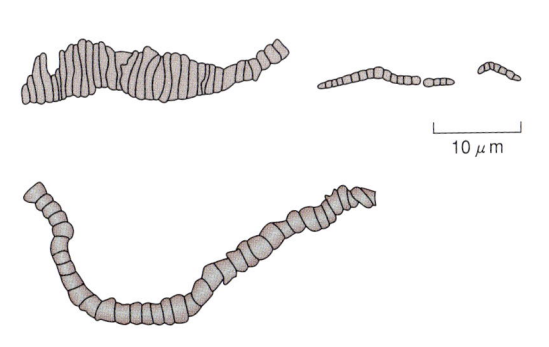

図8-17 ピラバラで発見されたシアノバクテリア様の化石

ことも示唆していると報告しています。

## 2 高度好熱古細菌

一番古いバクテリア化石は、海中に噴出したマグマが固まった枕状溶岩の上に堆積した頁岩から発見され、当時の熱水噴出口あたりにいたものであったと考えられることは前に紹介しました。こういう環境の中で最初に誕生した古細菌のなかで、現在生き残っている一番近い仲間は、高度好熱菌の仲間と考えられています。古細菌のグループにはたくさんの好熱菌がいます（図 8-18）。至適生育温度が 80 ℃を超える菌を超好熱菌といいますが、現在のユーリ古細菌にもクレン古細菌にも至適温度が 100 ℃を超えるもの（といっても 105 ℃くらいまで）がたくさんいて、限界生育温度は 122 ℃というものまでいます。真正細菌の仲間でも、歴史の古いものには好熱菌（生育限界温度 55 ℃以上、あるいは至適生育温度 45 ℃以上）があるので、まだ環境が熱かったころに分岐したものの名残であろうと考えられています。ただ真正細菌では、限界生育温度は最高でも 85 ℃程度、至適生育温度は最高でも 65 ℃程度で、古細菌に比べると温度は低いものです。

## 3 タンパク質は熱に弱い

現在生きている多くの生き物は、熱に弱い。特に多細胞動植物は熱に弱く、60 ℃を超える環境で生きられるものは皆無ではないとしても、稀でしょう。**遺伝子である DNA は熱に強く、95 ℃以上でないと変性しませんが、タンパク質と細胞膜が熱に弱いからです**。タンパク質は、一定の立体構造（三次、四次構造）を作って機能しています。高次構造は、構成原子の間で水素結合、静電的結合、疎水性結合などで結合することによって保たれます。**多くのタンパク質が熱に弱いのは、温度が上がるにつれて原子間の弱い結合が切断さ**れるために、高次構造が壊れるからです。**タンパク質の変性**です。多くのタンパク質は、60 ℃を超えて高次構造を維持することは難しい。

## 4 好熱古細菌のタンパク質は熱に強い

好熱菌のタンパク質は高熱に強い構造をもっています。というより、**生命誕生時には、タンパク質は熱に強い構造であったということ**でしょう。それがタンパク質の本来の姿である、というべきかもしれません。古細菌から最初に分かれた真正細菌の仲間も 70 ℃とか 80 ℃で増殖するような好熱性の真正細菌でした。40 ℃とか 50 ℃とかの低温で増える真正細菌が生まれたのは、しばらく後のことと考えられます。実験室で汎用するウシ膵臓由来の RNA 分解酵素（RNaseA）は、動物の酵素としてはまれにみる耐熱酵素で沸騰水で煮ても活性を維持しますが、生命誕生の時代にはこういう耐熱性タンパク質が普通の酵素の姿で、RNA 分解酵素はその名残りなのでしょう。RNaseA の場合、サイズが小さく（124 アミノ

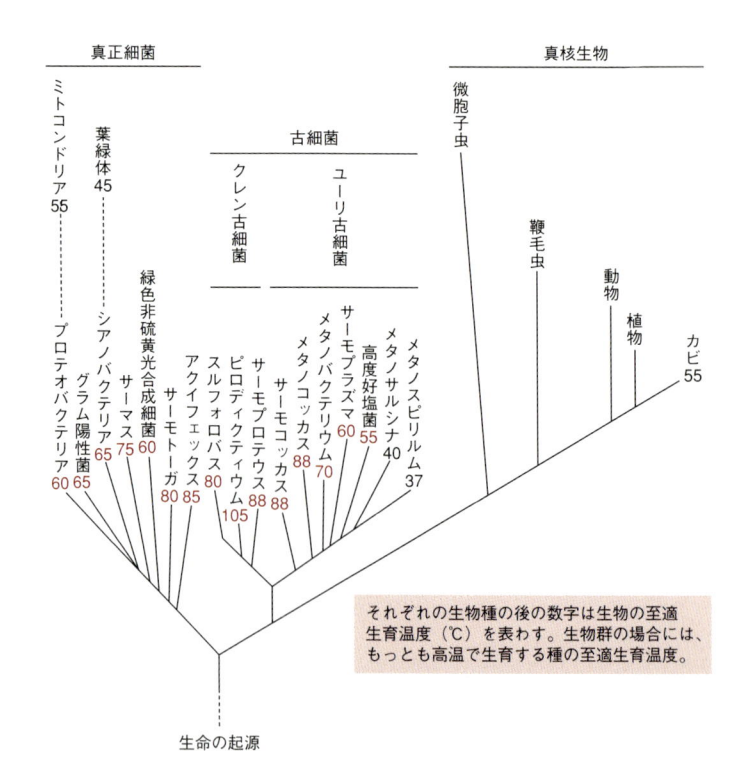

図 8-18 生物の至適生育温度と系統関係（参考文献 11 を元に作成）

酸)、全体がコンパクトにまとまっており、高次構造の要所を -S-S- 結合という共有結合で4カ所も架橋することで、温度を上げても高次構造が崩れないようになっています。哺乳類のタンパク質のなかでも、毛や爪の主要なタンパク質であるケラチンは非常にたくさんの -S-S- 結合によって架橋されていて、タンパク質として非常に丈夫です。耐熱性タンパク質はいずれも高次構造が強く変性しにくいか、高温で作られる高次構造が活性をもつ型になっています。

## 5 低温に順応して生きる生物のタンパク質は熱に弱くなった

その後、地球環境の温度が低下し、そういう環境で生きるようになった生物では、その温度で適切な三次構造を保つとともに、その温度で機能に必要な構造変化を起こすタンパク質をもつように変化していきました。そういうタンパク質をもつ生物が、その環境で生きることができた。逆に、高温で適切な機能を維持するタンパク質をもったままの生物(好熱菌)は、低温環境で生きにくくなり、深海底の熱水噴出口や地上の高温の温泉噴出口など、高温の環境に生息域が限られることになったものと思われます。実際、好熱菌由来の耐熱性タンパク質の遺伝子を普通のバクテリアに導入して、現在の通常の温度で培養してこのタンパク質を作らせると、酵素としての弱い活性をもちますが、取り出した酵素を90℃くらいまで温度を上げて保つと、時間と共に高次構造が変化して酵素活性が10倍以上に上昇する、といった例もあります。高温に耐えるだけでなく、高温が好きな酵素であることがわかります。

## 6 細胞膜は熱に弱い

もう1つ熱に弱いのが細胞膜です。現在生きているすべての真核生物とほとんどの真正細菌は、細胞膜の主成分としてエステル型のグリセロリン脂質をもっています (図 8-11)。**細胞膜の構造と機能上の必要性から、膜の柔軟性(流動性)と硬さ(丈夫さ)の適度のバランスが必要**で、どの生物も、棲息温度に合わせて細胞膜脂質の成分を変化させています。日本でも、夏は30℃を超え冬は5℃を下回るという

ように環境温度は変化しますが、それにあわせて、硬すぎず柔らかすぎず適度な流動性をもてるように、多くの生物は脂質成分を調整しているわけです。実際には、動物細胞の場合を例にあげると、2本の脂肪酸の鎖のうち、1本は飽和脂肪酸で直鎖状ですが、もう1本は不飽和結合を含んでいて鎖が直鎖状ではなく、折れ曲がっています (図 1-12)。**飽和脂肪酸の多い脂質は結晶構造になりやすいので固体化しやすい(流動性が低い)**のに対し、**不飽和脂肪酸の多い脂質はグズグズ構造のために結晶構造になりにくく、低温でも固体化しにくい(流動性が高い)**という特徴があります。実際の細胞膜には、グリセロ脂質以外にスフィンゴ脂質やコレステロールも含む上に多くの膜タンパク質を含んでいるので、話はやや複雑ではありますが、温度を上げると結晶構造が崩れて流動性が増し、やがて膜脂質は溶け出して膜は壊れます。生物は成育温度に合わせて膜脂質の成分を調整していますが、かけ離れた高温には耐えられないのです。

## 7 好熱古細菌の細胞膜は熱に強い

現在の古細菌の細胞膜はエーテル脂質からできています。炭化水素鎖の部分は、不飽和結合のない直鎖状のイソプレン鎖です (図 8-11)。図 8-11 に示したエーテル脂質は、1つの分子にエーテル結合が2つあるジエーテル型の脂質ですが、超高熱菌では、エーテル結合を4つもったテトラエーテル型脂質が多いのが特徴です (図 8-19)。これが作るミセルは、脂質分子の二重層ではなく、一重層です。一重層で、エステル型リン脂質やジエーテル脂質の二重層と似た構造の膜ができるわけです。**テトラエーテル型リン脂質でできた細胞膜は、構造的に非常に結晶構造をとりやすく、温度をうんと上げないと、膜の機能上に必要な流動性・柔軟性をもたせることができない**という特徴があります。高度好熱菌の生息温度でちょうどよい柔軟性をもつわけです。**初期に誕生した高度好熱菌は、テトラエーテル型脂質の細胞膜をもっていたであろう、その生き残りが現在の高度好熱古細菌であろうと考えられています。**古細菌のなかでもメタン細菌のように低い温度で生育するもの

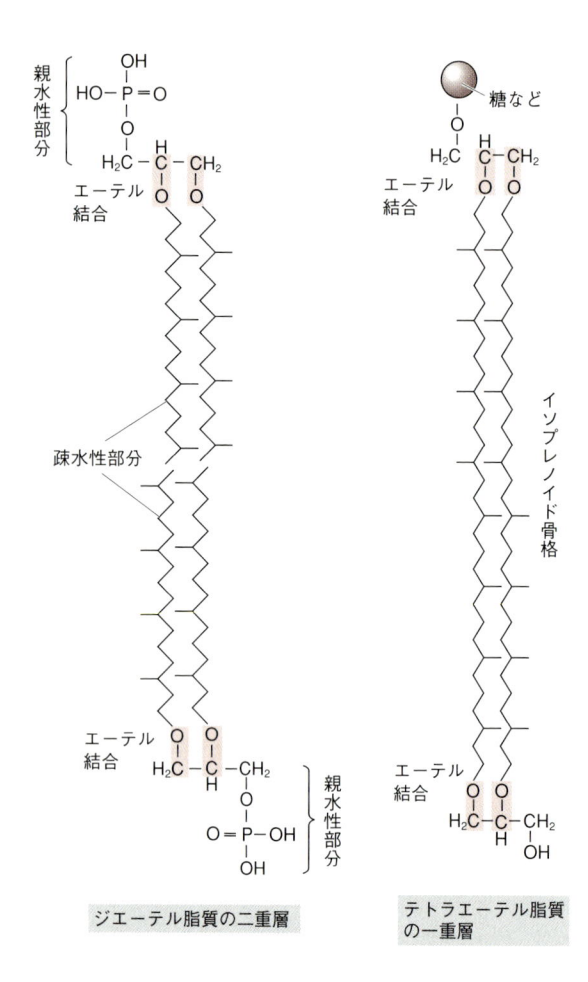

図 8-19　好熱古細菌の膜脂質

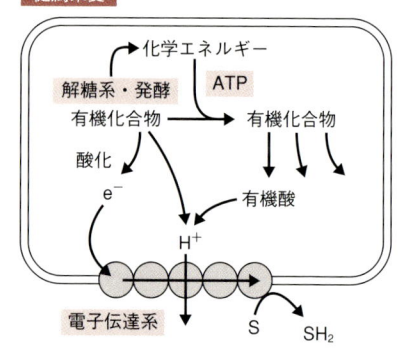

図 8-20　原始の従属栄養型細胞

は、その生育温度付近で適切な膜流動性を示すジエステル型の脂質をもっていますし、逆に真正細菌のなかでも特に好熱の細菌はエーテル型脂質をもっています。

## 8 従属栄養型細胞

はじめに生まれたのは、**周囲にたくさん蓄積していた有機化合物を使って、それを自らに必要な物質に変換する従属栄養型の細胞**だったと考えられます。必要なエネルギーも、取り入れた有機化合物を分解することによって得たと考えられます（図 8-19）。エネルギーを得る代謝系として一番古く確立したのは、解糖・発酵によって嫌気的に ATP を産生する代謝経路と考えられます。解糖・発酵の結果、乳酸や酢酸などの有機酸が増えてくると、細胞内に浸透するプロトンを排除するために、有機化合物を酸化する際に引き抜かれた電子を伝達する電子伝達系を細胞膜に組み込んで発達させ、そのプロセスで遊離するエネルギーでプロトンを細胞外へくみ出すしくみをもった可能性があります。**電子伝達系によるプロトン輸送系**です（図 8-20）。最終的に電子を受け取るのは硫黄（S）で、結果として硫化水素（$H_2S$）ができます。ここで成立した、膜に組み込まれたタンパク質複合体による電子伝達系を動かしてプロトンを輸送するしくみは、膜を介して形成されるプロトンの濃度勾配をエネルギーとして利用する、非常に基本的なしくみとして、その後、さまざまに展開して応用されています。

例えば、現在の細菌の仲間では、細胞膜を介したプロトンの濃度勾配エネルギーは、栄養素の能動輸送や鞭毛運動などにも利用されています。さらに、有機化合物を燃やして（酸化して）多くのエネルギーを取り出して ATP を合成する酸化的リン酸化反応にも、太陽エネルギーを使った光合成反応にも使われることになります。好気的バクテリアによる酸化的リン酸化は、その後ミトコンドリアとしてすべての真核生物に受け継がれ、シアノバクテリアによる光合成は、その後、葉緑体としてすべての植物に受け継がれているという意味で、非常に基本的で重要なしくみです。

周囲の有機化合物を利用し尽くすと、従属栄養型の生き物は死滅するほかはありません。ただ、生き残ったものは、死骸の有機化合物を利用することで細々と生きのびることができます。還元的環境では、有機化合物が非生物的に作られ続けたとすれば、細胞の生存と有機化合物生産の間で平衡関係が続いたものと考えられます。

## 9 独立栄養型細胞の誕生

やがて、熱水噴出口から豊富に供給される硫化水素を『電子供与体（還元剤）』として使って、これを酸化（電子を引き抜く）して電子伝達系を稼働させ、その結果できる細胞膜を介したプロトンの濃度勾配を使ってATPを合成する細菌が誕生しました（図8-21）。これには、ATPを合成するタンパク質複合体が必要でした。電子を引き抜かれた硫化水素はそのままでは不安定で、2つのプロトンがはずれて周囲の水に溶け込み、残りは安定な硫黄の単体になって析出します。プロトンを汲み出すだけだった電子伝達系にちょっとした工夫を加えて、高エネルギー化合物であるATPを合成する、すなわち『エネルギー』を貯蔵する化合物を得るしくみに改良したわけです。電子伝達系を流れる電子はやがてNADPという物質へ受け渡されて、NADP⁻になりますが、すぐに周囲のプロトンを引きつけてNADPHになります。これは強い還元性をもった化合物です。ただ、現在の化学合成細菌はNADP/NADPHを使っていますが、この当時に誕生した細菌もそうだったかどうかわかりません。こうして得られたエネルギー（ATP）と還元剤（NADPH？）を使って、炭酸ガスから実際には非常に複雑な経路を経てではありますが、有機物を作る独立栄養型の細胞が生まれたと考えられます（図8-21）。独立栄養型古細菌の先祖の誕生です。炭酸ガスや硫化水素を材料にして、積極的に有機物を作って生きのびるようになれば、周囲に自然界からの材料供給がある限り、おおいに繁栄できたに違いありません。現在の古細菌には、硫化水素の酸化だけでなく、硫化水素以外の還元型物質や、全然逆の酸化型物質を元にして化学エネルギーを取り出しているものもあります（図8-22）。本質は皆同様なのではありますが、実際の話は単純ではなくさまざまな例があることを示しました。

熱水噴出口では現在でも、古細菌が繁栄し、それを餌にして、あるいはそれを体内に共生させているたくさんの多細胞動物がいて、大いに繁栄した環境を作っています。ここに生息するハオリムシは、体重の90％にもおよぶ独立栄養型の古細菌を体内にもっている場合さえあるといわれます。ハオリムシが古細菌を使って生きているのか、古細菌がハオリムシという皮を被って生きているのかという疑問を感じるほどですが、繁栄の1つの形態であるとは思います。

## 10 環境温度が下がってくると

やがて海水温が下がってくると、古細菌の仲間も好熱菌の仲間だけでなく、より低い温度で生息する高度好塩菌やメタン細菌などたくさんの仲間（の先祖）を生み出しました。このような古細菌では、細胞膜の脂質としてはテトラエーテル型からジエーテル型へ変化させました。これは二重層のミセルで細

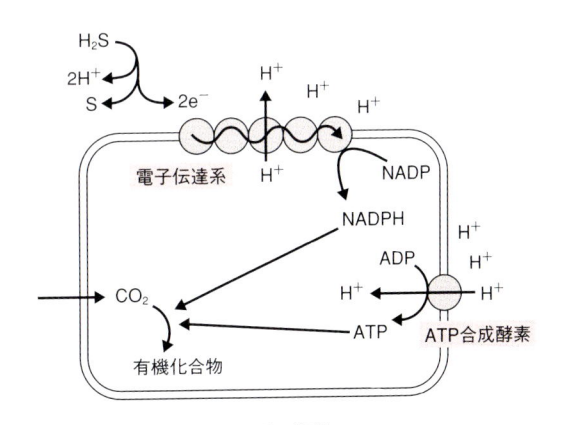

図 8-21　原始の独立栄養型細胞

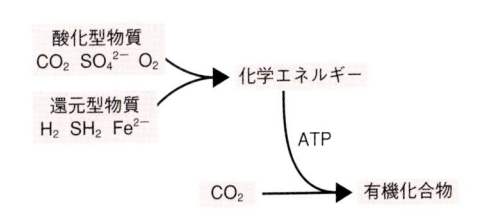

図 8-22　化学合成

8日目　地球の誕生から細胞の誕生　139

胞膜を作ります（図8-19）。これが、温度の低い環境で適切な膜流動性を与え、炭化水素部分の成分を変えることで生息温度の多少の変動に対応してきました。これに対してテトラエーテル型のリン脂質膜をもった高度好熱菌は、温度の低い環境では細胞膜が硬化してしまうために生きることができず、熱水噴出口や高温の温泉のような高温環境にとじ込められることになったわけです。110℃で増殖できる高度好熱菌は、90℃だと細胞膜が凍って固相化（凍死）する可能性があるわけです。

## V. 真正細菌の誕生

### 1 真正細菌はいつ誕生したか

最初に誕生した真正細菌は、真正細菌のなかでも好熱菌であると考えられています（図8-18）。好熱の真正細菌は、真正細菌のなかで一番原始的な性質を備えている、ということは、まだ海が熱く、90℃とか100℃付近であったころ、すなわち、古細菌が生まれてからそんなに長い時間が経たないうち、古細菌誕生から2億年程度の後には誕生したものではないかと考えられます。ただ、分岐した当時の真正細菌と古細菌の性質については不明です。5日目で現在の古細菌、真正細菌、真核生物の3超界生物群の比較を簡単にまとめました（表5-3）が、現在のそれぞれが、誕生した当時の性質をどれだけ残しているかについて問題があります。古細菌と真正細菌の間に共通性がたくさんある一方で、DNA合成やRNA合成、タンパク質合成といった、生き物としての基本的な機構についてかなり大きな違いがあります。ただ、代謝系を司る酵素の遺伝子については古細菌と真正細菌の間に共通性があり、誕生当初の真正細菌にも従属栄養型のものと独立栄養型のものが存在していたものと考えられます。

### 2 真正細菌は熱水噴出口から離れて暮らしはじめた

現在の真正細菌は、ごく一部の例外を除いて、細胞膜の組成がエーテル型ではなく、エステル型のリン脂質でできています。ちなみに、後でいうように真核生物も古細菌から分岐しますが、真核生物の細胞膜リン脂質もエステル型です。つまり、真正細菌と真核生物は、それぞれ独立にエーテル型からエステル型への変換を成し遂げたと考えられます。材料としてのエーテル型の脂質もエステル型の脂質も周囲に存在していたと考えられ、環境温度の変化によって置き換わっていったものと思われます。現在の生物も、自然環境の中では環境温度によって膜の脂質組成を変化させ、温度が変わっても適切な硬さと柔軟性を保つようにしています。

エステル型リン脂質の細胞膜をもった細胞は、熱水噴出口のような超高温の環境を離れて、周囲のより低温の環境へ出て暮らすことができます。有機化合物（古細菌の死骸など）は熱水噴出口から離れた周辺にまで流れ出していたでしょうが、低温部分へ出ていっては生きられない超高度好熱古細菌は、それを利用できません。低温で生存可能なエステル型リン脂質の細胞膜をもった真正細菌は、どんどん周辺の低温域へ出て有機物を利用することができました。もちろん、細胞内の酵素系が充実してきて、独立栄養型になった真正細菌は、より広範囲に材料を求めて生存領域を拡大することができたと考えられます。現在の真正細菌には、鞭毛などの運動器官を備えたものも多くみられますが、こういう工夫ができれば、より積極的に生存領域を拡大したと考えられます。こうして**真正細菌は、必要な栄養が得られる限り、誰もいない、誰とも競合することない新世界へ向かって、のびのびと展開できるようになった**わけです。生育域は海全体とまでいっては言い過ぎとしても画期的に拡大し、多くの種類に展開するようになりました。

### 3 地磁気の誕生が宇宙からの荷電粒子線を遮った

その後も次第に地球の冷却が進行して、およそ27億年前になると強い地磁気が発生して、荷電粒子線の地上への到達を阻止するようになりました（7日目）。両極へ集められた荷電粒子線が上空でオーロラ

を発生させるようになったのも、この時代からでしょう。この結果、**生き物が海の表面へ出てきても、強い荷電粒子放射線にさらされることがなくなり、生き物が死なない環境が用意された**と考えられます。

## 4 光合成バクテリアの誕生

　独立栄養を工夫した細菌は荷電粒子線で殺される心配がなくなると、浅い海や海表面にも進出してきました。そのなかから、太陽光をエネルギーとして使うことができる光合成細菌が生まれたものと考えられます。**光合成する硫黄バクテリアは、化学合成細菌と同様に電子供与体として硫化水素（$H_2S$）を使いますが、太陽エネルギーによってそこから効率的に電子（電子とプロトン）を引き抜きます**（図8-23）。光のエネルギーを受け取って、硫化水素の効果的な酸化を仲介するのは**クロロフィル（葉緑素）**です。これが大きな工夫です。これに引き続いて起きる反応は化学合成細菌と同様です。色素を利用して硫化水素から電子を効率良く引き抜くのはちょっとした工夫ですが、光合成細菌が誕生すると画期的に効率よく有機物を作れるようになり、繁栄しはじめました。太陽光の届く海面近くが、生きる世界として広がったことになります。

## 5 シアノバクテリアの誕生

　その後、太陽エネルギーを使って、硫化水素ではなく、**大量にある水を還元剤として使うことのできる光合成能力を身につけたシアノバクテリア（藍藻）が、真正細菌のなかから誕生しました**。27億年前といわれます。これは一段と画期的に高能率で有機物を合成できるようになり、地球全体に広がって大繁栄しました。太陽光という無尽蔵のエネルギーで、水というふんだんにある材料を還元剤として使って、炭酸ガスを還元して有機化合物を作るという、大変な装置を生み出したわけです。複雑な過程を経てではありますが結局、『太陽エネルギーを使って』『$H_2O$から電子（電子とプロトン）を引き抜いて』『不要な酸素（$O_2$）を放出し』『電子伝達系を動かしてATPとNADPHを作り』『ATPのエネルギーとNADPHの電子（プロトン）を使って』『炭酸ガス（$CO_2$）を還元して』『グルコース（$C_6H_{12}O_6$）などの有機化合物を作る』という反応です。図8-24にはこのプロセスをごく簡略化して示しました。

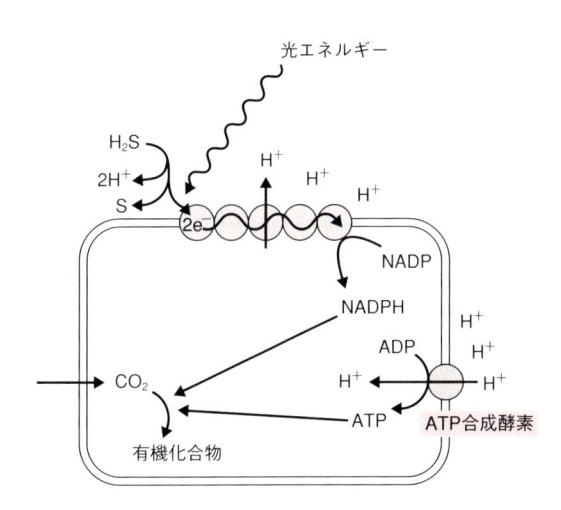

図8-23　光合成バクテリアのしくみ

### 光合成する古細菌もいる

**コラム**

　実は、古細菌のなかにも太陽光エネルギーを使う光合成細菌がいます。高度好塩菌（ハロバクテリア）のなかで、細胞膜に組み込まれたバクテリオロドプシンという光受容タンパク質をもっているものがあります。ロドプシンは動物界に広くみられるタンパク質のファミリーで、動物の眼で光を受容するものです。ビタミンAの誘導体であるレチナールを含んでいます。ヒトの場合と同様です。バクテリオロドプシンは光エネルギーを吸収して、膜を介してプロトンを輸送し、膜内外にプロトンの濃度勾配を作ります。クロロフィルと違って、電子伝達系を動かすのではありません。バクテリオロドプシン自身が光エネルギーで駆動するプロトンポンプなのです。膜を介してできたプロトンの濃度勾配を利用してATPを合成します。

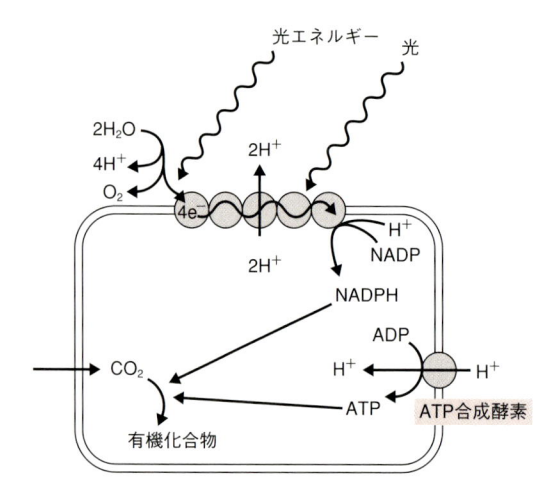

図8-24 シアノバクテリアのしくみ

## 6 シアノバクテリアは画期的な発明

　地球上、太陽光さえ届けばこの反応を使って、ほとんどどこででも増殖できる、**画期的な大発明**です。画期的ですが、電子を引き抜く材料を硫化水素から水に変えただけとみれば、ちょっとした改良に過ぎないともいえます。太陽エネルギーを吸収して水から電子を引き抜く色素分子は、酸素を生み出さない光合成細菌でも使っていた**クロロフィル（葉緑素）**です。**無から有を生じたようにみえる画期的な変化**でも、よくみれば、従来のもののちょっとしたやりくりや変更に過ぎません。生物の進化とは、いつもそういうものです。そのことを理解してもらうために、図8-20～24までちょっとしつこく似た図を並べた次第です。やりくりの結果、硫化水素という限られたところでしか得られない材料から、水というありふれた材料に変えたことで、極めて短期間のうちに世界の海へ自由に大展開しました。といっても最低限の栄養源は必要で、陸からの供給があり、太陽光を受けるにも適切な浅い海が大繁栄の主たる場所でした。こうして大繁栄したシアノバクテリアは、炭酸ガスをどんどん吸収していきました。

## 7 遊離酸素の誕生

　**水を還元剤として使ったとき、酸素が不要物として放出されます**。シアノバクテリアによる光合成で海中に放出された遊離酸素は、まず海水中の金属イオンを酸化して沈殿させました。鉄イオンは酸化鉄になって沈殿します。世界中の鉄鉱石の**縞状鉄鉱床**は、こうして大量に沈殿した酸化鉄です。厚さ200mにもおよぶ鉄鉱床があることは、ちょっと想像を絶します。鉄以外の金属イオンも同様に酸化され沈殿していきました。しかし、19億年より新しい縞状鉄鉱床は少ししかみつかりません。20億年前ころまでに、海中にあった鉄イオンはほぼ全部が沈殿してしまったと考えられます。鉄だけでなく他の金属イオンも同様です。その後、海水中の遊離酸素の濃度は次第に高くなります。**海中の酸素濃度が高まればやがて空気中にも放出され、空気中の酸素濃度も高くなります**（図8-1）。20億年くらい前からは、陸上での酸化が進みはじめたことを示す証拠が出てきます。酸素濃度の上昇が深海にまでおよぶにはかなりの時間がかかりますが、それでもやがて深海にも酸素が行き渡るようになります。このような酸化的な環境になると、非生物的な有機物合成は難しくなくなります。

## 8 嫌気性バクテリアの逃避

　酸素が地球上に広がると、嫌気性生物（この時代には嫌気性バクテリア）にとっては一大事です。ここまで生きてきた生物は、古細菌であれ真正細菌であれ、すべて嫌気性でした。遊離の酸素が存在しない環境で誕生し、『酸素を必要としない』だけでなく、『**酸素があると酸化されて死んでしまう**』生物群だったのです。嫌気性というのは、**嫌酸素性**という意味なのです。酸素はあらゆるものを強力に酸化します。金属が錆びるだけでなく、有機物も酸化されて酸化物になってしまう。酸素の増加は命の危機で、大部分の古細菌は死に絶え、酸素のない（濃度が低い）ところにいたものだけがかろうじて生き残りました。嫌気性の真正細菌も同様です。生き残ったものは、海底の堆積物中とか地下1,000m以上もの奥深くとか、普段我々の目につきにくい環境にいるわけですが、それなりに生存に適した環境で現在でも大いに繁栄しています。地球上のすべての生物のなかで、一番多い（重量的に）のは古細菌であるとの算定も

あり、ヒトからみると極めて限られた特殊な環境に追いやられているようにみえますが、実は現在でも地球上で最も繁栄している生物群ともいえます。

## 9 好気性バクテリアの誕生

酸素があっても逃げないで、毒性を発揮しないような工夫を獲得する、という生き方もあり得ます。酸素毒性の原因となる活性酸素種である、遊離水酸基やスーパーオキサイドを消去する、新たな酵素の出現が1つの対応策です。もう1つは、酸素を積極的に利用し消費する工夫です。酸素を使って有機物を酸化する（好気的代謝）ことができれば、莫大なエネルギーを得ることが可能になります。そのエネルギーをうまく利用するためには、好気的な代謝系を用意することが必要です。現在では、グルコースの酸化は解糖系や発酵で乳酸やアルコールなどに分解するだけでなく、さらにTCA回路（クエン酸回路）で炭酸ガスにまで完全に分解します。この酸化経路で引き抜かれた電子（とプロトン）はNADHやFADH$_2$として引き取られて、電子伝達系へ引き渡されます。電子伝達系にもちょっとした改良工夫を加えて、硫化水素や水の代わりに有機物から電子を引き抜き、これを電子伝達系に流して、最後に電子を受けとるものを酸素分子（O$_2$）としました（図8-25）。4つの電子を受け取った酸素はそのままでは不安定なので、周囲のプロトンを4つ引きつけて2分子の水（H$_2$O）になります。酸素を必要とし、酸素を消費する系です。酸素をどんどん水にすることで毒性から免れる、という効果以上に、グルコースを嫌気的に分解する（解糖系）だけでは2分子のATPしか作れないけれども、酸素を使って好気的に分解することでさらに36個のATPを得ることができることは、大きな変化でした。これも、それまでにあったしくみにちょっとした工夫を加えることで画期的な変化が起きる例です。

実際に、エネルギー産生効率の高いエンジンを備えた画期的な生き物、好気性バクテリアが誕生しました。およそ20億年前のこととされます。

## 10 それ以後は好気性生物の大繁栄時代

好気性代謝は、酸素濃度が現在の1％（空気中酸素濃度としては0.21％）を超えるところで有効になるといわれます。酸素濃度が現在の1％になる点をパスツールポイントといいます。好気性の生物は、酸素が好き、というより、酸素がないと生きられません。こういう装置をもった生き物が生まれると、これは大変に効率よくエネルギーを生むので、たちまち大勢を占めるようになりました。現在の真正細菌は酸素を必要とする好気性のものが圧倒的に多いし、以後に誕生する真核生物は、動物も植物も基本的に好気性であって、酸素がないと生きられません。

## 11 大気中の酸素濃度増加とオゾン層形成

海水中に飽和した酸素は大気中に溢れ出し、大気中の酸素が増えていきました。大気中に酸素が増えてきたことは、陸上で鉄を含んだ岩石が酸化されて赤色砂岩がみられるようになることでわかりますが、23億年前くらいから大規模にみられます（図14-1）。地表の酸化されるものが酸化され尽くすと、空気中酸素濃度は急速に増加するようになります。大気中酸素濃度の上昇によって、酸素を必要とする動物や植物が陸上へ進出する条件が整えられ、ずっと後のことですが大気上空にオゾン層が形成されます。

太陽光のなかの紫外線は、有機物を破壊するので、有機物であるプラスチックは太陽光に弱く、劣化しやすいことはよく知られています。生物体内では特に、遺伝子であるDNAが紫外線に非常に弱いものです。塩基が紫外線を吸収して破壊されるからです。

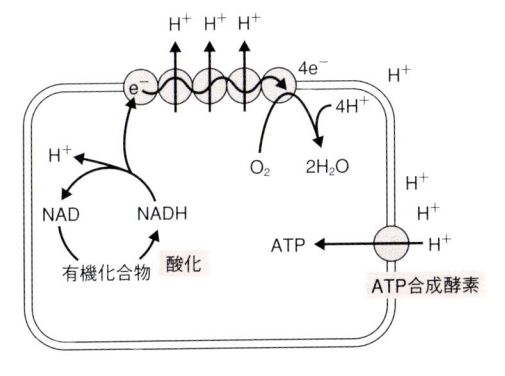

図8-25　好気性バクテリアのしくみ

生物が水中にいる間は、紫外線は水に吸収されていましたが、陸上では、強い紫外線の下では生物は生きられません。大気中の炭酸ガス濃度が高い間は、炭酸ガスによって紫外線が吸収されていましたが、光合成によって炭酸ガスが減ってくるにつれて、地表へ降り注ぐ紫外線が強くなり、陸上に生物が進出することは不可能になっていました。4〜5億年くらい前になると、**大気中に増えた酸素が成層圏でオゾン層を形成して太陽の紫外線を遮蔽するようになり、生き物の陸上進出が可能になりました**（図8-1）。オゾン層がなくなったら、地上の生き物は壊滅的な被害を受けるということで、オゾン層を破壊するフロンなどが問題になっているわけです。シアノバクテリアはこのようにさまざまな変化を地球にもたらしました。

## 今日のまとめ

無機物から有機物が合成され、生体高分子であるタンパク質や核酸が合成され、細胞膜で囲まれた小胞ができる化学進化の過程は、長い試行錯誤の時間を必要とはせず、数億年から1億年以内という予想外の短期間で進行しました。最初に高熱・無酸素で生育する古細菌が誕生し、やがて真正細菌が誕生しました。周囲にあった有機物を利用する従属栄養型細菌から、炭酸ガスを有機物に変換できる独立栄養型細菌が誕生し、さらに、光合成して酸素を放出する独立栄養型真正細菌であるシアノバクテリアが誕生しました。これ以後、地球上の酸素濃度は上昇し、地球上のほとんどの環境は、新たに誕生した好気的生物で占められるようになりました。

# 9日目 真核生物の誕生

## 1. 真核生物は古細菌から生まれた

### 1 真核生物はいつ誕生したか

真核生物は、真核生物らしい大型細胞の化石という証拠から、21億年前には誕生していたと考えられます。縞状鉄鉱床の中から発見された幅0.5mmくらいで長さ数センチ程のリボン状の化石が、グリパニアと名付けられています（図9-1）。形から多細胞の藻類と想像されていますが、詳しいことは不明です。縞状鉄鉱床から発見されたのは意味深長なところで、海中で酸素が増加しつつあって、鉄イオンが酸化鉄になって沈降しつつある海中で生きていたわけです。

### 2 真核細胞の大型化と酸素濃度

2009年のアメリカ科学アカデミー紀要に、地球の歴史をみると、酸素濃度の上昇がある段階を超えたところで、生物の大きさに飛躍的な巨大化が起きている、という論文があります（図14-17）。約27億年前に誕生したシアノバクテリアによって遊離酸素の濃度が上昇し、約20億年前に現在の濃度の1％（パスツール点）を超える辺りで、細菌に比べて$10^8$〜$10^9$の桁で体積が大きい単細胞真核生物が誕生した、というわけです。酸素は拡散によって細胞内に入るわけで、細胞のサイズが大きくなれば内部の酸素濃度は低くなる。**好気的代謝を獲得・維持した大型の真核生物が出現するためには、パスツール点を超える酸素濃度が必要**だったと考えられます。好気的細菌を取り込んでミトコンドリア化して、自らも好気的細胞になることで、大型でかつ酸素を必要とする細胞が成立したわけです。

### 3 小型の真核細胞の可能性は…

真核生物らしい大型細胞が誕生する前に、小型の恐らく嫌気的な真核生物が誕生していた可能性については、微化石の形態からでは原核細胞と小型真核細胞の区別が十分にはつきません。化学化石の証拠としてはオーストラリアのピルバラで、**27億年前の頁岩から真核生物の細胞膜に特有の成分であるステラン（ステロイド類）が検出**されており、真核生物の誕生はそこまで遡る可能性も考えられます。古細菌・真正細菌・真核生物の三者が分離する以前に、遺伝子の水平移動（細胞間での混ざり合い）が頻繁に起きていて、三者はかなり近い時期に分離した可能性まで考えると、真核生物の誕生が実は30億年くらい前だったとしても驚くには当たりません。何をもって真核生物の誕生とするかという問題はありますが、私は、その辺りまで遡ると考えるのが自然ではないかと想像しています。取りあえずここでは、

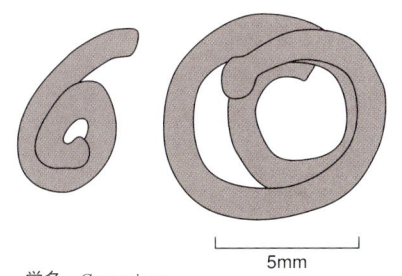

学名　*Grypania sp*
分類　不詳（初期の真核生物）
年代　先カンブリア時代（約21億年前）

図9-1　グリパニア（アメリカ）（参考文献2を元に作成）

大型細胞出現がほぼ確実と思われている21億年前に真核生物が誕生したことにして話を進めます。

## 4 遺伝子から分岐時期は推定できないのか

　進化の歴史を追うのに、遺伝子解析が大きな力を発揮したことを紹介しました。分岐の時期を推定する方法では、化石によって分岐時期のわかる現存生物から、塩基配列の変化速度を推定する必要がありました。ただ、推定に使える化石は古いものでもおよそ5億年程度までで、5億年より新しい化石から推定した塩基配列の変化速度で、30億年くらい前のことまで推定するのは誤差が大きすぎます。

## 5 基本は古細菌

　真核生物の細胞になったもとは、遺伝子の解析から古細菌とされます。古細菌が真核生物のヒストンH3やH4と類似したタンパク質をもっていて、DNAと複合体を形成してクロマチンのような構造を作っているとか、イントロンをもつ遺伝子の構造や、DNA複製機構にかかわるタンパク質や酵素のさまざまな性質、mRNA転写のしくみや、それを使ったタンパク質合成系のしくみなど、生物としての基本的な機構に両者の共通性が高く、真正細菌とは離れていることが支持されます（表5-3）。

## 6 細胞壁をもたない古細菌の可能性

　真核生物の細胞は細菌のような細胞壁をもっていないので、はじめから堅い細胞壁をもたない古細菌に由来するか、あるいは初期の過程で細胞壁を失ったものである可能性があります。

　現在生きている古細菌のなかで細胞壁をもっていないものを探すと、サーモプラズマがそうです。通常の古細菌は1μmかそれ以下のサイズですが、サーモプラズマは、成長してDNAを増やしても細胞分裂せずに大きくなる場合や、細胞壁がないために細胞同士が容易に融合し、20μmものサイズになるといわれます。これは真核生物の細胞と同等レベルの大きさです。さらに、サーモプラズマには、原始的ではあるけれども、真核生物のオルガネラのような細胞内膜構造をもつものがあります。また、サーモプラズマを含めて古細菌のなかには、細胞骨格のようなタンパク質と、それから形成される細胞内繊維構造をもっていたりして、この点でも真核生物に近い性質です。もちろんこれは、現在生きている古細菌のなかで先祖に近いと思われるもの示しただけの話で、21億年前の真核細胞の先祖が現在のサーモプラズマとどのくらい近いかは、何ともいえません。

## 7 クレン古細菌という可能性

　古細菌はユーリ古細菌とクレン古細菌の2つに大別されます（図6-2）。ユーリ古細菌の方がメジャーなグループで、メタン細菌や高度好塩菌のほか、サーモプラズマもここに含まれます。クレン古細菌には超好熱菌が含まれます。ちょっと驚くべきことですが、**クレン古細菌と真核生物とが1つのグループであるという、エオサイト仮説**があります。クレン古細菌の別名をエオサイトといいます。この説が出されたのは1984年のことで20年以上も前のことなのだそうです。驚くべきことといったのは、この仮説は、真正細菌、ユーリ古細菌、クレン古細菌、真核生物の4超界に分けるべき、あるいは、真正細菌、ユーリ古細菌、クレン古細菌＋真核生物の3超界に分けるべきである、と主張していることになるからです（図9-2B）。

　1992年に、タンパク質合成系で働くEF-1α/TuというタンパクUtil質の中のGTPを結合する部位についてアミノ酸配列を調べると、クレン古細菌と真核生物とで共通に約11個のアミノ酸の挿入配列があるというエオサイト仮説を支持する結果が出ました。ユーリ古細菌にも真正細菌にもこの挿入配列がありません。挿入はクレン古細菌と真核生物に分かれた後で、それぞれ独立に同じ場所に同じ配列の挿入が起きたと考えるか（図9-2A）、クレン古細菌と真核生物の共通祖先の段階で起きたと考えるか（図9-2B）といえば、後者を採るのが自然かつ単純で妥当でしょう。2008年のアメリカ科学アカデミー紀要の論文では、53個の遺伝子を対象とした解析から、図9-2Bの分岐を支持すると報告しています。ただ、現時点でこれが結論、としてよいのかどうか私には判断がつきません。

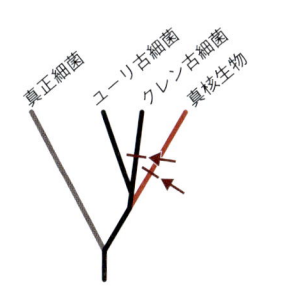

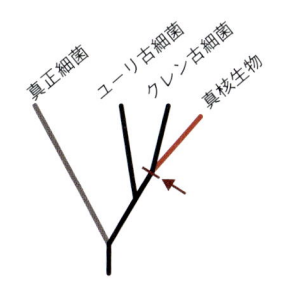

A) 古細菌を1グループとする説　B) エオサイト仮説

真正細菌　ユーリ古細菌　クレン古細菌　真核生物

← EF-1α/Tu タンパク質への
11アミノ酸の挿入

図 9-2　クレン古細菌と真核生物

## 8 細胞壁をもたないことは弱点ではなかったのか

　古細菌も真正細菌も、大部分の種類は堅い細胞壁をもっています。材質的には両者のもつ細胞壁は違いますが、しっかりした構造であることは共通です。真核生物でも植物にはセルロースやペクチンなどからなる丈夫な細胞壁がありますが、これは後になって獲得したもので、真核細胞誕生時には細胞壁はなかったと考えられています。細胞壁があると機械的変形に強く、低浸透圧環境で細胞内に水が浸入しても、細胞はパンクしません。成長や増殖にはちょっと面倒ですが、さまざまに変化する厳しい環境を生きのびるには丈夫な方が安全、ともいえそうです。現在の真正細菌では、例外的にマイコプラズマが細胞壁をもたず、したがって細胞は柔らかく変形します。現在のマイコプラズマはすべて寄生性で、寄生することによって二次的に細胞壁を失った可能性があります。動物体内に寄生することで、自然環境に比べて比較的一定に保たれた環境にいるために、細胞壁がないことが大きな不利にはならないのかもしれません。

　古細菌のなかで例外的に細胞壁をもたないサーモプラズマは、寄生ではなく、変化する自然環境の中で生きています。細胞壁をもたないことは、生きる上で不利ではないのでしょうか。

　地球に生まれたばかりのサイズの大きな真核生物が細胞壁をもたなかったことは、生きる上で不利だったのではないかと思います。環境の変化に弱く、壊れやすいのではないでしょうか。それまでに存在していた原核細胞のほとんどすべては細胞壁をもっていたのでしょうから、同様の環境で生きるとすれば、細胞壁がない方がよい、あるいは、なくても大丈夫という理由は私には思いつきません。そういう細胞が細々ではあっても生きのびられる環境が存在したのだろう、という以上のことはいえません。

## 9 真核生物は原核生物と大いに違う

　現在の真核生物と原核生物は大きな違いがあります。以下に、現在の真核細胞のもつ特徴を原核細胞と比較しつつ説明しますが、真核生物が誕生した瞬間から大きな違いがあったはずはありません、ただ、これらの性質は現在の真核生物のほとんどが共通にもっているものなので、共通の先祖の時代に獲得されていたものであると推定されます。真核生物が誕生するあたりの時代には、さまざまの異なる性質をもつ細胞が生まれた可能性はありますが、やがて淘汰されて、真核生物として以下に紹介する共通の性質をもつものだけが生き残って、それが共通先祖としてすべての真核生物に展開していった、ということでしょう。ただ、当時の状況もその後の展開プロセスも不明のことが多い。

# II. 真核生物はDNAを貯蔵する核をもった

## 1 核をもつのが真核生物である

　真核生物の細胞は、二重の膜で覆われた核をもった。これが、真核生物が後に大きく展開する第一歩になった重要なできごとであると思います。核の有無は、真核生物と原核生物とを区別する基本的な違いです。核は二重の膜で被われているので、**図 9-3A** のようにできたものと想像されています。**遺伝子（DNA）を収納する特別なコンパートメントをも**

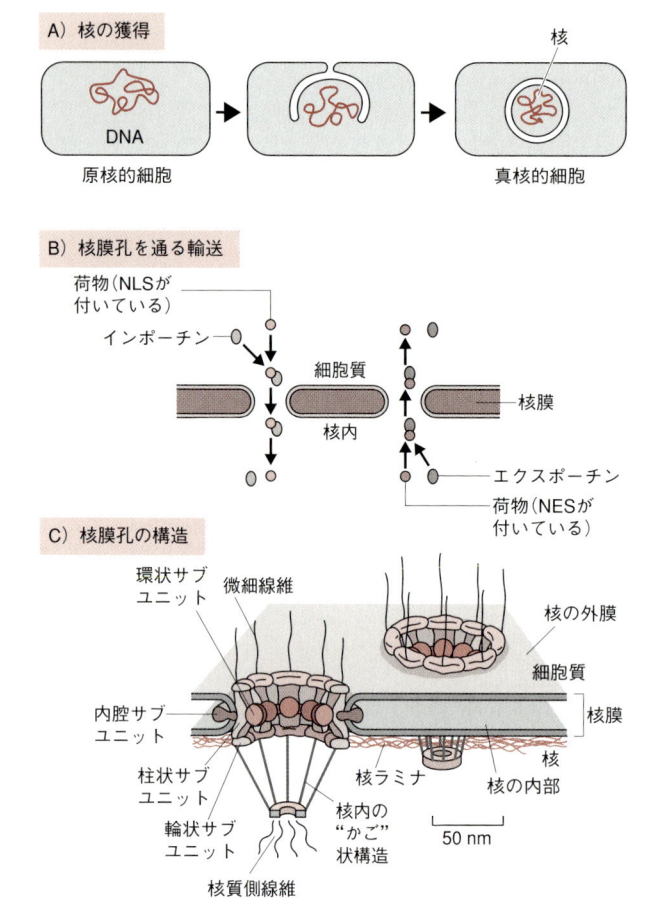

図 9-3　核膜の獲得と構造

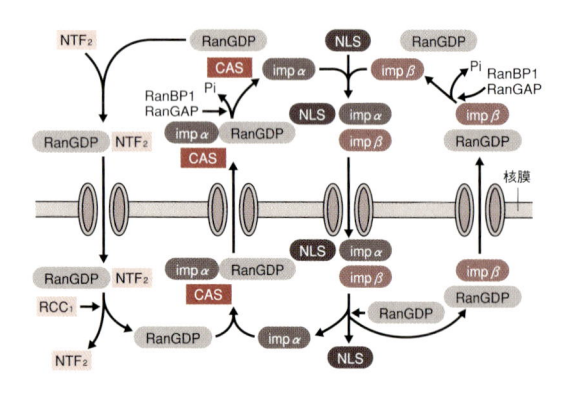

図 9-4　核膜孔を通る輸送

てたことで、**DNAを大量に安定に保持できるように**なりました。DNAの核内への隔離は、ミトコンドリアを保持することで好気的酸化による効率的なエネルギー変換機構を獲得した際、ミトコンドリアで作られる活性酸素による損傷から**DNAを守る役割**も果たしました。

## 2　核には高分子が出入りするしくみが必要

　ただ、DNAを鋳型にして作られるRNAを核から細胞質へ輸送したり、核内で働く酵素やクロマチンタンパク質など、さまざまなタンパク質を細胞質から核へ輸送するには、**核膜孔**という特別な**構造を用意**することが必要でした。タンパク質によっては、細胞質から核へ、核から細胞質へと行き来して機能するものもたくさんあります。そのためには、輸送されるタンパク質の側に、細胞質から核へ移行させる目印（**NLSシグナル**）、核から細胞質へ移行させる目印（**NESシグナル**）の存在と、シグナルを識別してエネルギーを消費しながら輸送を実行する**輸送タンパク質**（積み荷を運ぶトラックの役割り）の存在が必要です（図 9-3B）。高分子核酸の輸送も、専用の輸送タンパク質があって運ばれます。核膜孔の方もそれなりに複雑な構造をもって選択的な通過をさせています（図 9-3C）。詳しい説明は省略しますが、輸送に働いたトラックを元の場所に戻すプロセスも必要で、実際にはかなり複雑な反応なのです（図 9-4）。核をもつということは、こういう付属的な構造や機能をもつことが機能上必要なわけで、ちょっと詳しく紹介したのは、ちゃんとした核をもてるようになるまでには、図 9-3A に示すような単純なことではなく、結構複雑な準備プロセスがあったに違いないことを認識してもらいたかったからです。

## 3　真核生物のDNA量は多い

　DNAの基本的構造は、原核細胞でも真核細胞でも全く同じですが、原核細胞から真核細胞が誕生したことを考えて、両者を比較しながら紹介します。まず、**DNAの量は、現在の原核生物と真核生物の間で**

大きな違いがあります。大腸菌とヒトを比べたとき、概略的にはヒトDNAは大腸菌の約1,300倍あります（図9-5）。偶然かも知れませんが、細胞の体積も大体1,000倍違います。**ヒト体細胞1つは、約2mという長さのDNAをもちますが**、これがどのくらい細くて長い分子であるかを実感するために50万倍に拡大すると、直径1mmで長さ20kmの糸状分子が46本存在する（あわせて約1,000km）ことになります。真核生物は細胞が大きくなり、DNAを保持する専門の核というコンパートメントをもったことで、DNA量を増やしても生きられるようになったことが、明日以降で説明するように、真核生物が画期的な展開を果たす大きな出発点であったと思います。

真核生物のもつDNA量は生物の種類によって差があり、**ヒトが一番多くのDNA量をもつ生物ではない**ことは明らかです。哺乳類のように、同じ系統の生物は比較的似たDNA量をもつことは妥当ですが、魚類や両生類ではDNAの幅が非常に大きいことがわかります（図9-6）。系統的に非常に近い動物や植物間で、DNA量が10倍も100倍も違う例を**C-value パラドックス**といいます。矛盾というより、おかしなことだという感覚ですが、これについては11日目で解説します。

## 4 真核生物の遺伝子数は意外に少ない

DNA量には大きな違いがあるものの、遺伝子の数は、大腸菌で4,200個、ヒトで25,000個といわれています（表9-1）。**大腸菌に比べてヒトは**

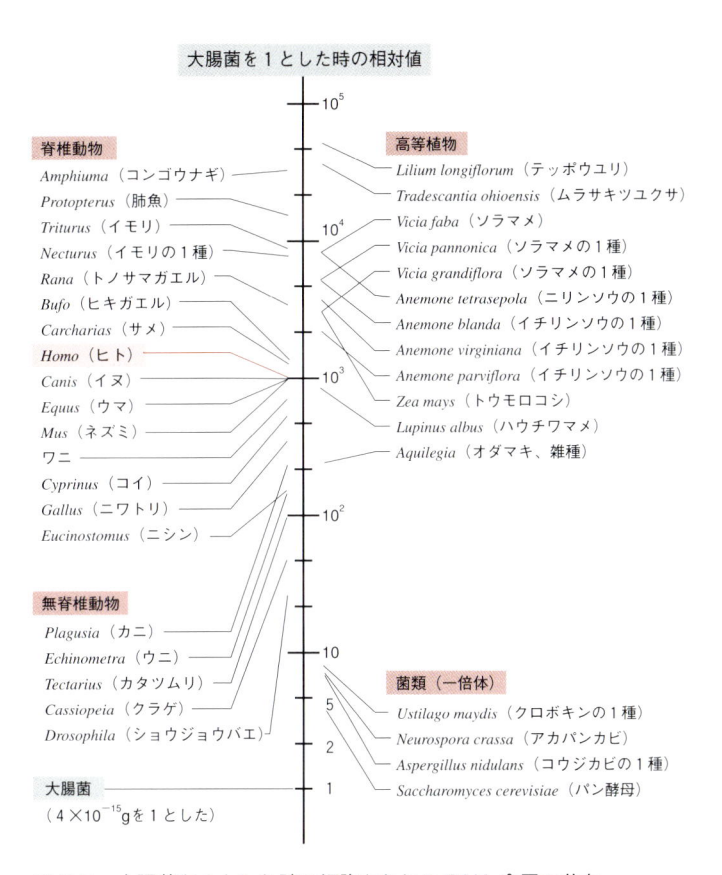

図9-5 大腸菌を1とした時の細胞あたりのDNA含量の分布

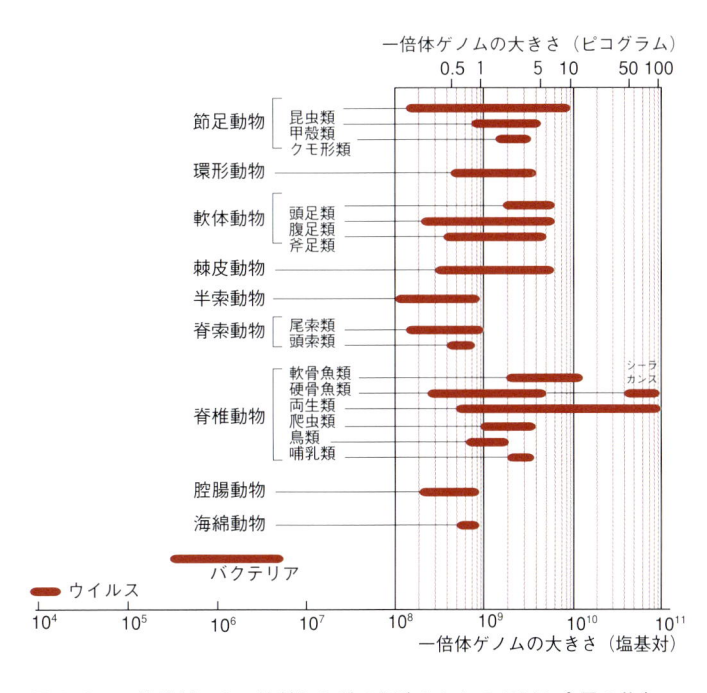

図9-6 一倍体ゲノムで比較した時の細胞あたりのDNA含量の分布

表9-1 ◆ 1倍体あたりのゲノムサイズと遺伝子の数

| 生物種 | 学名 | ゲノムサイズ (Mbp*) | およその遺伝子数 |
|---|---|---|---|
| ヒト | Homo sapiens | 3,000 | 25,000 |
| マウス | Mus musculus | 2,500 | 30,000 |
| ショウジョウバエ | Drosophila melanogaster | 180 | 14,000 |
| 線虫 | Caenorhabditis elegans | 100 | 23,000 |
| シロイヌナズナ | Arabidopsis thaliana | 120 | 28,000 |
| 出芽酵母 | Saccharomyces cerevisiae | 12 | 5,900 |
| シアノバクテリア | Anabaena sp.PCC7120 | 7.2 | 6,100 |
| 大腸菌 | Escherichia coli K-12 | 4.6 | 4,200 |

Mbp：$10^6$塩基対

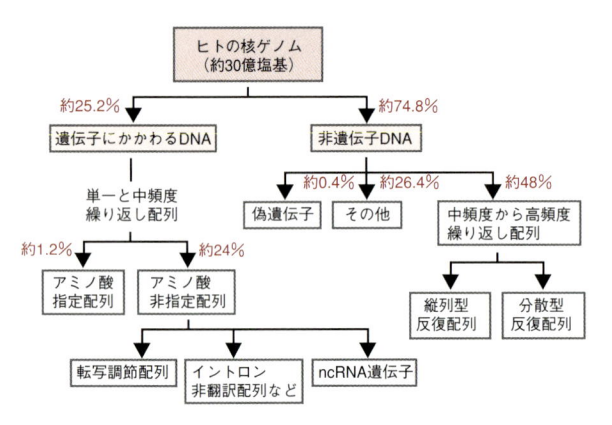

図9-7　ヒトゲノムはどのような DNA をもっているか

わずか6倍程度でしかありません。ここでいう遺伝子とは、大部分はタンパク質の構造を決めている遺伝子です。タンパク質の構造情報は、DNA の塩基配列から mRNA の塩基配列として転写されて、タンパク質合成（塩基配列からアミノ酸配列への情報の翻訳）に使われます。真核生物では、選択的スプライシング（12日目）によって、タンパク質としては10万種類くらいできると考えられていますが、それでも大腸菌の24倍でしかありません。バクテリアとヒトの複雑さの違いを考えると、遺伝子数の違いは信じられないほど小さいと思います。

**遺伝子の数は、線虫、ショウジョウバエ、ヒトで大きくは変わりません。**多細胞生物として一番簡単な、たった4種類の細胞から作られている平板動物のセンモウヒラムシでさえ、遺伝子数は 11,500 個もあるといわれます。驚いたことに、体の作りは動物よりずっと簡単に思える**植物でも、そんなに違いません。**これは、真核生物では、遺伝子の使い方にかなりの工夫があることを想像させます。真核生物は、限られた数の遺伝子をうまく使って、多様な生き物を作っているらしい（12日目）。

## 5 遺伝子以外の DNA をもっている

タンパク質の構造を決める**遺伝子の部分は、大腸菌では DNA 全体の 90 % 以上です**が、**ヒトでは 1.2 % 程度でしかありません**（図9-7）。イントロンや遺伝子発現調節領域など、遺伝子に関係する DNA 全部を合わせても約 25 % です。残りの 75 % は、多くの繰り返し配列をもつことなどの特徴がありますが、機能的な必要性は不明です。ただ、個体が生きていくためのレベルでは無駄な存在に思える豊富な繰り返し配列とか、イントロンをもつことが、進化の過程における長い目でみると、遺伝子の多様化に強力な力として働き、さらに遺伝子の発現調節の複雑な仕組みを可能にしました（11日目、12日目）。

## 6 真核生物は複数の直鎖状DNAをもった

原核生物の多くは環状二本鎖 DNA をもっており、DNA 末端がありません。これに対してすべての**真核生物の核内 DNA は、直鎖状二本鎖 DNA** です（図9-8A）。大量の DNA を、何本もの直鎖状二本鎖 DNA に分けて核内に収めています。**ヒトの体細胞の場合、46 本の直鎖状二本鎖 DNA** をもっていて、23 本は母親（卵子）に由来する塩基配列、23 本は父親（精子）に由来する塩基配列をもった DNA です。23 本の DNA それぞれは、異なった遺伝子を含んでいて、塩基配列も全く異なります。真核生物の DNA が直鎖状であることが好都合、あるいはそれが必要であるという理由はわかりません。

## 7 末端の始末

直鎖状 DNA の末端部分に、**テロメア**という特殊

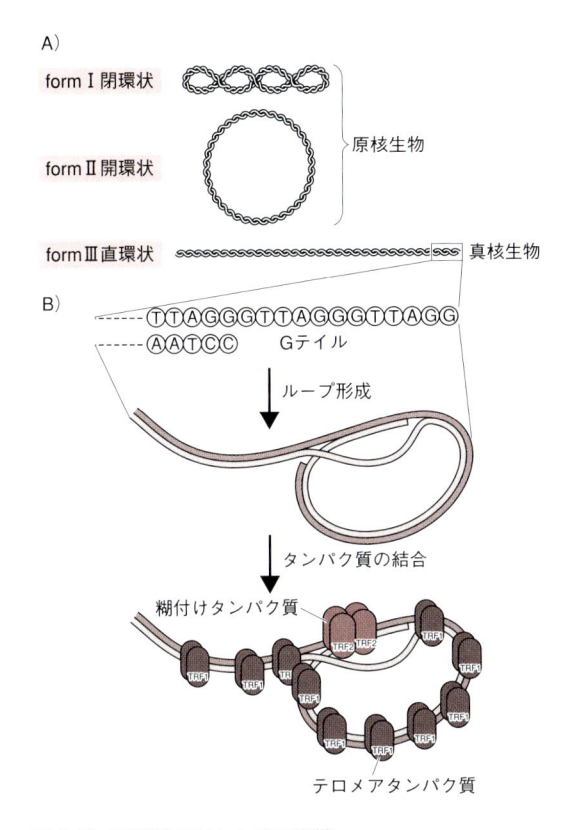

A)
form I 閉環状
form II 開環状　　　原核生物
form III 直鎖状　　　真核生物

B)
TTAGGGTTAGGGTTAGG
AATCC　Gテイル
↓ ループ形成
↓ タンパク質の結合
糊付けタンパク質
テロメアタンパク質

図 9-8　直鎖状 DNA とその末端

な塩基配列をもった部分があります（図 9-8B）。短い塩基配列の繰り返しです。ヒトを含めた哺乳類では、5′-GTTAGG-3′という6つの塩基配列を単位として、数千～数万回繰り返した構造です。この部分には遺伝子はありません。**テロメア DNA は末端の一本鎖（G テイル）を使ってループを巻いていて、これにテロメア配列に結合するタンパク質が結合し**

て、**DNA 末端を隠すのが役割**と考えられます。末端の存在は DNA 切断の非常事態と認識され、直ちに結合酵素が働いてしまうので、隠しておく必要があるわけです。

## 8 テロメアは複製できない

DNA 複製機構のもつ性質から、直鎖状の **DNA では DNA 複製が起きるたびに、新しく作られる DNA 鎖は必ず末端が短くなります**。細胞が増えるためには、その前に必ず DNA 複製が必要なので、細胞が増えるたびに DNA が短くなることは困った問題です。環状 DNA ではこういうことは起きません。真核生物の細胞には**テロメラーゼ**という酵素があって、**複製の度に短くなるテロメア配列を延長して、長さを戻します**。直鎖二本鎖 DNA をもっている真核生物の DNA を安定に保持するためには、テロメアとテロメラーゼという特別な工夫が必要なのです。原核生物でも例外的に直鎖二本鎖 DNA をもつものがありますが、複製時に末端が短縮しないようにそれぞれ独自の工夫をしています。

## 9 テロメラーゼは最初の逆転写酵素か

テロメラーゼという酵素は、酵素タンパク質と鋳型 RNA の複合体で、**鋳型 RNA を使って1本鎖 DNA（G テイル）を延長合成する逆転写酵素**です。G テイルが十分長くなれば、それを鋳型にして、通常の複製酵素によって相補鎖が合成されると考えられます。11 日目でも出てくることですが、真核生物にみられるレトロウイルスやレトロトランスポゾン

---

### コラム　ゲノムというもの

ヒトの DNA を 23 本ずつで1セットと考えると、ヒトの体細胞は2セットの DNA をもつことになります。この1セットをゲノムといいます。つまりヒトの体細胞は2セットのゲノムをもちます。ヒトは約 25,000 個の遺伝子をもちますが、これは1セットつまり 23 本の DNA に分布しています。ゲノムというのは遺伝子のセットでもあるわけです。母親由来の 23 本の DNA に 25,000 個の遺伝子があり、父親由来の 23 本の DNA にも 25,000 個の遺伝子があるわけです。つまり、1つの体細胞には、同じ遺伝子が2つずつあるわけです。2セットのゲノムをもつ細胞を2倍体細胞といいます。多くの真核生物の体細胞は2倍体細胞です。生殖細胞は、卵子も精子も1セットのゲノムをもつ1倍体細胞です。1倍体の生殖細胞が受精すると2倍体細胞ができる。これに対して原核生物の細胞は原則として1倍体です。ちなみに、真核細胞が2倍体になったことは、真核生物が大展開するのに極めて大きな役割を果たしたと考えられますが、10 日目で紹介します。

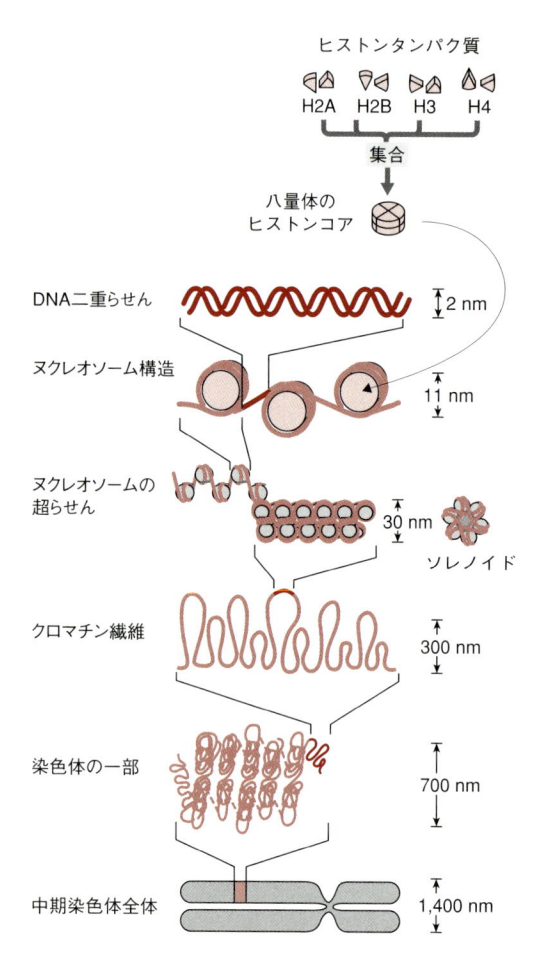

**ヒストンタンパク質**
H2A H2B H3 H4
集合
八量体のヒストンコア

DNA二重らせん　2 nm
ヌクレオソーム構造　11 nm
ヌクレオソームの超らせん　30 nm
ソレノイド
クロマチン繊維　300 nm
染色体の一部　700 nm
中期染色体全体　1,400 nm

図9-9　DNAから染色体への構築

にはいずれも逆転写酵素が働いており、構造的な共通性をもったファミリータンパク質です。真核生物が直鎖状DNAをもったときにテロメラーゼが同時に用意されたものとすれば、真核生物における一番古い逆転写酵素です。

## III. 真核生物はクロマチン構造をもった

### 1 クロマチン構造

　真核生物のDNAは、**ヒストン**という強い塩基性のタンパク質と強固な複合体を形成して、**クロマチン**という構造を作っています（図9-9）。4種類のヒストンが2つずつ集合した**8量体**を形成し、これにDNAが巻き付いて**ヌクレオソーム**という構造を作ります。真正細菌でも、DNAは裸で浮かんでいるわけではなくタンパク質と複合体を作っていますが、ヒストンとは全く別のタンパク質です。古細菌の場合は、DNAはヒストンに似たタンパク質と結合して、クロマチンのような複合体を作っているものが多くあります。真核生物ができたとたんに無から有を生じたわけではなく、こういう基本的なことについて、古細菌から真核生物への進化的なつながりがあるわ

---

**コラム　体細胞の有限分裂寿命**

　動物、植物、菌類、原生生物を含めて、大部分の真核生物はテロメラーゼをもっていますが、多細胞生物の一部、特に哺乳類では、体細胞のテロメラーゼ発現が抑制される場合がみられます。このため、分裂する度にテロメアが短くなり、無限に分裂することができなくなります。ヒトの体細胞も胎児のときにはテロメラーゼがありますが、発生の過程で体細胞組織の分化とともに発現が失われ、誕生時にはほとんどなくなります。誕生後は年齢と共にテロメアが短縮し、分裂可能回数に限界がある有限分裂寿命細胞です。このことが、ヒトの老化や寿命に関係しています。ヒトでは、ヒトの寿命が体細胞の分裂寿命の限界に近いのです。ヒトでも、生殖細胞や発生初期の胚細胞には強いテロメラーゼ活性があるために、分裂寿命はありません。無限分裂寿命細胞あるいは不死化細胞といいます。発生初期の胚細胞から作るES細胞（胚性幹細胞）も不死化細胞です。一生の間、細胞分裂を続けてたくさんの細胞を供給する必要のある血球や腸や表皮などの幹細胞では、弱いけれどもテロメラーゼ活性をもっているので、細胞分裂の度にテロメアが短縮する程度は緩和されます。それでもテロメア長を完全には維持できないので、年齢と共にテロメアが短縮する有限分裂寿命細胞です。途中で幹細胞が余計に失われると、その組織は速く老化します。すなわち、生まれた後のヒトの体細胞は、すべて増殖とともにテロメアが短縮する有限分裂寿命細胞で、ヒトの最大寿命はこの限界を超えることができません。

けです。

　塩基性タンパク質としっかり結合して、しかも高次のらせん構造を作ることで、非常に細くて長いDNAの糸を、**比較的太くて短い糸（クロマチン）**に仕立て上げることで、大切な遺伝子を安定に保存することに大いに役立ったと思います。クロマチンはDNAの安定な保持には好都合でしたが、DNAの複製や転写はちょっと面倒になりました。**複製や転写の際には、その部分でタンパク質を外したり、タンパク質との結合を緩めることが必要**だからです。多細胞生物ではむしろこのことを積極的に利用して、異なった種類の遺伝子を異なった組織や臓器で発現させる、新たな調節機構として展開するにいたりました。（12日目）。

## 2 核骨格とクロマチンのコンパートメント化

　核膜の内側と核の内部には、繊維性の**核骨格**という構造体があり、これにクロマチンが一定の規則性をもって結合しています。長い毛糸のようなクロマチンを核内にきちんと収めるためにも、細胞分裂時にクロマチンから染色体にまとめあげるためにも、DNAの複製や転写を実行する場としても、発現する遺伝子領域と発現することのない遺伝子の領域を区別して収納するためにも、核骨格の存在と、それによるクロマチンの核内への規則的な収納（コンパートメント化）機能が働いています。DNAの量的増大にはこういうシステムの並行的な成立が不可欠でした。

## 3 細胞分裂時には染色体を形成する

　**細胞が分裂する際**には、それぞれのDNAからな**るクロマチン糸はさらに凝縮して、太くて短い染色体になります**（図9-9）。このとき、通常は核膜構造が消失しますが、種によってさまざまなケースがあります。ヒトの体細胞の場合、染色体は46本できますが、1本の染色体は複製を終えたばかりの2本の**染色分体**からできています。複製を終えた2分子の娘DNA鎖（もちろんそれぞれが2本鎖）が、ペアの染色分体を形成するわけです。染色体を形成すると簡単にいいましたが、染色体を形成する以前の段階から、2本のDNAは互いに近くに存在させたうえで、92本もある長い糸をもつれたり切れたりしないように実行するわけです。

## 4 染色体を2つの娘細胞に分配する

　それぞれの直鎖状DNAは、**セントロメアDNA**という特別な繰り返し配列の多い塩基配列をもっていて、染色体を作り上げる際には**セントロメア**に結合

---

### コラム　テロメアと有性生殖

　酵母の仲間で、分裂酵母という種類があります。普通のビールやパンを作る酵母は、出芽酵母といって種類が違います。分裂酵母は、ちょっと特殊なビール酵母です。どちらも有性生殖もしますが、普段は無性生殖でどんどん増えます。分裂酵母の1倍体ゲノムはDNA 3本しかありません。2倍体でも6本です。テロメア延長機構に変異を起こした酵母を作って培養を続けると、細胞増殖の度にテロメアが短縮するので、やがてほとんどすべての酵母が死滅します。ところが、そのなかからごく一部、ヨロヨロと増殖をはじめる酵母が誕生するのです。テロメアが復活したかと思ってテロメアを調べると、テロメアの塩基配列はみつかりません。テロメアがなくなった後で、どうして増殖を続けられたのだろう。驚いたことに、この酵母ではDNAを環状にしていたのです。テロメアが短縮したとき、一部の細胞では、それぞれのDNAが末端を繋ぎ合わせて6本の環状DNAを作ったのです。これで問題なく生きられるし、増殖もできる。環状DNAをもった原核生物と同じです。

　ところが、この酵母には、1つだけできないことがあった。それは有性生殖です。無性的に分裂することはできましたが、有性生殖に必要な減数分裂ができなかったのです。原核生物は環状DNAをもっていて、テロメアはなく、有性生殖しません。真核生物は直鎖状DNAをもっていて、テロメアがあり、有性生殖します。真核生物が直鎖状DNAをもったことと、真核生物が有性生殖するようになったこととが関係あるかどうか、もっとはっきりいえば、真核生物は直鎖状DNAをもつことで有性生殖が可能になった、とまでいえるかどうか、現状ではわかりません。しかし、そうでないともいえません。大変興味あることです。

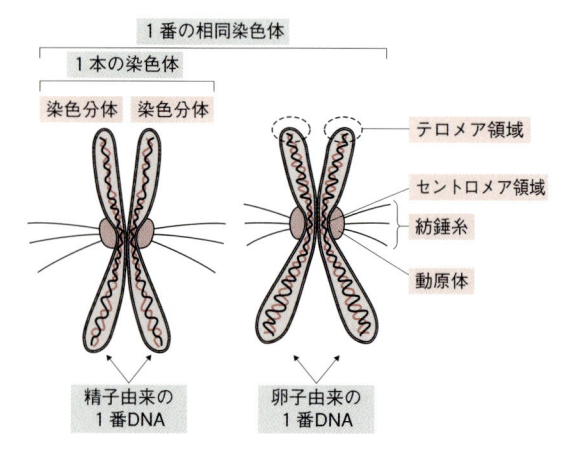

図9-10　染色体

するタンパク質によって**動原体**という部分が形成されます（図9-10）。それぞれの染色分体の動原体に**紡錘糸**という糸が結びつき、2つの娘細胞に染色分体を引っ張って、間違いなく配分する、という複雑なプロセスが進行します。紡錘糸は、チューブリンというタンパク質でできていて、細胞骨格タンパク質の一種です。また、細胞質が2つに分かれる際には、アクチンというタンパク質が働きます。

### 5 プロセスのチェック機構

ヒトの染色体は23対で46本、染色分体としては92本あります。22対を常染色体といいます。23対目は性染色体で、女性ではXX、男性ではXYという染色体構成をもちます。重要なことは、細胞分裂する2つの細胞それぞれに、46本ずつの染色分体を分配すること、しかも23本の母親由来、23本の父親由来のDNAを含む染色分体を、1本の間違いもなく正確に配分しなければなりません。そのために、実に複雑で巧妙なしくみが働いています。例えば、このプロセスのあちこちで、そこまでのプロセスが正しく進行しているかどうかをチェックし、正しくなければその先へ進ませない、という**チェックポイント機構**（チェック・アンド・ゴー機構）が働いています。チェックがOKになると先へ進行しますが、その場合、タンパク質の分解が起きるなど、後戻りできないように仕組まれています（ラチェット機構）。

そのあと、核膜が再生して核が復活し、染色体はクロマチン糸にほぐれ、細胞質が2つに分かれます。真核生物が遺伝情報を正しく2つに分けるには、このような有糸分裂の機構が必要でした。

なお、細胞増殖周期の全体としては、DNA合成を開始してよいかを判断するG1期チェックポイント、DNA合成期のなかで先へ進行してよいか判断するS期チェックポイント、細胞分裂期に進行してよいかを判断するG2期チェックポイントなども働いています。

## IV. 真核生物は複雑な細胞内構造をもった

### 1 大型化した真核生物は大きな核と大きくて複雑な細胞質をもつ

真核生物は核をもってたくさんのDNAをもてるようになり、細胞質も大きくなりました。大きいだけでなく、原核生物との違いとして特徴的なのは、真核生物細胞質にはさまざまな種類の**細胞内小器官（オルガネラ）**がぎっしり詰まっていることです（図9-11）。オルガネラは、膜構造で囲まれた構造体で、さまざまな機能を分担しています。誕生したばかりの古細菌の細胞膜はテトラエーテル型リン脂質でしたが、真核生物は、どこかの時点で環境温度の低下に見合ったエステル型リン脂質の細胞膜とオルガネラ膜に置き換えて、それが現在まで続いています。

### 2 どんなオルガネラがあるか

**滑面小胞体**は、膜を作り出す場であるとともに、脂質代謝や酸化還元にかかわる酵素をもっていて、ステロイドの代謝や薬物代謝も行います。$Ca^{2+}$の貯蔵場所でもあり、必要に応じて細胞質に放出します。**粗面小胞体**にはタンパク質合成装置であるリボソームが付いていて、細胞膜に組み込まれるタンパク質や、細胞外へ分泌されるタンパク質を合成します。粗面小胞体には、合成されたタンパク質に特定の糖鎖を結合する酵素、タンパク質の高次構造形成を介助するシャペロンタンパク質、タンパク質構造の品質管理をしているタンパク質など、さまざまな機能

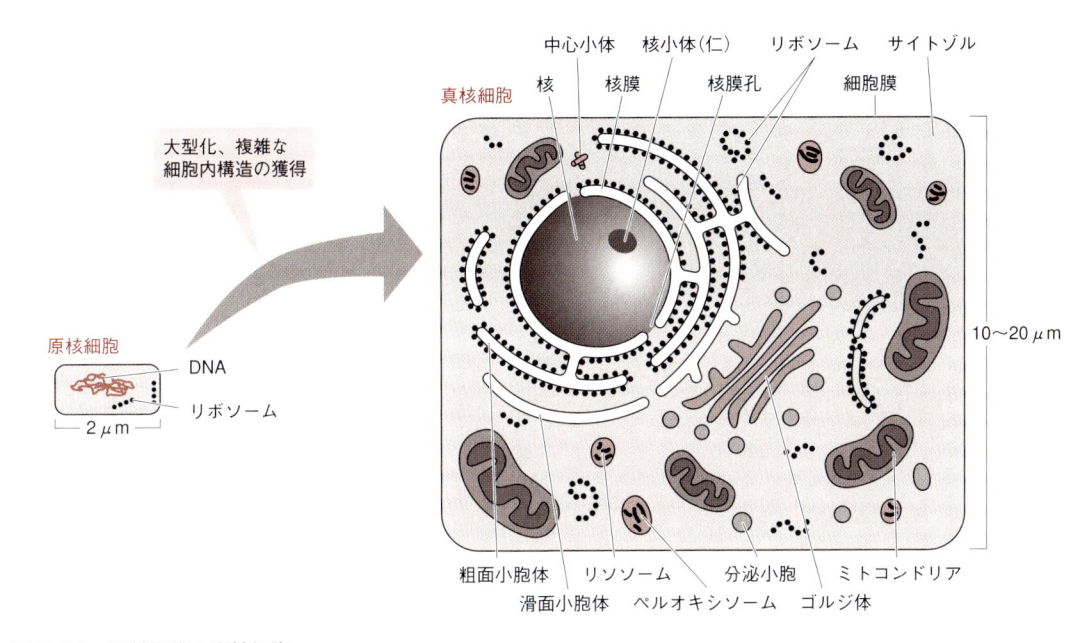

図 9-11　原核細胞と真核細胞

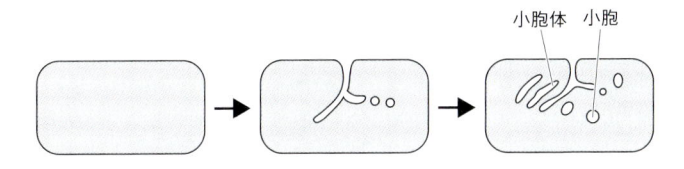

図 9-12　原始のオルガネラのでき方

をもつタンパク質が含まれています。

　**ゴルジ体（ゴルジ装置）**は、膜タンパク質や分泌タンパク質や膜脂質に糖鎖を付ける機能をもち、糖鎖を結合させる極めて多種類の酵素が局在しています。これらの酵素は、どのタンパク質の、どの位置のどういう種類のアミノ酸に、あるいはどのような脂質分子に、どういう種類に糖をつないで、直鎖状あるいは枝分かれをもった糖の鎖を作るかという極めて微妙な合成反応を間違いなく進めます。粘膜、粘液、結合組織には多くの多糖類や多糖類とタンパク質の複合体が分泌されており、大きいものでは分子量数百万〜数千万あるいはそれ以上もの巨大な分子までがありますが、これもゴルジ体の働きです。

　細胞外から固形の物体、侵入してきたバクテリアや古くなったり傷ついたりした組織の一部や細胞などを取り込んだ**食胞（ファゴソーム）**もあります。細胞外から高分子タンパク質やタンパク質・脂質複合体を取り込んだ食胞もあります。細胞内の古くなったり傷ついたりしたオルガネラを取り囲んだ**自食胞（オートファゴソーム）**もあります。

　食胞内や自食胞内の構造物を消化する、多種類の分解酵素を含んだ**リソソーム**もあります。

　その他、さまざまなものを運搬する役割をもった小さな袋（**輸送小胞**）がどっさりあります。進化の過程で、基本的には細胞膜が貫入して、細胞内の膜構造を作っていったと想像されています（図9-12）。核や**ミトコンドリア**や**葉緑体**もオルガネラですが、これらについてすぐ後で述べます。それぞれが複雑な役割り分担と、機能相関とをもって働いています。当然のことですが、細胞の分裂に先立って、これらのオルガネラが増えます。

### 3　オルガネラのでき方と相互の関係

　オルガネラは互いに関係があります。図9-13のなかに滑面小胞体がありますが、ここで細胞質から脂質が膜に組み込まれて脂質膜が拡大します。これにリボソームが結合すると粗面小胞体になります。

9日目　真核生物の誕生

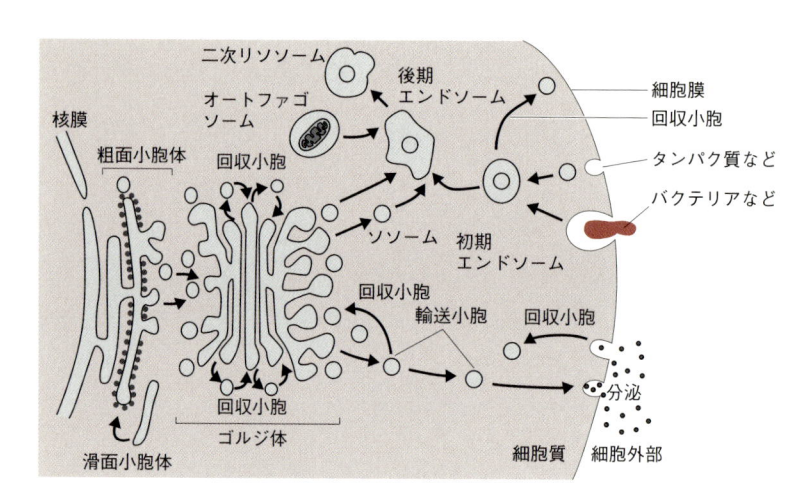

図 9-13　オルガネラのでき方と相互の関係

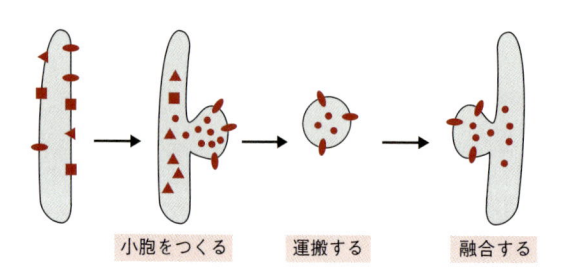

図 9-14　小胞のトラフィック

## 4 膜トラフィック

このように、オルガネラ全体として互いに関係しており、膜の移動という意味でこのような動きを**膜トラフィック**といいます。膜だけでなく、膜で包まれた内容物も移動します。**真核生物の細胞が大きく複雑になることができたのは、単なる拡散に頼ることなく、膜トラフィックによって積極的に物質を移動させる機能**を獲得したからであるともいえます。現在の動物細胞ではこのようなトラフィックが稼働していますが、図 9-12 のような単純なところから、このような複雑な系がどのように成立したかはよくわかっていません。

## 5 膜トラフィックのプロセス

膜トラフィックを単純にいってしまえば、元のオルガネラからの**小胞の出芽、小胞の移動（輸送）、小胞の移動先のオルガネラ膜との融合という3つの段階があります**（図 9-14）。それぞれの段階は、信じられないくらい微妙で複雑なプロセスの積み重ねです。

例えば、粗面小胞体からゴルジ体へ向かう小胞の出芽では、ゴルジ体へ送り出すタンパク質のみを小胞に入れ、粗面小胞体機能に必要な酵素やタンパク質は入れないように**選別して、小胞を作り出芽させます**。ゴルジ体からリソソームへの小胞を出芽させるときは、リソソームに固有の膜タンパク質であるプロトン輸送ポンプや、リソソーム酵素を係留させるタンパク質を膜に組み込み、内部には、タンパク質分解酵素、脂質分解酵素、糖質分解酵素など30種類ものリソソーム固有の分解酵素を封入して出芽させます。ゴルジ体から分泌タンパク質などの小胞を作る際には、細胞膜タンパク質を膜に組み込み、内部には分泌タンパク質を封入して出芽させます。

粗面小胞体から輸送小胞が出芽してゴルジ体へ移動して融合し、ゴルジ体で膜や脂質に糖鎖の付加という修飾が起きます。ゴルジ体から、リソソーム独自の膜タンパク質や内部に分解酵素類を濃縮した小胞が出芽して、リソソームになります。リソソームは多種類の分解酵素をもった袋で、細胞外から取り込んだ高分子や固形物などの初期エンドソームや、古くなったオルガネラなどを取り囲んだオートファゴソームと融合して、後期エンドソームになって内容物を消化します。

他方、ゴルジ体からは、細胞膜や分泌する物質を含んだ小胞が出芽し、細胞膜の方向へ運ばれてやがて細胞膜と融合し、細胞膜を供給したり、内容物を細胞外へ分泌したりします。輸送体としてのたくさんの小胞は先方のオルガネラと融合しますが、内容物を先方へ渡した後、回収小胞として出芽して元の場所に戻るといった芸の細かいことが行われています。

出芽した小胞はランダムに細胞内を動くのではなく、**微小管やアクチン繊維というレールの上を特定方向に移動するモータータンパク質によって、行き先のオルガネラへ向かって進行します**。ということは、小胞によって種類の決まったモータータンパク質を小胞膜に組み込んでいるわけです。それで行き先の方向が指定されるわけです。移動先のオルガネラに達したとき、小胞膜にある特定の標識である**v–SNARE タンパク質**と、移動先のオルガネラ膜にある受け手としての**t–SNARE タンパク質**が適合すると、互いの膜が融合します。合致しなければ、近くに行っても融合することはありません。図 9-14 という簡単な図は、こういう繊細で複雑なしくみが背景にあって成立しているのです。

### 6 回収小胞というプロセス

　細胞外分泌が盛んなとき、分泌小胞がどんどん細胞膜と融合するので、細胞膜がどんどん増えてしまいます。余計な細胞膜は細胞膜から回収小胞を出芽させて回収します。ゴルジ体では、ゴルジ体に含まれる酵素を回収するために、分泌タンパク質などが移動する方向とは逆向きに回収小胞が作られて移動しています。食胞をたくさん作ると細胞膜が不足し、食作用に働いた受容体タンパク質も細胞膜から不足するので、食胞から回収小胞を出芽させて回収し、細胞膜へ戻します。このときも回収すべきものだけを回収小胞に入れ、決まった方向に向かって移動させ、回収先のオルガネラとだけ融合させる、という選別があることは当然です。現在のしくみはこのように微妙で複雑ですが、まだ研究が進行中で全貌は明らかでなく、原始的な真核生物からどのように進化してきたかはほとんどわかっていません。

## V. 真核生物は細胞骨格をもった

### 1 サイトゾル中の構造物

　オルガネラの間を埋める無構造のサイトゾルは一見無構造にみえますが、案外多くの構造物があります。繊維性の細胞骨格のほか、タンパク質合成の場である**ポリソーム**（リボソームが mRNA でつながったもの）、があります。**プロテアソーム**という巨大な分解酵素複合体もあります。これは 64 個ものタンパク質が集合した樽のような形をしていて、樽の蓋の部分で分解すべき目印のついたタンパク質とそうでないタンパク質を識別して、分解すべきタンパク質を引き入れて、内部を向いて働く複数のタンパク質分解酵素が消化します。サイトゾルにはこのほか、解糖系の酵素をはじめとするさまざまな代謝系があり、また、細胞膜から細胞質内や核内へ、あるいはその逆の経路でさまざまな信号を伝達するシグナル伝達系のタンパク質や酵素などが、**緩やかな一定の構造をもって配置されている**ものと考えられます。

### 2 細胞骨格

　真核生物は、細胞内に**細胞骨格**という繊維状の構造をもっています。オルガネラは膜で囲まれた構造物を指すので、細胞骨格はオルガネラには含めません。細胞骨格には主に 3 種類あって、アクチン繊維（アクチンタンパク質）、微小管（チュブリンタンパク質）、中間径繊維（ケラチンタンパク質、ビメンチンタンパク質など）です。

◆ アクチン

　アクチンは哺乳類細胞では細胞質内で最も量の多いタンパク質で、**アクチン繊維は、細胞内で太い束を作ったり細い編み目をつくったりしてさまざまな種類が存在します**（図 9-15）。安定に存在するものと、アクチンタンパク質の重合・解離によって繊維状態を作ったり解消したりを繰り返すものとあります。何種類もある**ミオシン**というモータータンパク質と共同して、**細胞運動を司ります**。骨格筋や平滑筋が収縮運動するのも、白血球やアメーバが這うのも、大きなものを貪食する際の細胞質の動きも、細胞質が分裂して 2 つの細胞に分かれるのも、アクチン繊維の上をミオシンモータータンパク質が滑る運動がもとになっています。どの細胞にも普遍的に存在するアクチンとミオシンを極限まで増やして、筋肉細胞という特殊な目的にかなう細胞を作りあげる

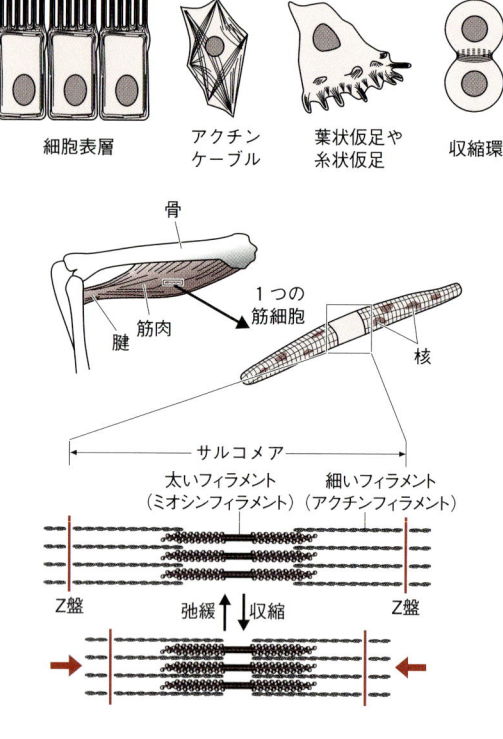

図 9-15　アクチン繊維の存在様態

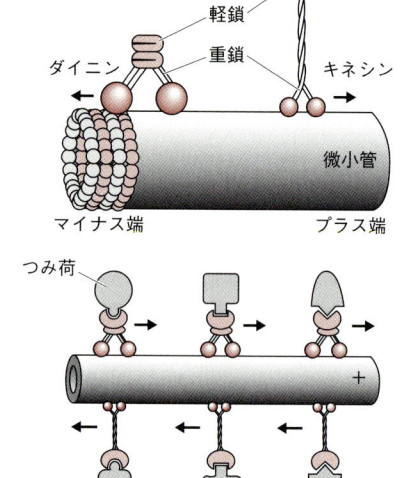

図 9-16　微小管

ことは、普遍的な遺伝子を使って分化した細胞を形成するやり方の1つです。細胞表面から仮足を出したり、細胞表面を波立たせたりする際には、アクチンが重合して繊維を伸ばして、細胞膜を押し出します。

◆ 微小管

　**微小管**という中空の繊維は、**チューブリン**というタンパク質からできています（図9-16）。その上を走る**キネシンやダイニン**というモータータンパク質があって、**タンパク質やオルガネラや小胞の移動や運動を司ります**。オルガネラが細胞内で特定の形を保ったり位置を決める役割りもします。細胞分裂の際には、**紡錘糸となって染色体を移動**させますし、真核細胞のもつ**鞭毛や繊毛**という運動器官も、その内部で特殊な微小管と特殊なモータータンパク質が働いていて、それが互いにずれることで運動します。細胞内の物質移動は、オルガネラの移動を含めて、単なる拡散ではなく積極的な輸送によって担われていることが、大型の細胞が機能する上で重要なのです。

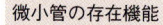

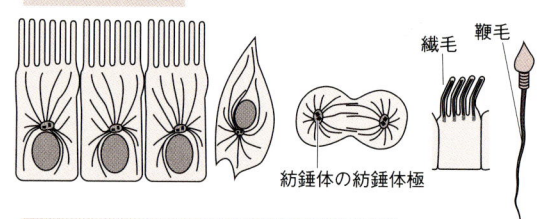

◆ 中間径繊維

　中間径繊維は細胞の丈夫さにかかわる丈夫な繊維性タンパク質で、例えば、ケラチンは上皮系の細胞に含まれていて、特に表皮や毛や爪では主成分として非常に重要です（図9-17）。ビメンチンは繊維芽細胞などの間葉系細胞の骨格です。

## 3 細胞極性の成立と維持

　**上皮細胞は、細胞極性をもっています**。極性というのは方向性のことです。例えば腸の上皮なら、消化酵素を外部へ向かって分泌する一方で、栄養物を外部から体内に向かって吸収するという方向性をもっています。自由端面（**頭頂部**）の細胞膜と、側方と底面（**側底部**）の細胞膜とでは、輸送タンパク質の分布が異なるわけです。頭頂部では栄養素を細胞外

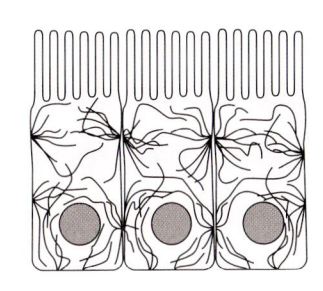

図 9-17　上皮細胞のケラチン繊維

から細胞内へ輸送し、側底部では同じ栄養素を細胞内から細胞外へ輸送しなければなりません。これができるためには、輸送タンパク質の種類によって、細胞膜への別の部位まで運ぶことが必要です。

上皮細胞では構造的にも極性があります。細胞の1つの面は自由端ですが、側面は隣の細胞とさまざまな接着構造によって接着し、底面は基底膜という細胞外の構造体にしっかり接着します。接着タンパク質の細胞膜における分布に極性があるわけです。構造的にも機能的にも極性があるわけですが、**極性構造の構築にも、極性をもった機能を維持するにも、接着タンパク質と細胞骨格とモータータンパク質が協調**して働いています。これは、多細胞動物が組織を構築し、器官を構築して、適切な構造と機能を保つために必要な基本的な機能の1つです。

## 4 貪食という機能

白血球が這い回ってバクテリアを**貪食**するという話は聞いたことがあるでしょう。原生生物のアメーバが他の細胞を餌として取り込むのも貪食です。これらの細胞は顕著な例ですが、ほとんどの細胞がこの機能をもっています。細胞骨格を手に入れた真核生物は、運動性と貪食性を獲得したことで、餌の確保が画期的に有利になりました。積極的に餌を探しに出歩けて、餌をみつけて高分子でも固形物でも貪食し、貪食したものを細胞内で消化できます。運動して到達できる周囲に餌がある限り、生きのびられるようになりました。これで動物型生物の原型ができたともいえます。これは従属栄養生物にとって非常に大きな進歩であったと思います。

## 5 共生も貪食の結果かもしれない

もう1つ重要なことは、細胞内共生には貪食が働いていた可能性です。好気性細菌を貪食したとき、大部分は消化して餌になったでしょうが、一部は生きのびて共生状態に入った。それでミトコンドリアができた。葉緑体も同様です。貪食がそういう役割を果たしたとすれば、真核生物の進化にとって画期的に重要なことです。

運動性と貪食性を獲得する前提として重要なことは、真核細胞が硬い細胞壁を失ったことです。細胞壁があるままでは運動性も貪食性も発揮できない。真核生物の誕生は細胞壁をもたない古細菌からなのか、真核細胞になった後で細胞壁を失ったのかは不明です。現在の原生生物の中にも二次的に堅い殻をもつものがありますが、殻のあちこちに穴が空いていてそこから細胞質を伸ばして運動するような例はあります。丈夫さを保ちつつ運動性も発揮して、栄養素のあるところを探して歩く、といった途中プロセスがあり得ます。想像に過ぎませんが、そのうち、そういう微化石がみつかる可能性だってないわけではない。

## 6 進化的な連続性

細胞骨格は真核生物にしかなく、原核生物にはない、といわれてきました。無から有が生じたのだろうか。つい最近、バクテリアにも、アクチンやチュブリン、中間径繊維と似た細胞骨格様のタンパク質があり、それからできた繊維性構造が細胞内にあること、細胞内の物質や構築物の移動に働いているなど、真核生物と類似していることがわかりました。原核生物のアクチン様タンパク質はATPと結合するとか、チュブリン様タンパク質はGTPと結合するなどの性質にも、真核生物のアクチンやチュブリンとの共通性があります。いきなり無から有を生じたわけではなく、ちょっとした工夫とやりくりが進歩をもたらした可能性が高いのです。なぜ最近までわからなかったのだろうと不思議に思うでしょうが、その気で調べなければ、みるものみえずということはいくらでもあるのです。マイコプラズマでは、真核生物にはみられない細胞骨格と運動装置をもってい

9日目　真核生物の誕生　159

ることも、最近わかりました。バクテリアの類だって、それなりに工夫しているわけです。

# VI. 真正細菌の共生とオルガネラ化

ミトコンドリアも葉緑体も、かつて共生した真正細菌の名残であることがわかっています。シアノバクテリアの共生による葉緑体の形成については6日目で紹介したので、ここではミトコンドリアについて話します。

## 1 好気性真正細菌の細胞内共生

およそ20億年前に酸素濃度が現在の濃度の1％を超え、好気的酸化が可能な環境になるとすぐに、真正細菌のなかから好気性真正細菌（バクテリア）が誕生し、**好気性バクテリアが誕生すると間もなく真核細胞内に共生をはじめた**と考えられます。遺伝子構造の共通性からみて、共生したバクテリアは、現在の真正細菌のなかのαプロテオバクテリアというグループの、**リケッチアに近い好気性細菌**と考えられます。ただ、ほとんど無酸素状態の深海底にいた可能性のある古細菌と、海面近くの酸素濃度が高いところに生息していたであろう好気性バクテリアが、どのように出会ったかには問題があります。現在のクレン古細菌のなかには、比較的低温で生育するものや、好気性のものさえあるので、こういうタイプのものが古くからいれば、出会うチャンスはあったかも知れません。

## 2 ミトコンドリアの成立

共生した好気性バクテリアは、独立した細胞としてのさまざまな機能を消失して単純化し、やがてミトコンドリアになりました。取り出したミトコンドリアは、単独で生きていくことができなくなっています。こうして、古細菌に由来する細胞質がもっていた、嫌気的に有機物を部分分解する代謝経路と併せて、ミトコンドリアで酸素を使って有機物を酸化し、効率よくエネルギーを生産して、ATPを合成する機能を身につけました。真核生物は好気性生物として、莫大なエネルギーを生産・消費できるようになり、活発な活動をすることができるようになりました。たくさんのミトコンドリアを保持するには、細胞質が大きくなり、かつ、酸素濃度が上昇して酸素供給が十分になることが必然でした。**酸素濃度の上昇、好気性バクテリアの誕生と共生、大型真核生物の誕生が、およそ20億年前に平行して起きたこと**が理解できます。

## 3 ミトコンドリア遺伝子の核への移行

好気性バクテリアが真核生物の細胞質に共生したとき、単独で生活するのに必要な遺伝子の多くを消失しました。不思議なことにミトコンドリアでは、ミトコンドリアの形成に必要なたくさんのタンパク質の遺伝子は核へ移行して、核内遺伝子として存在しています。

ミトコンドリア遺伝子を核へ移行させた方がよい理由と移行したしくみについてはよくわかっていません。動物のミトコンドリアのゲノムは20kb以下と小さく、含まれる遺伝子数も50個以下と少ないのが普通ですが、植物では大きな幅があり、ゲノムサイズで500～2,500kbpにもおよぶものがあるといわれます。植物ミトコンドリアゲノムには、葉緑体ゲノムから移行したものが含まれる場合があるといわれます。なお、葉緑体の場合にも、かなりの遺伝子が核に移行しています。

## 4 リケッチアは今でもミトコンドリアを後追い

遺伝子解析から、ミトコンドリアは真正細菌のリケッチアに一番近いといわれます。現在のリケッチアはすべてが寄生性で、発疹チフスやツツガムシ病などの病原菌の仲間ですが、動物だけでなく植物にも寄生します。植物のこぶ（クラウンゴール）を作るアグロバクテリウムや窒素固定で有名な根粒菌もこの仲間です。宿主の細胞内で増殖し、細胞外で増えることはできません。ゲノムサイズは真正細菌のなかでは小さく、1,100kbp程度のものです。代謝的には宿主細胞に依存しているので、代謝系遺伝子の

ほとんどを失っていますが、クエン酸回路や電子伝達系を保持しATP合成を行うところはミトコンドリアと似ています。ミトコンドリアの後を追って、単純化への道を歩んでいるようにみえます。ミトコンドリアとの違いは、ノミ、シラミ、ダニ、ツツガムシなどを介して感染することと、感染した宿主に病気を起こすことです。

## VII. ヒトの誕生までに必要だったこと

35億年の歴史をもつ原核生物はついに多細胞生物にはなりませんでしたが、真核生物はやがて多細胞生物を生み出します。多細胞動物の誕生の先にヒトの誕生もあるわけですが、多細胞動物誕生のために何が必要だったのか、少し詳しく考えてみます。多細胞化するために必要な準備は、単細胞のうちになされたと考えられるからです。

### 1 有性生殖の獲得

真核生物が有性生殖を獲得したことが、多様な遺伝子を構築して、多様な生物を誕生させた大きな要因であると考えられています。バクテリアは35億年経っても単細胞のバクテリアであるけれども、21億年の歴史しかもたない真核細胞が多細胞生物になり、やがてヒトを誕生させることになったのも、有性生殖の獲得が理由の1つであることは間違いないことです。有性生殖という増殖の仕方について10日目で、生殖細胞を作る際の減数分裂の過程で遺伝子の創造が加速されたことについては、11日目で話します。

### 2 多細胞動物や植物にはラクシャリー遺伝子が必要

細胞1つ1つが生きていくために必要な共通の遺伝子、例えば糖質や脂質の代謝、エネルギー生産、DNA合成やRNA合成やタンパク質合成、細胞分裂などのために必要な遺伝子を**ハウスキーピング遺伝子**といいます。多細胞化した個体では、多様に分化

---

**コラム　バクテリアとの共生はほかにもいろいろある**

原核生物と真核生物との共生関係は現在でも非常にたくさんの例があります。共生という言葉は、双方が益を得る**相利共生**、片方だけが益を得る**片利共生**、片方だけが害を被る**片害共生**、片方が利益を他方が害を被る**寄生**などのすべてを含む言葉として使われます。ヒトの腸内にたくさんの腸内細菌がいるのは相利共生で、ミズムシに取りつかれるのは寄生でしょう。片方の細胞内に他方の細胞が入り込んで共生する細胞内共生は、共生のなかでもごく特殊なものですが、真核生物と原核生物の細胞内共生は、ミトコンドリアや葉緑体の例以外にも広範囲にみられるものです。オルガネラといえるくらいまで進んでいるものもあります。多くのなかから2つだけ紹介しておきます。

アブラムシが主食とする植物の篩管液にはグルタミンとアスパラギン以外の必須アミノ酸が含まれておらず、アブラムシ自身の代謝系では必須アミノ酸を合成できないので単独では生きていけません。しかし、ブフネラという真正細菌が細胞内に共生していて、必須アミノ酸を合成して供給してくれるので、アブラムシは生きていけます。ブフネラは単独に生きるために必要な遺伝子の多くを失っているために、取り出して単独で生きていくことはできません。ブフネラはアブラムシの卵子から子へ伝えられるという点でも、オルガネラに近い存在といえます。ただ、ブフネラはアブラムシの全細胞に存在するわけではないので、オルガネラとはいわれません。この共生関係は2億年以上も続いているといわれます。

節足動物（昆虫、クモ、ダンゴムシその他）や線虫などに広く寄生している、ボルバキアというリケッチアの仲間の真正細菌がいます。さまざまな器官に感染しますが、なかでも精巣や卵巣に感染して生殖能力に大きな影響を与えます。感染した雄は死んだり、雌化します。感染した雌は単為生殖します。卵子を通じて子孫に伝わりますが、成熟した精子には存在できないために精子から子孫には伝わりません。オルガネラ化してはいませんが、卵子を通じて子孫に伝わるところや、自身の遺伝子の一部を宿主細胞に移行させることはオルガネラ的です。個体間での感染が起き、種を超えた個体間で感染することもあります。生きる工夫を言い出すと切りがありませんが、ボルバキアには持続感染しているウイルスがいて、種を超えて感染した際にウイルスが活性化して、ボルバキアが新しい宿主に住みやすくなるように遺伝子変異を促進するらしいといった複雑なこともあるらしい。

した細胞がそれぞれ特有のタンパク質を合成し、それが個体としての機能に必要ですが、このように、特定の細胞で働く遺伝子を**ラクシャリー遺伝子**といいます。原核生物にはラクシャリー遺伝子はない、といって言い過ぎなら、あったとしても極めてわずかです。真核でも単細胞生物には必要はないようにみえますが、動物にみられるものによく似た遺伝子は、真核単細胞生物にも結構みられるのです。**単細胞のときにラクシャリー遺伝子のファミリーを蓄え、それが後に多細胞動物として花開いていったのでしょう**。（11 日目）。

## 3 ヒトが生まれるまでの意外な長さ

無生物から細胞を誕生させる化学進化のプロセスに、長くても 5 億年、もしかすると 1 億年以下しかかかっていないことは、驚異的な短さであると私には思えます。それに比べると、細胞ができてから後の変化、一度できあがった生命体としての細胞が変化して多様化するのに、現在まで 35 億年もかかっているわけです。多細胞動物の化石が爆発的に増える、カンブリア紀の開始（5 億 4,200 万年前）までの期間まででも、約 30 億年もかかっているといってもよい。この間のプロセスについては、手際が悪いというか、ひどく手間取っているようにみえます。真核の単細胞生物ができたのが 21 億年前とすると、多細胞生物としてカンブリア紀における大爆発をするまでにも 15 億年かかっています。この間に何があったのか、これほどの長さを必要とする妥当な説明ができるのでしょうか。

## 4 真核細胞が多様な遺伝子を準備する期間が必要だった

これまでに紹介したこと、これから紹介することを含めて、細胞の誕生以来、**ラクシャリー遺伝子を多様化して溜め込み、ラクシャリー遺伝子の発現を調節するさまざまな機構を工夫して、多彩な多細胞動物を作り出す遺伝子の準備**が、カンブリア紀の開始までのおよそ **15 億年の間に蓄積**されたと考えられます（**図 9-18**）。その成果を使って、カンブリア紀の大爆発以降の生き物の多様化が具体的に進行し、

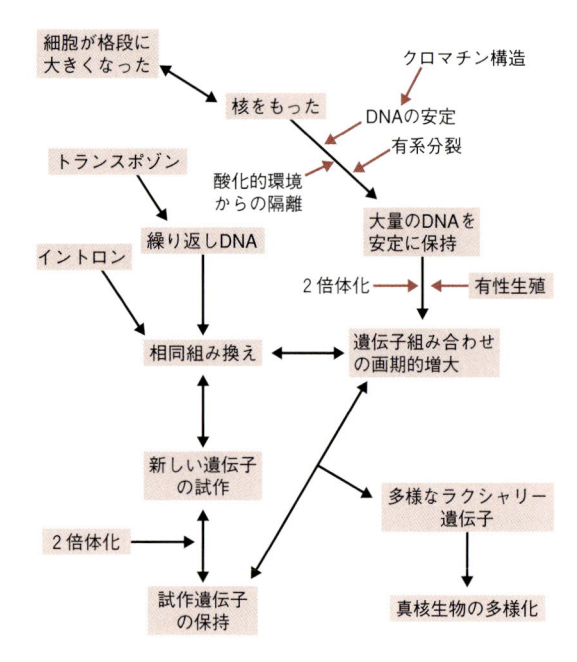

図 9-18 多細胞生物多様化

現在のヒトの誕生にまでつながった、と理解してよいものと私は思います。

繰り返しいいますが、ヒトの誕生は、予定された進化でも方向性のある進化でもない。方向性のない試行の繰り返しと選択の繰り返しの、偶然の産物でした。遺伝子のランダムな変異が少し異なる方向だったり、過去の地球環境がほんのちょっと違っただけでも、ヒトは生まれなかっただろうと私は思います。別の何者かが生まれた可能性はありますが。

## 5 真核生物のさまざまな試み

現在に残っている性質は、真核生物の歴史のなかでなされた数多くの試みのなかで、比較的うまくいった試みとして現在に残っているのだと思います。試み、工夫といった言葉で表現してはいても、所詮は、ランダムな変異であるに過ぎません。生き残らなかったもののなかには、ほとんど無限ともいえる量の失敗の、あるいは無駄な工夫があったはずです。生物は、その時代に生きていた 60 ％とか 90 ％を比較的短期間に失った大絶滅の歴史があると同時に、普段から日常的に莫大な試みをしながら、適応でき

ないものが絶えていっているはずです。多細胞動物の場合、それらの多くは、受精にもいたらないもの、発生過程で失われるものなど、生まれることさえできなかった可能性があります。孵化あるいは誕生してからの成長過程で失われるものを含めて、膨大に存在するのだと思います。失われた試みは、大絶滅よりもむしろ日常的な試みのなかで失われるものの方が多いのだと思います。そういう背景のなかで、辛うじて生きのびているわけです。

### 6 多細胞生物の段階へ

　真核単細胞生物の一部は、やがて真核多細胞生物へ進化していきます。多細胞生物へ進化するための前提として、有性生殖による新規遺伝子の構築と蓄積、遺伝子の新たな機能制御の獲得が必要であったと考えられます。多細胞生物に必要な多彩な遺伝子がまず準備され、そのうえではじめて多細胞生物への試みが可能になったと考えられるのです。10～12日目まではこのような遺伝子の準備について紹介し、13日目の多細胞生物の誕生に話をつなぎます。

## 今日のまとめ

　真核細胞の先祖は、古細菌の先祖から分岐したと考えられており、現在の真核細胞と現在の古細菌との間には、共通性がたくさんあります。しかし現在の真核細胞は、現在の古細菌とも真正細菌とも異なる性質をたくさんもっており、これらの性質は、真核細胞が誕生して以降に多様な展開をするに際して、大きな役割りを果たしたと考えられます。ただ、真核細胞らしい性質を獲得していったプロセスについては、十分にはわかっていません。

---

**コラム　進化を進めるもの**

　しばしば、「進化の過程で不要なものは失われて必要なものが残る。」と表現されることがあります。対象は特定の機能や器官や遺伝子だったりします。この表現には注意が必要です。あたかも「生物が要・不要を自ら判断して捨てるか残すか決めている」と受け取られる恐れがありますが、そうではありません。「不要なものは失われる」という意味は、「不要な機能・器官・遺伝子がたまたま失われても、そういう生物は生き残ることができる。一度失われたものが復活することはまずない」という意味です。「必要なものが残る」という意味は、「必要なものが失われたら、その生物は生き残れない。だから生き残った生物を調べる限りそれは残っている」という意味です。ただ、「必要なものだけしか残らない」「不要なものは必ず失われる」というのは誤りです。不要でも害がなければ残るチャンスはあることが進化の中立説であるともいえます。たまたま残っているだけでなく、レトロトランスポゾン（12日目）のように、その生き物が生きる上で必要どころか短期的には有害としか思えないものが、どんどん増えてしまうことさえあるわけです。「残っているものは必要なものばかり」とは到底いえません。

　「適者生存」という言葉も誤解を生む言葉です。適切であれば生き残るチャンスが大きいことはその通りでしょうが、むしろ、よほどの不適切がなければ、棲み分けを含めて生き残るチャンスはあるのです。他方、ある環境下で非常に有利な変化（特殊化）をして生きていた生き物は、偶然というべき隕石の一撃で気候変動が起きれば、絶滅することだってあるわけです。最適だった者が一番絶滅しやすいともいえる。そこで生き残るのは、前の環境では最適者とはいえなかったマイナーな生き物である可能性が高いのです。

　進化の過程では「必要があったから特定の機能や器官や遺伝子が生まれた」かのような表現がみられることがあります。これも誤解を招く表現です。「陸へ上がりたい魚がいたから肺をもった両生類が生まれた」わけではなく「飛びたいトカゲがいたから鳥が生まれた」わけでもありません。進化は、「膨大でランダムな遺伝子の変異」があって、「不適切な変異をもった生物は生き残れず」、「環境に即して生存可能だったものは生き残れた」という事象の膨大な繰り返しであり、生き残ったもののなかで、特に有利でも不利でもない中立的な変化をもったもののなかから、「偶然の結果としてある形質をもったものが全体の多数を占める」結果である、ととりあえずは理解しています。将来は変更があるかもしれないけれども、現状の理解はそういうことである。

# 今日の講義は...
## 10日目　有性生殖

　生き物とは何か、生き物の重要な性質・特性は何か、という問いに対して、**子孫を残すという性質**は必ず採用される特徴です。子孫によって生命をつなぐことに失敗した生き物は、死に絶えるほかありません。

　子孫をつなぐ生殖には無性生殖と有性生殖があります。**原核生物は原則として無性生殖**で増えますが、性がないわけではありません。例えば大腸菌には雄と雌という性があって、雄のDNAを雌に注入する接合という現象があります。接合によって雄から雌へ向かってDNAが注入され、DNAの組換えが起きます。ただ、接合は増殖（分裂）とは無関係です。

　**真核生物は基本的に有性生殖で増えます**。これは真核生物の特徴の1つというべきでしょう。基本は有性生殖とはいえ、普段は無性的に増えるものや、生活環の一部で無性的に増える時代をもっているものがあります。

　真核生物は進化の過程の早い時期に有性生殖というしくみを獲得し、そのことが、真核生物が多様な進化を遂げる原動力になったと考えられます。有性生殖というしくみがどのように誕生したか、実は現在でもよくわかっていませんが、どのような特徴があるのかについて話しておきます。

## 1. 子孫を作るということ

### 1 どんな生物も子孫を残すことに全力をあげている

　哺乳類でも昆虫でも生き物は皆、全力をあげて子孫を残します。生き物が生きることは、多くの場合、子孫を残すことだけに目的があるようにみえます。子孫を残すと死んでしまう多細胞生物は多く、これが多細胞生物の普通の姿ともいえます。哺乳類と鳥類では最初の仔供を作った後の時間が長いのですが、これは生き物に普通にみられることではなく、例外的です。これらは一般に1回に生む仔供の数が少なく、生んだ仔供を保育あるいは保護し、比較的長期にわたって生殖能力を有するという特徴があります。

### 2 個としての不老不死と集団としての不老不死

　不老不死だったらよいのにと思っている人はいるかも知れません。原核生物は単細胞で環境が許す限りどんどん増殖します。個（細胞）としての老化を考える必要はほとんどなく、集団としても特に寿命があるわけではありません。こういうことが問題になるのは、個としての寿命がみえる多細胞生物の場合です（**図10-1**）。理論的には、生き物が地球の長い歴史を生きのびるに際して、個体が死んで子孫を残すという集団として不老不死になる方法と、個体が不老不死になるという選択があり得たのではないかと思われます。

　生き物の体を構成する分子は、ほとんどすべてが代謝回転して置き換わっています。現在の自分は1年前の自分とそんなに大きく違っているようには思わないけれども、自分を構成する物質はほとんど完全に置き換わっています。構成成分や構造を作り直し続け、劣化や老化を修復しながら生き続け、結果としてほとんど不老不死の生き物を想定することは、不可能とは思えません。出芽や分裂によってクロー

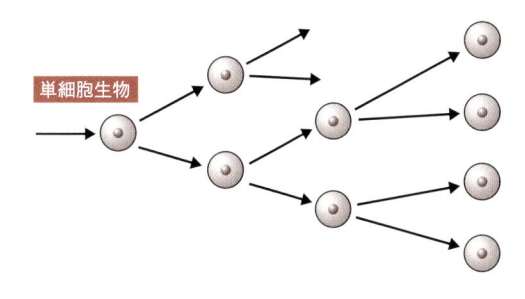

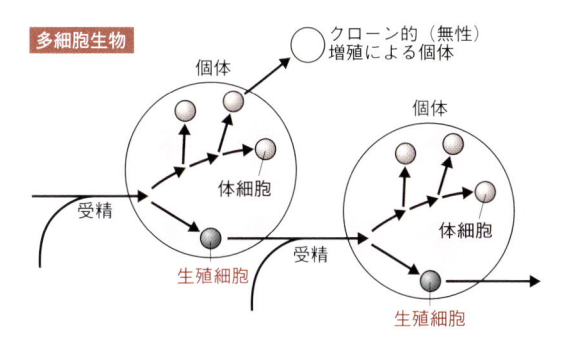

図 10-1　生物の増殖のしくみ

ン的に個体を増やして大きな島まで作ってしまう造礁サンゴなど、個と集団との区別が不明瞭ですが、ほとんど不老不死に近いともいえます。

## 3 なぜ有限寿命が選択されたのか

　不老不死が機構的に不可能だったわけではないとしても、多くの生物については、有限の寿命をもって子孫と置き換わるという方法が、自然によって選択されたものと理解されています。つまり、地球環境はしばしば変動し、それは生き物の大絶滅の原因になった。そこをかろうじて生きのびてきたのは、いつも少数の生き物であって、少数が生き残れたのは生き物の多様性の賜物であった、という理解です。環境変化に耐えうる変わり者をもたなかった生き物の群れは、絶滅せざるを得なかった、ということです。多様な子孫を用意し続けるには、個々の生き物の寿命が有限でなければならない。そのように生きる生き物が、歴史の過程で選択されて生き残ってきたと理解されます。

# II. 真核生物における有性生殖

## 1 無性生殖と有性生殖

　無性生殖はバクテリアだけではなく、多細胞生物の植物にも動物にも、意外に広くみられる繁殖方法です。**無性生殖では、増えた個体はすべて同じ遺伝情報をもった個体（細胞）です。こういう個体（細胞）の集団がクローンです。有性生殖とは、2つの個体（細胞）のもつ遺伝子を混ぜ合わせて、新しい組合わせの遺伝子をもった新しい個体を作ることです。**遺伝子を継承するという観点からは、有性生殖をそのように定義します。

## 2 配偶子と接合子

　少し言葉を整理しておきます。相手の細胞と合体することを前提にした、**1倍体の生殖細胞を配偶子**といいます。別の個体に由来する2つの配偶子が合体（接合）して、2つの核が融合して、2倍体の核をもった新しい細胞ができます。**配偶子が合体したものが、2倍体の接合子（zygote）です。**有性生殖のサイクルでは、1倍体の配偶子（生殖細胞）が融

---

**コラム　不老不死はよいことか**

　医学の進歩で不老不死の方向を目指すような意見をみることがありますが、私は、ヒトが不老不死でなくてよかったと思っています。不老不死だったら、人口爆発を防ぐには新たな誕生を阻止するほかはありません。世界中に同じ人たちが生きていて、新しい生命の誕生がない、という世界がバラ色である、とは私には思えません。はじめからそういう世界に生きていれば、それは当たり前のことであって特に灰色とは思わないでしょうが、これからそういう方向を目指す、などというのはちっとも素晴らしいこととは思えません。時間がくれば幕を閉じる、ということで十分よいと思います。目指すとすべきは、生きている時間を生きるに価するものとして生き、幕を閉じるギリギリまで元気に過ごせることでしょう。

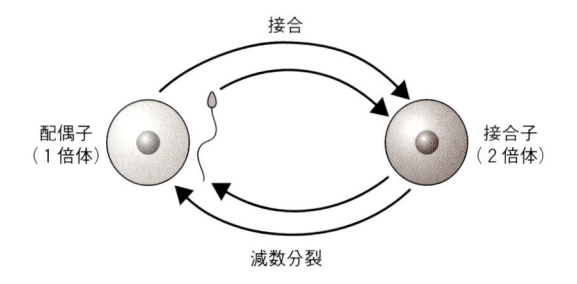

図 10-2　有性生殖のサイクル

合して 2 倍体の接合子ができる過程と、2 倍体の細胞が減数分裂によって 1 倍体の配偶子ができる過程とを繰り返します（図 10-2）。なかには、細胞が融合しても 2 つの核が融合しないで 2 核のまま細胞増殖する担子菌類（図 4-20）や子嚢菌類（図 4-21）の菌糸（核として 1 倍体なので、1 倍体として扱う）のようなケースもあります。

### 3 同形配偶子と異形配偶子

　配偶子は出会わなければ合体できないので、双方とも鞭毛をもっていて運動するのが本来の姿とみえます。雌雄の配偶子が形も大きさもほとんど同じで、両方とも運動するものを**同形配偶子**といいます（図 10-3）。一見、雌雄の区別がつかないけれども、どの相手とでも接合するわけではなく、接合できる相手とできない相手の区別があるという意味では、雌雄の違いがあるといえます。一番初歩的、原始的な有性の配偶子と考えられます。単細胞緑藻類のクラミドモナス、珪藻類のハネケイソウなどがあります。

　どちらも運動するけれども、配偶子の形や大きさに差がある場合もあります。**異形配偶子**といいます（図 10-3）。異形配偶子の場合、**大きい方を雌性配偶子、小さい方を雄性配偶子**といいます。緑藻類のアオサ、アオノリ、ミルなどは異形配偶子です。

### 4 卵子と精子

　**雌性配偶子が大きくて動かなくなったものを卵子**といいます（図 10-3）。卵子の周囲には介助する細胞が一緒に存在していることが多く、これらを含めたものを卵（タマゴではなくラン）といいます。ヒ

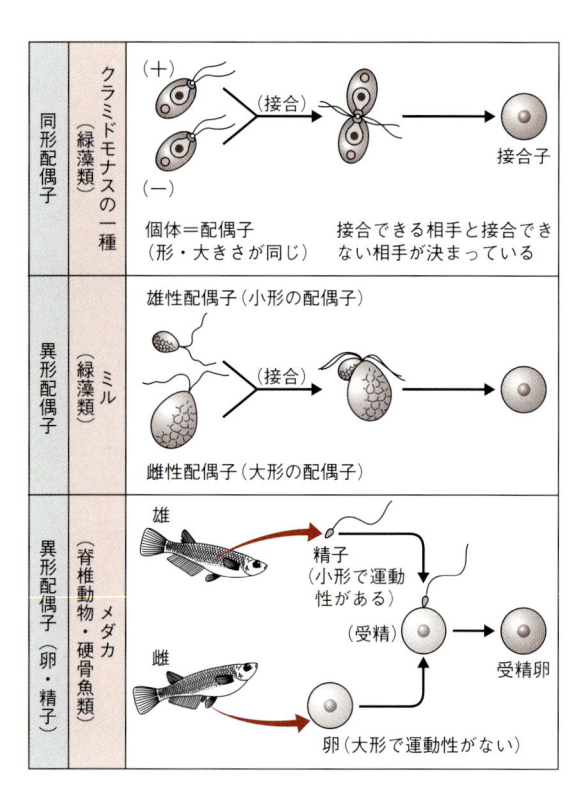

図 10-3　配偶子の分類（参考文献 12 を元に作成）

トでも、排卵の際には卵子だけが放出されるのではなく、周囲を囲む卵胞細胞と一緒に卵として放出されるわけです。卵子に対して、**小さくて運動性がある雄性配偶子を精子**といいます。**卵子と精子の接合（合体）が受精**です。**受精したものが受精卵で、受精卵は接合子の一種**です。精子は、動物は言うまでもなく、コンブやワカメなどの褐藻類、コケ、シダなどのほか、裸子植物のイチョウやソテツに加えてほとんどすべての植物にもみられます。ただ、アサクサノリなどの紅藻類、裸子植物のマツや、すべての被子植物では精子に鞭毛がなく、**不動精子**あるいは**精細胞**です。

　できるだけ多くの配偶子を作って、できるだけたくさんの接合子を誕生させることが、生存にとって有利なはずです。多細胞生物の場合はこれに加えて、栄養分を蓄えていた方が細胞分裂のときに栄養補給しなくて済むので、接合後の細胞が大きい方が有利と考えられます。片方の配偶子を、少数ではあっても栄養を蓄えて大きく動かない卵子にして、他方の

配偶子を、数多くの小さくして活発な運動をする精子にすることは、成功した工夫の1つだったといえます。

## 5 体細胞分裂と減数分裂

2倍体の体細胞が細胞分裂して、2倍体の体細胞が2つできるのが**体細胞分裂**です。1倍体の体細胞でできている個体で、体細胞が分裂して、1倍体の体細胞が2つできるのも体細胞分裂です。**減数分裂というのは、2倍体の細胞から1倍体の細胞ができるプロセス**です。体細胞分裂でも減数分裂でも、分裂前には必ずDNA複製をします。元の細胞が2倍体である場合には、DNA複製したあとは一時的に4倍体になっているわけです。減数分裂の特徴は、DNA複製の後で2回続けて分裂することで、その結果、1倍体の生殖細胞が4つできることになります。これが減数分裂の基本です（図10-4）。

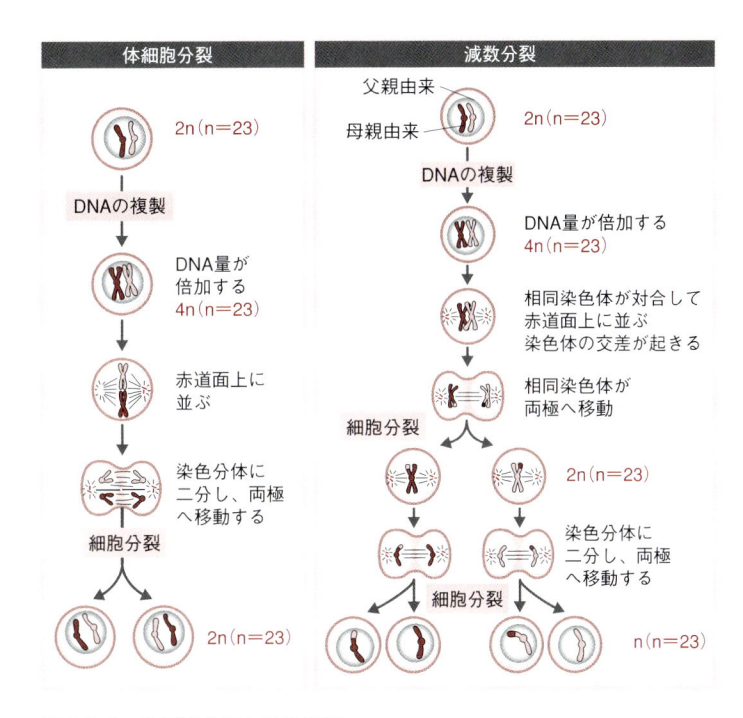

図 10-4 体細胞分裂と減数分裂

## 6 胞子体と配偶体

植物の多くは世代交代をすることを4日目で紹介しましたが、シダやコケでは2倍体の体細胞からできている**胞子を作る個体（胞子体）**で減数分裂が起きるとき、1つの胞子母細胞（2倍体）から4つの胞子（1倍体）ができます。胞子が発芽して**配偶子を作る1倍体の個体（配偶体）**を作って、ここに造卵器や造精器を作り、卵子や精子ができます（図4-5）。卵子や精子を作る際には、1倍体の母細胞から1倍体の生殖細胞ができるので、減数分裂は起きません。これに対して、動物では1倍体の配偶体ができることはまずなく、2倍体細胞の減数分裂によって生殖細胞（配偶子）ができます（図10-5）。動物については、胞子体が配偶子を作るということになります。

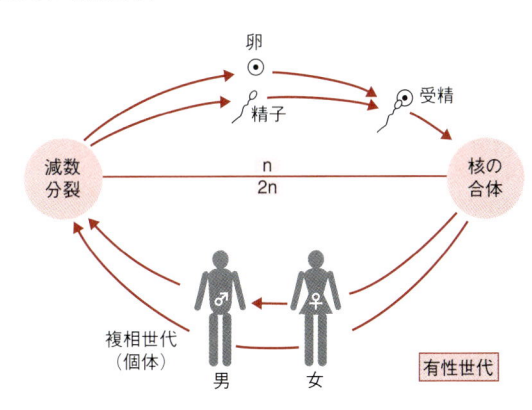

図 10-5 動物では単相世代は生殖細胞だけ

## 7 減数分裂の意味

減数分裂は2倍体の細胞から1倍体の細胞を作り出す過程です。異なる2つの1倍体細胞の接合（融合）によって、新たなゲノム構成をもった2倍体の子孫細胞を作り出すために必須の過程であることは、減数分裂のもつ自明の意味です。ただ、現在の減数分裂のしくみには、これに加えてはるかに大きな意義が含まれています。生殖細胞（あるいは胞子）を作り出す**減数分裂の過程で、母親由来のDNAと父親由来のDNAとの間で積極的なDNA組換えを誘導す**

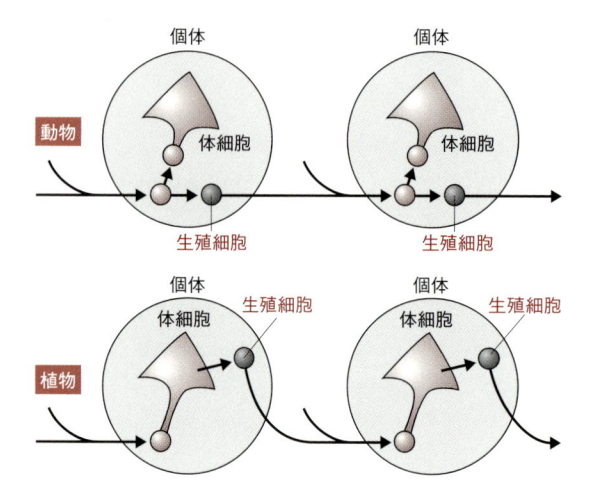

図 10-6 動物と植物の生殖細胞のでき方の違い

ることによって、それまでにない新しい DNA 配列や遺伝子構成を作り出すというとんでもない役割をもっています。詳細は 11 日目で解説しますが、減数分裂の過程で起きる新しい遺伝子の構築、具体的には、高頻度の相同組換えによる遺伝子重複とエキソンシャフリングの 2 つが、真核生物がどんどん新しい遺伝子を作り出して、多様な生物を作り出していった主要な原因と考えられます。

# III. 生殖細胞と有性生殖のさまざまなあり方

## 1 動物では発生初期から生殖細胞が区別される

動物では、発生の初期から体細胞になる系列と区別されて、特定物質を配分された細胞だけがやがて生殖源細胞として、生殖系列の細胞に分化していきます（図 10-6）。例えば、センチュウの卵の細胞質には、将来の生殖細胞になるべき細胞に配分される生殖細胞顆粒という物質が偏って存在しています。受精して、その後に細胞分裂が進むとき、その物質はいつでも 1 つ、あるいは極めて少数の細胞にだけ配分されます（図 10-7）。ショウジョウバエなどの昆虫にも同様のしくみがあり、生殖細胞になる細胞

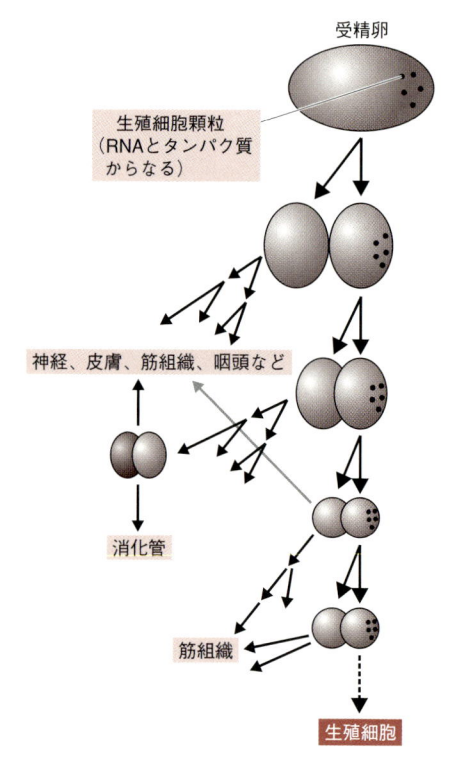

図 10-7 生殖細胞は発生初期に区別される
（参考文献 7 を元に作成）

には、特別の物質が受け継がれていきます。ウマノカイチュウでは発生の初期から生殖細胞の運命が決まるだけでなく、体細胞を運命づけられた細胞では、体細胞として生きていくのに不必要な遺伝子の除去が起きます。**生殖細胞への運命が発生の初期に決まるしくみは、多くの動物が共通にもっているものです。**

## 2 植物では体細胞から生殖細胞ができる

これに対して**植物や菌類**では、発生の初期から生殖細胞が運命づけられていることはないようで、成長してある時期がくると、**体細胞の組織から胞子を作る器官や生殖細胞を作る器官が分化**してきます（図 10-6）。キノコのカサの内側に胞子ができるのも、シダの葉の裏の胞子嚢ができるのも、時期がくると体細胞から作られます。有性生殖の器官も同様で、草花が成長してある時期になるとはじめて花芽（カガといいます）ができ、花が咲きます。花は生殖器官で、めしべとおしべが作られます。めしべの根元の子房の中に雌性配偶子（卵子）ができ、おしべ

の先に花粉ができ、やがて花粉管が伸びて内部に雄性配偶子（精核）ができます。コケやシダの造卵器や造精器も同様で、成長の適当な時期がくると体細胞から分化して作られます。

## 3 生殖細胞が分化しない有性生殖

有性生殖というのは、かなり複雑なしくみです。現在の複雑な有性生殖が成立するプロセスでは、途中経過に相当する段階があったに違いありませんが、それがどのようなものであったかはわかりません。ただ、現在の生物には、不完全な有性生殖あるいは原始的な有性生殖を彷彿とさせるようなやり方がみられます。

雌雄はあるが生殖細胞が分化しないで生殖する生き物がたくさんあります。菌類や藻類のなかには、生活環の大部分を占める体細胞は1倍体である場合がしばしばみられます（4日目）。ある時期に、特別な生殖細胞を作ることなくほかの1倍体細胞と接合して核が融合し、2倍体の核をもった細胞（接合子）ができます。

車軸藻類のアオミドロやホシミドロなどは、細胞が一列に連なった糸状の個体を形成していますが、別の個体の細胞同士の間で接合します（図4-8）。生殖細胞に分化せず、普通の栄養細胞が接合するようにみえます。接合では、一方の細胞の細胞質と核が他方に移行し、核が融合した接合子ができます。2倍体になった接合子細胞はすぐに減数分裂して、4つの1倍体の胞子になり、それぞれが発芽して増殖します。接合に際しては雌雄の違いがあって、どれとでも接合するわけではありません。ミカヅキモやツヅミモも同様です。接合菌類のケカビなどでも同様のしくみがあります。担子菌類の場合、胞子が発芽して分裂し、一次菌糸を作ります。やがて、一次菌糸の細胞同士が接合します（図4-20）。この場合も、見た目で区別はできませんが、雌雄の違いがあって、同じ性同士では接合しません。

酵母には、1倍体の細胞と2倍体の細胞がありますが、それぞれが無性的に分裂を繰り返して増殖できます。1倍体の細胞では、栄養不足その他の条件で$a$と$\alpha$の個体の区別ができて接合し、2倍体細胞

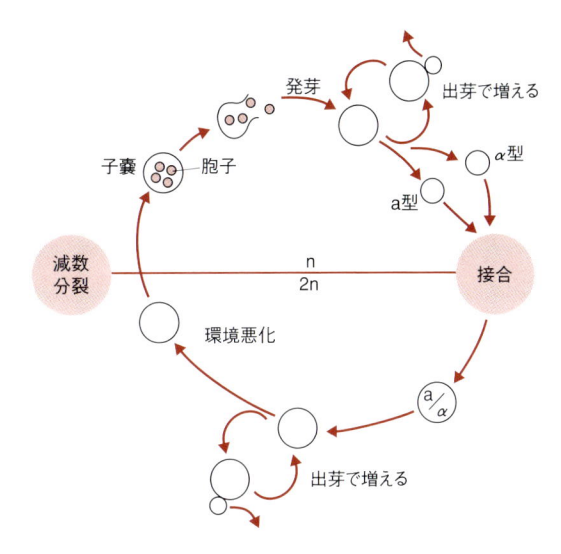

図10-8 酵母の生活環

ができます。$\alpha$同士あるいは$a$同士の酵母は接合しません。$\alpha$と$a$の違いは雌雄のようなものです。有性生殖ではあるけれども、生殖細胞の分化はありません（図10-8）。2倍体の酵母はそのまま増殖しますが、ときに減数分裂して4つの1倍体細胞を作り、2つが$\alpha$細胞、2つが$a$細胞になり、それぞれが1倍体細胞として増殖します。

## 4 性の誕生は生殖細胞より古い

これらの例では、生殖細胞ではない1倍体の体細胞2つが接合して、2倍体細胞になるようにみえます。趣旨としては受精と同じことです。見た目で区別がつきませんが、接合できる相手とできない相手が決まっている場合が多く、接合できないのは同性同士、接合できるのは異性同士というわけです。つまり、**生殖細胞が分化する以前から、性は誕生して**いたことがわかります。接合は、2つの細胞がほとんど平等に融合する場合と、一方から他方へ核あるいは核を含めた細胞質全体が移動する場合があります。後者の場合、核を出す方を雄、受け入れる方を雌としますが、名前をつけた以上の意味はありません。

## 5 性は2種類とは限らない

遺伝的に異なる相手と遺伝子を混ぜ合わせることが接合の目的あるいは意義であるとすれば、どの

相手とも接合するわけではなく、接合できる相手とできない相手があることは、当然ともいえます。性のはじまりともいえます。ただ、こういう区別を性と呼ぶなら、担子菌類における接合では4種類の性があるといわれます。ゾウリムシの仲間では2種類のほか、4種類あるいは8種類もの性をもつものがあるそうです。細胞性粘菌では、2、4、5、7種類あるいはそれ以上の多くの種類の性をもつものがあるといわれます。いわゆる高等な動植物では雌雄の2種類が当たり前と思っているわけですが、生物界を見渡すとさまざまな例があることがわかります。

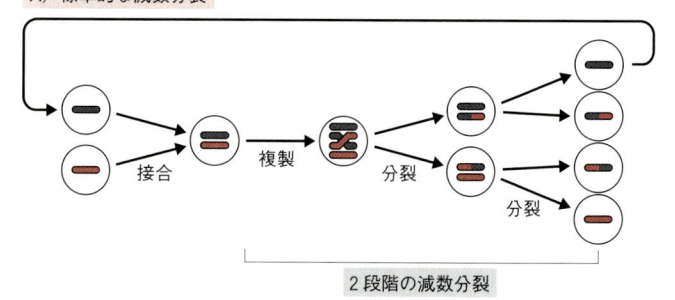

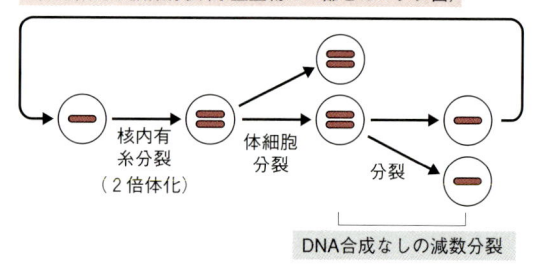

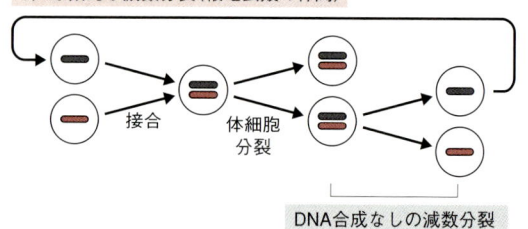

## 6 原始的な減数分裂

現在の標準的な世代交代や減数分裂（図10-9A）が成立する以前の、原始的な姿を想像させる例はほかにもあります。現在の原生生物の一部やカンジダ菌（子嚢菌類）などでみられることですが、有性生殖ではなく、1倍体と2倍体の間を行き来します（図10-9B）。DNA複製をした後に細胞質分裂を伴わないために、1倍体細胞が2倍体細胞になる場合があります。できた2倍体細胞は普通にDNA合成して増殖し、2倍体細胞として維持されます。ところがある環境では、2倍体細胞がDNA合成せずに1回細胞分裂して1倍体になります。1倍体になる際にはゲノムが半分に減るという意味では減数分裂ですが、1倍体細胞が2つしかできず、高頻度の組換えも起きないので、標準的な減数分裂ではありません。しかしそれなりの核相交代ではあります。

鞭毛虫類の仲間には、1倍体細胞同士が融合して2倍体細胞を作り、これが2倍体細胞として増殖・維持されて、ときに2倍体細胞がDNA合成せずに1回細胞分裂して1倍体になるという生活環をもつ生物がいます（図10-9C）。これも一種の核相交代であり、2倍体になる際には異なる細胞のゲノムが

図 10-9 標準的な減数分裂と原始的な減数分裂
（参考文献 11 を元に作成）

混ざるので、原理的には有性生殖といえます。

これらの例は、原始的な有性生殖の姿を残しているのかも知れませんが、ちゃんとした有性生殖の機構を退化的に省略して実行しているだけかも知れません。どちらであるかはわかりませんが、生き物はいろいろなやり方ができることを示しているとは思います。

## 7 有性と生殖の分離

ゾウリムシのような繊毛虫類は、通常、2分裂という無性生殖で増殖します。細胞内には大核と小核があり、小核は 2n ですべてのゲノムを含みますが、通常は使われることがありません。生殖のときだけ働くので生殖核ともいいます。大核には、通常の生

活に必要な遺伝子だけを選んで、何百倍にも増やして蓄えられています。遺伝子1つずつが直鎖状DNAに含まれているといわれます。普段の暮らしや増殖に際して働くので、栄養核ともいいます。分裂の際に小核ではDNA合成しますが、大核の方は大量に増幅したDNAを二分するだけです。分裂を続けると大核のDNAが減ってくるので、分裂を続けることができなくなります。そこで、接合をして核を再生します。相手をみつけて接合しますが、接合できる相手とできない相手がいるという意味では、接合に際して雌雄の区別があるといえます。

接合がはじまると小核が減数分裂して4つの1n核を作ります。このうちの3つは消滅し、残った1つがさらに分裂して2つになります。このうち1つを互いに交換します。両方の細胞で相手から1n核を受け取って、自分の1n核と融合して2nの小核になります。大核は消失し、2倍体になった小核は何回か核分裂してやがて大核と小核を再生します。生活に必要な遺伝子のDNAだけを大幅に増幅して大核を再生し、今後何回も分裂可能になるという意味で、生殖というより若返りと称されることもあります。

異なる個体（細胞）に由来するゲノムを混ぜて新たに2倍体の核を作るという意味では、明らかに有性生殖とみえますが、生殖後に再開される細胞分裂の繰り返しは、単純な2分裂で無性生殖です。生殖とは子孫を増やすこと、という意味では子孫を増やすプロセスは無性生殖で、それを可能にするプロセスに有性であることがかかわっているわけです。あえていえば、『異なる個体の遺伝子を混ぜ合わせること』と『新たな個体を作る（分裂する）こと』の2つに分けて、前者を『有性』であること、後者を『生殖』とすると、両者が分離しているわけです。なお、多細胞生物では有性であることと生殖とが分離することはなさそうです。

## 8 性とプラスミド消失の関係

大腸菌などの原核生物の性は、性決定遺伝子の乗っているプラスミドによって決められます。しかし、真核生物では、プラスミドの存続が性によって支配される、という現象があります。真核生物のオルガネラである、ミトコンドリアと葉緑体（色素体）は、原核生物が共生した名残であることを9日目で紹介しましたが、これらのオルガネラは固有のDNAをもっており、本来の細胞DNA（核内DNA）とは別に細胞内に存在する小型DNAという意味で、プラスミドDNAといわれます。これらのオルガネラは配偶子や胞子を通じて子孫に伝わりますが、有性生殖では両性から伝わることはまずなく、片方の親からしか伝わらないように仕組まれています。

### ◆ 動物では

動物界ではほとんど例外なく、**ミトコンドリアは母親由来（卵子由来）のものだけが子に伝わり、父親由来（精子由来）のものは子に伝わらない**ことがわかっています。雌性遺伝です。精子のミトコンドリアが卵子内に入らない場合と、卵子内に入るけれどもすぐに消化されてしまう場合とがあります。体細胞クローンを作る際に、未受精卵（卵の核は除去するか不活化しておく）に体細胞を融合させる方法が用いられましたが、この場合、体細胞のもっていたミトコンドリアが卵子の細胞質内に入ります。入りますが速やかに消化されます。体細胞が雄由来か雌由来かは関係ありません。このことから、**卵子側に卵子のミトコンドリアのみを残そうとする積極的な機構が働いている**ことがわかります。

### ◆ 植物では

植物にはミトコンドリアと葉緑体（色素体）の両方があります。**葉緑体は、単細胞の藻類から陸上植物まで含めて圧倒的に大部分の場合、雌性遺伝します**。陸上植物のように雌雄がすでに決まっていたものは雌から伝達されるといえますが、実は、同形配偶子の場合にはどちらが雌かわかりませんので、伝達する方を雌と決めたという面もありますが、まず例外なく雌性遺伝である。ミトコンドリアも、**植物の大部分でも雌性遺伝します**が、一部に雄性遺伝する場合があります。つまり、葉緑体は母方からミトコンドリアは稀にですが父方から伝達されるケースがあります。ただ、雌雄のどちらから伝達されるかは決まっていて、同じオルガネラが両親から伝達されるケースは稀なようです。

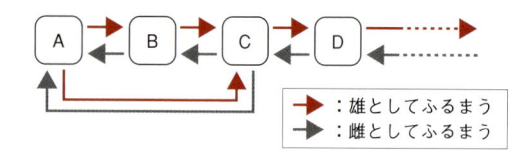

図 10-10　性は 2 種類とは限らない

→：雄としてふるまう
→：雌としてふるまう

## 9 たくさんの性とプラスミドの消失

　ちょっと特殊な例をあげます。真正粘菌では 1 倍体の胞子が発芽して、アメーバのように這い回りますが、やがて 2 つの細胞が融合して 2 倍体の細胞になります。2 倍体細胞はアメーバ運動しつつ、やがて大きな多核細胞になり、子実体を作ってそこに胞子の母細胞ができ、減数分裂して胞子ができます（図 4-22）。アメーバ様の 1 倍体細胞は配偶子と同等で、融合する際にどの細胞とでも融合するわけではなく、雌雄の区別があります。ただ、雌雄 2 つではなく、675 種類もの性がみられるといわれます。実際にこれだけの数が存在するかどうかわかりませんが、関係する 4 つの遺伝子があり、それぞれが多くの対立遺伝子群をもっているために、組み合わせの可能性として計算上はこれだけの多数になります。超々雌から超々雄までの間に多くの中間レベルがあって、雌と雄、強い雄と弱い雌、あるいは弱い雄と強い雄の間で融合が起きますが、同じレベル同士では融合が起きません（図 10-10）。この場合でも、ミトコンドリアは片方からのものしか残らず、いつも前者のミトコンドリアが残るというわけです。個々のアメーバ細胞にとってミトコンドリアが残せるかどうかは、融合する相手によって異なるわけです。

## 10 性の成立はオルガネラの伝達と不可分なのか

　真核生物には性があって有性生殖するということと、ミトコンドリアや葉緑体などのオルガネラが片方の親からしか伝達されないこととの間には、不可分の関係があるようにみえます。オルガネラが片方の親からしか伝達されない背景には、そうでなければならない深い理由、両方が残ることは具合が悪い事情があって、それを実現するために性が成立したのだ、という見解さえあります。性はオルガネラの僕（しもべ）であるというわけです。ただ、私には妥当性を評価できません。評価できるだけの根拠がありません。

## 11 有性生殖というしくみはいつどのように成立したのか

　有性生殖が成立するのは、単細胞真核生物が誕生してから間もないことと想像されますが、成立の時期についても、成立のきっかけやプロセスについてもよくわかりません。環境条件がよい間は無性生殖で増えるけれども、環境が悪くなると有性生殖をして接合子（受精卵）になり、2 倍体の細胞として休眠したり、あるいはさらに減数分裂して胞子を作り、それが休眠状態で環境がよくなるのを待つ、といった例が多くみられることから、環境が悪くなることと、有性生殖の成立との間には相関関係がありそうにもみえます。現状の研究の問題は、頑張れば研究が進むという状況ではなく、どのような研究をすれば有性生殖の起源と成立プロセスが解明できるのかの見通しが不明なところにあると私には思えます。

# IV. 有性生殖の意味

## 1 有性生殖は効率の悪い方法である

　無性生殖に比べると、有性生殖は極めて効率の低い手間のかかるやり方です。相手をみつけなければ子孫を残せません。相手をみつけた後でも、雄は自ら子孫を残すわけではありません。生物のもっとも基本的な性質は子孫を残すという性質にあると考えて、1 匹のウサギは生き物ではない、雄は生き物ではないという言い方をすることがあります。1 匹では雄も雌も子孫を残せないし、雌には単為生殖という手もあり得ますが、どう頑張っても雄は子を生めない。無性生殖なら、個体が生きのびられる環境でさえあれば、100 ％の個体に子孫を残せる可能性があります。個体数を効率的に増やすことでは、無性生殖の方が断然有利で勝負になりません。

## 2 変化する環境を乗り切るには遺伝子レベルの多様性が有利？

　有性生殖に比べて、無性生殖の方がはるかに効率よく子孫を作ることができる。しかし、できる子孫の遺伝子構成は基本的に同一です。環境が変化しなければ、無性生殖で子孫を残すことに何の問題もないでしょう。しかし、地球環境は変化し、過去に何度も生物の大絶滅や中絶滅を起こしてきました。環境というのはこのような物理化学的な意味だけでなく、生物学的な環境もあります。例えば、寄生虫や感染症があります。最近でいえば、トリインフルエンザも、場合によってはスペイン風邪のように人口の30％も死亡させる可能性があるといわれます。ただ、ヒトによって感染症に対する感受性には違いがあり、放っておいても生き残るヒトがいる可能性があります。エイズは現在でも根治することの困難な感染症ですが、エイズにかかってもひどい症状の出ないヒトがいます。ヒトが生き残る可能性は遺伝子の多様性にあります。ヒトは、ヒトとして一様にみえるけれども、遺伝子レベルでみれば非常に不均一なのです。他の生物も同様です。その不均一性こそが、感染症からも自然環境の変化からも一部の生物を生き残らせるのです。

## 3 その説明は単純すぎてウソっぽい

　通常このような説明がされているわけで、地球の歴史を生きのびるためには有性生殖による多様化が大切であることを否定はしません。ただ、その説明は単純すぎて一面の真実にすぎないと私には思えます。なぜなら、有性生殖をしない原核生物といえども、真核生物の歴史よりはるかに長い35億年という時代を生きのびてきたわけです。有性生殖による多様化がなければ絶滅を生き残れなかった、という説明ははっきりいってウソです。もちろん、たくさんの原核生物が途中で絶滅した可能性はありますが、原核生物として絶滅したわけではないのは、真核生物がすべて絶滅したわけではないのと同じです。

## 4 原核生物は別の戦略で生きのびてきた

　原核生物は細胞が小さく、DNAも切り詰めていて、効率的に子孫を増やすことに集中した生物です。20分に1回分裂する大腸菌は、計算上1日で1匹から約1万トンになります。分裂ごと、世代ごとに遺伝子が変化（変異）する速度は小さくても、時間あたりに誕生する子孫の数が膨大であるために、集団として変異を蓄積する速度はかなり大きくなります。そのために、遺伝的に多様な子孫を用意することができ、環境変化に生き残ることが十分に可能であったと考えられます。通常の環境はいうにおよばず、極寒、灼熱、乾燥、高山、深海、大深度地底、成層圏、そのほか、地球上にバクテリアのいない環境をみつけるのは困難なくらいに多様な展開をしているわけです。無性生殖の方が圧倒的に効率がよく短時間に個体数を増やせる。個体数を圧倒的に増やせれば、多様化の効率は悪くても、変化する個体はある頻度で現れます。地球環境の広範な地域にさえ分布できる可能性が増える。環境が激変したときでも、変化が厳しくない場所だってあるだろうから、そういうところに生息していたものは生き残れる可能性があるんです。原核生物はそうやって35億年を生きのびてきたわけです。

## 5 真核生物は有性生殖で生きのびてきた

　これに対して真核生物は原核生物に比べて細胞サイズが千倍から百万倍と大きくなり、多細胞生物になればもっと大きくなります。世代時間は原核生物に比べてはるかに長くなり、単位時間あたりにできる子孫の数もはるかに少なくなります。だから、原核生物と同じように遺伝的に多様な子孫を残そうとすれば、世代ごとに生まれる子孫の多様性をうんと大きくしなければ対応できないことになります。有性生殖がいかに膨大な遺伝的多様性を生み出すシステムであるかについては11日目で説明します。真核生物は遺伝的に多様な子孫を作ることが必要だったから有性生殖を用意した、という説明は明らかに間違っていますが、有性生殖によって、世代時間が長く子孫が少数であるにもかかわらず、地球環境を生きのびられる個体が生まれるチャンスをもてた、とはいえると思います。多様な組合わせの遺伝子組成をもった生き物が用意できるという状況は、環境変

化に対する生存への工夫の短期的な対応として、その生き物の仲間の一部を生き残らせる重要な戦略になっているわけです。有性生殖による遺伝子の多様化の意義はそこにある、という説明は意味あるものと私は思います。

## 6 遺伝子の多様化による展開

ただ、有性生殖の意義はそれだけではなく、より大きな意義は、減数分裂に際しての遺伝子組換えというしくみをもったことが、結果として遺伝子をどんどん多様化させ、真核生物が爆発的に多様な生き物に展開できた理由と考えられます。端的にいえば、原核生物は 45 億年経ってもバクテリアのままでしかなかったけれども、真核生物はわずか 20 億年程度の歴史の間に多細胞動物や多細胞植物を誕生させ、ヒトを誕生させるにいたったということです。

## 7 世代交代というしくみは素晴らしい

4日目で紹介しましたが、有性生殖で増える有性世代と無性生殖で増える無性世代を交互に繰り返すことを、世代交代といいます。多くの植物は無性生殖世代と有性生殖世代の世代交代を繰り返します（図 4-5）。核相が 1n になった 1n（単相）世代と、2n になった 2n（複相）世代とを繰り返す核相交代でもあります。世代交代する植物は、莫大な胞子をまき散らして無性生殖で増え、雌性配偶子と雄性配偶子の融合による有性生殖でも増えるわけです。積極的には遺伝的な多様化をしないけれども非常に効率よく子孫を増やす無性生殖と、積極的に遺伝的な多様化をもたらしながら子孫を増やす有性生殖を交互に繰り返すわけですから、無性生殖と有性生殖の利点をともに利用しているようにみえます。子孫を増やすためには、世代交代という方法は理想的ともいえる素晴らしい方法であるように私には思えます。

## 8 動物では世代交代は稀である

動物個体の体細胞は 2n 世代がほとんどで、1n 世代は生殖細胞しかないのが普通です。動物では、植物にみられるような定期的な世代交代は稀で、子孫を作るに際してこれほど素晴らしい方法をなぜ動物が採用しなかったか、私には不思議です。後で紹介しますが、ミズクラゲ、カンテツ、アリマキのように、無性生殖と有性生殖の両方を行う生き物は動物にもありますが、動物の場合の無性生殖は 2n 世代として増えているのであって、1n になった胞子で一気に殖えるようなしくみではありません。

## 9 2倍体であることの意味

ほとんどすべての動物個体の体細胞は 2 倍体です。植物のシダも裸子植物の樹木も被子植物の草花も、2 倍体の個体を作ります。2 倍体の体細胞をもつことは、多様な変化をした遺伝子をもった個体を増やすために、画期的に重要なことでした（図 10-11）。必須な遺伝子が変異を起こして機能を失ったとき、1 倍体の個体（細胞）では生きるのに不利で、しばしば生きのびられません。単細胞でも多細胞でも同じことです。変異遺伝子をもった個体が集団のなかで生き残らないということは、そういう遺伝子が生き残れずに失われるということです。

これに対して 2 倍体の個体では、1 つの遺伝子が機能を失っても、もう 1 つが正常ならほぼ正常な機能を果たすことができ、その個体は生存できます。

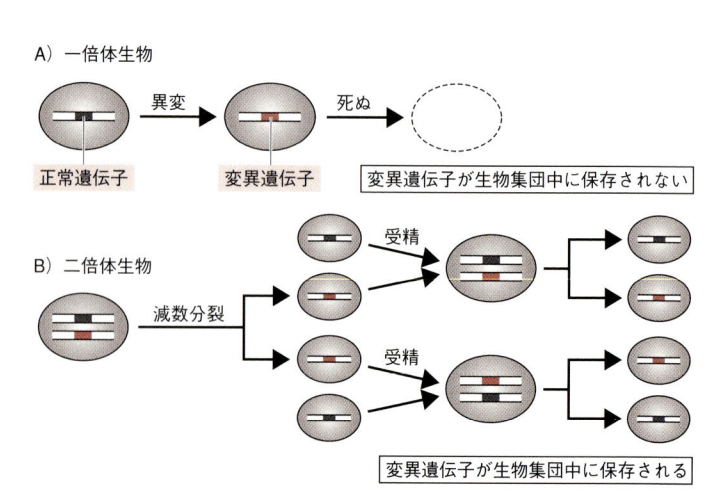

図 10-11 変異遺伝子の保存

つまり、おかしな遺伝子があっても、その遺伝子をもった個体が排除されることなく、集団のなかでその遺伝子を温存します。長期的には、そのような機能しない遺伝子のなかから、新たな機能をもった遺伝子が誕生する可能性があるわけです。つまり、2倍体の生き物は、当面は機能しない遺伝子を保存することで、新しい遺伝子を生み出す可能性をもち、やがて生き物の多様性を生み出す大きな自由度をもったわけです。

## 10 核相交代の意味

有性生殖をするには、1n細胞を作ってそれが合体して2nになるという繰り返しが必要です。それだけでなく植物界では、1n世代と2n世代がそれぞれ多細胞からなる個体を作るような核相交代がみられます。1n世代では、変異した遺伝子をもった個体は生きるのに不利で、排除されやすいことを考えると、結果として、まともに働く遺伝子をもった個体だけを残そうとする選択圧として働いていることがわかります。だから、せっかく2n世代があっても、1n世代のたびに正しい遺伝子構成であるかどうかチェックされるために、遺伝子の多様化にブレーキがかかります。これに対して動物や種子植物のように1n世代は生殖細胞だけで、1n細胞が個体を形成しないような核相交代なら、変異した遺伝子が保存されやすいことが理解でき、それは、多様な生物を生み出す進化にとって有利です。個体として核相交代を伴う世代交代を原則とする植物に比べて、個体としては2倍体のみを原則とする動物の方が遺伝子レベルで多様な展開をすることが可能で、その結果、表現型の多様な動物として展開しているようにみえるのは、ここにも理由があるのではないかと私は思います。

## コラム　体細胞クローンというもの

栄養生殖でできた動物や植物の個体は、もとの親の体細胞と全く同じ遺伝子構成をもっているはずで、体細胞クローンです。クローンというのは、同じ遺伝子構成をもつ細胞集団あるいは個体のことをいいます。1卵性双生児は、遺伝的には互いにほぼ等しいという意味で、互いにクローンです。植物では、クローン個体の形成は、自然にも挿し木や株分けによる人工的にも、昔から行われていました。

植物では、少数の体細胞の塊、ときにはたった1つの体細胞から出発して培養していると、細胞が段々に増殖してはじめは単なる細胞の塊（カルス）を作ります。それがやがて茎や根や葉を形成して、完全な植物体を形成します。体細胞クローン植物です。花も咲かせて、普通に子孫をふやせるようにもなる。できた個体が生殖能力をもっていて、普通に有性生殖で子孫を作っていくことができるのは重要なことです。貴重なランや有用な生薬成分を含む植物など、産業的な応用も盛んです。

動物では全然違います。動物界では、体細胞1つから個体を作ることは非常に難しく、ほとんど例をみません。ドリーの成功が驚きをもって迎えられたのは、哺乳類の場合の体細胞クローン動物としてはじめての成功だったからです。体細胞クローンの作成は大変なことで、移植前の体細胞に対して初期化という処理をしてから、体細胞の核を未受精卵の核と置き換えて移植し、哺乳類なら子宮内に移植して、そこで発生を進ませて個体を作るのです。新たな個体を形成するためには、体細胞のままではダメなので、体細胞の核を未受精卵に植え込まなければ、発生が進まない。

ドリーのようなクローン動物の成功は大変に画期的なことで、大いに騒がれましたが、それには未受精卵という細胞内環境が必要である。体細胞を増やすだけで自然に個体ができる植物とは大いに違います。ここには、生殖細胞と体細胞が発生の初期から区別されている動物と、分化した体細胞から生殖細胞ができる植物との基本的な違い（図10-6）が反映されていると思われます。

ヒトの未受精卵やヒトの初期胚を使うことなく、ごく普通の体細胞から幹細胞を作ることができたことは画期的なことでした。iPS細胞（induced pluripotent stem cell）です。多能性幹細胞で発現している遺伝子群のなかから絞り込んだたった4種類の遺伝子を体細胞に導入すると、体細胞の遺伝子発現が変化して、形態的にも機能的にも多能性幹細胞になります。方法については、さらに少数の遺伝子でも可能、遺伝子ではなくタンパク質導入だけで可能など、さまざまな工夫がされています。マウスではiPS細胞を元にしてちゃんとしたマウスができることが検証されています。ヒトではヒトの作成は許されていませんが、組織や臓器を作る方向の研究は進んでいます。

# V. 動植物の無性生殖

## 1 植物の栄養生殖

　世代交代の無性生殖の際に胞子で増える以外にも、無性的に増える方法があります。**生殖細胞に関係なく、体細胞の一部から個体を増やすのを、栄養生殖**といいます。竹が地下茎を伸ばし、あちこちから地上へ茎を伸ばして竹やぶを作る。キノコが菌糸を伸ばして、あちこちでキノコを作るのも似ています。オリヅルランやイチゴなど、地上の茎を伸ばしてどんどん増えます（図10-12）。ヤマイモなどの葉の付け根に、むかごという塊ができて、それが地上に落ちると根や茎が出て植物になる。ユリやチューリップやサトイモなど、地下茎の塊が毎年増える。ジャガイモは地下茎の変形、サツマイモは根の変形などと中学の頃覚えさせられたような気がしますが、いずれにせよイモで増やせる。あぜ道に咲いている真っ赤なヒガンバナ（曼珠沙華）は、弥生時代あたりに日本へ入って来て、それ以後ずっと栄養生殖で増えて日本中に広がったものなんだそうです。人工的に、挿し木や挿し葉で増やせる植物はもちろんいくらでもある。日本の夏みかんの木は100年くらい前から挿し木で増やしたのだそうです。ソメイヨシノも同様です。

　栄養生殖する植物の多くは、有性生殖でも増えます。おしべとめしべがあって、花粉から精核（精子に相当）が出て卵子と受精して種子を作ります。体細胞の集団からだけでなく、ときにはたった1つの体細胞を培養することで個体が生まれたときでも、生まれた個体の一部で体細胞から生殖細胞への分化が起きます。

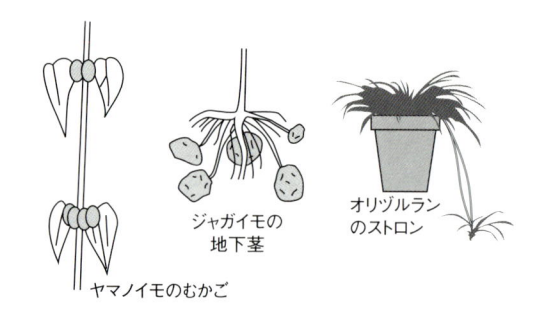

図10-12　植物の栄養生殖

ヤマノイモのむかご　ジャガイモの地下茎　オリヅルランのストロン

## 2 動物の出芽や分裂

　動物が栄養生殖するなど信じられないかも知れませんが、山ほどの例があります。ヒドラ、サンゴ、コケムシ、ゴカイなど、出芽という方法で個体を増やす動物はいろいろあります（図10-13）。体の一部から芽を出して、それが大きくなって分かれます。ホヤも出芽で増える。ホヤというのは脊索動物門ですから、ヒトに近い仲間ともいえます。出芽で増える動物は、生殖細胞を作って有性生殖もしますが、出芽で増えるのが普通、というものも多いようです。**多細胞からなる動物の個体が分裂する**、というのはちょっと想像を絶するすごいことですが、クラゲやイソギンチャクの仲間には、縦に2分裂するものが

---

**コラム**

### 幹細胞があるだけでは個体はできない

　出芽や分裂で増えられる動物は、体内に全能性幹細胞をたくさんもっているのが特徴です。だから、出芽でも再生でも、全能性幹細胞から個体を形成することができます。ただ、幹細胞がありさえすればよいかというと、個体再生の必要条件ではあっても十分条件ではありません。ホヤのように、出芽したときにはほとんど体の構造がなくて、1層の細胞で囲まれたボールに近かったものから個体を作り上げるには、受精卵からの発生に似たプロセスを再現できることが必要です。プラナリアが再生する際には、残されている個体の部分が、失われた何を再生すべきかを指示する場を形成すると考えられます。再生というプロセスには、それなりの場というか細胞環境の存在が必要なのです。全能性幹細胞を取ってきて、いい加減に寄せ集めただけでは再生は起きません。これは植物の再生や体細胞クローン植物の形成と大いに違うところです。植物の再生は、カルスという細胞の固まりから形態形成するだけでなく、培養系でも体細胞の一様な固まりから植物体を形成できます。植物の体細胞は自ら形態形成する能力をもっているようにみえます。

あります。ほぼ等しい大きさに分かれる。サンゴの仲間はこうして出芽や分裂で個体が増えても、個体が互いにつながっていて、大きな珊瑚礁を作っていきます。扁形動物のプラナリアやコウガイビルの仲間も、有性生殖もしますが、体をちぎってそれぞれが個体になるという増え方をします。たまたま事故で千切れたものが生きのびるだけではなく、それが普段の日常的な増え方であるというものが、結構いるのだそうです。ちょっと信じ難いことですが、2つとは限らず、3つ4つとちぎれることさえあるといいます。

### 3 再生能力との関係

プラナリアは、旺盛な再生能力を発揮する例として、中学や高校でも習ったかもしれません。相当に小さく切ってしまっても再生するといわれます（図10-14）。ヒトデの再生も有名です。脊椎動物になると再生能力は一般に非常に低く、両生類の有尾類であるイモリでは眼のレンズや四肢などの再生が例外的に有名ですが、無尾類（カエルなど）ではこのような再生はみられません。ヒトの再生能力は非常に限られたものです。

**出芽や分裂で日常的に増える生き物は、再生能力も大きいのが普通で、これらの動物では全能性の幹細胞が体内に存在するか、あるいは、体細胞から幹細胞へ容易に変化できる**ところが大きな特徴です。体がちぎれたとき、幹細胞が集まってきて、それで体を再生します。幹細胞をもとにして、必要なすべての細胞、組織、器官ができます。**事故でちぎれたのが2匹になるなら再生だけれども、自分でちぎって2匹になるのは増殖である**、と考えてみれば、こういう動物では両者を分けるのは本質的ではない、ともいえるわけです。

### 4 動物の幼生生殖

クラゲの仲間は、まずポリプというイソギンチャクのような形の幼生ができます。幼い個体を幼生といいます。それにたくさんのくびれが生じて、上から1つずつ外れて、外れたら上下がひっくり返って小さなクラゲが誕生します。これは**幼生生殖**です（図10-15）。大人の個体ではなく、**幼生の状態の個体が増殖する**わけです。大人のクラゲは生殖細胞を作って有性生殖します。無性生殖の時代と有性生殖の時代を繰り返すという意味では世代交代するわけですが、核相はどちらも2n世代で核相交代はありません（生殖細胞だけがn世代）。

扁形動物ではジストマという寄生虫も幼生生殖で有名です（図10-16）。肝臓に寄生するのはカンテツともいいます。これは中間宿主であるモノアラガイという貝の中で、何回も幼生生殖を繰り返して増えます。周りから養分を吸収して、自分の体の内部にどんどん子孫を作って成長させ、子孫が体を破っ

図10-13 ヒドラの出芽

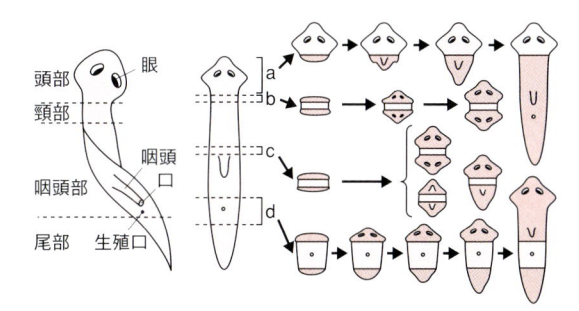

図10-14 プラナリアの再生と極性

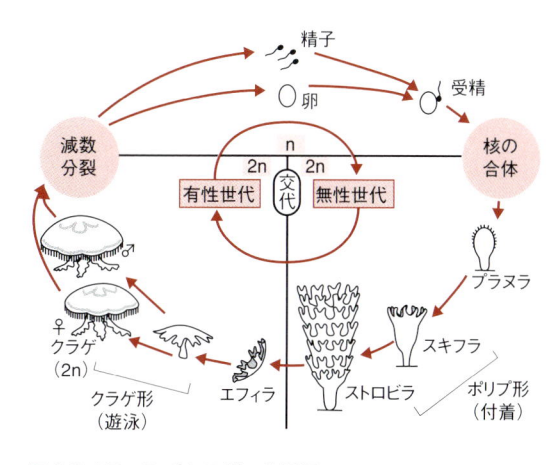

図10-15 ミズクラゲの生活環

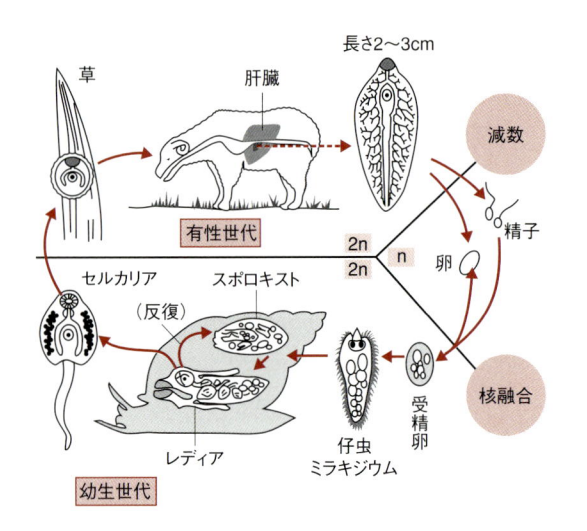

図 10-16　肝臓ジストマ（カンテツ）の生活環

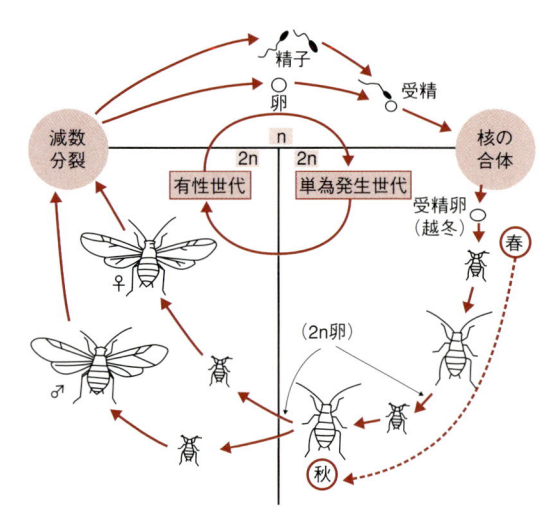

図 10-17　アリマキの生活環

て出てくると、それぞれがまた成長しつつ体内に次の子孫を成長させる。それを繰り返すわけです。こうやって個体数を膨大に増やします。

## 5 動物の単為生殖

　**単為生殖は、生殖細胞を使うけれども有性生殖ではない**という、なんだか中途半端な例です。要するに、卵子だけで発生する。ミツバチの雄は、女王蜂の未受精卵から単為生殖で生まれる 1n の個体です。1n（単相）の個体は動物では珍しい存在です。なお昆虫では、性染色体 XX は雌に、X 1つでは雄になるので、雌から単為生殖で雄が生まれることは不思議ではありません。ただ、生殖機能をもつ雄はほんのわずかしか生まれず、新しい女王蜂に精子を提供するという役割りだけしかもっておらず、精子を提供すればすぐに死に、提供できなかった雄が巣から放り出されて死にます。新しい女王蜂は、もとの巣を離れて雄とともに飛行し、その間に精子を提供されるわけです。新しい巣を作り、提供された精子は、女王蜂の体内で何年も生きていて、何百万匹もの働き蜂（これは 2n の雌）を生み出します。この雌の一部は次世代の女王蜂候補になります。

## 6 2倍体個体を作る単為生殖もある

　アリマキは、春から秋にかけて単為生殖で雌だけをどんどん生み、生まれた雌もどんどん単為生殖で雌を生む、ということを繰り返します（図 10-17）。単為生殖では 1n の個体が生まれそうですが、アリマキの場合は、卵と極体の核が融合して 2n の細胞になり、これが増殖して発生するので 2n の個体として生まれます。秋になると雄と雌が生まれて有性生殖して、受精卵で越冬します。冬でなくても環境の悪化によって、受精卵を作って環境がよくなるのを待ちます。カイガラムシ、ワムシやミジンコも同様で、環境がよいときは単為生殖で 2n の個体を作ってどんどん増え、環境が悪くなると有性生殖して、丈夫で休眠可能な受精卵である耐久卵あるいは休眠卵を作って、環境がよくなるまで耐え忍びます。

## 7 脊椎動物でも単為生殖する

　単為生殖などというものは、下等な動物しかしないものと思うかも知れませんが、そんなことはありません。脊椎動物のなかでも、魚類、両生類、爬虫類、鳥類には、単為生殖をするものがいます。いろいろな生き物で、いろいろな単為生殖のケースがあるものだなあ、と思ってくれればそれで十分です。ギンブナというのはありふれた魚ですが、2倍体と3倍体の個体がいます。3倍体のギンブナには雌しかおらず、単為生殖します。減数分裂がうまくいかずに3倍体の卵ができ、これに精子が来ると受精して発生をはじめるけれども、精子の核は使われず、精子は発生開始の刺激としての意味しかありません。

*178*　　分子生物学講義中継 番外編 生物の多様性と進化の驚異

生まれるギンブナは、遺伝的には完全に卵と同一、すなわち母親と同一の雌です。

ジュラシックパークという映画のなかで、勝手に繁殖しないように雌だけしか作らなかったのに、檻から脱出した恐竜が、思いもかけず勝手に単為生殖して増え出してしまった、というエピソードがありました。トカゲ類はしばしば単為生殖の例がありますが、2006年には、コモドオオトカゲが単為生殖して雄を生んだというニュースがありました。雌ばかりになってしまって困った、というときに単為生殖で雄を生むということなら、なかなか合目的的な対応にみえます。生まれた雄の遺伝子は生んだ雌と同じでも、遺伝的に異なる雌が周囲にいれば、この雄との間で遺伝子の混ぜ合わせができるようになるはずです。

### 8 哺乳類は単為生殖できない

ただ、脊椎動物のなかで、哺乳類だけは単為生殖ができないと考えられています。生物界全体を見渡すと、動物では哺乳類、植物では種子植物が単為生殖できない生き物とされます。常染色体上の遺伝子のゲノムインプリンティング（12日目）があって、数十種類の遺伝子は母親に由来する遺伝子しか働かず、別の数十種類の遺伝子は父親由来の遺伝子しか働きません。**ゲノムインプリンティングは、哺乳類のなかでも胎盤をもつ有袋類と真獣類に特徴的**で、胎盤をもたない単孔類にはみられません。胎盤を形成し、胎児が発育するためには、母親由来の遺伝子と父親由来のゲノムインプリンティング遺伝子が働くことが必要です。受精卵には母親由来の遺伝子と父親由来遺伝子の両方が存在するので問題ありませんが、**卵子あるいは精子だけから発生（単為生殖）すると、胚の正常な発生ができません**。仮に雌性単為生殖が可能だったとしても、ヒトの性決定機構からいえば、Y染色体のない女性から男児が生まれることはありえません。

### 9 生き物とはこういうものだ

子孫の増やし方についてさまざまな例をあげました。生き物は生き残りのために本当に全力を注いでいます。もっと各論をいえば、鳥類が相手の気を引くために独特のポーズをとったり踊ったり、巣や贈り物を用意したり、涙ぐましい努力をする様子はテレビでもよく放映されます。鳥類だけでなく、イカもサカナも昆虫も頑張っているだけでなく、聞いたこともないような生き物でもそれぞれなりに工夫を凝らしています。具体例について詳しく紹介するわけにいきませんが、子孫を残すことは生き物にとって非常に基本的な性質であり大切なことで、実にいろいろな工夫をしていることを感覚にでもつかんでもらいたいと思った次第です。

## VI. 雌雄の決定

有性生殖するということは、性の分化があるということです。これまでの説明から雌雄を区別し決定する機構が重要なものであることは、理解も納得もできるでしょう。性の決定は、遺伝によって決まる遺伝性決定と、遺伝によらない性決定に大別されます（表10-1）。性染色体があって性が決定される場合、雌が同じ形の性染色体を2本（ホモ）、雄が異なる形の性染色体をもつか1本しかもたない（ヘテロ）タイプを**雄ヘテロ型**といい、**雌はXX、雄はXYまたはXO**とします。逆の雌ヘテロの場合を、**雌はZWまたはZO、雄はZZ**とします。また、かなり多くの生物が雌雄同体であり、また一度決定した性を途中で転換する動植物も少なくありません（表10-2）。脊椎動物のなかだけでさえ、性の決定は極めて多様で、問題の重要性にもかかわらず細部までわかっていないのが現状です。

### 1 遺伝的に決まる性

#### ◆ 哺乳類の性は遺伝的に確定する

大部分の哺乳類は雄ヘテロのXY型で、遺伝的に性が決定され、簡単には変更できません。Y染色体に性決定遺伝子があってそれが働けば雄になり、Yがなければ雌になります。卵子にはXをもったものしかありませんが、精子にはXをもったものとYをもったものとがあり、受精した瞬間に、雌になるか

表10-1◆雌雄異体の生物の性決定

| 遺伝/非遺伝 | 決定要素・染色体構成 | | 動物 | 植物 |
|---|---|---|---|---|
| 遺伝性決定 | 雄ヘテロ型 | XY型<br>雄：XY<br>雌：XX | 大部分の哺乳類<br>ニジマス<br>双翅目・鞘翅目の一部 | ホップ<br>アサ<br>ヒロハノマンテマ |
| | | XO型<br>雄：XO<br>雌：XX | 一部のネズミ<br>C.elegans（XXは雌雄同体）<br>直翅目・蜻蛉目など | |
| | | 変形型<br>（XnYn<br>XnO） | カモノハシ（XnYn）<br>カワハギ（XnY）<br>カマキリ（XnY） | スイバ（XYn）<br>カラハナソウ（XnYn）<br>ホップ（XnYn） |
| | 雌ヘテロ型 | ZW型<br>雄：ZZ<br>雌：ZW | 鳥類、ヘビ<br>ウナギ、アナゴ、カダヤシ<br>鱗翅目 | タカイチゴ<br>（イチゴの一種） |
| | | ZO型<br>雄：ZZ<br>雌：ZO | 毛翅目、ミノムシ | |
| | （性染色体が判別しにくいもの） | | ツチガエルの一部<br>（XY、ZWの遷移型） | キウイフルーツ<br>ヤマイモ<br>ピスタチオ |
| | 半倍数性 | 雄：半数体<br>雌：二倍体 | 膜翅目・半翅目の一部<br>ダニの一部<br>輪形動物の一部 | |
| 非遺伝性決定 | 環境性決定 | 温度（TSD） | ワニ・カメなど | |
| | | 他の個体など | ボネリムシ<br>（ユムシ動物の一種） | |
| | その他 | | *Dinophilus apatris*<br>（環形動物原環虫類） | |

表10-2◆雌雄同体生物や性転換する生物

| 変化の有無 | 変化要因 | 変化の型 | 動物 | 植物 |
|---|---|---|---|---|
| 同時的雌雄同体 | | | 魚類の一部<br>カタツムリ<br>ミミズ | 被子植物一般 |
| 性転換を行うもの | 生育状態<br>（時間経過） | 雄性先熟 | クマノミ、クロダイ<br>エビ類の一部 | ウリハダカエデ |
| | | 雌性先熟 | 魚類の一部<br>等脚目の一部 | |
| （隣接的雌雄同体） | 周辺環境・栄養状態など | | ホンソメワケベラ<br>等脚目の一部<br>ゴカイ<br>（*Ophryotrocha puerilis*） | テンナンショウ属の一部 |

雄になるかの運命が決まります。性の決定とはそういうものである、と思っている人が多いのではないかと思います。生物界全体をみると、そうでないケースが実に多いのではありますが、まずとりあえずは、ヒトの場合を中心に紹介します。

#### ◆ Y染色体に雄性決定遺伝子がある

受精の瞬間に雌雄が決定する、というのは確かにそうなんですが、実はもう少しやっかいです。特別なできごとがなければ、ヒトは女性になるようにできていて、女性では発生過程で卵胞上皮細胞が分化して、始原生殖細胞を取り囲みます。Y染色体が雄であることを決定しますが、具体的にはY染色体上にSry（Sex-determining Region of the Y chromosome）という性決定遺伝子があって、これによって精巣決定因子（タンパク質）が作られ、胎児の生殖原基に働きかけてセルトリ細胞とライディッヒ細胞を分化させます。セルトリ細胞は始原生殖細胞をとり囲んで保護し、将来、精子の分化を助け、ライディッヒ細胞は男性ホルモンであるテストステロンを分泌して、これが男性生殖器の分化を促し精巣への分化を誘導します。こうして、妊娠第7週目以降という早い時期から、生殖巣の男女の違いが出てきます。XYだけでなく、XXYやXXXYが男性になることも理解できます。Sryは全生物界を通じてはじめて発見された性決定遺伝子ですが、相同遺伝子は哺乳類以外には脊椎動物にも発見されず、単孔類（カモノハシ）にもみつかっていません。真獣類ではじめてできた遺伝子であるようにみえます。実は、メダカにもY染色体上にDmyという雄性決定遺伝子が発見されました。ただ、哺乳類のSryとメダカのDmyには、構造的な相同性がありませんし、働き方も違うと思われます。Dmyと似た遺伝子も、ほかの脊椎動物にはみつかっていません。このように基本的な遺伝子に共通性が乏しく、ずいぶん個別的であることに驚きます。

#### ◆ *Sry* が働いても雄にならない場合もある

雌雄を決めるのは*Sry*遺伝子であることはその通りですが、その指令の下に実際に働いているのは、精巣ができて、そこから分泌されるテストステロン

です。テストステロンが働くことで、形態的にも機能的にも、生殖器の男性化が起きる。だから、Y染色体があって*Sry*遺伝子が正常に働いても、テストステロンがうまく出なかったり効かなかったら、体としては雌の体になってしまいます。逆に、XX染色体をもつ雌の胎児でも、胎血管を通じて別の雄胎児からのテストステロンが誤って入り込むと、雄の体になったりすることが起きます。

### ◆ 同じXY型でもショウジョウバエは違う

ショウジョウバエでも、雌の性染色体はXX、雄の性染色体はXYでヒトと同じです。性を決定する遺伝子は*Sxl*で、発現しなければ基本形は雄、発現すれば雌になります。*Sxl*遺伝子を発現させる転写活性化因子の遺伝子がX染色体に、抑制因子の遺伝子が常染色体にあり、X染色体と常染色体の量比で*Sxl*遺伝子の発現有無が決まり、その結果、雌雄が決まります。Xが1本なら雄になり、XXでもXXXでも、X染色体がたくさんあれば雌になるわけです。Y染色体は性決定に関しては何もしていないわけです。ハチの仲間も同様で、女王蜂はXXの働き蜂（雌）をたくさん生み、単為生殖でXの雄を少数生みます。

### ◆ どうやって性差ができる

*Sxl*遺伝子から作られるタンパク質は何をしているかというと、pre-mRNAからのスプライシングのやり方を変更する因子を誘導し、*dsx*や*tra*などの下流遺伝子のスプライシングを変化させ、雌型のタンパク質ができるように誘導します。雌（*Sxl*が働く）と雄（*Sxl*が働かない）とで同じ遺伝子から異なったmRNAを作り出し、その結果、雄と雌とで異なったタンパク質を作り出し、異なった体ができるわけです。昆虫にはしばしば雌雄モザイクの個体がみられるのは、雌雄を決定する機構が個々の細胞にあるためです。なお、雌雄モザイクというのは、体の左半分は雄で右半分は雌というような例です。精巣と卵巣をもった雌雄同体とは全く別ものです。

### ◆ XY型だけでなくZW型もある

ZW型は、魚類や両生類、爬虫類、鳥類など脊椎動物の一部や、昆虫などにもみられます。関係する

**表10-3◆動物の性決定・性分化に関連する遺伝子**

| | 動物 | 遺伝子名称 | 性決定様式 | 決定方向 |
|---|---|---|---|---|
| 脊椎動物 | 哺乳類 | SRY | XY型 | 雄（♂） |
| | アフリカツメガエル | DM-W | ZW型 | 雌（♀） |
| | メダカ | DMY | XY型 | 雄（♂） |
| 線形動物 | C. elegans | mab-3 | XO型 | 雄（♂） |
| 節足動物昆虫類 | ショウジョウバエ | Sxl、tra、dsx | XY型 | 雌／雄 |
| | セイヨウミツバチ | csd、Amdsx | 半倍数性 | 雌／雄 |
| | カイコ | Fem Bmdsx | ZW型 | 雌（♀） |

遺伝子がわかっているものもあります（表10-3）が、これらの遺伝子の働くプロセスや性の決定方法は個々の生物でずいぶんまちまちのようです。

### ◆ 性の決定は単純ではない

哺乳類では、性の決定は一義的で決定的なものにみえますが、生物界を眺めるとそう単純ではありません。雌雄によって異なる染色体をもつ場合に、そういう染色体を性染色体というわけですが、性の決定に性染色体がかかわっているかどうか明確ではない例が多く、脊椎動物の多くは、魚類から爬虫類まで、性染色体が分化しているものもありますが、むしろ分化していないようにみえる例の方が多いのです。

脊椎動物に限っても、魚類から爬虫類まで、環境によって雌雄の決定が影響されたり、成熟後に雌雄が変換したり、雌雄同体の生き物がいたりする。性の決定はひどくいい加減で、曖昧というか融通のきくものにみえます。そんな動物では、性を決定するには具体的にどのようなプロセスが働いているのか興味あるところですが、現状では、性の決定の具体的なプロセスについてわかっている例は、ヒトやショウジョウバエ以外にはわずかしかなく、多くの生き物ではよくわかっていません。2010年3月のNature誌には、鳥類（ニワトリ）の性表現を決定するしくみが哺乳類と異なっていて、体細胞自身が生殖腺とは独立に雌雄を決めているという報告があります。未開拓の分野なのです。

## 2 環境で決まる性

### ◆ 爬虫類等には温度で性が決定されるものがある

すべてのワニ類、多くのカメ類、一部のトカゲ類

では、**性染色体の分化がみられないものが多く、孵卵温度によって生まれる雌雄が変化することが有名です**（表 10-1）。**魚類や両生類にも性染色体の分化がみられないものが多く、孵卵温度によって生まれる雌雄が変化する例**があります。男性ホルモンから女性ホルモン（エストロジェン）に作りかえるアロマターゼという酵素の活性が温度によって変化し、活性が高くなると雌を誕生させ、活性が低いと雄を誕生させるといわれます。酵素の活性ではなく、アロマターゼ遺伝子の発現が、温度によって変化するものもあります。結果としてエストロジェンの産生量が大きく変化し、その結果、形態的にも機能的にも雌雄が変わります。雌が生まれる温度で孵卵しても、外から男性ホルモンを与えると雄が生まれ、雄が生まれる温度で孵卵しても、エストロジェンを与えると雌が生まれます。

問題になっている環境ホルモンにはエストロジェン作用をもつものが多く、その影響を受けて女性化しやすいわけです。アメリカの国立公園で、環境ホルモンのために雌ワニが増えているという話があったのは、ずいぶん前のことです。ただ、機構としてアロマターゼの活性や発現だけであるかどうかには疑問があるようです。同じ爬虫類でも、ヘビの場合はほとんど温度による性決定は働かず、染色体の組み合わせで決まるということです。

◆ 環境で雌雄が決まる

ユムシ動物門のボネリムシなどというのは、幼生のときに雌の体にくっついて定着すると、非常に小さな個体として雄になり、海底などに定着すれば大きな雌になるのだそうです。こんなことで雌雄が決まる。チョウチンアンコウの雄は雌の体にくっついて小さな突起物のごとくになり、血管まで雌とつながっていて、体内にはほとんど生殖巣だけしかなくなるそうですが、この場合は、雄であることが決まった後で雌にくっつくので、ボネリムシの場合とは違います。ダンゴムシやフナムシの仲間である等脚類（節足動物門です）のなかには、細胞質にある種のバクテリアが寄生していると雌ができ、バクテリアを取り除くと雄ができるなどという、とんでもない性決定をするものもいます。

◆ 成熟後にも雌雄が変換する

魚類、両生類、爬虫類には、成熟した大人になっても後から雌雄が転換するものがいます（表 10-2）。環境ホルモンの影響で、雄が雌化することも不思議ではないわけです。珊瑚礁の海岸はしばしば美しい白砂で覆われていますが、この白砂の起源は、ブダイがサンゴをばりばり食べて、もりもり排泄したものである、ということで有名なブダイの仲間は、性転換でも有名です。生まれたときには雌雄それぞれいますが、成長過程で少数の選ばれた強い雄になれなかった雄は、雌に変化してハーレムの一員になる。ただ、群れの雄が弱ったり衰えたりすると、群れのなかで体の大きな雌が、雄に転換するのだそうです。ベラの仲間では、生まれたときは全部雌で、成長したとき集団のなかの大きな雌が雄に変わってハーレムを作ります。クマノミでは逆に、雄ばかりの群れのなかで、体の大きな個体が雌に変換するのだそうです。こういった性転換は、もちろん外見的な転換だけでなく、生殖器そのものも変化して生殖細胞を作りだし、雄あるいは雌としての機能を果たせるのだから、すごいものです。

◆ 雌雄同体の生き物の方が多い

哺乳類をみていると、性の決定は一義的で、性染色体が決めていると思いがちですが、サンゴ（腔腸

---

### コラム 二次性徴は性ホルモンが決める

思春期になると二次性徴がはじまって男らしくなりますが、この時期に、視床下部からの指令で脳下垂体前葉から性腺刺激ホルモンが分泌されます。その結果、男性では、テストステロンの分泌が盛んになり、髭が生えるとか、筋骨逞しくなるなどのほか、脳の機能にも影響を与えるらしい。この時期には女性の方でも同様に女性ホルモンの分泌が盛んになって、女らしくなります。その時期に、男らしく、女らしくなるのはその通りですが、いうまでもなく、性の決定ははるかそれ以前になされているわけです。この時期に、精子の生産や排卵がはじまり、生殖が可能になり子孫を残せるようになります。

動物)、プラナリア (扁形動物)、センチュウ (円形動物)、ミミズ (環形動物)、カタツムリ (軟体動物)、ホヤ (脊索動物) など、**実に多くの動物門に雌雄同体が見られます** (表10-2)。むしろ、動物界でも植物界でも、この方が普通というべきかも知れません。サカナの仲間にさえ、雌雄同体が当たり前というものがいます。**花の咲く植物でも、1つの花におしべとめしべがついているように、雌雄同体のものが多く**、イチョウのように雄株と雌株が別という方が少ないように思えます。こういう生き物では、受精した瞬間にその個体の性が決まるはずはありません。

◆ 生殖細胞が相手を見分けるしくみ

基本的に、異種生物の卵子と精子の間では受精しないようにできていること、同種間では受精できるしくみになっていることは当然ですが、雌雄同体の生物では、別の個体との間で生殖ができるように、精巣と卵巣で成熟の時期が違っていたり、同時に成熟する場合には自分の卵子と精子の間では受精できないように工夫されています。細胞表層の糖タンパク質が、相手を選別する役割りを果たしています。自家受精したのでは、有性生殖で遺伝子を混ぜ合わせる効果がないので、普段は他の個体との間で交配しますが、相手がみつからないときは、**自家受精で子孫を残す**といったこともするようです。相手がみつからなければ、有性生殖による遺伝子の混ぜ合わせなどと贅沢なことをいっていられない、とにかく子孫を残すことが先決だ、ということです。状況に応じて子孫を残すためにどうすべきか、優先順位を考慮した柔軟というか臨機応変な対応をするわけです。やりくりと工夫は生き物の真骨頂です。

# VII. ヒトの場合の生殖細胞形成

ヒトの場合の生殖細胞ができるプロセスについて簡単に紹介しておきます。常識として知っておいてよいことと思いますが、案外、考えていたのとはずいぶん違うことに驚くのではないかと思います。

## 1 ヒトの場合の生殖器官の誕生

ヒトの場合、生殖器官の分化は発生の早い時期にはじまります。発生の第2週目には生殖系列になる細胞が区別でき、**第4週目には卵黄嚢の壁内に始原生殖細胞として分化し**、4〜6週目にかけて卵黄嚢の壁から延々と移動して胚の背側体壁内に落ち着きます。始原生殖細胞の周囲の組織に生殖巣の分化が促され、**生殖堤という原始的な生殖巣**ができます。これがおよそ6週目あたりですが、胚としてはまだ1 cm程度の大きさでしかありません。そんな早い時期に生殖巣の元になる組織ができるわけです。この段階ではまだ男女の違いはありませんが、第7週目以降、Y染色体をもたない女児では生殖原基の女性化が進行し、男児ではY染色体上の *Sry* 遺伝子の働きで、生殖原基の男性化がおきて男性ホルモンであるテストステロンを分泌し、これが精巣への分化を誘導します。

## 2 卵子の減数分裂は胎児のときにはじまる

性的な成熟は思春期以降にはじまることなので、生殖細胞を作る減数分裂はそれ以降のことと思うでしょうが、実は女性では驚くほど早い時期に起きます。始原生殖細胞が細胞分裂を繰り返して卵原細胞になったあと、胎児としての**3〜5カ月目あたりまでに全部が減数分裂**に入ります。5カ月というと胎児としてはおよそ20 cmくらいの大きさです。減数分裂に入った後、**第一減数分裂の前期、第一次卵母細胞の状態で停止します** (図10-18)。そのままの状態で胚発生が進み、赤ちゃんになって誕生します。したがって、生まれた女の赤ちゃんの卵巣には、第一減数分裂の前期で停止した第一次卵母細胞が存在しています。

## 3 生まれてから卵母細胞が減る

赤ちゃんが誕生したときには、第一次卵母細胞は100万〜200万個くらいありますが、小児期にどんどん退行して、性的に成熟する思春期には4万個程度にまで減少します。4万個程度しかないというとずいぶん少ないと思うかも知れませんが、一生の間に成熟するのはせいぜい400個くらいのものなので、これでも十分なのです。

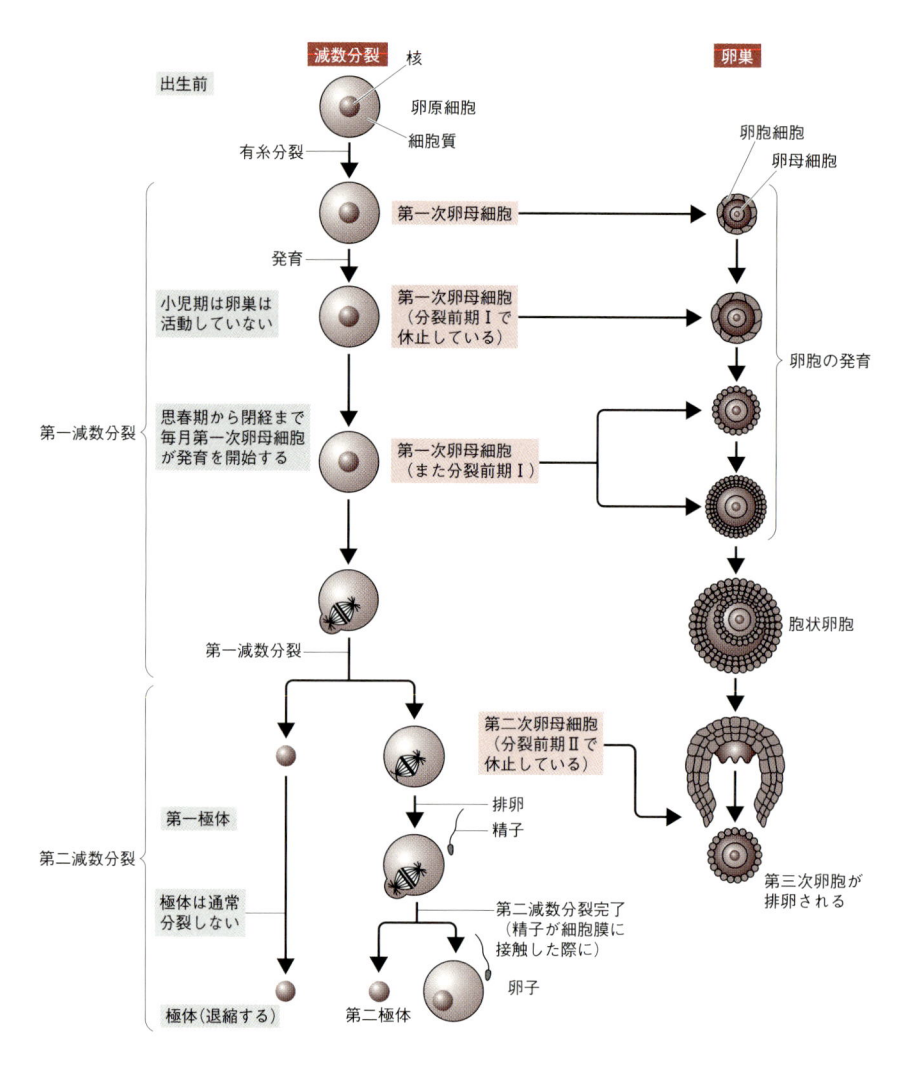

図 10-18　卵子の減数分裂から成熟まで（参考文献 13 を元に作成）

### 4 思春期以降に卵子が成熟

　思春期になると、脳下垂体から性腺刺激ホルモンが分泌され、卵巣が成熟して女性ホルモンが活発に分泌されるようになり、二次性徴が発達するとともに、複数の第一次卵母細胞が成熟をはじめます。ただ、最終的に成熟するのはおよそ 1 カ月に 1 つだけです（図 10-18）。卵子をとり囲む卵胞細胞も増殖して、成熟します。卵母細胞は、停止していた第一減数分裂を再開して、極体という小さな細胞と、第二次卵母細胞に分裂します。第二次卵母細胞は引き続き第二減数分裂に入りますが、分裂中期で止まって排卵され、受精を待ちます。

### 5 卵子の成熟

　排卵されるまでの卵子の成熟として重要なことは、mRNA やリボソームやタンパク質を蓄積することです。受精後に細胞分裂がおきますが、はじめの卵割の段階では、DNA 合成はしますが、RNA 合成やタンパク質合成をしないので、分裂するたびに細胞はほぼ 2 分の 1、4 分の 1、8 分の 1 と小さくなります。卵割の時期が終わったとき、それぞれが 1 つの細胞として十分なだけの RNA やタンパク質を、卵は前もって蓄えているわけです。

　卵子のもう 1 つの特徴は、タンパク質や mRNA の細胞質内での不均一な分布です。発生の過程で、さ

まざまな種類の細胞に分化していくわけですが、その最初のきっかけは、卵細胞の中のタンパク質やRNAの分布の不均一性に由来します。動物の種類によってこの辺りのしくみには違いがありますが、細胞内の成分が不均衡に分布していて、分裂した細胞が異なる成分を配分されることが共通です。この不均一性が、将来の頭と尾の方向を決めたり、生殖細胞への運命を決めるもとになります。

## 6 第二減数分裂の完了は受精後

精子がやってきて受精がはじまると、それをきっかけに第二減数分裂が進んで、極体と卵子とにわかれます（図10-18）。だから、卵子として1nの時期はホンの一瞬ともいえるわけで、すぐに精子の核が入ってきます。減数分裂は分裂を2回繰り返すことであるというのはその通りですが、ヒトの場合には、1回目の開始と2回目の分裂は何十年もの間隔が開いているわけです。どうしてこんなとんでもないシステムを採用しているのか、というところが実に不思議です。そうするべき必然的な理由があるのかもしれませんが、私は知りません。

## 7 精子を作る

胚発生の6週目くらいには生殖堤という原始的な生殖巣ができ、7週目くらいからY染色体上の遺伝子の働きで男性の特徴をもつようになります。ただ生殖細胞については、赤ちゃんとして誕生し、成長して思春期を迎えるまで、始原生殖細胞から生殖細胞としての成熟はなく、ほとんどそのままの状態が続きます。思春期になると、脳下垂体から性腺刺激ホルモンが活発に分泌されるようになり、睾丸から性ホルモンが分泌されて精巣は急速に成熟し、二次性徴も顕著になります。始原生殖細胞は細胞分裂を繰り返して、たくさんの精原細胞を生み出します。

## 8 精子はつながった細胞として成熟する

精祖細胞は、精細管の周囲から中央へ向かって、減数分裂しつつセルトリ細胞の間を移動し、さらに成熟して精子を作ります（図10-19）。巨大なセルトリ細胞に包まれた保護の下に成熟が進行します。成熟の過程では、プロタミンという塩基性タンパク質がヒストンに置き換わって、DNAを非常に凝縮された状態にします。成熟の最後に、ほとんどの細胞質を脱ぎ捨てるため、細胞質にあったオルガネラの

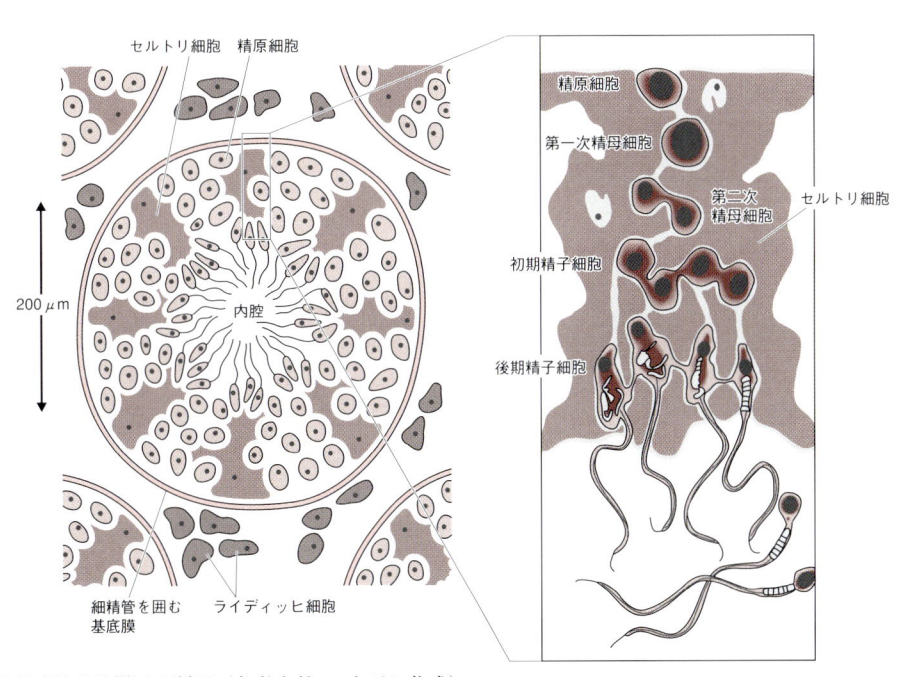

図10-19 精子が成熟する様子の断面（参考文献14を元に作成）

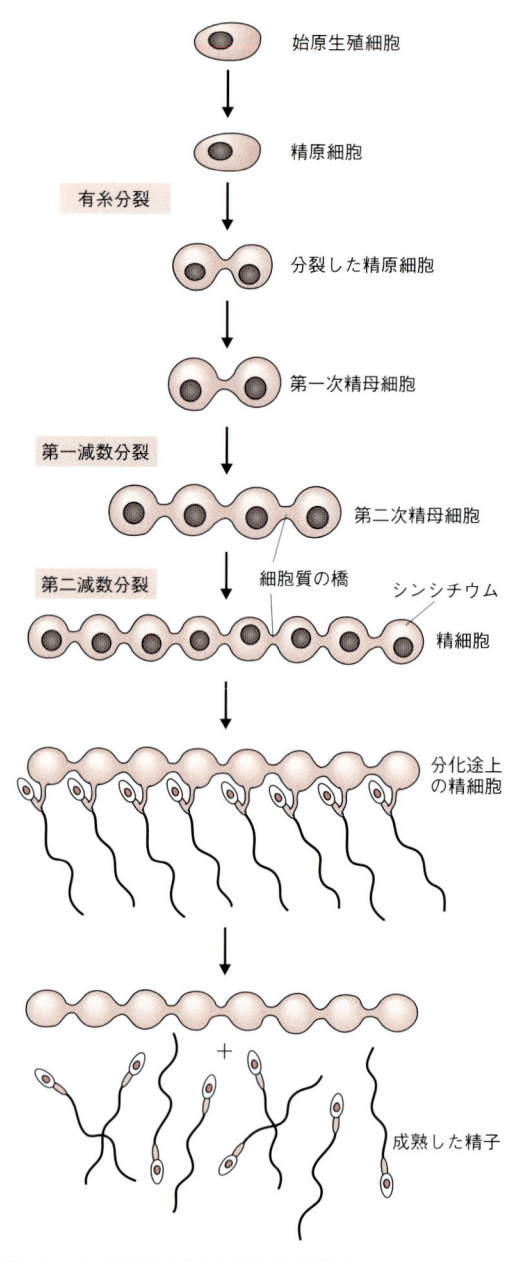

図 10-20 精子の減数分裂から成熟まで
（参考文献 7 を元に作成）

ほとんどすべては精子に移行しません。ただ、エネルギー生産のためのミトコンドリアを保持し、運動のための鞭毛をもちます。ちょっと特徴的なのは、精原細胞が細胞分裂したとき、細胞質分裂が不完全で、いくつもの細胞の細胞質がつながったままになります。細胞質がつながったままで何回かの体細胞分裂をして最後に減数分裂し、成熟していきます（図 10-20）。図では 8 つがつながっているだけですが、実際には何十もの精子がつながって分裂と成熟を一度に進行させます。これ全体がセルトリ細胞に被われて進行するわけです。最後にどっと細胞質を脱ぎ捨てて精子になって泳ぎ出します。精祖細胞から精子まで成熟するには約 70 日かかるといわれますが、1 日におよそ 1 億から数億個の精子ができます。

## 今日のまとめ

　有性生殖は真核生物のもつ大きな特徴です。有性生殖とは、2 つの個体（細胞）のもつゲノムを混ぜ合わせて、新しい組合わせのゲノムをもつ個体（細胞）を作るしくみです。これには、1 倍体の生殖細胞を作り、それが合体して 2 倍体細胞を作るしくみの成立が必要で、個体の増殖にとっては効率の悪い方法でしたが、生物の多様性を大きくする上で大きな役割りをもちました。真核生物は有性生殖と無性生殖を組合わせて、実に多彩な方法で種の保存をはかっています。そういう現状を紹介しました。生殖細胞を作る減数分裂というプロセスには、DNA 間の相同組換えを積極的に起こして新たな遺伝子を構築するという重要な役割がありますが、これは明日の講義でお話します。

# 今日の講義は...
# 11日目 多細胞への多様な遺伝子を準備する

単細胞から多細胞への変化は、細胞の誕生、真核細胞の誕生に次ぐ、進化の上で第3の画期的なできごとであったと思います。多細胞化は単細胞では限界のあった複雑な構造と機能をもてるようになり、生物としての多様な展開を可能にしました。原始の単細胞真核生物の一部が多細胞化という試みを進めたとき、はじめは、同じような細胞が集合しただけの塊だったかもしれません。これは、多細胞生物とはいいません。細胞の群体です。多細胞生物というのは、構成細胞1つ1つが機能的にも形態的にも分化し、役割り分担していて、細胞集団全体（個体）として一定の形態的特徴をもち、個体としての機能的な統合がある、という特徴をもっています。11日目では、**動物の多細胞化に必要な遺伝子をどのように用意したか**について考えることにします。

## 1. ラクシャリー遺伝子の準備

### 1 多細胞生物には新しい遺伝子が必要

多細胞動物になるに際して必要な遺伝子としてどんなものがあるか考えてみます。例えば、動物として生きるためには、餌を探すしくみ、餌をみつけるしくみ、餌を捕まえるしくみ、食べるしくみ、餌を消化するしくみが、ちゃんとできて働かなければなりません。そのためには感覚器官、運動器官、それを統合的に働かせる神経系の成立が必要です。形態的にも機能的にもそれぞれ特徴ある細胞になるためには**分化機能を発揮する細胞・組織・器官特異的な遺伝子**が必要です。

個体を作り上げるために、**細胞同士を認識して接着するしくみ**が必要です。やたらくっつくだけではダメで、ちゃんと相手を認識して、くっつくべきものだけがくっつくという仕分けが必要です。生理活性ペプチドやホルモンなど、**全身の調節に働く細胞間信号物質の遺伝子**や、信号を受け取った細胞が応答反応を示すまでに細胞内で働く、**細胞内シグナル伝達反応にかかわるタンパク質や酵素の遺伝子**がなければいけません。増殖調節の微妙なしくみも必要で、原核生物のように栄養さえあれば増える、というのでは個体の統合は保てない。必要なときに必要な数だけ、特定の細胞が増殖する、という調節のしくみが必要です。

受精卵から個体を作り上げる発生という現象は、多細胞生物の驚異といえます。たった1つの受精卵から、頭尾・背腹・左右の体軸を決め、体全体の形から、頭では頭の器官を腹部では腹部の器官作りをするしくみ（**形態形成**）が働き、それぞれの組織や臓器に特徴的な形態と機能をもつように細胞が変化（**細胞分化**）します。このしくみのすべてに遺伝子が働いています。多細胞生物として細胞間基質あるいは結合組織を作るしくみ、免疫系や神経系のように個体の統合や調節をはかるしくみなど、さまざまなしくみを支える遺伝子が必要です。そういう遺伝子を、**ラクシャリー遺伝子**といいます。

### 2 遺伝子と遺伝子発現調節機構の用意

単細胞生物には必要ない、こういうたくさんの機能にかかわるラクシャリー遺伝子が準備されることで、**多細胞動物の誕生が可能になるわけです**。ラク

シャリー遺伝子は、働きの調節が複雑に行われています。酸素を運ぶヘモグロビンの遺伝子が働くのは、やがて赤血球になる少し前の網状赤血球という細胞の中だけです。ヘモグロビンの遺伝子は体中の細胞がもっているけれども、網状赤血球以外では働かない。ただ、ヘモグロビン遺伝子にも何種類もあって、発生のごく初期から中期、誕生後と、時期に応じて赤血球の起源も違えば、どの遺伝子が働くかについても厳密に調節されています。遺伝子としては存在していても、脳で働く遺伝子が肝臓では働かない、といった調節が、すべての細胞についてあるわけです。**ラクシャリー遺伝子の存在自身はもちろん重要ですが、いつどこで働くのかという、働きの調節があってこそ、多細胞生物がうまく作られ働けるわけ**です。この働きによって、多細胞の個体というものは単細胞に比べて、構造的にも機能的にも大いに複雑化できる可能性をもっています。

### 3 突然変異は必ず起きる

遺伝子の変化（突然変異）によって進化が起きることは疑いありません。遺伝子の変化にはさまざまな場合がありますが、具体的には塩基配列の変化です。欠失も起きます。自然に起こる変異の主な原因は、放射線や化学物質による塩基の修飾や鎖切断といった外部要因による損傷と、DNA複製の際のエラーです。損傷やエラーの大部分は、何重にも巡らされた高性能な修復酵素系によって修復されますが、修復されずに残れば変異が固定することになります。複製の際に起きるエラーは、複数種類の修復機構によって$10^{10}$とか$10^{11}$塩基あたり1つという低い頻度に抑えられているといわれます。低くても膨大な数の細胞が複製することを考えれば、生物集団としては膨大な数の変異が生ずることは疑う余地はありません。

### 4 単なる遺伝子変異は進化の源ではない

ただ、進化を考える上で問題なのは、このようにして起きる変異は、元の遺伝子に比べて機能的に劣るあるいは機能を喪失することが圧倒的に多いと考えられることです。**ほとんどの遺伝子変異は機能喪失型である**という現実があります。これでは、最初に誕生したものが一番素晴らしく、変異を重ねるごとに機能を失ったものになっていきます。ランダムに起きる変異のなかには、新たな機能をもつ遺伝子が生まれることもないとはいいませんが、本当に稀なことです。新しい機能をもった遺伝子が生まれたとしても、そのことがその生き物にとって有利である可能性は、さらに稀なことに過ぎないでしょう。

### 5 進化を進める遺伝子の変化

たくさんのラクシャリー遺伝子を準備できたのは、これから説明する真核生物特有のしくみの獲得によりますが、その前提として、細胞が格段に大きくなったこと、核というコンパートメントができたことで、たくさんの量のDNAを安定に保持できるようになったことが、すべての出発点であったと思います（図9-18）。いずれにせよ、我々が現在知っていることは生物のしくみのホンの一部に過ぎないので、細胞は、我々がまだ知らない手を使っている可能性は大いにあります。それがみつかるたびに驚くことになるだろうと思います。

## II. 遺伝子セットの倍数化

### 1 倍数化する

細胞あたりのDNAの量をドーンと増やす方法があります。通常の細胞は2倍体で、遺伝子を2セットもっているわけですが、比較的容易に4倍体の細胞になり、4倍体の個体になることがあります。4倍体の親同士からは、ちゃんと4倍体の子孫が維持できる。魚類や両生類には今でもしばしばみられることです。新たに4倍体ガエルを作ることだって比較的簡単にできます。4倍体化した個体は、もとの2倍体にくらべて、細胞1つが大きく、個体としても大きいことが多い。非常に近いグループの生物間でDNA量が2倍違う、ということはしばしばみられます。**高等植物では倍数体がもっと普通にみられます**。ハマギクでは染色体が18本で2倍体ですが、

アブラギクでは 36 本（4 倍体）、ノジギクでは 54 本（6 倍体）、シオギクでは 72 本（8 倍体）、イソギクでは 90 本（10 倍体）など、多倍体がそれぞれ別種の植物として扱われています。

## 2 倍数化しやすさには差があるらしい

さまざまな生物のもつ DNA 量を比較してみると、魚類や両生類では種による DNA 含量に大きな幅があり、例えばハイギョのようにヒトより DNA 含量の多い生き物もみられますが、哺乳類ではその幅が非常に小さいことがわかります（図 9-5、9-6）。哺乳類は、誕生後の時間が短いために倍数化していないという理由も考えられますが、両生類や植物における容易さと比べると、むしろ機構的に倍数化しにくい、あるいは倍数化した個体が生きのびにくいためとも考えられます。両生類や植物では倍数化した個体ができやすい、あるいは倍数化した個体が生きのびやすいのはどうしてか、理由もしくみの違いも私は知りません。

---

### コラム　倍数化とパンコムギのルーツ

染色体の数や型を調べることをゲノム分析といいますが、これを使ってパンコムギのルーツを追跡した木原均先生の研究は大変に有名なものです（図 11-1）。ヒトツブコムギは 7 本の染色体を 1 セットのゲノムとしてもちます。このセットを A と表すと、二倍体のヒトツブコムギは染色体 14 本で AA です。クサビコムギは同様に 7 本の染色体が 1 セットなので、この 1 セットを B と表すと、二倍体のクサビコムギは BB です。ヒトツブコムギとクサビコムギが交配すると、子供は AB となります。染色体数は 14 本です。この植物は生きていくには不都合はありませんが、減数分裂できないために子孫を作れません。減数分裂の過程で相同染色体の対合（後の減数分裂を参照）が必要ですが、A セットの染色体と B セットの染色体の間には相同性がないので、対合できないからです。倍数化して 4 倍体になったものは染色体が 28 本（AABB）になり、A セット同士、B セット同士の間で対合でき、減数分裂できます（つまり子孫を作れる）。AABB のゲノムをもつのが、フタツブコムギあるいはマカロニコムギと呼ばれるものです。タルホコムギという小麦がイランやアフガニスタンで野生に生えています。これも 7 本の染色体を 1 セットのゲノムとしてもっていて、この 1 セットを D と表すと、二倍体のタルホコムギは DD です。フタツブコムギとタルホコムギが交配すると、子供は ABD という組合わせになり、染色体 21 本をもちます。このままでは減数分裂できず子孫を作れませんが、倍数化した（AABBDD）になったものが現在のパンコムギで、染色体 42 本をもちます。パンコムギは 6 倍体であるともいえるわけです。

そういえば小学生の頃、上野の国立科学博物館に通っていて、その展示にあったタルホコムギという名前を、ムギの一種なのだからタルホ・ムギだと思い込んでいました。樽のような形の穂という意味のタルホ・コムギと知ったのは後のことです。童謡の『ウサギ美味し彼の山…』や、巨人の星の『重いコンダラ』ほど有名な思い違いではありませんが、個人的にはなつかしい思い違いです。

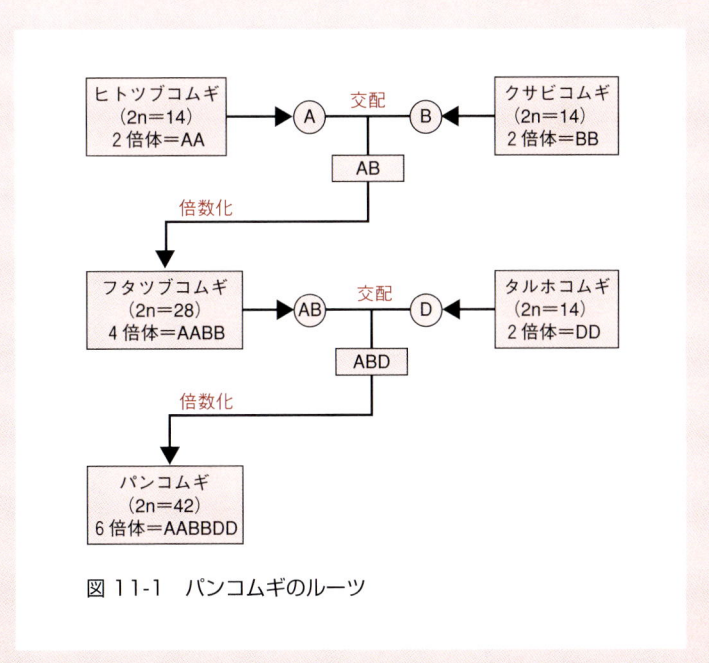

図 11-1　パンコムギのルーツ

## 3 動物の形作り遺伝子

動物の発生過程で形作りに働く重要な遺伝子として、*Hox* 遺伝子群がありますが、これが倍数化の好例です。動物の体の頭からしっぽにかけて、発生過程で体の各部分の特徴的な構造を作り出すことに働く 13 個の遺伝子群が、まとまって配列しています（図 11-2）。脊索動物のナメクジウオでは半数体あたり 1 セット、2 倍体細胞としては 2 セットあります。これが、無顎類のヤツメウナギでは半数体当たり 2 セットに増え、同じく無顎類のメクラウナギから魚類、両生類、爬虫類、哺乳類では半数体当たり 4 セットと増えます。

4 セットの *Hox* 遺伝子はそれぞれ別の染色体に乗っています。2 倍体細胞あたりでは 8 セットあることになります。**ゲノムレベルでの倍化が 2 回にわたって起きた結果、哺乳類では 4 倍になっているわけで**す。*Hox* 遺伝子部分だけが増えたのではなく、染色体 1 本のレベルで倍加した証拠に、*Hox* 遺伝子だけでなく、その染色体に乗っていた他の遺伝子も倍化していることがわかっています。増えた *Hox* 遺伝子群はそれぞれ変異して機能を失ったり、機能分担をするようになったので、哺乳類の 4 セットは、互いによく似ているけれども完全に同じ遺伝子のセットとして存在しているわけではありません。脊索動物から脊椎動物へ、脊椎動物の無顎類から顎口類へ進化するあたりで起きたゲノムの大規模な増幅は、13 日目でも紹介するように、この辺りでのさまざまなラクシャリー遺伝子の劇的な増加とも関係していると考えられています。

## 4 4 倍体はやがて 2 倍体とみなされる

2 倍体の細胞はほぼ同じ遺伝子群を 2 セットもっているので、4 倍体になれば 4 セットもつことになります。同じ遺伝子を 2 倍に増やしたら有利なことはあるのだろうか。不必要なものを抱え込むだけでは、生きる効率が悪くなるだけにも思えます。すぐにわかる大きな違いは、倍数化すると個体のサイズ

ナメクジウオ

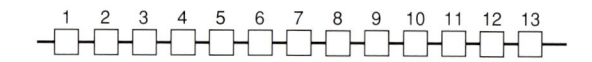

| 1 | 2 | 3 | 4 | 5 | 6 | 7 | 8 | 9 | 10 | 11 | 12 | 13 |

マウス

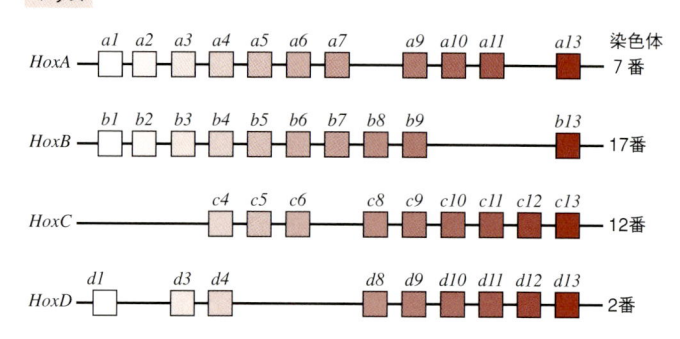

*HoxA* — a1 a2 a3 a4 a5 a6 a7　a9 a10 a11　a13 ——染色体 7 番

*HoxB* — b1 b2 b3 b4 b5 b6 b7 b8 b9　　　b13 —— 17 番

*HoxC* —　　c4 c5 c6　c8 c9 c10 c11 c12 c13 —— 12 番

*HoxD* — d1　d3 d4　　　d8 d9 d10 d11 d12 d13 —— 2 番

図 11-2　*Hox* 遺伝子群と倍数化

が大きくなることですが、長期的には、1 つ 2 つの遺伝子が変異して機能を失っても、正常な遺伝子が 2 つ 3 つ残っているわけだから、生きのびていける可能性がより高いことです。進化の上でより重要なことは、変異した遺伝子がさらに変化して、新たな機能をもつ自由度が増えることです。進化における意義を考えると、倍数化することは、新たな機能をもった遺伝子が作られる自由度が増えることがポイントです。もちろん、遺伝子 1 つ 1 つをみれば、生きるのに不都合な変異をもったものが多いだろうと思いますが、それを含めて、変化した遺伝子が細胞集団のなかに保存されていくわけです。時間が経てば遺伝子が変化して、DNA の量（染色体の数）が多い、遺伝子の種類の増えた 2 倍体の生き物として扱われようになります。

## 5 染色体単位での増加もある

細胞分裂の際に染色体分離がうまくいかなくて、結果として娘細胞の片方に染色体が増え、他方では減ることがあります。子孫に伝わるためには、これが生殖細胞レベルで起きる必要があります。ただ、そういう細胞あるいは個体は排除され、安定した 2 倍体を保とうとします。染色体数の変化はヒトでも時々みられますが、稀なものです。哺乳類では理由は不明ながらゲノムの倍化が起きにくく、特にヒト

では染色体数の変化も起きにくいと思いますが、ほかの動物や植物ではある頻度で起こりうることです。

# III. 有性生殖による遺伝子の混ぜ合わせ

## 1 有性生殖で遺伝子を混ぜる

有性生殖とは、2つの個体の遺伝子セットを混ぜ合わせた子孫を作ることですが、実はそう単純なことではないことをお話します。

2つの個体はクローン個体でない限り、同じ種であってもDNAの塩基配列が少しずつ異なっており、もっている遺伝子にも少しの違いがあります。だから、2つの個体の遺伝子を受け継いだ子の個体は、親とは異なる遺伝子の組合わせをもった個体ができるのは当然です。しかし、有性生殖において新たな遺伝子の組合わせをもった子ができる際には、これよりずっと組合わせの多様性が大きいのです。

## 2 減数分裂の特徴

有性生殖では2倍体の卵母細胞あるいは精母細胞から、1倍体の卵子あるいは精子を作る必要があります。この細胞分裂が減数分裂です（図10-4）。減数分裂してヒトの生殖細胞ができるとき、1人のヒトについて、$2^{23}$ ということでおよそ1,000万種類もの異なった遺伝子組合わせをもつ生殖細胞ができる可能性があるのです。なぜこうなるかはすぐ後で説明します。ある夫婦を考えると、その子供には、1,000万×1,000万で、およそ$10^{14}$ もの新たな遺伝子の組合わせが可能です。これが、有性生殖において、新たな遺伝子の組合わせをもった多様な子孫を生み出す、ということの1つの意味です。遺伝子レベルで多様性をもった子孫の誕生を保証していることがわかります。実際には、子供を1人か2人しか産まなければ、多様な遺伝子をもった子孫のごく一部しか実現することはできません。

## 3 DNAと染色体

このことを理解するために、DNAと染色体につい

---

**コラム　染色体数の変化はヒトでは稀である**

ヒトの染色体数異常の例としてダウン症候群があります。通常、各種類の染色体は2本ずつ（2倍体細胞なので）ですが、21番染色体が3本あります。21番トリソミーといいます。染色体が増えることによって、そこに乗っている一部の遺伝子からできるタンパク質の量が1.5倍になる可能性があります。遺伝子によっては、わずか1.5倍のタンパク質の量変化が影響を与えて、ダウン症候群に特有の症状を表すものと考えられます。顕微鏡的にみた染色体の大きさとしては22番の方が小さいのですが、ヒトゲノム計画の一端として調べた結果では遺伝子の数は21番の方が少ないことがわかりました。これを報告した研究論文のなかで、「一番遺伝子数の少ない21番染色体の異常が最も高頻度にみられることは妥当である」と述べています。確かに、ほかの染色体で数が異常になる例はずっと稀にしかみられません。なぜ「妥当」と考えるかというと、21番染色体の異常が特に起きやすいわけではなく、どの染色体にも起きる異常ではあるが、もっと大きな染色体にはたくさんの遺伝子が乗っているために、トリソミーになったときの影響が大きすぎ、生まれてこられないのではないか、ということです。だから、より大きな染色体のトリソミー発生はずっと頻度が低いと考えられるわけです。

ここから2つのことがいえます。1つは、染色体が1本増えることだけで、相当に大きな影響がある、ということです。特定の遺伝子発現の量にアンバランスが生じることによって、障害が生じる可能性が高い。染色体の数が1本増えるより、染色体の全部が倍加する方が、遺伝子による発現量のバランスという観点からは障害が少ない可能性さえあるわけです。ただ、哺乳類ではどちらも起きにくい。

もう1つの注意すべき点は、21番トリソミーが一番多くみられるという事実から、21番トリソミーは起きやすいが他の染色体のトリソミーは起きにくい、という誤った結論を出しかねないことです。21番トリソミーが多いのは、それが起きやすいからではなく、ほかのトリソミーに比べて生きられる可能性が高かったからである。進化の過程での遺伝子の変化を考える際には気をつけなければならないことです。

て少し説明しておきます。

細胞分裂期の染色体は、大きい順に1〜22番までが2本ずつと、性染色体が2本ずつあります（女性ではXX、男性ではXY）。23×2であわせて46本です（図11-3）。番号の違う染色体（例えば1番と2番）のDNAには全く異なる遺伝子群が乗っており、それぞれの塩基配列は全く異なります。染色体1本は、実は染色分体2本からできており、染色分体にはDNAが1本（もちろん2本鎖DNAとして）ずつ含まれていて、その2本は分裂期の前に複製を済ませた2本で、完全に同じ塩基配列をもっています（図9-10）。で、各番号の染色体は2本ずつあり、互いに相同染色体といいます。1番染色体のうち、相同染色体の1つは母親（卵子）に由来するDNAの塩基配列を忠実に写し取ったもの、もう1つは父親（精子）に由来するDNAの塩基配列を忠実に写し取ったものです。相同染色体のDNA（母親由来と父親由来）には、同じ遺伝子群が乗っており、塩基配列はほぼ同じです。ほぼ、というのが微妙なところで、塩基配列として1,000に1つくらいの違いがある。99.9%同じだからほぼ同じといってよいけれども、0.1%くらいは違いがあるから完全に同じではない、というわけです。ヒト細胞（2n）には$6 \times 10^9$の塩基対があるので、0.1%のちがいは数百万個の塩基に違いがあることになるわけです。ほぼ同じだけれども、このくらいの違いがある。大きな違いともいえます。

図11-3　ヒトの染色体

### 4　細胞分裂時の染色体分離

さて、体細胞分裂では、DNA合成の後、クロマチンを染色体にまとめて、それを細胞の中央に集め、すべて（ヒトでは46本）の染色体について、それぞれの染色分体が2つの細胞に分配されるように、紡錘糸という糸がついて引っ張られます。体細胞分裂では、2本ずつが完全に同じ塩基配列である96本の染色分体が2つの娘細胞に分配されるため、配分された46本の染色分体のセットは、2つの娘細胞で完全に同一のものであり、2つの娘細胞のDNA塩基配列は親細胞と完全に同じであることになります。

### 5　どうして1,000万近くもの組合わせができるのか

減数分裂の染色体が23対ではなく3対しかない場合の例を図11-4に示しました。生殖細胞に注目すると、1番染色分体について、母親由来と父親由来のどちらのDNAがくるか、可能性は2つです。2番についても同様に可能性は2つですから、染色体が3対のときは$2^3$で可能性は8になります

---

**コラム　隔世遺伝もあり得る**

減数分裂におけるこのような染色体配分の特徴を考えてみると、ある個人にとって、両親からの遺伝子を完全に50%ずつ受け取っていることは間違いありません。しかし、祖父母の遺伝子をどう受け継いでいるかは単純ではありません。一般的には、お祖母さんとお祖父さん併せて4人の遺伝子を平等に受け継いでいる場合が多いとはいえ、極端な場合を考えると、あるヒトの遺伝子は、母親由来の遺伝子について、母親の母（本人にとってはお祖母さん）の遺伝子を受け継いでいて、母親の父（本人にとってはお祖父さん）の遺伝子をほぼ全く受け継いでいない、などという可能性があり得るわけです。母親の卵子にはそういうものも存在するはずだからです。だから、母方のお祖母さんの遺伝子を濃く受け継いでいて、お祖母さんによく似ている隔世遺伝ということも、あり得ないことではないわけです。

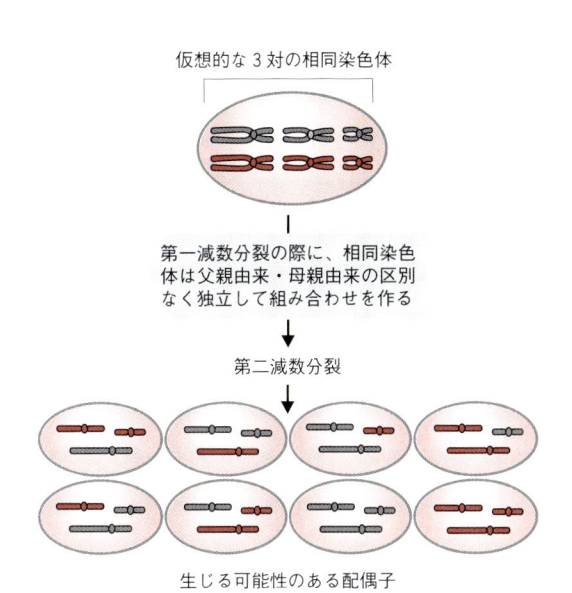

図 11-4　減数分裂の意義のモデル

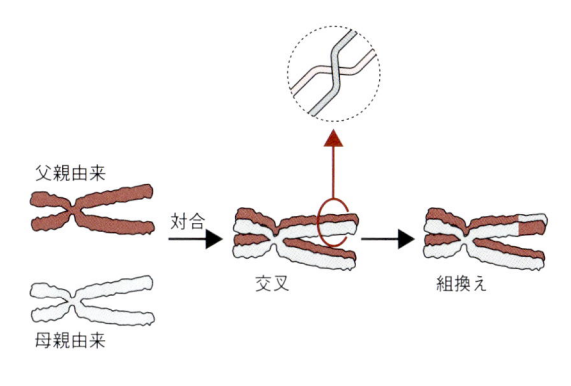

図 11-5　染色体交叉

（図 11-4）。だから、ヒトの場合では、23 種類の染色体について $2^{23}$ で $8×10^6$、およそ 1,000 万の組合わせができるわけです。

## IV. DNA組換えによる遺伝子重複

### 1 染色体の対合

　減数分裂の特徴として、染色体の対合があります。第一次減数分裂の際には、相同染色体同士が互いに対を作って接着します（図 10-4）。1 番は 1 番同士、2 番は 2 番同士で、**4 本の染色分体が束になる**のです。これは通常の体細胞分裂では起きないことです。4 本の染色分体が束になることで、母親由来のDNA 2 本と父親由来の 2 本の DNA が束になる、といってもよい。この対合の間に、DNA 同士の間で高頻度に組換えが起きることが、減数分裂のもう 1 つの大きな特徴であり、**有性生殖の意義**ともいえるものです。

### 2 遺伝子の組換え

　減数分裂の過程での DNA の組換えは、減数分裂の過程を光学顕微鏡で観察していた時代から、**染色体交叉**として知られていたものです（図 11-5）。ヒトの場合、1 回の減数分裂あたり、およそのところですが、染色体 1 本に 1 回の組換えが起きる。母親由来の 1 番 DNA と父親由来の 1 番 DNA の間で組換えを起こすと、母親の配列と父親の配列をもってつながった 1 番 DNA が、2 本できます。母親と父親の塩基配列をモザイク状態に保持した DNA が 2 本できるわけです。組換えの起きる場所はランダムだから、生殖細胞の遺伝子の多様性は、1,000 万どころかほとんど無限大です。

### 3 組換えは積極的なプロセスにみえる

　減数分裂の際には、積極的に組換えを起こして、遺伝子を多様化させていると思われる理由が少なくとも 2 つあります。

　1 つは、相同染色体の対合というプロセスがあることです。減数分裂が、2 倍体の細胞から 1 倍体の生殖細胞を作ることだけを目的とするなら、母親由来の染色体と父親由来の染色体とを対合させる必要性は全くありません。

　もう 1 つは、異常に高い DNA の組換えの頻度です。組換えは、体細胞でも起きなくはありませんが、減数分裂の際に比べてせいぜい 1 万分の 1 以下です。ところが、減数分裂の場では、DNA を切ってつなぎ変える、組換え酵素があらかじめ集合しています。これらを考えると、減数分裂とは、積極的に組換えを起こす場としてしくまれているようにみえます。

## 4 組換えは相同組換えである

実は、DNA の組換えという現象は、低頻度ではあってもさまざまな場面でみられます。細胞 DNA 同士だけでなく、外来性の DNA やウイルスの遺伝子が細胞 DNA に組み込まれる場合もあります。多くの場合、組み込まれる DNA の場所はランダムで、塩基配列の特異性はないのが普通です。例えばレトロウイルスというウイルスの DNA が細胞 DNA に組み込まれる際には、ウイルス DNA 末端の特殊な塩基配列が重要な役割をもちますが、細胞側の DNA のどこに組み込まれるかは決まりがなく、ランダムです。このような組換えを**非相同組換え**といいます。

これに対して、減数分裂の際に起きる細胞 DNA 同士の組換えでは、互いの同じ塩基配列のところで高頻度に起きるという特徴があります。**同じ塩基配列のところで起きる組換えなので、相同組換え**といいます。組換えには、DNA を切ったり繋いだりする酵素が必要ですが、それ以外に二本鎖の DNA を開いて 1 本鎖にしたり、1 本鎖に結合してしばらく安定に保ったりするさまざまなタンパク質が働いている複雑な反応です。参考のために相同組換えの際に DNA がどう変化するかのプロセスだけ示しておきます（図 11-6）。

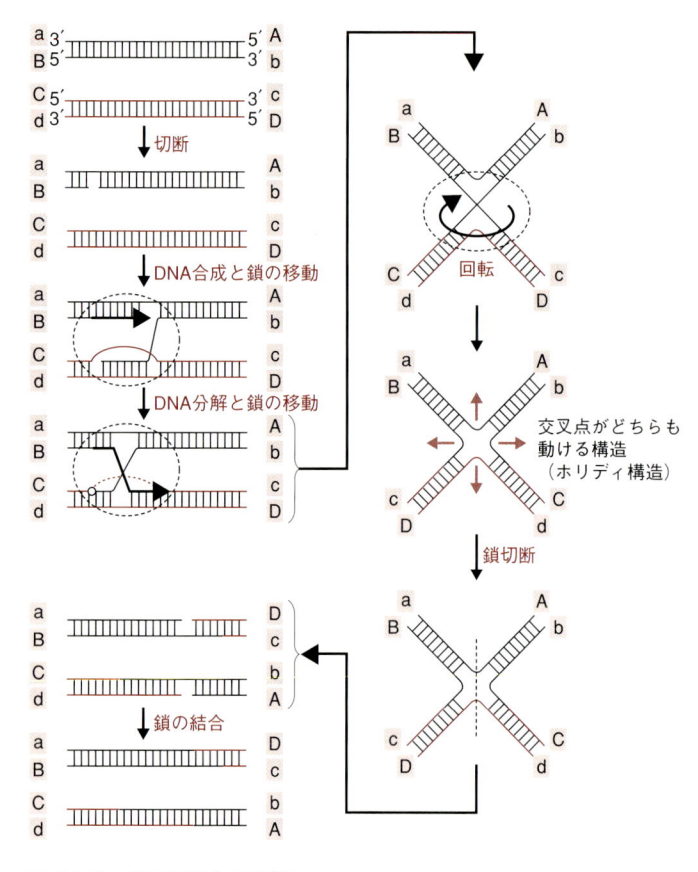

図 11-6　相同組換えの機構

## 5 組換えで遺伝子の重複が起きる

真核生物の DNA は、非常にたくさんの繰り返し配列をもつことが特徴であることは 9 日目で紹介しました。**繰り返し配列があちこちにあるために、本来とは異なる位置同士での相同組換えが起きます**。組換え間違いです（図 11-7）。両方の DNA にとっては不等な、しかし塩基配列的には相同な部分での組換えです。そうすると、一方の DNA は遺伝子を失うけれども、もう一方の DNA は同じ遺伝子を 2

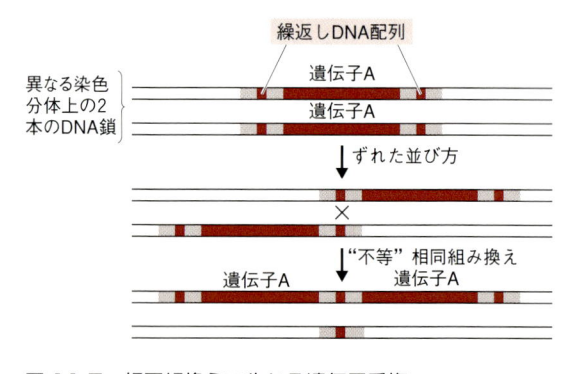

図 11-7　相同組換えで生じる遺伝子重複

つもつことになります。遺伝子の重複です。重複した遺伝子をもった生殖細胞が子孫を作れば、**重複遺伝子**が子孫に伝わることになります。はじめは完全に同じ配列でも、やがて変異が蓄積すれば、完全に同じ配列ではなくなる。こうやって、よく似た遺伝子が増える可能性があります。少し例を示します。

## 6 遺伝子ファミリーは遺伝子重複の証拠

真核生物には、**配列がよく似ているけれども細部では異なる、ファミリー遺伝子**がたくさんあります。ファミリー遺伝子のなかには、組換えによる遺伝子重複の証拠と考えられるものがあります。先ほどゲノムの倍数化として Hox 遺伝子群の例を出しました（図11-2）が、それぞれ遺伝子レベルでの重複の歴史があります（図11-8）。刺胞動物では2つしかなかった Hox 遺伝子ファミリーが、ショウジョウバエやナメクジウオでは10個以上にまで増えています。これらは同じ DNA の上に並んで存在していて、**遺伝子重複によるファミリー形成の例**と考えられています。

## 7 グロビンファミリーという例

赤血球で酸素を運ぶタンパク質であるヘモグロビンには、$\alpha$、$\beta$、$\gamma$ その他いくつものファミリー遺伝子があります。タンパク質としてはグロビンで、これにヘムという鉄を含んだ化合物が結合したものが、ヘモグロビンです。筋肉にあるミオグロビンも仲間です。元は1つの遺伝子だったものが重複を繰り返して次第に増え、$\alpha$ のファミリーと $\beta$ のファミリーはやがて別の染色体に移動して、それぞれが増えたものと思われます（図11-9A）。1本の染色体に乗っているグロビンファミリーの間には、たくさんの繰り返し配列がみえ（図11-9B）、これを使って相同組換えが起きたものと思われます。機能していないグロビンもありますが、$\zeta$（ゼータ）や $\varepsilon$（イプシロン）グロビンは非常に初期の胎児で、$\gamma$（ガンマ）グロビンは胎児で働いています（図11-9C）。大人のヘモグロビンは、$\alpha$ グロビンが2つ、$\beta$ グロビンが2つの、4つが会合してできています。$\alpha$ は胎児のときから生まれた後まで働きます。生まれた後、胎児性の $\gamma$ は分解され、代わりに $\beta$ が生産されて働きます。誕生後、$\gamma$ グロビンを含んだヘモ

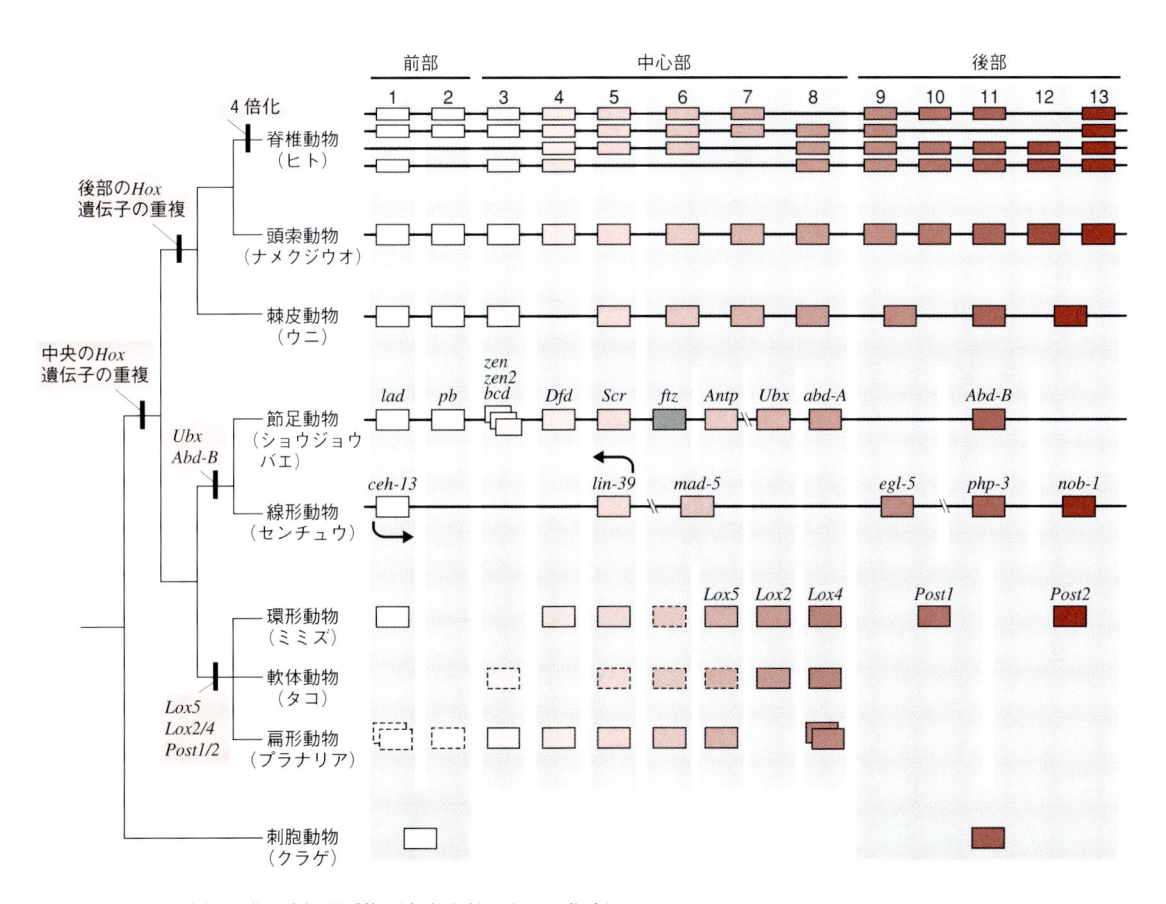

図 11-8　*Hox* 遺伝子群と遺伝子重複（参考文献1を元に作成）

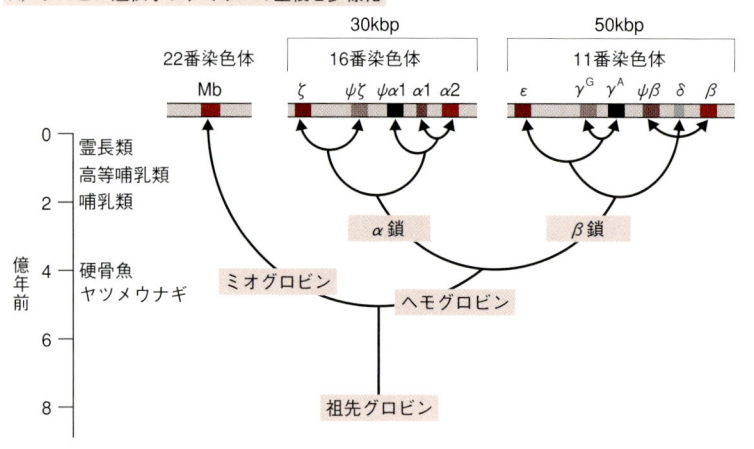

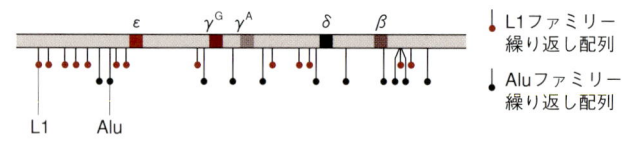

A) グロビン遺伝子ファミリーの重複と多様化

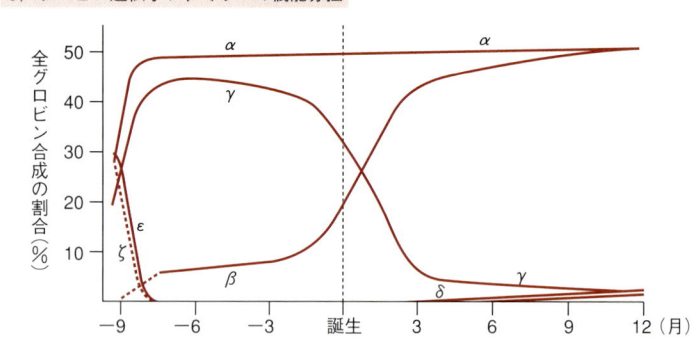

図 11-9 グロビン遺伝子ファミリー

ー で、視覚にかかわるオプシンが分岐する以前に分かれた先祖遺伝子のファミリー遺伝子がいくつもあります（図 11-10）。先祖の遺伝子はナメクジウオからヒトまで広く分布しています。脊椎動物では、明暗を感じるロドプシンと、異なる波長の光を感じる色オプシンがありますが、その他にも視覚に関係しないエンセファロプシンやピノプシンなど多くのファミリー遺伝子があります。ピノプシンは脳の松果体で光を感じて概日リズムにかかわるなど、これらの多くは神経細胞で発現しています。オプシンもロドプシンも神経細胞由来の網膜細胞で働くわけで、いずれも神経細胞で働く共通性があります。歴史的には、最後に分岐したのがロドプシンですが、魚類が誕生する以前の段階で分岐が済んでおり、他の分岐はそれ以前に起きたできごとであることがわかっています。

グロビンを一斉に分解するので、ヘム色素の処理が間に合わず、ヘムの分解物濃度が血中で一時的に高まるのが新生児黄疸です。重複した遺伝子のファミリーはそれぞれの役割をもって機能していることがわかります。

## 8 視覚をつかさどるオプシンもファミリーがある

脊椎動物の眼の網膜にある視細胞にはオプシンというタンパク質があります。オプシンは大きなファミリ

## 9 オプシンファミリーは生物全体でみつかる

視覚は動物に特有のものに思えますが、それだけでなく、光を感じる眼点はユーグレナ、その他の光合成をする植物的な単細胞生物にもしばしばみられます。クラミドモナスや渦鞭毛虫類も眼点をもっていて、光受容タンパク質としてオプシンファミリーをもちます。他の種類の光を感じるタンパク質をもつ場合もあります。多細胞の緑藻類にも、配偶子（精子や卵子に相当する細胞）が眼点をもっているも

のがあります。それだけでなく、古細菌のもつバクテリオロドプシンは細胞膜にあって、光のエネルギーを使って水素イオンを細胞内から細胞外へ輸送するイオンポンプとして働いています。

これらのファミリータンパク質はすべて、膜に埋め込まれたタンパク質で、光のエネルギーを使って機能を果たすことでは共通しています。生存にとって必須の機能（ハウスキーピング機能）を担っていたバクテリオロドプシンのようなタンパク質の遺伝子が、重複して少しずつ機能的な変化をすることで、やがて視覚にも利用されるようになった、という歴史を示しているのかも知れません。

## 10 大部分の遺伝子がファミリーである

これまでにいくつかの例を述べましたが、その他にも多くの遺伝子ファミリーがあります。多いものでは50とか100とかのよく似た遺伝子からなる大きなファミリーも珍しくありません。哺乳類では、臭

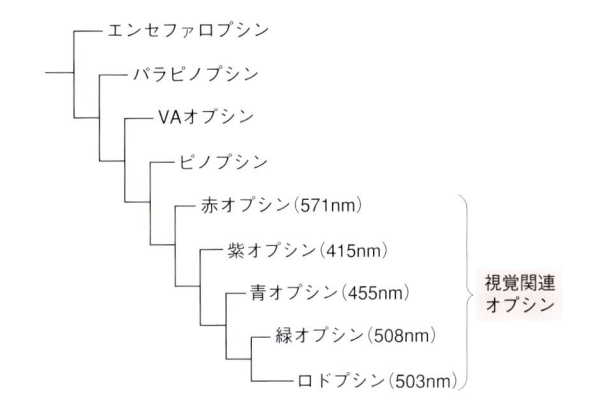

```
┌─ エンセファロプシン
├─ パラピノプシン
├─ VAオプシン
├─ ピノプシン
├─ 赤オプシン (571nm)  ┐
├─ 紫オプシン (415nm)  │
├─ 青オプシン (455nm)  ├ 視覚関連オプシン
├─ 緑オプシン (508nm)  │
└─ ロドプシン (503nm)  ┘
```

図11-10　オプシンファミリーの分岐

### 失われた遺伝子が重複で復活する

脊椎動物では魚類から鳥類まで5種類のオプシン全部がありますが、哺乳類だけは例外で、明暗を感じるロドプシンと、紫オプシン、赤オプシンだけしかありません。色オプシンとしては2色しかないのです。哺乳類の先祖は、中生代の長い間、繁栄していた恐竜の眼を逃れて、夜行動物として暗闇のなかで行動していました。暗闇では色を見分けられないので色オプシンは必要がなく、一部の色オプシン遺伝子を失ったわけです。現在の哺乳類の多くは色を見分けられないといわれるのはこのためです。

ただ、哺乳類のなかでも霊長類は、ロドプシンと、青オプシン、緑オプシン、赤オプシンをもっています。一度消滅した遺伝子が復活することなど普通はあり得ないことですが、恐竜が絶滅した後の新生代に入って、昼間の世界で暮らせるようになってから、緑オプシンが復活したのです。赤オプシン遺伝子が重複して、その後たった1つの塩基の変異によって122番目のアミノ酸がグルタミンからイソロイシンに変化して、緑を感じるようになったものです（図11-11）。ヒトの緑オプシンが、脊椎動物本来の緑オプシンとは感じる波長が違うのは、このような経過のためです。森で樹上生活をする霊長類にとって、視覚の発達は生存上極めて重要だったのでしょう。両遺伝子ともにX染色体に乗っていて、雌はXX、雄はXYという染色体構成をもつため、遺伝子に異常があることの影響には雌雄で差がでます。広鼻類（新世界猿）では復活がまだ不完全で、色の見え方について雌雄でかなりの違いがあります。雌雄ともにちゃんと3色が復活したのは、よりヒトに近い狭鼻類（旧世界猿）の仲間からです。ヒトの場合でも赤緑色覚障害（色盲）は比較的多く、現れる頻度は、男性で5％、女性で0.2％くらいであるのは、こういう歴史によるものです。

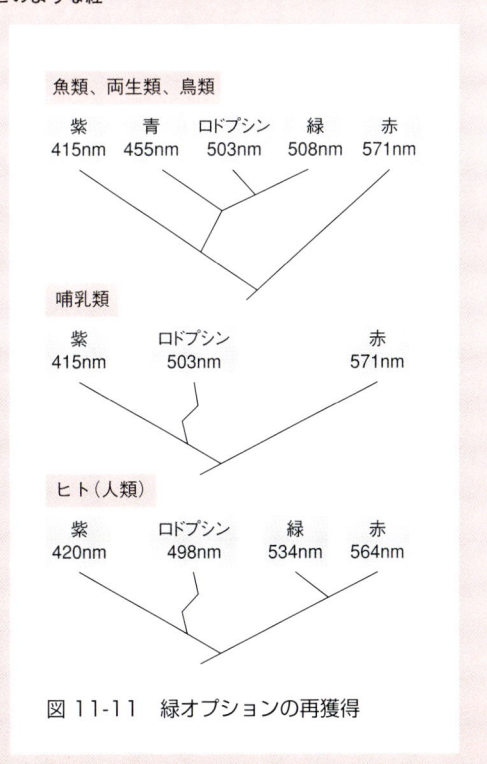

```
魚類、両生類、鳥類
 紫      青     ロドプシン   緑      赤
415nm  455nm   503nm     508nm   571nm

哺乳類
 紫           ロドプシン              赤
415nm          503nm                571nm

ヒト（人類）
 紫        ロドプシン      緑         赤
420nm      498nm        534nm      564nm
```

図11-11　緑オプシンの再獲得

いを感じ取る受容体遺伝子は、1,000ものメンバーからなるファミリーといわれます。中生代初期に誕生し、爬虫類全盛の中生代の暗闇を生きのびる間にこんなに増えて、鋭い嗅覚を発達させたらしい。霊長類では新生代以降に視覚（色感覚）がよくなったわけですが、引き換えに嗅覚は退化し、ヒトでは、嗅覚受容体のうち300くらいが機能していない（変異が入って機能しなくなった）といわれます。眼がよくなった代わりに、鼻が利かなくなったわけです。Gタンパク質のファミリー、受容体タンパク質のファミリー、サイクリンファミリー、CDKファミリー、タンパク質リン酸化酵素のファミリーなど、多くの遺伝子がファミリーをもっており、むしろ、ファミリーがない、孤独な遺伝子の方が稀と考えてよいのです。

## 11 ファミリーはいつできた

10〜20億年前あたりの単細胞真核生物の時代に、ファミリー遺伝子のもとになる遺伝子が用意されたと考えられます。Gタンパク質やチロシンキナーゼは10億年前くらいに、受容体は10〜6億年前に、オプシンは6億年前にファミリーが増えたようです。多細胞生物になる6億年前には、かなりの遺伝子ファミリーがそろっていたと思われます。もちろん、グロビンファミリーや*Hox*遺伝子ファミリーのように5億年以降に増えたものもありますが、基本的には、多細胞動物の遺伝子の数は種によって大きくは違わないということは、多細胞動物が分岐する以前に、基本的な遺伝子ファミリーが用意されていた可能性が高いわけです。ヒト、サカナ、ナメクジウオといった新口動物だけではなく、ショウジョウバエやセンチュウといった旧口動物まで含めても、さらにはシロイヌナズナといった植物でさえも、遺伝子の数は1万を超えているけれども、3万を超えるものはないという範囲に収まっています。もちろん、それぞれの生物グループに特有の遺伝子群もあるけれども、共通するファミリーも多く、ラクシャリー遺伝子の基本的な準備ができてから、多細胞化が現実化したようにみえます。

# V. シャフリングによる新しい遺伝子の構築

重複では、少しずつ変わった遺伝子は作れる可能性があるけれども、大きく変わった遺伝子はできそうもない。真核生物の遺伝子は、イントロンによって分断されています。アミノ酸配列の情報をもっているのはエキソンです。イントロンのなかにも繰り返し配列があって、そこで組換え間違いを起こしたらどうなるだろうか。一方のDNAではいくつかのエキソンを失った遺伝子になるけれども、もう一方のDNAではいくつかのエキソンが重複した遺伝子をもつことになります。機能をもつかどうかは別として、どちらの遺伝子からもタンパク質ができるはずです。これもやがて、それぞれが新しい機能をもったタンパク質の遺伝子に変化していく可能性があります。

## 1 真核生物の遺伝子構造とイントロン

真核生物の遺伝子のほとんどすべては、アミノ酸情報をもったエキソン部分が、情報をもたないイントロン部分によって分断されている、という特徴があり、全体を含めてmRNAの前駆体（pre-mRNA）がまず合成され、そこからイントロン部分が切り取られた、完成品のmRNAになります（図11-12）。完成品のmRNAを使ってタンパク質を合成します。非常に小さいタンパク質のなかにはイントロンをもたない例外がありますが、ほとんどすべてのタンパク質の遺伝子にはイントロンがあります。エキソン部分に比べてイントロンは長く、エキソンの10〜100倍の長さがあることもあります（図11-13）。真核生物ではエキソンとイントロンを含めて遺伝子とします。

## 2 エキソンシャフリング

減数分裂の際に、**イントロン部分でDNA組換えが起きることによってエキソンを混ぜ合わせることを、エキソンシャフリングといいます**。機構的には遺伝子重複と同じことですが、組換えが遺伝子の間では

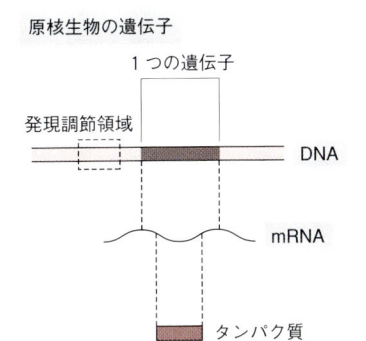

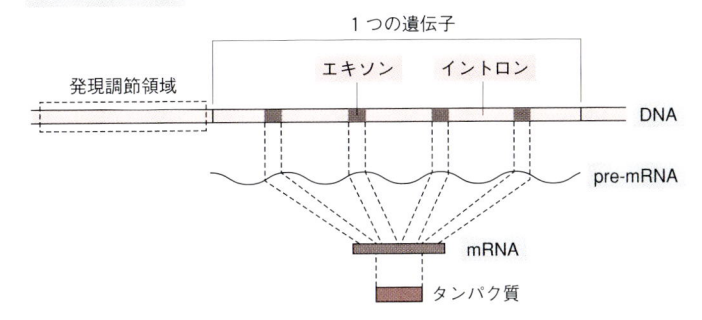

図 11-12　遺伝子の構造

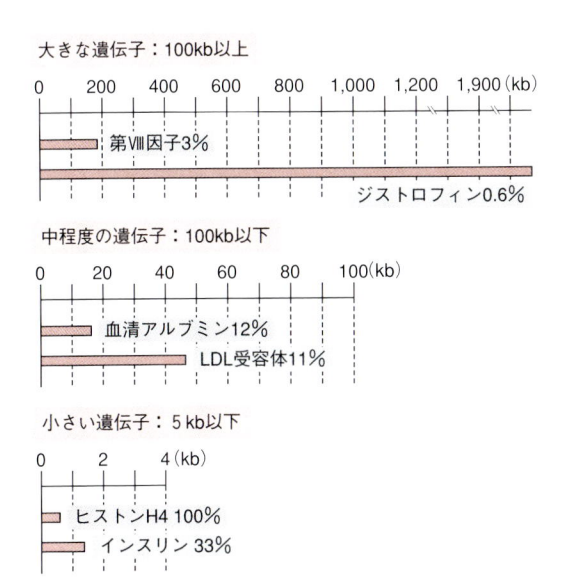

図 11-13　遺伝子内のエキソンの割合

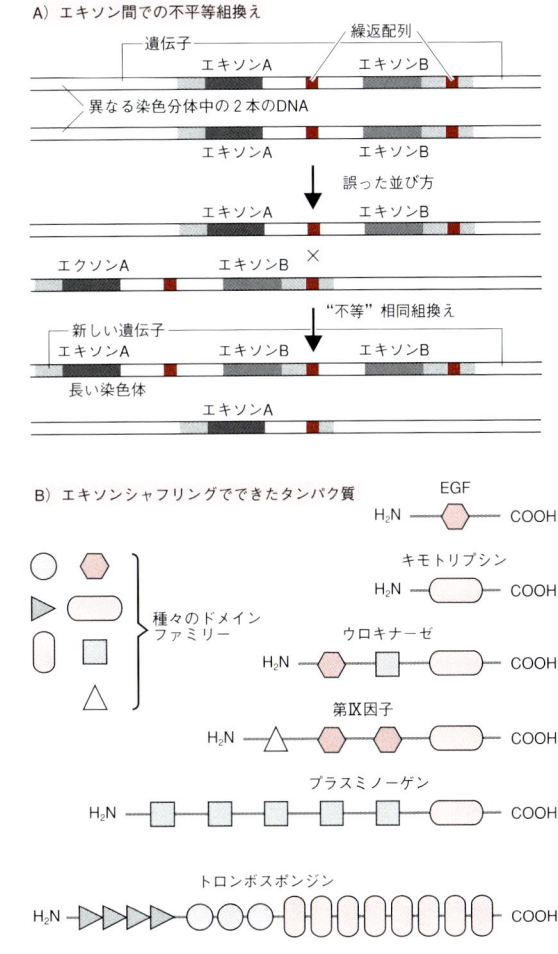

なく、遺伝子内部のイントロンの間で起こります。繰り返し配列がイントロン中にしばしばみられ、ここがDNAの相同組換えに使われて、エキソンがシャッフルされるわけです（図 11-14A）。**それぞれのエキソンが、タンパク質の構造的・機能的な単位構造（ドメイン）を構成する**場合がしばしばみられ、エキソンを組合わせることは、構造的・機能的単位を組合わせることである、といえます。

図 11-14　エキソンシャフリング

## 3 実際のタンパク質はさまざまなエキソンの組合わせである

タンパク質の構造と遺伝子の構造を調べることで、

11 日目　多細胞への多様な遺伝子を準備する　**199**

現在のタンパク質の大部分はさまざまなドメインが組合わさってできたものであることがわかりました（図11-14B）。エキソンシャフリングの結果が、現在のタンパク質の構造に残っているわけです。同じドメインが繰り返されているものもありますし、位置的には少し遠くにある、全く別の遺伝子がもっているエキソンと組換えることも、頻度は低くても可能な範囲として起きていることがわかります。細胞膜に組み込まれているタンパク質にもたくさんの例があります。小さなタンパク質で、ドメインが1つであるような場合を除くと、ほとんどのタンパク質が複数のドメインを組合わせた構造をもっています。異なる機能をもったエキソンの単位を組合わせることで、ほとんど無限ともいえる新しい機能をもったタンパク質の遺伝子ができることは、想像できます。

### 4 スーパーファミリー

タンパク質構造全体のなかで、特定のエキソンだけに共通性のあるものをまとめると、非常に大きなグループを作ることがあります。免疫に関係する免疫グロブリンは、特徴的な構造をもった共通のドメイン（免疫グロブリンドメイン）を構成するエキソンをもっています。このエキソンをもったタンパク質は、もちろん免疫にかかわるたくさんのグループがありますが、それ以外にも細胞膜にある受容体や、細胞接着因子や、増殖因子や、機能的には一見無関係な非常に多くのタンパク質があり（図11-15）、**免疫グロブリンスーパーファミリー**といいます。図に示すのはスーパーファミリーのほんの一部です。エキソンシャフリングの1つの現れと考えられます。

### 5 変異で進化を説明することは難しかった

イントロン・エキソンという遺伝子の構造と、エキソンシャフリングという現象が発見されるまでは、遺伝子の変異といえば、塩基置換のような細かい変化か、遺伝子のある範囲がごっそり抜け落ちたりひっくり返ったりするような変異しか考えられていませんでした。このようにして起きた変異によって、新しい機能をもった遺伝子ができる可能性は限りな

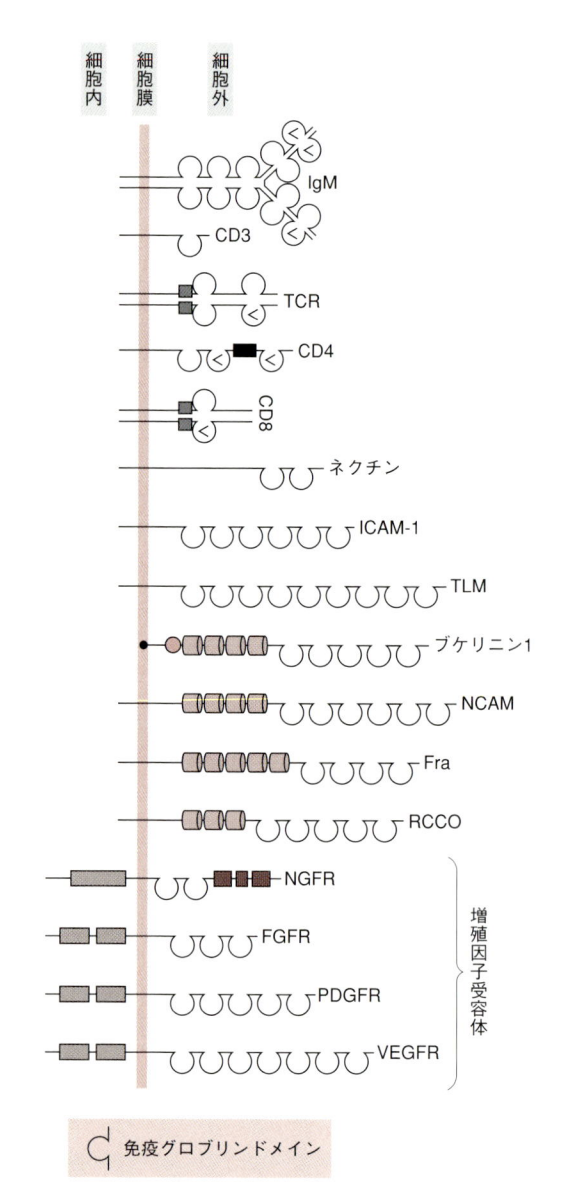

図11-15 免疫グロブリンスーパーファミリー

くゼロに近く、遺伝子の変異と自然による選択が進化の源泉といわれながらも、ホントらしくありませんでした。だから、現在の生物の多様性が遺伝子の変化がもたらしていることは明らかであるにもかかわらず、『遺伝子の変異によって進化が起きるのだ』という考え方自体を、あり得ない話として否定する意見さえあったのです。

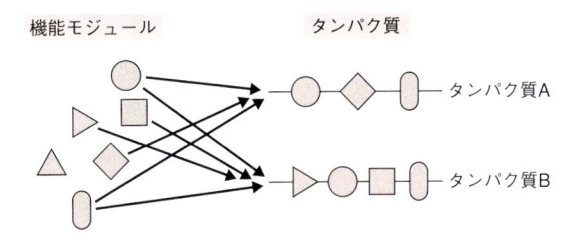

図 11-16　モジュールの組合わせによる新規タンパク質の誕生

## 6　新しい遺伝子を構築する画期的な方法である

エキソンシャフリングは、新しい構造をもった遺伝子を作り出し、その遺伝子情報から新しいタンパク質を作り出す画期的な方法の提示でした。エキソンというすでに機能をもっている既存の単位（ドメインあるいはモジュール）を無数に組合わせ、そこから、新しい機能をもったタンパク質の遺伝子ができる可能性が示されたわけです（図 11-16）。既存の機能モジュールとして、ある物質との結合性を担うもの、あるタンパク質との会合を担うもの、DNAとの結合性を担うもの、ある細胞内小器官への局在を担うもの、膜に組み込まれるもの、特定のオルガネラに局在するもの、酵素の活性を担うもの、変形や運動を司るもの、物質輸送をつかさどるものなどがあります。モジュールの種類は実にたくさんあって、例えば、低分子物質と結合する性質をもったモジュールだけでも、ホルモンや生理活性ペプチドなど、物質に応じて何百種類もあり得るわけです。非特異的にタンパク質を切断するモジュールが、ある特定のタンパク質と会合するモジュールと組合わさることによって、切断する相手の特異性が決められる可能性があります。さまざまな単位を組合わせることで、新しい機能をもったタンパク質ができる可能性があるわけです。

## 7　進化が遺伝子の変化で起きることが納得できた

新しい遺伝子を作るこのようなしくみは、発見されるまで誰も想像しなかったものです。このようにして新しい遺伝子を構築できるなら、環境変化に対応した遺伝子を生み出して生き残りをはかり、結果として生き物が進化するということも、確かにありそうな気がします。これ自身が進化を説明する上で画期的な発見であっただけでなく、これに類する思いもよらぬしくみがまだ隠されているに違いない、という期待をもたせる意味でも重要なことだったと思います。

# VI. 遺伝子の水平移動とトランスポゾン

## 1　遺伝子の垂直移動と水平移動

遺伝情報は親から子へ伝わります。親から子へ伝わることが遺伝の基本です。1つの細胞が分裂して2つの細胞になるとき、遺伝情報は親細胞から2つの娘細胞へ伝わります。これも遺伝と考えます。このように、親から子へ、あるいは親細胞から娘細胞への遺伝子の伝達を、**垂直伝達あるいは垂直移動**といいます。こんな言葉ができたのは、遺伝子が別の方法で伝わることがわかったからです。

### ◆ 遺伝子の水平移動

異なる細胞間でDNA（遺伝子）が伝達される現象を、**遺伝子の水平伝達あるいは水平移動**といいます。ウイルスが感染して増殖するとき、ウイルス遺伝子の一部（あるいは全部）を失って、代わりに細胞のDNAの一部をもったウイルスができることがあります。**偽ウイルス**といいます。これが別の細胞に感染すると、前の細胞のもっていたDNA（遺伝子）が感染細胞に伝達されることになります。伝達された遺伝子は分解され消失する可能性が高いとはいえ、場合によっては導入されたDNAは細胞のDNAに組み込まれて安定に存在し、機能を発揮する可能性があります。ウイルスを介した同様の現象はバクテリアでもあり、**形質導入**という現象として古くから知られていました。

遺伝子の水平移動は垂直移動に比べるとずっと稀な現象と考えられますが、大昔、細胞が誕生して古細菌から真正細菌や真核細胞が分かれるまでの間、

DNAの水平移動が頻繁にあった可能性を8日目で紹介しました。ヒルガタワムシという動物では、現在でもDNAを取り込むことで生きのびている可能性を3日目で紹介しました。バクテリアがDNAを取り込む**形質転換**や、動物細胞がDNAを取り込む**トランスフェクション**も水平移動の応用といえ、研究に汎用されています。

◆ RNA癌ウイルスは現在の水平移動の担い手

遺伝子としてRNAをもつ**RNA癌ウイルス**は、癌遺伝子をもっています。この癌ウイルスが正常な細胞に感染すると、癌遺伝子をもち込んで働かせるので、細胞を癌化します。これはまさに現在起きている遺伝子の水平移動の一種です。RNA癌ウイルスの生活環をちょっと説明しておきます（図11-17A）。

RNA癌ウイルスは**レトロウイルス**というウイルスの仲間です。『レトロ』というのは『逆の』という意味です。エイズを起こす原因ウイルスであるHIVもレトロウイルスです。細胞に感染すると、遺伝子であるRNAを鋳型にして、逆転写酵素を使ってDNAを合成します。細かいことですが、DNA合成のプライマーには、tRNAが使われます。逆転写で作られたDNAは、細胞DNAに組み込まれます。DNAの両端には、LTR（Long Terminal Repeat）という組み込まれる際に働く特定の塩基配列があることが特徴です（図11-17B）。組み込まれてしまうと、細胞DNAと全く同じ振る舞いをして、細胞が増殖すればウイルスDNAも同じように増えます。そして、組み込まれたウイルスDNAからmRNAが合成され、癌タンパク質が作られ、細胞は癌化する。他方、ウイルスのほかの遺伝子からはウイルスタンパク質

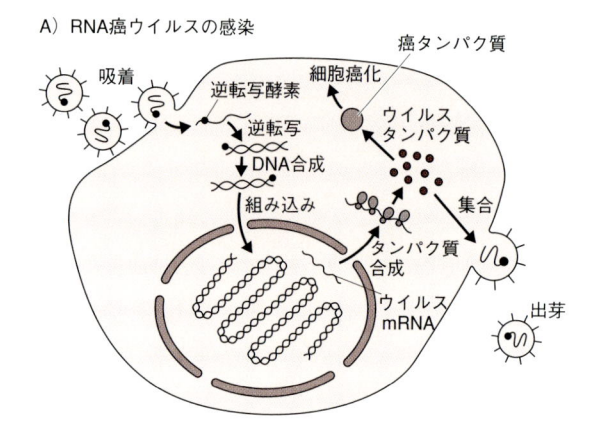

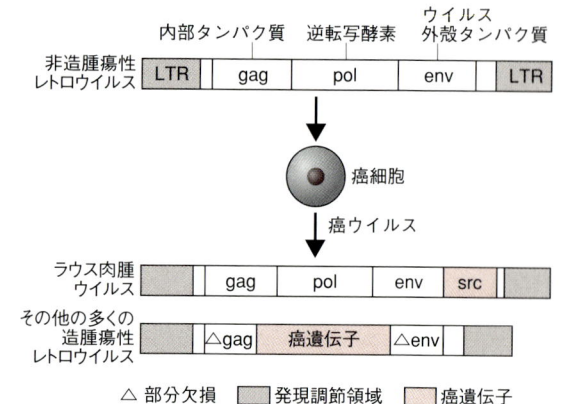

図11-17 RNA癌ウイルス

---

### コラム：1塩基の変化にも重要な意味がある

DNAの1つの塩基配列、タンパク質の1つのアミノ酸の変化が機能の変化を起こし、稀には機能的に有益な変化を起こすこともあります。オプシンの例はすでに紹介しましたが、別の例もあります。鳥類では、ヘモグロビン遺伝子に起きたたった1つのアミノ酸の置換のおかげで酸素運搬能力が増大し、体内への酸素供給能力が大きくなって莫大な酸素消費が可能になった結果、大きな飛翔能力の獲得につながっている例があります。ヒトの血液型のABOの違いを作り出すのは、タンパク質や脂質に糖を付加する酵素です。たった1つのアミノ酸の違いが、異なる酵素活性を示すことになり、付加する糖の種類を変化させてA型とB型を作ります。O型では酵素活性を失う結果、糖の付加ができなくなります。それが血液型の違いになる。血液型に関しては互いに優劣はないと考えられますが、すでにある働きをもったタンパク質について、ほんの一部の構造を変化させると、働きがなくなる場合もあれば、別の働きをもった酵素になってしまう場合もあることがわかります。遺伝子の増幅やエキソンシャフリングで増えた遺伝子に、ちょっとした変異が起きることで、新しい機能をもったタンパク質の遺伝子に変化する場合があるわけです。

表11-1 ◆転移因子の主要3群

| グループとその構造 | 完全な因子が含む遺伝子 | 移動様式 | 例 |
|---|---|---|---|
| DNA型トランスポゾン<br>両端に短い逆方向反復配列がある | トランスポゼースの遺伝子 | 切り出されるか、複製経路を経て、DNAとして移動する | P因子(ショウジョウバエ)<br>Ac-Ds(トウモロコシ)<br>Tn3、IS1(大腸菌)<br>Tam3(キンギョソウ) |
| レトロウイルス型レトロトランスポゾン<br>両端に同方向に繰り返された長い末端反復配列(LTR)がある | 逆転写酵素の遺伝子、レトロウイルスに類似している | LTRにあるプロモーターによって作られるRNA中間体を経て移動する | コピア(ショウジョウバエ)<br>Ty1(酵母)<br>THE-1(ヒト)<br>Bs1(トウモロコシ) |
| 非レトロウイルス型レトロトランスポゾン<br>転写産物RNAの3'末端にポリAがあり、5'末端は切断されていることが多い | 逆転写酵素の遺伝子 | 隣のプロモーターから作られるRNA中間体を経て移動する | F因子(ショウジョウバエ)<br>L1(ヒト)<br>Cin4(トウモロコシ) |

が作られ、ウイルスのRNAを包んでウイルス粒子となり、細胞表面から出芽します。ウイルスが増えても細胞は死ぬわけではなく、細胞は癌細胞になって増えるとともにウイルスも増え続けるわけです。

◆ RNA癌ウイルスの癌遺伝子は細胞由来

　RNA癌ウイルスの元は、癌遺伝子をもっていない白血病ウイルスです。白血病ウイルスは癌遺伝子をもっていません。白血病ウイルスが癌細胞に感染し、癌細胞のもっている癌遺伝子の近傍に組み込まれると、癌遺伝子の部分を一緒に含んだウイルスRNAが合成されることがあります。このRNAを包んでできたウイルス粒子は、癌遺伝子を含んだ癌ウイルスになるわけです（図11-17B）。実際、マウスやヒトの癌細胞に白血病ウイルスを感染させると、細胞の癌遺伝子を組み込んだ癌ウイルスが回収されることがわかっています。癌ウイルスは癌遺伝子を運んで癌を起こすために注目されて研究されましたが、他の細胞遺伝子も同様に水平移動している可能性はあります。癌を起こすほど顕著な影響がみえないので、注目されないだけのことと思います。つまり、遺伝子の水平移動は、現在知られている以上に起きている可能性が高い。

◆ 生殖細胞への水平移動

　癌ウイルスの例は体細胞の間の遺伝子の水平移動ですが、水平移動が生殖細胞に起きれば、その後は垂直移動して子孫に伝わる可能性があります。生殖細胞はさまざまな手段で変化を受けないように防御されていますが、こういう方法によっても、生物は遺伝子を増やしたり変化させたりする可能性はあります。ただ、癌のように顕著な影響がある場合はみつけやすいけれども、顕著な変化を起こさない遺伝子の場合には、水平移動があってもなかなかみつけにくいと思います。

## 2 トランスポゾンというもの

　トランスポゾンといって、細胞DNAから抜け出し、細胞DNAのあちこちに入り込む、細胞内の寄生虫のような小さなDNAがあります。転移因子ともいいます。いろいろな分け方ができますが、表11-1では3種類に大別しました。

◆ DNA型トランスポゾン

　DNA型トランスポゾンは、単位となるDNAの両端に特殊な塩基配列があり、細胞DNAから切り出されたり組み込まれる際に働きます。DNA内部には、DNAの切り出しや組み込みに働くトランスポゼースという酵素の遺伝子があります。細胞DNAのあちこちに飛び込んで組み込まれ、組み込まれている間は細胞DNAと同じように行動しますが、時々そこから切り出されて、また別の場所へ組み込まれます。トランスポゾンは、細胞DNAの中を飛び跳ねるようにみえるので、飛び跳ねる遺伝子といわれます。最初に発見されたのはトウモロコシの斑入りの原因

となるトランスポゾンでした。アサガオの色素を作る遺伝子にトランスポゾンが入り込んで遺伝子が壊れたら色素ができなくなって、紫色の中の白い斑入りになります。ショウジョウバエではP因子というトランスポゾンが有名ですが、これはわずか50年程前に野生のショウジョウバエに入り込んだものと考えられています。

哺乳類では、かつては飛び回っていたものがあることがわかっていますが、現在移動するDNA型トランスポゾンはないようです。霊長類でも、ヒトが旧世界ザルと分岐する2,500〜3,500万年前までは活発に移動していた跡がみえますが、その後は変異が増えて不活性になったようです。

◆ レトロトランスポゾンと繰り返し配列

動く遺伝子のなかでも、レトロトランスポゾンというのはちょっとすごいものです。何がすごいかというと、大変な勢いで数を増やして、細胞DNAのあちこちに組み込まれる可能性があることです。レトロトランスポゾンのDNA単位の両端には、組み込まれる際に働く特徴的な構造があり（もたないものもある）、DNA内部には、逆転写酵素やDNAの組み込みに働くインテグレースやエンドヌクレアーゼの遺伝子をもちます（もたないものもある）。これはRNA癌ウイルスとよく似ています。レトロトランスポゾンは逆転写を介して飛び回るので、レトロという名前がついているわけです。

**レトロトランスポゾンのDNAからRNAが転写されると、その情報を読み取って逆転写酵素が作られ、RNAを鋳型にしてDNAが逆転写合成されます。**作られたDNAは、インテグレースやエンドヌクレアーゼの働きで核DNAのあちこちに組み込まれます。そういう繰り返しで、**核DNAにはどんどんレトロトランスポゾンが組み込まれる**ことになります。この場合には、DNAが飛び跳ねるというより、RNAを鋳型にしてDNAが増殖し、増殖した新たなDNAが細胞DNAに組み込まれるわけです。その結果、同じ塩基配列の単位が細胞DNAのあちこちにたくさん存在することになります。一度組み込まれたDNAはそこから切り出されることはほとんどないので、レトロトランスポゾンのDNA配列は増える一方です。これが、真核細胞に豊富な、繰り返し配列が作られるプロセスの1つです。

飛び回っている最中のレトロトランスポゾンのDNAは逆転写酵素の遺伝子を含んでいますが、やがて遺伝子に変異が蓄積されて、次第に逆転写酵素として働けなくなります。こうなるともはや逆転写できず、レトロトランスポゾンとして飛び回ることもできず、現在では繰り返し配列として存在するだけになりました。

## 3 真核生物の繰り返し配列

真核生物のゲノムには繰り返し配列が多いという、原核細胞にはない特徴があります（図9-7）。生物の種類によって、細胞あたりのDNA量に非常に大きな違いがあります（図9-5、9-6）が、遺伝子の数は真核生物のなかでそれほど大きくは違わないことを紹介しました（表9-1）。繰り返しが比較的少ないものから百万回に達する多いものや（表11-2）、繰り返し単位が小さなものから、長いものまでいろいろな例がありますし、縦列型反復配列といって同じ場所に繰り返し配列が並んでいるものと、分散型反復配列といってあちこちに繰り返し配列が散在しているものとあります（表11-3）。多くはレトロトランスポゾンに由来すると考えられる散在型のもので、細胞にとって必要とされる特別な機能は知られていません。植物には特に繰り返し配列の多いものがみられ、トウモロコシではゲノムの80％、小麦では90％がレトロトランスポゾン由来の繰り返し配列と考えられます。真核生物全体を見渡したとき、細胞

表11-2 ◆真核生物のDNA

| DNAの頻度クラス | ゲノム中の百分率 | 繰り返し回数 | 例 |
|---|---|---|---|
| ユニーク | 10〜80％ | 1 | ヘモグロビン、卵アルブミン、絹フィブロインなどの構造遺伝子 |
| 中間反復 | 10〜40％ | $10^1$〜$10^4$ | rRNA、tRNA、ヒストンの遺伝子 |
| 高度反復 | 0〜80％ | $10^4$ | 5〜300ヌクレオチド配列をもったサテライトDNA |

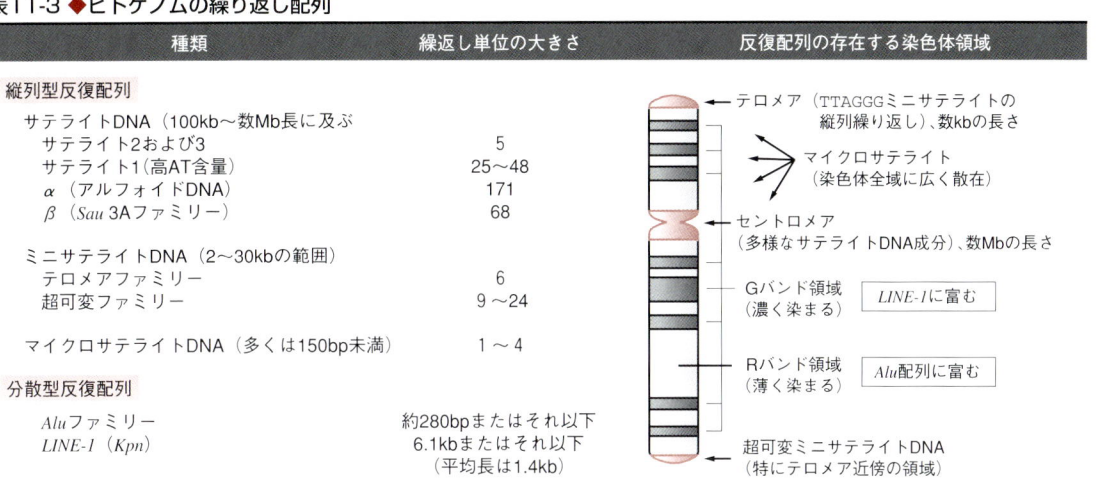

表11-3 ◆ ヒトゲノムの繰り返し配列

| 種類 | 繰返し単位の大きさ | 反復配列の存在する染色体領域 |
|---|---|---|

**縦列型反復配列**

サテライトDNA（100kb〜数Mb長に及ぶ）
　サテライト2および3　　　　　5
　サテライト1（高AT含量）　　25〜48
　α（アルフォイドDNA）　　　171
　β（Sau 3Aファミリー）　　　68

ミニサテライトDNA（2〜30kbの範囲）
　テロメアファミリー　　　　　6
　超可変ファミリー　　　　　9〜24

マイクロサテライトDNA（多くは150bp未満）　1〜4

**分散型反復配列**

　Aluファミリー　　　　約280bpまたはそれ以下
　LINE-1（Kpn）　　　　6.1kbまたはそれ以下
　　　　　　　　　　　（平均長は1.4kb）

染色体図の注記：
- テロメア（TTAGGGミニサテライトの縦列繰り返し）、数kbの長さ
- マイクロサテライト（染色体全域に広く散在）
- セントロメア（多様なサテライトDNA成分）、数Mbの長さ
- Gバンド領域（濃く染まる）　LINE-1に富む
- Rバンド領域（薄く染まる）　Alu配列に富む
- 超可変ミニサテライトDNA（特にテロメア近傍の領域）

あたりのDNA量は生物によって100〜1,000倍も違うものがありますが、DNA量の多いものは繰り返し配列が多いだけのことで、必要な遺伝子数は大きく違っていない、という傾向があります。

◆ 機能のわかっている繰り返し配列

機能のよくわかっている縦列型反復配列の例として、テロメアDNAとセントロメアDNAがあります（9日目）。

なお、リボソームRNAやtRNAの遺伝子は同じものが数十から数百存在していて、これも機能がわかっている繰り返し配列の例で、縦列型に反復しているものと分散型に反復しているものがあります。

◆ ヒトDNAの反復配列

哺乳類では、DNA全体のほぼ半分が反復配列です。ヒトではレトロトランスポゾンの名残と思われる反復配列がたくさんあります。代表的なものは、LINE（長い繰り返し単位のグループ）とかSINE（短い繰り返し単位のグループ）と称される繰り返し配列です。これ以外にも、ゲノムの8％くらいを占める反復配列があります。

◆ LINE

LINE（Long Interspersed Nuclear Element）は、5〜7 kbpまでの配列を含む比較的長い配列（平均では1.4kbp程度）で、かつてはこれに含まれている逆転写酵素やインテグラーゼの遺伝子が機能していてトランスポゾンとして活躍していたものですが、現在ではほとんどが機能を失って偽遺伝子になっています。L-1（Kpn-1ファミリー）などいくつかの種類があり、かつては活発に活動していたことの結果として、ヒトでは全体として50万コピーにもおよぶ繰り返しをもちます。現在ではほとんど活動していませんが、一部現在でも活動中のものがあるようです。血友病患者のなかには、血液凝固因子の遺伝子にこれが転移して挿入されたために、遺伝子が破壊された例があります。現在でも、ヒトに起きる変異の0.2％程度は、活性を失っていない一部のL-1が飛び回って遺伝子を破壊するために起きると想定されています。

◆ SINE

SINE（Short Interspersed Nuclear Element）は、150〜600bpくらいの比較的短い配列で、DNA全体のあちこちに非常にたくさん存在します。SINEの単位は逆転写酵素が働くときのプライマーとして働いていたtRNAが起源といわれ、酵素の遺伝子（偽遺伝子も）をもっていません。転写開始や逆転写開始に必要な塩基配列をもっているのが特徴で、逆転写酵素がありさえすればレトロトランスポゾンとして働けるわけです。したがって、逆転写酵素をもったレトロトランスポゾンが活躍していたときに、同時に活躍した可能性があります。いくつかの種類がありますが、ヒトでは約280塩基対からなるAlu配列が有名で、この起源は例外的にtRNAではなく、

7SL RNA といわれます。*Alu* 配列はヒトゲノムには約 100 万コピーも存在し、ゲノム全体の 11％を占めます。SINE 全体ではヒトゲノムの 13.5％程度を占めます。

◆ **真核生物はたくさんの偽遺伝子をもつ**

真核生物はたくさんの偽遺伝子をもっているのも特徴的です。LINE のもとになったようなレトロトランスポゾンが動きはじめると、逆転写酵素が合成されるため、細胞内にあるさまざまな mRNA を鋳型にして逆転写酵素で DNA が合成され、これが核 DNA に組み込まれる可能性があります。本来の遺伝子と違って、イントロンがない、ポリ A 配列があるなどのほか、本来の遺伝子には存在するはずの転写開始に必要なプロモーター領域が存在しません。したがって、この DNA からは転写が起きません。使われない（不要）遺伝子もどき（偽遺伝子）として、途中に終止コドンができるなど急速に変異が蓄積するのが普通です。こういう遺伝子もどきは、レトロトランスポゾンが暴れた時代に作られた名残りと考えられます。

## 4 レトロトランスポゾンが暴れると何が起きるか

レトロトランスポゾンが動きはじめると、比較的短期間に細胞 DNA のあちこちに入り込んで、細胞 DNA のあちこちで大きな変化を起こす可能性があります。ひどく暴れられたら、DNA 配列があちこちでグジャグジャになって、細胞ひいては個体が死ぬかもしれません。いずれにせよ、たまたまそれが有利な変化につながる、などという可能性は非常に小さいと思われます。

ただ他方では、生物集団のなかに多様な変化を生みだす結果、多様な生き残りを生み出す可能性も高いわけです。組み込まれた場所によっては、近くのエキソンを一緒に転写する可能性があり、新たなエキソンを含んだ RNA を逆転写して新たな場所へ組み込むことで、レトロトランスポゾンを介したエキソンシャフリングが起きる可能性があります。DNA レベルでは非常に遠い場所にあるエキソン同士のシャフリングも可能です。新たな繰り返し配列があちこちに用意されることで、レトロトランスポゾンが大暴れした時期には、新たな遺伝子の作成がたくさん起きた可能性があるわけです。それは生物多様化の可能性を増大させるはずです。

◆ **哺乳類の急速な展開はトランスポゾンのせいか**

哺乳類の展開期には、レトロトランスポゾンが飛び回っていたと考えられ、LINE はこういうとんでもない DNA が暴れまくった共通の跡と考えられます。**レトロトランスポゾンによって遺伝子の変化速度が大きくなったことが、哺乳類の爆発的な多様性の誕生に関係した可能性があります**。LINE は一度挿入されるとそこから抜けることがほとんどないので、細胞 DNA の特定の位置に LINE が組み込まれたものは、同じ先祖からの子孫であろうと推定できます。真獣類が進化の過程で 4 つのグループとして分かれて展開したことがわかったのは、LINE というレトロポゾンが組み込まれた様子の解析によってわかったことです。

◆ **胎生の成立とレトロトランスポゾン**

レトロトランスポゾンやレトロウイルス自身のもつ遺伝子が、新たな遺伝子の供給源となり、新たな形質をもった動物の誕生に寄与した可能性があります。哺乳類のなかで、単孔類は卵を産み、有袋類と真獣類は胎児を育ててから生みます。胎盤形成に必要な遺伝子がいくつもありますが、そのなかには、レトロトランスポゾンなどが元になっているものがあることがわかりました（図 11-18）。レトロトランスポゾン由来の *PEG10* は有袋類と真獣類の共通先祖の段階で組み込まれたもので、組み込まれてから変異を繰り返して、胎盤形成遺伝子として働くようになったものです。働く遺伝子になった後で、有袋類と真獣類とが分岐した。*PEG11/RTL1* の方は、真獣類では変異を繰り返して胎盤形成遺伝子として働くようになりましたが、有袋類では機能する遺伝子にはなりませんでした。こちらは働く遺伝子になる以前に有袋類と真獣類とが分岐したとみえます。*Sirh* 遺伝子群は真獣類に分岐した後で組み込まれたもので、有袋類にはこれらの遺伝子がありません。このほか、レトロウイルス由来の *SYNCYTIN1,2* は霊長類特異的、*SyncytinA, B* はげ

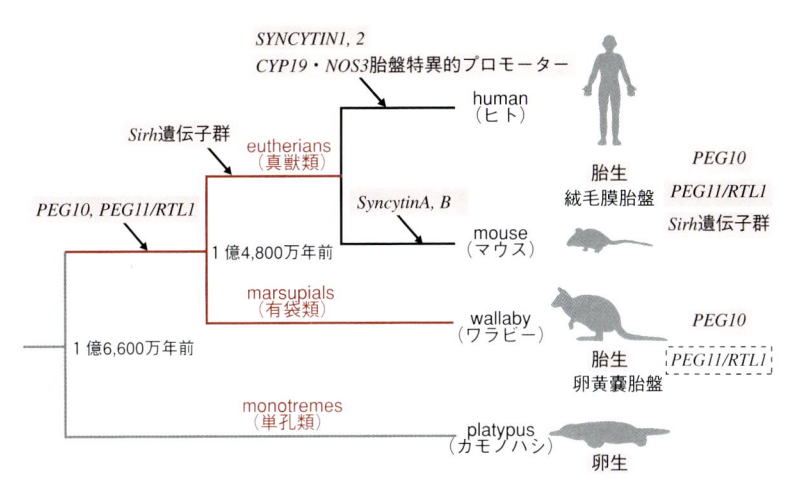

図 11-18　哺乳類の分岐と胎盤形成に関係するレトロトランスポゾン
（参考文献 15 を元に作成）

っ歯類特異的に存在していて、胎盤形成に働いています。このように、**レトロトランスポゾンから、機能をもつ遺伝子へ変換することをイグザプテーション（exaptation）**といいます。新しい遺伝子を獲得する方法としてこんなことが起きるとは、発見されるまで予想もされていなかったことです。

◆ 霊長類の展開にもレトロポゾンがかかわるか

LINE が活躍して哺乳類が展開したころ、哺乳類のなかの各グループで、さまざまな SINE も活躍をはじめたようです。あるいは、さまざまな SINE の活躍が、哺乳類の各グループのさらなる展開を促進した可能性があります。Alu という 280 塩基程度の短い繰り返し配列は、哺乳類のなかでも霊長類にだけしかみられない特有のものです。マウスの β1 配列と同じ 7SL RNA を起源としてもちますが、それぞれ独自に変化し、繰り返しを増やしていったものです（図 11-19）。現在では、トランスポゾンとしての機能を失っていますが、ヒトの場合、通常の遺伝子のなかにさえ、かなりの頻度で Alu 配列がみつかります。遺伝子から転写された mRNA 中にもしばしば Alu 配列があります。トランスポゾンとして活発に飛び回っていた時期には遺伝子のなかにまで飛び込んでいたことの証拠で、遺伝子の変異速度が大きくなったに違いなく、その結果として当時の霊長類の多くを死に追いやった可能性がありますが、他方では霊長類の多様な展開に関係した可能性があります。

◆ ゲノムの安定性は保てるのか

ゲノムは、滅多なことでは変化しないように、遺伝子損傷や複製エラーを発見するさまざまな監視機

---

### Alu 配列がヒトを作った？

Alu 配列は、霊長類の誕生と展開、ひいてはヒトの誕生に関係した可能性のあるトランスポゾンです。ヒトとチンパンジーを比べると、Alu 配列の挿入頻度はヒトの方が 3 倍も多い（図 11-19）。ヒトの先祖ではチンパンジーに比べて余計に Alu 配列が入り込んで、さまざまな遺伝子の機能を失わせたり変化させた可能性があります。実際、細胞表面にある糖の構造を変換する酵素遺伝子の 1 つに CMP-Nu5Ac がありますが、ヒトではこの近傍に Alu 配列が挿入されたために、活性ある酵素ができません。これは霊長類のなかでもヒトにだけ起きた変化です。変化が起きた時期は、ヒトがちゃんとした二本足歩行をはじめる時期、ヒトの脳が大きくなりはじめる時期に相当します。この遺伝子の変化が二本足歩行や脳の変化につながったかどうか別として、この時期に Alu 配列がさまざまな遺伝子に影響を与えたことで、ヒトの形質が変化し、ヒトらしく変化するきっかけになった可能性があります。

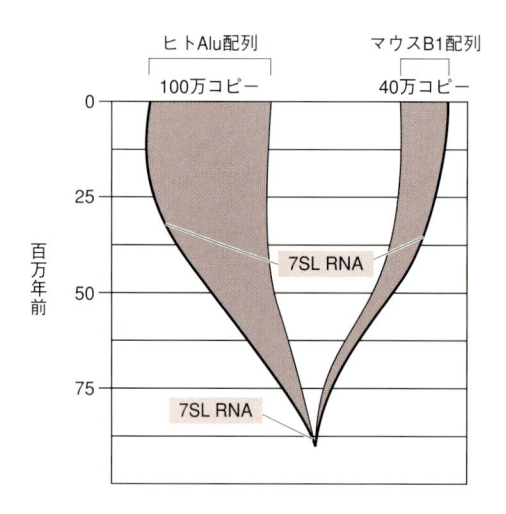

図 11-19　霊長類の展開と Alu 配列

官や呼吸器官を分化させ、四肢を作り、全身で筋肉や骨格や血管を作り、次第に細部の形と働きを構成していきます。形作りの遺伝子が、適切な時期に適切な場所で逐次働くことによって、このプロセスが進行します。

　形作りの遺伝子は、単細胞であり続ける原核生物には必要なかったはずのもので、真核生物でどのように形成されたかは大いに関心あるところです。形作りの遺伝子の変化は、新たな形質をもった生物の進化に大きな役割をもっています。このような全体像を系統的に語る余裕はありませんが、ここでは、いくつか重要な点について触れることにします。

構があって、何種類もの修復機構によって修復されています。短期的にみれば、遺伝子に異常が起きることをできるだけ防ぎ、一定に保って子孫に伝えようとします。他方では、減数分裂のたびに積極的な遺伝子組換えが起き、長期的にはトランスポゾンが暴れてDNAを大量に増やしたりグジャグジャにしたりする、ひどく不安定なものでもあります。そういうプロセスを経るなかで、多くの生物が生き残れずに（生まれることさえできずに）失われ、かろうじて生き残るものが命を後世につないで行くわけです。

## VII. 形作りの遺伝子を用意する

　総論的な話だけでなく、多細胞動物を作る遺伝子のなかでも特徴的な形作りの遺伝子を、真核生物がどのように用意したのかについて考えてみます。

### 1 形作り遺伝子とは

　具体的には、1つの受精卵が卵割をはじめて桑実期、胞胚期と進み、原腸の陥入から、頭尾軸・背腹軸・左右軸が確定し、内胚葉・外胚葉・中胚葉の3胚葉が生まれ、頭・胸・腹など次第に各部分の運命が決まっていきます。さらに、頭部では脳や眼や口器を作り、胸部や腹部では心臓や内蔵を作り消化器

### 2 進化における徐々の変化

　進化というのは、ランダムな遺伝子の変化がまずあって、それが生き物の表現形、ひいては生き方を変化させ、生きるために不都合であれば生き残れず、不都合でなければ生き残る選択が働きます。広い地域に分散したとき、地域ごとの環境の特性に合った性質の生き物が優勢になります。環境の違いが、違う表現系の生き物を優勢にしていくわけです。ダーウィンがガラパゴス諸島でみた、フィンチというトリやイグアナというトカゲの類が島ごとに少しずつ異なった種になっていることから、進化の証拠と考えたとされるものです。

### 3 進化における急激な変化

　遺伝子がちょっとだけ変化して、その結果、ちょっとだけ生き物の形や働きが変化する、といった少しずつの繰り返しだけで、水の中で暮らしていた動物が陸生動物に変わるとか、地上を走っていた恐竜が空を飛ぶ鳥になる、という大きな変化につながるのだろうかという疑問がおきます。体が乾燥に耐えられるように変わっただけでは、陸上へ行けないだけでなく、水中でも暮らしにくいはずです。翼ができても体が重ければ飛ぶことはできない。一部だけの機能が変化しても、生存にはちっとも有利にならない。一度にたくさんのことが変化するなんてことが可能だろうか。進化の過程は、長い時間をかけて少しずつ変化することもありますが、むしろ、中間

がなくて急にガタッと変化することがしばしばみられます。実際、化石から追いかけた場合でも、比較的短期に形質の大きな変化があり、中間の性質をもった化石がみつからないという例は多いのです。そんなことを遺伝子から説明することが可能なのだろうか。進化を考える上で重要なことなので、少し考えてみます。

## 4 遺伝子による急激な変化はあり得る

　すべてがわかっているわけではありませんが、遺伝子の研究から、むしろ、そんなことはありそうだ、と考えられます。たった1つの遺伝子が、大きな表現形の変化を導く、という例は実はたくさんあります。それは、発生の過程ではいくらでもみられることです。

　ショウジョウバエの頭には触角がついています。ところが、なぜかここに触覚ではなく脚が生えてしまうというとんでもない変異があります（図11-20B）。*Hox* 遺伝子群のなかにある、*Antennapedia* という遺伝子（*Antp*）の変異です。Antenna は触角、pede は脚の意味です。こういう現象の原因となった遺伝子を追求してみつかった遺伝子です。また、胸部を作る遺伝子の異常で、胸部が2つできてしまう変異があります（図11-20C）。*Bithorax* という遺伝子の変異です。Bi は2つ thrax は胸です。これらは表現形質の急激で大きな変化ですが、原因はたった1つの遺伝子の変異によって起きています。*Hox* 遺伝子の発見のもとは、こういう例がいろいろみつかったことによります。*Hox* 遺伝子群を含めて、発生にかかわる遺伝子にはこういうものがたくさん含まれているのです。どんな変化も可能であるということではありませんが、条件が揃えば急激な表現系の変化はそれほど珍しいことでもないともいえるのです。

## 5 マスター遺伝子というもの

　発生過程ではまず頭尾軸や背腹軸が決まります。頭尾軸に沿って体節が決まってきます。体節を作る遺伝子郡が体節を決めるわけです。ヤスデやゲジゲジのように体節の多いものも、昆虫のように頭・胸・腹の3つの体節にまとまってしまうものも、ヒトのように体節が一見不明確なものも、基本的には体節を作る遺伝子は同じです。働き方のちょっとした違いで、姿形に違いが出ます。

　体節が決まると、それぞれの体節で特定の遺伝子が働き出します。頭から尾までの各体節で、それぞれの器官や臓器を作り出す遺伝子が働き出すわけです。ゲジゲジやエビでは各体節で脚を作る遺伝子が働くのでたくさんの脚ができるけれども、カニでは5対、クモでは4対、昆虫では胸部に3対しかできない。トリの翼はトカゲの前肢を作るのと同じ遺伝子で作られますが、昆虫の翅を作るのは脚を作るのとは別の遺伝子です。昆虫で翅を作る遺伝子はゲジゲジにもエビにもありますが、別の働きをしています。眼を作る遺伝子はゲジゲジでもエビでも昆虫でも、サカナやヒトでも頭部の体節でだけ働いています。これらの多くは、マスター遺伝子あるいはツールキット遺伝子とも通称される遺伝子です。一般論としてマスター遺伝子1つだけが働くとするのはやや単純化し過ぎではありますが、眼を作るたった1つのマスター遺伝子が働けば眼ができるのは事実です。*Hox* 遺伝子群はこういうマスター遺伝子のグループで、各部位での器官作りを指令します。

## 6 マスター遺伝子とそれに従って働く遺伝子群

　例えば眼を作るときに最初に働くマスター遺伝子は1つですが、この遺伝子から作られるタンパク質がいくつもの転写因子の遺伝子を活性化し、この結果作られる転写因子がたくさんの遺伝子を働かせて・・・といったプロセスがあって、たくさんの遺伝子が系統的に働きだす結果として、眼を

| A) | B) | C) |
|---|---|---|
| 正常 | antennapedia | bithorax |

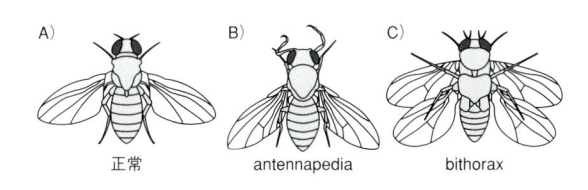

図11-20　ショウジョウバエの *Hox* 遺伝子変異

11日目　多細胞への多様な遺伝子を準備する

作ります。マスター遺伝子1つだけがあっても眼はできないわけです。工場で製品を作る指令を出すのは工場長ですが、指令に基づいて製品を作り出すには、中間管理職を含めてたくさんの現場のヒトたちが必要です。もちろん、工場長の指令は、経営本部の判断と指令に従っているわけで、$Hox$ 遺伝子の場合にもそれを働かせる上部の遺伝子があります。

## 7 眼を作る遺伝子の場合

通常は、眼を作るマスター遺伝子は頭の特定の部分でだけ働きますが、脚や触覚になるはずの組織で眼を作るマスター遺伝子をムリムリ働かせたら、どうなるのだろうか。ショウジョウバエの眼を作る遺伝子（$eyeless$）でやってみると、エーッと思うでしょうが、脚や触覚の部分に眼ができてしまうんです（図 11-21）。眼を作るために具体的に働くたくさんの遺伝子は、マスター遺伝子（$ey$）が働くまでは働かない（図 11-22）。その上流には $toy$ があります。本来眼を作る場所で $toy$ あるいは $ey$ が働けないようにすると、眼ができません。脚では、通常は眼のマスター遺伝子が働かないから、通常は脚に眼はできないけれども、眼を作るに際して働く遺伝子としては、全身の細胞にそろっているんだ、ということがよくわかります。マスター遺伝子を働かせさえすれば、眼ができるわけです。脚にできた眼でも、光を当てるとちゃんと反応することが電気生理学的に確認できます。ただ、神経がこなければ、本当の眼として見たものを認識できるわけではありません。

## 8 動物の多くは眼をもっている

脊椎動物は眼をもっています。それだけでなく、軟体動物（カイ類やイカ、タコ）や節足動物（昆虫や、エビ、カニなどなど）も立派な眼をもっていることはよくご存知でしょう。さらに、棘皮動物（ヒトデ）、環形動物（ミミズ）、扁形動物（プラナリア）などだけでなく、刺胞動物（クラゲ）にいたるまで、ほとんどの動物が光を感じる器官をもっています（図 11-23）。動物は餌を探して捕まえる生物である以上、餌を探す眼をもつことは必然ですし、捕食者から逃げるにも必要です。眼点といって光を感じるだけの器官をもつものも多いのですが、クラゲでもハコクラゲの仲間（アンドンクラゲなど）では、立派なレンズと網膜を備えており、視細胞は光受容タンパク質であるオプシンももっています。ただ、神経細胞が散在するだけで脳をもっていないので、視覚情報としてどの程度利用できているかはわかりません。

甲殻類のシャコには、可視光線だけでなく紫外線や赤外線も感じることができ、そのために3原色どころか12原色を感じる受光器を備えているものがいるそうです。そこまですることが生きる上で有利なのかどうか、私にはよくわからない。シャコを含めて動物には偏光を感じる能力をもつものも少なからずいます。水中で透明なもの（餌）をみつけたり、渡り鳥などが曇っていても太陽の方向を知るのに役立っているといわれています。眼といっても生物ごとの個別の工夫が凝らされていることがわかります。

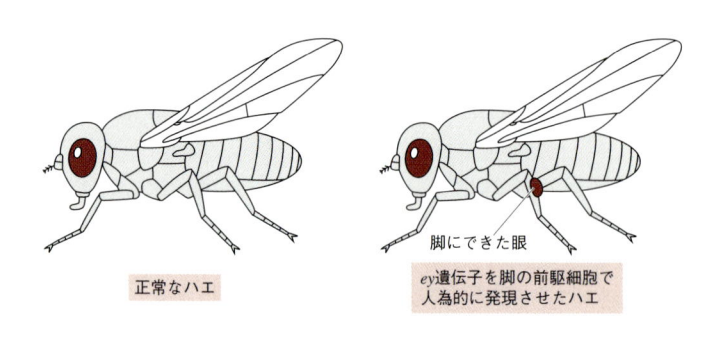

図 11-21　$eyeless$ 遺伝子の異所的発現

正常なハエ

脚にできた眼

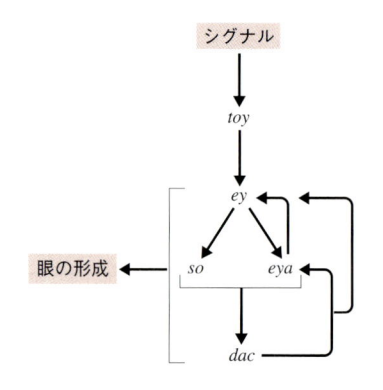

$ey$ 遺伝子を脚の前駆細胞で人為的に発現させたハエ

図 11-22　眼を形成する遺伝子群

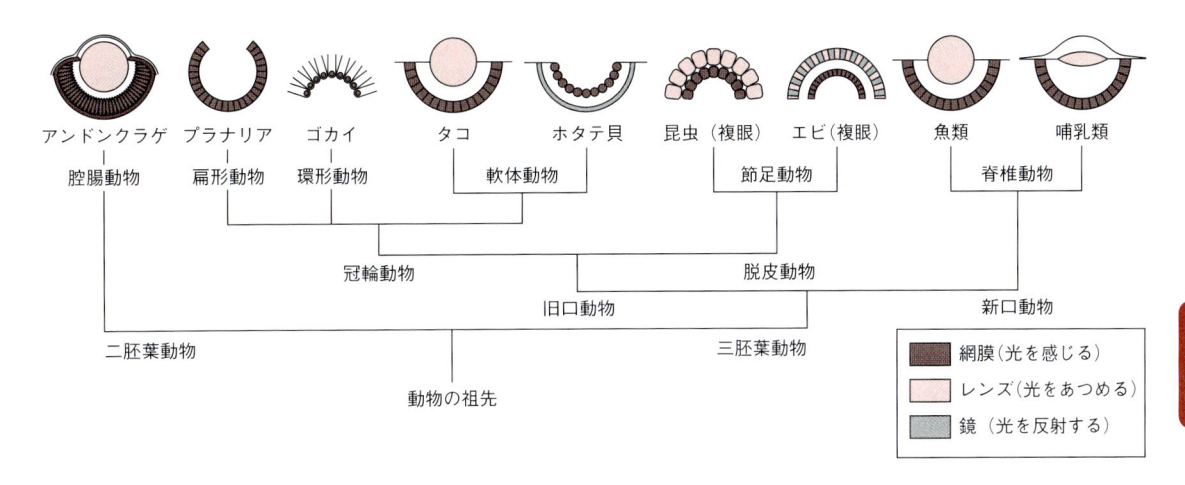

図 11-23 さまざまな生物の眼の構造（参考文献 6 を元に作成）

## 9 マスター遺伝子は動物間で共通性が高い

イカやタコの眼はヒトの眼と構造的にはよく似ていますが、昆虫は複眼です。意外なことですが、マウスでもショウジョウバエでも、眼を作るマスター遺伝子はほぼ同じものです。遺伝子の構造（塩基配列）がよく似ているだけでなく、機能も共通であることがわかりました。**マウスの眼を作るマスター遺伝子（Pax6）をショウジョウバエで働かせると、ショウジョウバエの眼を作る遺伝子群を働かせて複眼を作ります。**逆も可である。つまり、マスター遺伝子の働きは、ここに眼を作れという指令を出すことで、指令に従って働く遺伝子群がショウジョウバエでは複眼を作り、マウスでは哺乳類型の眼を作る。それだけではありません。ホヤ（脊索動物）、イカ（軟体動物）、プラナリア（扁形動物）などさまざまな動物の Pax6 遺伝子の相同遺伝子をとってきて、ショウジョウバエで強制的に働かせると、眼を作る場所でなくても、ちゃんと複眼を作り出すことができました。眼の構造は生物によってずいぶん違いますが、**眼を作る指令を出すマスター遺伝子は動物界で共通**であることが、これではっきりわかりました。それぞれの種で異なった眼ができるのは、指令を受けて働く遺伝子群の方に違いがあるからです。これは眼だけであるはずはありません。同様のことは、ほかにもいくつものマスター遺伝子の例で示されています。この発見は、研究者にとっても予想外のことで大きな驚きでした。動物というものは姿や形にずいぶん変化があるようでも、基本的には同じやり方で体ができるわけです。**動物が一元的な存在であることを納得させられる一例です。**

## 10 Hox 遺伝子群の共通性と独自性

動物の形作りに重要な Hox 遺伝子群は、鳥類や哺乳類では 13 個も並んでいます。脊索動物では頭索類（ナメクジウオ）や無顎類（ヤツメウナギ）から魚類、両生類まで 13 個並んでいる。昆虫では 10 個、センチュウでは 6 個並んでいる。刺胞動物（クラゲ）には 2 個しかないけれども、体作りの遺伝子は、とにかくここまでたどれます（図 11-8）。多細胞動物はほとんどすべて、形作りの Hox 遺伝子をもっているわけです。Hox 遺伝子群の遺伝子が共通の構造をもっているのは、1 つだった遺伝子が重複を繰り返すことで、同じ染色体上に複数の遺伝子が並んで増えたためと考えられます。こういう例をみても、**動物が共通性の高いしくみで体を作っていることと同時に、それぞれなりの独自性の発揮があることも理解**できるでしょう。なお、形作りの遺伝子はこのほかにも散在的に存在していて、マウスの pax6 もショウジョウバエの ey も Hox グループとは別です。

昆虫やセンチュウなどの旧口動物や、新口動物でも原索動物では、1 倍体あたり Hox 遺伝子群のセットを 1 つしかもっていませんが、脊椎動物では 4 セットあります。各セットのなかの遺伝子は少しずつ

変化をしているので、完全に同じ遺伝子のセットが並んでいるわけではありません。魚類の段階から*Hox*遺伝子のセットが増えたことが、それ以後、両生類、爬虫類、鳥類、哺乳類と大いに多様性の展開がみられたことに寄与しているとの推測もあります。これらの動物には、単純には1倍体あたり13×4で52個の*Hox*遺伝子があることになります。ただ、これらのなかには、機能しなくなったものも含まれているので、実際にはもっと少ないけれども、1セットしかない動物に比べればずっと多い。*Hox*遺伝子が多いほど複雑な体を作り得る、といってはいい過ぎかもしれませんが、少なくとも、複雑な体を作る可能性は大きくなるとはいえるでしょう。

## 11 体の非対称性にかかわる遺伝子

ほとんどの動物は左右対称性をもつけれども、実はよくみると非対称的です。ヒトでは、内臓の位置や形は左右非対称で、心臓は中心線からやや左に寄っており、胃は左上の食道から右下の十二指腸へつながっており、肝臓は右側に、膵臓や脾臓は左側に位置しています。それぞれの形も左右対称ではありません。脊椎動物を含めて新口動物では、この非対称性を生み出す経路には、シグナル伝達分子を作る*Nodal*という遺伝子の働きにはじまる、一連の経路があることがわかっています。しかし旧口動物については、今までよくわかっていませんでした。巻貝は旧口動物の軟体動物に属し、幼生は左右対称ですが、発生の過程で、右巻きあるいは左巻きに巻いた貝殻を作り出します。2009年のNature誌によれば、巻貝にも*Nodal*に相同な遺伝子があり、この働きを失わせると、貝殻の巻き方が乱れるといいます。動物体の非対称性形成には、新口、旧口を問わず*Nodal*のシグナル伝達経路が働いているものとみえます。

## 12 脊索を作る遺伝子の場合

眼を作る遺伝子の例では、マウスもショウジョウバエも眼をもっているわけだから、共通のマスター遺伝子や、マスター遺伝子の指令で実際の眼を作るまでに働く遺伝子群があることは納得できます。これに対して脊索は、動物界のなかでも脊索動物にしか存在しません。脊索動物には共通して脊索を作らせるマスター遺伝子*Bra*があり、*Bra*遺伝子を破棄されたホヤに、*Bra*と相同にみえるウニの遺伝子を導入したら、ちゃんと脊索ができた話を5日目で紹介しました。これから2つのことがわかります。1つは、眼の場合と同様ですが、ホヤでは脊索を作る場所でなくても、マスター遺伝子に応じて脊索を作る遺伝子群は存在していて、働くことがわかります。もう1つは、脊索を作る遺伝子は脊索をもっていない動物から存在していたことです。ウニではこの遺伝子は、発生初期に原口が陥入することに働いています。構造の似た*Bra*遺伝子として探るとクラゲまで遡れるし、旧口動物のミミズにもあります。

動物界で広く眼を作る遺伝子も、脊索動物にだけ脊索を作る遺伝子もそれぞれ動物界に広く存在しています。眼を作る遺伝子は、動物界全体で眼を作る経路の遺伝子群を働かせて、簡単か複雑かの違いはあっても眼を作ります。それに対して脊索を作る遺伝子は脊索動物では脊索を作る遺伝子群を働かせますが、他の動物群では、ほかの働きをする遺伝子群を働かせている、ということなのです。

## 13 遺伝子のやり繰り

脊索を作る遺伝子の場合、構造の似た遺伝子としてクラゲやミミズにまであることがわかった。だからといって、クラゲは遠い将来に脊索というものを作りだすことを『見越して』あるいは『目的として』あらかじめこの遺伝子を用意したはずはありません。脊索動物は、それまで存在していた遺伝子の使い道について、新たなやり繰りを工夫あるいは試みとして、脊索という新しい器官を作ってみた、あるいは、どういうわけかできてしまった。作ってはみたけれど、それほど有益でも素晴らしいものでもなかったようにみえます。でも、大きなマイナスというほどのこともなかったので、それなりに生きのびてきた。今でも脊索をもったホヤ、ウミタル、サルパ、ナメクジウオなど、華やかでも強者でもありませんが、栄養価も低く美味しくもないために他の動物の餌にならないことで生き残れた、とでもいえそうな生き

物群です。このグループは、ヒトを含む脊椎動物への先祖になったという一点で我々ヒトにとっては大切な存在ですが、生物界にとっては特に目立つものではなく、生き残りのための素晴らしい工夫をした生物群とも思えません。

## 14 突然新しい形質が出現する可能性はある

進化の歴史のなかでは、比較的短時間の間に『ある形質が突然出現した』ようにみえることがしばしばあり、化石からも事実としてはわかっていました。新しい遺伝子の出現について現在では、遺伝子の重複やエキソンシャフリングによって新たな機能をもった遺伝子が比較的容易にできる可能性があること、そういうことが事実あったという膨大な証拠があること、形作り遺伝子が動物界共通に用意されていて、その遺伝子の働きから考えて、ある形質が突然出現することはあり得ること、と理解できるようになりました。

また、細胞内には普段から実に膨大な種類の反応の系列が働いていて、その適切な組合わせがさまざまな細胞の反応を引き起こしていることが、具体的にわかってきました。たった1つの反応が加わったり失われたりすることで、新しい原因⇒結果の反応系列ができる可能性があることです。マスター遺伝子はあっても、下流遺伝子が一部不足であったために形作りができなかったところへ、不足の遺伝子が補われたとき、あるいは逆に、下流遺伝子としては準備されているところに、マスター遺伝子が用意されたとき、個体の形態や機能に急激な変化が起きる可能性があります。例えば、すでにある遺伝子群の働きがちょっと変わるだけで、例えば眼を作る遺伝子が脚でも働くようになるだけで、脚に眼をもつハエが生まれるという可能性を納得していただけたでしょうか。もちろん現在でも、我々は生き物の工夫のホンの一部を知っているだけで、我々の知らない工夫が隠されている可能性はむしろ大きいと考えるべきでしょう。

# VIII. 遺伝子の蓄積とやりくり

眼をもたなかった動物に眼ができる、脊索をもたなかった動物に脊索ができるといった、大げさなことは本当に稀で極端な例でしょうが、当面は役に立たないようなたくさんの遺伝子を蓄積することは、大きな変化への準備段階として有効です。生き物は、これらの遺伝子を特に利用することなく保存している場合もあれば、やりくりしながら使っている場合もある。生き物というものは、やりくりの天才でもあるんです。

## 1 遺伝子のやりくり構築の例

脊椎動物はよく発達した眼をもっていますが、眼のレンズは**クリスタリン**というタンパク質が集合したもので、極めて透明性の高いものです。クリスタリンも多くのメンバーからなるファミリーで、α、β、γクリスタリンは脊椎動物全部に共通ですが、このほかに、動物種によって特異的なクリスタリンがあります。驚いたことに、これらはいずれも、解糖系のエノラーゼや乳酸脱水素酵素、尿素回路のアルギニノコハク酸リアーゼのほか、プロスタグランジンF合成酵素と構造的に似ていることがわかりました（表11-4）。構造的に似てはいても、多くは酵素

**表11-4 ◆脊椎動物のレンズクリスタリンと酵素の関係**
（参考文献6を元に作成）

| クリスタリン | 所持する生物グループ | 酵素 |
|---|---|---|
| ε | 鳥類、ワニ、カエル（Rana） | 乳酸デヒドロゲナーゼ（LDH）プロスタグランジンF合成酵素 |
| δ | 鳥類、爬虫類 | アルギニノコハク酸リアーゼ |
| ζ | モルモット、テグ、ラクダ、ラマ | NADPHキノンオキシドレダクターゼ |
| η | ハジネズミ | アルデヒドデヒドロゲナーテ |
| λ | ウサギ、ノウサギ | ヒドロキシルCoAデヒドロゲナーゼ |
| μ | カンガルー | オルニチンシクロデアミナーゼ |
| ρ | カエル（Rana） | NADPH依存レダクターゼ |
| τ | カメ | α-エノラーゼ |

としての活性をもつわけではありません。ただ、εクリスタリンについては実際に乳酸脱水素酵素活性をもっているといわれています。脊椎動物だけでなく、頭足類（イカやタコ）ではグルタチオン–S–トランスフェラーゼという酵素が、活性をもったままクリスタリンになっているといわれます。

## 2 副業（内職）タンパク質

異なる2つ（以上）の機能をもつタンパク質を、moonlight protein と称します。moonlight sonata や moonlight serenade などというのは月の光の意味ですが、ここで使う moonlight は、昼間の仕事とは別にする『夜の副業』のことです。アヤシイ仕事やフーゾク関係といった意味はなく、内職・夜なべ仕事といった感覚です。こういうタンパク質は最近たくさんみつかっており、例えば極端な例ですが、グリセルアルデヒド–3–リン酸脱水素酵素（GAPDH）は、解糖系の酵素としての活性のほか、DNA 修復時や DNA 複製時のタンパク質複合体に含まれて働き、男性ホルモン受容体タンパク質が遺伝子 DNA に結合して転写促進する際の促進タンパク質としても働き、tRNA の輸送にも働き、細胞死（アポトーシス）のプロセスでも役割を果たし、エンドサイトーシス（貪食）の際や細胞内の小胞輸送にも微小管の重合にも働くのだそうです。2つどころか山ほど副業をしているらしい、というか、ここまでくるとどれが本業なのかわからない。

## 3 どうしてこんなタンパク質があるのか

タンパク質には1つの機能しかないと思っていたとすれば、根拠のない先入観に過ぎないのかもしれません。明確な酵素活性をもったタンパク質について、ほかに異なる機能があるなどとは想像したこともなく、調べてみなかっただけのことです。別の現象について研究を進めていて、それを担うタンパク質を調べてみたら既存の酵素に行き着いた、ということがしばしばあるのです。そんなことがあるなら、と調べてみたら意外にたくさんありそうだ、というのが現状でしょう。

どうしてこんなタンパク質があるのだろう。タンパク質の構造を決める遺伝子は、複数のエキソンが組合わさってできています。それぞれのエキソンにはそれなりの機能があることが多く、エキソンシャフリングによって、新しいタンパク質の遺伝子が作られます。少しの変異でその機能が変化します。そう考えれば、どのタンパク質にも、本来的に複数の機能があって不思議はないのだと思います。

## 4 ハウスキーピング遺伝子からラクシャリー遺伝子ができる

クリスタリンの場合、解糖系酵素のようにバクテリア時代から存在する非常に古い歴史をもつ酵素タンパク質から、遺伝子重複によって酵素遺伝子が増え、さらに遺伝子変異によってレンズタンパク質になった、というプロセスが考えられます。2つ以上の機能をもつタンパク質があったとき、どちらが主業でどちらが副業かは単純にはいえませんが、今まで知られた例ではクリスタリンに限らず、機能の1つは解糖系の酵素などであることが多いようです。解糖系酵素の遺伝子は、原核生物にも真核生物にも共通に存在するハウスキーピング遺伝子で、生物界で最も古い歴史をもつ代謝系と考えられるので、こちらが主業（古くから携わってきた仕事）だったと考えられます。

進化の過程で、**ハウスキーピング遺伝子しかもっていなかった原核生物を出発にして、真核生物がどのようにしてラクシャリー遺伝子を獲得するにいたったかは、大きな謎でした。**ラクシャリー遺伝子の誕生は、無から有を生じることだったようにみえるからです。無から有が生じることは滅多にないけれども、既存のものをちょっと変化させて別の役割をもたせることなら、十分に可能性のあることです。moonlight protein 発見の重要な意義は、バリバリのハウスキーピング遺伝子からバリバリのラクシャリー遺伝子が、遺伝子重複と若干の変異によって誕生する可能性が現実にありそうなことと示したところにあります。度々出てきた視覚タンパク質のオプシンはラクシャリータンパク質の例ですが、古細菌のバクテリオロドプシンは細胞膜のプロトンポンプとして、生きるために必須のハウスキーピング遺伝子

として働いています。結果としてみると、ハウスキーピング遺伝子機能の流用・やりくりで新たなラクシャリー遺伝子が誕生した例であるようにみえます。

## 5 同じ遺伝子が異なる生物で異なる役割りを果たす

*Bra* などの例で 1 つの遺伝子がさまざまな動物で、さまざまな場面で、さまざまな細胞で、さまざまな異なった働きをするようにみえるのは、機能はほとんど同じでも、一連の反応経路のなかでの働き方に新しい役割をもったためだと思われます。これによっても生物は新しい応答性を創生することができ、新しい表現形を生み出す可能性があるわけです。これも既存遺伝子のやりくり、タンパク質機能のやりくりの 1 つといえます。

## 6 修飾によって機能が変化するタンパク質

やりくりや副業とは少し意味が違いますが、タンパク質は、実にたくさんの種類の修飾が起きます。**リン酸化、アセチル化、メチル化、水酸化、カルボキシ化、糖の付加、脂質の付加、SUMO 化、ユビキチン化、ADP リボシル化、レチノイン化、その他マイナーなものまで入れると大変な種類**があります。タンパク質のなかの、どのアミノ酸に、どのような修飾が起きるかによって、タンパク質の局在性や構造や働きに大きな変化が生じます。見方によっては、修飾によって、タンパク質はあたかも別のタンパク質に変化するといってもよいでしょう。修飾の違いがタンパク質の機能を変化させ、その結果、場合によっては生き物の表現系が変化することになります。そう考えると、**修飾 1 つを工夫することは、新しい機能をもったタンパク質を 1 つ作ること、つまり遺伝子を 1 つ作ることにも匹敵する**ものなのです。ラクシャリー遺伝子を実質的に増やすことになるわけです。

一番単純なのは、リン酸化によって酵素の活性が「なし」から「あり」に変化、あるいは逆に「あり」から「なし」への変化が起きる場合です。アドレナリン（エピネフリン）というホルモンによるシグナ

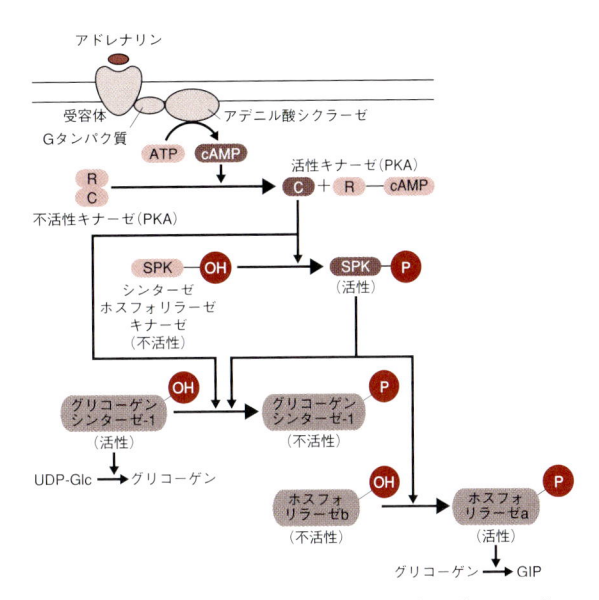

図 11-24　エピネフリンのシグナル伝達とグリコーゲン代謝

ル伝達系が、肝内で酵素をリン酸化することによって、グルコースからグリコーゲンを作る酵素を不活性化してグルコース（G1P）の消費を減らし、グリコーゲンからグルコースを作る酵素を活性化して、グリコーゲンからグルコース（G1P）への変化が促進されます（図 11-24）。詳しい説明は略しますが、この系では、2 つの酵素がリン酸化によって活性化され、1 つの酵素がリン酸化によって不活性化されることで、血糖値上昇の方向へ調節されます。

## 7 修飾によるタンパク質の多機能性

修飾によって 1 つのタンパク質が著しい多機能性を示す p53 というタンパク質があります。393 個のアミノ酸がつながった、分子量 5 万 3,000 のタンパク質です。細胞が大きなストレスを被ったとき、細胞を自殺（アポトーシス）に導くか、細胞を老化（生存し機能するが増殖は不能）に導くか、一時的に増殖を停止させてその間に損傷を修復して回復に向かわせるか、3 つの道が選ばれます（図 11-25）。たった 1 種類のタンパク質が、ストレスの種類と細胞が被る損傷の大きさによって、細胞に異なる応答反応を引き起こすわけです。より具体的には、アポトーシス誘導にかかわる *bcl2* のファミリータンパク質

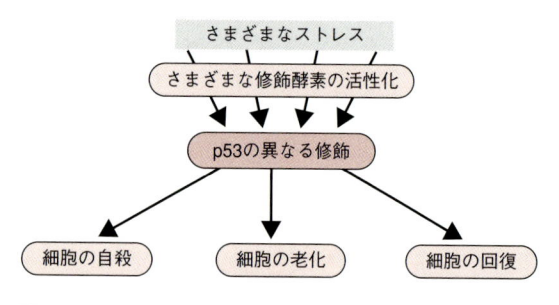

図11-25 p53の多様な機能

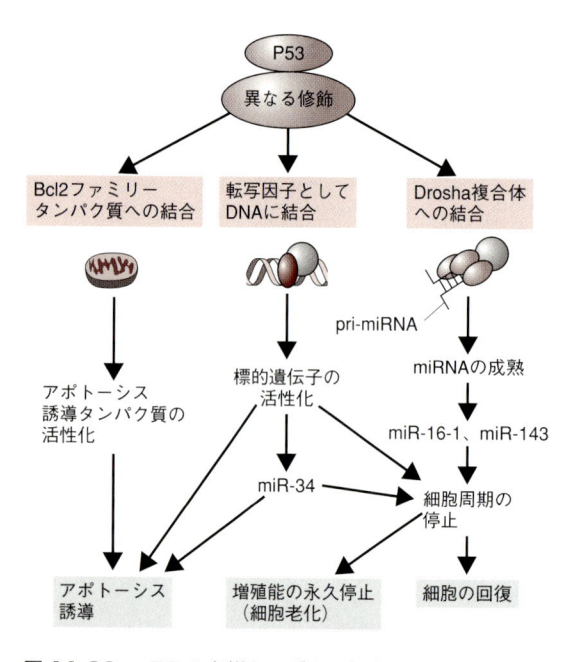

図11-26 p53の多様なシグナル経路

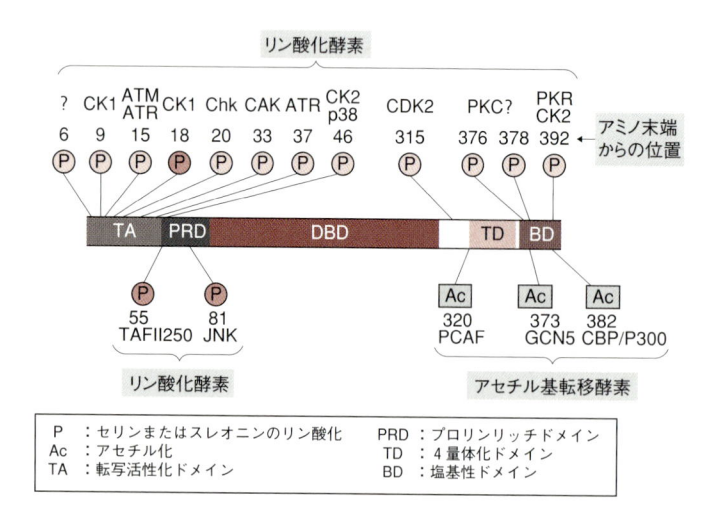

図11-27 p53の修飾

への結合、転写活性化因子として遺伝子発現の誘導あるいは抑制、miRNA（12日目）のプロセシング促進という全く異なる経路を介して働きます（図11-26）。miRNAプロセシングへの働きは、2009年7月のNature誌に報告された新しい経路です。

p53タンパク質は複数の機能ドメインからできていて、リン酸化酵素やアセチル化酵素によって修飾される部位（アミノ酸）が多数あり（図11-27）、リン酸化酵素にもアセチル化酵素にも多くの種類があって、ストレスの種類と程度によって、p53を修飾する異なる酵素が活性化され、p53の異なる部位にリン酸化あるいはアセチル化が起き、その結果、異なる修飾を受けたp53によって異なる経路の反応が誘起されます。p53タンパク質の中には、リン酸化部位18カ所、アセチル化部位10カ所のほかにも、メチル化部位6カ所、ユビキチン化部位12カ所、Nedd化部位6カ所、SUMO化部位1カ所、ADPリボシル化部位3カ所、グリコシル化部位1カ所などがあって、それぞれがさまざまな刺激応答経路の下流にあって、異なる酵素によって修飾されます。それぞれの修飾された部位には、それぞれに特有のタンパク質複合体が結合することを通じて、p53の異なる機能を発揮させます。p53が転写活性化因子として働く場合、ストレスの種類や大きさによって、100個近くも遺伝子群が活性化あるいは抑制されます。

## 8 修飾によって逆の酵素活性を示す酵素もある

酵素タンパク質のリン酸化によって、司る反応が逆転することさえあります。グルコースの分解過程（解糖系）はホルモンによる調節を受けていて、インスリンは分解促進に、グルカゴンは分解抑制に働きます。図11-28に示すPFK2とF2,6BPaseは同じ酵素タンパク質ですが、グルカゴンによってリン酸化されたときはF2,6BPase

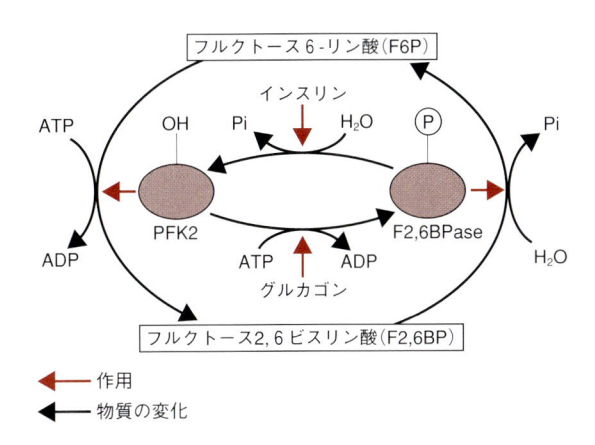

図11-28 修飾によって逆の活性を示す酵素

として働き、インスリンによってリン酸が外れたときはPFK2として働きます。F2,6BPase酵素はF2,6BPをF6Pにする働きをもち、PFK2酵素はF6PをF2,6BPにするという逆の働きをもちます。1つの酵素タンパク質に、たった1つのリン酸が付くかどうかで、司る反応が逆転するわけです。まさに、1つの酵素タンパク質が、修飾状態によって2種類の酵素としての役割をもつ例です。なお、できたF2,6BPは、グルコース分解酵素の活性を促進し、グルコース合成酵素の活性を抑制します。念のためですが、グルカゴンやインスリンの働きは、図11-24に類似したシグナル伝達系が働いて、リン酸化酵素や脱リン酸化酵素（ホスファターゼ）を活性化することで現れます。いずれにせよ、タンパク質の機能が修飾によって大きく変動する例は山ほどあり、柔軟とも自由自在ともいえるようにみえます。

## 9 タンパク質レベルの使い回し

副業タンパク質は、1つのタンパク質が複数の機能をもつものです。1つのタンパク質が1つの機能をもっていて、それが一見無関係な場面で働く場合は、たくさんあります。これもタンパク質のやりくり・使い回しの例と考えられるかもしれません。ここでは一例だけあげます。発生分化の過程での形態形成でも働き、成人の体内でも働いている、Wntシグナル伝達系があります。この系で重要な働きを担っているタンパク質キナーゼが発見されました。シグナル伝達経路のなかで、βカテニンというタンパ

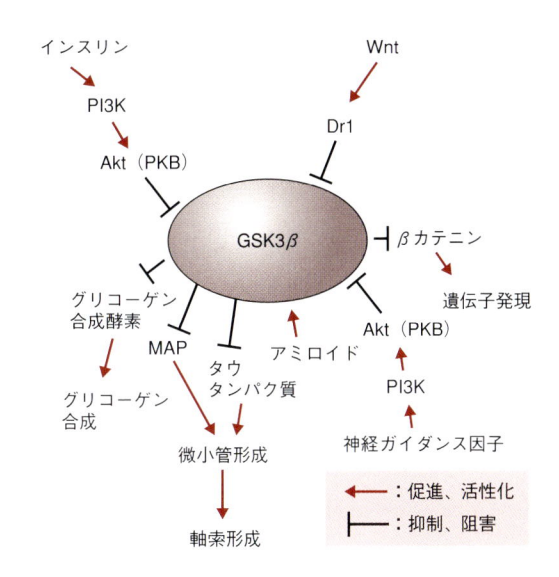

図11-29 GSK3βの使い回し

ク質にリン酸を結合させる酵素です。これは何と、グリコーゲン代謝という極めて古い嫌気的代謝経路で働く、GSK3β（グリコーゲン合成酵素キナーゼ3β）という酵素であることがわかりました（図11-29）。この酵素は、神経がガイダンス因子に従って軸索を伸ばすときに微小管を形成することにも関係し、アルツハイマーなどで蓄積するアミロイドから影響を受けることもわかりました。1つの酵素がさまざまな分化細胞でさまざまな機能に関して働いているのみならず、幹細胞の維持にもかかわるといわれます。幅が広い。

タンパク質にリン酸を結合させるキナーゼという酵素は、ひょっとすると1,000種類近く、あるいはそれを超えるファミリーがあるのではないかと想像され、それぞれの酵素が特定の場所で、特定の反応経路で、特定のタンパク質に対して働くと想定され、実際にそういう例が多いのです。特定の反応には特定の酵素が働くのが一般的です。ただ、ここに例にあげたように、異なった細胞の異なったシグナル伝達経路のなかで同じ酵素が働いて、それぞれの経路に特有の応答反応を示す例はほかにもいろいろみつかっています。こうやって、真核生物は遺伝子を増やすことだけでなく、使い方をやりくりし工夫して、遺伝子産物であるタンパク質をいろいろな場面で目

11日目　多細胞への多様な遺伝子を準備する　217

一杯働かせることで、細胞機能を多様化させていったものと考えられます。

### 10 環境への適応と進化への圧力

　遺伝子も遺伝子発現の調節も同じなのに、表現型が同じになるとは限りません。一卵性双生児でも育った環境が違うとかなり違った性質を示す場合があります。環境への適応あるいは順応による変化ともいえます。古い話ですが、1985年に筑波で科学万博（国際科学技術博覧会）というイベントがありました。そこで、水耕栽培されたトマトが大木のようになっていて、何と1万個以上ものトマトを実らせました。人工的な手助けをしたとはいえ、トマトのもつ能力を引き出したものです。現在の環境で生きている生物が、生物としての能力を目一杯発揮しているかどうかはわからない、むしろ答えは否でしょう。生物というものは相当に柔軟なものである。そういう実例の1つです。

　生物が普段とは異なる環境におかれたとき、環境に順応できずにあっさり死ぬこともありますが、予想に反してしぶとく生き続ける場合もみられます。生き続ける場合に、ここまでやるか、これが同じ種なのかと思うくらいに元の姿を変えて、その環境に合わせた生き方をしていることがあります。形態も機能も表面的にはずいぶん変化したようにみえても、遺伝子が変異しているわけではなく、環境に応じて表現型が変化しているだけです。元の環境に戻せば、元の姿に戻ります。姿が変化してしまった個体は、環境を戻しても元の姿には戻らないかもしれませんが、同じ遺伝子をもった子孫は元の姿に戻る、という意味です。変異してしまったものなら、子孫の姿は元には戻らないでしょう。

　新たな環境中で辛うじて生きのびているけれども、環境との折り合いでかなり無理をしている場合、環境にあった生き方ができる方向への遺伝子の変化が起きれば、その変化はまさに適者生存として、特定の方向への変化が促進されるようにみえるはずです。環境が遺伝子に変化を与える直接の原因ではなくても、環境が結果として一定方向への遺伝子の変化を促進することはあるわけです。

### 今日のまとめ

　真核生物が遺伝子をどのように増やしていったのかについて紹介しました。そういうしくみの一端がわかってきたことと、それが進化とどうかかわるかを紹介しました。進化を進める原動力は、遺伝子の変異と、その結果生まれる生物の、環境による選択であると考えられていましたが、その場合に問題だったのは、遺伝子に起きる変異の大部分が、機能を失うタイプのものであって、新たな機能を獲得する可能性など、非常に稀な例としてしか考えられないことでした。それではとても、新たな機能や形をもった生物を誕生させるのは無理です。真核生物では、遺伝子重複、相同組換え、エキソンシャフリングなどによって、既存のモジュールを組合わせて新たな機能をもった遺伝子を構築したことと、既存の遺伝子の使い方をやりくりして新機能をもたせてきたことを紹介しました。画期的な発見です。これなら、生物多様性を提供することが可能である、と納得できるようになりました。ただ、強調したいことは、まだまだわかったことは生物のもつしくみのホンの一端に過ぎないことです。まだまだ埋もれているしくみの方がずっと多いのと考えるべきでしょう。それがわかるたびに、進化のしくみがもっと納得できるものになるに違いないと思います。

# 今日の講義は...
## 12日目 遺伝子の働き方と表現型の変化

## 1 遺伝子の変化が進化をもたらす

　進化の歴史のなかでは、生き物の形質が徐々に変化することもありますが、比較的短時間の間に『ある形質が突然出現した』ようにみえる場合がしばしばあることが、化石から示されていました。形作りにかかわる遺伝子の働きがわかってくると、動物界で非常に共通性が高いものであって、一定の準備の上でならちょっとした遺伝子の変異がきっかけで突然の表現型の変化があらわれることも不思議ではないことなどについても、11日目で紹介しました。

## 2 遺伝子の働き方の変化が進化と生物多様性を生み出す

　11日目でも紹介したように、ラクシャリー遺伝子の働きで多細胞生物が誕生するとき、遺伝子そのものが変化する場合だけでなく、**遺伝子の働き方が変化するだけで形質の変化が起き、それが進化にかかわる可能性がある**ことを考える必要があります。そういう背景を念頭に、12日目では、真核生物の遺伝子の働き方の調節について紹介しておきます。もちろん現在でも、ヒトは生き物の工夫のホンの一部を知っているだけで、ヒトの知らない工夫が隠されている可能性はむしろ大きいのです。

## I. 多細胞動物における遺伝子の働き方の調節

### 1 真核生物における遺伝子の働き方の調節の特徴

　多細胞動物ではさまざまなレベルでの遺伝子発現調節があります。1つの受精卵から出発して細胞分裂（卵割）を繰り返し、しばらくは互いに区別のつかないよく似た細胞群からなりますが、やがてさまざまな種類の細胞に分化していきます。肝細胞に分化した細胞は、肝臓特有の遺伝子を発現するようになり、神経細胞、筋肉細胞、皮膚細胞などに特有の遺伝子は、生涯を通じて発現しないよう抑制されます。肝細胞でのみ発現する薬物代謝の遺伝子は、少量ずつコンスタントに発現していますが、薬物が体内に入ってきたときには、一気にたくさんの代謝酵素を作るよう遺伝子発現が大いに誘導されます。

　真核生物では転写調節が非常に多重的です。真核生物のDNAはクロマチン構造をとっていますが、大枠的なクロマチン構造変換から、個々の遺伝子におけるプロモーターまでの、さまざまな調節段階があります（図12-1）。この図12-1でいえば原核生物に存在するのは、一番右側に相当するプロモーターへの基本転写因子の結合による調節機構だけといえます。他方、転写が開始した後、タンパク質が合成されるまでの間のさまざまな転写後調節にも、原

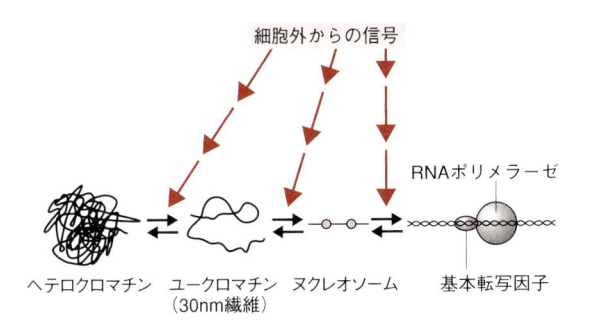

図12-1　真核生物の転写調節

核生物にはなかったさまざまな調節がみられます。具体的には、どの細胞でどの遺伝子がどのような調節を受けるか、複雑なものがあります。

## 2 真核生物における転写調節

### ◆ プロモーター領域

原核生物では、σ因子のようなタンパク質がまずプロモーターの塩基配列を認識して結合し、そこへRNAポリメラーゼが結合することで転写が開始します。真核生物ではσ因子に相当するタンパク質群ははるかに複雑です（図12-2）。これらの**基本転写因子**（TF II A～H）が一定の順番で**プロモーター配列**に結合して、そこへmRNAを合成するRNAポリメラーゼIIが結合します。他方、プロモーター領域を構成するDNAの塩基配列にもいろいろな種類があります（図12-3）。さまざまな遺伝子に共通性の高いコアプロモーター以外に、さまざまなプロモーターがあり、そこにさまざまなタンパク質因子が結合して働きます。

転写にかかわる特定のDNA塩基配列を**シスエレメント**、ここに結合して遺伝子発現を調節するタンパク質を**トランスファクター**といいます（図12-4）。トランスファクターである転写因子にはたくさんの種類がありますが、DNAとの結合の仕方にはいくつかのパターンがあります（表12-1）。遺伝子の上流には、それぞれに特異的なトランスファクターが結合する複数のシスエレメントは並んでいるのが普通です（図12-5）。表12-2に示すのは、ホルモンや増殖因子などによって細胞内シグナル伝達系が働き、その結果として活性化されるシスエレメントと、それに結合して働く転写因子の例です。

### ◆ エンハンサー領域

これだけでなく、シスエレメントには、**エンハンサー**や**サイレンサー**もあります（図12-6A）。エンハンサーは発現を高めるエレメント、サイレンサーは発現を抑制するエレメントです。プロモーターと違うのは、位置を遺伝子の内部や下流へ移動しても働くこと、逆向きに付け替えても働くこと、遺伝子

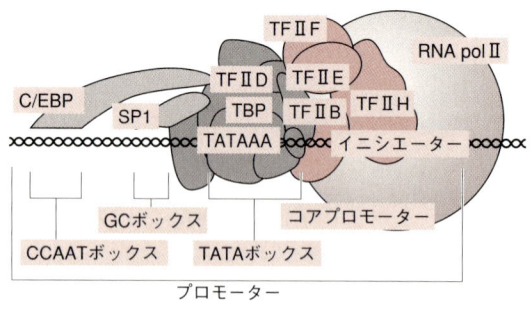

図12-2 真核生物ではたくさんの転写因子が働いている

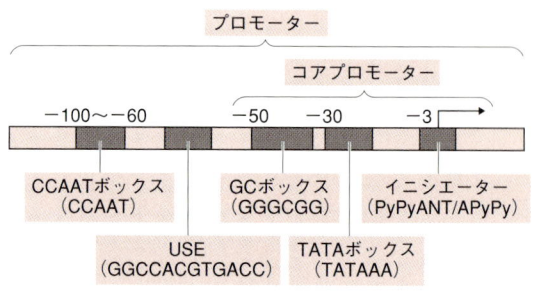

図12-3 プロモーターの構造

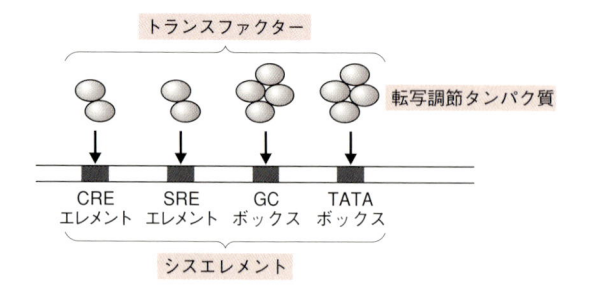

図12-4 シスエレメントとトランスファクター

表12-1 ◆ 転写因子とその結合モチーフ

| モチーフ名 | 例 |
| --- | --- |
| ヘリックス・ターン・ヘリックス（HTH） | ホメオドメインタンパク質 |
| POUドメイン | Pit-1、Oct-2、unc-86 |
| ロイシンジッパー（b-Zip構造） | GCN4、C/EBP、CREB、C-Jun |
| ヘリックス・ループ・ヘリックス（bHLH） | MyoD、c-Myc |
| Znフィンガー | TF III A、Sp1、核内受容体ファミリー |
| 鞍型構造 | TBP |
| HMGボックス | UBF |

から数十 kbp も離れていても機能することなどです。プロモーターは、遺伝子のすぐ上流に位置することが必要で、逆向きに付け替えると働きません。エンハンサーやサイレンサーが働くには、そこに結合するタンパク質が必要です。図 12-6B は、エンハンサーが転写促進に働く機構として、転写開始複合体との相互作用を想定した想像図ですが、むしろ、エンハンサーにはクロマチン構造を緩める働きをもつ可能性が高いことがわかってきました。

◆ **クロマチン構造と転写調節**

真核生物の DNA は裸で存在しているのではなく、塩基性タンパク質である**ヒストン**と強く結合して**ヌクレオソーム**構造になり（図 9-9）、これがさらに密にらせんを巻いたものが核内の**クロマチン繊維**になっています。

ヒストンタンパク質の末端部分には、プラスの電荷をもった塩基性アミノ酸がたくさんあって、マイナス電荷の強い DNA と結合します（図 12-7）。

DNA とヒストンが結合したヌクレオソームのまま

で転写因子や RNA ポリメラーゼが結合し、DNA の上を走って RNA 合成ができるかというと、難しそうです。ヒストンの塩基性基であるアミノ基をアセチル化すると（図 12-8A）、アミノ基のプラス電荷が失われます。単純な言い方ですが、ヒストンのプラス電荷が減少すると、DNA のリン酸のもつ強いマイナス電荷との間の結合強度が減少して、DNA とヒストンの結合が弱まり、DNA が裸になる、あるいはなりやすくなります（図 12-8B）。プロモーターに結合する転写因子は、転写因子単独ではなく、たくさんのタンパク質が結合して働きますが、このなかにヒストンをアセチル化する酵素があります。その結果、周囲の DNA をさらに裸にして、コアプロモーターを露出させて、転写開始領域へのコア転写因子の結合を助けます。このような作用を、クロマチンの構造を変化させるという意味で、**クロマチン再構成（リモデリング）**といいます。エンハンサーも同様で、図 12-6B のように直接にコアプロモーター領域の転写因子に働きかけることもあるでしょうが、それに先立ってクロマチン再構成をすると考えられます。

◆ **転写因子と転写コファクター**

転写因子に結合するタンパク質を**転写コファクター**といいますが、これらが結合した転写因子複合体の 1 つのモデルを図 12-9 に示してあります。活性化されたときの複合体（右側）に p300 というタンパク質がみえますが、これは**ヒストンアセチル化酵素**の 1 つです。不活性化した複合体（左側）には **HDAC** というタンパク質がみえますが、これはヒストンからアセチル基を外す酵素です。この図 12-9 で NR としてあるのはホルモンなどの核内受容体タンパク質で、転写因子です。ホルモンが来ないときの受容体は不活性で、ここにホルモン（リガンド）が来て結合すると活性な転写因子になります。転写コファクターの種類も、これらのなかのヒスト

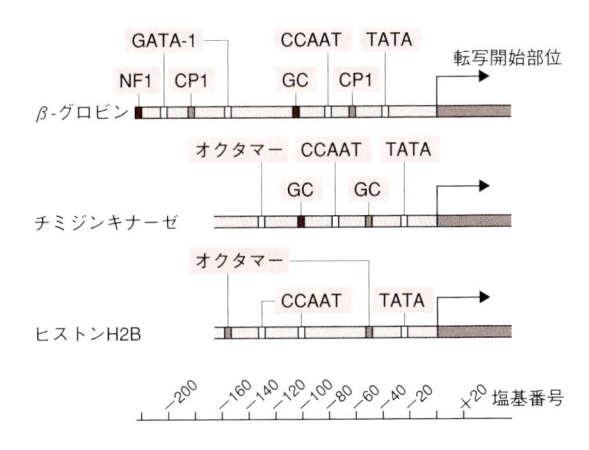

図 12-5　シスエレメントは複数並んでいる

表12-2 ◆ ホルモンなどに反応するシスエレメントの例

| 配列名 | 共通配列 | 転写因子 | 特徴 |
|---|---|---|---|
| SRE | TGTCCATATTAGGAC | 血清反応因子 | 血清による増殖誘導 |
| SRE | TGACCTCA | cAMP反応因子 | cAMPによる反応 |
| HSE | CNNGAANNTCCNNG | 熱ショック因子 | 熱ショック反応に関係する |
| GRE | TGGTACAAATGTTCT | グルココルチコイド受容体 | グルココルチコイドホルモンに結合するタンパク質 |
| TRE | CAGGGACGTGACCGCA | 甲状腺ホルモン受容体 | 甲状腺ホルモンに結合するタンパク質 |
| オクタマー | ATTTGCAT | Oct1、Oct2 | Oct1、Oct2にはホメオドメインが存在する |

ンアセチル化酵素活性をもつものも、非常にたくさんのファミリーがあります。

遺伝子によってたくさんのシスエレメントがあり、そこに結合する転写因子と、たくさんのコファクターがあって、複雑な調節があることが理解できます。

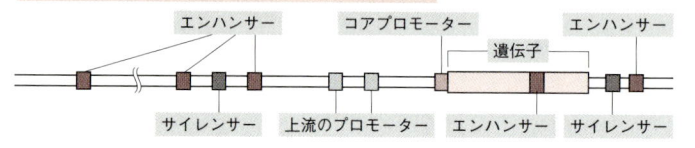

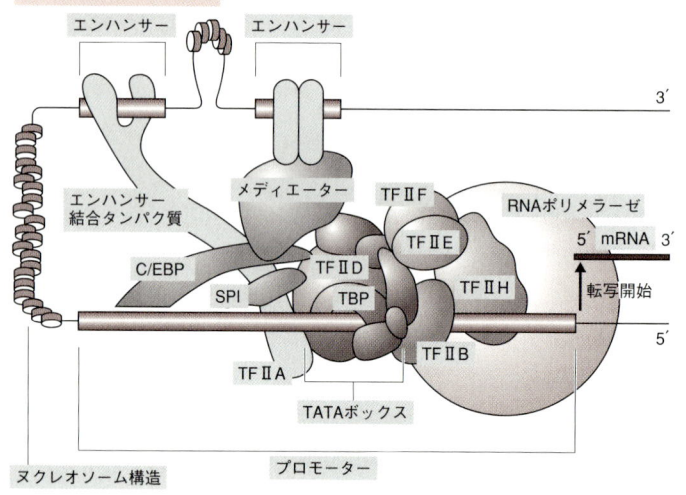

◆ クロマチン繊維をほぐす

核内の DNA はヌクレオソーム構造だけでなく、リンカーヒストン H1 の働きでさらにらせん状にしっかり巻いてクロマチン繊維を作っています（図9-9）。転写を開始するためにヌクレオソームをほぐす話をしてきましたが、実際にはクロマチン繊維をほぐすところからはじめなければなりません。表面に出ている DNA の塩基配列を探して転写因子が結合し、転写因子複合体が形成されると、図 12-10 に示すようなさまざまなプロセスによってリンカーヒストンをはずしてクロマチンをほぐす変化が起きます。こうしてヌクレオソームが露出します。

## 3 真核生物の転写後調節

遺伝子が働く（発現する）かどうかは、原核生物では転写が起きるかどうかで決まります（転写調節）。転写されれば、できた mRNA を使ってタンパク質が合成される。真核生物でも転写調節は重要で、その複

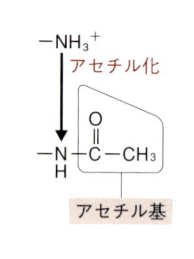

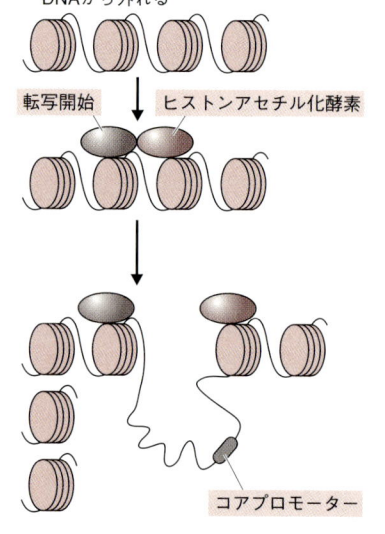

図 12-6　エンハンサーとサイレンサー

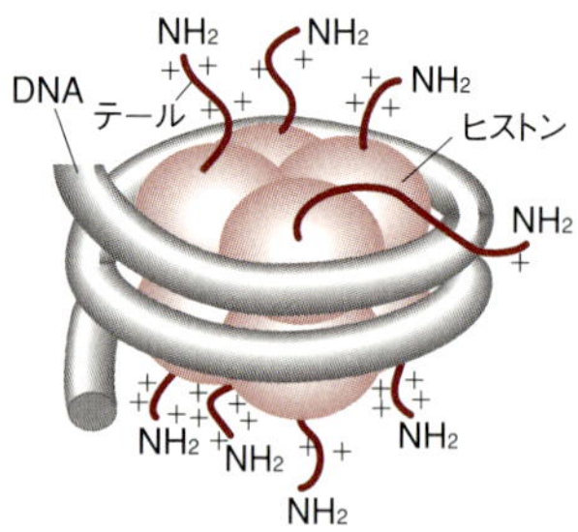

図 12-7　DNA は電気的にヒストンに強く巻き付く

図 12-8　ヒストンのアセチル化

雑な機構を紹介しましたが、もう1つ、転写された後、遺伝子の情報がタンパク質として合成されるまでにはさまざまな調節（**転写後調節**）があります。

### ◆ mRNA プロセシング

真核生物の転写後調節は、実にさまざまな種類があります。真正細菌とのちがいとして顕著なのは、**mRNA のプロセシング**です。真正細菌では作られたmRNA はただちにタンパク質合成に使われますが、真核生物では前駆体として pre-mRNA が合成されたあと、主に3種類のプロセシングを受けます。5′末端側での**キャップ形成**反応、3′末端の**ポリ A 付加**反応、**スプライシング**によるイントロンの除去反応です。これら3つの反応はいずれも RNA ポリメラーゼのサブユニットタンパク質の1つから伸びた長いしっぽのような CTD（ヒトでは7個のアミノ酸の単位配列が 52 回も繰り返した特殊な構造）という部分が転写開始と共にリン酸化され、そこにプロセシングにかかわる酵素の複合体が結合することによって、pre-mRNA の合成と共に進行します。ここで示したプロセシングの基本は、真核生物が古細菌から受け継いできた性質です。プロセシングが終了してから、mRNA は、特定の輸送タンパク質と結合して核膜孔を通って核外へ運搬され、細胞質でタンパク質合成に使われます。**これらのすべての段階が mRNA の種類によって異なる調節の対象**になります。転写は起きても完成品の mRNA ができない、あるいは、できても一部または全部が細胞質へ運ばれないという結果になる場合があります。

### ◆ スプライシングの調節と遺伝子数の実質的な増加

スプライシングの起きる部位は決まっていますが、実際にどこの部位が使われるかが調節されることがあります。図 12-11 に示すのはアカパンカビの例ですが、チアミンピロリン酸（TPP：ビタミン B1 の活性型）の存在によって、チアミン合成酵素（NMT1）mRNA のスプライシングが変化して、酵素が合成できなくなる例です。RNA の一部に低分子化合物が結合することでスイッチの役割りを果たしているので、このような RNA の働きをリボスイッ

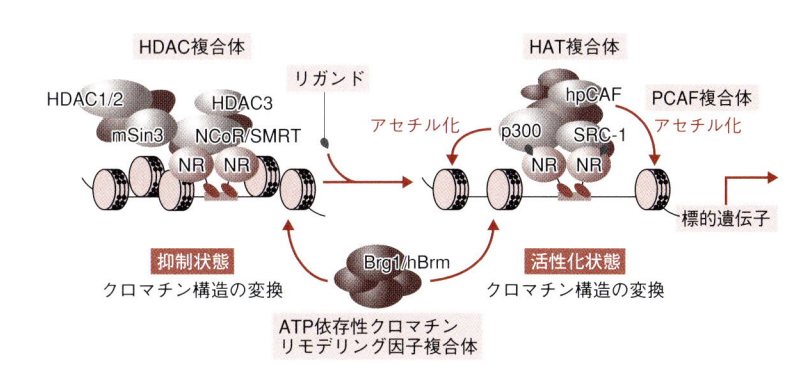

図 12-9　転写因子複合体によるクロマチンリモデリング

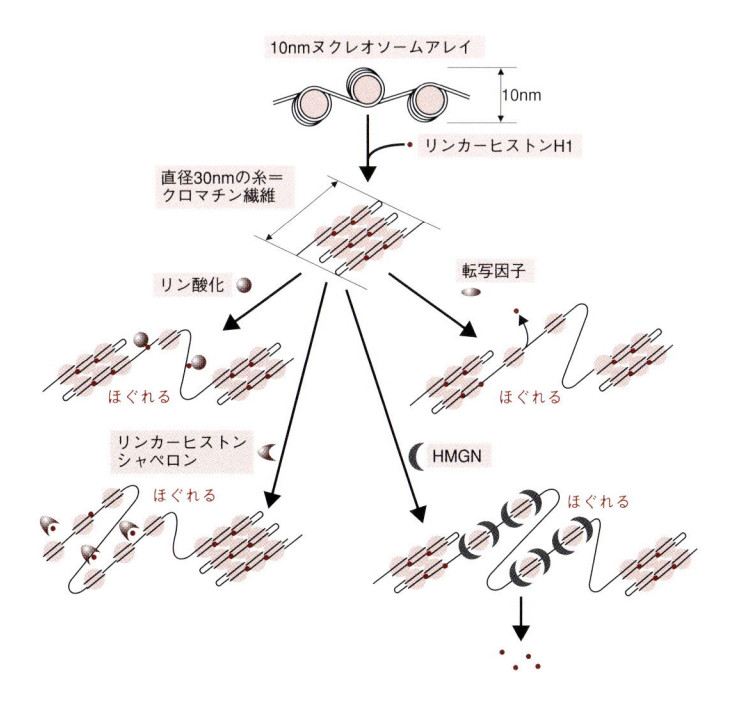

図 12-10　転写のためにクロマチンはほぐれる

### A）TPPが低濃度の場合

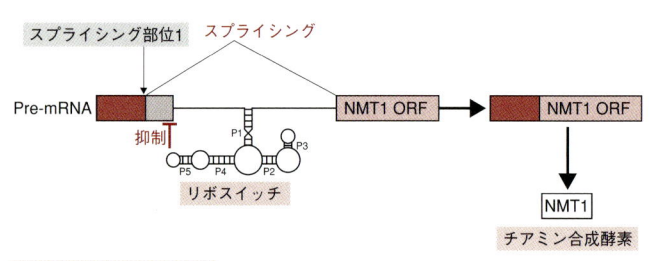

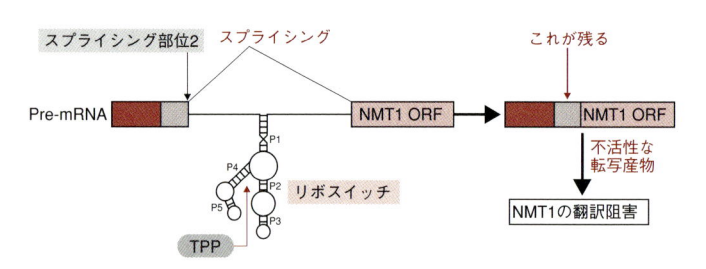

図 12-11　リボスイッチ

### B）TPPが高濃度の場合

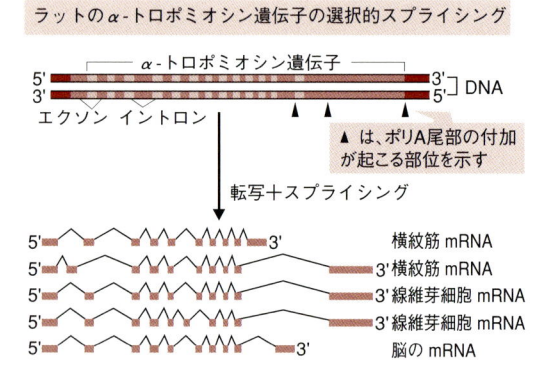

図 12-12　異なったスプライシングによって異なったmRNAをつくる

チといいます。

スプライシングによってイントロンが切り取られる際、あるイントロンが残ったままで完成品のmRNAができたり、逆に、2つのイントロンが間のエキソンとともに切り取られてmRNAができることがあります。**選択的スプライシング**といいます（図12-12）。この図12-12の例では、同じ細胞内でも複数のmRNAができ、別種類の細胞では別種類のmRNAができます。mRNAの塩基配列は、はじめの方（図では左の方）には共通性がありますが、途中から異なったものになります。塩基配列をアミノ酸に対応させる際の読み取り枠が変化するために、アミノ酸配列はほとんど完全に変わって複数種類の異なったタンパク質が作られることになります。

選択的スプライシングがほとんどみられない遺伝子もありますが、5種類を超えるmRNAを生み出す場合も少なくありません。極端な例では1つの遺伝子から500種あるいは1万種類をこえるmRNAを生ずる可能性さえ報告されています。同じ種類の細胞群であっても、発生途上（胎児）の細胞と大人の細胞では異なったスプライシングが起きる場合もあります。同じ細胞でも、環境の変化や細胞外からの信号（ホルモンなど）によって、スプライシングに変化が起きる場合もあります。ショウジョウバエでは、雄と雌を決める遺伝子のスプライシングの違いで性が決まります。選択的スプライシングが、真核生物の機能調節に重要な役割を果たしている雰囲気は感じ取ってもらえたでしょうか。

## II. 細胞分化と遺伝子の働き

### 1 分化した体細胞の個性は決まっている

ヒトはおよそ60兆個の細胞からなるといわれます。体内にはおよそ200種類の細胞があるといわれます。

肝細胞も血管内皮細胞も、同一個体内のほぼすべての体細胞は同じ遺伝子をもっているのに、肝細胞は細胞分裂しても肝細胞にしかならず、血管内皮細胞にも神経細胞にもなりません。親細胞のもってい

る肝細胞という性質が子細胞に伝わっているようにみえます。肝細胞は、肝細胞になる遺伝子だけしかもっていないような振る舞いです。肝細胞は肝細胞特有の遺伝子を発現する、という性質が子孫細胞に伝わるしくみがあるはずです。ゾウリムシが分裂してもゾウリムシにしかならないのと似ているようにみえます。

## 同じ遺伝子をもたない体細胞の例

ほとんどすべての体細胞が同じ遺伝子をもっているなかで、例外があります。ヒトではリンパ球は例外です。リンパ球は、抗体というタンパク質を作る細胞です。1人のヒトのリンパ球は、おそらく数十億種類の抗体を作るといわれます。ただし、1つのリンパ球は1種類の抗体分子を作る遺伝子しかもっていません。

すべての体細胞は、抗体遺伝子の元になる前駆体の遺伝子をもっていますが、この遺伝子からは抗体分子は作れません。未分化なリンパ球も同様ですが、これが増殖し分化し、成熟したリンパ球になる過程で、前駆体遺伝子DNAに一定の方法で激しく組換えが起きるとともに積極的な変異が起きて、成熟した1つのリンパ球は1つの抗体遺伝子だけをもつようになります。遺伝子組換えが旺盛に進行する結果、1種類の抗体遺伝子をもつリンパ球が何十億種類もできるのです。だからヒト個体としては何十億種類もの抗体を作れる。そんなわけで、体内のすべての細胞が抗体の前駆体遺伝子をもつのに対して、成熟したリンパ球は、1つの抗体を作れる抗体遺伝子をもつところが違います。ただ、それ以外の遺伝子は他の体細胞と同じと考えられます。

## 1つの遺伝子から異なるmRNAを作るプロセスはいろいろある

DNAを鋳型にしてpre-mRNA（mRNAの前駆体）が合成される際、DNAのどこから読みはじめるかという場所（転写開始点）を複数もつ遺伝子があります。その結果、複数種類のmRNAができます。ポリA付加の位置を2カ所もつpre-mRNAの場合、2種類のmRNAができることがあります。これらについても、同じ細胞内で複数種類のpre-mRNAができる場合と、異なる細胞で異なるpre-mRNAができる場合とがあります。

このほか、できたmRNAの塩基を変更したり挿入したりすることで、mRNAの塩基配列を変化させる、mRNAエディティング（編集）という修飾も起きます。トリパノゾーマではgRNAの介添えで塩基の挿入や欠失がmRNAレベルで起きます。哺乳類や植物の細胞では塩基の置換が起きます。図12-13はヒトで脂質の輸送にかかわるApoBタンパク質の場合で、小腸の細胞では編集の結果、終止暗号ができて短いタンパク質ができます。神経細胞のグルタミン酸受容体では、編集の結果できるタンパク質のグルタミンがアルギニンへ変化します。編集の結果は、DNAに存在していた遺伝情報とは異なる種類のタンパク質を作り出すことになります。生物によっては、半分以上のmRNAがエディティングを受ける場合があるといわれます。

いずれにせよ、1つの遺伝子から複数種類のmRNAを作るプロセスが、組織や細胞の種類によって異なる様式をとれば、組織や細胞によって異なる遺伝子をもったのと同様の結果をもちます。遺伝子そのものは変化しなくても、このような転写後修飾のあり方が変化すれば、生物の表現形質が変化することがあり得ます。ヒトは、遺伝子レベルではおよそ2万5,000個の遺伝子をもつといわれますが、タンパク質としては10万種類くらい作れるだろう、つまり、実質10万個の遺伝子をもっているのと同じだろうと考えられています。

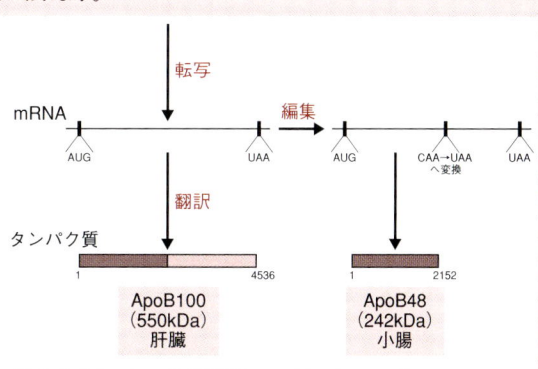

図12-13 ApoB遺伝子のエディティング

## 2 発生過程では…

　発生過程で、受精卵からさまざまな細胞ができて、さまざまな組織や器官ができる過程ではどうなのだろう。受精卵から発生初期胚の細胞には、2つの特徴があります。1つは、将来、あらゆる種類の体細胞になる能力をもっていることです。もう1つは、その時点では、分化した細胞の性質（肝細胞とか神経細胞とか）を発揮していないことです。発生が進むに連れて、体の部位によって、分化できる方向が特定の範囲に狭まった（運命が決められた）細胞に変化していきます。やがて、肝細胞とか神経細胞とかに最終分化した細胞の集団ができていきます。つまり**発生過程とは、万能の幹細胞から多能性幹細胞へ進み、さらに特定の細胞へと分化の可能性が次第に狭まるプロセスである**、といえます。

## 3 細胞分化はラクシャリー遺伝子の発現調節

　異なる種類の細胞が異なる性質を示すことができるのは、**ラクシャリー遺伝子の発現調節**によります。**その細胞が分裂して増殖しても、その性質は子孫細胞に伝えられるようにしくまれている**。多細胞動物が、多細胞生物らしい形質を表すには、発生の過程でどのように遺伝子が発現調節され、発現した遺伝子がどのように動物の体を作り上げるかが重要です。遺伝子発現の変化が、表現型を変化させます。

## 4 発生・分化の具体的なプロセス

### ◆ 発生分化のしくみは動物界で共通性が高い

　受精卵から、発生初期胚の細胞では、将来あらゆる細胞になる能力をもっているけれども、最終的に肝細胞に運命づけられた細胞は、その後いくら分裂しても肝細胞にしかならない。他の細胞に運命が変わることはない。細胞に着目すればそういう変化が起きているわけですが、個体全体としてみれば、さまざまな内蔵器官や脚や翅や眼や触覚などができていく過程が発生であり、発生は形態形成の過程です。それを司る遺伝子群は、すべての動物で共通性をもっている。ショウジョウバエについて簡単に紹介すると、こういうことです。

### ◆ 頭尾軸の決定

　まず発生の初期段階で、頭尾の軸が決まります。ショウジョウバエの場合には、未受精卵の段階で細胞内には物質の局在があります。将来の頭になる方

---

**コラム**

### mRNA の種類による個別の転写後調節もある

　核から細胞質へのmRNAの輸送、細胞質におけるmRNA安定性、翻訳（タンパク質合成）開始などの各段階で、mRNAの種類による調節があります。古くから知られたものとして、赤血球のもとになる網状赤血球で、グロビンタンパク質が合成される際、鉄を結合したヘムが不足すると、タンパク質の合成開始因子であるeIF2をリン酸化する酵素を活性化して、eIF2をリン酸化して不活性化し、グロビン合成を阻害します。ウイルスに感染された細胞がインターフェロンを合成すると、インターフェロンが同様の働きでウイルスタンパク質の合成を阻止します。鉄を貯蔵するフェリチンというタンパク質のmRNAには、IRPというタンパク質が結合して翻訳を妨げます。鉄が不足するとIRPが外れてフェリチンタンパク質を合成し、鉄を保持しようとします。ポリアミンという物質は、アンチザイムというタンパク質が合成される際に、翻訳のフレームシフト（読み取り枠のずれ）を起こします。その結果できるアンチザイムはポリアミン合成酵素に結合して、酵素活性を阻害します。ポリアミンが不足するとフレームシフトを起こせず、活性のあるアンチザイムが作れない。活性酸素から体を守る酵素のなかには、セレノメチオニンというセレン（金属元素Se）をもったアミノ酸を含むものがあります。このような酵素のmRNAは、特殊な高次構造をもつことによってセレノメチオニルtRNAをリボソーム上で受け入れて、セレノメチオニンをつないだタンパク質を合成します。

　例をあげればきりがありませんが、このように、mRNAの種類によって個別の調節がみられます。

　真核生物がもつこれらの機能の大部分は、mRNAがただちにタンパク質合成に使われる真正細菌にはない調節機構ですが、古細菌がすでにもってたもので、真核生物に引き継がれたものがみられます。真核生物におけるしくみはより繊細で複雑化していますが、古細菌が真核生物の先祖であることと矛盾しない結果といえます。

には、ビコイドという遺伝子の mRNA が濃縮され、尾になる側にはナノスという遺伝子の mRNA が濃縮されています。分布の偏りができるのは、頭尾軸に添って細胞骨格の微小管が走っていて、これをレールとして逆方向に移動する2種類のモータータンパク質が、2種類の mRNA を逆方向に運んで局在化させるからです。微小管の方向は、卵を取り囲んでいる濾胞細胞のなかの前方ボーダー細胞と後方ボーダー細胞の指令で決まります。**未受精卵の段階で、母性遺伝子からの mRNA の不均一分布という準備ができているわけです**（図 12-14）。

受精という刺激が、細胞分裂（ショウジョウバエの場合には核分裂だけが進みますが、細部は省略）を開始させ、それぞれの mRNA からのタンパク質合成を開始させます。その結果、頭側にはビコイドタンパク質が、尾側ではナノスタンパク質が高濃度に蓄積します。動物によっては、受精の際に精子が侵入した位置によって頭尾軸が決まるなど、微調整的な違いがみられますが、細かいことは省略します。背腹軸も早い時期から決まりますが、ここではごく基本だけにとどめたいので、しくみは省略します。

◆ 体節の細分化

ビコイドとナノスはいずれも、特定の遺伝子に対して発現促進あるいは発現抑制の作用をもつ、転写調節タンパク質です。頭尾軸にそって両者の濃度勾配ができることで、それぞれの位置にある核に働いて、少なくとも8種類程度の遺伝子が、頭から尾までの特定の部位で強く発現します（**図 12-15A**）。これらの遺伝子をギャップ遺伝子と総称します（**図 12-14**）。ビコイドとナノスがそれぞれある濃度で存在することが、特定のギャップ遺伝子の発現を、特定の部位で誘導するわけです（**図 12-15B**）。細かいことはいわな

いつもりではありますが、1つだけ加えると、同じ昆虫の仲間でもビコイド遺伝子のないものがある。代わりに、ビコイドで誘導されるはずのギャップ遺伝子の mRNA が未受精卵に蓄えられています。言いたいことは、基本的なルールは共通でも、具体的な細部は動物によって結構多様である、ということです。

◆ 体を構成する細胞の運命を決めるプロセス

部位別に発現したギャップ遺伝子は、頭から尾にかけてさらに8種類の一次ペアルール遺伝子を発現させ、体を頭から尾までを体節に仕切っていきます（図 12-14）。これがさらに二次ペアルール遺伝子を発現させる、というように順次働いて、体節それぞれの性質をより細かく決定して行きます（**図 12-16**）。二次ペアルール遺伝子の一種に *fushitarazu* がありますが、この遺伝子が変異すると、名前の通り体節が足りなくなります。これがさらにセグメン

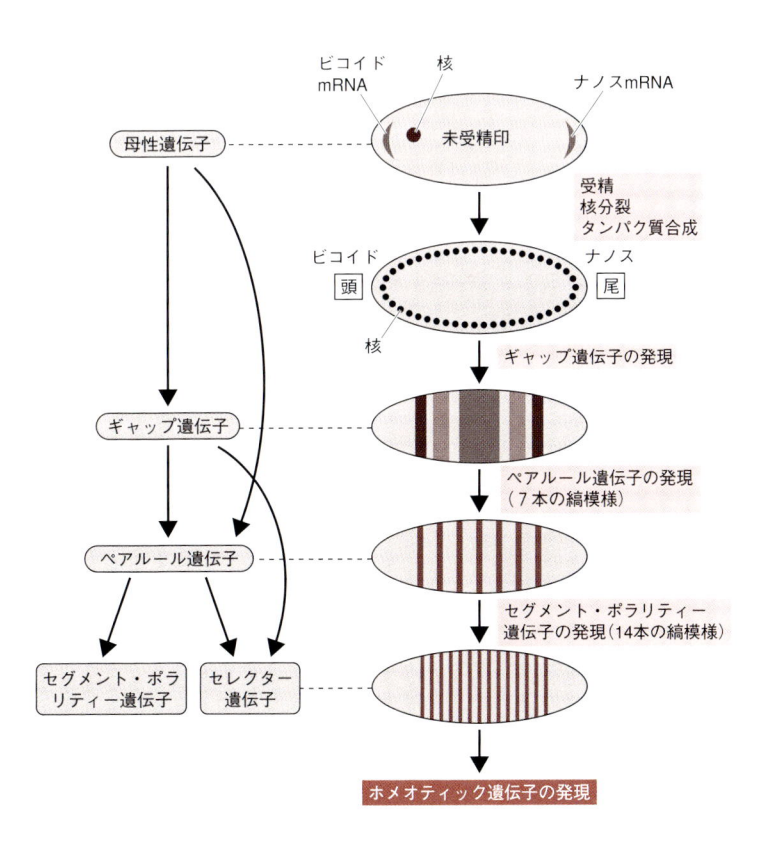

図 12-14　頭尾軸決定機構

A)

前方　　後方

orthodnticle
hunchback
giant
Kruppel
Knirps
tailless

B) 前方　　後方

— 遺伝子の発現　--- 促進因子　--- 抑制因子

転写因子の濃度勾配

転写因子の濃度勾配

— 遺伝子の発現　--- 促進因子

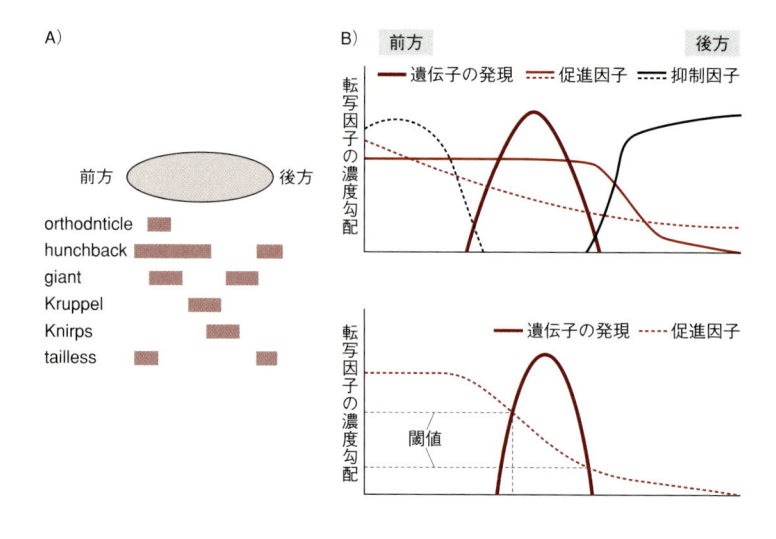

閾値

図 12-15　ギャップ遺伝子群の発現

ト・ポラリティー遺伝子や、セレクター遺伝子の発現を誘導して、各体節で器官などの形成を誘導するように運命づけていきます。セグメントポラリティー遺伝子の一部について、ショウジョウバエと脊椎動物の遺伝子の対応を示しておきます（**表 12-3**）。ショウジョウバエにも脊椎動物にも同じ遺伝子があるわけです。セレクター遺伝子のなかには、*Hox* 遺伝子群が含まれます。*Hox* 遺伝子群は、頭から尾まで働く場所に合わせて、順番に染色体上に並んでいます（**図 11-8**）。図の左側に位置する遺伝子は頭部で、右に位置する遺伝子は尾部で強く発現します。一群の *Hox* 遺伝子以外にも、眼、心臓、翅、脚などを作るマスター遺伝子があります。

**母性遺伝子からセレクター遺伝子にいたるまで、これらの遺伝子はほとんどすべて転写因子の遺伝子**です。つまり、作られるタンパク質は他の遺伝子に働きかけて、遺伝子を活性化あるいは抑制する働きをもつものです。細胞分裂が進んで細胞数を増やしながら、一連の転写調節タンパク質の遺伝子が、決められた場所で決められた順に働くことで、次第に体の細かい部位での細胞の運命が決まっていって、やがてそれぞれの部位で特徴的な器官などの構造ができていくことがわかります。

◆ エピジェネティクスというもの

　形質を子孫に伝えることを遺伝といい、それに責任をもつものは遺伝子です。カエルとゾウリムシの形質が違うのは、遺伝子が違うからです。生殖細胞の遺伝子が突然変異を起こすと、子孫には変異した遺伝子が伝わり、表現型の変化がみられることがあります。このように、**遺伝子（gene）とその変異を扱うのがジェネティクス（genetics）**です。

　肝細胞の娘細胞は肝細胞、血管内皮細胞の娘細胞は血管内皮細胞というのは、形質が子孫細胞に伝わ

---

**体細胞で遺伝子を失う例**

　ウマノカイチュウでは、受精後の細胞分裂が進む過程で、生殖細胞になる細胞ではすべての DNA がきちんと伝えられますが、体細胞になる予定の細胞では染色体の一部が切れて失われます。体細胞として生きていくには、必要のない遺伝子部分を捨てて身軽になってしまおう、と考えているようです。

　これは実に効率のよい戦略といえます。子孫には全部の遺伝子が伝えられることが必要としても、体細胞は個体が生きるために必要な遺伝子だけをもっていれば不都合はないので、余計な遺伝子を捨てて身軽に生きればよい。極論すれば、肝臓の細胞は肝臓として働けるだけの遺伝子をもっていればいいので、肝臓の細胞は、神経細胞特有の遺伝子や発生過程でだけ必要な遺伝子を捨ててかまわないはずです。余計な DNA を維持し続けることは不経済でもあり、間違いを起こすチャンスも大きくなりますから、効率的な工夫に思えます。しかし、哺乳類だけでなく体細胞クローンを作る動物は多く、植物でのクローン増殖は以前からわかっていることで、大部分の生き物がウマノカイチュウのような選択をしなかったわけです。ということは、こういう生き方には、進化の上で広範な展開をしにくいといった不都合があるのかもしれません。

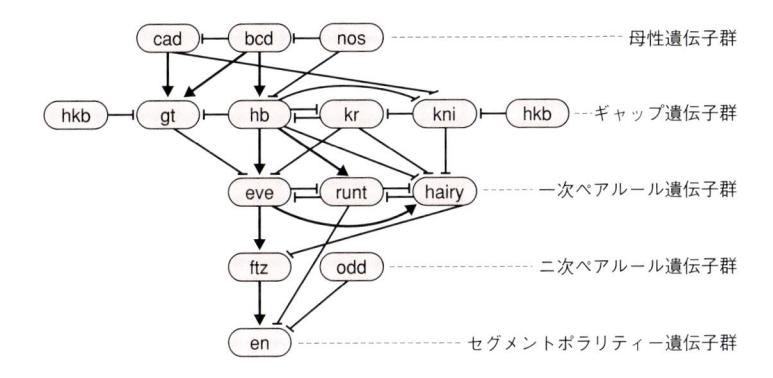

図 12-16　遺伝子の誘導と抑制

表12-3◆セグメントポラリティー遺伝子

| | ショウジョウバエ | 脊椎動物 |
|---|---|---|
| en | エングレイド | En1およびEn2 |
| wg | ウィングレス | Wnt1〜Wnt12 |
| hh | ヘッジホッグ | Sonic hedgehog、Indian hedgehog、Desert hedgehog、Banded hedgehog |
| ci | キュビタスインタラプタス | Gli1〜3 |
| frz | フリズルド | 各種frizzled |
| ze-3 | ゼストホワイト | グリコーゲンシンターゼキナーゼ3 |
| arm | アルマジロ | βカテニン |
| pan | パンゴリン | Lef/Tcf |
| ptc | パッチト | patched |

るという意味ではまさに遺伝といえる現象であるし、遺伝子が責任をもっています。ただ問題なのは同一人の細胞なら遺伝子の塩基配列は肝細胞も血管内皮細胞も全く同じであるけれども、両細胞の形質が異なることです。遺伝子を働かせる（発現させる）かどうかについて、DNAにちょっとした印がつき、その印のつき方が、肝細胞と血管内皮細胞とで違いがあり、その違いが両細胞の形質を異なったものに変化させます。それぞれの性質を子孫に伝えるという意味で、『遺伝もどき』とでもいうほかはなく、エピジェネティクス（epigenetics）と呼ばれます（図 12-17）。日本語の訳はありません。このまま使います。

## 5 エピジェネティクスのしくみ

エピジェネティクスは、本当はものすごく複雑な背景のある現象なのですが、大胆に単純化して紹介します。

### ◆ クロマチン構造

前にも述べましたが、真核生物のDNAは、クロマチンを形成しています。クロマチンはヌクレオソーム構造が基本です。ヌクレオソーム6個で1回転するらせんを形成して、長い糸になったものが最も細いクロマチン糸です。これには、ヒストン以外にも多くのクロマチンタンパク質が結合しています。これがさらに高次のらせん構造を作って太い糸を形成したりしていて、これら全体をクロマチンと総称

---

**コラム：女王蜂の発育もエピジェネティクス**

受精卵からスタートする発生・分化のプロセスは、細胞のもっている内在的なしくみよって、一定のプロセスが進行します。内在的なプログラムに従って忠実に進行するのが、発生というプロセスです。発生の過程で、特定の器官形成の時期に特定の細胞が重大な影響を受けると、その器官形成が大きな影響を受けます。滅多なことではこういうことが起きないように、外来からの余計な影響はできるだけ受けないようにするか、仮に影響を受けても大きな変化がでないように対処するのが原則です。

しかし、エピジェネティクスへの外来的な影響が、積極的な役割をもつ例があることがわかりました。女王蜂は、遺伝的に特別な個体として生まれるのではありません。2008年のScience誌の論文によれば、働き蜂では、生殖腺の発育がDNAのメチル化によってエピジェネティックに抑制されており、ロイヤルゼリーによって飼育されることで抑制が外れて生殖腺が発育し、女王蜂への発生が進行することがわかりました。この論文では、働き蜂の幼虫でメチル化酵素の発現を抑制したところ、女王蜂がぞろぞろ誕生してしまったとも報告しています。ロイヤルゼリーがヒトに有効だとしても、同じ働きをしているとは思えません。

12日目　遺伝子の働き方と表現型の変化

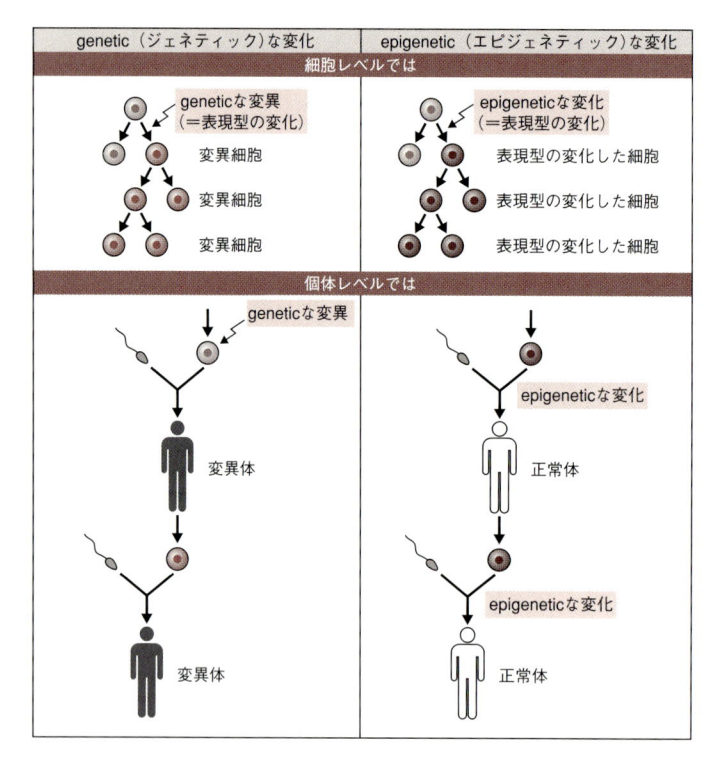

図 12-17　ジェネティクスとエピジェネティクス

します。クロマチンが核の中に詰まっています。

◆ ユークロマチンとヘテロクロマチン

　真核生物の核には、ほぐれた状態で染色性の低いユークロマチンと、非常に凝集した状態で強く染まるヘテロクロマチンがあります（図 12-1）。機能的には、ユークロマチン部分には働く遺伝子が存在していて、実際に遺伝子が働くときには、転写因子（タンパク質）によってさらにほぐれて DNA が裸になって mRNA 合成が起きます。遺伝子が働く必要がなくなれば、再びクロマチン状態に戻ります。ヘテロクロマチンの状態は非常に強く凝集していて、RNA 合成酵素が近づけるようにほぐれることがないので、ここに存在する遺伝子は働く（mRNA を合成する）ことができません（図 12-18）。

　ヘテロクロマチンは核膜のすぐ内側に集まっているものが多く、ユークロマチンの多くは核の内部にあります（図 12-19）。核の内部には核の骨格としてラミンの繊維構造（核マトリックス）があり、クロマチンはあちこちでこの骨格と結合していると考えられます。巨大なタンパク質複合体である複製複合体（DNA 合成酵素を含む）や転写複合体（RNA 合成酵素を含む）はふわふわ浮かんでいるわけではなく、核骨格に結合していて、そこを DNA（クロマチン）が移動しながら複製あるいは転写が起きるという考えがあります。

◆ メチル化される DNA 塩基

　ヘテロクロマチンを構成する部分の DNA には特殊な目印がついています。DNA には 4 種の塩基が含まれていますが、そのなかの**シチジン（C）という塩基がメチル化**（メチル基：$-CH_3$ が結合する）されています（図 12-20A）。真核生物のシチジンはメチル化頻度が高く、とくに -CG-（シチジン、グアニン）という配列部分の C は、例えば哺乳類では 70 % くらいがメチル化されています。-CG- という配列は遺伝子のプロモーター領域に特に多くみられ、この領域を **CG アイランド**（CG の集まった島）といいます。CG アイランドの平均メチル化率は 70 % 程度ですが、ヘテロクロマチン部位の DNA では非常に高くメチル化され、逆に、発現する遺伝子の多いユークロマチン領域の DNA ではメチル化は低い。発現する遺伝子のプロモーター部分は、DNA 全体のなかでメチル化の特に低い CG アイランドを形成しています。

◆ ヘテロクロマチンに強固に凝集する

　**DNA がメチル化**されると、メチル化 DNA を認識するタンパク質がやってきて結合し、それがさらに**ヒストンに修飾**を加えるタンパク質も結合して、ヒストンを修飾します（図 12-20B）。その結果、DNA はより強くヒストンと結合状態を保つだけでなく、もっと重要なことは、**特定の修飾をされたヒストンの構造を認識して結合するタンパク質群**がどっとやってきて結合し、その辺り一帯のクロマチンを強く凝集させて**ヘテロクロマチン化**させるのです。

◆ 発現しない遺伝子部分の DNA はメチル化されている

　グロビンというタンパク質は赤血球の前駆体細胞（網状赤血球）でだけ作られます。網状赤血球ではグロビンの遺伝子のプロモーター部分はメチル化の程度が低いけれども、他のすべての体細胞では、グロビン遺伝子は強くメチル化されていて、ヘテロクロマチンの中に埋め込まれています。同じことは肝細胞についてもいえます。肝細胞では、肝臓で働く血清アルブミンの遺伝子は少ししかメチル化されていませんが、他の体細胞ではこれらの遺伝子は強くメチル化されていて、ヘテロクロマチンに埋め込まれて、発現しないわけです。肝細胞では肝臓で機能するラクシャリー遺伝子は低メチル化状態、肝細胞で機能すべきでないラクシャリー遺伝子は高メチル化状態にあるわけです。それぞれの分化した細胞では、同様なことが起きているわけです。

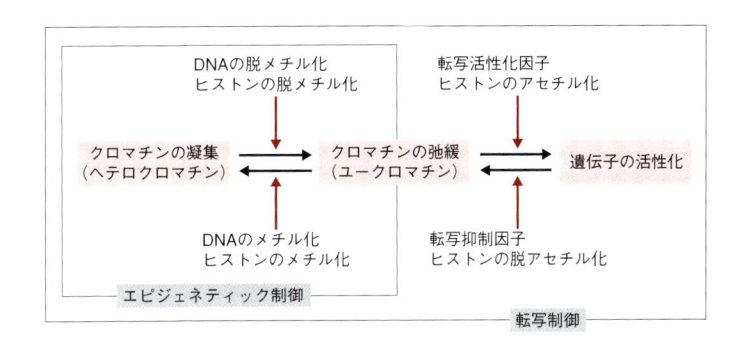

図 12-18　転写制御とエピジェネティック制御

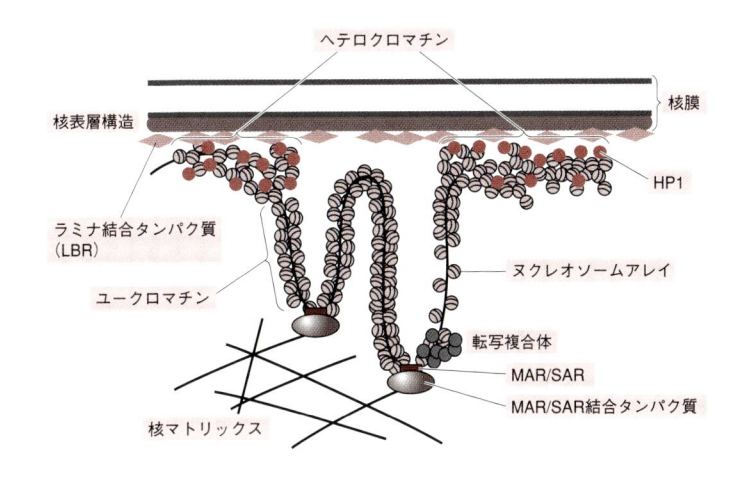

図 12-19　クロマチンの全体像

◆ DNA のメチル化状態は子孫細胞に伝わる

　細胞分裂に先立って DNA が合成されますが、新たに合成されたばかりの DNA 鎖のすべてのシチジンはメチル化されていません。新しく合成された DNA のシチジンは、**シチジンメチル化酵素**の働きによってメチル化されますが、問題なのは、メチル化すべきシチジンと、メチル化してはいけないシチジンを見分けなければならないことです。実は、DNA 鎖の一方が 5′-CG-3′ のとき、相手の鎖の塩基配列も 5′-CG-3′ です。ここで働くメチル化酵素は、DNA の親鎖の C がメチル化されているときだけ、相手の（新しくできた）鎖の C をメチル化する機能をもつものです（図 12-21）。したがって、細胞分裂を繰り返し、DNA 複製を繰り返しても、メチル化されるべき DNA 部分はメチル化され、メチル化されない DNA 部分はされないままということで、メチル化状態は忠実に子孫細胞に伝えられることになります。**維持メチル化**といいます。これが、肝細胞が分裂しても娘細胞は肝細胞である、という現象を担うしくみの基本です。

◆ 新規にメチル化する酵素

　発生とは、新たな DNA のメチル化が進行する過程である、ともいえます。発生のはじめには DNA がメチル化されていませんが、発生が進行するにつれて、それまでメチル化していなかったラクシャリー遺伝子が、新たにメチル化されるようになります。このときのメチル化酵素は先ほどのものとは違って、親鎖も娘鎖もメチル化されていない部位の DNA のシチジンを新規にメチル化する、**新規（de novo）メチル化酵素**です（図 12-21）。ただ、細胞の運命が決まっていくに連れて、メチル化すべき遺伝子領域をどのように選択して、その部位の C を新規にメチ

A) シトシン塩基にメチル化が起きる

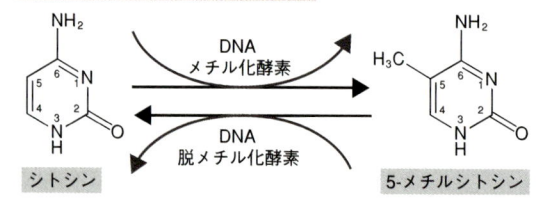

B) DNAがメチル化されると、その部分はヘテロクロマチンになる

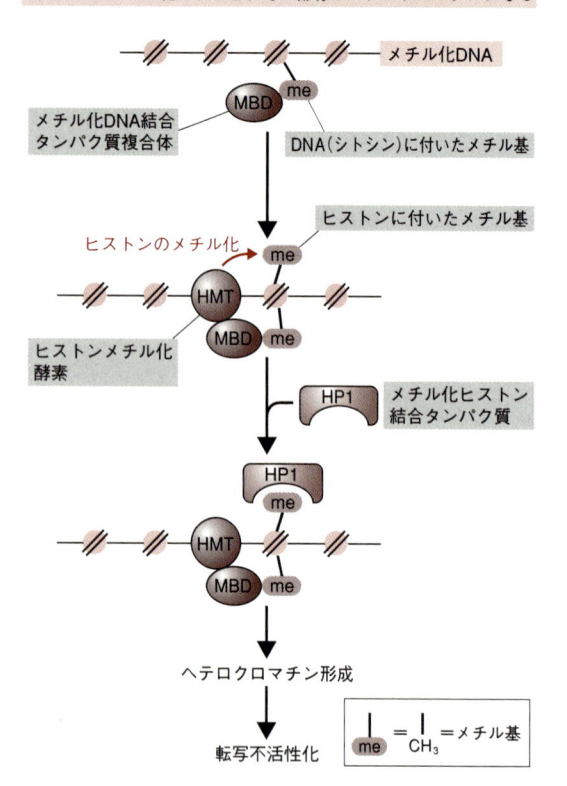

図 12-20 ヘテロクロマチンの形成

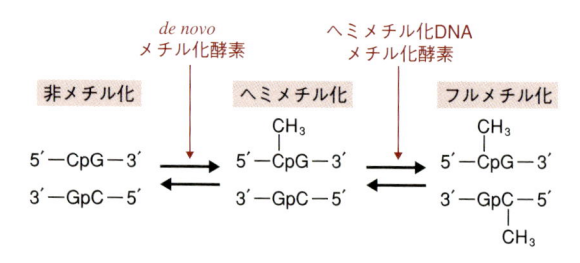

図 12-21 DNA鎖の一本がメチル化されると、他方の鎖もメチル化される

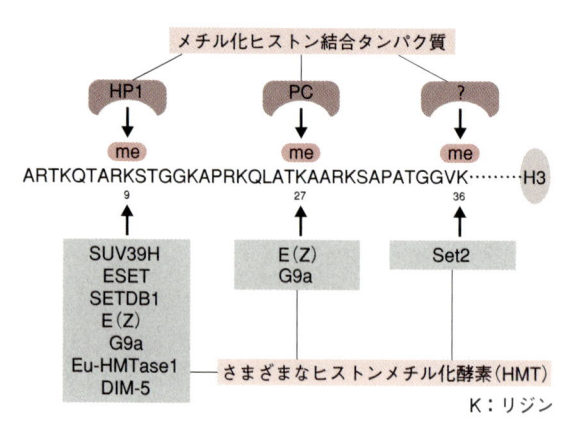

図 12-22 メチル化されるアミノ酸の位置はいろいろ、メチル化する酵素もいろいろ

ル化するように酵素に指示するのか、重要なポイントですがそのしくみはよくわかっていません。

◆ ヒストンもメチル化される

　ヘテロクロマチン化する際に、DNAがメチル化されるだけでなく、ヒストンのメチル化が起きることをさりげなく図 12-20B に示してあります。このことがヘテロクロマチン化する際に重要なのですが、実は、メチル化されるアミノ酸は複数カ所あり、しかもメチル化する酵素は複数あるという複雑なことになっています（図 12-22）。図 12-22 では、ヒストンH3というヒストンのリジン（アミノ酸の1文字表記でKとしてあります）のメチル化を示しています。しかも結合するメチル基の数は1つから3つまで可能性があります。どの遺伝子領域にある、どのヒストンの、どのアミノ酸が、どの程度メチル化されるかということが、その部位のクロマチン状態に大きな影響を与え、その部位にある遺伝子の発現が調節されます。特定の細胞や組織毎に、ゲノム全域にわるヒストン修飾の有様を系統的に解析する研究が進んでいます。

◆ ヒストンメチル化と遺伝子発現の関係は複雑である

　DNAのメチル化が起きて、それからヒストンのメチル化が起きて遺伝子発現が抑制される話をしましたが、ヒストンのメチル化は発現抑制だけを起こすわけではなく、発現促進の場合もあります。それだけでなく、DNAのメチル化とは独立（無関係）に特

定のヒストンの特定のアミノ酸をメチル化することで、その領域の遺伝子発現を変化させるしくみも働いています。例えば、概略的にはH3K4me3（ヒストンH3の4番目のリジンが3つメチル化される）は遺伝子発現に抑制的に、H3K27me3（ヒストンH3の27番目のリジンが3つメチル化される）は促進的に働くと言われますが、H3K4me3はメチル化されていないCG領域に存在します。同じヒストンのメチル化が、どの遺伝子に起きるかによっても、発生の段階や組織・細胞による違いによっても、促進・抑制への影響は異なり、単純ではありません。

◆ ヒストンコード

しかも、ヒストンタンパク質の修飾はメチル化だけではありません。**ヒストンは特定のアミノ酸部位のメチル化のほか、アセチル化、リン酸化、ユビキチン化、その他の修飾を受けます。**どの種類のヒストンの、どの部位のアミノ酸に、どの種類の修飾が起きるかが、その部位のクロマチン状態に大きな影響を与え、その部位にある遺伝子の発現に大きな責任があります。その意味で、ヒストンの修飾状態はその部位の遺伝子機能を支配しているわけです。

遺伝子がもっている暗号のことをジェネティック・コード（遺伝暗号）といいますが、ヒストンの修飾状態のことを**ヒストン・コード（ヒストン暗号）**といいます。遺伝子をもっていなければその遺伝子に由来する形質は発現しませんが、遺伝子をもっていてもそれが発現しなければ（働かなければ）形質を発現できません。**形質を表す責任は、ジェネティック・コードとヒストン・コードの両方が担っている**わけです。重要なことは、ヒストン・コード

### コラム　インスレーターという配列

DNAの塩基配列にインスレーターという機能をもったものがあります。遮蔽物といった意味ですが、特定の遺伝子の発現に関して、周囲の状況の影響を遮蔽する機能をもった配列です。具体的な1つの例は、エンハンサーと遺伝子の間にインスレーターがあると、エンハンサーによる遺伝子発現増幅が遮られます。逆に、ある遺伝子の周囲がヘテロクロマチンとして不活性状態だったとき、その影響を受けて遺伝子発現ができなくなりますが、インスレーターが働くと不活性染色体の影響が遮蔽されて、遺伝子が働くようになります。インスレーター配列に結合して働くタンパク質があって、それによってインスレーターが機能します。増殖因子の仲間の *igf2* という遺伝子があります。これは胎児の成長に必要ですが、ゲノムインプリンティングによって、父親遺伝子の *igf2* だけが働きます。母親由来の *igf2* 遺伝子では、エンハンサーとの間にインスレーターがあるために、エンハンサーが機能せず *igf2* は発現しません。しかし父親由来の遺伝子では、インスレーター領域がメチル化され、タンパク質が結合できなくなっているために遮蔽が機能せず、エンハンサーが働いて *igf2* 遺伝子は活発に発現します。メチル化は遺伝子の抑制に働くことが多いので、これは珍しい例です。

### コラム　X染色体の不活性化

DNAのメチル化と遺伝子の不活性化は、別のところでも働いています。X染色体の不活性化という現象があります。女性では性染色体はXX、男性ではXYです。女性では、X染色体に乗っている遺伝子が細胞あたり2つあるので、こういう遺伝子からは、男性の2倍のタンパク質ができてしまいます。これを防ぐため、女性のX染色体の1本は構成的に不活性化され、遺伝子が働かない状態に押さえ込まれています。不活性化されるX染色体のDNAは非常に強くメチル化されていて、常にヘテロクロマチンを形成しています。女性の核内には、男性にはないヘテロクロマチン（バール体）の塊がみえるので、かつてはオリンピック選手などのセックスチェックに使われたことがありました。時にはXXXやXXXXのように、X染色体を3本あるいは4本もつ個体がありますが、この場合には、2本または3本のX染色体がヘテロクロマチンを形成して不活性化し、常に1本だけが活性をもちます。

12日目　遺伝子の働き方と表現型の変化

## コラム 遺伝子の刷り込み…親から子へ伝わるエピジェネティクス

哺乳類には、遺伝子の刷り込みという現象があります。哺乳類のなかでも胎盤をもつ有袋類と真獣類にだけみられるものです。親から子へのエピジェネティックな伝達ともいえます。常染色体（性染色体以外の染色体）は2本ずつありますが、その上の遺伝子は、発現すべきものは2つとも発現し、発現しないものは2つとも発現しないのが原則です。ほとんどすべての遺伝子がその通りなのですが、ごく一部の遺伝子は、母親（卵）由来のDNA上の遺伝子しか発現しません、別の遺伝子群は、父親（精子）由来のDNA上の遺伝子しか発現しないと決められています。本人の性別には関係ありません。ここには、DNAのメチル化を含めたエピジェネティックな発現調節のしくみが働いています。こういう遺伝子が100個くらいあると考えられ、このような現象を染色体の刷り込み現象（ゲノムインプリンティング）といいます。刷り込み（特定遺伝子のメチル化）は、生殖細胞ができる減数分裂の過程で決定されます。精子由来のDNAでは発現しない遺伝子は、減数分裂で精子が作られる際にメチル化されるわけです。卵子については、別の遺伝子群がメチル化されます。発現を抑制される遺伝子領域では、DNAのメチル化に伴ってヒストンの特定部位へのメチル化や脱アセチル化が起きて、遺伝子の発現抑制を実行します。

胎児の形成と胎盤の形成には、母親由来で働く遺伝子と父親由来で働く遺伝子の両方の遺伝子が必要です。片方だけの遺伝子では正常な発生ができません。魚類、両生類、爬虫類などではゲノムインプリンティングがなく、単為発生がみられますが、10日目で紹介したように、哺乳類では単為発生はあり得ないのはこのためと考えられます。

なお、刷り込みは、卵子と精子が受精し、発生し、誕生し、成長して死ぬまでの一生の間、その個体の体細胞内で続くことになりますが、この個体で生殖細胞ができる際には、それに先立って解消されなければなりません。その個体の性に合った刷り込みをする前に、まず白紙に戻す必要があるわけです（図12-23）。ヒトの場合では、この個体が胚として発生している4週から6週あたりの時期、始原生殖細胞が卵黄嚢から将来の生殖巣の位置へ移動する間に、始原生殖細胞における刷り込みの解消（メチル化の解消）がおきます。

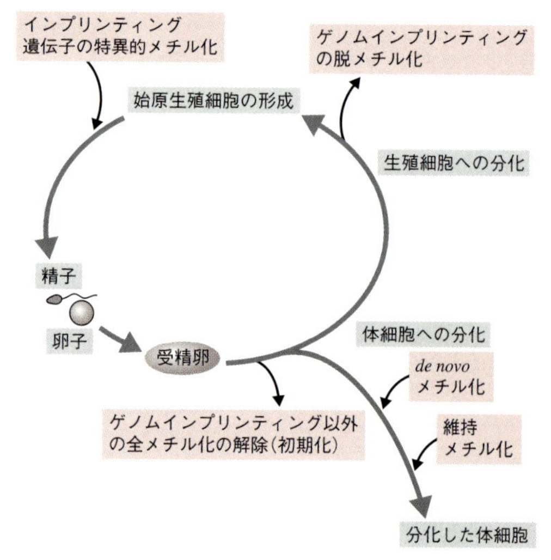

図12-23 ゲノムインプリンティング

も細胞分裂に際して子孫細胞に伝わることです。肝細胞が分裂しても娘細胞は肝細胞である、という現象を担うしくみにはヒストン・コードもかかわっているわけです。

◆ 発生・分化のプロセスとエピジェネティクス

発生・分化のプロセスは、エピジェネティクス進行のプロセスです（図12-24A）。受精卵から卵割の初期段階で、メチル化状態の解除（初期化）が起きるものと考えられます。この結果、DNAのメチル化は非常に低い状態にあって、DNA全体がユークロマチン状態にあります。発生初期の細胞は、あらゆる遺伝子が発現の可能性をもっていて、あらゆる細胞になる能力をもっています（図12-24B）。

発生が進むに連れて、エピジェネティクスの進行によって、肝細胞では、肝細胞に特有の機能を発揮する遺伝子はユークロマチンにあって発現するけれども、神経細胞、血管内皮細胞、筋肉細胞、皮膚細胞、その他の特性のために必要なラクシャリー遺伝子は、金輪際発現しないようにヘテロクロマチンに押し込めてしまう、といったプロセスが進行するわけです。

◆ DNAとヒストンとがエピジェネティック情報を伝える

分化した細胞の運命は、DNAのメチル化状態とヒストン・コードの両方が子孫細胞に伝えられることによって、その細胞としての形質が子孫に伝えられます。遺伝子の実態はDNAですが、ヒストンも遺伝情報（発現情報）を子孫に伝えるという意味では遺伝子というべきではないか、という意見があります。遺伝子（塩基配列）が変わるのではなく、エピジェネティクスの状態が変わることで、それぞれの時点での個体の表現型が変わる。DNAとヒストンとがエピジェネティック情報を伝えるのはその通りですが、その情報に従ってエピジェネティックな表現型が現れるには、実に多くの種類のタンパク質の働きが介在することはいうまでもありません。受精卵が桑実期になり、胞胚期になり、やがてサカナのように、トカゲのように変化し、ついにヒトのようになっていくのもエピジェネティクスの変化であるわけです。これに異常が生じれば、脚に眼ができることだってありうるわけです。

◆ エピジェネティックな変化と進化

進化による生物多様性の展開が、遺伝子の変化を基盤に置いていることは間違いないことですが、形質の発現には遺伝子のエピジェネティックな発現調節も重要な寄与をしており、さまざまな表現型をもった多様な生物が、時代の変化や環境の変化とともに変化していく過程では、エピジェネティックな機構の変化が伴っていることは当然と思えます。**進化は、遺伝子の変化であるとともに、エピジェネティック機構の変化でもあったともいえるはずです。**新たな表現型をもった多細胞生物の出現には、多くの場合、新たな遺伝子が必要であったにちがいないけれども、遺伝子が同じでも環境の変化に対応するエピジェネティクスな変化によって、新たな表現型をもった多細胞生物が出現して、それがやがて遺伝子

図12-24 発生・分化とDNAメチル化

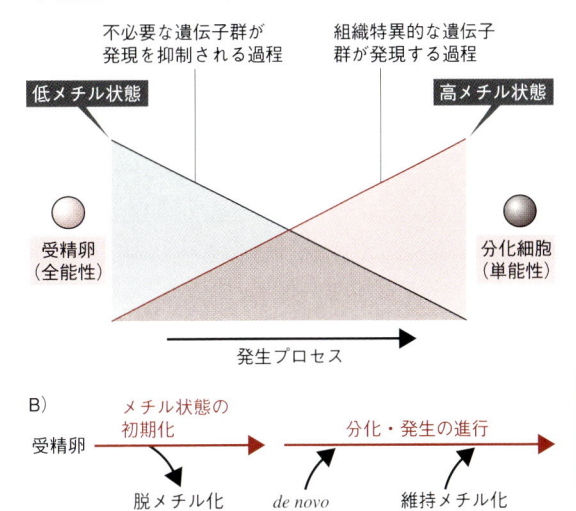

A) 発生とDNAのメチル化
不必要な遺伝子群が発現を抑制される過程　　組織特異的な遺伝子群が発現する過程
低メチル状態　　　　　　　　　　　　　　　高メチル状態
受精卵（全能性）　　　　　　　　　　　　　分化細胞（単能性）
発生プロセス

B) 受精卵　メチル状態の初期化　　分化・発生の進行
脱メチル化　　de novo メチル化　　維持メチル化

---

## 体細胞クローンの成功率が低いのは…

動物の体細胞クローンは、体細胞の核を、核を抜いた未受精卵に移植して、もう一度発生をやり直して作ります。体細胞は、特定の分化機能以外のすべての機能を封印した細胞であるわけで、それがもう一度すべての細胞に分化するためには、すべての封印を解く必要があります。つまり、**DNAの脱メチル化**というプロセスが必要です（図12-24B）。体細胞クローンを作る際に、体細胞を培養して、それを増殖停止状態に置くことで、脱メチル化しやすくするらしい。これを細胞の初期化と呼んでいますが、実際に何が起きているのかはわかっていません。体細胞の核を未受精卵に移植した後、脱メチル化が進んで、本当の意味で初期化するものと思われます。体細胞クローンは確かに可能であり、畜産の分野では実用化もされていますが、成功の頻度は現在でも決して高いものではありません。それは、体細胞の初期化、脱メチル化を効率よく起こさせるための理論も方法も確立されていないからです。初期化が不十分だと、発生過程のはじめからメチル化されたDNA部分をもっていることになり、その遺伝子の働きを必要とする細胞群を作ることができず、発生がうまくいかないのは当然です。ようやく発生して生まれることができても早い時期に死ぬものが多いことが知られていますが、初期化の問題が原因の1つと考えられます。

12日目　遺伝子の働き方と表現型の変化　　235

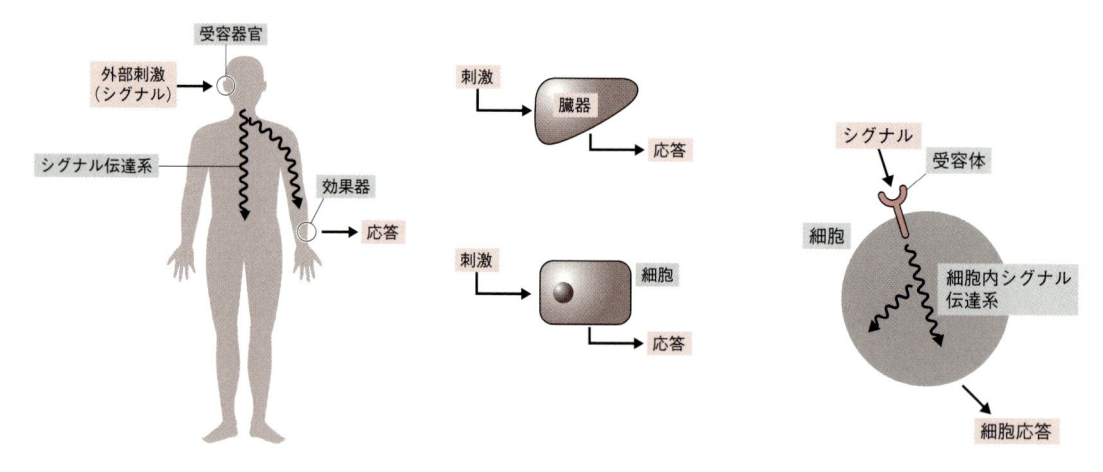

図 12-25 外部刺激（シグナル）と応答

図 12-26 細胞内シグナル伝達

の変化とともに新たな生物グループを展開させる原動力になった可能性があります。

# III. シグナル伝達系と遺伝子発現調節

多細胞生物として生きていくために必要な遺伝子はたくさんありますが、外部からの刺激（情報、シグナル）を受容してそれに適切に応答することは、生物のもつ基本的な重要な機能です、個体レベルでも、器官レベルでも、細胞レベルでも、刺激とそれに対する応答があります（図 12-25）。どのレベルの応答反応も、基本的には細胞が刺激を受け取り、それに対する細胞内シグナル伝達系を働かせて、応答反応を引き起こします（図 12-26）。細胞外からの情報を受け取り、細胞内でシグナル伝達系を稼働させて細胞応答を引き出す一連の反応は、生物のもっている基本的な反応として原核生物を含めた単細胞生物ももっているものですが、多細胞動物では格段に複雑になっています。複雑なシグナル伝達系をもつことではじめて複雑な多細胞動物が成立し得る、といってもよいと思います。

## 1 環境の中での適切な反応

周囲の状況を的確に認識してそれに併せて適切に応答することは、単細胞生物にとっても必要な機能です。単細胞生物は、自分自身の生存と繁殖のために、危険を回避したり、餌を探したり、真核生物であれば有性生殖の相手を探したりして、状況さえよければどんどん増える戦略をとっています。これらの細胞反応は、外界からのさまざまな情報（信号）を受け取って、それに応答することを通じて実行されます。

多細胞動物の中の細胞は、外界の厳しい環境から守られた内部環境の中で、周囲の状況を的確に認識して適切に応答しています。それは個々の細胞の生存だけでなく、適切な内部環境を維持することを含めて多細胞個体の中で調和のとれた反応のために必要なことです。具体的にはさまざまなことが対象になりますが、多細胞からなる個体を作り上げるために、細胞同士の調節に働く細胞間信号を発信し、信号を受け取った細胞が細胞内シグナル伝達反応を働かせ、細胞によって特徴的な反応を示すプロセスをもっています。

## 2 細胞間のシグナル伝達系

多細胞動物の個体としての統合された機能を維持するために、**細胞と細胞の間を結ぶ体内で働く信号**として、**細胞間シグナル伝達系**があり、実に膨大な種類の信号物質が働いています。細胞外からの信号（刺激）には、特定の内分泌器官で作られて全身を循環し、特定の細胞で働くホルモンが古くから知られています（図 12-27）。神経と神経の間や、神経と

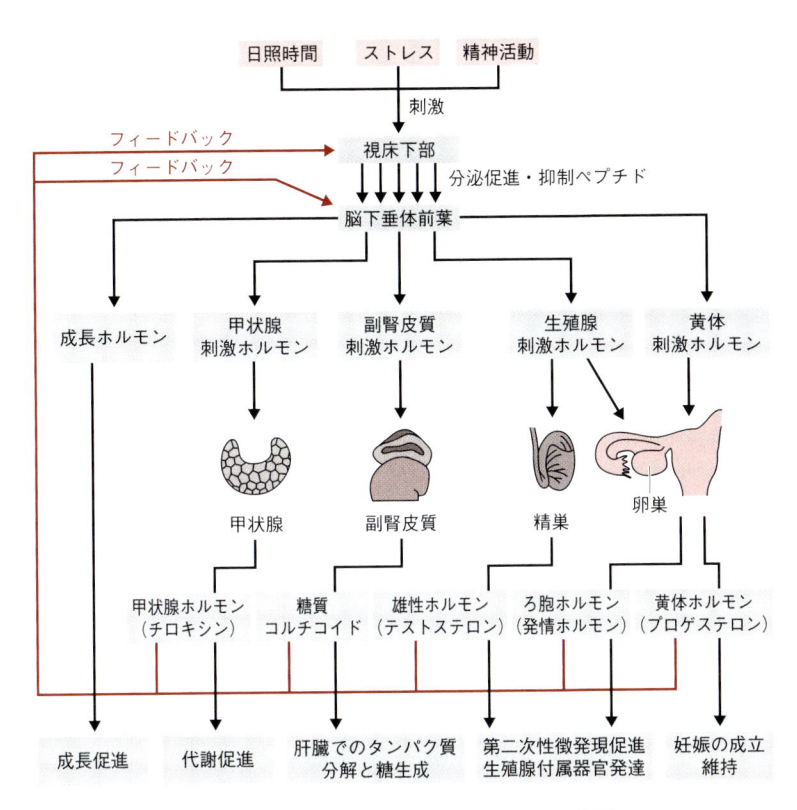

図 12-27　視床下部—脳下垂体前葉による他の内分泌腺の支配

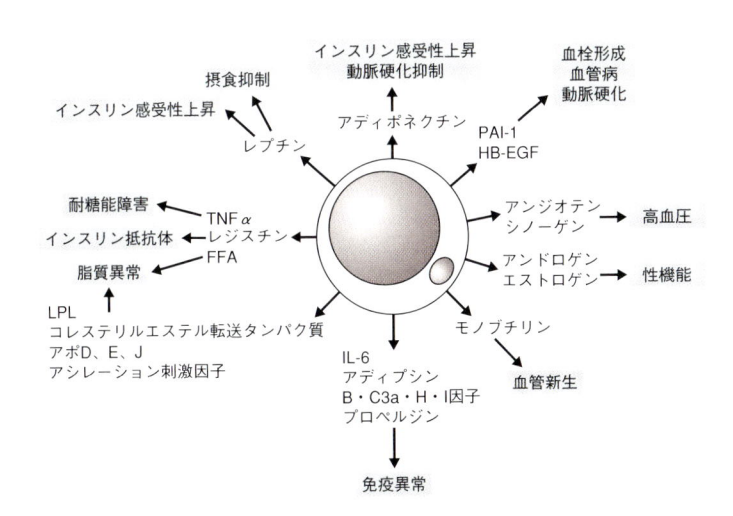

図 12-28　脂肪細胞は多くの生理活性物質（アディポサイトカイン）を分泌する

筋肉の間をつなぐ神経伝達物質もあります。脳には実に多種類にわたる脳内ペプチドのほか、エンドルフィンやエンケファリンのようなオピオイド（脳内のモルヒネ様物質）やカンナビノイド様物質（脳内マリファナ）もあります。腎臓で作られるエリスロポイエチン（赤血球増殖因子）、心臓で作られるANP（利尿ペプチド）、胃で作られるグレリン（食欲増進因子）、血管内皮細胞で作られるエンドセリン（血圧上昇因子）等、体内のさまざまな細胞が生理活性ペプチドを作っています。免疫系の細胞で発見され、現在では多くの種類の細胞で作られることがわかっている、膨大な種類のサイトカイン類があります。単なる脂肪の貯蔵庫と考えられて生きた脂肪細胞は、レプチンやアディポネクチンをはじめ多くの生理活性物質を出していることがわかってきました（図 12-28）。

発生過程では実に多種類の増殖因子や分化誘導因子があります。多くの増殖因子はファミリーを形成していて、FGF（線維芽細胞増殖因子）には23種類ものメンバーが知られていて、増殖因子以外の働きをするものもあります。

そのほか、プロスタノイド（プロスタグランジン、ロイコトリエン）のような脂質性の因子もあります。ガス状分子のシグナルとして、酸素や炭酸ガスのほか、血管内皮細胞の酵素が作る一酸化窒素（NO）は、血管拡張作用が有名です。狭心症の発作にニトログリセリンを吸入させるのは、NOを供給するためです。2008年10月のScience誌は、体内では硫化

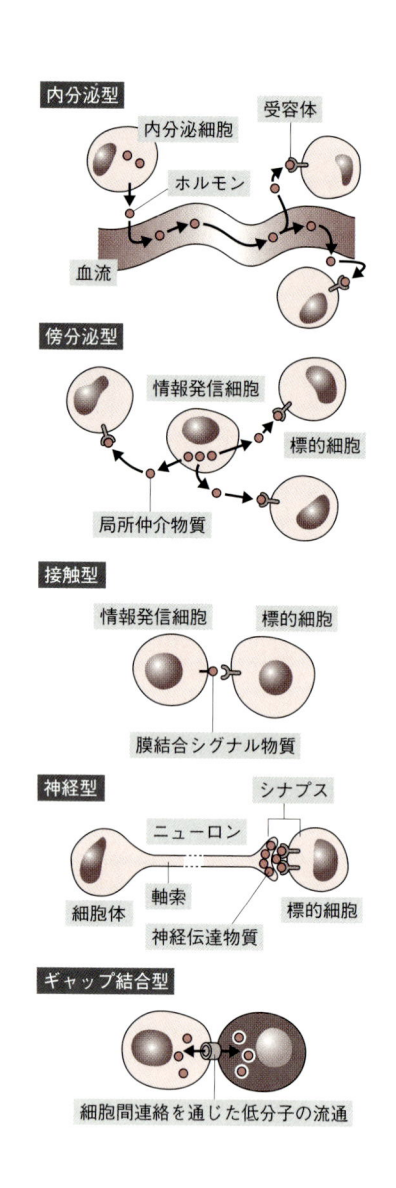

図 12-29　代表的な細胞間シグナル伝達

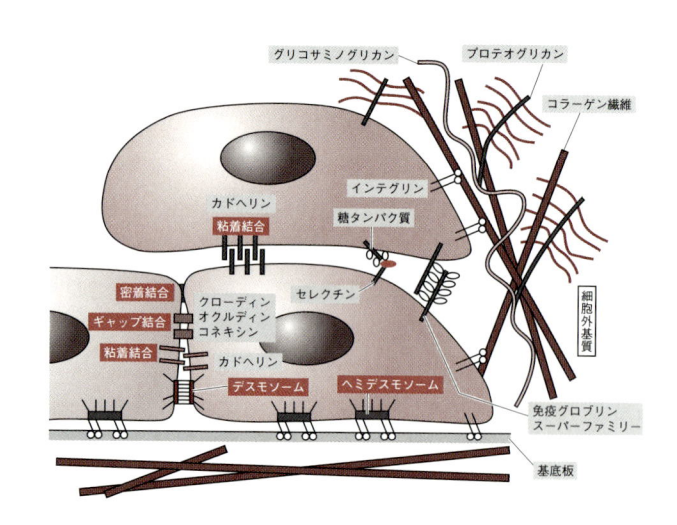

図 12-30　細胞の接着（参考文献 7 を元に作成）

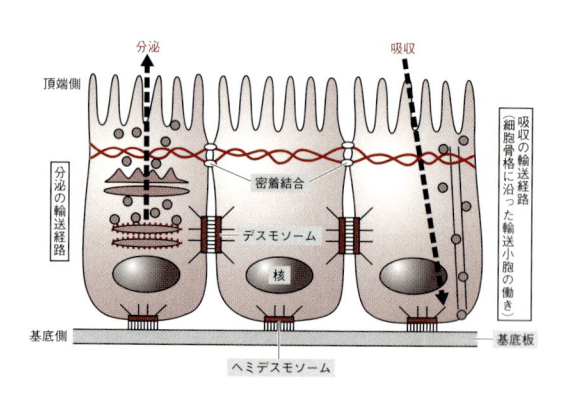

図 12-31　上皮細胞の構造的機能的極性（参考文献 7 を元に作成）

水素（$H_2S$）を作る酵素が働いていて、血管拡張と血圧低下に働いていると報告しています。これらの分子を伝達するために、さまざまな方法があります（図 12-29）。もちろん、温度や浸透圧、pH といった物理的な信号もあります。多細胞の個体というシステムを調節し機能させるために細胞間で働いているこのような信号分子は、おそらく 1,000 種類を超えています。こういう信号が機能的なネットワークを形成して、多細胞動物の個体をうまく働かせているわけです。

## 3　細胞接着という外部信号

　細胞同士の接着や認識は、細胞間の信号伝達の大きな柱です。発生過程では、同種の細胞が集まって組織を作る、異種の細胞が集まって一定の構築をもった臓器を作るといった形態形成が進行します。生体内でも一定の構造が維持されるためには、細胞同士、あるいは細胞と細胞外基質との間での接着が必要です（図 12-30）。接着したことが信号になって細胞内へ伝わり、細胞の構造や機能を変化させます。例えば上皮細胞では構造的にも機能的にも特有の極性をもつようになります（図 12-31）。

　さまざまな細胞が生まれた場所からかなり長い距離を移動して、新たな場所に定着することもあります。卵黄嚢で生まれた始原生殖細胞が、体内の所定

の場所まで延々と移動して、そこで生殖原基を作るのもそうです。こういう場合には、移動の過程で周囲の細胞との一次的な接着と解離を繰り返します。白血球やリンパ球が血管外へ遊走するときも同様に、炎症巣から分泌される炎症物質の信号で血管内皮細胞表面に接着分子が出現し、白血球が応答して血管外への遊走がおきます（図12-32）。リンパ球が抗原刺激を受けるとき、キラーリンパ球がウイルス感染細胞や癌細胞を殺すとき、細胞同士の接着とそれによる信号伝達が起きて、細胞が反応します（図12-33）。精子と卵子が出会ったとき互いの細胞表面にある糖タンパク質によって、受精するか否かが決まります。体内はこういう例に満ちあふれています。

## 4 1つの細胞が異なる刺激で異なる応答を引き起こす

1つの細胞は数十もの異なる信号に対する受容体（信号を受け取るタンパク質）をもっていて、異なる応答反応を引き起こします（図12-34）。もちろん、1人の体を構成する異なった種類の細胞は、異なった組合わせの受容体群をもっていて、複雑な反応をします。それだけでなく、来た信号によって新たに受容体を発現したり、発現していた受容体を分解するなど、細胞の応答性は状況によって変化します。

## 5 1つの信号が異なる細胞には異なる応答を引き起こす

同じ受容体が発現していて同じ信号分子を受容しても、細胞によって下流のシグナル伝達系が異なることで、異なる応答をすることはしばしば見られます（図12-35）。発生過程では、アクチビンのように、増殖や分化を誘導する1つの分子が、濃度によって多くの異なる方向へ分化を誘導することがしばしばあります（図12-36）。TGF-βのファミリーでは、同じ分子が発生過程だけでなく、大人の体の別の組織では別の作用を発揮します。ビタミンAの誘導体であるレチノイン酸も、発生過程のさまざまな段階でさまざまな細胞に対して、濃度に応じて異なった分化誘導あるいは抑制に働いて、組織・器官の発生を司っています。大人の体でもさまざまな細胞の分化誘導に働いていますし、免疫反応における分化誘導にも関係しています。極端な例として、あ

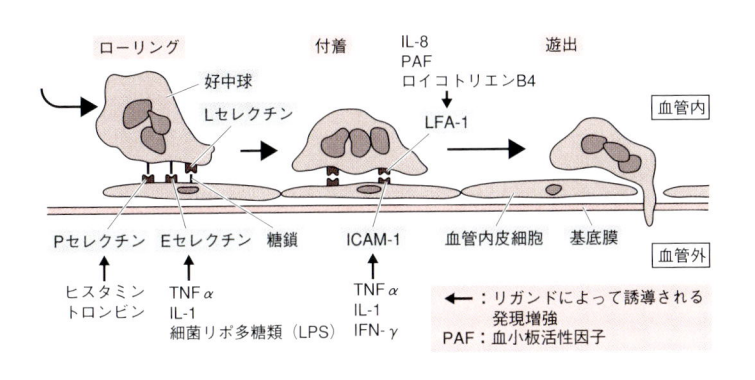

図12-32　白血球の血管外遊出と接着分子

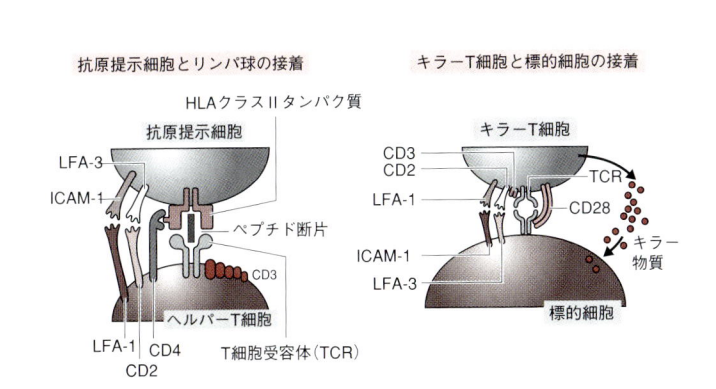

図12-33　免疫細胞の対話

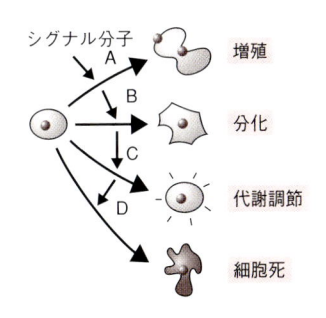

図12-34　同じ細胞が別の信号に別の反応を起こす

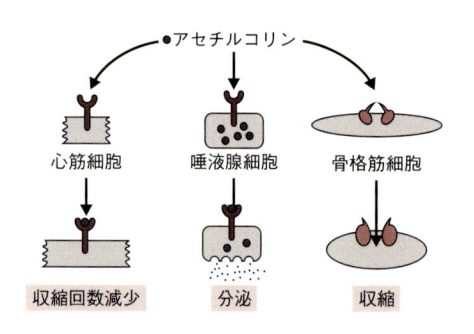

図 12-35　別の細胞が同じ信号によって別の反応をする

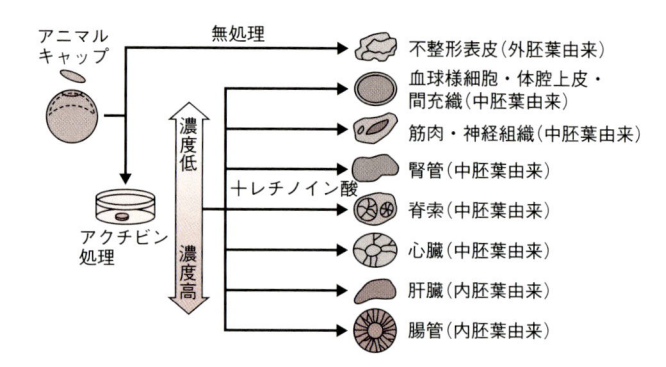

図 12-36　アクチビン濃度勾配と分化

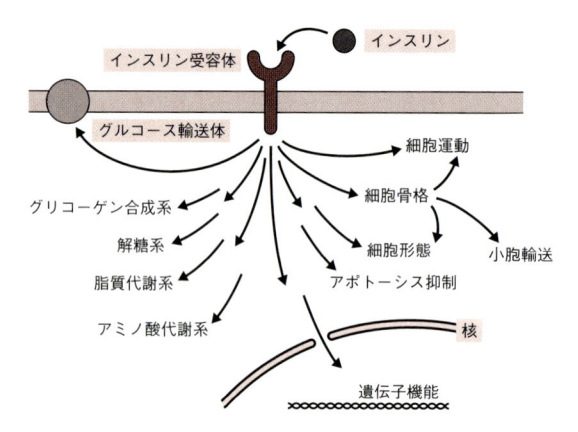

図 12-37　細胞内シグナル伝達の概要

る種の白血病に対して、レチノイン酸が癌細胞を分化誘導することで正常化させるので、癌治療に使います。

## 6　1つの刺激が1つの細胞内でさまざまな反応を起こす

1つの刺激が1つの細胞で1つの応答反応しか起こさないことは稀です。多くの場合は**1つの刺激が1つの細胞内で広範な反応を起こします**。例えば、インスリンというホルモンが細胞にやってきて受容体タンパク質に結合すると、そこから細胞内シグナル伝達系が働きだします。その結果、細胞膜では糖の輸送を司る輸送タンパク質が増えて輸送機能が亢進し、細胞質では糖代謝や脂質代謝やエネルギー代謝の酵素活性が変化し、細胞骨格が変化して、細胞内の小胞輸送や、細胞形態や細胞運動にも影響を与えます（図 12-37）。さらに、シグナル伝達系は核内に入り、さまざまな遺伝子を活性化させ、あるいは抑制をかけます。活性化された遺伝子からはmRNAが作られ、その情報をもとにタンパク質が合成されます。そのタンパク質が働いてさらに二次的・三次的な反応が進行していきます。1つの信号が細胞内に複雑な応答反応を起こすのはむしろ普通にみられることです。

## 7　細胞内のシグナル伝達系というしくみ

細胞外シグナル伝達物質（受容体に結合する化学物質をリガンドといいます）が細胞にやってくると、やがて細胞はリガンド（信号）に応じた反応を起こします。インスリンがやってきたときの反応の概略を図 12-37 に示したように、外部からの信号と細胞との組合わせによってさまざまなシグナル伝達反応が起きます。**シグナル伝達経路では、さまざまなタンパク質や酵素が次々に反応します**。刺激には何百もの種類があり、確かに少なくはありませんが、実際には限られた種類しか用意されていない遺伝子をもとにして、無限に近いシグナル伝達系を用意しています。細胞の種類によって、それぞれの刺激に応じて特有のシグナル伝達経路が働き、同じ刺激に対しても別の種類の細胞では別のシグナル伝達経路が働いて、それぞれの細胞に対するさまざまな刺激に応じた特有の応答反応を引き起こし…ということを考えると、シグナル伝達経路で働くタンパク質や

酵素の種類は、ほとんど天文学的数字に達しそうに思えます。

## 8 カスケードとクロストーク

外界の信号を受け取るのは**受容体タンパク質**です。細胞内に入ってきた信号を受け取る細胞内の受容体もあります。1種類の受容体は原則として1種類の信号分子からの刺激を受けます。これが次々に細胞内の別のタンパク質を活性化し、下流へいくほどさまざまな幅広い反応が起きます。このような反応をカスケード反応といいます（図 12-38A）。カスケードというのは、連続した小さな滝のことで、一番上では1本の大滝だったものが下の方では何十本もの小滝になっている例をみたことがあるでしょう。これが細胞内シグナル伝達系の1つの特徴です。1つの細胞は、通常、何十種類あるいは何百種類もの受容体タンパク質を発現しています。血液中には、普段から複数の信号分子が流れているので、1つの細胞は複数種類の受容体が同時に刺激されているのが普通です。下流のシグナル伝達系では、**混線して無用な混乱が起きないように、それぞれの伝達系を独立に動かす**ことが必要ですが、無構造にみえる細胞質のなかでこれを可能にするには、それなりの工夫が必要です。しかし他方では、**2つ（あるいはそれ以上）のシグナル伝達系がお互いに影響し合う**ことで、適切な細胞反応を起こします（図 12-38B）。これを2つの**シグナル伝達系のクロストーク**といいます。日常的に複数の信号がきている状況のなかで、シグナル伝達系が独立に動く工夫と、相互に作用しあう工夫の両方がうまく働いて、細胞は適切な応答反応を示しているわけです。

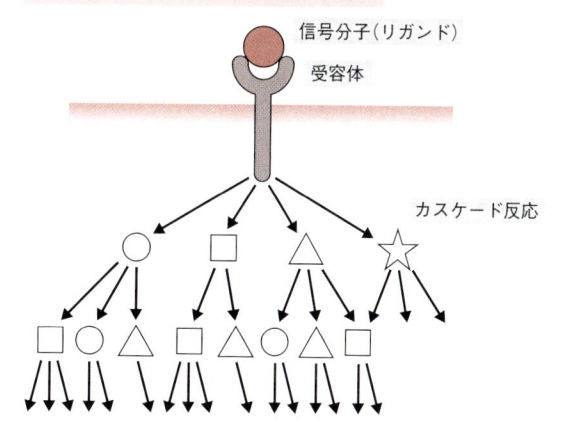

## 9 細胞内シグナル伝達の例

1つの具体例として、増殖因子というリガンドが細胞内シグナル伝達系を働かせて、核内に信号が伝わって遺伝子発現が変化するまでを模式的に示します（図 12-39）。EGF という増殖因子が EGF 受容体に結合することで受容体タンパク質がリン酸化され、その部分に Grb2 が結合し、それが次に Sos の結合を誘導して、結合した Sos が Ras を活性化する・・・という経路を示しています。受容体に結合する PI3K というタンパク質もあり、これが別の経路を働かせています。丸で示したのはタンパク質で、なかに書かれているのはタンパク質の名前です。矢印は、働き（作用）を表しています。つまり、あるタンパク質が別のタンパク質の働きに影響（ここの例では活性化）することを示します。こうやって、リガンドの結合によって起きた受容体の変化（活性化）が次々に別のタンパク質を活性化するという反応が起き、下流へ向かって連鎖反応的に進行して、ついに核内の特定遺伝子の転写因子を活性化するに至ります。以下、このプロセスの一部をもう少しだけ詳しく紹介しますが、全体像は想像以上に複雑なものだ、という印象をもっていただければよいと思います。

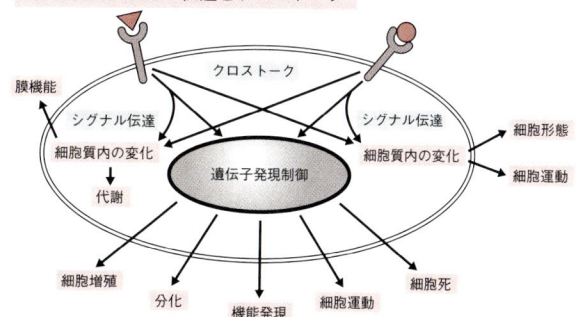

図 12-38　細胞内シグナル伝達

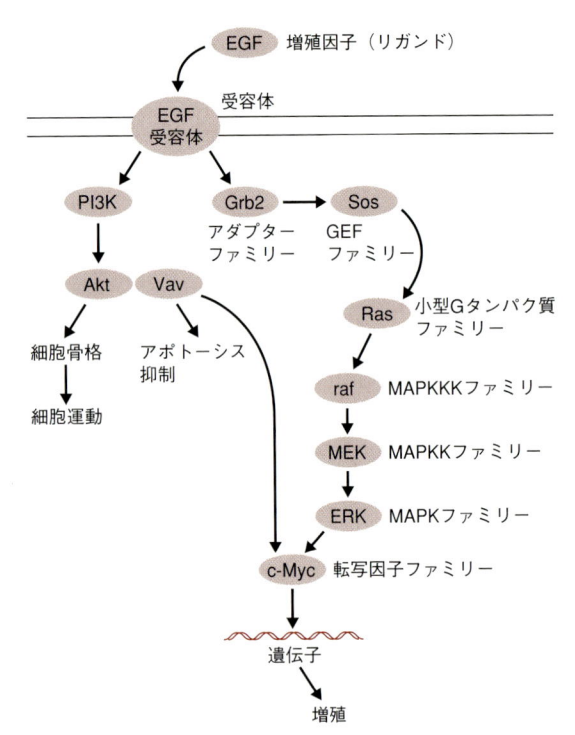

図 12-39　細胞内シグナル伝達の実例

## 10 細胞内シグナルは膨大なカスケード経路である

図 12-39 では、単純化のために経路の枝の大部分を省略して、代表的な経路を 2 つ描いていますが、実際にはそれぞれが下流にいくほど反応が広がる（枝分かれの矢印が増える）膨大なカスケード反応です。枝分かれは各段階に存在しますが、途中経路の一例として、Ras が活性化された後に Ras によって活性化される下流カスケードの一部を示しておきます（図 12-40）。各段階でこういうことが起きているわけで、全体像は膨大なカスケードになることが推測できると思います。

## 11 多くのタンパク質がファミリーを形成している

もう 1 つの複雑さは、シグナル伝達系で働くタンパク質には、**互いによく似た機能をもつファミリータンパク質がある**ということです。小さいファミリーは数個、大きいファミリーは千個を超えるメンバ

ーを含みます。図 12-39 に示した丸の外に書かれているのは、ファミリーとしての名前です。増殖因子はリガンドのなかの 1 つのグループですが、リガンド全体が膨大なファミリーを作っていることは今日のⅢ-2 で紹介しました。受容体タンパク質全体は千以上もの大きなファミリーで、増殖因子受容体だけでも数十を超える大きなファミリーです。以下同様に、シグナル伝達系で働くタンパク質はすべてファミリーを形成しています。一部の例をあげると、Ras は小型 G タンパク質のファミリーですが、小型 G タンパク質のファミリーには 30 くらいのメンバーがあり、図 12-41 に一部を示すように細胞内のさまざまな場面で働いています。

## 12 上流も下流も単線ではない

カスケード反応は下流へいくにつれて矢印の本数が増えるわけですが、さらに複雑なことは、1 つのタンパク質が上流からの複数の経路によって活性化、あるいは不活性化を受けることがしばしばみられます。つまり、上流からの複数の矢印が 1 つのタンパク質に集約する。例えば、**Ras** ファミリーのそれぞれのメンバーには、活性化するタンパク質の **GEF** ファミリーと、不活性化するタンパク質の **GAP** ファミリーの組合わせをもっています。Ras を活性化する 20 種類くらいの GEF がありますが、図 12-39 に示した Sos は、Ras を活性化する GEF タンパク質ファミリーの 1 つです。図 12-42 には、Sos を含めた GEF ファミリーのいろいろなメンバーが、上流からのシグナル伝達経路によって活性化され、その結果、Ras を活性化する様子を示します。他方、GAP ファミリーのタンパク質が、別の上流からのシグナル伝達経路（経路は省略していますが）で活性化されて、Ras を不活性化します。Ras 1 つが、上流から複数の正負の活性調節を受けているわけです。そして、活性化された Ras は図 12-40 のように下流のカスケードを稼働させます。

## 13 シグナル伝達系のタンパク質は複数のドメインをもつ

シグナル伝達経路で働くタンパク質には共通の特

徴があります。それは、**少なくとも2つの機能部分（ドメイン）をもつこと**です。1つの機能は、上流タンパク質の特定構造を認識して結合することです。その結果、自身の高次構造を変化させ、もう1つの機能である、下流のタンパク質と結合してそれを活性化させる働きを示します。

例えば、増殖因子の受容体タンパク質は、特定の増殖因子と結合するドメインを細胞外にもち、受容体タンパク質中のチロシンをリン酸化するPTK（タンパク質チロシンキナーゼ）という酵素活性のあるドメインを細胞内にもっています。細胞内のドメインには、チロシンというアミノ酸がリン酸化される部位でもあります。つまり、少なくとも3つの機能をもっている。増殖因子が結合すると、PTKが活性化されて、チロシンがリン酸化されます。

次の段階のGrb2タンパク質は、リン酸化されたチロシンを認識して結合するSH2というドメインと、その結果としてSosと結合するSH3という2つのドメインをもっています。Sosは、SH3構造を認識して結合するドメインと、Rasと結合して活性化するドメインの2つをもっています。このように、シグナル伝達経路で働くすべてのタンパク質は、2つ以上の機能ドメインをもつことによって、シグナルを上流から下流へ伝達しています。

## 14 機能ドメインもファミリーを形成

Grb2もPI3KもSH2ドメインをもっていて、受容体タンパク質のリン酸化チロシン部位に結合します。ただ、リン酸化されたタンパク質は細胞中に何千種類もあるので、区別して結合する

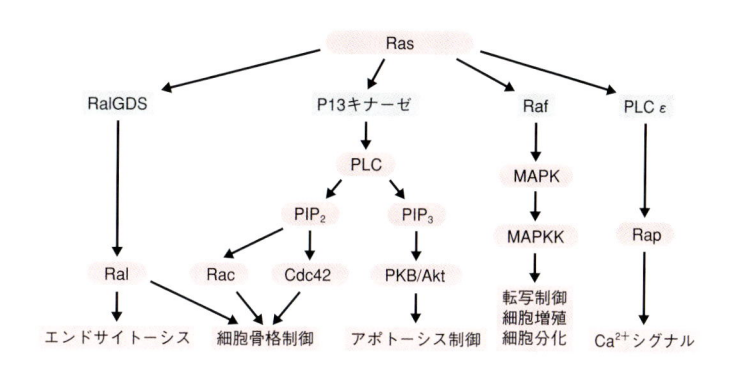

図12-40 Rasの下流の反応と細胞機能

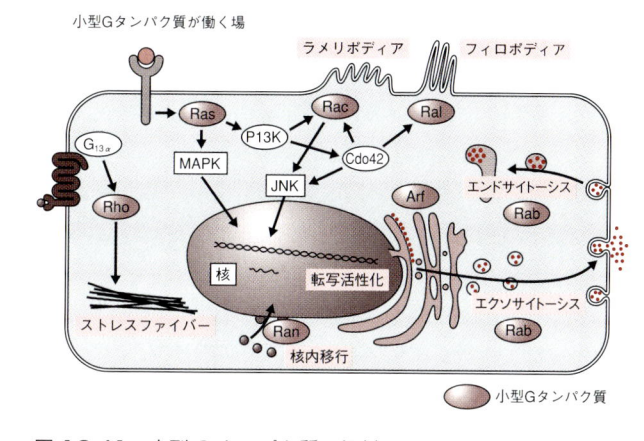

図12-41 小型Gタンパク質の役割

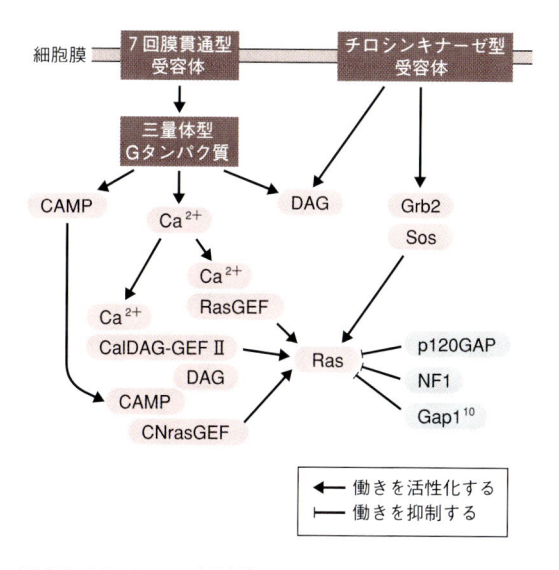

図12-42 Rasの活性化

必要があります。もう少し細かくいえば、チロシンがリン酸化される受容体だけでもたくさんの種類があり、1つの受容体タンパク質のなかでも、リン酸化される部位が複数あります。Grb2とPI3KとではSH2ドメインが少し違っていて、リン酸化されたチロシンに加えてその周辺の高次構造を認識するので、別の部位に結合します。SH2ドメインをもつタンパク質は、ヒトでは110種類もあるといわれますが、結合する相手であるリン酸化チロシンをもつタンパク質は同一ではありません（共通の場合もあるが）。なお、タンパク質中のリン酸化チロシンを認識するドメインは、SH2以外にPTBもあります。

こういう意味では、タンパク質のリン酸化部位の構造も、それを認識するSH2ドメインも、共通性はあるけれども少しずつ異なる複数のメンバーからなるファミリーを形成していることがわかります。このような機能的単位のファミリーが、それぞれ上流から受ける信号（どのタンパク質から信号を受けるか）と、下流へ流す信号（どのタンパク質に信号を送るか）の微妙な違いを決めているわけです。PTBやSH3や、そのほかのドメインについても同様です。

## 15 基本的機能を単位として組合わせる

さて、**限られた数の遺伝子で、天文学的数字に達する反応経路をどうやって作り上げる**のだろうか。シグナル伝達経路の過程で具体的に伝達を担当しているのは、SH2やSH3のような機能ドメインです。ドメインは遺伝子上ではエキソンに相当し、エキソンシャフリングによって、異なったドメインを組合わせた新たなタンパク質が作られたに違いありません。同じSH2ドメインをもちながら、別にもう1つ（あるいは2つ）の新たな機能ドメインをもったタンパク質の出現は、それまでとは異なるタンパク質に対して信号を送るようになる、すなわち、上流からの信号を下流へ向かって流す経路に変化が生じることになります。このようなタンパク質の遺伝子が、**遺伝子重複によって増えてタンパク質のファミリーを形成し、さらにシャフリングされて、それぞれに変異が蓄積することで、シグナル伝達の機能が変化していく**ことが想像できます。SH2ドメインをもつ110種類ものタンパク質ファミリーは、このようにしてできたものと考えられます。同様に、受容体ファミリー、アダプターファミリー、GEFファミリー、Rasファミリー、MAPKKKファミリーなど、シグナル伝達経路のさまざまな段階でのファミリーができます。

## 16 基本反応経路を単位として組合わせる

**限られた数の遺伝子をもとに、天文学的数字に達する反応経路を作り出すもう1つの工夫は、1つのタンパク質が担当する反応経路を1つの単位（反応モジュール）として、その反応モジュールを組合わせる**ことです。シグナル伝達経路には、それぞれ数十とか数百の反応モジュールが用意されていて、反応モジュールを選択して組合わせることで、全体としては多くの反応経路を作る、というしくみがあったと理解されます。どの反応モジュールを選択してシグナル伝達経路を構築するかで、細胞外からの信号に対する細胞の応答性が異なるわけです。同じ個体の中でも、組織や細胞の違いによって異なる組合わせでモジュールを発現させれば、異なる反応系が稼働するわけです。図12-40、図12-42に示したものはシグナル伝達経路の一部ですが、これらの図に示された反応の全部が、1つの細胞内で働いているわけではありません。1つの細胞内では一部しか発現していないのが普通です。反応モジュールの総数は数千のオーダーでも、細胞の種類や状況によって発現を変化させることで、反応モジュールの組合わせによってできるシグナル伝達経路の種類は、無限に近い程大きくすることができます。これによって、多細胞生物として必要な細胞によって異なる多様な応答性を実現し、複雑な恒常性維持や外部環境刺激への反応性などのほか、1つの受精卵から個体を作り上げる複雑な過程までも構築されたと考えられます。

## 17 限られたモジュールの組合わせという基本原理

11日目で、エキソンシャフリングすることで、非

常にたくさんの種類の新たな機能をもったタンパク質の遺伝子を作り出す話をしました。タンパク質は複数のエクソンというモジュールの集合体であるわけです。タンパク質の機能の連鎖によって作られる反応経路（シグナル伝達経路）は、有限の反応経路の単位としての反応モジュールを組合わせることで、ほとんど無限の経路を可能にしているのだと思います。シグナル伝達系の1つの系列は、反応単位の集合体であるわけです。反応単位は、それを司る酵素ごとの単位であり、酵素を支配する遺伝子ごとの単位であるともいえます。

別のレベルの話として、神経細胞を1つの単位モジュールとして、その構造的・機能的な連携を組合わせて神経のネットワークを構築することで、脳の複雑な働き、意識や思考や感情や抽象概念も作り上げられていると考えられます。限られたモジュール単位を組合わせて無限の可能性を生む、というしくみは、進化の過程で生き物が採用した非常に上手い方法で、生体内のさまざまなレベルで応用されているものです。

細胞という集合体を作り上げるにも、細胞から器官や器官系や個体という集合体を作り上げるにも、**限られた種類の単位を組合わせて、ほとんど無限の組合わせを作り出すという似た原理**が働いているような気がします。**分子レベルから個体レベルまで、生き物を作り上げるさまざまなレベルで働いている**このような基本的なしくみが生命体を作り上げます。実に見事なものだと思います。

## 18 シグナル伝達の遺伝子は遥かな先祖まで遡れる

ヒトにおけるシグナル伝達系について研究するために、酵母を使うことがしばしば行われました。酵母は、真核生物ではありますが単細胞のしかも菌類です。ヒトと酵母で共通性の高いシステムが使われているシグナル伝達系があるのです。酵母といっても出芽酵母と分裂酵母があり、両者は実は相当にかけ離れたものですが、分裂酵母を使って、シグナル伝達系のある酵素の遺伝子を破壊しておき、そこへヒトの遺伝子を入れると、チャンと働くのです。ヒトと分裂酵母はかけ離れた生物にみえますが、シグナル伝達系についての共通性はかなり高いのです。細胞増殖にかかわるシグナル伝達で働く重要なCdkファミリーなども同様に、数多くの遺伝子群にもヒトと分裂酵母の間には高い共通性があります。つまり、これらの遺伝子群は、真核生物のなかで、動物と菌類を含むオピストコンタ（6日目）として共通であった時代にすでに存在していた遺伝子であることがわかります。

動物の細胞にあるPTKのファミリーは、細胞膜で増殖因子などの受容体、あるいは受容体の近くで働いていてシグナル伝達をしています。このタンパク質は哺乳類で発見されたものですが、植物にも酵母にもない動物特有のものでした。ところが多細胞動物だけでなく、単細胞の襟鞭毛虫まで遡りました。すべての動物の先祖は、単細胞生物の襟鞭毛虫と似たものであった、と考える最初の分子レベルの証拠になったものです。PTKによってできるリン酸化チロシンを認識するSH2ドメインの出現も、PTKの出現と同時期と考えられ、植物や酵母にもなく動物に固有です。

## 19 これが意味するもの

ラクシャリー遺伝子群は動物界で共通であるだけでなく、菌類まで含めて共通性が高いものがあることについて、このことが意味するものは2つあります。同じオピストコンタの仲間（6日目）としてここまで共通であった可能性を示すことです。一部のラクシャリー遺伝子群は、オピストコンタだけでなく、ユニコンタの全体、あるいはバイコンタまで含めた全体（つまり真核生物全体）に広げられる可能性もあります。つまり、真核生物が誕生した後の早い時期から用意されているものもあるわけです。

もう1つ重要なことは、一通りの共通な遺伝子群を用意しておいて、それを組合わせて働かせることによって、ほとんど無限とも思える可能性の表現型の発現に対応している、というしくみが広範な真核生物の間で確認できることです。限られた数のモジュールを組合わせることで、ほとんど無限の反応系を用意する、という真核生物の巧妙なしくみの1つ

の例がみえるわけです。

### 20 モジュール経路の新しい組合わせによる新たな進化の可能性

　Ras を活性化する GEF の話をしました。不思議なことに、どの刺激にも反応しない GEF タンパク質があります。この GEF タンパク質には、刺激を送る受容体からのシグナル伝達が用意されていないようにみえます。現状ではこの GEF タンパク質は無駄な存在です。似た例として、受容体タンパク質のなかに、受け取るべきリガンドがみつからない受容体があります。**オーファン受容体**といいます。これも現状では無駄な存在です。役割の与えられていないタンパク質（の遺伝子）があるということは、遺伝子を作り過ぎたとも思えますが、こういう例が結構あるのです。こういう**無駄とも思える GEF や受容体が用意されているとき、1つの新しい機能をもった遺伝子が誕生して、このつながりを埋めると、刺激から反応への新しい経路が生まれる可能性**があります。1つの遺伝子が変わる（生まれる）だけで、**他の経路はすでに用意されているので、細胞が突然思いもよらなかった反応をするようになる可能性**があるわけです。進化の過程で起きれば、思いもよらぬ新たな機能を生み出すこともあるわけです。2009 年の Nature 誌には、こういった可能性を検証する研究が報告されています。

## IV. 小型RNAという とんでもない調節系

　進化によってどういう生物が誕生するかは、新たな遺伝子を用意することだけではなく、遺伝子発現の調節も重要である、ということをみてきました。これまでみてきた例以外にも、ほんの少し前まで誰も想像していなかった、遺伝子の働きを調節するとんでもない分子があることがわかりました。それは、小さな RNA です。遺伝子の働き方に、今まで誰も想像もしていなかった新たな機構がみつかったのです。

### 1 小型 RNA というもの

　この 10 年以内に多くのグループの小型 RNA がみつかっていますが、その多くは 20 ～ 24 塩基くらいの短いもので、一番多いのは 21 とか 22 塩基程度のものです（コラム参照）。

### 2 miRNA はどう作られる

　小型 RNA の代表は miRNA（microRNA）です。

---

**コラム**

#### 小型 RNA にはいろいろな種類がある

　miRNA のほかにも、小型 RNA にはさまざまな種類があることがわかってきました。miRNA 以外の代表的なものを解説しておきます。概略的には似た大きさの小型 RNA で、遺伝子発現の抑制に働くという共通性があります。

**siRNA**

　siRNA（small interfering RNA）は、まず、同じ領域の DNA 二本鎖それぞれを鋳型として作られる二本鎖の RNA がもとになります。これから、miRNA と似たプロセスで切断され、小さな RNA になります。siRNA は多くの場合、標的とする mRNA と塩基配列特異的に結合して、分解します。哺乳類の内在性 siRNA としては、卵細胞でみつかっています。

**piRNA、rasiRNA**

　piRNA（piwi-interacting RNA）は、一本鎖として合成され、切断され、Mili や Miwi、Riwi や Hiwi などのタンパク質と結合して働きます。ショウジョウバエでは、rasiRNA が Piwi などのタンパク質と結合します。レトロトランスポゾンの発現抑制に働くといわれ、精子形成時に発現して、精子形成に必須らしい。というのは、これらの結合タンパク質をノックアウトすると、精子形成ができなくなるからです。piRNA は、miRNA に比較してもさらにたくさんの種類があるようで、レトロトランスポゾンの領域から読み取られるものだけでもたくさんの種類があるようです。

**ta-siRNA、nat-siRNA**

　ta-siRNA や nat-siRNA は植物の siRNA で、標的とする mRNA と塩基配列特異的に結合して分解します。

**hc-siRNA**

　hc-siRNA（heterochromatic siRNA）は、DNA のメチル化やクロマチン修飾に働いて、ヘテロクロマチン化を誘導することで遺伝子発現抑制に働くと考えられます。

miRNAはヒトでは現在500種類くらいみつかっていますが、数千あるいは数万種類もあるかもしれないともいわれています。miRNAはmRNA（前駆体としてのpre-mRNA）と同様に、RNAポリメラーゼⅡによって、**pri-miRNA**として合成されます（図12-43）。DNAから読み取られたpri-miRNAは、mRNAの場合と同じように、5′側にキャップ構造が付加し、3′側にはポリAが付加するという修飾を受けます。次に、pri-miRNAはヘアピン構造を取り、切断酵素で切られてpre-miRNAになります。これが細胞質に出てきて、大きなタンパク質複合体と結合し、複合体に含まれる**ダイサー**という酵素で切られて23塩基くらいの短い二本鎖RNAになります。二本鎖のうち1本が外れて、1本がタンパク質複合体に残ります。

### 3 miRNAが働くしくみ

miRNAとタンパク質の複合体は、たくさんあるmRNAのなかから、相補的な塩基配列をもつ部分を探してこれに結合します。miRNAが結合したmRNAは、翻訳開始ができない、延長反応が抑制される、合成されたタンパク質が分解される、といった**タンパク質合成の阻害**が起こります。特に植物では、miRNAが結合したmRNAは、複合体中のRNA分解酵素によって、ずたずたに切断されます。また、miRNAが結合したmRNAは、3′ポリA分解が促進される結果、mRNAの分解も促進されるといわれます。働くしくみはさまざまあるようですが、結果として、**特定の種類のmiRNAは、特定の塩基配列をもったmRNAに結合して、特定のタンパク質の合成を抑制**することになります。このことは、結局、そのタンパク質の遺伝子の働きが阻止されたのと同じことです。

### 4 miRNAはどんな場面で働く

ヒトのタンパク質のうちの30％程度の遺伝子が、miRNAによってその発現が調節されている、との見積もりがあります。特に、**発生分化のプロセスで大きな役割りを果たしている**ことが、ますます明らかになってきています。全能性幹細胞や多能性幹細胞では、増速能力の維持と、分化できる能力の維持と、分化機能発現の抑制とが働いているわけですが、こういった機能にそれぞれ複数のmiRNAが役割りを果たしているようです。幹細胞が幹細胞であるためには、幹細胞として必要な遺伝子が働き、そうでない遺伝子は働かない、という遺伝子発現の調節が必要なわけで、それをmiRNAが担っているらしい。幹細胞からの増殖と分化が進むにつれて、分化の方向性が次第に狭められていくわけですが、それは発現する遺伝子の種類が変化することによって起きます。そこにもmiRNAが働いているわけで、発現するmiRNAの種類も分化が進むにつれて変化します。発生分化で働く遺伝子が、動物界で共通性をもっていることに対応するように、miRNAも動物界を通じて進化の過程でかなり保存されているようです。

---

**コラム　真核生物のDNAは大部分が遺伝子かもしれない**

これまでの常識では、例えば哺乳類の場合だと、タンパク質の構造情報をもっているのはDNA全体の1.2％程度でしかなく、イントロンや発現調節領域など、遺伝子にかかわる転写調節領域などの部分全体を含めてもせいぜい25％と見積もられます。RNAとして読まれる部分は、多く見積もっても20％程度です。長い間そう信じられてきました。ところが、新しい方法でDNAの全領域についてRNAに読まれている範囲を捜したところ、マウスでは、DNA全体の70％くらいが転写されている（RNAとして読みとられている）といわれます。ヒトでも同様だそうです。こうして読まれたRNAが、小型RNAのような働きをもっているとすれば、その塩基配列のもとになったDNA部分を遺伝子と呼んで差し支えないでしょう。遺伝子とは考えてもいなかった繰り返しDNA領域を含めて、大部分がRNAとして読まれる部分であり、遺伝子と呼ぶべきかもしれないということになります。とすれば、このことは、不必要なDNAなどほとんど存在しないという、これまでの常識を覆すとんでもない発見でもあるわけです。

## 5 エピジェネティックな調節との関係

エピジェネティックな調節、ヒストンの修飾やクロマチン構造と、miRNAによる調節との関係はどうなっているんだ、と思うでしょうが、**1つの遺伝子の発現に両方のしくみが働いていて、状況や時期に応じて複雑な発現調節をしていることが次々にわか**ってきています。状況を読み取ったシグナル伝達系の下流にあって、それぞれのしくみが独立にあるいは強調したり拮抗したりしながら働いているわけです。miRNAに依存した（支配された）DNAメチル化酵素もある。総論的には、さまざまな場面で、さまざまなしくみがうまい具合に働いている、としかいいようがない。

### ◆ レトロトランスポゾンとの関係

もう1つは、レトロトランスポゾンとの関係です。レトロトランスポゾンが勝手に転写されないように抑制する機構の1つに、エピジェネティックな調節があります。DNAをメチル化することで、発現しないように抑え込まれている。ただ、精子形成や受精後の発生初期には、DNAのメチル化がほとんど消失する初期化という過程があります。この時期には、レトロトランスポゾンの抑制が外れて転写され、暴れる可能性があるので危険です。この時期のトランスポゾン発現抑制には、DNAのメチル化に依存しないヒストンの修飾、例えばH3K9me3（ヒストンH3の9番目のリジンの3メチル化）によるエピジェネティックな発現抑制が働きますが、それと共にpiRNAの仲間が働いてレトロトランスポゾンが暴れないように抑制する機構も重要であると考えられています。

## 6 miRNAは生物界全体にみられる

小型RNAを介した**RNAi**の機構は、動物界に広く保存されたしくみであるだけでなく、植物界にも

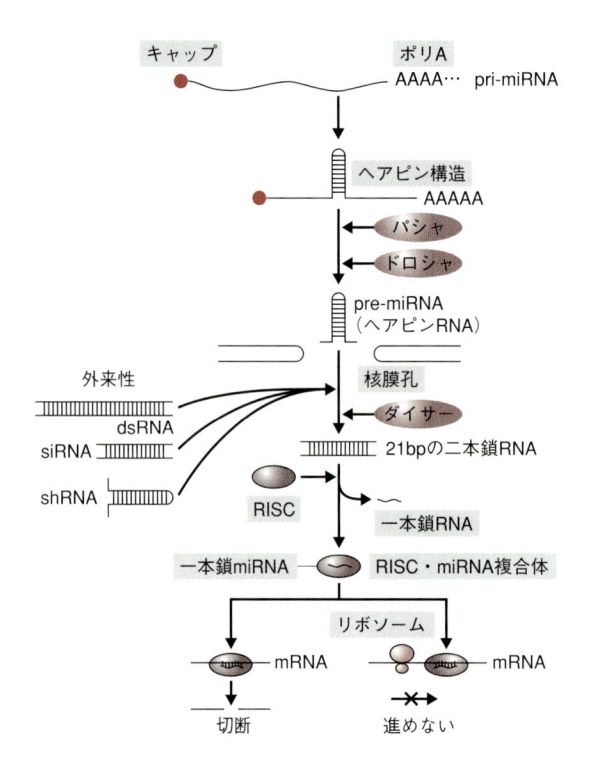

図12-43 miRNAの合成と機能

---

### 人工siRNAは応用価値が高い

特定の遺伝子を破壊（ノックアウト）することは、遺伝子の働きを解析する上で画期的に重要な役割をもっていますが、方法的に非常に難しく時間もかかります。人工的なsiRNAを用いると、同様の意図の実験が簡単にできるようになりました。

人工的に作った二本鎖RNAを細胞に導入したり、こういうRNAを細胞内で合成できるようなDNAを細胞に導入したときに、これらをもとにsiRNAがつくられます。siRNAの元になる小さなDNAを細胞に導入して人工的にsiRNAを作らせると、このsiRNAが結合することで、特定のmRNAだけが分解されることがわかりました。人工的なsiRNAを働かせる方法は、結果として、対象となる遺伝子をノックアウトしたのと同じ結果が得られます。これを**ノックダウン**といいます。小さなDNAを細胞に導入するだけで容易にできることなので、遺伝子の働きを調べるのに欠かせない方法として汎用されています。それだけでなく、癌遺伝子の働きをノックダウンすれば癌が治る、ウイルス遺伝子の働きをノックダウンすればウイルス感染症が治せる、などの可能性を含めた応用面でも期待されています。

広くみられ、バクテリアにもあることがわかっています。バクテリアでも50種類を超える小型RNAがあり、これとは別に大型のアンチセンスRNAも存在して、いずれも、バクテリアが環境変化に応じて大きく機能を変化させるときに働いているという例が最近報告されています。機能のわからない（遺伝子ではない）DNA部分が多い真核生物と違って、ほとんどのDNA部分が遺伝子として働くと思われていた原核生物で、新たな機能をもつncRNAの遺伝子が存在する余裕があったことも意外なことですが、いずれにせよ、真核生物に特有のものではなく全生物界に普遍的に存在する機構として誕生し、特に真核生物では真核生物としての役割りを大々的に展開させて、遺伝子発現調節を司る中心的な役割りを果たしているのでしょう。

## 7 進化の過程で獲得され保存される

多くの動物について比較してみると、脊椎動物に限ってみても、miRNAの種類も調節のしくみも進化の過程で付け加えられていることがわかりました。新しく追加されたmiRNAについて、遺伝子の働きのネットワークのなかでその利用が決まり、有効に機能しはじめると、それは後の進化の過程で高度に保存され、消失することがほとんどないことがわかりました。一度確立した有益な経路（ネットワーク）は、なかなか失われないわけです。というか、失った生き物は不利になるので生き残りにくかった。したがって、動物系統の間でどの種類のmiRNAが存在して利用されているかを比較することで、2つの系統がわかれた時期や、系統がわかれた順序を推定する手段として利用できます。遺伝子の塩基配列の比較や、トランススポゾンや組換えの存在などに加えて、生物群の分岐プロセスに関するもう1つ有力な推定方法を手に入れたわけです。

## 8 脊椎動物の展開とmiRNA機構の展開は関係がある

進化の過程における、miRNAによる遺伝子発現調節の果たした役割りを推測する、1つの例をあげておきます。2008年のアメリカ科学アカデミー紀要に報告されたもので、脊索動物のもつ129種類のmiRNAについて、獲得時期を調べたものです。5億500万〜5億5,000万年前のあたりで、脊椎動物においてたくさんの数のmiRNAが新たに獲得されたことが報告されています（図12-44）。ホヤの仲間（尾索類）から最初の脊椎動物であるヤツメウナギ（円口類）が生まれるあたりで、miRNAの獲得速度が急に大きくなり、種類が一気に増え、その後は徐々に増えつつ後の脊椎動物にまで引き継がれている、ということです。

この時期は、棘皮動物と脊索動物の共通の祖先から脊索動物が分岐し、さらにここから脊椎動物が分岐して、頭部や鰓や腎臓や胸腺などの器官を作り出し、顎のないサカナからさらに顎のあるサカナへの展開した、形態的にも大きな変化を遂げる激変の時期にあたります。新たに大量のmiRNAが誕生して、それらが遺伝子の働きのネットワークのなかで利用され新たな調節系を獲得することによって、複雑な多細胞動物を作り上げる調節システムが誕生し、多様な細胞を分化させ、新たな臓器や組織を構築した

---

### コラム　RNAiということ

RNAがさまざまな遺伝子の発現（遺伝情報からタンパク質が合成される）を抑制する働きを示すことを、RNAi（RNA interference：RNA干渉）といいます。ここで紹介した多くの小型RNAはRNA干渉をやっているわけです。

別の機構として、X染色体の1本が不活性化されるとき、XIC（X染色体不活性化センター）にあるXist遺伝子からRNAが合成され、それが染色体DNAにべたべた結合することで遺伝子の発現が抑制される、つまり染色体が不活性化されるという機構もあります。mRNAが合成される段階（転写）を抑制しているらしい。他の場合では2本鎖DNAとRNAとの間で3本鎖を形成して転写抑制する可能性もあります。これも一種のRNAiといえます。

A)

```
                    ┌─────── キボシムシ, ムラサキウニ
                    │ ┌───── ナメクジウオ
              +2 ───┤ │ ┌─── ユウレイボヤ
             (0.04) │ │ │ ┌─ ヤツメウナギ
                +3 ─┘ │ │ │ ┌ サメ
               (0.20) │ │ │ │ ┌ ゼブラフィッシュ
                 +41 ─┘ │ │ │ │ ┌ アフリカツメガエル
                (1.37)  │ │ │ │ │ ┌ ニワトリ
                    +2 ─┘ │ │ │ │ │ ┌ マウス
                  (0.04)  +8 │ │ │ │ │ ┌ ヒト
                         (0.27) +8 │ │ │ │
                               (0.11) +2 │ +63
                                    (0.10) (0.27)
```

B)

図12-44 脊索動物の miRNA の獲得時期 （参考文献16を元に作成）

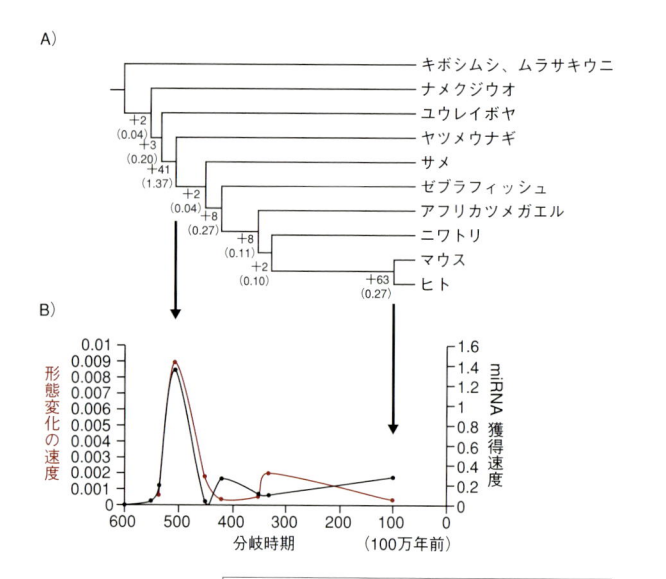

Aの分岐点の数字は、そこで新たに獲得した miRNA
カッコ内は100万年あたりの新規 miRNA 獲得速度

ものと考えられます。

　脊椎動物の初期進化において、miRNA の獲得によって短期間のうちに多様な形態的な試みを実行することができ、脊椎動物を多様に分岐させた重要な時期がよく相関していることがわかります。脊椎動物が大々的な試みを展開することができたのは、カンブリア紀のはじめに膨大な量の miRNA システムを獲得したためである、といえる可能性があるわけです。脊椎動物の目覚ましい展開を理解する1つの可能性です。

## 9 X染色体の不活性化は大型非翻訳RNAの働き

　X 染色体の抑制現象として以前から知られていた現象には、DNA のメチル化がかかわることはコラム（p233）で紹介しましたが、別の機構も働いています。それは、大型の非翻訳 RNA とそのアンチセンス RNA による転写調節です。哺乳類（真獣下綱）の雌では、X 染色体の一本がランダムに不活性化（有袋類ではランダムではなく父性 X 染色体が不活性化）されます。これは、1本の X 染色体の **Xist** 遺伝子から作られる Xist RNA が、その染色体全域に渡って結合し、ヘテロクロマチン化タンパク質複合体を引き寄せるなどによって、当該 X 染色体全体をヘテロクロマチン化し不活性化します（Xist 遺伝子だけは活性を保つ）。活性のまま保たれる X 染色体では、Xist 遺伝子のずっと下流にあるプロモーターから、同じ遺伝子領域を逆向きに転写される **Tsix RNA**（Xist のアンチセンスなので Tsix という）が Xist の転写を抑制するために、染色体の不活性化が起きません。

## 10 サイズの大きな非翻訳 RNA はほかにもある

　2009年の Nature 誌3月号によれば、複数のエキソンを含む大きな RNA であるにもかかわらず、タンパク質の情報として使われない、大型の非翻訳 RNA である **lincRNA**（Large Intervening Non-Coding RNA）が 1,000 種類以上もみつかったということです。構造的には mRNA と変わりませんが、この RNA の塩基配列をタンパク質の構造情報には使っていない、つまりこの RNA は非翻訳 RNA なのです。機能についてはまだ明らかではありませんが、幹細胞の性質の調節や細胞増殖の調節などさまざまな機能への役割りが考えられ、具体的な研究が進んでいます。幹細胞や細胞増殖にかかわる遺伝子の発現を調節する因子（タンパク質）が、lincRNA の発現（合成）の調節にもかかわっているといわれます。

　また、通常の mRNA が合成されるとき、同じプロモーター領域を使って本来とは逆の鋳型 DNA を使って逆方向へ向かって合成される RNA があることがわかってきています。構造的にもサイズ的にも mRNA と似ていますが、タンパク質を作る情報として使われない ncRNA のようです。わかっている遺伝子の末端の側に逆向きのプロモーターがあって、本来の遺伝子のプロモーターのあたりまで逆に読み取って、非常に長いアンチセンス RNA が作られる場合があることもわかっています。こういうアンチセンス RNA が本来の遺伝子の発現抑制に働いてい

ることが、植物の開花にかかわる遺伝子の例で、Nature の 2009 年 12 月号に報告されています。

　個々の遺伝子の発現調節ではなく、特定の性質（塩基配列）をもった DNA を核内で集合させ局在化（コンパートメント化）させる働きをもつ大型 RNA も報告されています。こういうものが次々にみつかってきています。みつかってしまえば、どうして今までみつからなかったのだろうと不思議に思うほどですが、今後どんなもの、どんな働きがみつかるのか、予測がつかない状況にあります。

◆ 中型の非翻訳 RNA もある

　2010 年 5 月の Nature 誌の論文は、大脳皮質の神経細胞にある、神経刺激に応答する遺伝子のエンハンサー領域で、数百塩基くらいの非翻訳 RNA（enhancer RNA：**eRNA**）が両方向に転写されると報告しています。このようなエンハンサーは数千カ所もあり、H3K4me1（ヒストン H3 の 4 番目のリジンの 1 メチル化）が起きていて、ここに p300/CBP が結合して RNA 合成酵素を呼び込んで、eRNA を合成させるらしい。eRNA の合成量と、本来の遺伝子の発現量は相関しています。このように、小型 RNA だけでなく、大型や中型の ncRNA が続々と発見されており、新たな遺伝子発現調節のしくみがありそうだと推測できます。

## 今日のまとめ

　用意された遺伝子の数はそう多くなくても、その発現を調節し、組合わせて使うことで、複雑な動物の体を作り上げていく発生のしくみの一端を紹介しました。遺伝子の使い方の工夫です。それが進化とどうかかわるかも紹介しました。ここで強調したいことは、わかったことは生物のもつしくみのホンの一端に過ぎないことです。少し前まで、エピジェネティックな調節の存在は十分に知られていませんでした。miRNA などの RNA による遺伝子発現調節のしくみがあることは、最近まで全く知られていませんでした。埋もれているしくみの方が今でもずっと多いのかも知れません。それがわかれば、進化のしくみももっと納得できるものになるに違いないと思います。研究の現在の状況は、そういう大きな発展の途上にあるに違いありません。

## 今日の講義は...
# 13日目 多細胞真核生物の誕生

## 1. 多細胞化の時代

### 1 多細胞化は第3の画期的できごと

多細胞化という試みは、ヒトの誕生につながるプロセスのなかでは、原核細胞の誕生と真核細胞の誕生に次ぐ、3番目の大きなできごとだと私は思います。真核生物が誕生した後、多細胞生物が誕生するまでに必要だった遺伝子の準備について、今日までやや詳しく紹介してきました。では、そのような準備を経て、実際に多細胞生物が誕生した歴史はどの程度わかっているのでしょうか。

### 2 顕生代は多細胞生物の時代

地球の歴史のなかで、多細胞生物の化石がみつかる時代を顕生代といいます（図 13-1）。この図 13-1 の地質年代の区分と年代は、2008 年の国際委員会（国際地質科学連合）の提案にほぼ従った最新のものです。顕生代以前には生物化石がわずかしかなく、顕生代の最初であるカンブリア紀にはほとんどすべての多細胞動物門が出現するので、これをカンブリアの大爆発といいます。ただ、化石の発見がどんどん進んでいて、原生代の終わりからすでにエディアカラ動物群などの多細胞動物が出現していたことがわかってきています。

### 3 真核生物界の系統

真核生物は 21 億年前に単細胞の真核生物として誕生し、単細胞生物として多様な種類に展開するなかで、その一部が多細胞への道を辿ったものと考えられます。真核生物の誕生からヒトにいたる道について、概略的に示しておきます（図 13-2）。各できごとが起きた時代は、主として遺伝子解析からの推定ですが、化石からわかるものは化石のデータも示しています。遺伝子解析による時代の推定は、古い時代については非常に不正確であることは前に述べた通りです。また、遺伝子からみた分岐に比べて、化石から証明される時期は新しくなる傾向があることはやむを得ません。

真核生物界全体が 6 界に分類できることを図 6-1 に示しました。ユニコンタとバイコンタの分岐した時期についてはよくわかっていませんが、12 〜 15 億年くらい前であろうと推定されます（図 13-2）。この時期に、真核生物の爆発的な多様化が進行したのではないかと考えられています。6 界ができあがりつつある時代といえます。多細胞生物としての動物（後生動物）、植物（陸上植物）、菌類（カビ、キノコ）は、図 6-1 のなかでごく小さな枝として示されていますが、これらの誕生を含めて 6 界のグループ内でのさらなる分岐は後のことです。まずは単細胞真核生物としての多様化が起きたと考えられます。

シグナル伝達や細胞増殖調節にかかわる遺伝子の一部には植物と動物の両方にみられるものがあり、ユニコンタとバイコンタが分岐する以前にすでにもっていたものと考えられます。細胞内シグナル伝達系の 1 つの例として G タンパク質があります。非翻訳 RNA による調節は、遺伝子発現を調節する非常に大きなしくみとして総論的には動物にも植物にもみられる機構ですが、具体的な工夫はさまざまな生物グループの分岐とともに多様化と精密化が進行したものと考えられます。

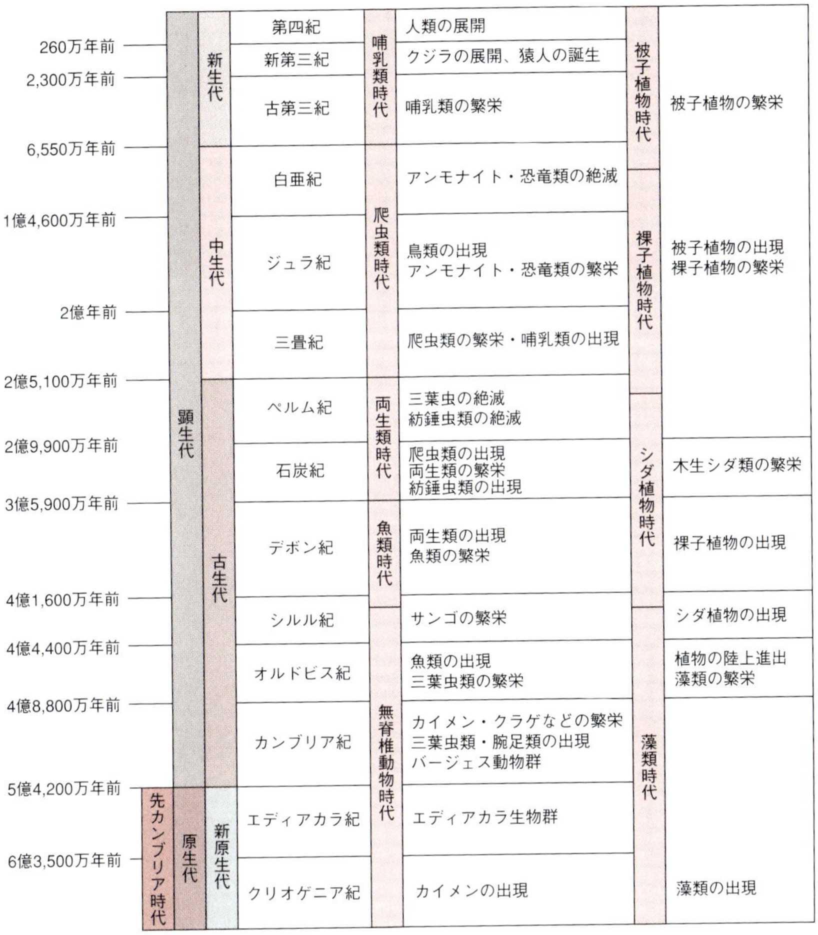

| | | | | | | |
|---|---|---|---|---|---|---|
| 260万年前 | 新生代 | 第四紀 | 哺乳類時代 | 人類の展開 | 被子植物時代 | 被子植物の繁栄 |
| 2,300万年前 | | 新第三紀 | | クジラの展開、猿人の誕生 | | |
| 6,550万年前 | | 古第三紀 | | 哺乳類の繁栄 | | |
| 1億4,600万年前 | 中生代 | 白亜紀 | 爬虫類時代 | アンモナイト・恐竜類の絶滅 | 裸子植物時代 | 被子植物の出現 裸子植物の繁栄 |
| 2億年前 | | ジュラ紀 | | 鳥類の出現 アンモナイト・恐竜類の繁栄 | | |
| 2億5,100万年前 | | 三畳紀 | | 爬虫類の繁栄・哺乳類の出現 | | |
| 2億9,900万年前 | 顕生代 古生代 | ペルム紀 | 両生類時代 | 三葉虫の絶滅 紡錘虫類の絶滅 | シダ植物時代 | 木生シダ類の繁栄 |
| 3億5,900万年前 | | 石炭紀 | | 爬虫類の出現 両生類の繁栄 紡錘虫類の出現 | | |
| 4億1,600万年前 | | デボン紀 | 魚類時代 | 両生類の出現 魚類の繁栄 | | 裸子植物の出現 |
| 4億4,400万年前 | | シルル紀 | | サンゴの繁栄 | | シダ植物の出現 |
| 4億8,800万年前 | | オルドビス紀 | | 魚類の出現 三葉虫類の繁栄 | | 植物の陸上進出 藻類の繁栄 |
| 5億4,200万年前 | | カンブリア紀 | 無脊椎動物時代 | カイメン・クラゲなどの繁栄 三葉虫類・腕足類の出現 バージェス動物群 | 藻類時代 | |
| 6億3,500万年前 | 先カンブリア時代 原生代 新原生代 | エディアカラ紀 | | エディアカラ生物群 | | |
| | | クリオゲニア紀 | | カイメンの出現 | | 藻類の出現 |

図 13-1　顕生代の歴史

## 4 動物はバクテリアに近い？

　ユニコンタとバイコンタのどちらが先祖である原核生物に近いのだろうか。ジヒドロ葉酸還元酵素（DHFR）とチミジル酸合成酵素（TS）という2つの異なる酵素タンパク質があります。それぞれ、DHFR遺伝子とTS遺伝子から作られます。実は、バクテリアでも、ヒトやマウスを含めた動物界でも同様なので、生物界全体でそれは当たり前のことと思われてきました。ところが、両酵素が1つの融合タンパク質として作られるグループがあることがわかってきました。両酵素の遺伝子が融合した1つの遺伝子になっていて、1つの融合タンパク質を作り、それが両方の酵素活性をもちます。これは、調べた限りですべてのバイコンタのスーパーグループに広くみられることがわかりました。非融合型は、バクテリア以外では、動物界とアメーバ類というユニコンタの真核生物にみられることが明らかになりました。バクテリア型の非融合型の遺伝子を受け継いだ先祖からユニコンタ型の真核生物が誕生し、その途中から融合型に変異した先祖が誕生し、そこからすべてのバイコンタが展開した、と考えるのが一番自然で単純な理解です。乱暴にいえば、真核生物のなかで、動物は植物よりバクテリア（先祖型）に近い。もちろん、遺伝子の水平移動その他の可能性を考えれば、これが唯一の結論でほかの可能性がないわけではありませんが、1つの証拠ではあります。さらに、EF-1α遺伝子への配列挿入を考慮すると、ユニコンタのなかでもアメーバ類が最も始原的と考えられるとのことです。

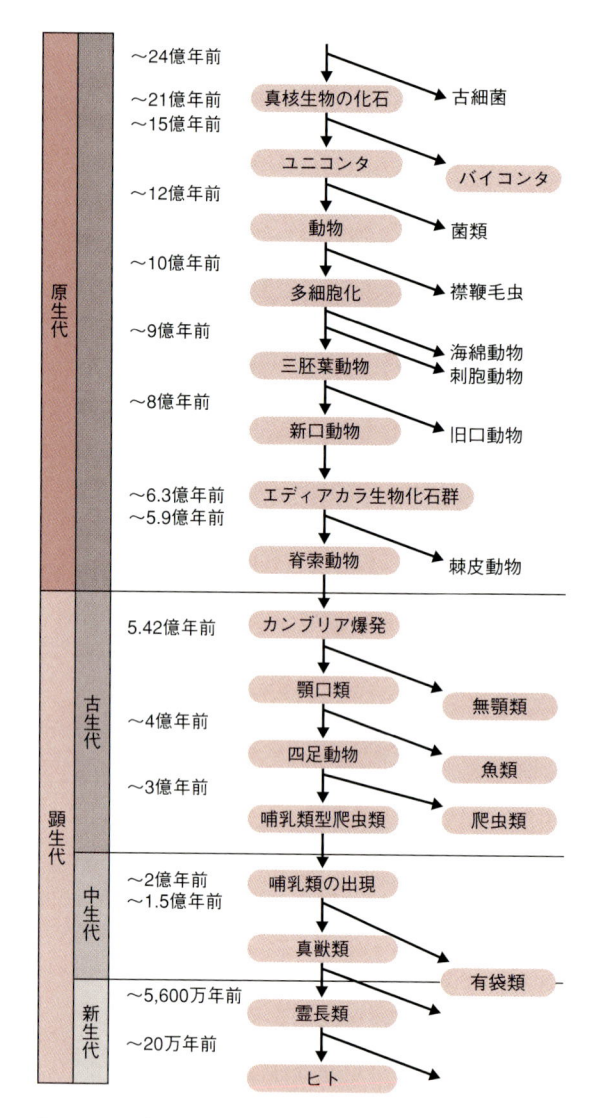

図 13-2　真核生物の誕生からヒトに至る道

## 5 遺伝子変化と多細胞化

　ユニコンタのなかでアメーボゾアとオピストコンタが分岐した時期はよくわかりませんが、オピストコンタのなかで、将来の動物になる枝が菌類などと分かれたのは 10 〜 12 億年前あたりと考えられます（図 13-2）。酵母とヒトやマウスの細胞との間で遺伝子の共通性が高いことは、研究者の間で知られていたことですが、この時点ですでに、シグナル伝達系だけでなく細胞増殖調節を含めてさまざまな遺伝子ファミリーを共通にもっていた、つまり、動物への枝と、菌類への枝が分かれる前にこれらの遺伝子

が用意されていたと思われます。ただ、全部がそうであるわけではなく、シグナル伝達系路のなかでもタンパク質チロシンキナーゼ（PTK）や、リン酸化チロシンを認識する SH2 ドメインは動物に特有の存在であることは第 12 日目でも紹介しました。

　原核細胞は、同じ細胞が集まって集団化することはあっても、形や機能の異なる多くの種類に分化した細胞からなる多細胞生物になることができませんでした。異なった細胞に分化するためには、たくさんのラクシャリー遺伝子とその発現調節機構をもつことが必要ですが、原核細胞はこの道を選択しませんでした。多細胞生物の歴史は藻類については化石の証拠からはおよそ 10 億年前です。動物でも多細胞への変化は、遺伝子からは 10 億年前あたりとされますが、化石の証拠からは、約 6 億年前のエディアカラ動物群に続いて、5 億 4,200 万年前からはじまるカンブリア紀の多細胞動物群の爆発的大展開へとつながっていきます。いずれもヒトの誕生をみすえて考えれば、実に重要なできごとばかりです。多細胞化というプロセスについて、少し総論的に考察しておきます。

## 6 多細胞遺伝子の準備とやりくりに 15 億年

　海が誕生した 40 億年前から無生物的に有機物が生じ、そこから細胞が誕生するまでにせいぜい 5 億年程度しかかからなかったのに比べて、原核細胞の誕生から、多細胞動物が展開するカンブリア紀の大爆発までに約 30 億年もかかっているのは、もたもたしすぎている、要領が悪すぎるのではないか、と前にいいました。改めてもう一度振り返ると、小型真核生物の誕生が 27 億年前の可能性があって、その後、酸素濃度がパスツール点を越えて効率的なエネルギー獲得方法である好気的酸化が誕生したのがおよそ 20 億年前あたりで、サイズの大きな好気的酸化能力をもった真核細胞ができたのがほぼ同時期といわれています。

　それから、真核生物としての遺伝子の準備とやりくりがはじまったと考えても、多細胞動物の化石がみつかるのが約 6 億年前とすれば、その間 15 億年近

くかかっている。遺伝子の工夫と準備に長い時間がかかったわけです。真核単細胞生物のなかで、ランダムな変異と、変異をもった生物の環境による選択、あるいは中立説によるランダムな選択という、能率の悪いプロセスを経ながらであったために、多細胞生物の爆発にいたる遺伝子の準備に時間がかかったのではないかと思います。

### 7 多細胞化が起きる前に多細胞の準備

ラクシャリー遺伝子は多細胞動物の非常に初期か、おそらく多細胞化が実際に起きるより前から、準備されていたと考えてよいと思います。Hox 遺伝子の分岐も6〜7億年前に遡るといわれます。もちろん、多彩な動物が作られる過程では、遺伝子の重複や、重複した遺伝子の変化によって新たなファミリーが作られ、機能するなどの微調整的な変化が積み重ねられたと考えられます。このような遺伝子群を使って、さまざまな形と機能をもつ細胞と、細胞集団としての組織や器官をもつ、複雑で大きな個体を作りあげているわけです。多細胞生物が誕生するときには、すでにラクシャリー遺伝子群を用意しはじめていたものがいて、それを上手く利用して工夫したもののなかから多細胞生物が誕生したわけです。

### 8 多細胞動物の先祖は襟鞭毛虫

前にも述べましたが、多細胞の動物は、さまざまな観点から一元的で、共通の単細胞の先祖がいたはずです。先祖の単細胞生物が現在まで全く変化しないで生き残っているわけではないけれども、多細胞動物との共通先祖の原生生物に一番近いのは、現在の襟鞭毛虫の仲間であると考えられています。一番原始的な多細胞動物と考えられている海綿には、襟鞭毛虫とそっくりの細胞が存在することが親類関係と考えるきっかけでしたが、現在では遺伝子レベルでの共通性をもっていることがわかってきたため、信じてよいと考えられるようになりました。

### 9 襟鞭毛虫は遺伝子的にはすでに多細胞動物的である

PTK という酵素タンパク質のファミリーは、多細胞動物に特徴的なものと考えられていましたが、襟鞭毛虫に発見されたことで、襟鞭毛虫が多細胞動物の先祖に最も近い単細胞生物であろう、と考えるきっかけになったことは紹介しました。その後の遺伝子解析から、細胞接着分子、細胞間コミュニケーションの分子、コラーゲンのような細胞間マトリックス分子、細胞内シグナル伝達系の分子など、多細胞動物のもつさまざまなラクシャリー遺伝子をもっていることがわかり、遺伝子的には単細胞的ではなく多細胞動物的であることがわかりました。

### 10 動物への枝

単細胞のままの襟鞭毛虫の枝と、将来の多細胞動物への枝が分かれるのは10億年くらい前と考えられます。動物への枝のなかから、海綿のような一番単純な二胚葉性の動物ができ、その後さらに、腔腸動物（クラゲやサンゴ）などが分岐したのが約9億年前と考えられます。やがて三胚葉性の動物が誕生します。これは左右相称動物の誕生でもあり、7〜8億年前とされています。すぐに新口動物と旧口動物の枝に分岐しました。その後、動物の各門への展開が起きて、豊富な化石がみつかる古生代（5億4,200万年前から）の初期には、ほとんどすべての門が確立しました。この多様な展開におよそ5億年の時間がかかり、ほとんどの門が5億年ちょっと前までにはそろったことになります。逆に、襟鞭毛虫がどうして単細胞のまま10億年経ってしまったのかについては、生きられる環境があったから、という以外の理由を思いつきません。

### 11 遺伝子多様化の波

ちょっと遡って、多細胞動物への分岐（10億年前）から新口動物と後口動物が分岐した約7〜8億年前までの間に、細胞外の信号（シグナル）を受容する受容体タンパク質遺伝子とGタンパク質以下のシグナル伝達系分子の重複を含めた多様化が急速に進行しました。その後の3億年では、Gタンパク質のサブファミリー内での多様化と、組織特異的な発現調節による新たな表現型の展開があり、特に脊椎動物にいたる系統では、組織特異的なシグナル伝達経路

の確立を含めて複雑化し、およそ4億年前の魚類と四肢動物の分岐の時期を迎えることになります。

## 12 多細胞化への準備と最後の一押し

多細胞化へのラクシャリー遺伝子の基本的な準備は、すでに単細胞の段階ではじめられていたとみえますが、この時点で存在していた遺伝子は、単細胞にとって必要な機能を果たしていたのであって、やがて多細胞動物になったときには、そこで役立つように使用上のやりくりが工夫されるとともに、重複や変異が加わって機能が変化したと考えられます。遺伝子レベルでの準備はできていても、多細胞化が実現するために6億年前あたりで最後の一押しがあったのだろうか。

多細胞化を阻んでいたのは酸素不足であったというのが有力な答えです。長い間徐々に上昇を続けてきた酸素濃度が、6億年前あたりで現在の酸素濃度の10％程度（大気中の2.1％）になったと考えられます。酸素濃度が現在の10％くらいにまで上昇したことで、多細胞化したときに細胞内の酸素濃度が不足しなくなり、生きのびることができるようになったのではないかという可能性です（図14-17）。酸素濃度の上昇によって多細胞の動物生存が可能になったことで、一気に実現したわけです。ラクシャリー遺伝子の準備はすでに進んでいたとしても、それを使って多細胞化が実現するのは6億年前程度まで待つ必要があったということでしょう。

## 13 その後ヒトにいたる変化

その後ヒトまでの道のりを簡単に辿っておきます（図13-2）。脊椎動物の誕生は遺伝子からみると7億年くらい前のこと考えられますが、化石からみる限りでは5億4,000万年前のカンブリア紀に最初の脊索動物が生まれ、4億5,000万年前には最初の脊椎動物である魚類が生まれています。その後の変化は速く、3億6,000万年前のデボン紀には最初の4つ足動物である両生類が誕生し、3億4,000万年前の石炭紀には爬虫類が誕生し、3億2,000万年前の石炭紀には哺乳類の先祖となる爬虫類と、後の爬虫類と鳥類を生み出す爬虫類とが分岐し、2億2,000万千万年くら

い前の三畳紀には爬虫類から哺乳類が生まれ、1億5,000万年くらい前のジュラ紀の終わりに胎盤をもつ真獣類が生まれ、白亜紀終末の7,000万年前あたりで霊長類が誕生し、第三紀の2,400万年くらい前に類人猿が生まれ、700万年前くらいにヒトの先祖である猿人があらわれ、20万年前あたりで現生人類のホモ・サピエンスが誕生しました。

## 14 カンブリア紀以降にも遺伝子変化は起きている

カンブリア紀以後5億4,000万年程度の短い間に、動物界全体は表現型としてみれば多彩な変化をしています。この間に、遺伝子レベルでもちろんそれなりの変化がありました。遺伝子の変化は徐々に一定の速度で起きるだけではなく、ある時期に急激な変化が起きる傾向があります。特に脊椎動物については、無顎類から有顎類が分岐するあたりで、遺伝子重複や染色体重複がかなり頻繁に起きました。シグナル伝達系の遺伝子ファミリーや、$Hox$遺伝子群について、この段階で一層の遺伝子多様化が起き、$Hox$遺伝子群が1セットから2セット、4セットと増え、PTKファミリーが一段と多様化した時代です。

哺乳類は、大繁栄した爬虫類のかげで夜行性動物として暮らすために嗅覚が発達し、匂いの受容体遺伝子に大規模な重複が起きて、およそ1,000種類にものぼる匂い受容体遺伝子をもつにいたりました。ヒトの場合、全遺伝子の約3％にも相当します。夜行性のネズミなどでは匂い受容体遺伝子がそのまま生きていますが、霊長類では新生代に入って昼間の森で暮らすようになって、視覚が急速に発達し、代わりに嗅覚遺伝子のうちの300あまりは変異して働きを失っています。遺伝子というものは状況によってかなり急速に変化することがわかります。

なお、白亜紀に哺乳類が急激な多様化をした背景には、トランスポゾンが急に活発化することによる繰り返し配列の急激な増加、それによる遺伝子増幅やエキソンシャフリング、その結果としての遺伝子構造の急激な変化が起きたと考えられています。ただ、遺伝子多様化は白亜紀に起きはじめていても、実際に多様な哺乳類としてあらわれるのは、爬虫類

がいなくなって、のびのびと展開できるようになった新生代に入ってからのことです。

## 15 遺伝子の使い方の大変化

もう1つの大きな変化は、用意された遺伝子の使い方の工夫です。遺伝子発現調節機構として、12日目でエピジェネティクスによるものと、miRNAによるものについて紹介しました。多細胞生物の個体は、同じ遺伝子セットをもつにもかかわらず、構造も機能も異なるさまざまな種類の細胞からなりますが、これを実現するのはまさに遺伝子発現調節の結果です。12日目の最後に1つの例として、カンブリア紀の初期あたりで、miRNAのシステムの膨大な増加が急激に起きたこと、それが、脊索動物から脊椎動物への急激で大きな展開をもたらした原因である可能性について述べました。

2010年4月のScience誌には、両生類ではじめてのゲノム解析がネッタイツメガエルで報告され、遺伝子の数や種類については、脊椎動物全体の間で大きく違わないことが改めてわかりました。ただ、遺伝子発現の調節にかかわる領域の塩基配列は、カエルからヒトまで3万カ所にわたって共通性の高いものでしたが、魚類では約半数が異なる配列でした。魚類から四足動物への展開には、発現調節に変化が起きることで形態や機能の大きな変化が生じた可能性が伺えます。

このように、多様な遺伝子を構築して用意することとともに、用意された遺伝子の使い方（発現調節）を工夫することによって、多細胞化のさらに先に動物の多様な展開が可能になったのだと思います。この研究分野は現在急速に進歩している最中で、エピジェネティクスについてもmiRNAのシステムについても、進化のプロセスにおける具体的な役割りについては、今後の研究の展開によって解明される部分が大きいはずです。

## 16 陸上植物の起源は緑藻類

陸上植物につながる緑藻類という門が成立したのは7億年くらい前といわれており、はじめは単細胞だったと考えられますが、6億年くらい前には多細胞の緑藻が海中で繁茂していました。陸上植物に一番近い藻類は車軸藻類で、4億5,000万年くらい前には多細胞の緑色植物が地上に進出し、コケ類、シダ類、裸子植物、被子植物が次々に誕生していきました。緑藻のまま水中に残った仲間と、陸上へ進出した仲間で、どこが違うのか、何が両者を分けたかはわかっていませんが、狭義の植物（陸上植物）の起源は一元的であると、一応考えられています。

## 17 広義の植物の多細胞化はちょっと複雑かも

光合成するという意味で広義の植物といえるたくさんの種類の藻類がありますが、褐藻類のコンブの仲間など、なかには10mにも20mにもなる大木のようなものもあります。このほか、紅藻類などを含めて多細胞からなる藻類はいろいろあります。ただ、マーグリスの5界分類でこれらを単細胞の原生生物のグループに属させているのは、細胞の分化の程度が低いとか、陸上植物のような明確な発生過程に乏しいとか、体の一部分からでも個体が再生できるとか、多細胞からなる個体というより、分化程度の低い細胞の集合体に過ぎないという見解に基づくものです。しかし、根や茎のようにみえる構造があり、それなりの細胞分化もみられるので、この主張は私には納得しがたいところです。素直に多細胞の植物であると考えれば、広い藻類の仲間のなかのあちこちに多細胞化したものがみられ、動物と違って一元的ではありません（図 6-1）。

クラミドモナスという、鞭毛をもった単細胞の緑藻があります。クラミドモナスのような細胞が集まった、パンドリナとかユードリナなどの集合体があります（図 3-33）。数千個の細胞が中空の球殻状に集まった、ボルボックス（オオヒゲマワリ）もあります。ボルボックスでは、精子と卵子を作る生殖器が分化しています。中空の球殻内には、発生中の子供ボルボックスを抱えている。ボルボックスは統制の取れた運動をし、細胞間の連絡や協調性、信号伝達があるなど、多細胞の植物といって構わないと、私には思えます。では、クラミドモナスとボルボックスがいつ頃分かれたかを遺伝子で調べると、わず

か5,000万年前のことに過ぎないとわかりました。恐竜が滅びた後の、新生代に入ってからのことです。5,000万年前に単細胞から分かれて、新たに誕生した多細胞植物もある、ということになります。10億年や5億年に比べれば、ずいぶん新しいものです。Science誌2010年7月号によれば、クラミドモナスの遺伝子数は14,516個、ボルボックスは14,520個で、たった4個の違いです。

### 18 植物化も植物の多細胞化も一度だけではない

植物化という意味は、動物的であった細胞に光合成する細胞が共生して、やがて共生体が葉緑体になる過程です。植物化は一元的ではなく、さまざまな動物的細胞に起きたことであり、時代的にも古いものから現在進行中のものまで、実に多元的であるということを6日目で詳しく紹介しました。

植物（光合成する生物）の多細胞化も、ある時期に一度だけ起きたことではなく、バイコンタのスーパーグループ内のあちこちにみられることであり、それぞれ独自に試みをしているようにみえます。わざわざこんなことをいうのは、植物と違って、多細胞動物の起源は一元的である、つまり、一度だけ起きた多細胞化によって生まれた先祖からすべての多細胞動物が誕生したと考えられるからです。もうちょっと正確にいえば、動物の多細胞化が何度も起きたとしても、現在残っている動物の先祖はそのなかの1つだけであり、他の試みをしたものは現在まで生き残れなかったのかも知れません。それに比べると、多細胞植物はずっと多元的で、それぞれが現在まで生き残っているわけです。もちろん、途中で滅びたものもたくさんあるはずですが。

### 19 多細胞化は圧倒的な多様化をもたらした

単細胞生物もそれなりにさまざまな多様化の工夫をして、多様な生物群として大きく展開している成功者であることは、真核生物の6界分類の大部分を単細胞生物が占めていることからも明らかです。しかし単細胞では複雑な体制作りには限度があること

は明らかです。真核生物の多細胞化は、生物の歴史上第3回目の画期的な展開で、単細胞ではいくら工夫しても不可能な限度を超えて、生物の画期的な多様化を展開しました。真核生物の多細胞化がもたらした画期的な変化は、圧倒的な多様化の実現である、と私は思います。ヒトの誕生もその延長線上にあります。もう一言をあえていえば、ヒトにおける脳の発達とそれによる文化・文明の展開は、生命史上の第4の大転換点である可能性がります。

## II. 原生代…多細胞生物の夜明け

### 1 真核多細胞生物かもしれない原生代の化石

少し前まで、多細胞生物の誕生は顕生代からと考えられていましたが、現在では原生代に遡ることがわかっています。原生代は図13-3のように区分されます。真核単細胞生物の誕生が21億年前（27億年あるいはそれより前とする考えもあるが）とすれば、そのすぐ後の20億年少し前くらいから、多細胞の藻類かもしれないとみられる**グリパニア**がみつかっています（図13-3）。多細胞生物の可能性としては現状で一番古いものです。**アクリターク**という微化石も、中原生代の地層から非常にたくさんみつかっています。アクリタークは、いろいろな形や種類を含む微化石の総称で、単細胞のものも多細胞のものも含まれるようです。中原生代の後期にはクアリアのほか、蠕虫様のものなどさまざまな化石がみつかっていますが、確実に動物化石であるといえるかどうかには問題があるようです。新原生代に入る10億年くらい前から、藻類と思われる多細胞真核生物の化石が、断片的にではありますがたくさんみつかっています。8億年前くらいの多細胞動物らしい化石もみつかっていますが、動物かどうか確定的ではないらしい。Nature誌2010年7月号の論文は、アフリカのガボンで21億年前の頁岩から数cmサイズの平たい多細胞生物の化石を多数発見したと報じています。炭素と硫黄の同位体解析から生物起源と結

2回あったと考えられています。7億〜7億6,000万年前にかけてスターチアン氷河期と、6億3,000万年前あたりのマリノアン氷河期です（図13-4）。地表は急速に冷えて平均−40℃くらいにまで低下し、地球全体が1,000mを超える厚い氷で覆われます。スノーボールの解消は、大きな地殻変動によって大規模な火山噴火などが続いて、炭酸ガス濃度が急速に増大するなどの環境変化によるもの考えられています。この時期の終わりには、火山から噴出した炭酸ガスの空気中濃度は現在の400倍にも達し、温室効果のために大気は−40℃から一時的には＋60℃にも上昇して氷が溶け、海水面は上昇しました。この過程では凍っていたメタンハイドレートの気化による、急速で劇的な温暖化効果も寄与したと考えられます。やがて炭酸ガスは大量の海水に吸収されてカルシウム塩として沈殿し、気温は元に戻っていったと考えられています。

　スノーボールの最中でも、海水が全部凍ったわけではなく、氷の下には溶けた水があり、局所的にみれば、火山活動の付近では氷が溶けていた可能性もあります。この時代には、せっかく誕生していた多細胞生物への試みの多くが、絶滅の危機に瀕したものと考えられます。この環境を細々とでも生きのびた生物群が、次の温暖な気候の到来と共に大きく展開したのでしょう。

## 3 クリオゲニア紀の化石

　カナダ北西部のマリノアン氷河期の堆積物の下層（6億3,000万年前より古い）から、小さなカップ状の多細胞生物の化石がみつかっています。2009年2月のNature誌は、中東のオマーンで、**海綿の骨片に由来すると考えられる特徴的なステロール系**の化学化石が、6億3,500万年前の地層から大量にみつかったと報じています。この時代の浅い海に、多細胞動物である海綿が大繁殖していたものと思われます。このあたりの時期には、生き物が這った痕跡もあちこちでみつかっており、動く生き物としての多細胞動物が原生代末期から出現していた証拠と思われます。

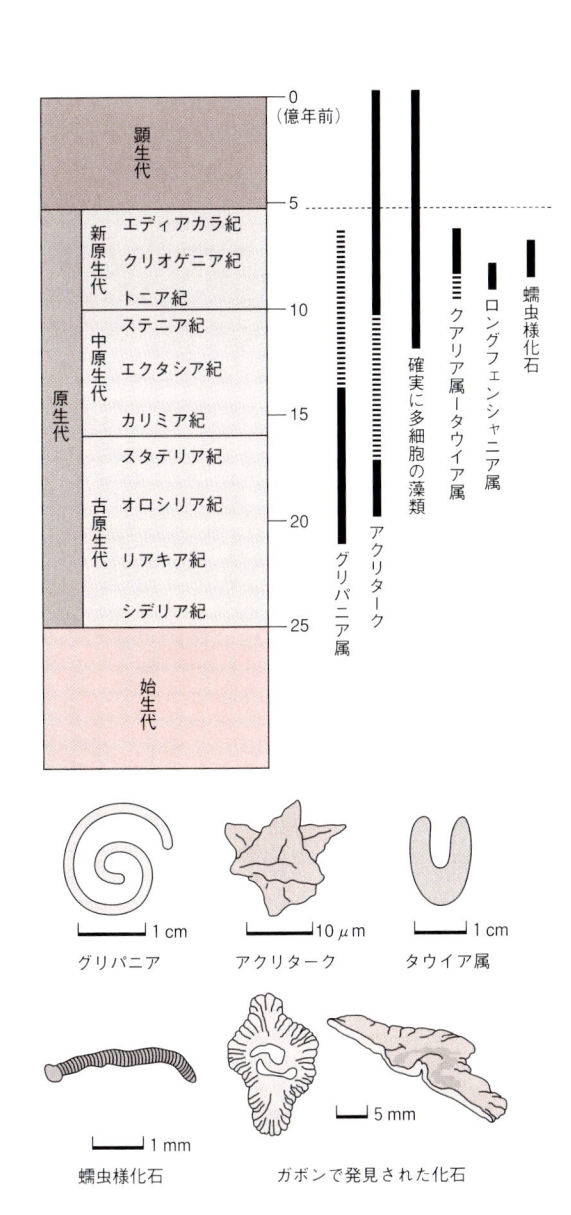

図 13-3　原生代の化石（図の一部を参考文献17を元に作成）

論じ、CT（断層撮影）で内部構造等も調べて、このような多細胞生物の形態形成には、細胞間シグナル伝達系や協調機能の存在が示唆されると報告しています。最古の多細胞生物である可能性があります。

## 2 スノーボールの時代

　新原生代の6億2,000万年前から8億5,000万年前までのクリオゲニア紀には、極地方から、赤道付近まで厚い氷に被われたスノーボールアースの時代が

13日目　多細胞真核生物の誕生　259

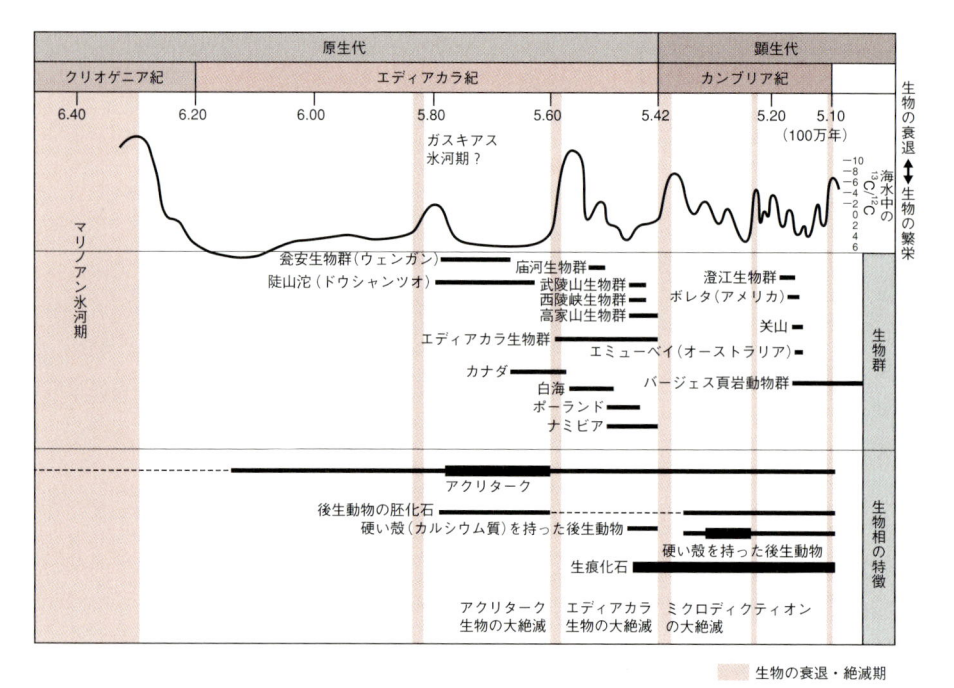

図 13-4　エディアカラ紀周辺の時代区分と生物の関係（参考文献 18 を元に作成）

## 4　エディアカラ紀

　原生代最後の 5 億 4,200 万〜6 億 2,000 万年前からまでの時代をエディアカラ紀と呼ぶことが、2004 年の国際地質科学連合で決まりました。図 13-4 にはこのあたりの時代区分を示します。スノーボールを形成したマリノアン氷河期が 6 億 3,000 万年前に終わり、やや小さなガスキアス氷河期が 5 億 8,000 万年前くらいに終わります。マリノアン氷河期の終了からガスキアス氷河までのおよそ 5,000 万年の温暖な期間には、炭素同位体の変化からみると生物の繁栄があったものと推測されますが、現状では化石の発見が乏しく、どのような生物であったか確認されていません。スノーボールアースの後は海水面の急速な上昇があり、陸地周辺で浅い海が非常に多くなることで、海棲の生き物が急速に展開することが期待され、生物による代謝の大きさを示す $^{13}C/^{12}C$ の比率がプラスを示していることがわかります。ここに示す海水中の $^{13}C$ の存在比は、プラスは生物が繁栄して活発に活動であったとき、マイナスは生物が衰えた（絶滅した）ときを示します。生物が活発に炭酸ガスを有機物に変換するとき、軽い $^{12}C$ を生物体に取り込むので、海水中の $^{13}C$ は相対的に増加するからです。生物化石中に存在する炭素について調べれば、逆に、マイナスのときに生物が繁栄していたことを示します（7 日目）。

### ◆ドウシャンツォ動物群

　中国南部三峡地区のドウシャンツォ層から、5 億 8,000 万年前のたくさんの化石がみつかりました。ガスキアス氷河期終了直後のことです。大きさは 0.1 〜 1 mm 程度の小さなものですが、顕微鏡で観察すると、現在の**海綿とそっくりの構造のもの**、**刺胞動物のサンゴと似た構造のもの**など、さまざまな多細胞動物がみられます。なかでも注目されるのは、5 億 7,000 万年くらい前の、多細胞動物の**発生初期の卵割中のもの**ではないかといわれる化石です（図 13-5）。1998 年に発見され、新聞でも大きく取り上げられました。これが本当に卵割であるなら、形からみて左右相称動物のものと考えられます。海綿動物や刺胞動物のような二胚葉性の、多細胞動物グループの初期に誕生したと考えられるグループを除くと、動物らしい動物のほとんどは、三胚葉性で左右相称動物です。1 つ 2 つではなく、こういう化石がたくさんみつかっています。さらに、異論はあるようですが、**三胚葉動物の初期胚**と思われるものもみつかっています。現在では中国各地のほか、アフリカなど世界各地の同時代の地層から、動

図 13-5　卵割中の化石（ドウシャンツオ生物群）（参考文献 8 を元に作成）

物の胚に相当する化石を含めて、似た化石が発見されつつあります。この時代には、小さいとはいえ、初期の多細胞動物が世界中の浅い海にあらわれていたことは明らかです。この時代の地層の発掘と解析はまだはじまったばかりで、今後の大きな展開が期待されます。

◆ エディアカラ動物群

5 億 6,000 万年前くらいの地層から、大きな多細胞生物がたくさん発見され、大いに脚光を浴びました。発見されたオーストラリアの地名から、エディアカラ動物群と呼ばれます。最初の大型多細胞動物の大展開です（図 13-6）。最初の発見は 1946 年と古いものですが、その後、5 億 4,200 万〜 5 億 7,000 万年前にかけて、似たような化石が中国やアフリカやカナダなど世界中の同時代の地層からみつかっていて、世界規模で繁栄していたことがわかります。数 cm 程度の小さなものから、大きなものでは 1 〜 2 m に達するものもありますが、ほとんどすべて極めて扁平なものです。立体的なものありますが、扁平な体が立体的に構築されています。厚みのある体を作るには、この時代の酸素濃度がまだ不足だったためかも知れません。細かくみると相称系がかなり特殊で、左右相称のようにみえても相称ではない（左右がずれている）など、**現在の動物にはみられない形のものもあり、多細胞動物の体制作りにおける試行錯誤の跡**ではないかと考えられています。現在の動物との系統関係はわかっていません。チャルニオディスクスのように、海底に根を下ろしたサンゴのように浮遊物を食べていた可能性のあるものや、ディキンソニアやキンベレラのように、海底を這い回ってバクテリアの死骸などを食べていた可能性の

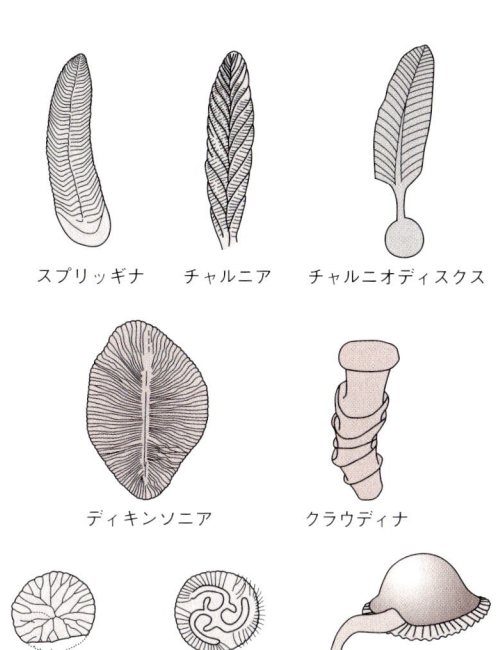

図 13-6　エディアカラ生物群

あるものなど、さまざまな生態が推測できます。柔らかい体のものが大部分ですが、数 mm 程度の大きさで、炭酸カルシウムの硬い殻をもったチューブ状あるいはコーン状のクラウディナという生物もみつかっています。これらの動物の多くは、系統的に前にも後にもたどることができない独特のものですが、パーバンコリナという、古生代に入って大いに展開する三葉虫の先祖ではないかと想定されているものもあります。

## 5　原生代の終わり

原生代は化石の発見が乏しく、生物の歴史を探ることは極めて困難でしたが、最近になって、**原生代の終わりの時期のたくさんの化石が世界の各地で発掘される**ようになり、多彩な動物群として展開したことがわかってきました。この時代が、多細胞の動物や植物が誕生する準備期として、さまざまな工夫を試みた大変に重要な時期であったことは間違いなく、もっと多くの化石資料の発掘・解析に加えて遺伝子解析からの情報を合わせて、今後の大いなる発展を期待したいところです。原生代の終わりにはこれらの生物の大部分が絶滅しました。古生代のはじまりと共に新しい生物群が登場します。

# III. 古生代という夜明け

## 1 カンブリア紀の大爆発

5億4,200万年前にカンブリア紀（図13-1）がはじまったとたんに、動物界のすべての門がそろって出現するので、カンブリア紀の大爆発といいます。カンブリア紀以前の多細胞動物は100種程度のものですが、カンブリア紀は1万種を超えます。ただ、植物の方はちょっと別で、カンブリア紀には、コケ植物、シダ植物、種子植物いずれの門も誕生していません。これら陸上植物の出現はオルドビス紀以降です。だからカンブリア紀は、ちゃんといえば、動物の多様性の大爆発です。逆にいうと、動物の新しい門は、それ以後現れていないことを意味します。カンブリア紀に生き物の多様性について大きな境目があるようにみえるわけです。

## 2 カンブリア紀の動物門

カンブリア紀にはすべての動物の門が誕生し、古生代を通じて動物が大繁栄しました。世界中で、カンブリア紀の初期の5億3,000万年頃の硬い殻をもった動物化石がみつかっています。三葉虫（図13-7）や腕足貝は大変有名ですが、海綿動物や刺胞動物の仲間をはじめ、軟体動物や節足動物、棘皮動物など、3日目で紹介した多くの動物門が含まれていると考えられます。腕足動物、箒虫動物、鰓曳動物、毛顎動物、有爪動物など、現在では小さな門でしかありませんが、この時代には大いに栄えたものも多いのです。現在生きている動物の門に関係づけられるもの以外に、どこの門に属させてよいかわからない、新たな門を立てるべきかもしれないものがたくさんみつかっています。

### ◆ バージェス動物群

5億500万～5億1,500万年くらい前（カンブリア紀の後半）の非常に保存のよい化石が、カナダのバージェスで頁岩の中から大量にみつかりました。最初の発見はチャールズ・ウォルコットによる1909年という古いもので、その後非常にたくさんの素晴

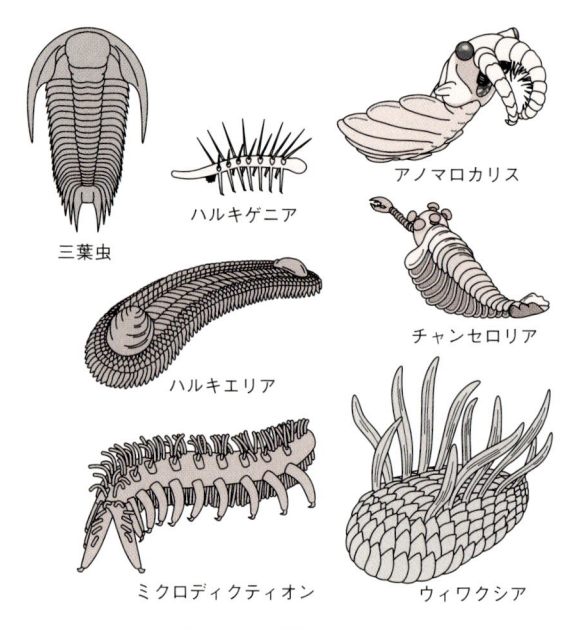

図13-7　カンブリア紀の動物

らしい化石が発見されましたが、ウォルコットの死後、研究は途絶えました。発掘と解析が再開するのは1960年代以降のことで、現在も続いています。2009年は、バージェスで化石発見から100年の記念すべき年でした。これらの化石群は**バージェス頁岩動物群**として大変に有名なもので、スティーブン・ジェイ・グールドの『ワンダフル・ライフ』（早川書房）という本で一般にも有名になりました。その後、世界中で同時代の化石がみつかっています。変わった生物がたくさんみつかっており（図13-7）、**アノマロカリス**は最大2mにもなる大型の節足動物で、海底や海中の獲物を捕食していたと考えられます。ハルキエリアとウィワクシアは、リン酸カルシウムでできた鱗のような殻を被っています。いずれも複雑な構造をもった動物で、餌を眼で探しながら運動し、捕まえて食べるという、動物としての顕著な特徴を備えていると考えられます。

### ◆ チェンジャン動物群

1984年以降、中国雲南省の澄江（チェンジャン）から、バージェスよりやや古いカンブリア紀初期5億2,000万年くらい前（図13-4）の、非常に保存のよいたくさんの化石がみつかりました。まだまだ発掘中ですが、素晴らしい発見が相次いでいます。特

に、軟体部まできれいに残っているものがたくさんあります。ミクロディクティオンはチェンジャンから発見されたものですが、背中の棘の付け根にリン酸カルシウムの骨格があり、従来カンブリア紀の地層からたくさんみつかっていたSSF（Small Shelly Fossil）という微細化石はこれに由来することがわかりました。これらを含めて、カンブリア紀の動物群には、現在みられない新しい門がたくさんあったとされましたが、現在は再整理が進んでいます。

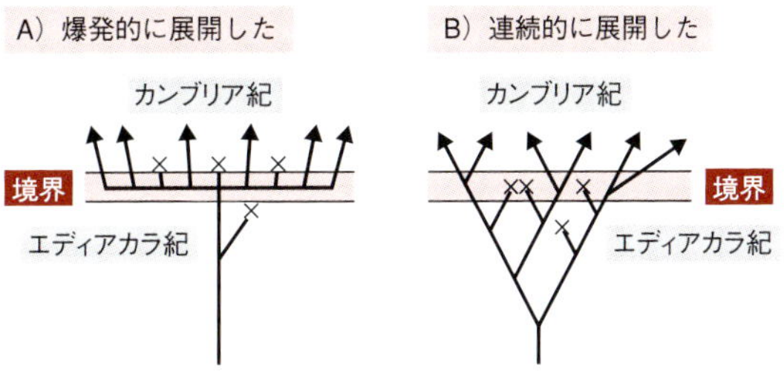

図13-8 カンブリア紀の生物爆発の概念

## 3 カンブリア紀は生物の爆発であったのか

化石からみると、カンブリア紀は確かにほとんどの動物門が短い期間内に爆発的に出現したようにみえます。カンブリア紀は、大陸移動の影響で浅い海がたくさんできて生物の展開に有利な環境が増えたこと、酸素濃度が現在と同様の20％程度に増加したこと、大寒冷期の後の温暖期であったことなど、生物が爆発的に増加し展開する環境的背景もありました。

ただ、エディアカラ動物群やドウシャンツォ動物群をはじめとして、カンブリア紀以前の化石が相次いで発見され、爆発という表現は内容的に再考を要すると考えられるようになりました。すなわち、カンブリア紀に爆発的な生物の出現があったようにみえるけれども、それ以前の時代にも動物の種類と数の連続的な増加があったのではないかと考えられるようになりました。図13-8Aのような爆発的展開ではなく、むしろ図13-8Bに近い連続的な過程であったのではないかと現在では考えられています。エディアカラ紀からカンブリア紀との間に絶滅の時期があり、絶滅期を生き残った生物群から、多様な生物への大展開があったのがカンブリア爆発というわけです。

爆発のようにみえるもう1つの理由は、カンブリア紀以前の生物は小さくて体が柔らかいものが多く、壊れやすいために化石として残りにくく発見されにくいけれども、カンブリア紀になって大型化した上に石灰質の堅い鱗や殻をもったものが出現したために、急に生物が増えたようにみえるのではないかと考えられます。

## 4 カンブリア紀における脊椎動物の先祖の系統

ヒトの属する脊椎動物の先祖の系統について触れておきましょう。多細胞動物の系統は、二胚葉性の海綿動物（カイメンの仲間）や刺胞動物（クラゲやサンゴの仲間）から、三胚葉性で左右相称の形をもった動物群が誕生し、これが大きく旧口動物と新口動物の2系統に分岐します（図13-9A）。およそ7〜8億年前のことと推定されています。遺伝子解析からはこのころに分かれたと推測しても、この時代に実際に多細胞動物がいたかどうかは、よくわかりません。で、遺伝子解析の結果によれば、新口動物の枝から珍渦虫門や半索動物門、棘皮動物門（ウニ、ヒトデ、ナマコの仲間）が分かれました。いずれにしても、ここまではカンブリア紀以前のできごとです。

## 5 棘皮動物と原索動物の共通先祖

棘皮動物と原索動物というのは、どうみても系統的な関係がみられそうもない生物同士でしょう。しかし、雲南省のチェンジャンから、棘皮動物と原索動物の共通の先祖と思われるヴェッツリコーラ（図13-10A）とかシダズーンのような化石がみつかってきました。これらの動物化石について、ヴェッツリコリア門という新しい門を作ろうと提案されています（図13-9B）。図をみるだけでは、どうしてこれが棘皮動物と原索動物の共通の先祖に位置づけられるのか、正直言って私にはよくわかりませんが、専門的な解析からそう結論づけられるのだそうです。これに属する化石が続々と発見されています。

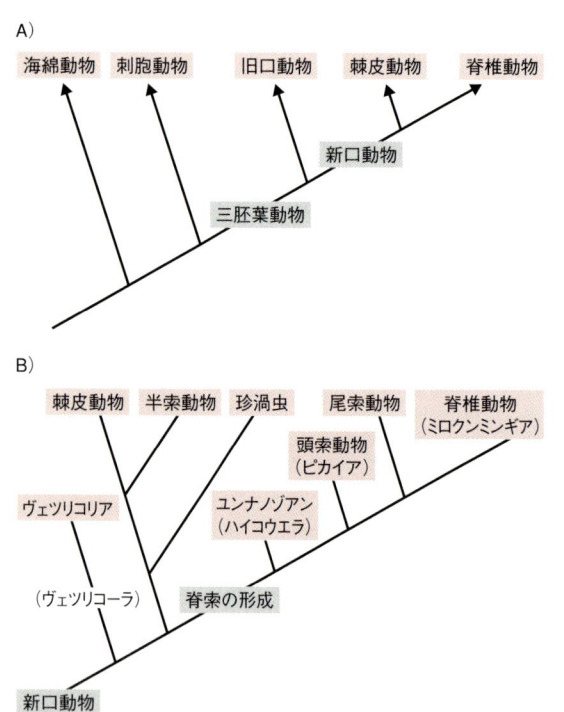

図 13-9 多細胞動物から脊椎動物への系譜

図 13-10 脊椎動物の先祖

## 6 脊索動物の分岐

この枝の先で、脊索動物門の大先祖となる動物が分岐しました（図 13-9B）。**頭索類**のナメクジウオの先祖と考えられる**ピカイア**がカンブリア紀からみつかります（図 13-10B）。この時代には、ホヤらしき化石もみつかっています。ハイコウエラ（図 13-10C）は、脊索動物の最も古い共通先祖と考えられますが、位置づけについては別見解もあります。これらの化石の特徴と位置づけについて、私には根拠がよくわかりませんが、専門家がたくさんの例と背景情報を駆使して判断しているものです。

脊索動物のなかでも脊椎動物は、オルドビス期になってはじめて誕生すると考えられてきましたが、雲南省のチェンジャンから、1999年以降、脊椎動物としての特徴をもった無顎類（円口類）の化石がいろいろと発見されています。ミロクンミンギアはチェンジャンから発掘された無顎類の先祖の1つです（図 13-10D）。

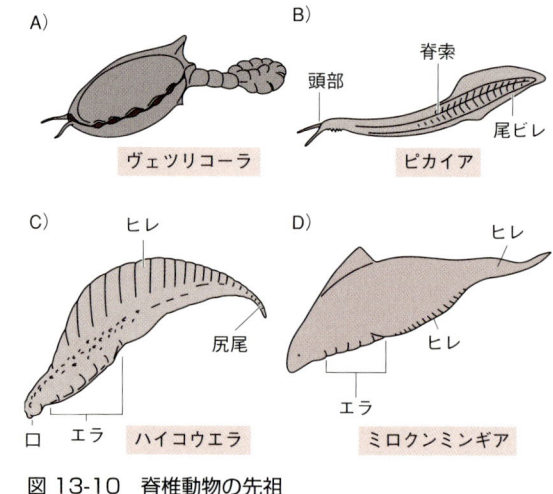

## 7 オルドビス紀・シルル紀の他の生物群

カンブリア紀の後、生物相は大きく変わりました。軟体動物では**頭足類**（殻をもったイカ、タコの仲間）が出現し、肉食動物として繁栄しました。オルドビス紀からシルル紀には、クモやトンボ、ゴキブリなどの昆虫や、ムカデやヤスデのような**節足動物が陸上への進出**をはじめました。オルドビス紀にはコケのような**植物が上陸を開始**し、シルル紀には維管束をもって地上に高く伸びる植物らしい植物として、**シダ植物**が誕生しました。

## 8 無顎類の繁栄

カンブリア紀の終わりころに出現した最初の脊椎動物である無顎類（円口類）が、オルドビス紀には繁栄をはじめました（図 13-11）。現在ではヤツメウナギやヌタウナギなど、下等でマイナーな生き物という印象でわずかの種類しかいませんが、オルドビス紀からシルル紀には多様化が進んで多くの種類が誕生し、デボン紀まで大繁栄しました。たくさんの化石がみつかっていますが、現在の無顎類や顎口類につながる祖先がどれなのか、よくわかっていません。歯だけがみつかっていて、何の化石であるか長い間わからなかったコノドントという化石がありますが、これはウナギのような姿をした無顎類の歯であることがわかりました。立派な歯をもっています。

デボン紀には、翼甲類や頭甲類など多くのグループからなる、堅い甲羅をかぶった甲冑魚（甲皮類）が栄えました（図 13-12）。甲冑というのは鎧（よろい）兜（かぶと）のことです。顎はないが硬い甲冑を備えている。この甲冑は皮膚にできた骨あるいは歯というべき構造と成分からできていました。脊椎動物進化の最も初期から、歯や骨は皮膚のすぐ下に作られ、やがて口の中の歯も出現しました。皮膚（真皮）にできる骨は膜骨といって薄いもので、無顎類からヒトまで頭蓋骨は膜骨でできています。

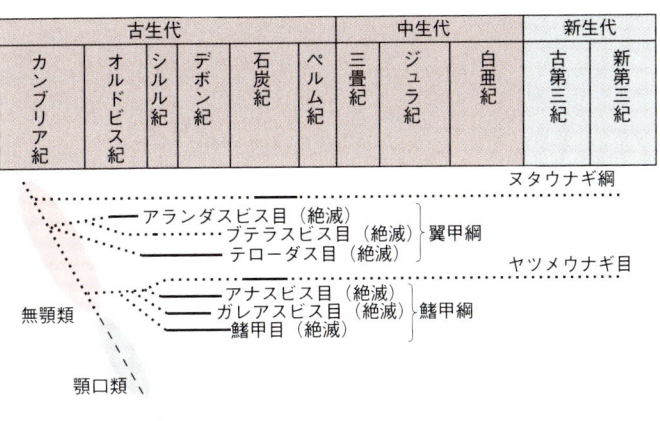

図 13-11　無顎類の展開

## 9 顎をもった最初の脊椎動物の誕生と繁栄

　顎をもった最初の脊椎動物は、板皮類の仲間と考えられています（図 13-13）。無顎類から生まれたのでしょうが、化石の証拠からは経過がよくわかりません。鰓の部分にある鰓弓というちいさな骨が顎を作りました（図 13-14）。ちなみに、四足動物の中耳にある耳小骨（鼓膜の裏側で音を伝える骨）も鰓弓の骨に由来します。耳小骨は空気中の音を聴き取るのに必要なものです。板皮類は古生代のオルドビス紀には誕生し、シルル紀に繁栄しました（図 13-13）。節頸類という大きなグループと胴甲類という小さなグループに大別されます。最近、顎のある軟骨魚類の仲間の化石が、雲南省チェンジャンのカンブリア紀後期の地層から発見され、古い時代に誕生していたことがわかってきました。頭部が堅い甲羅のような骨で覆われていましたが、体内には硬い骨をもたない軟骨魚類です。かつては無顎類の甲冑魚とひとまとめにされていました。

　板皮類はデボン紀にはさらに種類も豊富になり、形も大きくなり、1つのグループにまとめられないほどに大繁栄しました。**デボン紀は魚類時代とも呼ばれます**。ダンクルオステウス（ディニクチス）などという、5〜10mもある恐ろしい板皮類の肉食魚もいました（図 13-15A）。大きくて丈夫な歯をも

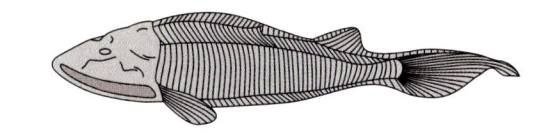

図 13-12　ヘミキクラスピス（甲皮類の一種）

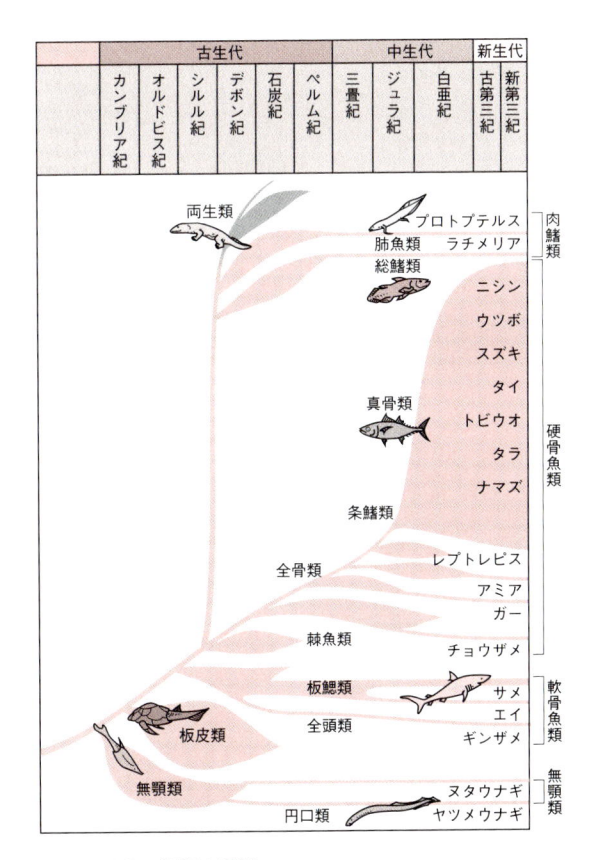

図 13-13　魚類の展開

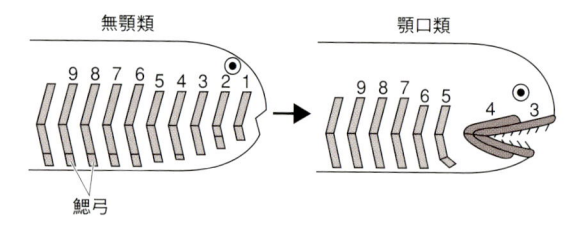

図 13-14　顎の誕生

っていて、顎の噛む力（顎の筋肉）はティラノサウルスより強かったと推定されています。今のサメよりずっと恐ろしい、海の恐竜という感じがします。この仲間には淡水領域に進出したものもあるらしく、デボン紀後期には肺を工夫したものがあり、浅い淡水で肺呼吸していた可能性があるといわれます。これらはいずれも、デボン紀の末からペルム紀終わりまでに絶滅しました。

## 10 現在の軟骨魚類

広義の軟骨魚類は、異なる系統の多くの仲間を含んでいますが、板皮類はすべて絶滅し、現在まで生き残っている仲間としては、石炭紀にいた全頭類の子孫であるギンザメと、板鰓類として知られるサメ、エイの仲間がよく知られたものです（図 13-13）。現在のサメとよく似た化石がみつかっています（図 13-15B）。

## 11 硬骨魚類の誕生

硬骨魚類は軟骨魚類の仲間から生まれて淡水域で展開しました。はじめに出現したのは棘魚綱といわれ、現在の軟骨魚類（サメ、エイ）と共通の先祖から誕生したと考えられます（図 13-13）。棘魚類はシルル紀に誕生して、デボン紀には淡水の種が大いに繁栄しました。すでに現在の魚と似た形をもっています（図 13-15C）。軟骨魚類を含めてほとんどすべての生物は海で誕生しましたが、**棘魚類をはじめ硬骨魚類は、淡水環境で誕生・進化したと考えられています**。これが大きな特徴です

次に出現した硬骨魚類（硬骨魚綱）の仲間は肉鰭類で、骨と筋肉をもつ鰭があります（図 13-15C）。四肢動物の先祖として、手足や指の骨の原型がすでに存在しています。現在生きているものは、生きて

A) ディニクチス（板皮類）

B) クラドセラケ（軟骨魚類）

C) エウタカントス（棘魚類）

D) オステオレピス（肉鰭類）

図 13-15　各魚類の代表例

いる化石としてあまりにも有名な**ハイギョ（肺魚亜綱）とシーラカンス（総鰭亜綱）**で、これらはデボン紀には出現していて、石炭紀、ペルム紀に大きく繁栄しました（図 13-13）。化石的証拠からみても、かなり早い時期に海水から淡水へ進出したと考えられます。肺魚類は現在でも淡水に生息していて肺呼吸もでき、乾期には地中で繭のようなものの中に入って雨期までじっと耐えるものがいます。シーラカンスはアフリカ東部とインドネシアの深度200m以上の海中に棲息しますが、いずれも淡水が湧き出す場所におり、完全に海棲になっていないと考えられます。

## 12 脊椎動物は淡水で生まれたのか

硬骨魚類の展開が淡水域であったことは確実です

が、淡水域への進出の歴史は硬骨魚類が最初ではないとも考えられています。実際、板皮類の仲間にも淡水へ移行したものがいたらしい。脊椎動物の腎臓が、大量の水を排出する共通の機能をもっていることをはじめとしてさまざまな間接証拠から、脊椎動物の最初である無顎類から淡水で誕生した、あるいは海で生まれた無顎類が早期に淡水域へ移行した可能性もあります。ではありますが、ここでは棘魚類から淡水を目指したとして話を進めます。

## 13 なぜ淡水を目指したか

さて、棘魚類は『なぜ』『どのように』淡水へ入っていったのだろう。淡水へ入っていった棘魚類から、後の両生類、爬虫類、鳥類、哺乳類が誕生したと考えられ、我々人類の直接の祖先ともいえるもので、その挙動には重大な関心があります。生きられる可能性があれば、どこへでも進出していくというのが、いつでも生物がやることです。擬人化してもよければ、好奇心といえるかも知れませんが、単なる好奇心以上の理由もありました。当時の海には、巨大な肉食の頭足類やウミサソリといった捕食者にあふれていたのに比べると、川や湖といった淡水には大きな捕食者が少なく、藻類や小動物などの餌もあり、**住むことさえできれば天国**といえる領域だったはずです。このあたりが『なぜ』への答えでしょう。途中経過では、汽水（河口など海水と淡水の混ざる水）で暮らす、淡水と海水を行き来するなどの工夫があったと思われますが、徐々に淡水域に進出していった。ただ、違いの大きい環境で生きるためには、『どのように』環境に適応するかが問題です。

## 14 浸透圧の調節

淡水は体液に比べて低浸透圧なので、それに耐える工夫が必要です。海で生活する生物の体液は、海水に近い浸透圧をもっていますが、淡水の浸透圧はずっと低い（図 13-16）。水は浸透圧の低い方から高い方へ移動するので、海水にいた生物を淡水に移すと、放っておけばどんどん水ぶくれになります。現在の淡水魚は、ほとんど水を飲まず、鰓で塩分を吸収し、それでも体内に侵入する水分を、腎臓から大量の尿として排泄します（図 13-17A）。淡水に住む単細胞生物であるゾウリムシは、収縮胞という

---

### コラム 海産の硬骨魚の繁栄はずっと新しい

硬骨魚類のなかでは一番新しく誕生した条鰭類（条鰭亜綱）は、現在では硬骨魚類のほとんどすべてを占める大グループです。条のある鰭をもち、鰭のなかには骨も筋肉もありません。現在生きている条鰭類のなかでは最も原始的といわれる腕鰭類（腕鰭下綱）としては、デボン紀から棲息していたポリプテルス類が知られていますが、進化系統はよくわかっていません。これは肺をもっています。次に原始的なものは軟質類（軟質下綱）で、デボン紀に出現して以降、2億年も繁栄していましたが、現在では少数の種類のチョウザメ目が淡水に棲んでいます。キャビアの親です。これはサメの仲間ではありません。次に新鰭類（新鰭下綱）があらわれ、1億3,000万年前くらいまで栄えましたが、新鰭類の古い仲間である全骨類は、ガー（ガー目）とアミア（アミア目）の類が細々と生き残っています。これらも肺をもっています。

普通に我々が目にするサカナは、硬骨魚類綱のなかの条鰭亜綱、条鰭亜綱の中の新鰭下綱、新鰭下綱のなかでも真骨類のグループで、このグループは1億3,000万年前から展開をはじめましたが、5,000万年くらい前に爆発的に展開して、たくさんの目を含む現在の魚類が出現しました。現在、サカナといえば真骨類のことですが、川や湖に比べて海にいるものの方が種類も数も圧倒的に多いことはよくご存知でしょう。サンマもマグロもイワシもタイも、サカナといえば海産魚類を指すといってもよいくらいポピュラーなものですが、海産の真骨類の出現と繁栄は、古生代よりはるかに遅れて、中生代後期の白亜紀以降、特に新生代に入ってから爆発的に繁栄しました。硬骨魚類はほとんどが海産であるという我々の常識は、意外なことにごく最近の出来事なのです。大展開できたのは、魚竜のような大型の捕食者が白亜紀末に絶滅して海からいなくなるまで待たなければならなかったためと思われます。それ以後、大繁栄を誇っているわけです。ドジョウやコイなど現在の淡水魚は、海で誕生した条鰭類がもう一度淡水に戻ってきたと考えられています。アユやマスなど、海水と淡水を行き来するものも少なくありません。

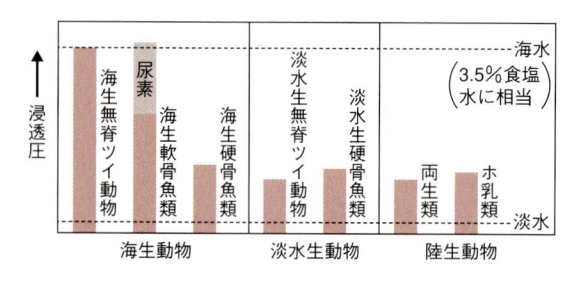

図 13-16　動物の体液の浸透圧

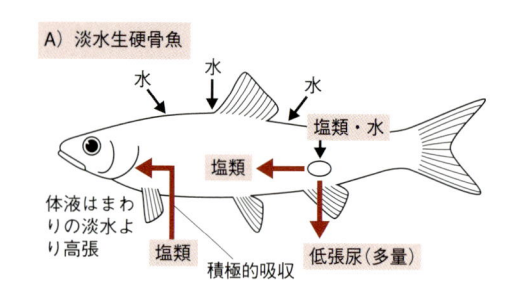

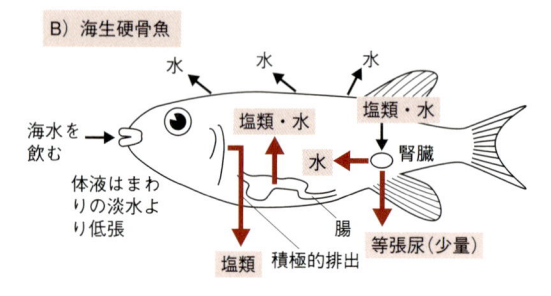

図 13-17　魚類の浸透圧調節機構

細胞内器官（オルガネラ）をもっていて、しみ込んでくる水を排泄します。淡水産の無脊椎動物も、それぞれ工夫が必要なわけです。

なお、後に海へ戻った魚類や爬虫類では、海水を飲んでそこから水だけを吸収しようとし、それでも入ってくる塩類を積極的に排出する器官を、魚では鰓に、爬虫類では眼窩・鼻腔・口腔に備えています（図 13-17B）。ウミガメが産卵するときに非常に濃い涙を流すようにみえるのは、海中なら流れ去る塩類が陸上では流れないので、眼からヒモのようにぶら下がるのだそうです。海鳥も海水を飲みますが、同様に塩類を排出する機構を備えています。

## 15　硬骨化の必要性

海水に比べてカルシウムの少ない淡水の中では、体内にカルシウムを沈着する工夫が必要です。カルシウムは、神経の伝達、筋肉の収縮、細胞内シグナル伝達系、さまざまな酵素の活性、その他、体内の実に多彩な機能にとって必須の物質です。硬骨魚類から哺乳類まで、現在でも血中カルシウム量を一定に保つためにホルモンが働き、血中カルシウムが減ると骨を溶かして血液に供給します。カルシウムはそれほど重要なものであり、海水というカルシウム豊富な環境から離れた時点から、**淡水魚類もその末裔である陸上脊椎動物も、カルシウムの体内貯蔵が必要**でした。硬骨化は、淡水で代謝を維持するために必要なカルシウムの貯蔵庫として必要であった、と考えられます。貯蔵庫であれば全部の骨が硬骨化する必要はなく、現在でも原始的な硬骨魚類では、骨格全体のホンの一部が硬骨化しているに過ぎません。後にそれを手がかりに主要な骨を硬骨化し、体を支えて地上へ進出できるまでに工夫するものが現れたわけです。無顎類や板皮類が膜骨をもっていたことは、無顎類の時代からすでに淡水に棲みはじめた証拠とみることもできます。膜骨は、カルシウム保持のためにも、オオサソリのような大型肉食動物から身を守る甲冑としても応用できました。

## 16　肺の工夫

もう1つ、淡水で進化する過程で、淡水環境は海という巨大な水環境に比べて環境変化が大きく、低酸素状態や乾燥によって干上がるなどの危機に遭遇しがちです。そのため、消化管の一部に工夫をこらして空気呼吸が可能になったものは、生存に有利になったと考えられます。これがやがて肺になります。現在の肉鰭類の肺魚は淡水性で肺をもっていますし、乾期には半年ほども地中で休眠したりします。

もちろん、肺が「必要だからできた」のではなく、「ランダムな変異・工夫の中から、環境に適合した工夫をもったものが生き残った」と考えざるを得ないと思いますが、「ランダムな工夫程度で肺ができるか」という疑問はあって当然とは思います。それには、有り合わせの遺伝子をちょっと変えたり、組合わせ

て使うことでそれが可能になった、というプロセスがあるのだと思います。基本的には魚類は鰓で呼吸していたわけですが、時々干潟などに出てくるムツゴロウなどの現生の魚類のなかには皮膚呼吸の役割りが大きいものがありますし、環境の変化に対して、消化管の一部にたくさんの毛細血管が分布してガス交換し、やがて原始的であっても肺を工夫したものの方が生き残りに有利であった、と考えることは妥当と思います。肉鰭類の一部はやがて陸に進出して両生類へと進化しました。**肺という新しい呼吸器官に関しては、両生類が誕生する際にはじめて工夫したのではなく、最初に工夫したのは硬骨魚類であった**、というのが現在の理解です。

## 17 肺から鰾（浮き袋）ができた

硬骨魚類は複数のグループに分けられますが、現在のほとんどの魚は条鰭類に属すものです。大型の捕食者がいなくなった後で海に戻った条鰭類は、大洋という環境が比較的安定していて、低酸素や乾燥状態に遭遇することは稀です。多くの海棲条鰭類では肺は空気呼吸のためではなく、鰾（浮き袋）として浮力調節機能のために用いられるようになりました（図 13-18）。**鰾から肺が生まれたのではなく、肺から鰾が誕生した**、というのが現在の理解です。有管で空気を出し入れして空気量を調節するものと、管のつながりがなくなって鰾周囲の血管からのガス交換で空気量を調節するものとがあります。いずれにせよ、鰾の存在によって、泳ぎ続けなくても希望の深さに静止できるようになったことは大きな進歩です。

条鰭類のなかでも原始的なグループに属するポリプテルス（腕鰭類）やチョウザメ（軟質類）、新鰭類のなかで最も原始的なアミアといった仲間は、現在でも鰾が肺の役割りを残していて、空気呼吸する能力をもっているといわれます。金魚が水面でパクパクやるように口から空気を取り込んだり、ドジョウのように口から吸った空気を肛門から出して腸呼吸するのも、空気呼吸の工夫の名残なのかも知れません。

## 18 デボン紀という時代

デボン紀には酸素濃度が高くなっており、この影響で、シルル紀からデボン紀には 3 〜 5 m もあるような非常に大型の**ウミサソリ**（節足動物）とか**直角貝**（軟体動物）が生まれました。陸上では**シダ植物**が大きくなり、**昆虫**などの節足動物も繁栄していました。**魚類が大繁栄した時代**で、デボン紀は魚類時代とも呼ばれます。板皮類はデボン紀には種類も豊富になり、形も大きくなり大繁栄しました。デボン紀に大繁栄した無顎類も顎のある軟骨魚類も硬骨魚類も、**デボン紀の終わりにはその多くが絶滅**しました。

## 19 両生類の誕生

遺伝子レベルでは、魚類と四足動物の分岐は 4 億 5,000 万年前に遡りますが、実際に両生類が誕生するのはデボン紀のことでした。デボン紀には度々乾期が訪れたので、陸の淡水が干上がることがしばしば起き、生き延びるために水場を探し求めるには、肺と四肢をもって陸地を歩き回れるもの（両生類）が有利だった可能性が大です。こうして生き残れたものは、陸上には敵となる大きな動物もおらず昆虫のような餌も豊富で、やがて繁栄していったと考えられます。

肉鰭類は現在の肺魚やシーラカンスの仲間で、骨と筋肉からなる鰭（ひれ）をもっています。四肢のもとになる特徴的な鰭をもったユーステノプテロンのような肉鰭類から、アカントステガやイクチオス

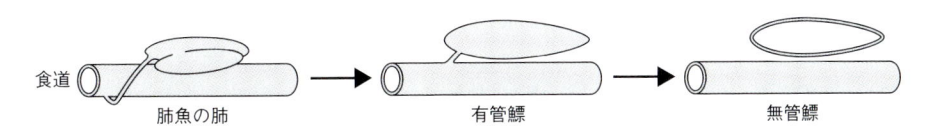

図 13-18　鰾（浮き袋）は肺からできた

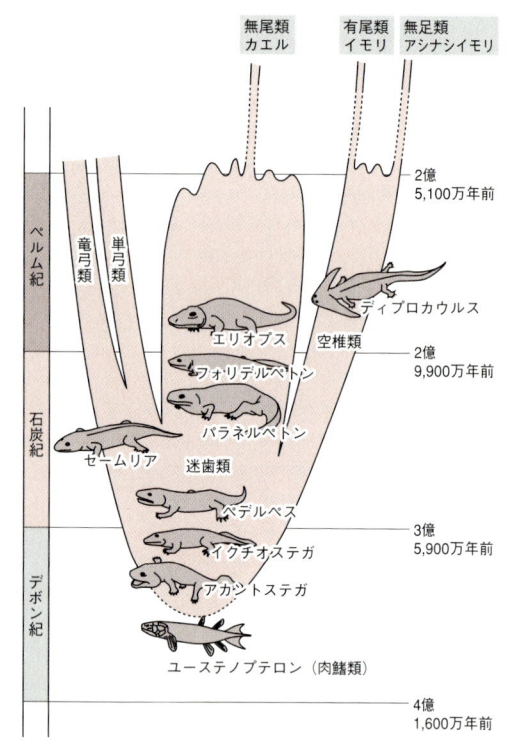

図 13-19　両生類の展開

テガのような両生類が誕生し、上陸をはじめました（図 13-19）。デボン紀にはたくさんの化石がみつかっていますが、誕生はシルル紀まで遡る可能性があります。2010 年 1 月号の Nature 誌には、3 億 9,500 万年前の四肢動物の最古の足跡がみつかったとの報告があります。両生類への初期プロセスを示す化石の発見が相次いでいます。上腕骨・下腕骨（尺骨と撓骨）の先に放射状に指のような骨がついた 3 億 8,500 万年前のパデリクティスは、カエルのような扁平な頭蓋骨とちゃんとした肺をもち、肩・肘・手首のような骨のある鰭をもち、腕立て伏せのできるサカナ、頸のある最初のサカナと騒がれました。その他、3 億 7,500 万年前のティクターリクの発見や、ティクターリクより両生類に近い頭蓋骨や胴をもつ 3 億 6,500 万年前のヴェンタステガなど、最近の発見は枚挙にいとまがありません。

## 20 四肢動物の先祖はシーラカンスより肺魚

かつては、シーラカンスの仲間（総鰭類）が両生類の先祖に近いと考えられていましたが、遺伝子の解析からは肺魚類のほうが両生類に近いようです。現在の肺魚類やポリプテルス類の幼魚が外鰓をもち、両生類の幼生に似ているところも、両者の関係を物語ります。オタマジャクシからカエルへの変態は、進化の過程をもう一度辿っているようにもみえます。淡水の肉鰭類から生まれた両生類は塩分に対する耐性が低く、現在でも海産の種がいません。

　両生類は**最初に四肢をもった動物**ではありますが、この時点ではじめて四肢を作る遺伝子ができたわけではありません。似た話しがしばしば出てきたことから想像がつくように、実際に四肢を作る働きを発揮したのはこの時点ですが、相同遺伝子は魚類にもあって鰭を作るのに働いていたわけですし、もっと以前の原索動物にも相同遺伝子はあります。元々あった遺伝子が転用されて、この時点で四肢を作るようになった、ということです。

## 21 両生類の大繁栄と絶滅

　両生類は、脊椎動物のなかの最初の四肢で歩き陸上でも生きられる動物です。幼生は鰓で呼吸しますが、**大人になると肺で呼吸し陸上生活します**。まだ**完全な陸棲にはなっておらず、皮膚は乾燥に耐えられず、卵は水中に生みます**。石炭紀やペルム紀には大いに繁栄しました。主には迷歯類というグループで、たくさんの種類に分かれて 2 m とか 3 m もあるような大型の両生類も誕生しました。水から完全に離れることはできませんでしたが、この時代には彼らの生存を脅かす他の生物は陸上に存在せず、たくさんの種類に展開しただけでなく、陸上で最大の動物として君臨していました。これらは**ペルム紀終わりの大絶滅で多くが絶滅し、中生代の三畳紀に入ってやや復活しましたが、結局、三畳紀終わりにほとんどすべて絶滅しました**。現在生き残っているカエルやイモリなどの両生類はわずかなものに過ぎませんが、どのような祖先から分岐したのか実はよくわかっていません。

## 22 石炭紀・ペルム紀他の生物

　石炭紀は高温多湿の時代で、ロボクやフウインボ

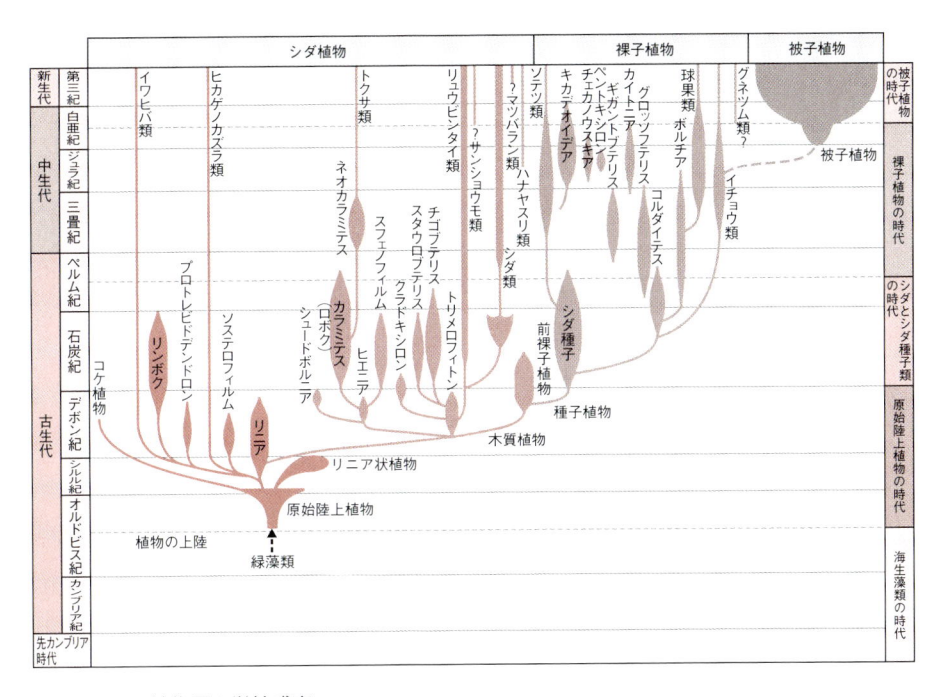

図 13-20　植物界の栄枯盛衰

クといったシダの大木による大森林がありました。それが埋もれて、世界中の良質な石炭になっています。植物界の栄枯盛衰について詳しくは説明しませんが、図で一覧しておきます（図 13-20）。当時の森林の中では、30 cm を越えるような大きな昆虫が飛んでいたといわれます。古生代は酸素濃度がどんどん上昇する時代でしたが、デボン紀の終わりには一時的に下がって絶滅の原因になり、その後、石炭紀を通じて酸素濃度は再び上昇して、ペルム紀の中頃には 35％ という史上最高の濃度にまで達しました。海中でも陸上でも大型の生物が棲息していました。大型の両生類が誕生し繁栄したのも、高濃度の酸素のためと考えられます。ただ、ペルム紀の終わりには、海中でも陸上でも生物の 95％ が死滅するという、史上最悪の大絶滅を迎えることになりました。

## 23 爬虫類の誕生

石炭紀はじめの 3 億 4,000 万年前頃には、陸上生活に適応した最初の脊椎動物として、爬虫類の先祖が誕生しました。両生類の誕生から比較的短期間で爬虫類が誕生したことがわかります。遺伝子レベルで両生類から爬虫類が分岐したのは 3 億 6,000 万年く

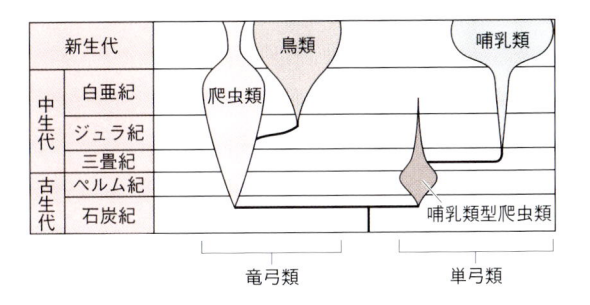

図 13-21　竜弓類と単弓類の分岐

らい前のことで、遺伝子での分岐から比較的短時間で化石でも分岐がみられるわけです。セームリアは爬虫類に最も近づいている両生類の化石と考えられます（図 13-19）。**爬虫類と、そこから誕生する鳥類も哺乳類も肺で呼吸し、乾燥に耐える皮膚をもち、卵も陸上に生みます。卵は殻で被われ、卵の中は羊膜に包まれていますので、あわせて有羊膜類とまとめます。爬虫類の誕生は、最初の有羊膜類の誕生です。**

## 24 爬虫類は哺乳類と鳥類の先祖

石炭紀後期の 3 億 2,000 万年前頃には、爬虫類として将来大きく展開する竜弓類の枝と、将来の哺乳類を生む単弓類の枝とが分岐しました（図 13-21）。

遺伝子レベルでも、爬虫類と哺乳類の分岐時点はこの時点に遡ります。爬虫類を生み出す竜弓類の大枝からはジュラ紀に鳥類が誕生しますし、単弓類からは三畳紀に哺乳類が誕生します。竜弓類は大部分の爬虫類と全部の鳥類を含み、単弓類は一部の爬虫類と全部の哺乳類を含むことになります。

### 25 哺乳類の遠い先祖の誕生と繁栄

単弓類はその後、ペルム紀、三畳紀を通じて、盤竜類、獣弓類、獣歯類、キノドン類、哺乳形類などのさまざまな仲間を生み出します（図13-22）。これらはいずれも爬虫類としての性質が強く、獣型（哺乳類型）爬虫類といわれます。哺乳類にだんだん近づくけれどもまだ哺乳類ではなく、爬虫類の仲間なのです。なお、この図に示す遠い親戚である真盤竜類の仲間には、3.5mもあるエダホサウルスやジメトロドンなどがあり、特徴的な背中の帆を図鑑や博物館でみたこともあるでしょう。恐竜の仲間と思っていたかも知れませんが、恐竜ではありません。**ペルム紀の後期には、獣弓類が体毛や恒温性を獲得したと考えられます。**こういう仲間が哺乳類の遠い親類です。まだ哺乳類ではないとはいえ、将来の哺乳類としての性質をもちはじめたわけです。

これらの仲間は、ペルム紀の陸上動物として最も繁栄していたものです。多くの種類に分岐し、大型のものも誕生し、世界中に展開しました。獣弓類のジョンケリアは4mくらいあった。ただ、古生代最後のペルム紀大絶滅で、大繁栄していた仲間の大部分が消滅しました。真正獣歯類で生き残ったものからキノドン類が生まれ、さらに三畳紀の終わりにいたって、その一部から哺乳類の共通の先祖が誕生しましたが、それは後の話です。

### 26 遺伝子解析による分岐と実際の 枝分かれした時点

図13-21で注意しておきたいことがあります。将来の鳥類を生み出す大枝（竜弓類）と、将来の哺乳類を生み出す大枝（単弓類）とが分かれたのは、化石の証拠でも遺伝子レベルの解析でも、石炭紀の3億2,000万年前に遡ります。ただ、ここで得られた分岐点というのは、そこまで遡ると共通の先祖に行き着くということであって、その時点で鳥類と哺乳類が誕生したわけではありません。単弓類から実際に哺乳類が生み出されるのは中生代の三畳紀に入ってからですし、竜弓類から鳥類が生まれるのはジュラ紀です。分岐時点に関する答えには、このずれに注意する必要があります。

遺伝子の解析だけでは、石炭紀に哺乳類も鳥類もおらず、それぞれの先祖の爬虫類がいただけである

---

**コラム　卵が先か親が先か**

有羊膜類の誕生というのは、有羊膜卵の誕生のことであって、陸上で生活できる親としての体の成立ではありません。では、陸上で孵化できる有羊膜卵の誕生が先だったのか、親として陸上で生活できる体の成立が先だったのか。デボン紀から石炭紀のはじめにかけて、度々乾期が訪れる気候の中で、陸上の淡水がしばしば干上がりました。両生類の親は陸地を歩いて残った水場を探すことができたとしても、水中に生み落とされた卵が発生しオタマジャクシになるまでに干上がることは絶望的でした。卵が、わずかといえども乾燥に絶えられる方向へ変化することは、種としての生存を高める可能性があります。現在の両生類のなかにも、卵に羊膜のような膜をもったり、卵が空気呼吸できる方向に変化したり、オタマジャクシではなく親の姿で生まれるなど、乾燥や水不足に対応した工夫をしたものがみられます。このようなちょっとした試みが無数にあり、当時の環境下で生存に有利なものが生き残って、やがて陸棲化した卵が誕生した可能性があります。初期の爬虫類の多くは水に棲んでいた（親は両生類的生活だった？！）ともいわれ、陸棲化は卵が先で、親が後を追ったのかも知れません。やがて親の方も陸棲化することで広大な陸地が生息域になり、広く展開するようになった。乾期という過酷な環境が、ランダムに起きる変異のなかから環境に適したものを選択した結果、一部の生物に陸棲への進化を押し進める結果になったわけです。

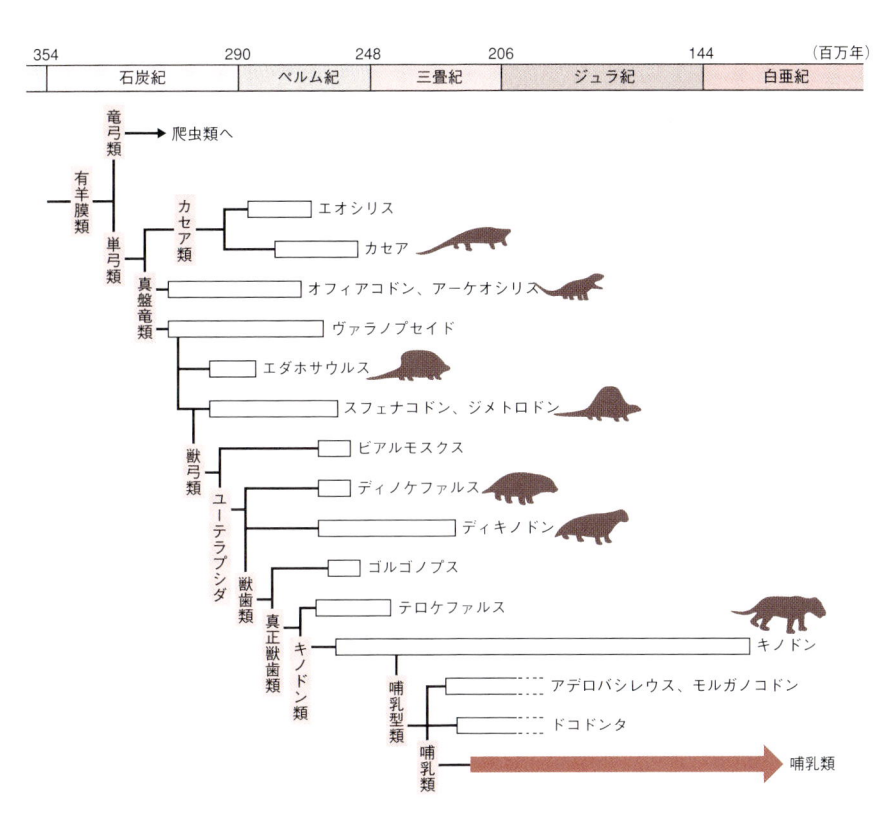

図 13-22　哺乳類の先祖

と推定することは不可能で、化石の情報から知るほかはありません。それぞれの枝から哺乳類や鳥類を生み出す間の過程で、たくさんの爬虫類の仲間を誕生させていたことも、現在生きている生物の遺伝子を解析することでは全くわからないことです。

## 27 古生代の終わり

こうしてみると古生代は、生物にとって実に多彩で実り豊かな時代だったことがわかります。脊索動物以外の生物の展開についてはほとんど無視してしまいましたが、多細胞生物が爆発的に誕生して多様化し、大展開して大繁栄した時代でした。実り豊かな古生代は、途中で生物の絶滅期を何度か経験しましたが、**ペルム紀の大絶滅**という**生物史上最大の絶滅期**を迎えて終了します。陸上と海中と合わせて、種レベルでは 95 ％以上が、属レベルでも 90 ％以上が、科レベルでも 70 ％以上が絶滅したといわれます。絶滅については 14 日目でまとめて話します。

# IV. 中生代という時代

## 1 中生代の概略

古生代ペルム紀最後の、史上最大の生物大絶滅という大惨事を経て、中生代は 2 億 4,800 万年前からはじまりました（図 13-1）。中生代は古い方から、三畳紀、ジュラ紀、白亜紀の 3 つに分けられます。最初の三畳紀は酸素濃度がさらに低下し続けており、気温も低く、多くの生物が滅び、一部が辛うじて生きのびる、という時代でした。三畳紀の終わりにも大きな絶滅期がありました。ジュラ紀・白亜紀にかけて次第に酸素濃度が上昇し、気温も上昇して高温多湿になり、生物が繁栄する時代を迎えました。

**三畳紀には最初の哺乳類が誕生し**、初期の恐竜と生存を争った可能性があります。やがて恐竜が次第に優位になり、次の**ジュラ紀・白亜紀には恐竜が圧倒的な繁栄**を誇るなかで、夜行性で小型の哺乳類は

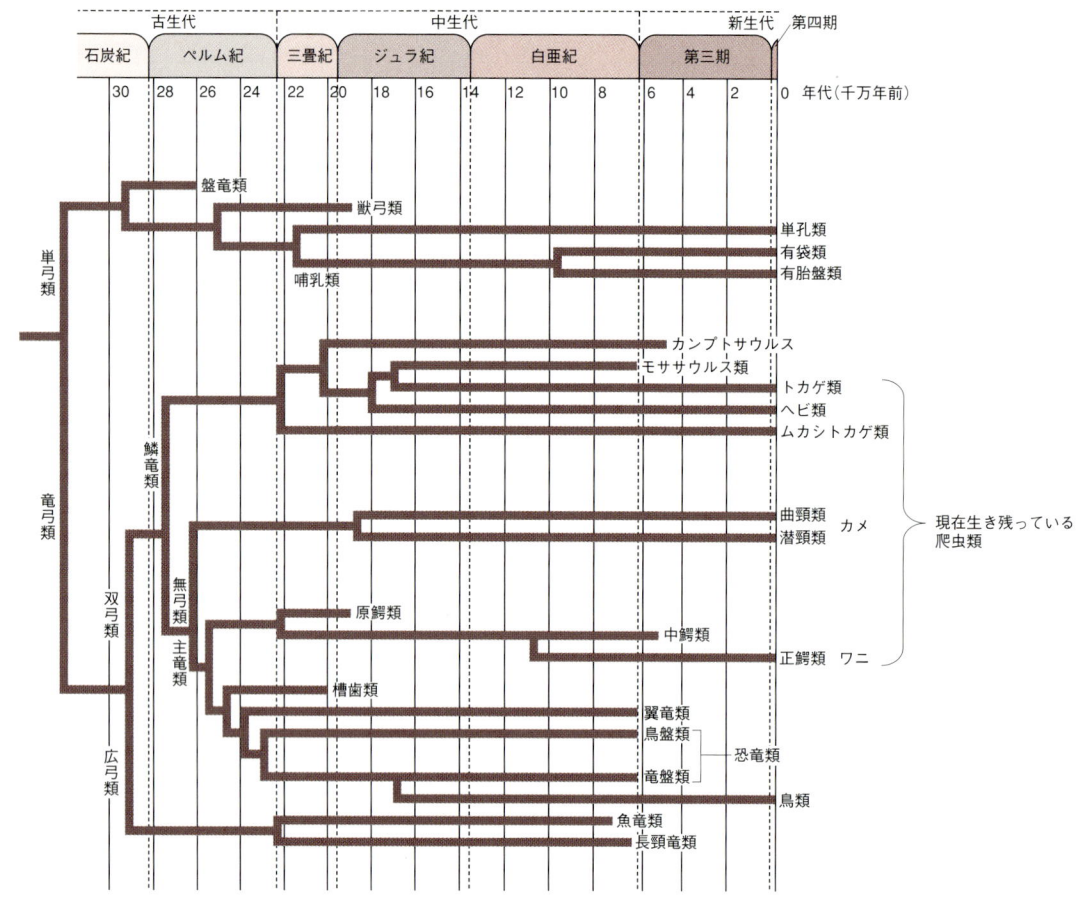

図 13-23　爬虫類の展開

こっそりと生きのびるほかありませんでした。中生代の特徴はなんといっても恐竜でしょう。ジュラ紀・白亜紀を通じて多様な恐竜が繁栄しました。**ジュラ紀には、小型恐竜の仲間から鳥類が誕生**しました。海の中では、**白亜紀あたりから硬骨魚類が繁栄**しはじめました。いうまでもなく無脊椎動物の多様な展開もありますが、省略します。白亜紀は6,500万年前に終了し、ここで生物の大絶滅があり、すべての恐竜が絶滅しました。

植物の方では、**裸子植物**がおおいに繁栄した時代です（**図 13-20**）。裸子植物、特にソテツ、イチョウのほか、針葉樹（球果類）が栄えて大森林を作っていました。白亜紀になると被子植物が誕生して広がっていきました。

## 2 爬虫類の隆盛

爬虫類の展開の様子をみてみます。概略的な模式図 13-21 では、各グループの幅広さは繁栄状況を示します。爬虫類は中生代に、鳥類と哺乳類は新生代におおいに繁栄したことがわかります。竜弓類は古生代の終わりから中生代にむけてさまざまなグループを生み出しながら変化しました。ペルム紀の大絶滅では多くが絶滅しましたが、生き残ったもののなかから、ジュラ紀・白亜紀にいたって、恐竜を含めた爬虫類の全盛時代になりました（図 13-23）。後のヘビやトカゲを含む鱗竜類の枝、無弓類からカメにいたる枝、主竜類から現在のワニと恐竜の枝など、現在生きている爬虫類にいたる枝も、なかなか複雑な様子がみてとれます。図 13-21 では、爬虫類は中生代に太くなって、新生代では細くなっているという単純な描き方をしていますが、少し詳しく

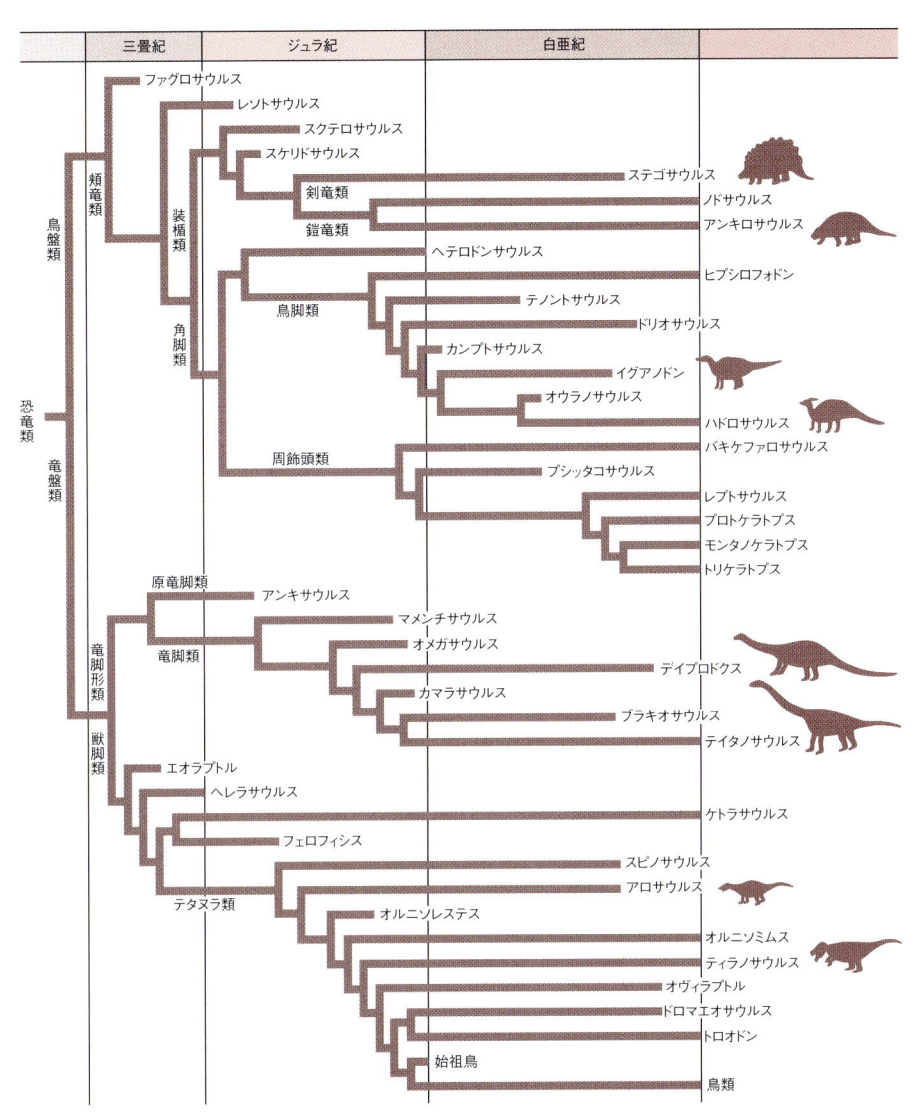

図 13-24 恐竜の展開

## 3 恐竜の隆盛

　この図 13-23 でわかるように、**恐竜というのは全体の系統のなかではごく一部の、主竜類のなかでも鳥盤類と竜盤類の2つの枝**に過ぎません。竜盤類はやがて、2本足で肉食の獣脚類と、4本足に戻った草食性の竜脚型類とに分かれました。恐竜図鑑などで一緒にされている**魚竜（イクシオサウルス）**や**首長竜（プレシオザウルス）、翼竜（プテラノドン）などは、正式には恐竜に含まれません**。背中に大きな帆をもっているエダホザウルスなども恐竜図鑑に載っていますが、これは哺乳類への枝の盤竜類に属します（図 13-22）。繁栄した恐竜は爬虫類のなかでメジャーな存在で、ジュラ紀と白亜紀それぞれで多様な展開をしました（図 13-24）。映画に登場するジュラシックパークは、ジュラ紀と白亜紀の恐竜を再現した公園でした。なお、恐竜類はすべて白亜紀最後の大絶滅で消失しました。ネッシーなど、本当に生き残りがみつかれば、文句なしに大発見です。

## 4 恐竜はなぜ大繁栄したのか

恐竜類は、生物史上でまれにみるほどに大繁栄しました。さまざまな種類が誕生しただけでなく、まれにみる大型の生物が誕生しているという点でも特徴的です。それにはそれなりの理由があるはずです。ペルム紀の終わりには、気温は低下し酸素濃度も低下し、生物の95％が絶滅したという最大の危機がありました。爬虫類の先祖も大部分が死に絶え、わずかが生き残ったに過ぎません。三畳紀に入っても依然として厳しい環境でした。爬虫類のなかでも、恐竜の仲間が特にこの過酷な状況への対応策を工夫し、それによって生きのびたことが、次のジュラ紀、白亜紀に気温と酸素濃度の上昇が起きると断然有利に働いて、大展開を迎える原因になりました。

## 5 低温に対する対応

### ◆ 恒温性と内温性の獲得

恐竜が誕生したころの**低温に対する対応**は2つありました。恐竜の仲間は、三畳紀には不完全でも**恒温性と内温性を獲得**したのではないかと考えられています。恒温性というのは体温が一定を保つこと、内温性というのは体温を作り出すこと（温血性）です。現在の脊椎動物では哺乳類と鳥類だけが恒温性の温血動物ですが、恐竜もそうであったらしい。骨格の特徴や骨の酸素同位体比から、体温が推定できるそうです。

### ◆ 羽毛の獲得

もう1つの工夫は**羽毛**です。恐竜グループの2本の大枝の1つである竜盤類には、竜脚型類と獣脚類の2つがあり、その内の獣脚類は有名なティラノサウルスなどを含むグループですが、この仲間には羽毛をもったものがたくさんみつかっていました。ティラノサウルスでさえ、ちゃんとした羽毛はないまでも綿毛は生えていたといわれます。獣脚類からは将来鳥類が誕生するわけです。鳥類誕生以前からすでに羽毛をもっていたわけで、近年、羽毛をもった獣脚類がさらに続々とみつかってきました。それだけでなく、2009年のNature誌には、恐竜グループのもう1つの大きな枝である鳥盤類に属するヘテロドントサウルスにも羽毛があったという報告がありました。**羽毛は竜盤類と鳥盤類の両方、すなわち恐竜類全体に広くみられたものかも知れません**。ただこのころの羽毛は、体温維持にどの程度有効だったか実は疑問です。

## 6 低酸素に対する対応

### ◆ 二本脚歩行の獲得

酸素濃度の減少に対する対応も2つありました。1つは、爬虫類には珍しく、哺乳類と同様に、脚が胴から横にではなく地面に向って垂直についていることです。現在のトカゲやワニをみるとわかるように、爬虫類は原則として脚が体から横向きに出ています。このため、移動に際しては体を左右にくねらせる必要があります。これだと、移動中は呼吸ができないので、動くたびに息切れします。これでは低下しつつある酸素環境で生きるのは苦しい。獣脚類はまさに名前の通り、**獣と同じように脚が胴から垂直に下へ出ています**。竜盤類も鳥盤類も、恐竜は皆同じ特徴をもっています。多くの爬虫類のように走るときに体をくねらせることがなくなり、**走りながらでも呼吸ができます**。哺乳類がよく走れるのは走りながらでも呼吸できるからです。恐竜は、誕生した初期から二本脚歩行の動物だったと考えられ、巨大な後肢で二本脚走行したものと考えられます。その後、一部の恐竜は4本脚に戻りました。二本脚歩行は、恐竜の子孫である鳥類も同様です。

### ◆ 気嚢という特別な喚気装置

低酸素に対するもう1つの工夫は、気嚢という特殊な構造です。気嚢は画期的な喚気装置です。吸った空気はまず気嚢に入り、ついで肺を通ってガス交換し、別の気嚢を通って排気されます（**図 13-25**）。息を吸うときも吐くときも、どちらの場合にも肺を通過する空気は一方向に流れるのです。肺の血液は空気の流れと逆に流れる対向流です。実は、対向流というしくみは魚の鰓にも存在していて、鰓を通る水の流れと、鰓の内部を通る血液の流れは逆方向なのです。ちゃんと工夫されているわけです。ところが、肺魚でも両生類でも大部分の爬虫類でも哺乳類でも、肺を作ったら対向流でなくなってしまった。しかし恐竜の肺では対向流というしくみが復活し、

これによって、新鮮な空気はまず比較的酸素濃度の高まった血液と接して酸素を供給し、酸素濃度の低下した空気は酸素濃度の低い血液と接することで、ここでも酸素を供給する。**酸素を徹底して効率よく使えるわけです。**ほかの爬虫類や哺乳類のように、行き止まりの袋（肺）に空気を出し入れしてガス交換するのに比べて、**非常にガス交換能力が高い。**気囊そのものは柔らかい組織で化石として残りませんが、気囊が存在していたとすれば、骨の形に影響するので、骨を調べることで気囊の存在が推定できるのです。Science誌の2009年12月号は、2億1,500万年前の初期の恐竜に、すでにこうした工夫の可能性がみられると報告しています。また、Science誌の2010年1月号では、現在のワニ類（アリゲーター）の気道構造が空気の一方的な流れを作るようになっていて、恐竜類とワニ類の共通の先祖としての主竜類（図 13-23）の時代からが工夫していた可能性を報告しています。こうして三畳紀の間に、低酸素環境にも耐えられる工夫をした恐竜は、ジュラ紀、白亜紀に酸素濃度が上昇するにつれて体内の酸素濃度が高くなり、どんどん大型化して繁栄したものと考えられます。

## 7 心臓の構造変化も低酸素に対して有利な反応

魚類、両生類、爬虫類、鳥類、哺乳類の循環系と心臓の構造を単純化して示します（図 13-26）。爬虫類のヘビやトカゲの類は2心房1心室で、肺へ行く血液と全身へ行く血液は同じものです。これに対して**鳥類と哺乳類は2心房2心室**で、全身から帰ってきた低酸素の血液は肺へ行き、肺から帰ってきた高酸素の血液は全身へ行くというはっきりした区分

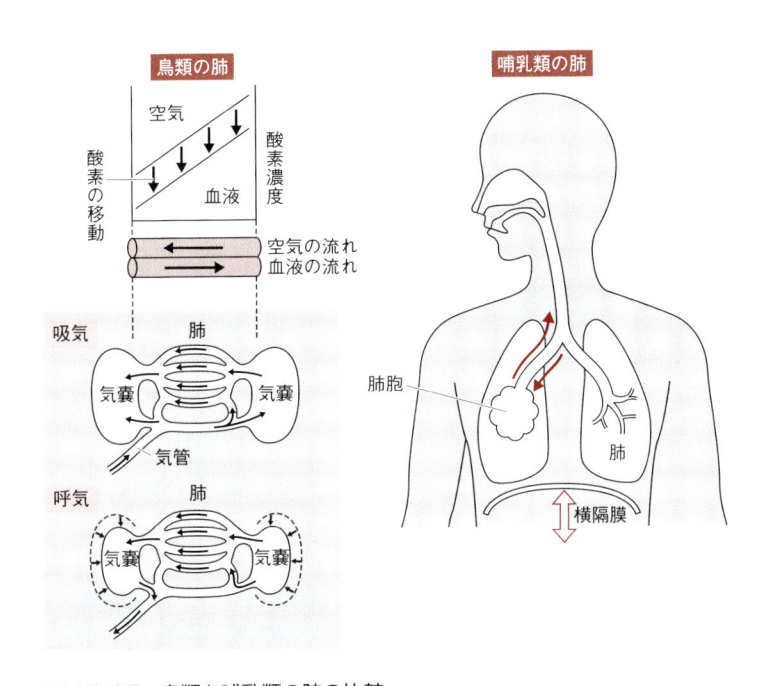

図 13-25　鳥類と哺乳類の肺の比較

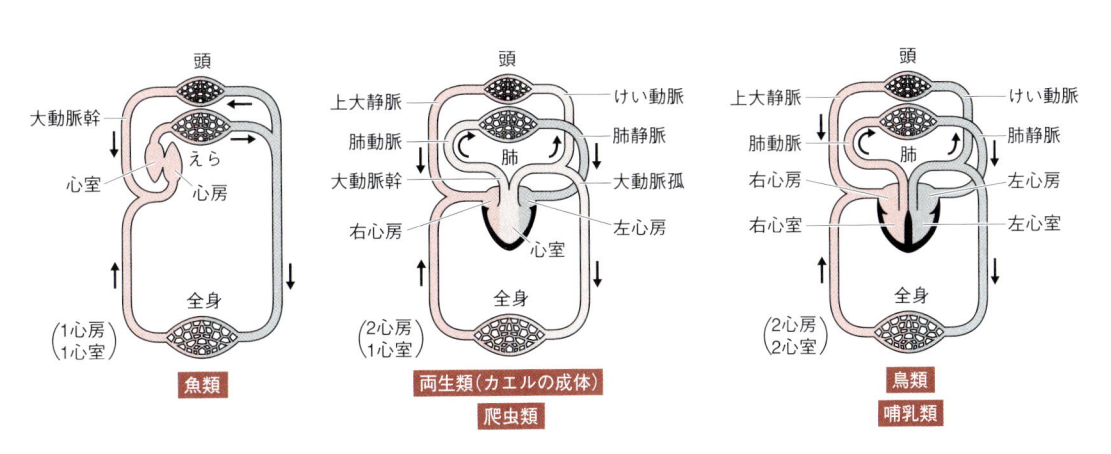

図 13-26　脊椎動物の循環系

13日目　多細胞真核生物の誕生　277

けができています。これは、**酸素濃度の低い環境で酸素を効率的に体内へ取り込み、高酸素血液を全身に循環させるためには好都合**です。

ここで言いたいことは、爬虫類のなかでも**恐竜の一部は2心房2心室であった**ことです。恐竜全部がそうであったかどうかわかりませんが、心臓の形が推定できる化石が残っています。現生する爬虫類で恐竜に一番近いワニ類（図13-23）は2心房2心室なので、恐竜との共通先祖としての主竜類からもっていた性質と考えられ、主竜類に近い無弓類の子孫である現在のカメは、心室に不完全な中隔壁をもちはじめています。なお、哺乳類が2心房2心室になったのは、全く独立したプロセスと考えられます。

2心房2心室の心臓をもったことは酸素供給の利点のほかに、結果として、**背の高い恐竜類が展開することを可能にしました**。心臓より高い位置にある頭まで血液を送り出すためには、心臓から全身へ送り出す血液の圧力は高くなければなりません。ティラノサウルスが立ちくらみするのでは具合が悪い。しかし、低い位置にある脆弱な毛細血管に富む肺へ送る血液は、低圧で送り出す必要があります。でなければ肺が破れてしまう。心臓から血液を送り出す心室が1つしかなければ仕分けはできないけれども、2心房2心室ならこの仕分けは容易なことです。2心房2心室の心臓をもったことが、結果的に大型化への準備になった。

### 8 目的をもって対応したわけではありません

低温や低酸素に対する対応あるいは工夫という言い方をしましたが、度々いうように、状況に対応するという『目的をもって』工夫した、と理解することは誤りです。とりあえずは、無目的で無方向な遺伝子の変異があり、その結果の表現型の変化が起きた。その変化が不都合でなかった生き物が生き残ったと考える。本当にこれだけで進化のしくみとして充分なのか、私としても納得しかねるし不満は残るけれども、現状ではほかに合理的な説明がないので、とりあえずそう考えておくということです。

### 9 海へ戻った爬虫類

羊膜をもった卵は、水中で産卵すると卵が窒息してしまいます。発生できません。海で生活するウミガメなども陸で産卵しなければなりません。陸から完全に離れることができない。魚竜や首長竜では卵を産まず、胎生になって子供を産んだことが化石からわかっています。また、Science誌2010年6月号は魚竜や首長竜が恒温で内温性であったと報告しています。なお、現在の爬虫類では、染色体によってではなく環境によって性の決定がなされるものが多くいますが、海へ戻った中生代の爬虫類は染色体による性の決定であったと考えられています。こういう点では現在の哺乳類や鳥類と似ている。広範な展開をした爬虫類は、それぞれがさまざまな工夫をしていたことがわかります。特定の系統だけが工夫した特定の性質もあるでしょうが、枝分かれしたあちこちの系統で、類似した性質を独立に工夫している場合もあるといえるようです。

### 10 鳥型恐竜の展開と鳥類の誕生

鳥類は、小型の獣脚類の仲間からジュラ紀に誕生したと考えられています（図13-24）。誕生は三畳紀まで遡る可能性があるともいわれますが、わかりません。骨の中にまで気嚢をもつ鳥の骨は、壊れやすいために化石として残りにくいという問題点がありましたが、始祖鳥は1億5,000万年くらい前のほぼ完全な鳥類化石として大変有名です。羽毛がなければ爬虫類に分類されたといわれます。

近年、中国で保存のよい鳥類の先祖（鳥型恐竜）の化石がどんどんみつかってきて、始祖鳥だけが鳥の先祖ではないことがはっきりしました。鳥類は、単線的な系列として誕生したのではなく、**さまざまな系統の**（互いに近い系統ではあるが）**爬虫類から、何回にもわたって鳥類らしさへの試みがなされた**ようです（図13-27）。特にマニラプトル以降については、グループのなかに爬虫類らしいものと鳥類らしいものが混在しているようです。図13-27では、コエルロサウルス類以降については、ティラノサウルスを除いて爬虫類は省略していますが、羽毛のある爬虫類というべきか、鳥類というべきか、判別に

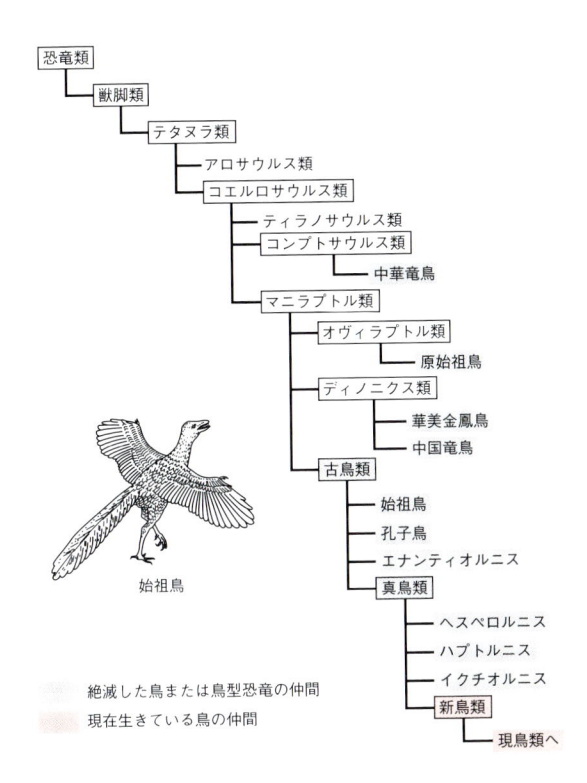

図 13-27　鳥類の誕生

悩むものがたくさん含まれています。

　ティラノサウルスを含めて 3 本指の恐竜は親指・人差し指・中指の 3 本が普通ですが、2009 年 6 月号の Nature 誌は、現在の鳥類と同じ人指し指から薬指までの 3 本指の前肢をもった鳥類の先祖化石が、中国新疆ウイグル自治区のジュラ紀の地層からはじめて発見され、リムサウルスと名付けられたと報じています。また、2010 年 1 月号の Nature 誌には赤褐色の体色の元になる色素小胞を中華竜鳥の羽毛化石から発見、2 月号の Science 誌にも羽毛恐竜アンキオルニスの色素胞発見による全身の体色に関する報告、Science 誌の 1 月号には 1 億 6,000 万年前の新たな鳥型恐竜の全身骨格発見、20010 年 4 月の Nature 誌には、1 億 2,500 万年前の羽毛恐竜であるオヴィラプトロサウルスの仲間が、現在の鳥類のように幼年期の産毛から青年期には長くしっかりした羽毛に変え変わる（尾羽は 35cm もある）、2010 年 5 月の Science 誌には始祖鳥も孔子鳥も滑空可能だが飛翔できず、など、毎月のように鳥類誕生についての発見が報告されています。最終的にはこれらのほとんどは白亜紀の終わりに絶滅し、新鳥類の子孫の一部だけが生き残り生き残って現在の鳥類につながり、新生代に入って比較的短期間に大きく展開しました。

## 11 鳥類は恐竜の唯一の生き残り

　現在の鳥類は恐竜の特徴の多くを引き継いでいます。恒温性、羽毛、体から垂直に生えた二本脚歩行できる脚、2 心房 2 心室からなる心臓、そして気嚢です。実はそれだけでなく、鳥類には 80 にものぼる恐竜との共通性があるのだそうです。現在の鳥類は餌を丸呑みして、砂嚢ですりつぶします。焼鳥でいうスナズリ（砂肝）です。砂嚢は厚い筋肉質の袋で、食物をすりつぶす小石が入っています。恐竜は歯をもっていたけれども引きちぎる程度の機能で、食物を砕くのは砂嚢で、恐竜は大きな砂嚢をもっていました。実際、恐竜化石の腹部には、しばしばたくさんの石がみつかります。砂嚢に入っていた石です。こういう点でも恐竜の性質を引き継いでいるわけです。

　また、恐竜（少なくとも一部は）が巣を作って孵卵したり、餌を採って来て子供を保育していた証拠もみつかっています。何十頭もの恐竜が、集団的に営巣して子育てした跡も発掘されています。こういう点も鳥類に引き継がれています。恐竜は白亜紀の終わりに絶滅しましたが、子孫は鳥類として立派に生き残っている、としばしばいわれます。どのようにして空を飛ぶ（飛べる）ようになったか、依然としてよくわかっていませんが、飛びたいと思ったから、ではないことは確かでしょう。

## 12 白亜紀の恐竜からタンパク質

　2007 年に、6,800 万年前の白亜紀にいたティラノサウルス・レックスの化石からタンパク質がみつかったとの報告が世界を驚かせましたが、これには疑いもありました。その後、2008 年にも同様の報告があり、さらに 2009 年には 8,000 万年前のハドロサウルスの化石からもタンパク質がみつかるなど、次第に確かなものになりつつあります。コラーゲンという結合組織のタンパク質の構造から、これらの恐竜が、ワニやトカゲよりニワトリやダチョウに近縁である

13 日目　多細胞真核生物の誕生　　279

### 13 哺乳類誕生への道

哺乳類の先祖としての単弓類は、ペルム紀終わりの大絶滅を辛うじて生きのびて、細々とではあっても命を中生代につなぐことができました。図 13-22 では哺乳類誕生までにどのような先祖がいたかだけを追いましたが、ここでは、危機をどのように生きのびて、その後の展開につなげたかを考えます。

### 14 大絶滅を生きのびた獣型爬虫類

ペルム紀から三畳紀にかけての獣型爬虫類が大絶滅を免れたのは、理由があります。恐竜と同様に、低温と酸素濃度低下に対する対処ができたからです。獣弓類は、ペルム紀後期からすでに不完全ではあっても恒温性（温血性）や毛を備えており、低温に耐える工夫をもっていました。

もう1つのより大きな苦難である低酸素状態には、2つの工夫がなされたものと考えられます。1つは、腹部の肋骨をなくし、横隔膜をもつことで、肺を大きく広げてたくさんの空気を吸い込めるようにしたことです。横隔膜によって肺を大きく膨らませて呼吸するのは哺乳類だけで、画期的な工夫です。低酸素濃度でも、たくさんの空気を吸って換気できることは有利な変化です。もう1つは脚の工夫です。哺乳類は、恐竜と同じように脚が地面に向かって真下に生えているので、移動に際して体をくねらせる必要がなく、移動しながら呼吸できます。特に、低酸素環境下での酸素補給に有利です。

### 15 哺乳類の誕生

このような特徴をもったペルム紀の獣型爬虫類から三畳紀に入ってキノドン類がうまれ、さらに2億2,500万年くらい前になると哺乳類に近いアデロバシレウスのような哺乳型類が生まれました（図 13-22）。哺乳型類が爬虫類であるのか哺乳類であるのかには議論があるようですが、ここでは哺乳類に含めない考えでいきます。そのなかから2億2,000万年くらい前の三畳紀に、ついに哺乳類の最初の先祖としてアデノパシエンスが誕生しました。小さなネズミのような、正真正銘の哺乳類の誕生です。単弓類という巨大な爬虫類グループは、たくさんの獣型爬虫類のグループを生み出しましたが、これらは全部滅びて、現在生き残っているのはそこから生まれた哺乳類だけです。

### 16 哺乳類にも滅びた仲間がたくさんいる

図 13-22 には哺乳類としての枝分かれは示しませんでしたが、決して単線的だったわけはありません。所詮は爬虫類の影で細々と生きのびていただけとはいえ、実際にはたくさんの親類を生み出した複雑な過程があります。とても全部を示すわけにはいきませんし、名前だけ書いても仕方がないので大部分は省略するとして、現在の哺乳類につながる系統の一部を概略的に示しておきます（図 13-28）。概略ではありますが、現在の哺乳類が生まれるまでには、さまざまな親類を生み出しながらその大部分は絶滅して、細々と続いてきた雰囲気は伺えると思います。

現在生きている哺乳類のなかでは単孔類（原獣亜綱）が一番原始的なものですが、三畳紀に誕生した原始哺乳類は原獣類だけでなく、ほとんど同時に獣形類が分岐し、そこから異獣類や、真獣類の先祖である全獣類も誕生しました。原獣類の仲間の一部は白亜紀まで生きのび、ジュラ紀後期から白亜紀前期になって単孔類が誕生しました（図 13-28）。原獣類のほとんどすべては滅びて、現在まで生き残っているのは、単孔類のカモノハシ科1種とハリモグラ科4種のみです。異獣類は三畳紀後期に誕生した後、ハラミア類はジュラ紀後期まで、多丘歯類はジュラ紀後期に誕生して新生代の暁新世あたりまで生きのびましたが、結局、すべてが絶滅しました。

### 17 哺乳類らしい哺乳類の誕生

全獣類の古い仲間はジュラ紀末に絶滅し、一部は新生代に入るまで生きのびた後、絶滅しました。こういう累々たる屍の先に、白亜紀に汎獣類が誕生しますが、これらの哺乳類はまだすべて卵生で、哺乳類らしい特徴である胎生はまだ成立していませんで

図 13-28　哺乳類の展開

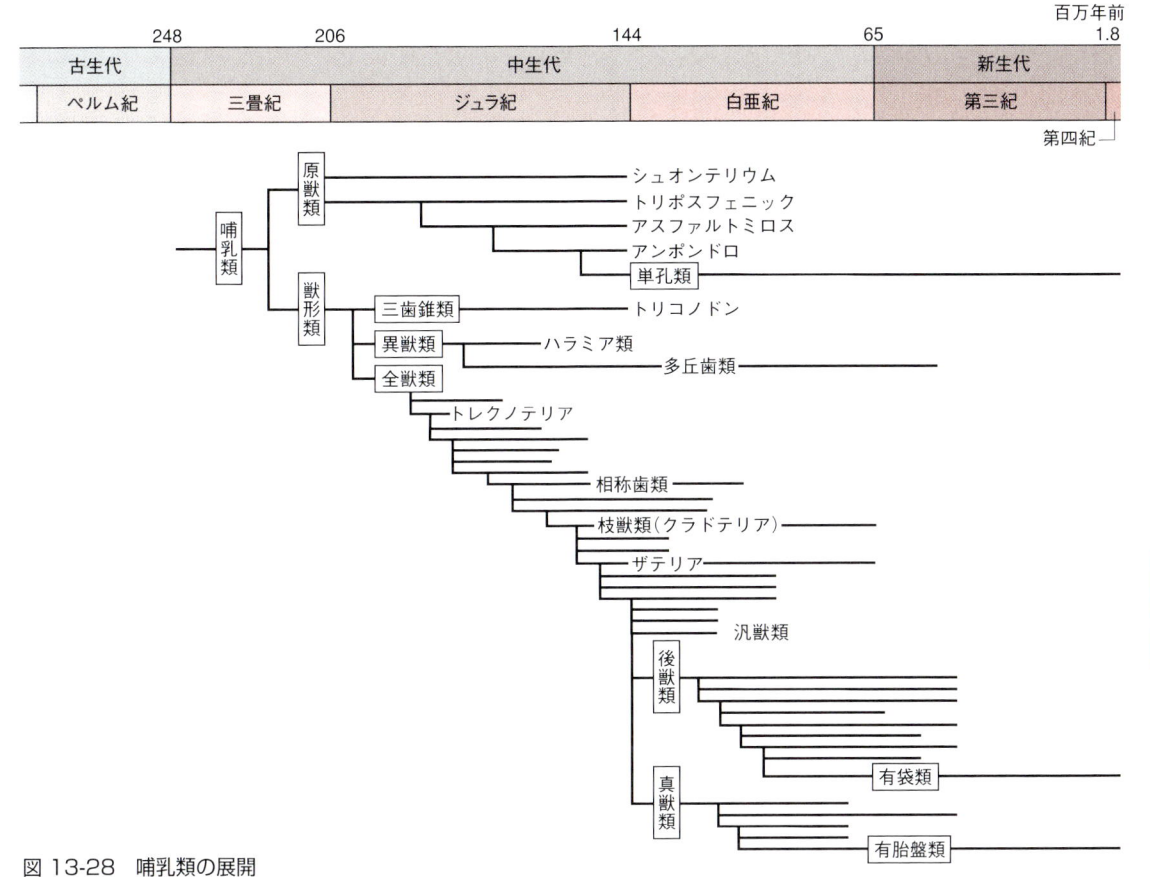

した。卵を産む哺乳類は、現在生き残っている哺乳類としてはカモノハシやハリネズミなどの単孔類だけです。たくさんの哺乳類の親類のなかから、白亜紀の初期に**汎獣類**から**後獣類**と**真獣類**が誕生し、それぞれの子孫のなかから**有袋類**（カンガルーやオポッサムの仲間）と**有胎盤類**（普通の哺乳類の仲間でヒトを含む）**とが誕生**します（図 13-28）。

ここまできてようやく、仔を産む哺乳類が誕生するわけです。有袋類は胎盤の発達が非常に悪いものの、卵ではなく未熟ではあっても赤ちゃんを産み、産んだ赤ちゃんをお腹の袋に入れて母乳で育てます。ちゃんとした胎盤をもつ有胎盤類（普通の哺乳類）は、子宮で赤ちゃんを育てて赤ちゃんを産み、産んだ赤ちゃんを母乳で育てます。哺乳類らしい哺乳類はようやくここで誕生したわけです。

## 18 カモノハシのゲノム解析

哺乳類のなかでもっとも原始的と考えられている単孔類について、2008 年の Nature 誌にカモノハシ（原獣亜綱単孔類）のゲノム解析が報告されました。カモノハシは、哺乳類とも爬虫類とも鳥類とも部分的に類似した、モザイクのような性質をもった奇妙な動物ですが、遺伝子からみても、哺乳類より爬虫類に似たところ、鳥類とよく似たところなど、モザイクのような特徴をもっていました。遺伝子からは、哺乳類への枝が爬虫類への枝へと分かれたのは、石炭紀であることが確認されました（図 13-29）。このことは、化石データ（図 13-21）とよく一致しています。

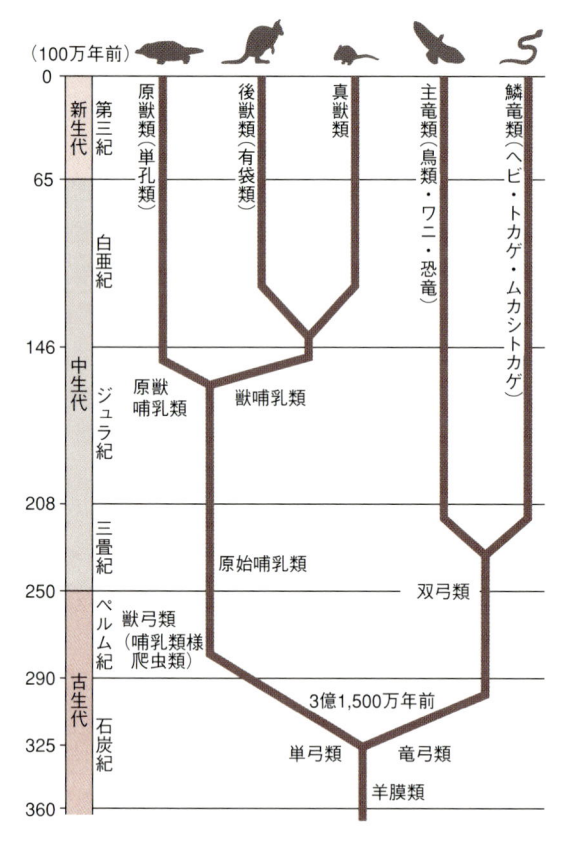

図 13-29　遺伝子解析から得られる系統樹

## 19　ゲノムデータと化石データの矛盾

ただ問題なのは、ゲノム解析からの図 13-29 をみると、原始哺乳類が古生代の終わりから中生代の間をずっと生きてきて、ジュラ紀の終わりに単孔類から有袋類と真獣類の共通先祖が枝分かれし、その後白亜紀初期に有袋類と真獣類が枝分かれたとされることです。つまり、現在生きている哺乳類は、単孔類も有袋類も新獣類もすべて、ジュラ紀の終わりまでは互いに別の枝に分岐してはいないことになります。これに対して化石からは、単孔類（の先祖としての原獣類）と有袋類と真獣類の共通先祖（獣形類）が枝分かれしたのは、哺乳類誕生直後の三畳紀後期としています（図 13-28）。化石のデータから得られた爬虫類の分岐を描いた図（図 13-23）でも、同様に描いてありました。この矛盾がどう解消されることになるのか、現状ではわかりません。

## 20　中生代の終焉

中生代は白亜紀の大絶滅によって終了します。ペルム紀の大絶滅に次ぐ生物大絶滅で、この前後で生物相が一変します。恐竜がすべて消滅しただけでなく、海中生物の多くも絶滅しました。絶滅の原因として、大きな隕石がユカタン半島に落下したことによる気候変動が有名ですが、これは絶滅に最後の一押しをしたもので、絶滅はそれ以前から数百万年以上にわたって徐々に進行していました。このあたりは 14 日目で解説します。

## 21　爬虫類という分類項目は設けない！？　…単系統と側系統という考え方

### ◆ 分類のグループ分け

生物の分類は、もともと現在生きている生物のグループ分けからはじまりました。似た者を集めて霊長類、哺乳類、鳥類、爬虫類、両生類、魚類といったグループ分け（分類）をしました。自然分類が進化の過程での分岐関係に従うべきものであることを考慮して、例えば哺乳類の先祖を辿ってみると、哺乳類の最初の先祖と思われる動物に行き当たり、『辿れる限りの古い先祖と、それから枝分かれした子孫のすべてを含めて』哺乳類というグループにまとめられるはずです。最初の先祖の化石がみつかっているかどうかは別として、考えとして妥当であることは納得できると思います。哺乳類のなかのグループとして霊長類に注目すると、辿れる限りの古い霊長類の先祖と、それから枝分かれした子孫のすべてを含めて霊長類にまとめられます。鳥類も同様です。分類のグループ分けとは基本的にそういうものです。

### ◆ 爬虫類は分類のグループに合わない

当たり前のことをくどくど述べていると思うかもしれませんが、爬虫類はそういうわけにはいかないのです。鳥類や哺乳類と違って、『辿れる限りの古い先祖と、それから枝分かれした子孫のすべて』を含めて爬虫類というグループにまとめるわけにはいかないからです。爬虫類が誕生した後ですぐに竜弓類と単弓類に分岐します（図 13-21）。竜弓類はさまざまな爬虫類に展開し、現在まで生き残っている爬虫類はすべて竜弓類の子孫に属しますが、この大枝

から分かれて大繁栄した恐竜の一部から鳥類が誕生します（図 13-21）。竜弓類というグループには、恐竜も鳥類も現在の爬虫類も含まれます。単弓類の方は、かなり先まで含めて爬虫類に属することになりますが、その先に哺乳類が誕生します。単弓類というグループには、哺乳類の先祖や親類だった爬虫類（すべて絶滅）と哺乳類全部とが含まれます（図 13-21）。爬虫類の大先祖が石炭紀に竜弓類と単弓類に分岐したのは事実ですが、竜弓類と単弓類を合わせたものの全部が爬虫類ということにはならず、爬虫類以外のグループが含まれてしまう、というやっかいなことになります。

◆ 単系統と側系統

ある生物が先祖から分岐して展開するとき、『分岐した生物群がその先祖とその子孫のすべてを含む集合としてまとめられる』場合を、『単系統』といいます。鳥類も哺乳類も、それぞれ単系統という生物グループを形成します。小さいグループとしては、霊長類もヒト族もそれぞれ単系統です。大きいグループとしては脊椎動物も単系統です。これに対して爬虫類は、途中から哺乳類と鳥類を誕生させるので単系統ではなく、側系統といいます。『側系統』は、『ある先祖から生まれた子孫のグループから、1つまたはそれ以上の子孫グループを取り除いたグループ』をいいます。爬虫類の先祖から生まれた子孫から、鳥類と哺乳類を除いたものが、側系統としての爬虫類です。

古生物学の分野では、特に分岐学的な考え方から、単系統だけを分類群として認めます。系統分類（自然分類）は進化の過程を重視しますから、分類学の上でも、**単系統だけを分類群として扱う考えが取り入れられる傾向にあります。分岐分類学**といいます。爬虫類は側系統なので、分岐学的な考え方からは爬虫類を分類群として扱いません。同じことで、通常使われる両生類も、後に爬虫類の枝を生み出すので、側系統です。魚類も硬骨魚類も後に両生類を生み出す側系統ですから、いずれも分類群としては認められないことになります。

◆ 単系統でどのように分けるか

脊椎動物という大きなグループは、そのなかに脊椎動物以外のものは含まれないので単系統です。脊椎動物のなかで、円口類（無顎類）と分かれて最初の魚類が誕生したとき、顎をもつ最初の生き物である有顎類として分岐しました（図 13-30）。有顎類は、それ以後のすべての子孫（魚類や両生類、爬虫類、哺乳類等）を含む単系統の分類群になります。そのなかから、軟骨魚類と、硬骨動物とが分かれます。このときの硬骨動物は、実際には硬い骨をもったサカナであるわけですが、それ以後のすべての子孫（両生類や爬虫類、哺乳類等）を含む単系統です。硬骨動物のなかから最初の両生類（らしきもの）が誕生したとき、最初の四肢動物類として分岐しました。四肢動物類は、それ以後のすべてを含む単系統の分類群です。最初の爬虫類（らしきもの）が誕生したとき、羊膜をもつ最初の動物、有羊膜類として分岐しました。有羊膜類は、それ以後のすべてを含む単系統の分類群になります。

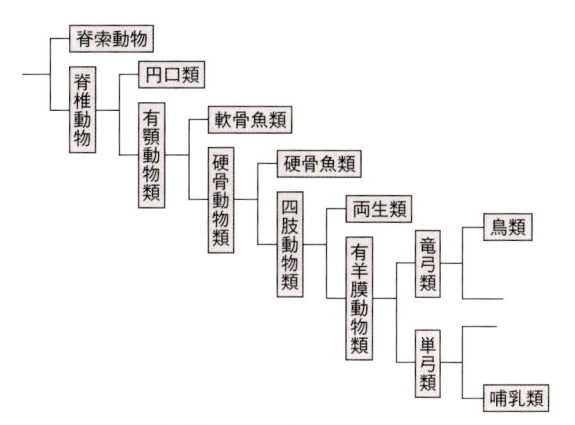

図 13-30 脊椎動物を単系統で分ける

側系統である魚類や両生類や爬虫類の代わりに、有顎類、四肢動物類、有羊膜類として分岐したと理解すれば、すべてが単系統としてスッキリ分類できることがわかります。爬虫類という分類はなくなって、そのあたりの生き物は、竜弓類と単弓類という単系統に大別され、竜弓類は従来の爬虫類の一部と鳥類を含み、単弓類は従来の爬虫類の一部と哺乳類を含みます（図 13-30）。鳥類と哺乳類はそれぞれ単系統です。このやり方でいくと、分岐後の円口類、軟骨魚類、硬骨魚類、両生類などもそれなりに単系統的な扱いをすることができます。

◆ それなりにはスッキリしている

こうやって、進化の過程でどのように枝分かれしてきたか（分岐）を元にして、例えば脊椎動物といった大きなグループ分けから、中間的なグループ分けも、霊長類やヒト族のような小さなグループ分けまでも、全部を単系統で整理していくことが可能になります。化石などからみつかる過去の生物が具体的にどのような分岐グループに属するかは、個々の事例ではなかなか判定の難しいことがあるでしょうが、少なくとも、ものの考え方としては、単系統によって分類することはそれなりにスッキリした整理の仕方といえます。2日目の図2-1に示したヒトの分類系統は、このような考え方に基づいたものです。ちらっと見直してみて下さい。

◆ 分類グループのない生き物が出てくる？

ただ、私には大変スッキリしないものが残ります。分岐による分類の図は、進化の過程を反映しているとすれば時間経過とも対応すべきものです。最初の四肢動物誕生の後、有羊膜類と分離した後の両生類は単系統である、といえます（図13-30）。ただそうすると、最初の四肢動物（両生類らしきもの）が誕生してから、有羊膜類と両棲類を分岐するまでの間を何と呼ぶかが問題です。この間の生き物がいたはずです。両生類でもなく有羊膜類でもないとすれば、この共通先祖のグループ名がないと具合が悪いように思います。図13-30では、四肢動物類と記したあたりの動物に相当しますが、四肢動物類には違いないけれども、それではこの部分の生物を限定した名称にはなりません。

爬虫類はもっとやっかいです。最初の有羊膜類が誕生してから、やがて竜弓類と単弓類に分かれます。爬虫類を分類名に使わないとすると、竜弓類と単弓類に分かれるまでの生き物（図13-30では有羊膜動物類と記したところ）は何と呼べばよいのだろう。また、竜弓類の枝が誕生したあと、鳥類以外のたくさんの枝に属する竜弓類の生き物を爬虫類と呼ばないとすれば、包括的には何とも呼ぶことができないのだろうか。図13-23や図13-24に示すような細かい分岐名はつけられますが、単系統としての包括名はつけられません。包括名は単系統ではないか

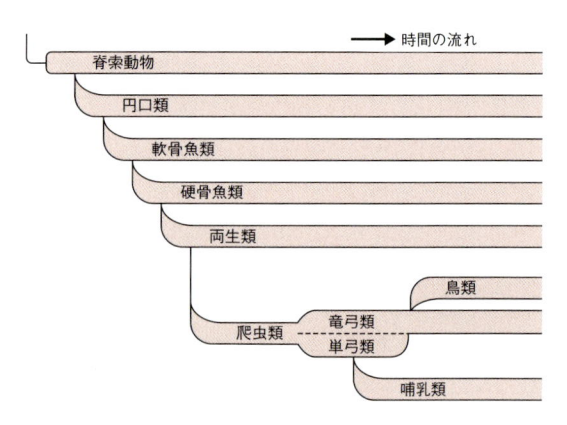

図13-31 脊椎動物を側系統で分ける

らです。単弓類の枝が誕生したあと、哺乳類が誕生するまでの過程に存在していた哺乳類ではない生き物も、図13-22に示す分岐の細かい名前はつけられますが、包括する単系統の名前はつけられません。

◆ どうするのがよいか

私は、硬骨魚類も両生類も爬虫類も側系統であって、単系統でないから分類群として認めない、という考え方は、はなはだ形式にこだわった硬直的な考え方に思われ、賛成するのに抵抗感があります。側系統であっても、一定の性質をもった生物群として、分類上のグループとして扱えばよいのではないかと思います。性質の共通性からは、両生類が分岐するすぐ前までのサカナも硬骨魚類とする側系統が妥当にみえます（図13-31）。同様に、両生類・爬虫類というグループは側系統だけれども、それなりに意味のあるグループ分けであると思います。実は、前に生物の3超界を図5-10Bのように示したのは、古細菌が分岐する前の共通祖先も古細菌の仲間として、側系統で表現するのが妥当であると思ってのことです。

◆ 全体像が大切

生物系統樹全体のなかの生物を、すべて単系統でグループ化しようとすることは趣旨として理解はできなくはありませんが、具体的な系統はかえって複雑化します。私には賛成しにくいことです。図6-6Aに示すような、枝振り全体がキチンと把握できることこそ大切なのだと私は思います。枝振り全体をキチンと把握した上で、側系統による分類（グループ分け）は十分に意味あるものだと私は思います。

枝振り全体について過去の生き物から現在の生き物までを含めて、図 6-6A のようなものをまず作り上げたうえでなら、グループとして側系統的なまとめをすることも有顎動物類、四肢動物類、有羊膜類といった単系統的なまとめを導入することも、それなりに意味あるものと思います。

◆ グループの境というもの

繰り返しますが、系統樹を描くとき、枝の末端には現在生きている生物がいます。枝の途中のすべての場所にも途中経過の生物がいて、これらも何らかのグループ分けが必要です。この全体像が大切なのであって、枝や幹のどこまでをどう分類してどういう名前で呼ぶか、グループの境界決定は所詮便宜的なものでしかないと思います。

爬虫類（的な動物グループ）から哺乳類が誕生するとき、進化の過程のどこかの段階から哺乳類と呼ぶことはグループ分けのために必要ですが、その生物を哺乳類と呼んだとしても現在の哺乳類とはずいぶん違った生物なのです（図 13-22）。途中の段階では、典型的な爬虫類ともいえないし、現在の哺乳類とも相当違う動物がいたわけです。爬虫類と哺乳類の境目の生き物を、爬虫類にすべきか哺乳類にすべきか、あるいは中間段階の新しいグループ名を設定すべきか、自明のものとして 1 つの結論が出る話でないと思います。爬虫類から鳥類が誕生する際にも、事情は同様です。脊索動物門と棘皮動物門が共通の先祖から分かれたとき、共通の先祖の姿は脊索動物とも棘皮動物ともかけ離れていたとすれば、絶滅したグループとして新たにヴェツリコリア門と呼ぼうというのは、それなりに妥当なことと思います。

細部が分からないために暫定的に決めるという場合だけでなく、いくら細部までわかったとしても自明な境界線が出てくるわけではなく、むしろ詳しくわかるほど、境界線が曖昧になる、分類とはそういうものだと思います。

## V. 新生代は哺乳類の時代

新生代は 6,550 万年前からはじまります（図 13-

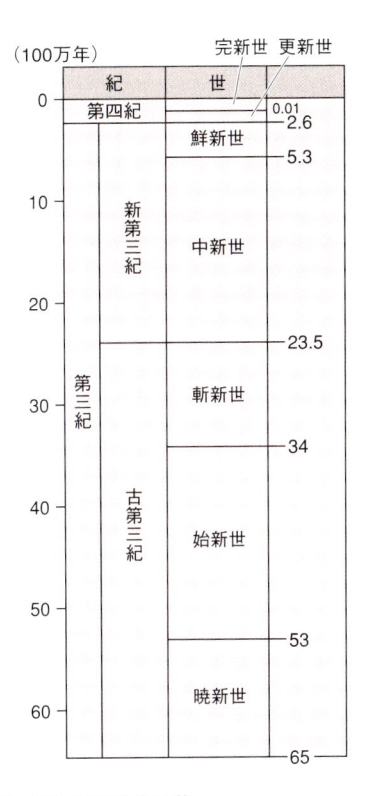

図 13-32　新生代の時代区分

32）。古第三紀、新第三紀、第四紀に分けられます。長さとしては非常に不均等で、第三紀が圧倒的に長い。第四紀は人類誕生の時期とされ、時代区分は議論の対象になっていましたが、国際地質科学連合は 2009 年の会議で、第四紀の始まりを従来の 180 万年前から 260 万年前に変更しました。

脊椎動物界における新生代の特徴は、硬骨魚類と鳥類と哺乳類が大展開したことです（図 13-11 ～ 15、図 13-21）。白亜紀終わりの大絶滅を生きのびられたものは、生きのびられるだけの特徴をもっていたためなのか、たまたま局所的に穏やかな環境にいたためなのか、明らかではありません。哺乳類がたくさんの仲間に分岐したのは、遺伝子解析からも化石からも中生代終わりの白亜紀で、まだ恐竜が跋扈していた時代のことですが、大展開して個体数が大きく増加したのは新生代の第三紀に入ってからです。大展開する一方で、途中で滅びた大型哺乳類もたくさんいました。植物の方では、新生代には被子植物が大々的に展開しました（図 13-20）。花の咲く草花です。

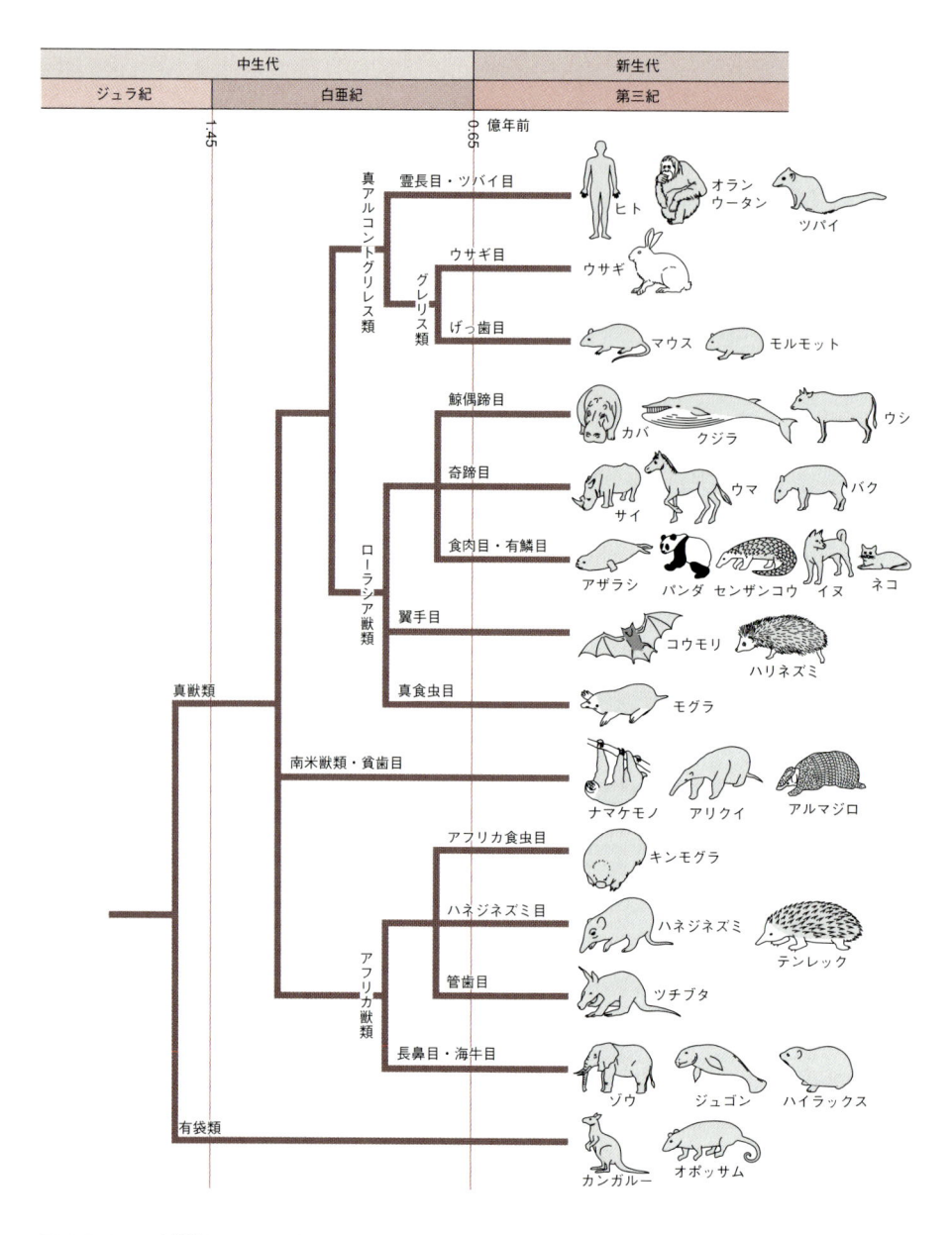

図 13-33　真獣類の展開（参考文献 19 を元に作成）

## 1 有袋類の展開

　有袋類はジュラ紀の終わりか白亜紀のはじめ頃に誕生しました。ユーラシア大陸のヨーロッパ辺りで誕生したものと考えられていますが、その後、現在の北アメリカから南アメリカへ展開し、さらに陸続きであった南極大陸（緯度の低いところにあって寒冷ではなかった）を経てさらにオーストラリアからインドネシアにまで展開しました。南極大陸からも有袋類の化石が発見されています。その後、真獣類が誕生して北アメリカに展開すると、北アメリカの有袋類は絶滅し、真獣類が南アメリカに達すると南アメリカの有袋類もほとんど失われました。ただ一部は生き残っています。真獣類が展開した時代には、オーストラリアは他の大陸と離れていたので真獣類が到達することはなく、有袋類が真獣類に蹂躙されることなく生き残った唯一の大陸になりました。

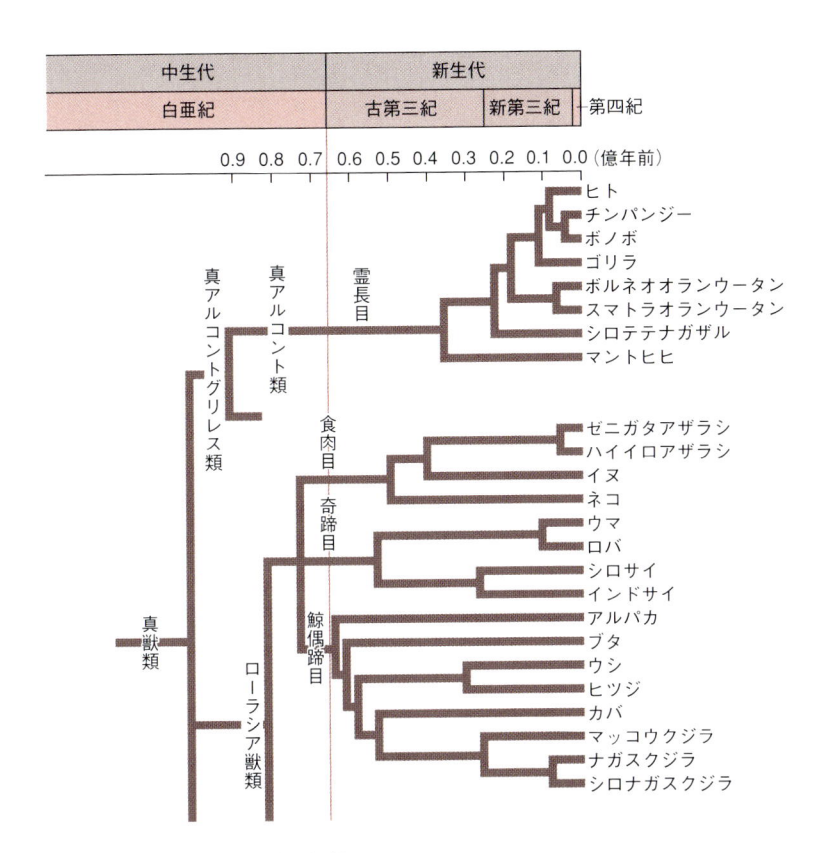

図 13-34　真獣類の系統の細部

## 2 真獣類の系統関係

　真獣類は、ジュラ紀の終わりか白亜紀のはじめごろに有袋類と分岐したと考えられます。真獣類のなかでの系統関係は、比較的短い間に一気に多くの種類に分岐しているようにみえるので、化石から推定できる系統関係は長い間不明確なものでした。比較的短期間で塩基配列の変化する**ミトコンドリアゲノムの解析から系統とその分岐した時期がわかってきました**。図13-33 に示すのは、真獣類全体について、このような観点からまとめ直された進化と分類を示す系統樹です。真獣類は大きく 4 つのグループにわけられることがわかりました。この 4 グループは、およそ 1 億年前の白亜紀に分かれましたが、ちょうどこの時期に大陸が分裂しはじめたためにそれぞれのグループが隔離され、それぞれに特徴的な動物群として多様な展開をしたものと考えられます。新生代に入る直前あたりの 7,000 〜 8,000 万年前あたりで、ほとんどの目が出現するという大きな変革を迎えました。

## 3 レトロトランスポゾンの名残による系統

　哺乳類が展開する時代にレトロトランスポゾンが飛び回り、DNA のなかへの新たな組み込みが進行していました。レトロトランスポゾンが飛び回って DNA に大きな変化を与えたことが、哺乳類の大放散につながった可能性があります。レトロトランスポゾンが一度組み込まれると、その場所から消滅することは稀なので、**同じ場所にレトロトランスポゾンが組み込まれている生物グループは、同じ先祖に由来すると考えてグループ分けすることが可能です**。これを元にして、さらに細かく系統関係を確定することができました。5 日目でも紹介しましたが、偶蹄目（カバやウシ）と鯨目という一見大きく異なるグループが祖先を共有することがわかって、現在では鯨偶蹄目という 1 つの目にまとめられました。

　真獣類のなかの 4 の目について、より細かい分岐を示します（図 13-34）。それぞれの系統関係について、どんどん詳しいことがわかってきていることの一端です。個々の事実を紹介したいのではなく、このようにして細部まで分かりつつあるという状況を紹介したいと思います。いずれにせよ、遺伝子からみた分岐点に比べて、それぞれの動物が実際にグループに分かれて顕在化する（それぞれが化石としてみつかる）のは少し後であるのが普通ですが、著しく大きなずれはありません。クジラが海へ戻るのも新生代の中頃のことです。化石からの知見では、真獣類は 6,500 万年前の新生代に入ると爆発的に多様な展開をしたわけですが、そのこととともよく合っています。

13 日目　多細胞真核生物の誕生　　287

## 4 グループ間の類似性

遺伝子の解析から哺乳類はおよそ4つのグループに大別されることがわかりましたが、それぞれの先祖が大陸に別れていって、それぞれの大陸で独自に展開したという説明は、もっともらしいことです。ただ、不思議なことは、それぞれのグループのなかに似たものが誕生することです。ローラシア獣類のなかにもアフリカ獣類のなかにも、相互によく似た有蹄類もアリクイの類も食虫類もそれぞれのグループのなかに誕生しています。それぞれの異なった大陸で、哺乳類の先祖に遺伝子変異が独立に起き、変異した個体が環境による適者生存によって選択され、あるいは選択されずに中立的にどれかが優位を占め、その結果の偶然として、別の大陸にも似た種類の動物群が現れる、などということがあり得るだろうか。そうでないとすれば、それぞれの先祖の段階で、将来どういう種類の動物を誕生させるかの予定が組み込まれていて、各大陸でそれが発揮されただけのことなのだろうか。そんな予定が組み込まれているはずはないでしょう。私は、これについて納得できる説明ができません。

## 5 有袋類と真獣類の間にも似たことが起きている

同様のことは、後獣類（有袋類）と真獣類との間についてもいえます。有袋類には、フクロネズミ、フクロオオカミ、フクロシカ、フクロコウモリなど、袋をもたない真獣類と同じくらい多様に展開していて、真獣類にいて有袋類にいないのは、フクロクジラ、フクロゾウ、フクロサルくらいともいえるのだそうです（図13-35）。平行進化あるいは収斂進化という言葉があります。大枝が分岐した後も、それぞれの枝で似たような生物が平行的に展開するという現象を表す表現、あるいは似た環境では外見的にも機能的にも似た生物に収斂することを示す表現です。ただ、現象を言葉で表しただけで、どうしてこういうことが起きるのか、しくみを説明したことにはなりません。いろいろな考えは提示されていますが、私としてはナルホドという納得ができていません。

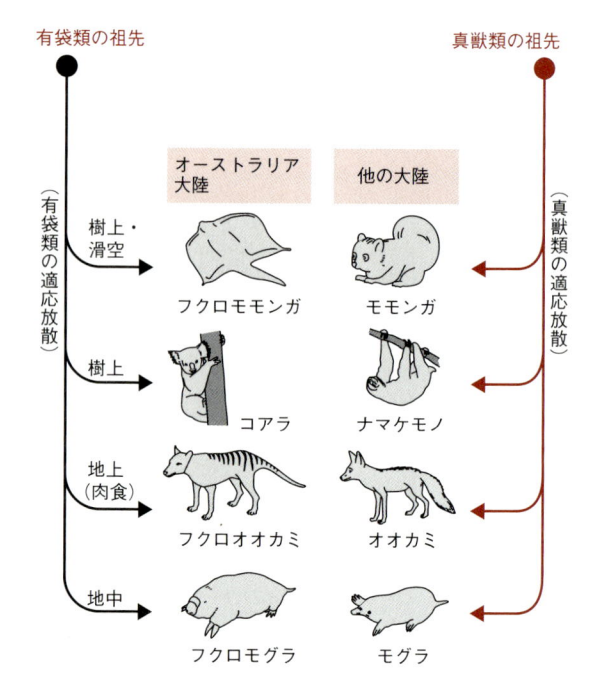

図13-35　有袋類と真獣類の収斂進化

## 6 霊長類から類人猿の誕生

霊長類が誕生したのは5,600万年前あたり、類人猿が2,400万年くらい前に生まれ、ヒトの先祖とチンパンジーの先祖が分かれたのが約700万年前といわれますが、このあたりは15日目で紹介します。

## 今日のまとめ

単細胞の真核生物から、多細胞の動物・植物がどのように誕生し多様化してきたのかを念頭に、実際には脊椎動物の進化を中心に紹介しました。遺伝子の変化は日常的にランダムに起きており、その結果起きる表現型の変化が環境に不適切であれば生き残れず、不適切でなければ生き残り、適切であれば繁栄できるということの繰り返しで、進化が起きます。環境は一定ではなく、時には劇的に変化し、生き残りの条件はその度に変わります。原始の脊椎動物から有顎動物、硬骨動物、四肢動物といった脊椎動物を生み出し、やがてヒトの先祖が誕生したプロセスも、このような偶然の積み重ねであったと理解されます。

# 今日の講義は...
# 14日目　生物大絶滅

　代と代の間には生き物の大絶滅、紀と紀の間にも絶滅があって、絶滅の後には、生き残ったもののなかから新しい生き物がどっと展開して繁栄することが繰り返されています。大絶滅のたびに、その後の新しい生き物の大展開がみられるために、紀や代ごとに生き物の特徴がみられます。逆にいえば、大絶滅がなければ、生き物の展開は単調で停滞したものだったかも知れません。大絶滅はそのときの生物にとってはまさに危機でしたが、そのたびに生物の大きな変革と大展開が必ず起きたという意味では、進化の源泉ともいえます。このことは重要です。今日解説する地球史上の重要なできごとについてまとめておきます（図 14-1）。

## 1. 地球規模の大変動による大絶滅

　大絶滅の原因は何か。大隕石の落下とか、超新星の爆発とか、突発的なできごとに原因があった可能性はありますが、現在一番大きな原因と考えられるのは、大陸の集合や分裂という大きな変化です。これは、ある程度の周期をもって起きる現象です。これが原因となって、大規模な火山の爆発、気候の大変動や気温の変化、炭酸ガス濃度の上昇、酸素濃度の低下など、地球規模で生物の生息環境を激変させることが生物絶滅を引き起こすと考えられます。大地のように動かない、という言い方がありますが、地球上の陸地（大陸）は実はいつも移動しています。

## 1 地球の内部

　地球の半径はおよそ 6,400km あります。表面の約 30％が陸地、70％が海です。地球内部を大きく分けると、**地殻**、**マントル**、**核（コア）** の3つに分けられます（図 14-2A）。一番表層には地殻があり、地殻の厚さは、陸地ではおよそ 30〜40km、海洋底では 6km 程度の厚みです。大陸部分の地殻は花崗岩、海洋底部分の地殻は玄武岩でできていますが、前者はマグマがゆっくり冷えたもの、後者は急速に冷えたものです。

　地殻の下はマントルです。地殻とマントルの境界では地震波の伝わる速度が異なり、ホモロビッチ不連続面といいます。マントルは上部マントルと下部マントルに分けられますが、上部マントルはさらに細かく3層に分けられます。地殻と上部マントルの一番上の層を併せておよそ 100〜120km くらいをリソスフェアといいます（図 14-2B）。**リソスフェアは後でいうプレートと同じです**。リソスフェアは比較的硬く、薄い板のようにマントルの上を水平に移動するので、プレートというわけです。上部マントルの2番目の層をアセノスフェアといいます。リソスフェアとアセノスフェアは成分的な違いはないけれども、リソスフェアは地殻を乗せて地球表面を水平移動するのに対し、アセノスフェアはあまり水平移動しません。マントルは固体ではありますが、長期的に力がかかると粘度の高い液体のような性質を示し、時間をかけて対流するわけです。アセノスフェアの下にもう1層の上部マントルがあります。その下が下部マントルです。

　マントルの下には、鉄を主成分とする重いコア（核）があります（図 14-2A）。コアの上層部は液状

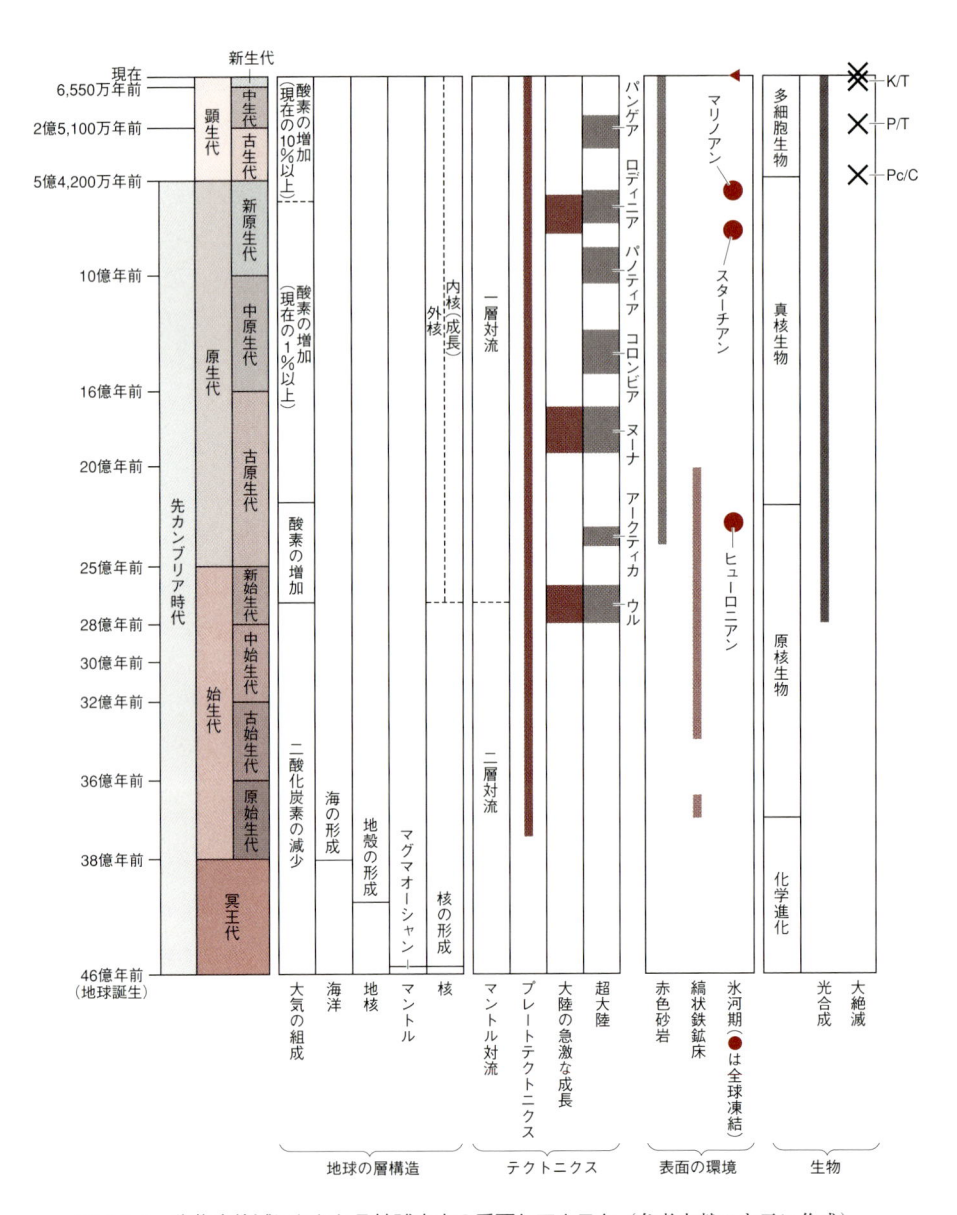

図 14-1　生物大絶滅にかかわる地球史上の重要なできごと（参考文献 9 を元に作成）

の鉄（外核）、中心部はほぼ純粋の固体の鉄（内核）と考えられます。コアが表面から冷えて液体鉄が対流を起こし、円電流を作ることで地磁気が生まれます。

## 2 大陸移動説

　大陸移動説は、20 世紀初頭にアルフレッド・ヴェーゲナーが唱えたものです。大陸の形だけでなく、地質的な連続性や、化石の共通性、氷河や古気候の連続性などの広範なデータを考察した上で、現在は離れている大陸が昔はくっついていた、つまり、長い間に大陸は移動するという説を唱えました。ただ、大陸が移動するとは常識的には信じられないことであり、大陸移動の直接の証拠がつかめなかったことや、なにより、大陸を移動させる動力について適切な説明が得られなかったために、やがて忘れられていきました。

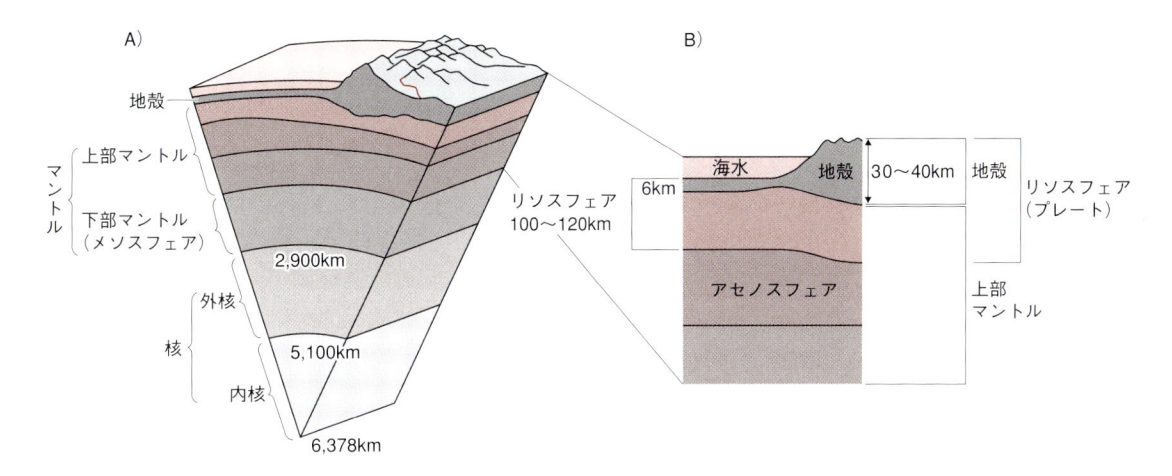

図 14-2　地球の内部構造

## 3 プレートテクトニクス

　1950年後半くらいから、各地の鉱物中に発見される古地磁気の記録から、大陸は相対的に移動したと考えないとつじつまが合わないことがわかってきました。1960年代に入ると海底の調査が進み、1970年代には、海底には古い岩石がみつからないこと、海洋底岩石の年代記録と古磁気記録などから、『海底には連なった海嶺があり、海嶺から海洋底が湧き出していて、海底が両側に拡大し移動していく（図14-3）』という海底拡大説が生まれました。海嶺からマグマ（溶岩）が湧き出して、玄武岩による新しい海洋底プレートを作り出します。『現在の地球表面は14枚程度のプレートからできている（図14-4）』『プレートは堅くて薄いマントル上部と、その上に乗った薄くて軽い地殻からなる（図14-2）』『大陸はプレートに乗って移動する（図14-4）』という考えが提唱されました。プレートテクトニクスという考えです。もう少し詳しくいえば、『プレートは海嶺で生まれて両側へ向かって移動する（図14-4）』『プレート同士が衝突すると、どちらかが沈み込みそこに海溝ができる（図14-5）』『プレートが湧き出すところとプレートが沈み込む場所は火山帯と地震帯になる』わけです。海嶺の部分は、マグマが溢れ出してプレートが誕生している場所、それから両側へ進んでやがて海溝で沈むので、一番大きな太平洋プレートでも、ジュラ紀より古い時代の岩石はないのです。海洋底はみんな2億年より新しいのです。沈

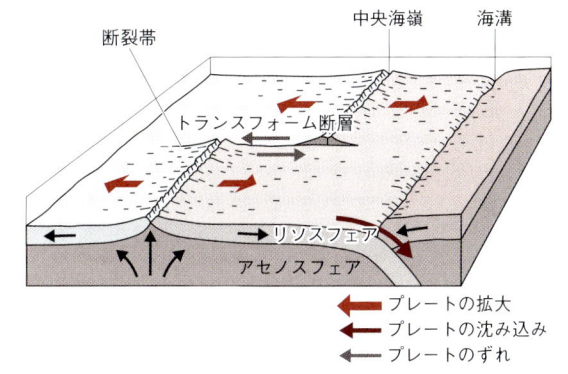

図 14-3　海洋底の拡大

み込みの先では大陸に大きなシワができて隆起し、ヒマラヤ、ロッキー、アンデス、アルプスなどの大山脈ができました。プレートが衝突して一方のプレートが沈み込むとき、運ばれてきた地殻は軽いので沈み込まずに表面に残され、陸地に付け加わります（図14-5）。沈み込むところで火山が生まれるのは、沈み込んだプレートの地殻が大量の水を含んでいて、地下30～50kmあたりで溶解してマグマができるからです。生まれたマグマが地上に噴出して火山になります。日本の火山は皆このタイプです。震源の深さもこの沈み込みに沿っていることがわかっています。

## 4 大陸は確かに動いている

　大西洋中央部には北から南まで海底海嶺が連なっていて、そこで海底が湧き出して東西に拡大し、東

西のプレートに乗ったアメリカ大陸とアフリカ・ヨーロッパ大陸は現在でも離れつつあります（図 14-4）。人工衛星からの観測で、毎年 4〜5 cm 離れつつあることがわかっています。太平洋では、太平洋プレートが、延々と太平洋を進んでユーラシアプレートにぶつかって沈み込む場所が、日本海溝です。この辺りの海底プレートが、世界中の海洋底プレートのなかで最も古いものです。日本に地震や火山が多いのは、大陸と日本が乗っているユーラシアプレートの下に、太平洋プレートが沈み込むためです。ほかにもたくさんのことがわかっていますが、大事なことは、プレートに乗って大陸は分裂し移動し、衝突するということです。

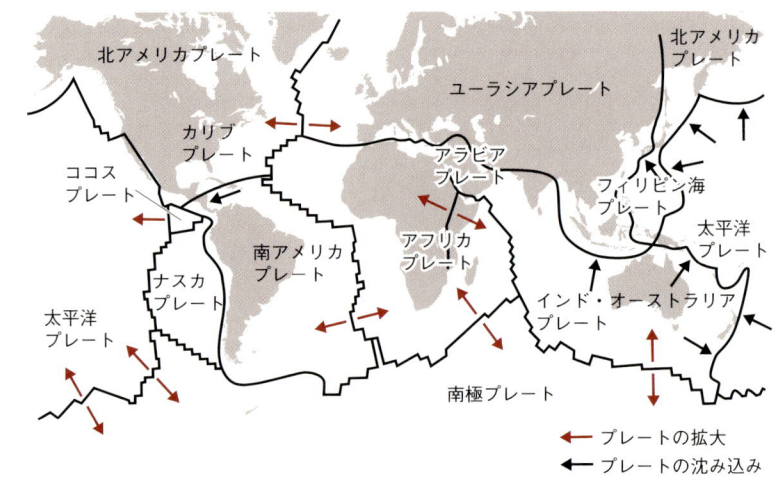

図 14-4　大陸はプレートに乗って移動する

## 5 プレートを移動させる動力

　問題は、巨大なプレートを移動させる力は何か、です。**移動の原動力は、地殻の下にあるマントルの対流**と考えられました。マントルは通常の意味では液体ではありませんが、非常に粘度の高い液体としての性質をもち、長期にみれば流動します。地球全体が表面から冷却するにつれて、冷えたマントル部分が沈み、下から熱いマントルが沸き上がる、上部マントルの対流が起き、対流の流れに乗ってプレートが移動し、プレートに乗った大陸が移動して、衝突したり分裂したりするわけです。上部マントルの対流に呼応して下部マントルも対流するというのが、次に述べるプルームテクトニクスが出るまでの考えでした。

## 6 プルームテクトニクス

　プレートを移動させる原動力は、上部マントルの対流と考えられていましたが、1990 年代に入って、マントル対流は上部マントルと下部マントルの分離した対流ではなく、もっと深いコアに接して熱せら

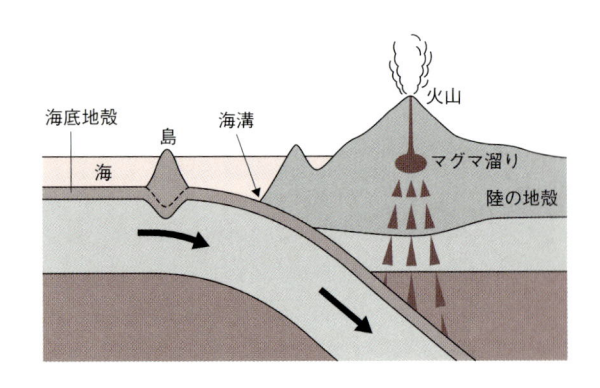

図 14-5　海洋底の沈み込み

れたマントルが上昇して湧き出し、地表付近で冷却されたリソスフェアが沈み込んでコアまで沈降する、マントル全層に渡っての対流こそが、プレート移動の原動力であることがわかってきました（図 14-6）。プルーム（plume）というのは、ふわりと舞い上がる羽毛のことです。これがわかったのは、地球内部の温度分布を調べる、地震波トモグラフィーという方法の進歩のおかげです。

　下部マントルの最下層はコアに接しています。コアの方が熱くマントルの方が冷たい。マントルがコアで暖められ、熱く軽くなって地表へ向かって湧き出す部分をホットプルームといいます。ホットプルームのなかでも、地球上全体のプレートを動かし、大陸全体を一カ所に集めたり分裂させたりするよう

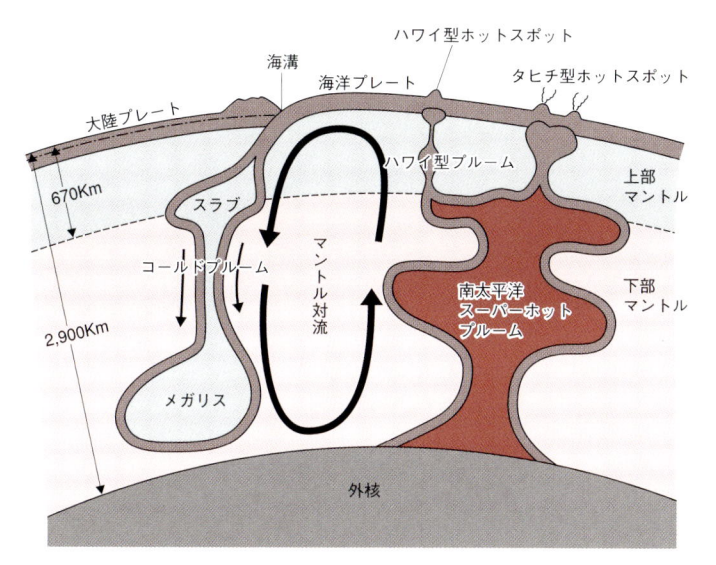

図 14-6　プルームテクトニクス

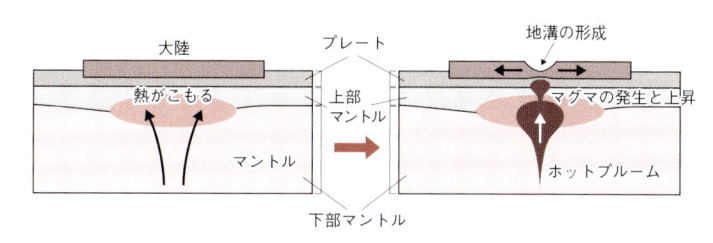

図 14-7　プルームの滞留（参考文献 10 を元に作成）

な巨大なプルームを、スーパーホットプルームといいます。ホットプルームの上昇速度は年間 1〜4 m 程度で、地殻に辿り着くのには早くても 300〜400 万年かかるといわれます。逆に、地球表面の冷たいプレートが沈み込んで、やがて大きな固まりとしてコアへ向かって沈み込むのがコールドプルームです。巨大な沈み込みはスーパーコールドプルームです。

## 7 プルームは上部マントルと下部マントルの間で一休みする

ホットプルームが上昇するとき、深さ 670km あたりの下部マントルと上部マントルとの境界でしばらく溜まっています。どちらのマントルも成分としてはほぼ同じではあるのですが、この位置の温度と圧力が相転移を起こさせる結果、密度や硬さが大きく変化するためです。すぐには通過できず、立ち止まっている間にプルーム自身も相転移を起こして上昇

できるようになります。プレート内にまで上昇すると、溶けたマグマになって地表に噴出して広がります（図 14-7）。

逆に大陸の下へ潜り込んだコールドプルームは、軽い液体状の上部マントルを通過して沈みますが、この場合にも下部マントルとの境界でしばらく溜まっています。下部マントルは密度も粘度も温度も高く、プレートはそれ以上沈み込めません。沈み込んだ固体状のプレートが、下部マントルからの熱を吸収して固相から液相へ変化する間、プレートの温度は上がりません。液相へ変化するまでには、しばらくの時間が必要です。液相に相転移した大量のコールドプルームは、やがて一気に（といっても数百万年の時間をかけてですが）コアにまで落ち込みます。落ち込みが起きると、それに引きずられて地表にあるプレートの沈降が加速されます。

## 8 現在のスーパーホットプルームの状況

単純化して話をすると、現在活発な、あるいは活発化しつつあるスーパーホットプルームは、アフリカと南太平洋にあるといわれます。アフリカのホットプルームは、大きなスーパーホットプルームが一気に吹き上がっているのではなく、上部・下部のマントル境界から細く何本にも分かれて地上へ向かって上昇しています。紅海を引き裂き、アフリカの大地溝帯を作り出しているものです。ビクトリア湖は地溝帯にできた湖です。この地溝帯が広がりつつあることで気候の変化が起き、人類の先祖がサバンナで進化する原因になったという説があります。地溝帯がさらに広がれば、ここに海が入り込んでアフリカ大陸が引き裂かれます。南太平洋の大きなプルームも同様に、細く何本にも分かれて上昇して、南太

平洋に散在する火山島の源になっていると考えられます。もっと大きな塊として上昇すれば、やがて大きな海嶺を作って太平洋プレートを引き裂き、さらに海底を拡大するかもしれません。

## 9 やや衰えかけている　スーパーホットプルーム

このほか、少し古いけれども活動しているスーパーホットプルームが、大西洋の中央で北から南までにわたって湧き出しています。およそ1億5,000万～2億年前からパンゲア大陸を引き裂いたもので、アフリカ・ヨーロッパ大陸と南北アメリカ大陸との間の海底を左右に広げて、大西洋を拡大しています。また、現在の太平洋の東側、アメリカ大陸のすぐ西側には、非常に大きかったけれども、すでに衰えてきているスーパーホットプルームの名残があります。この湧き出しは6～7億年前からはじまっていて、当時のロディニア超大陸を引き裂いて太平洋を作りました。太平洋を広げることですべての大陸を反対側に集めてパンゲア大陸を作ったわけです。元々は湧き出しの場所は太平洋の中央にあったはずですが、現在ではこの湧き出しは非常に弱くなっているために、東側から進んでくるアメリカ大陸をのせたプレートが太平洋の湧き出しの上近くまでかぶさってきて、湧き出し口が太平洋の真ん中から西側にずれているわけです。この湧き出しはすっかり弱くなっていて、太平洋プレートが西へ進んでいるのはむしろアジア大陸の下にあるスーパーコールドプルームが引っ張るからだといわれています。

## 10 現在のスーパーコールドプルームの状況

他方、一番大きなスーパーコールドプルームはアジア大陸のモンゴルの地下辺りにあると考えられます。東アジアから東南アジアにいたる太平洋プレートの沈み込みや、インド亜大陸を乗せて南からアジア大陸へ進んでいるインドプレートの沈み込みのため、ユーラシア大陸の下には巨大なコールドプルームが蓄積しつつあります。冷えたプレートが沈んで、上部マントルと下部マントルの境界で溜まっていた大量のコールドプルームが、境界を突き抜けてコアに向かって沈んでおり、周囲のプレートを引き込む力がますます強くなっています。太平洋プレートをグイグイ引っ張り込むため、太平洋プレートの移動速度は年間17cm程度と、大西洋プレートの年間4cmに比べてずっと早くなっています。アジア大陸の中央部では、標高が海面下にまで低下しているところがみられますが、これはスーパーコールドプルームによる沈み込みが強いためです。太平洋からの湧き出しは弱くなってきており、やがてこれが止まってしまうと、大西洋海底の湧き出しに押されたアメリカ大陸プレートが太平洋を越えてアジアに接近し、やがてはすべての大陸がユーラシアを中心に集合する可能性があります。ただ、南太平洋のスーパーホットプルームの湧き上がりが強ければ、逆にアメリカプレートは東へ押しやられて、大西洋が縮小してヨーロッパと一体化するかもしれません。いずれにせよ、合体するのは2～3億年くらい先のことです。

## 11 プルームの動きはより細かく　解析されつつある

ホットプルームもコールドプルームも、スーパーではない小さなものはほかにもあります。それほど大きくないホットプルームが陸上に吹き出して、大陸を引き裂くことなく、大量の溶岩による玄武岩の大地を作ることがあります。シベリア平原やデカン高原を作った大噴出は、その大きな例です。大陸への溶岩の大量噴出も気候に大きな変動を与え、生物の生存に大きな影響を与えました。シベリア平原を作った大規模な湧き出しは、史上最大の生物大絶滅であるペルム紀の絶滅の原因であり、デカン高原への大規模湧き出しは白亜紀最後の恐竜絶滅の原因の1つと考えられます。

アジア大陸のものほど大きくないコールドプルームが、アメリカ大陸の下にあります。東側から南北アメリカプレート（その上にアメリカ大陸が乗っている）が西へ向かって進行していて、太平洋側から東へ進んできた太平洋プレートやナスカプレートが、大陸の下へ沈み込んでいるので、アメリカ大陸の下にはコールドプルームが溜まってきています。まだ新しいので溜まっている量は多いわけではありませ

んが、それでも大陸中央部のミシシッピ流域やアマゾン流域が低地であるのは、プレートの沈み込みに引き込まれているためと考えられます。

## 12 まさに地球規模のダイナミックな変化

どの位置にどのくらい大きなプルームがあって、どのくらいの速度で移動しているか、プルームの動きはますます細かく解析できるようになってきています。何ともダイナミックなことになってきましたが、スーパープルームの動きが周期的に起きることで、生物の絶滅と大きく関係するわけです。

上野の国立科学博物館では、大きな360°の球形スクリーン（プラネタリウムのような半球ではありません）を使って、プルームテクトニクスの映画が紹介されています。球の中心を通る透明なアクリルの回廊があって、そこから見物します。頭の上にも足の下にも映像が見える。何台かの映写機を使っているはずですが、映像のつなぎ目は全く気になりません。チーちゃん（娘夫婦の娘）とフーちゃん（息子夫婦の娘）という、5歳の孫娘2人を連れて見に行きましたが、なかなか迫力あるもので、2人とも大いに興奮していました。孫に『プルームが出てくるんだよ』といわれても私には実感がわきませんが、彼女らには、まさに目の前で起きているような実感があるのだろうと思います。3D映像になったらもっと迫力あるかもね。

# II. プルームテクトニクスと生物の栄枯盛衰

## 1 プルームテクトニクスと生物の大繁栄

大絶滅というのは、急激な生物の絶滅（カタストロフィー）の以前から、数百万年にもわたって徐々にはじまることが多いのです。生物の繁栄と絶滅との関係で、何が起きているのか、もうちょっと詳しくみてみます。

巨大で熱いプルームが、海底に達して吹き出すと、炭酸ガスの放出による温室効果で気温を高めます。場合によっては深海底のメタンハイドレートが溶解・噴出して、メタンの温室効果も加わります。メタンは炭酸ガスより強い温室効果ガスです。こうして、海嶺が活発に拡大する間、地球は温暖化し、氷河の消失による海面上昇・海進があるのが普通です。ホットプルームが海底を押し上げるための海面上昇も加わる。陸地付近の浅い海が増えます。浅い海は生物が繁栄する場です。こうして陸地でも海中でも、植物も動物も大いに繁栄します。

## 2 プルームテクトニクスと生物の大絶滅

海洋底がどんどん拡大すると、反対側ではプレートが沈み込み、大陸が互いに接近し集合します。しばらくすると、上昇するプルームの活動が緩くなり、海底拡大は緩やかになります。むしろ、下部マントルと上部マントルの間に溜まっているコールドプルームが、積極的に大陸底を引き込むようになります。ホットプルームによる海底を押し上げる効果がなくなり、海面が下がります。炭酸ガスの噴出による供給が低下すると、旺盛な光合成の働きが炭酸ガス濃度を低下させ、やがて気温は低下します。メタンも次第に酸化されて減少します。概略的には、大陸が1つにまとまって超大陸ができるころに寒冷期（氷河期）がきて、海は後退して浅い海が減る。こうして生物が徐々に死にはじめる。絶滅の開始です。

しばらくすると、下部マントルの上に溜まっているコールドプルームが、一気に（といっても数百万年以上の期間は必要ですが）コアまで沈むときがきます。大きなコールドプルームが沈んでしばらく経つと、やがてコアに暖められて熱くなったマントルが次のホットプルームとして上昇し、大陸を引き裂く大噴火が起きます。陸地にプルームが吹き出せば、大量の炭酸ガスを噴出させるほか、硫黄やハロゲンも噴出して酸性雨を降らせ、酸素を欠乏させるなど大きな変化を起こします。大量の火山灰が上空を漂い続け、日照を減らし植物を枯らします。植物の減少は、食物連鎖の結果、すべての動物の生存を脅か

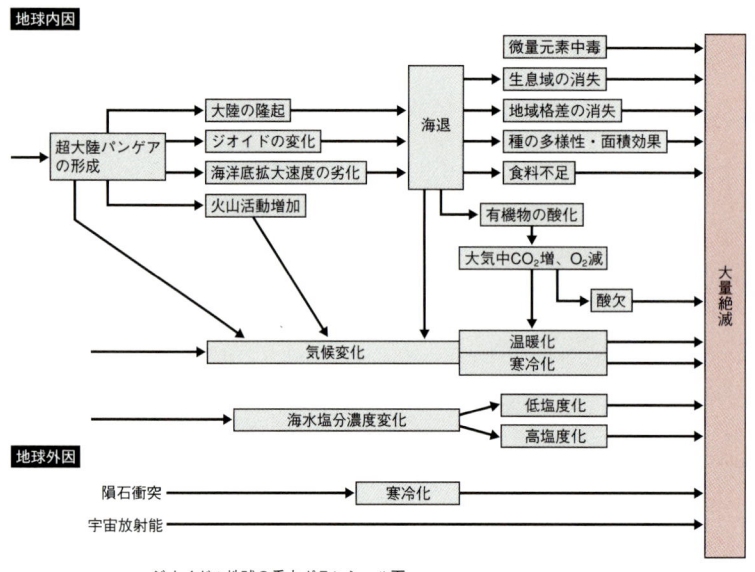

図14-8 ペルム紀/三畳紀境界の生物絶滅の原因として提案されている環境変動

します。植物の減少や、気候変動と酸素の急激な低下などが絶滅へのカタストロフィーを引き起こし、絶滅への最終的なだめ押しをします。この効果が大きければ大きい程、生物の絶滅の程度は大きくなります。

6,500万年前の白亜紀の終わりには、まだインド洋を北上中だったインドへのプルーム噴出によってデカン高原ができました。2億4,500万年前のペルム紀の終わりには、シベリアに大規模なプルーム噴出があってシベリアの大平原を作りました。いずれも、数百から数千万 $km^3$ にもおよぶ玄武岩の噴出があり、この時期には生物の大絶滅がありました。パンゲア大陸が形成された時期に呼応する、ペルム紀の大絶滅にかかわる環境変化への1つの理解を示します（図14-8）。

やがて、初期の急激なプルームの噴出が穏やかになると、大陸の分裂進行に平行して温暖化して生物は回復期に向かい、生物の繁栄期がきます。こういう繰り返しがある周期で起きるわけです。

### 3 絶滅には周期がある

よくいわれるように、古生代と中生代、中生代と新生代の間には大絶滅があって、その前後で生物相が大きく変化しています。ここでは生物種の80%とか90%が滅びています。各代のなかには紀がありますが、紀と紀の間にも30〜50%程度の生物種の絶滅があって、生物相が変化しています。紀のなかはさらに世に分けられますが、世と世の間にも20〜30%程度の生物種の絶滅があって、生物相が変化しています。これらの絶滅がすべてプルームの動きが原因というわけではありませんが、**地殻全体に影響するような巨大ホットプルームの上昇によるプレートの供給と、冷えたプレートが巨大プルームとして沈降するのは、ある種の周期がある**ことは当然と思われますし、小さなプルームの動きにも、ある程度の周期があることはもっともなことと思います。プルームの動きについて概略的には、10億年程度の周期、4億年程度の周期に加えて、数千万年程度の短い周期的な変化もあって、大絶滅のほかに、中程度あるいは小規模な絶滅との関係が検討されています。

### 4 気候変化と生物絶滅への影響は単純ではないが

生物影響への細部は単純ではありません。気温上昇の効果は、一般には生物に好都合そうに思えますが、極地と赤道あたりの温度差が小さくなって、極地で冷却される海水の沈み込みがなくなると、全世界レベルの海水大循環が消失し、海洋生物に大打撃を与えるといわれます。海水の大量蒸発によって地球全体が雲で覆われると、かえって日照低下による植物の減少や、気温の低下を導く可能性もあります。海では、植物プランクトンの減少からはじまる食物連鎖で、動物の生存も危うくなる可能性もあるのです。気温の低下と氷河期の到来は生物の生存にとっ

て重大なできごとですが、大陸が移動して、南極あるいは北極に大陸があるときには、そこに大きな氷河ができることで地球全体の低温化をもたらす傾向が大きくなります。スノーボールアースはそういう時期に起きています。極地方に大陸がないときには、この効果が小さく、激しい氷河期がこない可能性が大きくなります。非常に巨大な大陸が形成されると、海から遠い内陸部は乾燥して、植物が育ちにくく、それを食べる動物も棲めなくなります。このように、気候変化と生物絶滅のシナリオは実は単純ではなく、ちょっとした条件の違いで結果が大きく影響されます。ではありますが、概略的な筋書きがわかりつつある。

いずれにせよ、**プルームテクトニクスという地球全体のダイナミックな動き**、それによって概略的に**周期的な大陸の集合や分裂**が起き、大規模な溶岩の噴出、海洋底の上昇や海面の上昇、炭酸ガスやメタンガス噴出による気温上昇や気候の変化、その他、多くの二次的、三次的な変化が誘起されることによって、**生物の大絶滅、中絶滅、小絶滅**が、全地球的あるいは局地的に引き起こされていることは確かなようです。もちろん、プルームテクトニクスだけが生物絶滅の原因であるというつもりはありませんが、原因として大きいと思います。

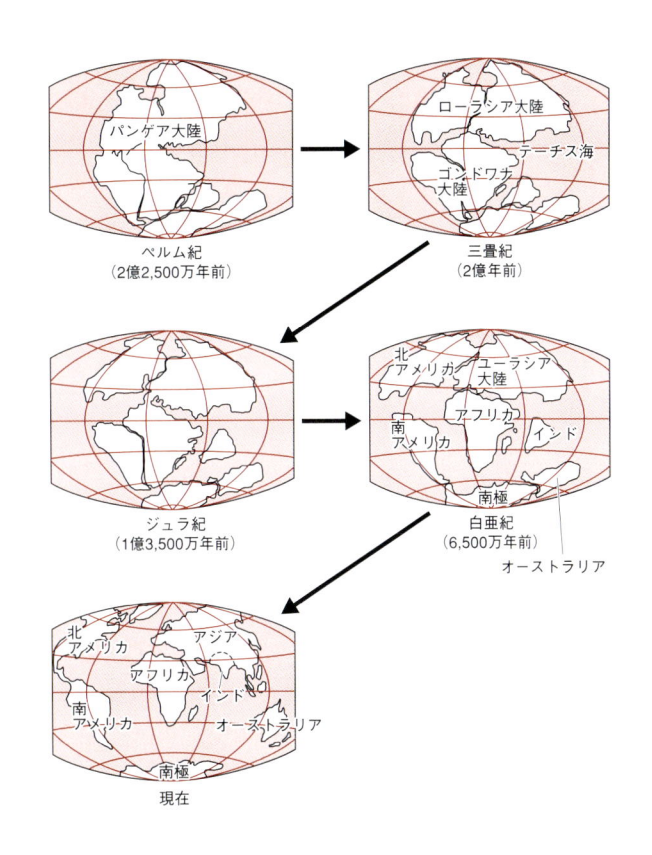

図 14-9　顕生代の大陸の動き

## III. 超大陸の形成と分裂の歴史

### 1 顕生代における超大陸の形成と分裂

大陸の変化は大変にダイナミックなものです。2億5,000万年くらい前の古生代と中生代の境で、1つの超大陸として集合していた**パンゲア大陸**が分裂をはじめました（図 14-9）。この時期にペルム紀大絶滅という生物史上最大の絶滅が起きました。三畳紀からジュラ紀には、北のローラシア大陸と南のゴンドワナ大陸に分かれました。両者の間に生まれたのが、テーチス海で、現在の地中海や黒海から東南アジア方面までつながった浅い海で、多くの生物が栄えた海洋生物の宝庫でした。

その後、ゴンドワナ大陸は、現在のアフリカと南アメリカを含む西ゴンドワナ大陸と、南極大陸、インド、オーストラリアを含む東ゴンドワナ大陸に分かれました。

白亜紀に入るとさらに西ゴンドワナ大陸は、アフリカと南アメリカに分かれ、ローラシア大陸も北アメリカとユーラシア大陸が分かれ、大西洋ができました。東ゴンドワナ大陸は、インドおよびマダガスカルと、南極およびオーストラリアの2つに分かれました。

白亜紀後期には、インドはさらに北上しました。白亜紀には、南アメリカ、南極大陸、オーストラリアがつながっていて、生まれたばかりの有袋類がア

メリカからオーストラリアまで渡って行ったけれども、真獣類が誕生したときにはこの三大陸が離れていたので、真獣類はオーストラリアへは渡れなかった、という話を13日目でしました。

新生代に入ると、南極大陸とオーストラリアが分かれ、オーストラリアの北上がはじまりました。インドはユーラシア大陸に衝突し、ヒマラヤ山脈ができました。ヒマラヤ山脈でみつかる海洋生物の化石は、テーチス海の生き物です。エジプトのワディ・アル・ヒタンは、4,000万年くらい前の海へ戻りつつあったクジラの化石がゴロゴロしている遺跡として有名ですが、ここもテーチス海だったのです。

## 2 それ以前の超大陸の変化

7億年くらい前にはロディニア超大陸がありましたが、この頃、6〜7.5億年前までは、スノーボールアースといって地球全体が凍結した2回にわたる大氷河時代がありました。やがてロディニア超大陸が分裂を開始します。分裂の原因はプルームの上昇で、火山の噴火による温度上昇があり、氷河は終焉しました。最初の多細胞動物の化石がみつかるドウシャンツォやエディアカラの動物群の時代が、6億年前あたりからはじまり、やがてカンブリア紀の生物大爆発につながります。カンブリア紀は、分裂した大陸が離れていく途中の時期です。古生代中頃の4億年前くらいからは、離れていく大陸が地球の反対側で再び集合しはじめて、古生代終わりのペルム紀にはパンゲア超大陸になりました。大規模な大陸の移動や衝突は、その上で暮らしていた陸上生物への影響はもちろんですが、結果として全地球規模で影響を与え、海洋生物の存亡や多様な展開にも大きな影響を与え、古生代の各紀の生物相に変化を与えたわけです。

さらにそれ以前では、10億年程前のパノティア大陸、15億年程前のコロンビア大陸、19億年程前のヌーナ大陸などがあったとされています。この時代に大きな大陸があったということであって、1つにまとまった大陸があったという意味ではありません。27億年前にもウル超大陸があったといわれます。古いものほど確実性に乏しいことはやむを得ません。

## 3 最初の超大陸ができたのもスーパープルームのため

現在の地球表面のおよそ7割は海で、3割が陸です。現在知られている一番古い岩石は40億年前のもので、それ以前には陸地がなかったか、あっても地球内部に埋もれてしまったと思われます。40億年前に陸地が誕生した当時からしばらくの間は、現在に比べて10分の1以下の面積でしかありませんでした。

およそ27億年前まで、マントルの対流は上部マントルの対流と下部マントルの対流は独立に起きていたと考えられます。2層対流です。27億年前あたりから、マントル全体の対流が起きるようになりましたが、はじめは乱流的に上昇部分と下降部分が細かく混在していました。やがて次第に本数が統合され、スーパーホットプルームの大規模な噴出があって、最初の大きな陸地の拡大が起きました。コールドプルームの方も本数が統合され、やがて1本のスーパーコールドプルームが形成されるようになったとき、地表からの吸い込み口が1つになるわけで、表面にあった陸地は一カ所に集められ、最初の超大陸であるウル超大陸が形成されました（図14-1）。これが約27億年前というわけです。

## 4 大規模なプルーム噴出による大陸の拡大

40億年くらい前に最初の小さな陸地ができて以来、大陸は拡大しましたが、徐々に拡大したのではなく、段階的に急激な拡大がありました。およそ27億年前、20億年前、9億年前の3回です（図14-10）。この時期に、スーパーホットプルームの大規模な噴出があって、大陸の大規模拡大があったわけです。27億年前のウル大陸は、ホットプルームの上昇でバラバラにされました。バラバラになった大陸は、やがて新たなコールドプルームによって地球の反対側で集合し、20億年前にヌーナ超大陸を形成したものと考えられます。それが次のスーパーホットプルームの上昇で、次の大規模な大陸地殻形成が起きるとともにヌーナ超大陸が分裂する。こういうサイクルが繰り返されるわけです。10億年前にスーパ

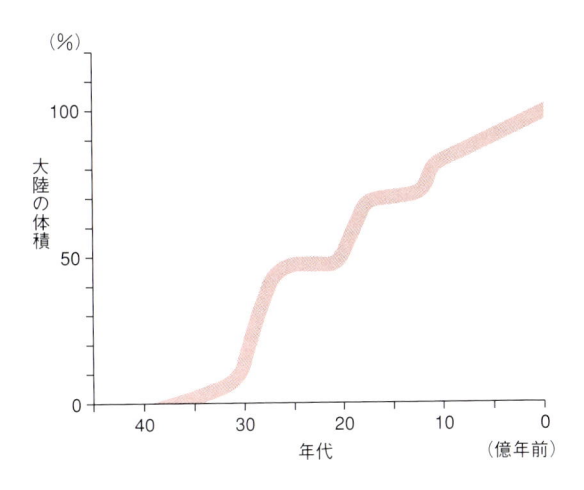

図 14-10　大陸の拡大

ーホットプルームの大きな湧き上がりによる大陸の大規模な拡大が起きた後は、現在まで大陸の離合集散はありましたが、陸地を合わせた面積には大きな変化はありませんでした。概略、陸地の大規模な拡大は 10 億年ごとに起きるようにみえます。とすれば、今から数億年後には、大規模な噴出があって、生物の大部分は絶滅するかもしれません。

### 5 マグマの噴出が作る陸地

現在あるいは現在につながる陸地の形成にはさまざまなケースがあります。マグマが地上に出て陸地を作る機会として大きなものは、プルームが地上に吹き出して作る大きな溶岩台地です。シベリア平原やデカン高原などのほか、カナダやアメリカやアフリカなど世界各地に大きな台地がみられます。プレートの生成源としての海嶺では大量の溶岩噴出がみられますが、海面にまで顔を出すことは稀です。ただ、アイスランドは、大西洋の海嶺での噴出が海上まで顔を出している例です。

プルームの枝が噴出して、海上に顔を出した島を作っているハワイ諸島や、それ以前の噴出の歴史を物語る天皇海山列島のような、点状の湧き出しもあります。こういうものをホットスポットといいます。ハワイ諸島は、海上に出ているのは小さな島に過ぎませんが、3,000 メートル以上の深海に突き出しているので、海底からみると巨大な山です。こういう小さな陸地が太平洋プレートに乗って日本までやってくると、プレートは沈み込みますが乗っている陸地は軽いので沈むことなく、既存の陸地に付け加わります。岩手県の東部、伊豆半島、紀伊半島の南端、四国の足摺岬や室戸岬には、太平洋プレートに乗って運ばれてきた付加体が加わっているといわれます。プレートの沈み込みが起きている場所では、沈み込むプレートと陸地の底面との摩擦で発熱し、そこから生じるマグマが地表へ噴出します。太平洋プレートとその周辺プレートの沈み込みが、フィリピンや日本列島から千島、アリューシャン列島を経てアメリカ南北大陸の西海岸まで連なる、環太平洋火山帯を形成するのはその一例です。日本が火山帯である（地震帯でもある）のはこのためです。

## IV. 氷河期の襲来

地球は度々氷河期に襲われています。大きな氷河期が訪れることは生物にとっては危機的な環境で、多くの生物が絶滅します。

### 1 顕生代の氷河期

図 14-11 は、顕生代の気温変化を示したものですが、少なくとも 4 回の氷河期があったことがわかります。図 14-11 の縦軸に示す酸素同位体の存在比は温度変化の指標です。地表の温度が下がって氷河ができても、海中にいる生物には影響がないと思うかも知れませんが、そうではありません。地上の気温が低下することは、例えば海洋の大循環に多大な影響を与え、海中の酸素や炭酸ガス濃度に影響を与え、光合成する藻類やプランクトンの生態に大きな影響を与えて、食物連鎖を通じて大型の動物にも大きく影響します。実際、古生代の 2 回の氷河期には多くの海洋生物が絶滅しています。ジュラ紀から白亜紀にかけての氷河期にも海洋生物の危機がありました。ただこの時期には、低温と低酸素に対する備えをした恐竜類は、種の置き換えはありましたが全体としては耐え忍んで繁栄を続けたと考えられます。新生代に入って現在までは、顕生代として 4 回

目の寒冷期を迎えています。

新生代には何回も氷河期がありましたが、人類が誕生した後にも氷河期はあり、50万年前くらいから1万年前近くまでおよそ4回繰り返されました。現在は4回目のヴュルム氷河の後の間氷期あるいは後氷期に相当します。5回目がくるかどうかよくわかりません。図14-12 は南極の氷床の分析から、大気中の炭酸ガス濃度の変化と氷床の成長がきれいに逆相関しているのがわかります。水素同位体存在比は温度変化の指標になりますが、これもよく相関しています。炭酸ガス濃度が下がると温室効果が低下して温度が下がり、氷河期がくるわけです。

## 2 全球凍結

通常の氷河期は極地からせいぜい中緯度地方まで氷で覆われる程度ですが、23億年前（ヒューロニアン氷河期）あたりと7.5億年前（スターシアン氷河期）から6億年前（マリノアン氷河期）あたりには、全球凍結（スノーボールアース）の時代がありました（図14-13）。もっと前の27〜29億年前にもあったといわれます。地表の平均気温は−40℃（現在の地球は平均15℃くらい）にもなったと推定され、地球全体が1,000mを超える厚さの氷に覆われた時期があったといわれます。6〜7.5億年前あたりの氷河期は、4〜5回繰り返されたと考えられます。通常の氷河期の概念を大幅に越える、信じられないくらい大規模なものですが、さまざまな証拠があって確かなものとされています。海水中の$\delta^{13}C$の値は生物が大繁栄しているときはプラスに（単純に考えると、生物が$^{12}C$を優先的に有機物に変えて使ってし

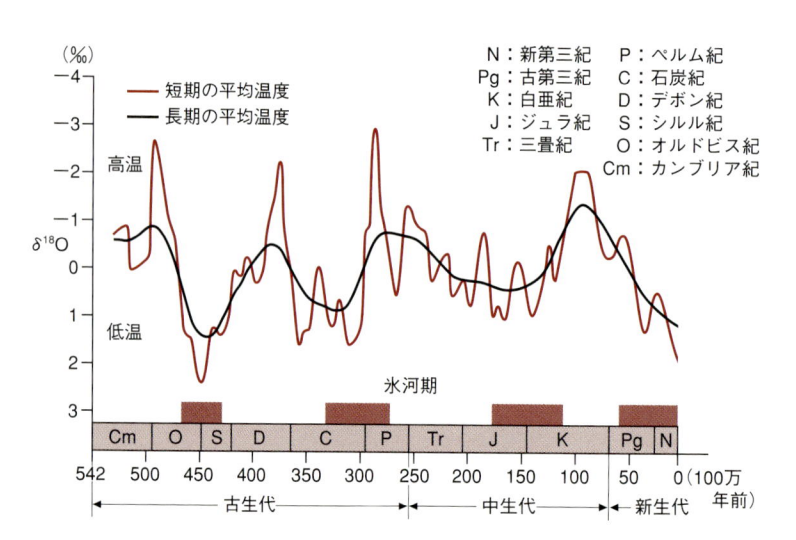

図14-11　過去5億年間の気候変化（参考文献10を元に作成）

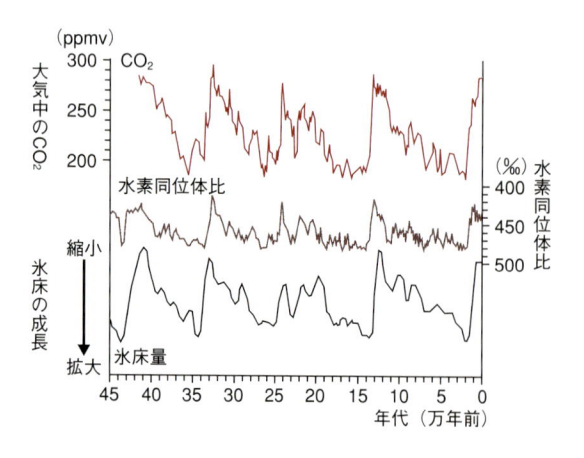

図14-12　二酸化炭素濃度と氷床成長
（参考文献10を元に作成）

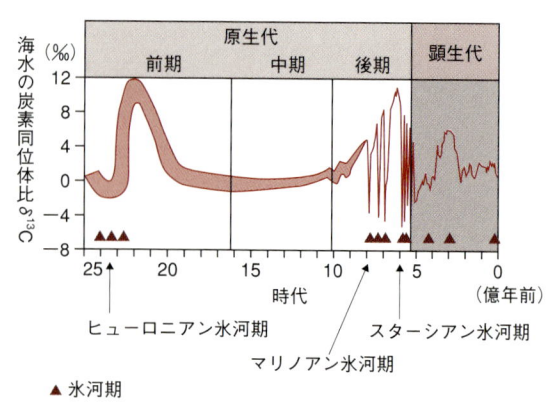

図14-13　大きな氷河期と海水中の$\delta^{13}C$
（参考文献10を元に作成）

まうので海水中では減り、相対的に海水中の $^{13}C$ が増える結果になる）、絶滅に近いときはマイナスに振れます。23億年前あたりでは、すでに誕生していた光合成するシアノバクテリアが太陽光を十分に得られずに大打撃を被った可能性がありますし、6〜7.5億年前あたりでは、浅い海で誕生したばかりの多細胞動物の先祖が大打撃を被った可能性があります。当然のことながら、氷河期には生物は絶滅に近づき、暗い海の中で細々と生きのびていたと思われます。ただ、氷河期が終わると共に $\delta^{13}C$ の値は大きくプラスに転じ、生物が大繁栄を迎えたことが推定できます。

### 3 全球凍結はなぜ起きる

機構が完全にわかっているわけではありませんが、大気中の炭酸ガス濃度が低下するなどの条件によって大気の温室効果が低下し、その結果、地表の温度が低下することが大きな原因と考えられます。このほか、地球の公転軌道が楕円軌道であるためと、離心率の定期的な変動などで太陽からの距離が周期的に遠くなることや、地軸の傾きの変化なども地表温度に影響する可能性があります。これに加えて、極地に大きな大陸があるときには、大きな氷河ができやすく、氷河期がくるといわれています。氷河の氷の量が増加してある限度を超えると、太陽からの光を反射する量が増えるため、地球を暖める効果が急激に減少して冷却化が急速に進み、全球凍結に進むと考えられます。

### 4 全球凍結の終了

凍結状態はしばらく続きますが、やがて、海面が被われることによって、炭酸ガスの海水への吸収と光合成生物による吸収の両方が妨げられて、炭酸ガスが次第に大気中に蓄積するほか、大規模な地殻変動に伴う大噴火や溶岩噴出で出される大量の炭酸ガスやメタンガスの温室効果によって地球が暖められ、氷が溶けはじめると、数百万年くらいの比較的短期間で氷河期が終了します。平均気温は一時的には60℃くらいまで上昇する可能性があるといわれます。海面が露出すると、海水が炭酸ガスを吸収して炭酸カルシウムとして沈殿させ、光合成生物が炭酸ガスを吸収し、温室効果は低下して気温は元に戻ります。氷が溶けることで陸地の侵蝕が進んで海へ押し流され、同時に海水面が上昇することで浅い海がたくさん作られて、生物を一気に繁栄させます。大規模な氷河は、生物界にも大きな影響を与えるわけです。

## V. 大絶滅はどのくらいあったか

### 1 大絶滅はたびたびあった

顕生代が、古生代・中生代・新生代と大きく分けられるのは、それぞれの代にみられる生き物が大きく異なるからですが、その原因は、代の間に起きた大絶滅です。**全生物種の70〜90％あるいはそれ以上が絶滅したと考えられる大絶滅だけでも、5回はあります**（図14-14）。この図14-14で下向きの矢印が大きな絶滅の時期を示します。縦軸は、絶滅した科の数で表示しており、科のなかのすべての種がいなくなったときだけ絶滅と数えているので、落ち込みは大きくはみえません。1つの科のなかで95％の種が絶滅しても、5％の種が残れば科としては絶滅せずと表示します。環境変化のために多くの生き物が絶滅すると、新たな環境に適合した生き物が生まれて、生物のいなくなった場所へどんどん展開して繁栄する、という繰り返しがあります。だから、大絶滅の前後では生き物の種類が大きく変化します（図14-15）。

古生代などのなかが複数の紀に分けられるのも、それぞれに特徴的な生物がみられることによります。紀と紀の間にもしばしば大絶滅があって、その前後で生物が大きく異なるからです。古生代の最初であるカンブリア紀の終わりにもかなり大きな絶滅があって、次のオルドビス紀には新たな生き物が展開する。だから、紀を分けるわけです。そういう繰り返しがあります。**30％くらいの生物が滅びた絶滅は15回くらいある**といいます。もっと小規模なものはもっと高頻度にありました。大絶滅について新しい方からみてみます。

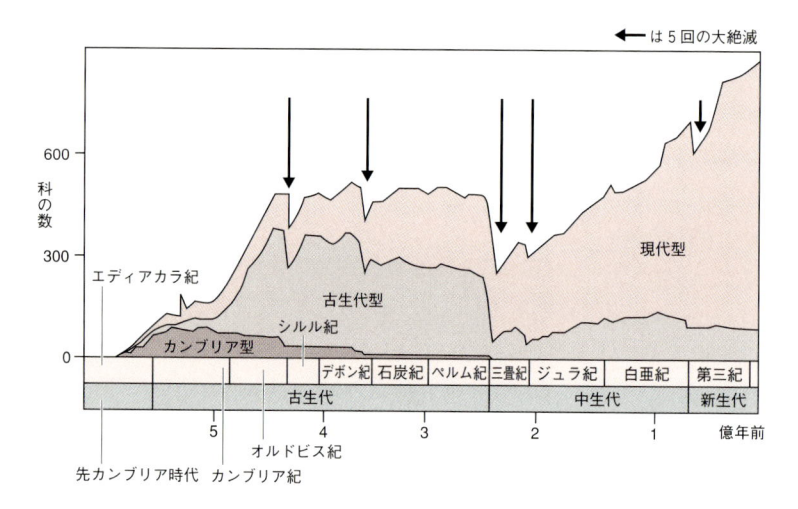

図 14-14　大絶滅と時代区分（参考文献 10 を元に作成）

図 14-15　大絶滅前後の生物の変遷（参考文献 10 を元に作成）

## 2 白亜紀の大絶滅

中生代と新生代の間には、**白亜紀の大絶滅**がありました。繁栄を誇っていた恐竜がすべて滅んで、結果として哺乳類の時代がくるきっかけとなったできごとです。哺乳類の先祖は三畳紀に爬虫類から分かれたと考えられますが、長い中生代を通じて、哺乳類のなかでも胎盤がない単孔類のごく小型のものしかおらず、本格的な胎盤をもった真獣類は白亜紀には誕生していたとはいえ、すぐに大きな展開はできませんでした。新生代に入ってから爆発的に展開できたのは、何といっても恐竜が滅びて恐いものがなくなったためです。海でもアンモナイトの完全な絶滅など、大変化が起きました。

白亜紀の大絶滅に関しては、**直径 10 ～ 15km 程度の隕石がユカタン半島に落下したために起きた、全世界的な気候変動が原因**という有力な証拠があります。衝突によって起きた火災や塵埃によって太陽光が遮られて、地球規模の低温化が起き、プランクトンや植物の絶滅が起き、食物連鎖の上位にいる動物も絶滅したと考えられます。

ただ、恐竜類の減少はこれ以前からはじまっており、これについては**ホットプルームの循環による気候変動も原因**と考えられます。北上中のインドで噴出したプルームの影響でデカン高原ができ、酸素濃度の低下や、亜硫酸ガスによる大量の酸性雨が降って海や陸が酸性化しました。炭酸ガスやメタンの増加による温暖化が海水温上昇を招き、海全体の大循環がなくなって、海の生物が絶滅した。こういった複合要素の上に、隕石の落下は絶滅への最後の壊滅的なだめ押しになったものと思われます。いずれにせよ、それまでの環境によく適応して繁栄していた海と陸の生物で、種のレベルでは 70 % を絶滅させました。

## 3 三畳紀末の大絶滅

ペルム紀の中期には 30 % もあった空気中酸素が、ペルム紀の後半から徐々に下がりはじめて、ペルム紀を経て三畳紀のはじめには 20 % 程度になり、**三畳**

紀の終わりにはついに10％近くまで低下しました。ペルム紀の大絶滅の原因となった大きな地殻変動は、古生代末期のパンゲア超大陸の集合と、それに引き続いて起きたプルームの噴出による地殻変動が、地球のあちこちで続いていた結果と思われます。このため、**低酸素環境に対応できたごく一部の生物を除いて、三畳紀の終わりには種のレベルで75％程度の生物が死滅したと考えられます**。この事態にうまく対応できた代表である恐竜の祖先は、大絶滅の後、大いに展開し、徐々に酸素が増加するにつれて巨大化し、活発に活動し、全盛時代を迎えます。哺乳類の先祖も辛うじてこの危機を生きのびることができました。

### 4 ペルム紀の大絶滅

古生代と中生代の境目には、すべての大陸が1つにまとまった**パンゲア大陸が、巨大なスーパープルームの上昇によって分裂をはじめました**。大陸内でも大規模な火山噴火が起き、その溶岩流で広大なシベリア大地が形成されるなどの大きな地殻変動のために、大規模な気候の変動があったといわれます。放出される大量の炭酸ガスの温室効果によって気温が上昇し、深海底にあるメタンハイドレートの気化が起き、その結果、大気中のメタンが増える温室効果でさらに気温が上昇しました。大火災や火山噴出物の酸化、メタンとの化学反応などによって、当時30％くらいあった空気中の酸素が徐々に低下して行きました。噴出した大量の亜硫酸ガスなどが硫酸雨として降り、極地での海水温上昇によって海全体の大規模な循環がなくなり、海水の酸素濃度低下とともに、海の生物を絶滅に導いた。こういった変化は、かなり長期にわたって徐々に起きたことと考えられます。陸上のみならず海中でも、**種のレベルとしては生き全体の90～95％が死に絶えたと考えられ、ペルム紀（二畳紀）の大絶滅といいます**。生物の歴史上、最大の絶滅です。当然のことながら、この前後で生物相は激変しました。

### 5 デボン紀後期の大絶滅

デボン紀初期には25％程度もあった**酸素濃度**がデボン紀を通じてどんどん低下し、**末期にはほとんど10％近いレベルにまで低下し**、種のレベルで80％程度の生物が絶滅しました。同時に、寒冷化が進行して氷河期がきたと考えられます。海中では、大いに栄えていた魚類の大部分が絶滅し、誕生したばかりの両生類も大きな打撃を受けました。ロディニア超大陸が7億年前くらいから分裂をはじめていたものが、4億年前くらいから再び集合をはじめていて、大規模な陸地の衝突や、その結果として火山の噴火などの地殻変動が起きて、大きな気候変動にいたったと考えられます。

### 6 オルドビス紀末の大絶滅

オルドビス紀末にも大きな絶滅があり、三葉虫やウミユリなどをはじめ、種のレベルでは海で栄えていた生物の85％が失われたといわれます。地殻変動の結果起きた**地球規模での寒冷化が進行**して、特にゴンドワナ大陸が南極にあったために巨大な氷河ができ、その結果として海面が大きく低下し、生物の生息場所であった浅い海が失われたことは大きなできごとでした。これとは別に、太陽系近くで起きた超新星爆発による強いγ線バーストの照射を受けたことが、絶滅の引き金となったという説があります。興味ある説ですが、絶滅がいつも一瞬で起きるものではなく、かなり長期にわたってゆっくり起きるものであることを考えると、これだけが絶滅の原因とは考えにくいところで、だめ押しの一撃ではあったかもしれません。

### 7 原生代末期の大絶滅

原生代の終わりにはエディアカラ生物群が栄えていましたが、この紀の最後にも超大陸の変動による大絶滅があったと考えられ、カンブリア紀にはエディアカラ生物群がみられなくなります。ロディニア超大陸が7億年前くらいから分裂をはじめたと考えられること、6億年前あたりに大きな氷河期があったことなどが、絶滅に関係しているかもしれませんが、正確なところはやや不明です。いずれにせよ、大絶滅の後のカンブリア紀には、史上最大の生物多様性の爆発があったわけです。

## 8 それ以前の大絶滅の可能性

エディアカラ動物群のあらわれる直前の、6〜7.5億年前くらいの間の全球凍結の時代、誕生したばかりの多細胞動物が絶滅した可能性があります。ただ、化石の証拠が乏しいため、その間にどのような生物が絶滅し、どのような生物が生きのびたかについては、現状では証拠が不十分です。その後氷が溶けた後の温暖な環境の中で、浅い海の環境がひろがり、多細胞動物として大規模な展開があってエディアカラ動物群が誕生したと考えられています。

また、20〜24億年前あたりと27〜29億年前にも全球凍結があったといわれます。この時代の生き物は単細胞生物で、絶滅の様子は化石の研究からでは追いかけにくいところがあります。ただ、全球凍結による生物活動の大きな低下は、炭素同位体の存在比率 $\delta^{13}C$（化学化石といいます）によっても支持されています。生物の大絶滅の後で新たな生物群の大展開がみられることは、顕生代には毎度みられたことですが、全球凍結のあたりで真核生物の誕生（21億年前）とシアノバクテリアの誕生（27億年前）がみられるのは、偶然なのかどうか不明です。

# VI. 大絶滅は進化の源である

## 1 大絶滅は生物多様性展開の大きな要因

大絶滅の後、多様な生物が回復するまでにかかる時間は一様ではありませんが、大絶滅のたびに、その後に新しい生き物の大展開がみられることは事実です。だから、事実として、大絶滅は多様性展開の源であるといわれます。これは理由があることです。

あらゆる環境に生物が展開している状況では、遺伝子の変異によって新たな試みをした生物が誕生しても、生きる上で既存の生物よりよほど有利な性質を獲得しない限り、広く展開することはできません。現在の環境で繁栄している生物は現在の環境に適合した性質を獲得していることが多いので、それに比べて生きるのに好都合な変異など、希にしか起きないというか、まずないといえるほどチャンスは小さい。

大絶滅の後、地球上のほとんどの場所に競合する生物がいない状況では、変異してさまざまな試みをした生物が、その環境のなかでとりあえず生きのびられる性質でさえあれば、子孫を残せます。絶滅以前にいた既存の生物より生存に有利な性質をもつ必要はありません。生きられる場が提供されることが、多様性の展開にとってまず大切な条件です。競合する相手がいなくなることで、さまざまな工夫をした生物がとりあえずにせよ生きのびて、子孫を残せる環境になった。したがって、逆説的ですが『**大絶滅があったことで生物が大きく進化した**』あるいは『**大絶滅がなければ生物の進化は緩やかで単調であった**』といえるわけです。

## 2 特殊化しなかった生物が生き残ることが多い

大絶滅までは、その環境に非常によく適応した、その環境に合うように特殊化した生物が、それ故に大繁栄を誇っています。そういう生物にとって不適切な方向へ環境が変化したとき、特殊化していた生物群は生きのびることができない可能性が高い。それが大絶滅です。これに対して、前の環境に必ずしも適応していなかった、細々と生きていた生物は、多少環境が変わっても生き残ることができて、次の時代に展開する可能性があります。**ある環境に合うように『特殊化していない』ということは、別の表現をすると『原始的にみえる』生物です。**これが生きのびてやがて展開する。生きのびられさえすれば、以前の環境で大きな顔をしていた多くの生物がいなくなったのだから、場所的にも個体数的にも展開することが可能です。氷河がなくなるとか、酸素濃度が回復するとか、環境が都合よい方向に回復すれば、どんどん増えて新たな多様な工夫をして、以前とは異なる生物グループとして繁栄します。このようにして、大絶滅が起きるたびに、その後にあらたな多様性の大展開がみられるのが普通なのです。事実としても論理としても、大絶滅は生物の多様な展開の

源である。

### 3 生物はすぐに環境に合わせる

　カンブリア紀に急に誕生した（ようにみえる）動物たちは、たちまち多様化し、しかも大型化したようにみえます。無脊椎動物のウミサソリや直角貝、脊椎動物である原始的な魚類など、2～10m近くにもおよぶ大型の動物が繁栄しました。生き物がなかった新たな環境に合わせて、どんどん変化した動物を生み出しました。結果として、やがて海だけでなく淡水環境へも陸上へも進出しました。酸素濃度が上昇すればすぐに大型動物が現れました。植物も同様です。

### 4 生物が飽和した時期は進化の停滞期である

　海にも淡水にも陸上にも生物があふれてしまうと、遺伝子の変化が起き、新たな性質をもった生物が生まれても、既存の生物を凌駕することはなかなか難しく、しばらくは進化の停滞を迎えるようにみえます。新たな遺伝子を作る試みはいつも同じ速度で続いていても、新たな試みを発揮できる環境ではないことが、進化の停滞にみえるわけです。生物の変化のもとである遺伝子の変化は、いつもかなり大きな速度で起きているのだと思います。だから、生きのび、展開できる場が与えられさえすれば、多様化はすぐに実現するはずです。生物が繁栄しているときは、生物で飽和していて進化が停滞する。

## VII. 生物の繁栄と酸素濃度

　過去の空気中の酸素濃度や炭酸ガス濃度がかなり正確に推定できるようになって、酸素濃度の変化が生物多様性の展開と絶滅に大きな影響をもったことがわかってきました。地球上の生命の歴史に果たし

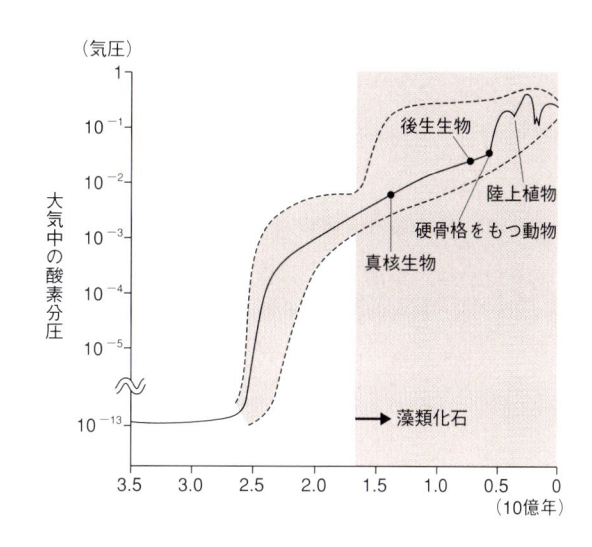

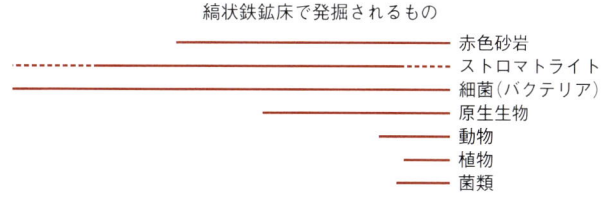

図14-16　酸素濃度の上昇と生物の関係
（参考文献10を元に作成）

た酸素濃度の影響という観点から、これまでに紹介したことも含めて見直してみます。

### 1 遊離酸素はシアノバクテリアが作った

　地球が誕生した当時から生物が誕生した35億年前も、その後の長い間も地球上の遊離酸素は非常に低濃度であったと考えられています。長い間、現在の空気中酸素濃度（21％）のおよそ1万分の1を超えることはなかったと考えられます。

　地表に遊離の酸素が生まれたのは、27億年前に光合成によって酸素を出すシアノバクテリアが誕生して、遊離の酸素が作り出されたことによります。はじめのうちは金属イオンの酸化に消費されたため、遊離の酸素は増えませんでしたが、酸化される物質が少なくなってくると、**遊離の酸素濃度は上昇**をはじめました（図14-16）。20億年前以降には、陸上でも鉄などの金属が酸化されるようになります。

## 2 好気性バクテリアの誕生

酸素の増加とともに、その時点で生息していたほとんどの生物（古細菌および真正細菌）は、酸素濃度の低い環境に逃げ込み、今日にいたるまでそこに閉じ込められました。**酸素濃度がおよそ現在の1％（パスツールポイント）を超えたあたりで、細胞内へ浸透してくる遊離の酸素を積極的に使って有機物を燃焼（酸化）し、それによって効率的にエネルギーを生み出す好気的生物（好気性バクテリア）が誕生**しました。酸素は最終的に水になって無毒化されます。およそ20億年前のことと考えられます。好気的酸化は生きる上で非常に有利なので、好気性バクテリアはたちまち世界中に広がりました。

## 3 真核生物の誕生

2009年のアメリカ科学アカデミーの紀要に、21億年くらい前に誕生した真核生物の細胞が大きくなれたのは、その時期の酸素濃度が現在の1％を超えるようになったからであるとの報告があります。**図14-17**は現在みつかっている化石から、各時代の各生物群の中で最大のものを示しています。原核生物は一般に1μm程度の大きさですが、真核生物になると、長さで数十〜数百倍以上、したがって、体積では千〜百万倍以上になります。酸素は拡散で細胞内へ供給されますから、細胞が大きくなればなるほど内部への酸素供給が悪くなります。**好気性細菌を取り込んで大きくなった真核生物が生き残るためには、酸素濃度が高いという条件が必要**でした。環境条件が満たされるようになったとき、真核生物としてのこのような試みが実現可能になったと理解できます。

## 4 多細胞生物の誕生

同じ論文で、多細胞生物として個体が大きくなったのも酸素濃度の上昇と関係があり、6億年前に酸素濃度が現在の10％（空気中濃度としては2％）になったところで多細胞生物への試みがはじまり、ここから多細胞生物として展開して、やがて$10^8 \sim 10^9$までのサイズ拡大が起きたと述べています（**図14-17**）。多細胞生物が成立するためには、細胞同士が接着するので、自由な空間に接する細胞表面積が低下することは避けられません。細胞表面積の低下は、細胞内部への酸素供給不足を招きます。多細胞の個体内に位置する細胞への酸素供給は、どんなによい供給システムをもったとしても、直接に空気に接するのに比べれば、酸素不足になります。**多細胞生物になったときに避けられない酸素不足に対応するためには、一段と高い酸素濃度の環境を必要とした**、というわけです。数量的な細かい考察を別として概略的には、高い酸素濃度の環境が用意されない限り、多細胞化という試みは、仮にあったとしても成功しなかったと理解できます。

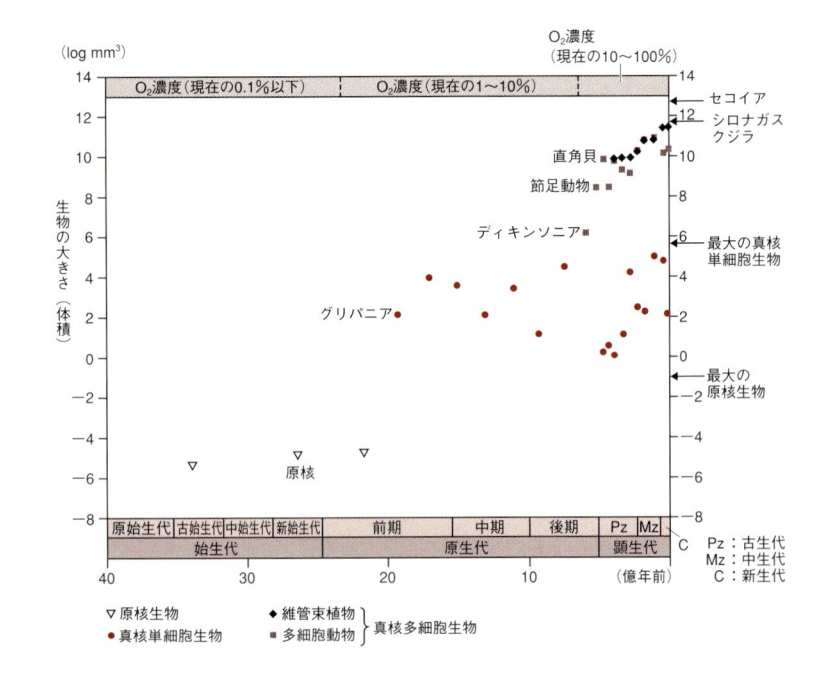

図14-17 生物の大きさと酸素濃度（参考文献20を元に作成）

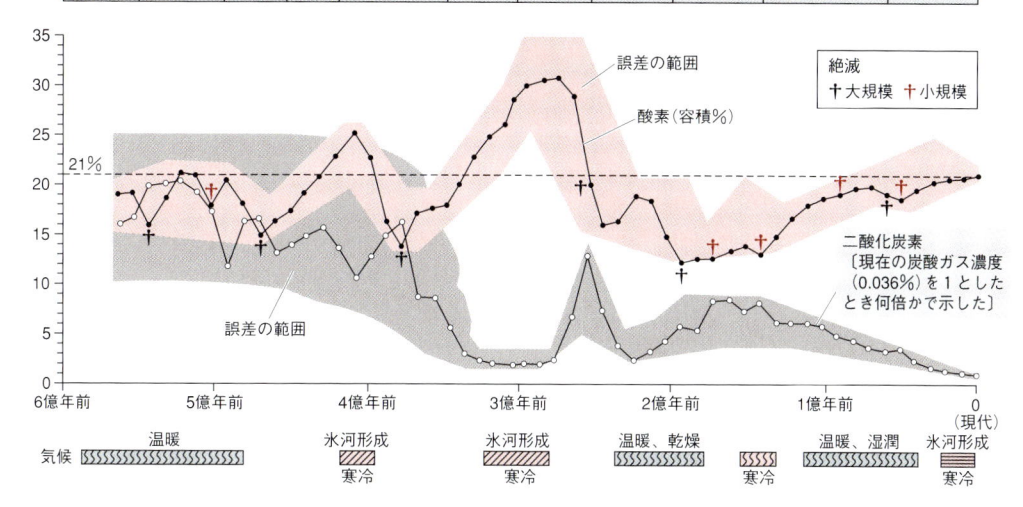

図 14-18 生物の絶滅と酸素濃度（参考文献 21 を元に作成）

## 5 古生代の繁栄

　長い間かけて上昇してきた空気中の酸素濃度は、カンブリア紀には現在（21％）とほぼ同じ程度になっていました（図 14-18）。シルル紀からデボン紀にかけては酸素濃度が今より高い 25％程度にまでなり、海の中では、3〜5 m もあるウミサソリ（節足動物）や直角貝（軟体動物）、10m にも達する板皮類（軟骨魚類）などが生まれました。大きな個体の内部まで酸素を行き渡らせるための気管や循環系といった工夫はもちろんあったとしても、酸素濃度が高いことは個体を大きくすることに有利な環境でした。高酸素濃度であることが、この時期に、植物や動物の陸上進出への環境を用意した可能性もあります。他方では、デボン紀の終わりには、地殻変動やそれに伴う気候変動に加えて酸素濃度の著しい低下が起き、大絶滅の原因になりました。

## 6 巨大なトンボ

　石炭紀からペルム紀にかけて再び酸素濃度が上昇し、過去から現在までを通じて最高の、30％を超える時期が続きました（図 14-18）。石炭紀には、陸上で大木が繁栄し、その間を 30cm を超える大型のトンボなどの昆虫が飛んでいたことは有名です。昆虫が大きくなれたのは、温度や湿度条件だけでなく、酸素濃度が高かったから、というのはもっともらしいと思います。なぜなら昆虫は、腹部にある気門から細い管（気管）を体内に配して呼吸していますが、空気の出し入れを拡散に頼るところが大きいため、身体が大きくなると酸素供給が間に合わなくなるためです。

## 7 高酸素濃度では大型化するものか

　ただ、現在のトンボを高酸素濃度で飼育したら大きくなるか、という問いについて私は答えを知りません。**酸素濃度を上げて鯉や金魚を飼ったら体が非常に大きくなった、という例**はあります。他の魚類でもあるようです。ただ、陸上動物の場合にはよくいわれるように、体のサイズが相似形で 2 倍になれば体重は 8 倍になるわけで、脚の断面積が 8 倍にならなければ体重を支えきれません。トンボの翅も相似形ではダメで、翅も翅を動かす筋肉も相似形よりずっと大きくなり、エネルギー供給も相似形的比率

より増大する必要があります。

生物に起きる遺伝子変異のなかで、**身体が大きくなるような変異をもった個体がいたとき、従来の環境では酸素不足で死ぬかもしれないけれども、酸素濃度が上がった環境では生き残れるようになった**、ということは起きても不思議はありません。そういう遺伝子変異をもって変化した生物は、高酸素という環境では生きられるけれども、逆に低酸素に戻すと死んでしまうわけです。そういう生物が選択されて、酸素濃度の変化とともに1つの方向へ向かって進化が進むようにみえる可能性はあります。

## 8 酸素濃度低下は生物の絶滅を招く

酸素濃度が低下すると、低下の程度にもよりますが、多くの生物が死滅します。デボン紀の終わりやペルム紀の終わりには酸素濃度が低下し、これに合わせるように大きな絶滅がみられます（図14-18）。**高い酸素濃度に適応して生きていた生物が、酸素濃度の低下に耐えられなかったことは理解できます。**ただ、酸素濃度は大きく変化していないのに絶滅がみられることもあり、酸素濃度の変化だけが絶滅の原因ではないことを示しています。

## 9 酸素濃度低下のマイナスとプラス

酸素濃度低下による生物の絶滅はもちろん生物にとってマイナスの影響です。絶滅にいたらないまでも、酸素濃度が少し低下するだけで、生き残った生物はそれまでは越えられていた山や丘を越えにくくなる（ちょっとした高度でも空気が薄くなる）ので、生物の移動が制限される可能性があります。その結果、地域的な隔離が増え、地域ごとの生物の特殊化が促進されます。多様性の促進にとってはプラスの効果といえます。こうした変異のなかで、低い濃度の酸素を有効に利用できるような変異をもった生き物は、有利になります。各地域で細々と暮らしている間に地域ごとに多様化した生物が、酸素濃度の回復とともに個体数を増加させるとともに広範囲に展開することで、多様性の爆発のようにみえるはずです。絶滅の後に新たな多様性に爆発がみられるのは、こういう背景もあると思います。

## 10 恐竜の繁栄と鳥類の誕生

ペルム紀の終わりに起きた大絶滅は、大規模な地殻変動による複合的な原因がありますが、酸素の著しい低下がありました。酸素濃度は三畳紀を通じてさらに低下を続け、絶滅が続きました。この後の酸素濃度回復は緩やかで、ジュラ紀を通じて10～15％に上昇しましたが、20％近くにまで戻るのは白亜紀の終わりのことです。恐竜は気嚢という工夫をもったことで、ペルム紀の絶滅を生きのび、過酷な三畳紀を生きのび、大絶滅を通じて生物がまばらになってしまった空白の地へ向かって、三畳紀以降に展開していくことができました。少しずつ酸素濃度が上昇するなかで、酸素を体内に豊富に供給することで、恐竜として多様に展開し大型化して、大繁栄して生物界に君臨したわけです。

鳥類はその子孫として気嚢を受け継ぎました。酸素の体内への高い供給能力は、酸素濃度が高くなった現在の鳥類でも維持されています。ほとんど高度1万メートルに達する、空気の稀薄なヒマラヤ山脈の山越えルートを行き来するベニヅルの仲間とか、1万3,000 kmという長距離を無着陸で渡りをする、ジャンボジェットに匹敵する航続距離をもつ渡り鳥とか、鳥類は素晴らしい飛翔能力をもっています。

## 11 哺乳類への進化と酸素濃度

哺乳類の先祖の爬虫類は、横隔膜を工夫することによって、酸素の少ない空気ではあっても大量に取り入れられるようにしました。横隔膜は、哺乳類の先祖が工夫した傑作です。この工夫によって、生物の95％が絶滅したといわれるペルム紀の大絶滅にも何とか一部が生き残り、酸素がさらに低下するペルム紀から三畳紀まで、哺乳類型爬虫類は陸上動物の主役として大いに繁栄できました。ただ、三畳紀の終わりには、さらに酸素濃度や気温の低下が進行したために、これらのほとんども絶滅し、誕生したばかりの哺乳類の先祖の一部がかろうじて生きのびただけでした。いずれにせよ哺乳類の先祖は、ずいぶん危ない橋を渡りながらかろうじて生きのびてきたのであって、ヒトが生まれなかった可能性は大いにあったのです。

### 12 胎盤をもてるようになった哺乳類

　哺乳類の特徴は、胎盤で赤ちゃんを育ててから産むことですが、中生代の哺乳類は胎盤をもたずに卵を産む仲間であったと考えられます。卵を産む哺乳類は、長い中生代を発展もせず絶滅もせずに細々と命をつないできたわけです。有胎盤哺乳類の誕生は、ジュラ紀の終わりから白亜紀にかけて可能になりました。**空気中の酸素濃度が次第に上昇し**（図14-18）、**胎児の成長を維持できる環境が到来した**と考えられます。**胎盤をもつという工夫（変異）をした個体が胎児を育てられる環境になった**、ということです。白亜紀後期から新生代になって哺乳類が爆発的に多様化したのは、爬虫類との競争なしに自由に生きられる環境が拡大したことが大きいでしょうが、多様化した末に、新生代にゾウより大きなバルキテリウムのような大型地上動物まで誕生したのは、酸素濃度が上昇したことも理由の1つと考えられます。

## 今日のまとめ

　地球上の生物の歴史は、絶滅の歴史でもありました。生き物の多くは環境の変化であっけなく死ぬ弱い存在ですが、生命誕生後、すべてが死に絶えたことは一度もないという意味では、しぶとい（頑強な）存在です。大絶滅は、生命の連続性への危機でしたが、同時に生物多様性を拡大する原動力でもありました。逆説的にみえますが、大絶滅がなければ生物の多様化は緩やかで単調なものであったと認識されます。生物絶滅の原因は、隕石の落下のような偶発的なものもありますが、プルームテクトニクスという思いもよらぬ地球のダイナミックな変化が周期的に起きて、大陸が離合集散を繰り返すことが大きな原因と考えられるようになりました。

---

### コラム　魚類でも胎生がみられる!?

**古代の軟骨魚類は胎生だった**

　胎盤で赤ちゃんを育てるのは哺乳類の特徴と考えがちですが、実は哺乳類だけの特徴ではありません。古生代のデボン紀にいた軟骨魚類の仲間である板皮類が、胎盤で子孫を育てていました。2008年のNature誌の報告によれば、3億7,500～3億8,000万年前の板皮類の、非常に保存のよい化石がオーストラリアで発見されました。へその緒でつながった完全な胎生と思われる母子の化石でした。これは板皮類のなかでも比較的マイナーなプチクトドゥスというグループのものでしたが、さらに2009年のNature誌には、板皮類のなかでもメジャーなグループである節頸類の仲間（3億8,000万年前）にも同様に胎児がみつかったことから、胎盤による子育てが板皮類で広くみられることだった可能性があります。板皮類の全部が胎生であったかどうかはわかりませんが、四肢動物にいたる大グループの共通先祖ともいえる板皮類が、赤ちゃんを産む胎生であったということは、大いに驚きです。デボン紀初期の酸素濃度が現在に比べても高い、25％もあったことが胎生を可能にしたのかも知れません。

**現在の軟骨魚類にも胎生に似たしくみがある**

　板皮類の後裔ともいえる現在の軟骨魚類（サメやエイ）の一部にも、胎盤に近いしくみで子供を育てるものがあります。お腹の中で卵から孵して子供として育ててから生む、卵胎生があることを前に（2日目）紹介しましたが、それだけでなく、体内で子供に栄養を補給する卵黄嚢胎盤という特別な装置を工夫しているものまでいます。胎盤もへその緒もあって、体内で育てて小さいながらもすっかり一人前になって、母体から出てきます。ここまでくると、胎盤で栄養補給する本物の哺乳類とほとんど違いはないようにみえます。ただ、デボン紀の終わりや、ペルム紀から三畳紀を経て酸素濃度が非常に低下した時代があったので、古生代の板皮類でみられた胎生の歴史がそのまま現在まで続いたわけではありません。環境さえ許せばそういうことが可能なしくみを古生代の時代からもっていて、酸素濃度が上昇した比較的最近の時点で復活したのかも知れません。鳥類は妊娠していては空を飛びにくいだろうとは思いますが、現在のカエルやヘビの仲間には卵胎生で子供を産む仲間が少なからずいますし、白亜紀の魚竜や首長竜も卵胎生で、海中で子供を生んだといわれます。

## 今日の講義は...
### 15日目　ヒトの誕生

多細胞動物の誕生からヒトが誕生するまでには、三胚葉動物の誕生、新口動物の誕生、脊索動物の誕生、脊椎動物の誕生、有顎動物の誕生、四肢動物の誕生、陸生動物の誕生、哺乳類の誕生といった、中間段階それぞれに画期的な変化を生じた、目を見張るストーリーについて簡単に紹介してきました。最終日は、霊長類、類人猿の誕生からヒトの話に入ります。

## 1. 化石からみた霊長類の展開

### 1 化石からみた霊長類の系統関係

化石からみた霊長類の展開をちょっと示しておきましょう（図15-1）。霊長類は、中生代の白亜紀の末期、7,000万年くらい前にほかのグループから分かれたと考えられます。初期のプレシアダピスは霊長類に近いけれどもまだ霊長類ではないとの見解もあります。他の哺乳類との大きな相違は、**霊長類が樹上への適応を通じて独自の進化を遂げてきた**ことです。初期の霊長類は体が小さく、逃げ足が速いわけでもなく、強力な武器をもっているわけでもなく、地上では競合するほかの哺乳類に勝てそうもなかった、だから樹上で生活することにした、と書いてあるものを読んだことがありますが、そういう理由で木に登ったのかどうか、私にはよくわかりません。ただ、樹上生活に適応して、鉤爪ではなく**平爪**をもち、発達した**鎖骨**、**母指対向**により物を握ることのできる手足をもち、**両眼で前方の同じものを見ることで立体視**ができるなどの特徴があります。樹上での活動を保証する手足と、遠近の目測を可能にする眼をもったわけです。

11日目で紹介したように、哺乳類は中生代に夜行性動物として過ごす間に、緑色を感じるオプシンタンパク質の遺伝子を失

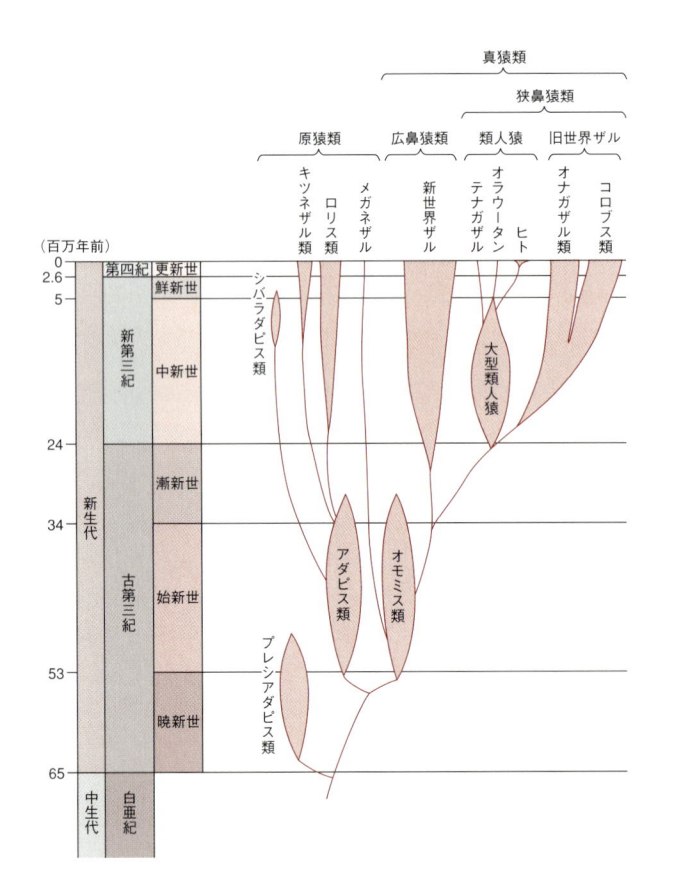

図15-1　化石から得られた霊長類の系統樹

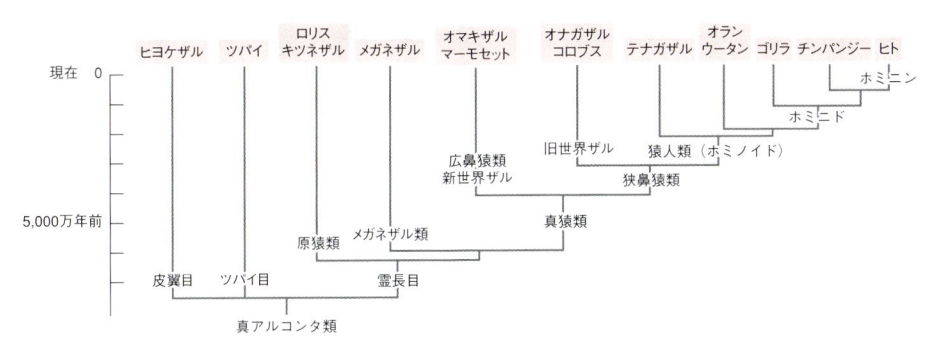

図15-2 ゲノム解析から得られた霊長類の系統樹（参考文献19を元に作成）

ったわけですが、霊長類は赤色オプシン遺伝子を重複させてさらに変異を加えることで、緑色を感じるオプシンを復活させ、哺乳類のなかでは珍しくキチンと色を区別できる眼をもちました。樹上生活で食物となる果物や昆虫をみつけるのに、形だけでなく色を見分けられることは断然有利だった、という話はもっともらしい。2,400万年前くらいに、中新生ホミノイドとして大型類人猿（ヒト上科）が分岐しました（図15-1）。

### 2 ゲノムからみた霊長類の系統関係

霊長類についてのゲノムの解析から得られた系統樹を示しておきます（図15-2）。霊長類（目）が、一番近いグループのツパイやヒヨケザルの仲間から分岐したのは、白亜紀終わりの7,000万年前あたりです。新生代（6,500万年前から）がはじまる直前のことです。類人猿（ホミノイド）が旧世界ザルから分岐したのが3,000万年前、それからテナガザルやオランウータンが分かれてヒト科（ホミニド）になり、さらにゴリラが別れたヒト亜科のなかでヒトとチンパンジーが別れたのが700万年前です。チンパンジーとボノボが分岐したのは300万年前くらいで、ずいぶん最近の話です。これらは遺伝子解析から推定した年代です。

### 3 ヒトへの系統

遺伝子解析から推定される、およそ700万年前にチンパンジーへの枝とヒトへの枝が分岐したあたりの化石の証拠はどうだろう。700〜1,200万年前あた

りの類人猿の化石は、非常にわずかしかみつかっていません。その1つとして京都大学の中務真人先生のチームが2005年にアフリカでみつけた大型類人猿の下顎骨は980〜990万年前のもので、ヒトとチンパンジーの枝が分岐する前の共通先祖と考えられます。ナカリピテクス（*Nakalipithecus nakayamai*）と名付けられ、2007年の米国科学アカデミー紀要に報告されました。これを含めて、この時代の化石は世界で3例くらいしか報告がありません。

## II. ヒトの先祖としてのヒト族

チンパンジーの先祖とヒトの先祖とが分かれた後の、ヒトの仲間がヒト族（ホミニン：hominin）です。以前、ヒト族について猿人、原人、旧人、新人といった分け方をしていました。中学や高校でそう習った方もおられるでしょう。この背景には、猿人が原人に進化する、原人が旧人に進化する…という理解と共に、猿人が滅びて原人の時代になる、原人が滅びて旧人の時代になる…という理解がありました。その後、お互いが先祖と子孫という単純な関係にあるわけではないことがわかってきました。猿人、原人、旧人はいわば親類ではあるけれども、直接の先祖とはいえない場合があります。たくさんの化石がみつかってきて、このような単純なグループ分けでは妥当でなくなったため、最近では正式にはこの言葉を使いませんが、素人的にはわかりやすいので、

使うことにします。

## 1 ヒト族の全体

ヒト族は、**直立二足歩行するサルとしてアフリカで誕生**しました。気候の変化に伴って東部から南部アフリカで乾燥化が進み、森林での生活からサバンナでの暮らしに移行しはじめたことが、二本足歩行の開始と関係するともいわれます。ヒト族の全体は**図 15-3** のように示されます。ヒト族には想像以上に、**たくさんの属が含まれている**ことがわかります。これからもどんどん新たな化石がみつかり、属も増えるに違いありません。原人、旧人、新人はいずれも属としては同じ *Homo* 属なので、この**図 15-3** のなかではひとまとめに扱われています。*Homo* 属以外は猿人といえばいえるのでしょうが、猿人という言葉が使われていた当初は、これほど古い時代から多様な属や種が存在することは想定されていませんでした。現在の時点では、これら全部を猿人とするのはグループとして大きくなりすぎて、ひとまとめにする意味がありません。かつて考えられていた以上に、古い時代の範囲が大きくなったわけです。ではありますが、ここでは古いところを猿人としておきます。

## 2 猿人の誕生と展開

最初に発見された猿人は、1925 年の Nature 誌に報告された**アウストラロピテクス属アフリカヌス**（*Australopithecus africanus*）で、約 250 万年前のものです。1974 年にアフリカで発見された**アウストラロピテクス属アファレンシス**（*Australopithecus afarensis*）は、およそ 350 万年前の化石で、ルーシーの愛称で呼ばれました。当時、これこそ人類の先祖といわれたものです。長い間、化石としては 200 万年とか 250 万年前のものしかみつからなかったので、これに比べればルーシーは画期的に古く、まさに先祖と期待されたのも無理はないことです。その後もアフリカで古い化石の発見が相次いでいます。アメリカの学術雑誌 Science が選んだ 2009 年の科学 10 大ニュースのトップは、約 440 万年前のアルディピテクス・ラミダス（*Ardipithecus ramidus*）の全身骨格の発見で、分子生物学的テーマではなかったことは、ちょっとした驚きでした。骨格の一部は以前にみつかっていましたが、2009 年に全身骨格がみつかったのです。ヒトの仲間で全身骨格がみつかっている最古のものです。

遺伝子の解析結果から、チンパンジーの先祖とヒトの先祖が分かれたのはおよそ 700 万年前といわれましたが、これほど古い化石が長い間みつからず、遺伝子解析の結果に疑いの眼が向けられていたこ

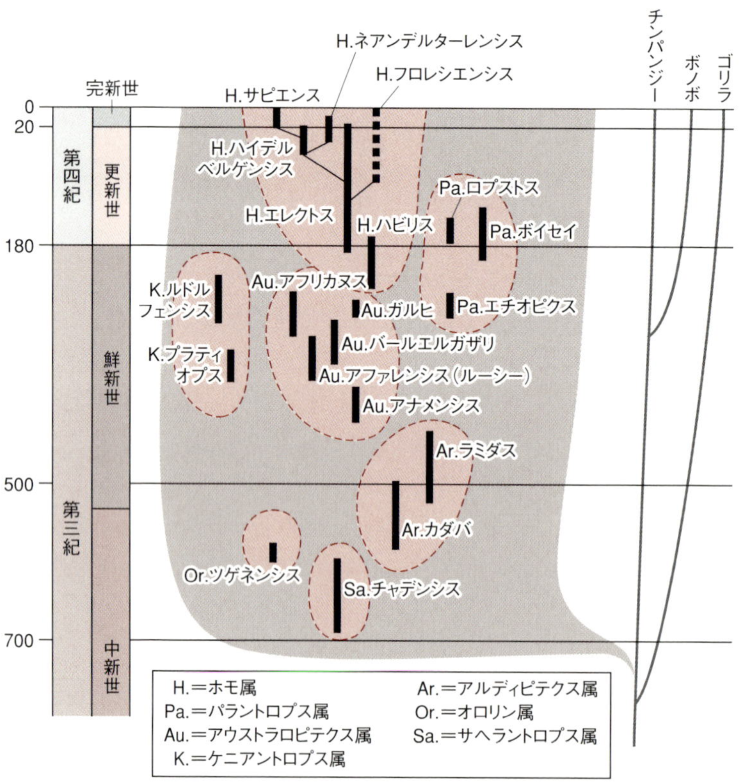

図 15-3 ヒト族の展開

ともありました。2001年にはついにサヘラントロプス属の680〜720万年くらい前と考えられる化石が発見されました。これで、遺伝子の結果と化石の結果がほぼ一致したわけです。これほど古い化石をチンパンジーの先祖ではなくてヒトの先祖だと考える根拠は何か、といった説明が本当は必要でしょうが、少々専門的なことなので略します。

たくさんの属がありますが、これらのお互いの関係、異なる属の誰が誰の直接の先祖なのかは、よくわかっていません。もっとたくさんの化石が発掘されることで、お互いの関係もわかってくるものと思います。新しい発見はまだまだ相次いでおり、Science誌の2010年4月号には、南アフリカで発見された190万年前の化石が報告され、アウストラロピテクス属セディパ（*Australopithecus sediba*）と命名されています。アウストラロピテクス属の特徴を多くもっていますが、頬骨があまり出っ張っていないことや、歯や足や骨盤の特徴が*Homo*属に近いという特徴ももっていて、我々*Homo*属の直接の先祖としての可能性も想像されるものです。こういう具体例を度々あげるのは、個々の事実の重要性もさることながら、この分野が日進月歩であることを納得してもらいたいからです。今後も発見が続くことによって、図15-3はより豊富な内容が書き加えられるに違いありません。

### 3 *Homo*属の誕生

図15-3にみられるように、ヒト亜科全体のなかでの*Homo*属は、ごく新しく出現した小さなグループに過ぎないともいえますが、原人、旧人、新人を含みます。*Homo*属の展開の様子を、図15-4に表します。横軸の広がりは、地理的な広がりです。ただ、断片的にみつかっている化石の互いの関係性の表示には別の意見もあり、確定的ではありません。*Homo*属は、小型で華奢な猿人といわれるアウストラロピテクス属から誕生したと考えられます。*Homo*属が誕生した後も、アウストラロピテクス属から派生した大型で頑丈な猿人であるパラントロプス属が、150万年くらいの長期間にわたって生存していました（図15-3）。猿人と*Homo*属（原人）は長い間共存していたわけです。

### 4 原人の誕生と展開

原人のはじめの**ハビリス原人**（*Homo habilis*）は、240〜260万年くらい前のアフリカで出現しました。*Homo*属の誕生は、地質学的には第四紀のはじまりで、第四期の開始が180万年前から260万年前に変更されたのは、原人の誕生が古い時代に遡ったためです。旧石器時代のはじまりでもあります。ドマニシ原人（*Homo dmanisi*）はグルジアで発見された180万年

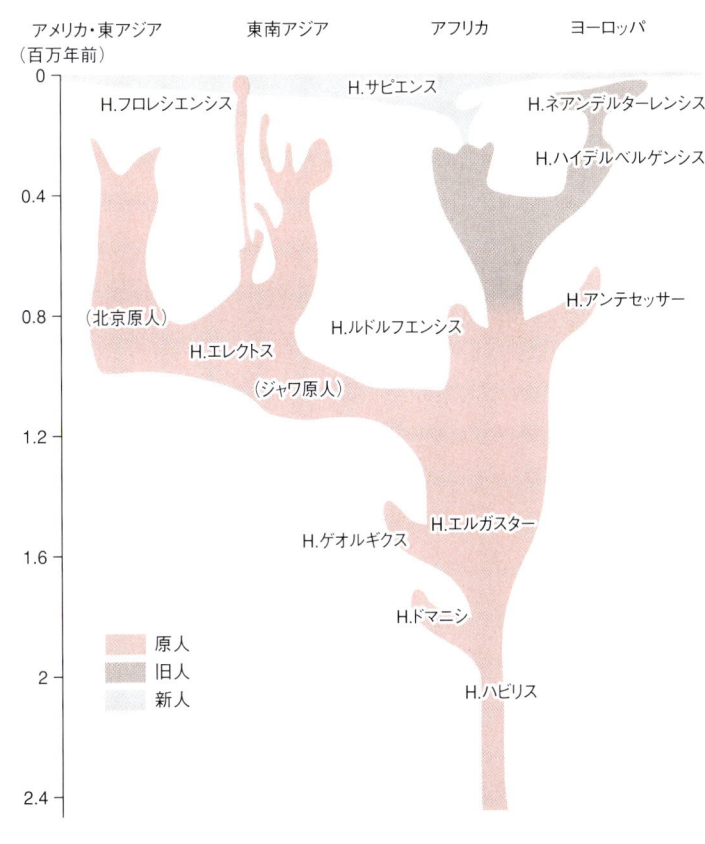

図15-4 *Homo*属の展開

前頃の原人で、現在のところ、アフリカを出たあとの最も古い原人とされています。原人の仲間は何回にもわたってアフリカを出て、ヨーロッパやアジアへも展開し、時間的にも地理的にも大きく広がっていきました。いわゆる直立原人（Homo erectus）については、アジアでは100万年くらい前の**ジャワ原人**（Homo erectus erectus）とか、50〜75万年くらい前の**北京原人**（Homo erectus pekinensis）などを経て、20万年くらい前まで生活していたといわれています。石器を作ったり火を使ったりしていて、それなりの文化をもっていました。

なんとそれだけでなく、2004年のNature誌の報告によれば、インドネシアのフローレス島からみつかったホモ・フロレシエンシス（Homo floresiensis）の骨は、1万6,000年くらい前まで生きていた原人の仲間といいます。日本では縄文時代初期のころで、ごく最近のことといってかまわない。時代的にはとっくに新人の時代ですが、新人の仲間ではなく、その1つ前の旧人の仲間でもない。原人が滅びて旧人の時代になる、旧人が滅びた後に新人の時代がくる、というように一律に区切られるものではなく、同じ時代に別の人類が共存していたわけです。その後みつかった石器などから、彼等の先祖は100万年前からこの島に住んでいたとみられます。Nature誌の2009年5月号の論文によれば、フロレシエンシスの骨を詳細に調べて、H. erectusからの枝分かれよりもっと古い先祖の特徴もみられることから、H. domanisiやH. habilisのような古い先祖から直接に枝分かれしたものの末裔かもしれない、との可能性を述べています。

2010年4月のNature誌は、シベリア南部のアルタイ山脈のデニソワ洞穴でみつかった約4万年前の化石人骨（小指の一部だけ）のミトコンドリアDNAの完全長解析から、後にネアンデルタール人のような旧人と現代人（新人）とを生み出す共通先祖の仲間と100万年前に分岐した原人の仲間の子孫らしいことを報告しています。より詳しい情報が得られるまで学名はお預けで、とりあえずデニソワ人（Denisova hominin）と呼びます。度々いったことですが誤解のないように念を押しておくと、遺伝子による分岐の時期が100万年前でも、その時期に旧人あるいは新人が実際に誕生したという意味ではありません。これほど古い化石でDNA解析ができたことは画期的ですが、この結果は、原人の仲間が中央アジアでもごく最近まで生存していたことを示すと共に、この原人の先祖が、旧人（と新人）を生み出す枝を分岐した100万年前以降にアフリカを出たことを示すと考えられます。分岐はアフリカで起きたと考えられるからです。

人類の先祖にはもっとたくさんの仲間がいてアフリカから出てユーラシア大陸に展開しており、枝分かれについても話はずっと複雑なのかもしれません。アフリカ内に残った仲間にもさまざまな展開があったはずですが、発掘状況は不十分です。現状は、ジグソーパズルのピースがほんのわずかしかみつかっていない状態で、全体像を描こうとすること自体に無理があるのではないかと思います。

## 5 旧人の誕生と展開

原人の一部から、旧人がこれもアフリカで生まれました（図15-4）。遺伝子レベルでは、原人から旧人の先祖が分岐したのは、約100万年前であることについて前述しました。初期の頃の化石の証拠については乏しいのですが、70〜80万年くらい前に誕生したものと考えられます。アフリカを出て中近東からヨーロッパに展開したのは、**ハイデルベルグ人**（Homo heidelbergensis）です。**ネアンデルタール人**（Homo neandertalensis）は、旧人のなかでもより新しい時代のメンバーで、20万年前くらいに現れて広くヨーロッパ中に展開し、2〜3万年前まで生存していました。ネアンデルタール人は、現代人と同等あるいはそれ以上の脳の大きさをもっており、それなりの文化をもっていました。この程度の古さだと、骨からDNAが回収できて遺伝子解析ができました。初期のころはミトコンドリアDNAしか調べられませんでしたが、核DNAも調べられるようになり、その結果、現在のヒト（新人）の直接の先祖ではないことがはっきりわかりました。2009年に発表されたネアンデルタール人の遺伝子解析（70％解読）によれば、現代人との間には0.5％の違いがあるとのこ

## コラム 1つの遺伝子の小さな変化が脳を大きくしたのかもしれない

側頭筋という筋肉があります。この筋肉の一方の端は下顎に結合していて、顔の横にある頬骨の内側を通って、頭蓋骨にくっついています。収縮することで下顎をもちあげて、ものを噛み砕く役目があります。哺乳類の咀嚼力は非常に強く、骨さえ噛み砕く強い顎をもっている。この強さを保証する側頭筋は、頭蓋骨のほとんど全面を使って骨にくっついています。このため、哺乳類の頭蓋骨は非常に分厚くて丈夫です。

そんなわけで、この太い筋肉を通すために、哺乳類の頬骨は確かに顔の横へ大きく張り出しています。これはチンパンジーやゴリラでも同様ですが、現在のヒトの頬骨はそんなに出っ張っていません。ヒトの側頭筋は、類人猿のなかでも、霊長類、哺乳類全体のなかでも、異常に貧弱なんです。サルとヒトの容貌が大きく違うのは、このためです。今まで気づかなかったかも知れませんが、ゴリラやサルを見るときに注意して観察してみてください。彼らは頬骨が横に張り出している。

ミオシン（筋肉の主要な収縮タンパク質）には10を超える遺伝子のファミリーがありますが、側頭筋で機能しているのはその1つです。側頭筋のミオシンタンパク質の一次構造について、現在のヒトとチンパンジーの間で比べたところ、ヒトではたった2つの塩基が欠失していて、その結果アミノ酸読み取りの枠のずれが生じ、アミノ酸配列の変化とタンパク質鎖の短縮があることがわかりました。この違いのために、ヒトの側頭筋ミオシンタンパク質は貧弱な側頭筋しか作れない。そのためにヒトの咀嚼力は他の類人猿に比べて非常に小さい。これは自然の中で生きていくには、明らかに不利な変化だったはずです。自然界の硬い食物が食べられない。小さいうちに衰弱して、死に絶える可能性が高い。生きのびるには、それなりの理由がいる。

この変化はいつ起きたのだろうか。遺伝子の変化速度からの推定では、およそ240万年前とされます。Homo habilis という人類が登場したころです。これ以前の猿人の頬骨は、類人猿と同様に大きく横に張り出しています。この時期は、人類の先祖が、石器を使ったり火を使えるようになったころでもあります。このことは偶然とは思えない。咀嚼力の弱い個体でも何とか生きのびるようになったのは、道具を使って堅果を割り、食物を細断し、火を使って煮たり焼いたりすることで、柔らかくして食べられるようになったためでしょう。というか、もっと以前に同じ変異を起こした個体が誕生しても、柔らかい食物が手に入りにくかったので、生きのびることが難しかった。人工的な環境の変化が、生きのびられる生物のタイプを変化させた。これも、環境による生物の選択、適者生存といえます。側頭筋が弱くても、新しい環境では不適者ではなくなった。

貧弱な側頭筋をもった個体は、それを支えるための頭蓋骨が分厚く丈夫である必要がなくなった。薄くて大きな頭蓋骨でも構わない。で、ちょうどこの時期を境に、ヒトの先祖の脳が急に大きくなりはじめているんです（図15-5）。これ以前の500〜400万年の猿人の間はほとんど脳が大きくなっていないのに、これ以後の大きくなり方が急速なんです。たった1種類のタンパク質遺伝子における塩基の変化が、たった1つのアミノ酸を変化させ、特定の筋肉の大きさと強さに影響し、それが骨の形に影響して、脳の大きさが変化することにまで影響した、という可能性があるわけです。脳を大きくする直接の原因は別にあるとしても、その変化を受け入れることが可能になった。

可能性に過ぎませんが、もっともらしいストーリーにみえる。もちろんよくいわれるように、直立したことが重い頭を支えられるようになったなどさまざまな要因がかかわっているでしょうが、自然の中で生きるには不利な変異をもった個体が、生活環境の変化によって細々とでも生きのびられるようになり、その子孫が次第に大きな脳をもつようになったことで、小さな脳しかもてない仲間を凌駕していった、という歴史があるのかもしれない。ま、脳が大きくなることについて、これだけが原因とは到底思えませんが、可能性の1つとして紹介しました。

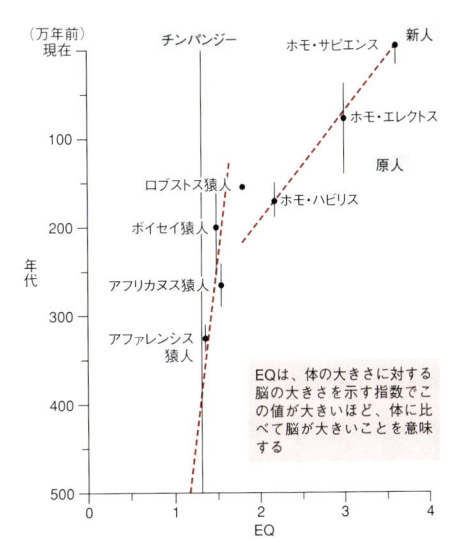

図15-5 ヒト族の体と脳のサイズ化
（参考文献22を元に作成）

EQは、体の大きさに対する脳の大きさを示す指数でこの値が大きいほど、体に比べて脳が大きいことを意味する

15日目 ヒトの誕生

とです。現代人相互には 0.1 ％の違いしかないことを考えれば、種として異なることに納得できる程度の差であるといわれます。現在につながる新人が誕生してヨーロッパへ展開してから、しばらく同じ時期に共存していたことは明らかですが、現代人の先祖との間では混血していないと考えられています。

ただ、2010 年 5 月の Science 誌は、クロアチアで発見された 3 万 8,000 年前の 3 人のネアンデルタール人の核ゲノムの約 60 ％を解読し、アフリカ南部、同西部、パプアニューギニア、中国、フランスの現在のヒト 5 人の核ゲノムと比較したところ、アフリカ人を除く 3 人の方がネアンデルタール人のゲノムと一致する率がわずかに高かったと報告しています。アフリカで誕生した *Homo sapiens* が 6 万年くらい前にアフリカを離れた後、ユーラシア大陸に広がる前の中東近辺で、先住民であったネアンデルタール人と混血した可能性があるというわけです。混血してからユーラシア大陸へ広がったのであり、アフリカに残ったヒトには混血していない。混血といっても、ネアンデルタール人に由来している可能性があるのはゲノムの 1 〜 4 ％程度らしい。『へー』と思う報告だったので紹介しましたが、結論は、データがもっと蓄積するのを待ちたいと思います。いずれにせよネアンデルタール人は滅びたわけですが、どうして滅びたかについてはさまざまな説があります。

アジアに旧人がいたかどうかは謎なのだそうです。アジアでは旧人に属する典型的な骨がみつかっていないからです。この時代の旧石器文化はヨーロッパ同様にアジア各地でみつかっているので、ヒトはいたはずですが、原人だったのか旧人だったのかがわからない。日本でも旧石器時代の遺跡があり、旧人や原人に相当する人類がいた可能性はありますが、日本の酸性土壌は骨の保存に不向き（炭酸カルシウムの骨が溶けてしまうので）といわれ、古い時代の骨が保存されていません。

### 5 氷河期

第四期にはたびたび氷河期がありました。最近の例としてヨーロッパでは、50 万年くらい前からギュンツ、ミンデル、リス、ヴュルム氷河期が続き、現在は、1 万 5,000 年くらい前からはじまる間氷期（後氷期）に入っています（図 14-12）。この後また氷河期がくるなら間氷期だし、これでお終いなら後氷期です。どちらであるかはわかりません。陸地に近い海底には水深およそ 150m あたりまで傾斜の緩い大陸棚があり、その先は急に深くなります。ヴュルム氷河期の陸上氷河のために海水が減り、現在の大陸棚まで当時の陸地だったと考えられます。逆に、間氷期には海が陸地内へ侵入しました。旧人と新人の時代を通じて氷河期がありましたが、氷河期の間にも人類はどんどん展開していったようにみえます。寒冷に対する工夫をしながら、ずいぶんたくましく生き抜いたものだと思います。最後の氷河期が終わって暖かくなると、すぐに農耕がはじまったようにみえます。

### 6 新人の誕生

ネアンデルタール人と現代人との分岐は、遺伝子レベルでは 46 万 6,000 年前といわれています。化石の証拠からは、現在のヒト（*Homo sapiens*）の直接の先祖は、アフリカで約 20 万年前に旧人の一部から誕生したとされます（図 15-4）。東京大学の諏訪元先生のグループによってエチオピアで発掘された、16 万年前の**ホモ・サピエンス・イダルツ**（*Homo sapiens idaltu*）が 2003 年の Nature 誌に報告されています。*Homo sapiens* という種のなかのイダルツという亜種です。日本語ではヘルト人と呼びます。このように種のなかを細分すれば、**現在生きている我々は、一亜種としての *Homo sapiens sapiens*** です。これが現代人（現生人）の学名です。16 〜 20 万年前あたりというのは、現在生きている人たちのミトコンドリア DNA の系統解析によって、世界中の人々の先祖がアフリカにいた一人の母親、ミトコンドリアのイブにたどり着く時期でもあります。

**新人の大きな特徴は、言葉をもてるようになった**ことです。細かいニュアンスを含めて経験を互いに伝達し、子孫にそれを伝えるだけでなく、抽象的な概念の成立とその伝達も、言語の成立によって可能になったと考えられます。ヒトによる文化・文明の展開には、言語の成立が不可欠であった。これには、喉頭部の構造変化が重要であったといわれます。

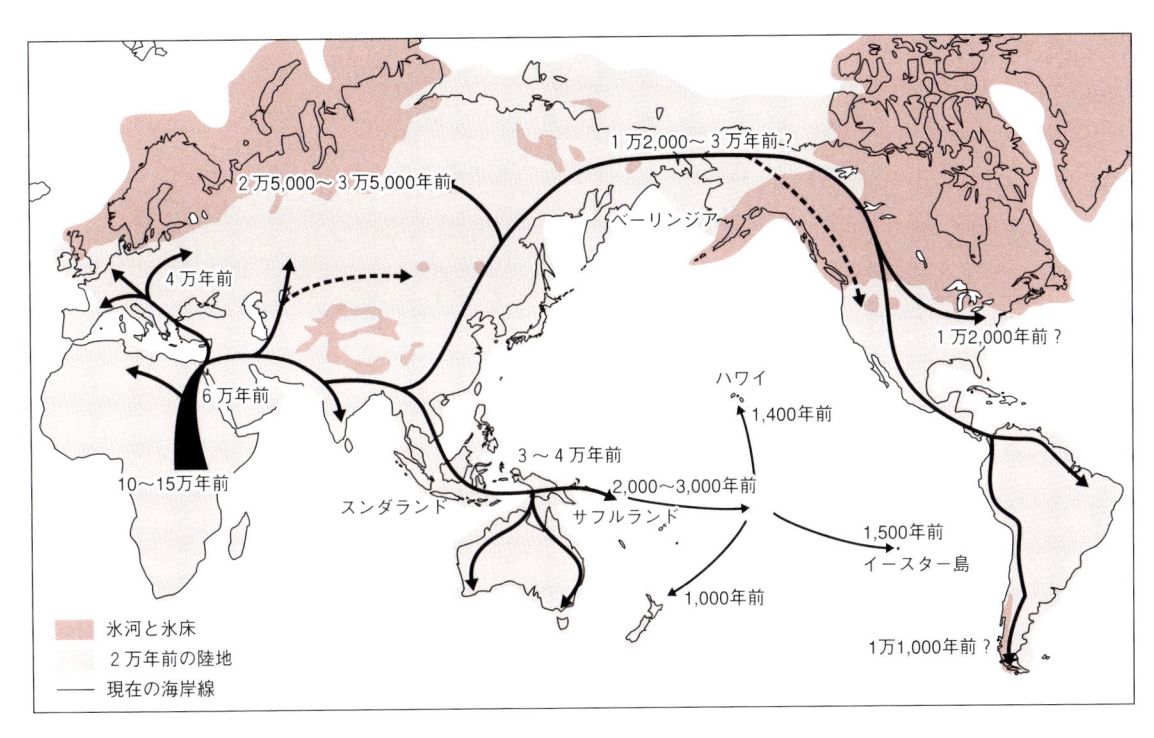

図 15-6　新人が世界へ展開した道（参考文献 23 を元に作成）

## 7　新人の展開

　*Homo sapiens sapiens* は、6 万年前にアフリカを出て急速に世界中に展開しました（図 15-6）。アフリカに残ってそこで展開したヒトたちからは、現在のアフリカ人が生まれました。当時は緑あふれる地域だったサハラ砂漠に残っている遺跡は、その歴史の一部を示すものでしょう。*Homo sapiens sapiens* としてアフリカを出た新人は、中近東を経て、4 万年前あたりには、西はヨーロッパへ東はアジアへも広がりました。3〜4 万年くらい前にはオーストラリアにも渡っています。氷河期には海面が下がっていたのでインドネシアのあたりは一部を除いて陸続きで、オーストラリアへもそう無理なく移動できたらしい。中学や高校で習ったアルタミラ洞窟の壁画（1 万 8,000 年前）やラスコー洞窟（1 万 5,000 年前）のを残したクロマニヨン人は、ヨーロッパにおける新人の仲間です。中近東で小麦の栽培、長江流域で稲の栽培が始まったのは 1 万 3,000 年くらい前といわれます。定住して村を作り、やがてシュメールやアッカドなどのオリエント文明や、多様な長江文明につながります。いわゆる四大文明だけでなく、ユーラシア大陸やアフリカのあちこちで古い遺跡の発見が続いていて、新人が広範囲に展開していたことがわかってきました。当時、ベーリング海峡は凍っていて、アジアとアメリカは歩いて渡れたので、1 万 5,000 年くらい前にはアメリカ大陸にも渡り、1 万 2,000 前には南米の南端にまで達しました。2,000〜3,000 年くらい前には太平洋の島々にもヒトが渡っていたらしい。大変な距離の航海ですが、渡海術は随分古くから盛んだったわけです。

## 8　日本人のルーツ

　氷河期で海面が低下したために大陸と陸続きだった日本にも渡って来ました。日本にも旧石器は確実に存在しています。日本の旧石器の発見は、1946 年の相沢忠洋さんによる岩宿遺跡が最初です。2〜3 万年前の、縄文以前の石器遺跡です。現状で最も古い日本の旧石器は、2009 年に島根県で発掘された 12 万年前と推定される石器ですが、このような古い遺跡は、新人によるものではないと考えられます。
　新人としては、いわゆる**縄文人**が南方経由で、つ

いで北方経由でも来たらしい。縄文土器は1万6,000年くらい前からのものがみつかっています。1万5,000年くらい前に氷河期が終了して温暖化するとともに海水が増加して、海岸線が内陸にまで進んできます。縄文の海進です。このため、縄文の遺跡は八ヶ岳山麓などずいぶん山の中でもみつかっています。縄文時代の大規模な集落遺跡として、9,500年くらい前からの鹿児島の上野原遺跡や、5,500年前の青森の三内丸山遺跡等が有名ですが、それだけでなく、北から南までの日本各地には縄文時代の大きな遺跡があります。村を作って定住生活していたわけです。北海道にもあるし沖縄にもあります。縄文人の時代から、秋田のタールが関東でみつかるとか、三宅島まで黒曜石を取りに行くなど、ヒトの移動が盛んだったといわれます。三宅島など、黒潮を突っ切るのだから相当にすごいことです。古代人は旅を嫌がらない人たちだった、という気がする。現在は少し寒冷化が進んで海岸線が海の方へ進んでいます。

　**弥生人**が日本へ来たのは2,500年くらい前のこととされます。稲作の伝播はもっと前ともいわれる。現在の日本人は、縄文人と弥生人の混血である。資料が増えるにつれて、そう単純な話ではないよ、ということになりつつあるようですが、概略としてはそういうことである。最近、アマゾン流域でみつかった1万年くらい前の人骨のDNAを遺伝子解析すると、世界中で一番近いのは、日本の弥生人なのだそうです。両者は比較的近い時代に先祖を共有したヒトたちだということです。少なくとも縄文人の系統ではない。

## III. 新たな人類の誕生はあるのか

### 1 ヒトの展開は多彩であった

　毛深くて猫背で歩くサルのような先祖（猿人）から、原人、旧人を経て、直立して二本足で歩く裸の新人まで、少しずつ変化して来た図を見たことがあると思います。このような図からは、先祖である猿

---

**コラム　ミトコンドリアを辿って母系先祖へ**

　ミトコンドリアDNAの変化速度は核DNAに比べてずっと速いので、短期間（といっても数万年以上）での変化を調べる分子時計として適切です。動物では、受精後にはミトコンドリアは母親由来のものしか残りません。父親由来のものは卵に入らないか、入っても消滅します。男性も女性もミトコンドリアをもっていますが、兄弟姉妹のミトコンドリアは、どれもすべてお母さん由来です。自分のミトコンドリアは、お母さんから、母方のお祖母さんから、そのまた母方のお祖母さんから由来している。したがって、ミトコンドリアDNAの塩基配列を調べることで、共通の母親を先祖としてもつ人たちをグループ分けすることができます。実は、こうして世界中のヒトについて調べてみたところ、先祖として、16～20万年前のアフリカにいたであろう女性にたどり着いたのです。アフリカのイブと呼ばれています。ただこれは、サンプルとして測定したヒトたちの共通先祖であるという意味であって、世界中のすべての人々がこの母親の子孫であるという意味ではありません。

　Y染色体は男性にしかありませんが、これは父親からしかこない。自分のY染色体は、お父さんから、父方のお祖父さんから、そのまた父方のお祖父さんから由来している。男性だけしか調べる対象者にならないところがミトコンドリアとちょっと違いますが、Y染色体DNAの塩基配列を調べて行けば、共通の父親となる先祖を辿ることができるはずです。どこかにアフリカのアダムがいるはずだ。

　ミトコンドリアとY染色体DNAの塩基配列でたどると、現在生きているたくさんのヒトが、次第に少数の共通の先祖に収斂していきます。アフリカのイブとアダムにたどり着く。これに対して、Y染色体以外の全部の核DNAは違うんですよ。普通のDNAについて考えてみると、自分のDNAは、母親と父親から半分ずつ受け継いでいる。もう1代さかのぼると、母方のお祖母さん、お祖父さん、父方のお祖父さん、お祖母さんから、ほぼ4分の1ずつ（正確にではないけれども）受け継いでいます。もう1代さかのぼれば、8人からDNAを引き継いでいる。先祖にさかのぼるほど、人数が広がって行くことがわかります。

人から緩やかに変化しつつ、一本線で現代人につながる印象を受けます。現在、ヒトに近い仲間としてはチンパンジーやゴリラしかおらず、ヒト族のなかには、現存する他の仲間がいないことからも、一本線の図がもっともらしくみえます。

事実はもちろん一本線ではありません。どの時代にも多彩な枝分かれ（分岐の詳細は十分わかっていないけれども）があり（図 15-3、15-4）、ヒト族が誕生した後のほとんどの期間は、異なる属、異なる種のヒト族の仲間が、同じ時代に共存していました。それが当たり前だったわけです。仲間がみんな滅びて1亜種だけしかいない寂しい状況になったのは、ごく最近の1万年あまりの特殊なできごとに過ぎません。このことは、ヒトの進化の過程でも、遺伝的あるいはエピジェネティックな変化がランダムに起き（生まれてさえこられないような変化を含めて）、その結果、表現型の異なるさまざまな仲間が誕生し、環境にあわないものは絶え、環境に受け入れられるものは生きのび、環境に適合したものは数を増やすという、どの生物にもみられる当たり前の進化の過程を踏んでいることを示しています。ときに見かけることのある、『ヒトはの進化は特別である』とか『ヒトは進化の頂点に位置する』といった表現（認識）には根拠もなければ意味もなく、『選ばれたものである』という表現は間違っていないでしょうが、ランダムな試行錯誤の結果として環境に選ばれたに過ぎないことが納得できると思います。

## 2 なぜいつもアフリカなのか

アフリカがいつでも新しいヒト族誕生の地になる、というのは大いに不思議で面白いことです。猿人が世界に展開したかどうかわかりませんが、猿人、原人、旧人、新人のいずれとも、誕生した場所はアフリカ中部から北東部で、そこから世界へ展開という道筋であったと考えられています。本当かなあ、と思いますが、現在のところは本当だと信じられている。これが偶然とはとても思えない。本当なら、アフリカには、新しい人類を誕生させる必然的な理由があるに違いない。それは何だったんだろう。いくつか意見はあるようですが、私として納得できるものはありません。

## 3 ヒトは急速に世界に展開した

不思議といえばもう1つ、比較的短時間のうちに世界に展開することもちょっと不思議に思えます。元の場所で増え過ぎて、食料が不足して出て行く、という消極的な理由だけではなさそうです。どうしてなのだろう。

熱帯で生まれた先祖が、似た環境の場所に展開することはあり得ることとしても、アフリカから中近東を経て、生まれたところよりずっと寒冷なヨーロッパへ向かう一方で、他方はアジア大陸を横断し、さらに、食料も入手しにくい凍てつくベーリング海峡を渡って、アメリカ大陸まで移動して行ったのは何故か、どういう動機があったのか、実に不思議です。特に、この時代はたびたび氷河期に襲われており、現在よりずっと寒冷であった時代であるにもかかわらず、なぜ誕生したアフリカから寒い北方を目指して進んだのだろう。かなりの短期間のうちに、何かに取り憑かれたように先へ先へと進んで行くようにみえる。

ベーリング海峡を渡ったのが1万5,000年くらい前、そこから北アメリカ大陸を南下して中央アメリカを経由し、南アメリカを縦断してパタゴニアに達したのは1万年以上前といわれます。南米先端のパタゴニアには1万2,000年くらい前の古代人の遺跡があるんです。途中でイヌイットや北アメリカに住み着いたいわゆるインディアンや、マヤ・アステカやシカン・インカの文明を作り出した中央アメリカや南米の人々や、アマゾン流域にも人々を残しながら進んで行きました。北アメリカには1万3,000年前のクロービス文化（石器）があり、チリ北部のチンチョーロ文化では7,000年前のミイラが発見されています。

太平洋上の島々にも、かなり早い時期から到達していることがわかっています。古いところでは、3,000年くらい前の遺跡が残っています。丸木舟で漁をしていて、たまたま運悪く帰れなくなった少数の人が流れ着いたといった偶然ではなく、もっと多勢が積極的に大洋に向って漕ぎ出した歴史があるよう

にみえる。

　これはいったいなぜなんだろう。他の動物に比べて野次馬根性というか、知的好奇心というか、冒険心が旺盛なんだろうか。そういうことではない、別ことなのだろうか。私は知りません。

## 4　ヒトは進化（変化）する

　アフリカで誕生した新人は、6〜10万年前くらいにほとんど絶滅に瀕した時期があり、生き残ったごく少数の者がその後大きく展開して、世界中に広がったと考えられています。現在の世界中の人々は、少数の先祖に由来する子孫であるわけです。世界に展開した理由は別として、比較的短時間（長くみても数万年）のうちに人種が分かれることになりました。人種の分岐はあくまでもヒトという同一種のなかの変化であって、亜種としても同一の *Homo sapiens sapiens* です。人種は種の分岐ではないけれども、生物集団として表現型の明らかな変化がみられることは、まさに進化といっておかしくない。環境による選択が進んだ結果です。

　熱帯の強い日差し（紫外線）は、皮膚細胞のDNAに損傷を与えて変異を多発し、その結果として皮膚癌を多発させます。もう1つは、強い紫外線が必須のビタミンである葉酸を分解します。毛のない裸のサルであるヒトは、メラニン色素で全身を遮光しないと生きのびられなかったので、アフリカで誕生したのは黒人であったと考えられています。ま、毛を失ったのはいつか、という問題はありますが、森林にいたときはまだ日差しが遮られたかも知れませんが、樹からおりてサバンナで生きるようになったヒトは、まともに日光を浴びることになります。類人猿の顔を見ると、チンパンジーもゴリラもみんな黒い。ヒトを含めてどんな生き物も環境に合わせなければ生きられない。

　緯度の高い方へ移動して日照が減ると、日光による活性ビタミンDの体内産生が不足するために、カルシウム代謝が異常になって骨が変形するなど、生きるのに不都合になります。高緯度地方へ移住するほど、色素を減らしたヒトの方が生きやすくなります。過度の日光は生存に不都合だが、日光不足も生存に不都合で、ほどほどのバランスが必要である。北方で生きられるようになったのが白人で、北欧系は特に色素が乏しくて白い。

　中緯度地方のモンゴル系やラテン系は、中間の黄色や褐色です。オーストラリアのアボリジニやアメリカ大陸のいわゆるアメリカインディアン、マヤやインカなどの末裔たちも褐色系や黄色系の仲間です。北極圏に住むモンゴル系のイヌイットが白人化していないのは、住みはじめてからの時間が短いためなのか、雪や氷の環境で意外に紫外線が強いためなのか、別の理由があるのか、私は知りません。南極のオゾンホールが大きくなって太陽からの紫外線が増えると、オーストラリアへ移住した白人は皮膚癌が増えると心配していますが、褐色のアボリジニには危険性はより低いものと考えられます。

　このような変化が、新人が誕生してから世界に展開する間の数万年で起きているわけです。姿や形のみならず生き方にも地域による特殊性があらわれるのは、動物にも植物にもしばしばみられることです。同一種のなかでの違いから、やがて種の分岐にいたる可能性を含めて、ダーウィンがガラパゴス諸島でみつけた、島によって生物の姿が少しずつ異なること、その島の環境と適合しているという進化の実例は、当然のことながら、ヒトにも当てはまるわけです。

## 5　新たな人類はまた誕生するのか

　野次馬的関心ですが、新人のあとを継ぐ超新人類も、もう一度アフリカで誕生するのだろうか。新しいタイプが誕生するサイクルが早くなっているようにみえるので、ひょっとして、もう生まれているかもしれない。どこかで成人しているかもしれないし、すでに集団としてコロニーを作っているかもしれないんです。アフリカでかどうかはわかりませんがね。彼らがミュータント（遺伝子変異をもつ個体）であることを、我々が気づいていないだけかも知れない。

## 6　人間はそれぞれみんなミュータントである

　ヒトの新たなミュータントの誕生というと、冗談を

言っていると思われるかも知れません。アフリカで、というのは根拠がないけれども、ミュータントの誕生は、別に冗談でもSFでもありません。ヒトとチンパンジーの間では、塩基配列レベルで比べても違いはわずか1〜1.3％程度でしかないといわれます。ネアンデルタール人と現生人の間は0.5％の違いといわれます。これに対して、現在のヒト同士を比べたときには0.1％程度の違いがあるといわれています。

この違いを大きいとみるか小さいとみるかは観点によって違いますが、すべてのヒトが、それぞれ0.1％程度のDNA塩基配列の違いをもっているということは、細胞当たりのDNAは$6 \times 10^9$塩基対（2倍体）あるわけですから、任意の個人同士を比べたときに、数百万カ所のオーダーで塩基の違いがあるわけです。ずいぶん違うものだ、ともいえる。だから、塩基配列が少しでも異なる個体を互いにミュータント（変異をもった個体）と呼ぶならば、すべてのヒトがお互いにミュータントです。DNA全体ではなく、アミノ酸の配列を決めている部分をDNA全体の1.2％としても、任意の個人同士の間に数万カ所の塩基配列の違いがあることになります。みんながミュータントで、ミュータントなんてちっとも珍しい存在ではありません。みんな違ってみんないい、という詩を思い出します。

## 7 変異と多型

ただ専門用語としての変異というのは、減多にない（人口の1％以下にしかみられない）違いをいいます。変異体は、生存上不利な、病気といえるような変化を伴っていることが多く、生きる上で不利益があるから少数派なのだ、といえます。例えば、鎌状赤血球貧血症という遺伝的な病気は、酸素を運搬するヘモグロビンタンパク質のβグロビン遺伝子の、たった1つの塩基がアデニンからチミンへ変化しただけで起きます。その結果、βグロビンの6番目のアミノ酸がグルタミン酸からバリンに変化しています。たった1つのアミノ酸の置換のために、酸素の運搬能力が低くなるだけでなく、酸素濃度が低くなる毛細血管や静脈ではヘモグロビンが結晶化して赤血球が変形するために、毛細血管を通りにくく壊れやすくなります。で、慢性的に貧血になる。日本人のなかには、1％よりはるかに低い頻度でしかみられません。貧血という、生きる上での不利益があるためです。

これに対して、多くの人々にみられる遺伝子の違いは遺伝子の多型といいます。変異とは呼びません。ABO式血液型を決めるのは、タンパク質や脂質に糖鎖をつなげる1つ酵素の働きの違いによるものです。酵素の遺伝子に起きた塩基配列の変化によって酵素の活性が変化し、別の糖をつなげる活性に変化したり、糖をつなげる活性がなくなる結果、A、B、O型が決まります。何型であっても特に病気というわけではなく、それぞれの型が20％とか30％とかのヒトにみられるわけで、血液型遺伝子の多型によるものです。また、お酒に強いか弱いかは、アルコール脱水素酵素の活性の強弱によるものといわれます。この酵素活性の強弱は遺伝子の塩基の違いによって生じますが、これも遺伝子多型の例です。民族によって分布は違いますが、人口の半分とか、3分の1のヒトにみられる塩基配列の違いです。変異と多型という言葉は、数量的な違い（人口の1％以下か以上か）によるのであって、質的な違いではありません。

## 8 変異と多型の区分は環境によって異なる

鎌状赤血球貧血症の変異は多くの国では1％よりはるかに低い頻度でしかみられませんが、アメリカ合衆国の黒人では、およそ10％が変異した遺伝子を1つもつヘテロ接合体（2つの遺伝子のうち、1つは正常遺伝子、他方が貧血型遺伝子であるヒト）です。もう1つの遺伝子は正常なので貧血症状は強くは出ません。2つの遺伝子がともに変異しているホモ接合体（2つの遺伝子がともに貧血型遺伝子であるヒト）は0.25％くらいいて、強い貧血症状が出ます。黒人の故郷である西部アフリカの諸国では、多いところでは40％もの人（ホモとヘテロを併せて）がこの遺伝子をもっています。

鎌状赤血球貧血症の患者さんがアフリカに多いのは、マラリアにかかりにくいという特徴のためです。

ヘテロ接合体のヒトでも貧血症は現れるので、一般には生存上不利ではありますが、マラリア病原虫は正常な赤血球内で増えるので、鎌状赤血球貧血症の患者さんに感染しても病原虫が体内で増えにくく、マラリアの症状が軽い。だから、マラリアの蔓延する地域では、鎌状赤血球貧血症の患者さんの方が生存上有利（貧血という不利益を上回って）になり、人口の多数を占めるようになるのです。

この地域では、鎌状赤血球貧血症は変異ではなく、多型として扱われることになります。マラリアがもっと致死的なら、鎌状赤血球貧血症の患者さんが人口の大多数を占め、普通の赤血球をもつヒトは、異常にマラリアで死にやすい特異体質の気の毒な患者さん、とみられる可能性さえあるのです。

## 9 新たなミュータントは日々誕生している

さて、生殖細胞ができる減数分裂の過程では、DNAの組換えが必ず起きて、それまでに存在していなかった組換えDNAが毎度できます。新たな組換え遺伝子をもった生殖細胞が必ず生まれるわけです。もちろん、放射線や複製過程で起きるDNAの損傷は必ず起きることで、大部分は修復されますが、修復されなかった残りが生ずることは避けられません。必ずある頻度で蓄積します。ですから、生まれてくる赤ちゃんは、それまでになかった変異をもって誕生するはずです。つまり、赤ちゃんはみんな、新たなミュータントである、ともいえるわけです。単なる可能性ではなく、それは日常的に確実に起きている事実です。

ただ、生存に不利な変異をもった卵や精子は、受精できないように排除される可能性があります。受精しても着床するとは限らず、着床しても発生の初期に流産してしまう例が少なくないといわれるのも、防御反応の1つと考えられています。母親が知らないうちに起きる流産を含めて、何段階もの安全装置を設けているらしい。妊娠がわかったあとで起きる自然流産にも、安全装置が働いた結果が含まれるといわれています。それだけの選別を受けてもなお、生まれてくる新生児の10～12％には何らかの異常がみられるといわれます。もちろん、異常のすべてが遺伝子の変異によるものとはいえませんが、遺伝子の異常によるものがある頻度で含まれていることは、否定できません。つまり、ヒトのミュータント（遺伝子の変化をもった個体）は、日常的に誕生しているのです。

## 10 我々を乗り越えるものは現れるか

ただ、これらのなかから、現在の人類である新人をやがて凌駕し駆逐して、それに取って代わるような、新たな遺伝子構成をもった超新人がやがて生まれるのか、すでに生まれているのか、それは全然わからない。わからないけれども、ないと考える根拠はありません。身近なところでは、あなた自身にも、あなたのお子さんにも、変異した遺伝子によって新たな能力を潜在的にもってしまった可能性はあるんです。

遺伝子の変化によって新たな能力をもったとしても、環境が変化するまでわからないのが普通です。新たな環境に遭遇してはじめて、新たな能力が有利あるいは不利なものとして発揮される。何千年か何万年か後に環境が変化したとき、ひょっとすると数年後の可能性も否定できないけれども、その環境で生きるのに有利な遺伝子の変化をもった超新人の集団が、優位を占めるようになるかも知れません。こういう超新人が先祖について調べてみたら、最初の1人が実はあなただった、という結果になるかもしれないんです。ターミネーターから守るべき命かもしれないのです。あなたの命は、超新人の最初の1人である先祖として重い、という可能性は、有限の大きさをもって存在するといわなければならない。あなた自身の存在の意味を、そんな風に考えたことがありますか？考えてもみなかったことでしょうが、なかなか意味深長だとは思いませんか？それがわかったからといって、生き方を見直すかどうかは、もちろんあなたの自由です。

## 11 ヒトの誕生は生命史上、画期的なできごとに思えるが

ヒトの誕生にいたる地球上の生命の歴史を辿ると

き、第1の画期的できごとは細胞の誕生といえるでしょう。第2の画期的なできごとは真核細胞の誕生、第3の画期的なできごとは多細胞動物の誕生と、私は考えています。これは、学問の世界で一般に認められていることとして紹介したのではなく、私が勝手にそう考えただけのことです。というか、学問の世界ではこのようなランク付けは意味のあるテーマになりません。勝手ついでにいうと、人類の誕生は、第4の画期的なできごとである可能性はあるのだろうか。人類が文化あるいは文明を創造していること、創造が脳の活動に由来するものであるとすると、そういう脳の機能をもった生き物が誕生したことは、これまでの地球史上に例がなかったという意味で、その点から評価すれば、生命史上画期的なできごとであることは疑いないと思います。

## 12 ヒトの誕生は生命史上第4の画期的なできごとになるだろうか

ただ、これが単にヒトという種に限られたもので、数百万年くらいで絶えてしまうなら、生命の歴史のなかでは一瞬輝いた線香花火のようなものです。あるいは知性をもった多様な子孫が展開したとしても、1億年程度で絶滅してしまうものなら、長い地球生命の歴史のなかでは、恐竜の繁栄のように一時的に脚光を浴びたエピソードに過ぎなくなるかも知れません。私がこれまでに画期的なできごとと紹介したものは、歴史の過程で栄枯盛衰はあったにせよ、誕生以来滅びることなく、生物界のなかで一定の領域を形成して多様化し、ますます繁栄を誇っているものです。細胞の誕生、真核生物の誕生、多細胞生物の誕生、いずれも誕生以来絶えることなくますます繁栄する方向にあります。

画期的な脳をもち、文化や文明や技術を生み出したヒトの誕生が、将来、生物界のなかで大きな領域を形成するような展開をするかどうか、すなわち、旺盛な精神活動をする動物が多くの種として誕生し、そういう目や綱や門が出現して、栄枯盛衰はあっても長く継続していく、そういう意味をこめて第4の画期的なできごとになるかどうか、それは全くわかりません。わかりませんが、ヒトを先祖とする高い精神能力をもった多種多様な生物が誕生し、互いに協調あるいは棲み分けて共存する将来の姿よりは、そこに到達する遥か手前の段階で、先進的な1種にすぎないヒトが、ヒトの存在を脅かす可能性のある新たな生物を抹殺していく姿の方が、はるかに想像しやすいところは残念です。過去の例として、*Homo sapiens sapiens* が短期間に世界中に展開したことと、*Homo sapiens sapiens* がヒト族・ヒト属・ヒト種のなかで生き残り得た唯一の亜種であることとの間には、因果関係があるかもしれないのです。あるいは、*Homo sapiens sapiens* という1亜種しか残っていないことは、他の仲間を滅ぼしてしまった結果ではなく、ヒト族の全体が種として進化の袋小路に入ってしまって、放っておいてもジリ貧的に滅亡への道をたどっているのかも知れません。長期的には、次のスーパーホットプルーム噴出による大絶滅の時代を生きのびられるか、という問題もあります。地球生命の歴史は絶滅の歴史であることは間違いありません。これからの1,000年や1万年が安泰かどうかだってわからないことです。

## 13 生命とは何かを問い直す可能性

蓋然性の高い将来予測は困難なことですが、ヒトは、多少の環境変化に対してなら、地球上で生きのびられる環境を作る可能性や、大きな環境変化に対しては、宇宙へ脱出して生きのびる可能性があります。地球から脱出したとき、生命とは何か、という問いに改めて直面する可能性があります。地球に近い環境をもった惑星が存在する可能性、そこで地球型に近い生命が誕生している可能性はもちろんありますが、果たしてこれが生命体か、と迷わざるを得ない事態に直面する可能性もあります。1日目でも述べたように、生命とは何かを定義することは大変に難しいことではありますが、勝手な空想をすれば、若い頃にスタニスワフ・レムの『砂漠の惑星』(ハヤカワ文庫)や『ソラリスの陽のもとに』(ハヤカワ文庫)を読んだとき感じた、あるいはそれ以上の思いもよらぬ『生命とは何か』と問われる経験を、将来の人類が実体験することになるかもしれません。

## 今日のまとめ

　ヒト族の先祖は約700万年前に誕生した後、たくさんの属を含む実に豊かな系統として展開しました。ほんのわずか発掘された骨を元に系統を推定しているに過ぎない現状から考えると、今後の発掘が進むことで、さらに大きく豊かなヒト族の全体像がみえてくると思います。ただ、かつては同時代に複数の属や種が共存していた豊かな一族だったものが、今日では、多くの個体数が広範囲に展開しているという意味で大繁栄しているものの、多様性としては1属1種1亜種しか生き残っていない寂しい状態になっています。多様性を失って大繁栄（大繁殖）している生物は、環境の変化による絶滅の第一候補であるのがこれまでの生物の歴史です。ヒトはこれを乗り越えられるのだろうか。

## 講義のおわりに

　地球上生物の多様性と、生命の誕生からヒトの誕生までの生物の歴史を紹介してきました。これを通じて私にはさまざまな感想があります。1つは、地球上には本当に多種多様な生物がいることの驚異です。もう1つは、生物の多様化の歴史は、想像を超えた感動的なものであることに改めて気づかされたことです。絶滅の危機に何度も直面し、かろうじて生きのびてきた生物の末裔であることを感じます。

　もう1つ、これとは別の感想として、人の想像力は実に乏しいものだという実感です。もちろん、ここまで生命の歴史を明らかにしてきた人類の知恵のなかには、想像力の寄与もあったことは認めます。

　ただ、仮に、40億年近く前の有機化合物の熱いスープを見て、数億年後には細胞が誕生するであろうと想像できるものだろうか。原核生物が生きていた30億年前の海を観察して、将来の可能性の1つとして、真核生物が誕生することを想像できるであろうか。単細胞の真核生物が生きていた15億年くらい前の海をのぞいて、やがて多細胞生物が誕生し、さらにサルが生まれることを想像できる可能性が、少しでもあるだろうか。とても難しいと思います。ヒトの想像力は残念ながら根本的に乏しい。

　物理学や数学や、絵や音楽や、哲学や文学や、さまざまな抽象的な概念や思想を含めて、そういうものを理解し作りだした人の能力は、本当に素晴らしいものだと思います。あきれるほどすごい。それは疑いません。生物学の分野についても、先を見通す力だって多少はある。ただ、生物の将来が今後どうなるかについては、全く見通せません。予見するだけの想像力はない。だから、地球の将来、特に生物界の将来について想像した本などをみると、仕方ないこととは言いながら、現在の延長線上に過ぎない想像力の乏しさにがっかりするばかりです。

　ヒトによる環境破壊を回避したとしても、次回のプルームテクトニクスによる天変地異によって、多くの生物が絶滅するときは確実にくるといってよいでしょう。その場合でも、すべての生物が完全に絶滅する可能性は小さく、その後で新工夫をもった生物が誕生し展開するに違いありません。ただ、それがどのような生物群として展開するかは、とても想像できないことです。この困難さは、宇宙にどんな生物がいるかの想像についても同様です。これらについてのヒトの想像力は、ほとんどないに等しい。ただ、今後の学問の進歩が、いずれは予測を可能にするかもしれない。それを否定するものではありません。

# ● 参 考 文 献 ●

1）『発生と進化（シリーズ進化学4）』（佐藤矩行、他／著）、岩波書店、2004

2）『無脊椎動物の多様性と系統（バイオディバーシティ・シリーズ5）』
（馬渡峻輔、岩槻邦男／監、白山義久／編）、裳華房、2000

3）『クラゲのふしぎ（知りたい！サイエンス）』（久保田信、上野俊士郎／監、jfish／著）、技術評論社、2006

4）『新生物IB・II（チャート式シリーズ）』（小林 弘／著）、数研出版、1995

5）『藻類の多様性と系統（バイオディバーシティ・シリーズ3）』（馬渡峻輔、岩槻邦男／監、千原光雄／編）、裳華房、1999

6）『宮田隆の進化の話』（http://www.brh.co.jp/katari/shinka/）

7）『理系総合のための生命科学 第2版』（東京大学生命化学教科書編集委員会／編）羊土社、2007

8）『生命 最初の30億年』（Andrew H. Knoll／著、斉藤隆央／訳）、紀伊國屋書店、2005

9）『山賀 進のWeb site』（http://www.s-yamaga.jp/）

10）『図解入門 最新地球史がよくわかる本』（川上紳一、東條文治／著）、秀和システム、2006

11）『化学進化・細胞進化（シリーズ進化学3）』（石川 統、他／著）、岩波書店、2004

12）『高等学校 改訂 生物I』（田中隆荘、他／著）、第一学習社、2007

13）『ヒトの生物学』（Daniel D. Chiras／著、永田恭介／訳）、丸善、2007

14）『ラーセン最新人体発生学 第2版 学生版』（William J. Larsen／著、相川英三、他／訳）、西村書店、2003

15）『実験医学 VOL.27 No.19 ゲノム機能の進化』（石野史敏／企画）、羊土社、2009

16）『MicroRNAs and the advent of vertebrate morphological complexity』
（Alysha M. Heimberg, et al.）、Proc. Natl. Acad. Sci. USA, 105：2946-2950, 2008

17）『Large colonial organisms with coordinated growth in oxygenated environments 2.1 Gyr ago』（Abderrazak El Albani, et al.）、Nature, 466：100-104, 2010

18)『カンブリア爆発の謎（知りたい！サイエンス）』（宇佐見義之／著）、技術評論社、200819）

19)『マクロ進化と全生物の系統分類（シリーズ進化学1）』（佐藤矩行、他／著）、岩波書店、2004

20)『Two-phase increase in the maximum size of life over 3.5 billion years reflects biological innovation and environmental opportunity』（Jonathan L. Payne, et al.）、Proc. Natl. Acad. Sci. USA, 106：24-27, 2009

21)『恐竜はなぜ鳥に進化したのか』（Peter D. Ward／著、垂水雄二／訳）、文藝春秋、2008

22)『人類進化の700万年』（三井 誠／著）、講談社、2005

23)『地球と生命の進化学 新・自然史科学1』（沢田 健／編著）、北海道大学出版会、2008

24)『爬虫類の進化』（疋田 努／著）、東京大学出版会、2002

25)『哺乳類の進化』（遠藤秀紀／著）、東京大学出版会、2002

26)『眼の誕生』（Andrew Parker／著、渡辺政隆、今西康子／訳）、草思社、2006

27)『脊椎動物の歴史』（Alfred S. Romer／著、川島誠一郎／訳）、どうぶつ社、1981

28)『ヒトのなかの魚、魚のなかのヒト』（Neil Shubin／著、垂水雄二／訳）、早川書房、2008

29)『最初のヒト』（Ann Gibbons／著、河合信和／訳）、新書館、2007

30)『高等学校 改訂 生物 II』（田中隆荘、他／著）、第一学習社、2008

31)『ワンダフル・ライフ』（Stephen J. Gould／著、渡辺政隆／訳）、早川書房、2000

32)『図解入門 よくわかる分子生物学の基本としくみ』（井出利憲／著）、秀和システム、2007

33)『図解入門 よくわかる細胞生物学の基本としくみ』（井出利憲／著）、秀和システム、2008

34)『分子生物学講義中継 Part 0～3』（井出利憲／著）、羊土社、2002～2006

35)『動物系統分類学 全10巻（24冊）』（内田亨、山田真弓／監）、中山書店、1962～1999

# Index

## 数字・欧文

### 数字
- 1本鞭毛（ユニコンタ） ……97
- 2界分類 ……78
- 2本鞭毛（バイコンタ） ……97
- 3界分類 ……78
- 3超界（3ドメイン）分類 ……87
- 4界分類 ……78
- 5界分類 ……79

### 欧文
- *Alu*配列 ……205, 207
- αヘリックス ……14
- *Bra*遺伝子 ……95
- βシート ……14
- CGアイランド ……230
- C-valueパラドックス ……149
- DNA型トランスポゾン ……203
- $\delta^{13}C$ ……118
- hc-siRNA ……246
- HDAC ……221
- hominin ……311
- *Homo sapiens* ……31
- *Homo*属 ……312
- *Hox*遺伝子群 ……190
- LINE ……205
- microRNA ……246
- miRNA ……246
- moonlight protein ……214
- mRNAのプロセシング ……223
- nat-siRNA ……246
- piRNA ……246
- rasiRNA ……246
- RNAi ……249
- RNA癌ウイルス ……202
- RNAタンパク質ワールド ……131
- RNAワールド ……131
- *sapiens* ……31
- SINE ……205
- siRNA ……246
- *Sry* ……180
- ta-siRNA ……246
- UCA ……133
- X染色体の不活性化 ……233
- zygote ……165

## 和文

### あ行
- アーキア ……88
- アーケア ……88
- アーケプラスチダ ……99
- アウストラロピテクス属 ……312
- アクチン ……157
- 浅い海 ……113
- 亜種 ……31
- アメーボゾア ……99
- 維管束 ……68
- 維管束植物 ……68
- イグザプテーション ……207
- 異形世代交代 ……66
- 異形配偶子 ……166
- 維持メチル化 ……231
- 一次共生 ……100
- 一次構造 ……14
- イチョウ亜門 ……67
- 遺伝子解析 ……116
- 遺伝子の垂直移動 ……201
- 遺伝子の水平移動 ……133, 201
- 遺伝子の刷り込み ……234
- 遺伝子の変化速度 ……92
- 遺伝子ファミリー ……195
- 遺伝的に決まる性 ……179
- インスレーター ……233
- 海の拡大と縮小 ……113
- 海の大循環 ……113
- 海の誕生 ……122
- 羽毛 ……38
- 栄養生殖 ……176
- エキソンシャフリング ……198
- エクスカバータ ……100
- エディアカラ紀 ……260
- エディアカラ動物群 ……261
- エネルギー収支 ……124
- エピジェネティクス（epigenetics） ……229
- 鰓曳動物門 ……52
- 襟鞭毛虫 ……255
- 猿人 ……311
- エントロピー減少反応 ……21
- エンハンサー ……220
- オートファゴソーム ……155
- 雄ヘテロ型 ……179
- オピストコンタ ……99
- オプシン ……196
- オルガネラ ……154
- オルドビス紀 ……264
- オルドビス紀末 ……303

### か行
- 科 ……31
- 界 ……31
- 外肛動物門 ……49
- 海底拡大説 ……291
- 概日リズム ……111
- 解放系システム ……20
- 海綿動物門 ……60
- 化学化石 ……118
- 化学進化 ……123
- 顎口動物門 ……55
- 核骨格 ……153
- 隔世遺伝 ……192
- 核相交代 ……66, 175
- 核マトリックス ……230
- 学名 ……31
- カスケード反応 ……241
- 化石 ……116
- 化石データ ……282
- 形作り遺伝子 ……208
- 褐藻植物門 ……70
- 褐虫藻 ……105
- 滑面小胞体 ……154
- カメ目 ……38

| | | |
|---|---|---|
| カモノハシのゲノム解析 …… 281 | 原生生物 ………… 90 | 三胚葉動物 ………… 44 |
| 環境で決まる性 ……… 181 | 顕生代 ………… 109, 252 | シアノバクテリア ……… 72 |
| 環形動物門 ……… 50 | 原生代 ……… 109, 258, 303 | シアノバクテリアの誕生 …… 141 |
| カンブリア紀 ……… 262 | 顕微化石 ……… 118 | ジェネティクス（genetics）…228 |
| カンブリア紀の大爆発 …… 262 | 綱 ……… 31 | シグナル伝達系 ……… 22 |
| 緩歩動物門 ……… 52 | 光学活性 ……… 128 | 刺激応答反応 ……… 22 |
| 気嚢 ……… 276 | 好気性バクテリア ……… 143 | 四肢動物 ……… 270 |
| 基本転写因子 ……… 220 | 光合成バクテリアの誕生 …… 141 | 自食胞 ……… 155 |
| キャップ形成 ……… 223 | 後口動物 ……… 42 | シスエレメント ……… 220 |
| 吸エネルギー反応 ……… 21 | 硬骨化 ……… 268 | 始生代 ……… 109 |
| 球果植物亜門 ……… 67 | 硬骨魚類 ……… 37 | 雌性配偶子 ……… 166 |
| 旧口動物 ……… 42, 93 | 高酸素濃度 ……… 307 | 自然選択 ……… 85 |
| 旧人 ……… 311 | 高次構造 ……… 13, 14 | 自然分類 ……… 30 |
| 共生 ……… 89 | 恒常性を維持 ……… 22 | シダ植物門 ……… 68 |
| 共通先祖 ……… 87 | 紅藻植物門 ……… 71 | シチジンメチル化酵素 ……… 231 |
| 共通祖先 ……… 133 | 鉤頭動物門 ……… 53 | 子嚢菌門 ……… 73 |
| 共有結合 ……… 12, 13 | 高度好塩菌 ……… 88 | 刺胞動物門 ……… 56 |
| 恐竜 ……… 275 | 高度好熱好酸性菌 ……… 88 | 車軸藻植物門 ……… 69 |
| 極性 ……… 16 | 高度好熱古細菌 ……… 136 | ジャワ原人 ……… 314 |
| 棘皮動物 ……… 263 | 高分子 ……… 13 | 種 ……… 31 |
| 棘皮動物門 ……… 45 | コールドプルーム ……… 293 | 従属栄養 ……… 42 |
| 巨大隕石の落下 ……… 110 | 小型RNA ……… 246 | 従属栄養型細胞 ……… 138 |
| グネツム亜門 ……… 67 | 古気候 ……… 114 | 収斂 ……… 33 |
| 組換え ……… 193 | コケ植物門 ……… 69 | 収斂進化 ……… 288 |
| クリオゲニア紀 ……… 259 | 古細菌 ……… 87 | 種子植物 ……… 68 |
| クリスタリン ……… 213 | 古大気 ……… 114 | 受精 ……… 166 |
| グリセロリン脂質 ……… 129 | ゴルジ装置 ……… 155 | 出芽 ……… 176 |
| クレン古細菌 ……… 88 | ゴルジ体 ……… 155 | 受容体 ……… 239 |
| グロビンファミリー ……… 195 | ゴンドワナ大陸 ……… 297 | 条鰭亜綱 ……… 39 |
| クロマチン ……… 152 | | 食胞 ……… 155 |
| クロマチン再構成（リモデリング） | **さ行** | シルル紀 ……… 264 |
| ……… 221 | 歳差運動 ……… 111 | 人為分類 ……… 30 |
| クロマチン繊維 ……… 221 | 細胞間シグナル伝達系 ……… 236 | 真核生物 ……… 87 |
| クロマニヨン人 ……… 317 | 細胞極性 ……… 158 | 真核生物6界分類 ……… 97 |
| クロララクニオン ……… 101 | 細胞骨格 ……… 157 | 進化速度 ……… 83 |
| クロロフィル（葉緑素） 141, 142 | 細胞性粘菌 ……… 75 | 進化の停滞期 ……… 305 |
| 珪藻植物門 ……… 72 | 細胞接着 ……… 238 | 新規（de novo）メチル化酵素 |
| 系統樹 ……… 107 | 細胞内シグナル伝達系 ……… 236 | ……… 231 |
| 系統分類 ……… 30 | 細胞内小器官 ……… 154 | 新口動物 ……… 42 |
| 結合水 ……… 17 | 細胞内部環境 ……… 132 | 真獣類 ……… 287 |
| ゲノムインプリンティング …… 179 | 細胞壁 ……… 65 | 新人 ……… 311 |
| ゲノムデータ ……… 282 | 細胞膜 ……… 18 | 親水基 ……… 16 |
| 獣型（哺乳類型）爬虫類 …… 272 | サイレンサー ……… 220 | 真正細菌 ……… 87 |
| 原索動物 ……… 263 | 左右相称動物 ……… 42 | 真正細菌の誕生 ……… 140 |
| 原索動物亜門 ……… 39 | 三次共生 ……… 101 | 新生代 ……… 285 |
| 原始大気 ……… 125 | 三次構造 ……… 14 | 真性粘菌 ……… 75 |
| 原人 ……… 311 | 三畳紀末 ……… 302 | 浸透圧の調節 ……… 267 |
| 減数分裂 ……… 167, 191 | 酸素濃度低下 ……… 308 | 水素結合 ……… 16 |

| | | |
|---|---|---|
| スーパーグループ ………………97 | 粗面小胞体 ……………………154 | 動的平衡 ………………………20 |
| スーパーコールドプルーム ……293 | **た行** | 動吻動物門 ……………………53 |
| スーパーホットプルーム ………293 | 対向流 …………………………276 | 独立栄養 ………………………65 |
| スノーボールアース | 体細胞クローン ………175, 235 | 独立栄養型細胞の誕生 ………139 |
| ……………259, 297, 300 | 体細胞分裂 ……………………167 | トランスファクター ……………220 |
| スピロヘータ類 …………………75 | 代謝 ……………………………20 | トランスポゾン …………………203 |
| スプライシング ………………223 | 胎生の成立 ……………………206 | 鳥型恐竜 ………………………278 |
| 性決定遺伝子 …………………180 | 大絶滅 …………………289, 295 | 貪食 ……………………………159 |
| 生痕化石 ………………………118 | 胎盤 ……………………………309 | **な行** |
| 精子 …………………………68, 166 | 大陸移動説 ……………………290 | 内肛動物門 ……………………49 |
| 生体高分子 ……………………13 | 大陸地殻の誕生 ………………122 | ナノマシン ……………………14 |
| 静電的結合 ……………………16 | 単為生殖 ………………………178 | 軟骨魚類 ………………………37 |
| 生物多様性展開 ………………304 | 単系統 …………………………282 | 軟体動物門 ……………………51 |
| 脊索遺伝子 ……………………95 | 単孔類 …………………………35 | 肉鰭（にくき）類 ………………39 |
| 脊索動物 ………………………94 | 担子菌門 ………………………73 | 肉質虫（根足虫）門 ……………62 |
| 脊索動物門 ……………………40 | 単子葉植物綱 …………………67 | 二次共生 ………………………101 |
| 石炭紀 …………………………270 | 炭素同位元素 …………………118 | 二次構造 ………………………14 |
| 脊椎動物 ………………………94 | 地衣植物門 ……………………75 | 偽遺伝子 ………………………206 |
| 脊椎動物亜門 …………………37 | チェックポイント機構 …………154 | 二胚葉動物 ……………………55 |
| 世代交代 ……………………65, 174 | 地球の公転・自転 ……………110 | 二名法 …………………………31 |
| 舌形動物門 ……………………51 | 地磁気の誕生 …………………111 | ヌクレオソーム ………152, 221 |
| 接合子 …………………………165 | 地質年代の推定 ………………115 | ネアンデルタール人 …………314 |
| 節足動物門 ……………………47 | 中生代 …………………………273 | 熱水噴出口 ……………………126 |
| セルトリ細胞 …………………185 | 中生動物門 ……………………58 | **は行** |
| 全球凍結 ………………………300 | チューブリン …………………158 | 肺 ………………………………268 |
| 線形動物門 ……………………53 | 中立説 …………………………86 | 肺魚亜綱 ………………………39 |
| 先口動物 ………………………42 | 超大陸 …………………………297 | 配偶子 ………………………66, 165 |
| 染色体 …………………………153 | 重複遺伝子 ……………………194 | 配偶体 ………………………66, 167 |
| 染色体交叉 ……………………193 | 重複受精 ………………………67 | 倍数化 …………………………188 |
| 染色体の対合 …………………193 | 鳥類 …………………37, 38, 278 | ハウスキーピング遺伝子 161, 214 |
| 染色分体 ………………………153 | 珍渦虫動物門 …………………46 | 白亜紀 …………………………302 |
| 選択的スプライシング …………224 | ツールキット遺伝子 …………209 | バクテリア ……………………75 |
| 全頭亜綱 ………………………39 | テトラエーテル型脂質 …………137 | パスツール点 …………………145 |
| セントロメア …………………153 | デボン紀 ………………269, 303 | パスツールポイント ……………143 |
| セントロメアDNA ……………153 | テロメア ………………………150 | 爬虫類 ……………………37, 38, 271 |
| 繊毛虫門 ………………………62 | テロメアDNA …………………151 | ハテナ・アレニコラ …………104 |
| 総鰭亜綱 ………………………39 | テロメラーゼ …………………151 | ハビリス原人 …………………313 |
| 双子葉植物綱 …………………67 | 転写後調節 ……………………223 | パンゲア大陸 …………………297 |
| 相同遺伝子 ……………………81 | 転写コファクター ……………221 | パンコムギ ……………………189 |
| 相同組換え ……………………194 | 同義置換 ………………………84 | 板鰓亜綱 ………………………39 |
| 藻類 ……………………………79 | 同形世代交代 …………………66 | 半索動物門 ……………………45 |
| 属 ………………………………31 | 同形配偶子 ……………………166 | 板皮類 …………………………265 |
| 側系統 …………………………282 | 動原体 …………………………154 | 尾索綱 …………………………39 |
| 側底部 …………………………158 | 胴甲動物門 ……………………52 | 皮歯 ……………………………39 |
| 側頭筋 …………………………315 | 頭索綱 …………………………39 | 被子植物門 ……………………66 |
| 疎水性結合 ……………………17 | ドウシャンツォ動物群 ………260 | 微小管 …………………………158 |
| 疎水性分子 ……………………17 | 頭頂部 …………………………158 | |
| ソテツ亜門 ……………………67 | | |

| | | |
|---|---|---|
| ヒストン …………………221 | 哺乳類誕生 …………………280 | 有爪動物門 …………………52 |
| ヒストン・コード（ヒストン暗号） ………………………………233 | ホミニド …………………311 | 有袋類 …………………35, 286 |
| ヒストンアセチル化酵素 ……221 | ホミニン …………………311 | 誘導適合 …………………15 |
| 非相同組換え ………………194 | ホミノイド …………………311 | 有尾目 …………………39 |
| 非同義置換 …………………85 | ホモ・サピエンス・イダルツ …316 | 有羊膜類 …………………271 |
| ヒト科 …………………311 | ホモ・フロレシエンシス ……314 | ユーリ古細菌 …………………88 |
| ヒトゲノムプロジェクト ……81 | ポリA付加 …………………223 | 遊離酸素 …………………305 |
| ヒト族 …………………311 | | 有輪動物門 …………………49 |
| 微胞子虫門 …………………74 | **ま行** | 有鱗目 …………………38 |
| 紐形動物門 …………………54 | マーグリスの共生進化説 ……102 | 輸送小胞 …………………155 |
| 氷河期 …………………115, 299 | マイクロシステム …………20 | ユムシ動物門 …………………50 |
| ファゴソーム …………………155 | マイコプラズマ類 ……………76 | 幼生生殖 …………………177 |
| ファミリー遺伝子 ……………195 | 膜トラフィック ……………156 | 葉緑体 …………………155 |
| 腹毛動物門 …………………54 | マグマオーシャン …………121 | 四次構造 …………………14 |
| プルームテクトニクス …112, 292 | マクロシステム …………20 | |
| プレートテクトニクス ……………………112, 122, 291 | マスター遺伝子 …………209 | **ら行** |
| 不老不死 …………………164 | マリグラニュール …………129 | ラクシャリー遺伝子 ……………………162, 187, 214 |
| プロモーター配列 ……………220 | マントル …………………111, 289 | 裸子植物門 …………………67 |
| 分岐分類学 …………………283 | ミクロシステム …………20 | ラミン …………………230 |
| 分子 …………………13 | ミクロスフェア …………129 | 卵子 …………………166 |
| 分子進化の中立説 ……………86 | ミトコンドリア …………155 | 藍藻植物門 …………………72 |
| 分子時計 …………………81 | ミドリゾウリムシ …………104 | 卵胎生 …………………39 |
| 分裂菌門 …………………75 | ミドリムシ …………………79 | リガンド …………………240 |
| 平行進化 …………………288 | 無顎類 …………………264 | リソソーム …………………155 |
| 平板動物門 …………………59 | 無顎類（円口類）……………37 | 立体構造 …………………13 |
| 北京原人 …………………314 | ムカシトカゲ目 ……………38 | リボザイム …………………131 |
| ヘテロクロマチン ……………230 | 無性生殖 …………………165 | リボスイッチ …………………223 |
| ペルム紀 …………………270, 303 | 無足目 …………………39 | 両生類 …………………37, 38, 269 |
| 変化速度 …………………83, 92 | 無尾目 …………………39 | 緑藻植物門 …………………70 |
| 変形菌門 …………………74 | 冥王代 …………………109, 122 | 輪形動物門 …………………53 |
| 扁形動物門 …………………55 | 雌ヘテロ …………………179 | 類人猿 …………………33, 311 |
| 変態 …………………39 | メタン細菌 …………………88 | 類線形動物門 …………………53 |
| 鞭毛虫門 …………………61 | 眼を作る遺伝子 ………………210 | 霊長類 …………………310 |
| 帯虫動物門 …………………48 | 免疫グロブリンスーパーファミリー …………………………200 | 霊長類（霊長目）……………34 |
| 胞子 …………………66 | | レトロウイルス ……………202 |
| 胞子体 …………………66, 167 | 毛顎動物門 …………………48 | レトロトランスポゾン ………204 |
| 胞子虫門 …………………64 | 目 …………………31 | ロバストネス …………………23 |
| 放射相称 …………………46 | 門 …………………31 | |
| 紡錘糸 …………………154 | | **わ行** |
| 放線菌類 …………………76 | **や行** | 惑星の誕生 …………………121 |
| 母系先祖 …………………318 | 有機化合物 …………………12, 123 | ワニ目 …………………38 |
| 星口動物門 …………………51 | 有機物 …………………12 | 和名 …………………31 |
| 母性遺伝子 …………………227 | ユークロマチン ………………230 | 腕鰭亜綱 …………………39 |
| ホットプルーム ………………292 | 有限寿命 …………………165 | 腕足動物門 …………………48 |
| 哺乳類 …………………37 | 有櫛動物門 …………………56 | |
| 哺乳類（哺乳綱）……………34 | 有鬚動物門 …………………50 | |
| | 有性生殖 …………………165, 191 | |
| | 雄性配偶子 …………………166 | |

## ●◇● 著者プロフィール ●◇●

**井出 利憲（いで としのり）　　愛媛県立医療技術大学 学長**

『生物の多様性と進化』は小学校時代からの関心事でした。研究者としてこの分野に携わることはありませんでしたが、関心をもって眺め続けることができたのは、幸せなことでした。そもそもの由来を振り返ってみると、小学校時代は、食べるものにも着るものにもこと欠く、当時としても貧困層の家庭環境でしたし、周囲には、暮らしの役に立たないことに関心をもつ暇な人達もおらず、興味をもつように勧める大人も特にいなかった状況を考えると、一体どうしてこの分野が面白くて仕方がないとのめり込むようになったのか、何かきっかけがあったのだろうとは思いますが、今となっては見当がつきません。ただひたすら、面白かった。きっかけは覚えていないけれども、両親ともに温かく見守ってくれ、私が欲しかった本や、観察・採集に必要な機会や費用を、自分たちの食事を削り、寝る時間を削った内職で用立ててくれた、そういうギリギリの環境で幼い私を育ててくれたことを、後に振り返り理解できるようになり、本当にありがたいことだったと思います。他にも興味津々のことは山ほどあり、面白がる対象にはこと欠きませんでしたが、それぞれに栄枯盛衰があるなかで、このテーマへの関心は終始一貫途切れることはありませんでした。この本は、そういう私の歴史の1つのまとめでもあります。

| | |
|---|---|
| 1955年3月 東京都大田区立東調布第一小学校 卒業 | 1978年4月 広島大学医学部総合薬学科 助教授 |
| 1958年3月 東京都大田区立東調布中学校卒業 | 1988年2月 広島大学医学部総合薬学科 教授 |
| 1961年3月 東京都立日比谷高等学校 卒業 | 2000年4月 広島大学 評議員 |
| 1965年3月 東京大学薬学部 卒業（薬学士） | 2002年4月 広島大学大学院医歯薬学総合研究科 副研究科長 |
| 1967年3月 東京大学大学院薬学研究科修士課程 修了（薬学修士） | 2003年10月 広島大学大学院医歯薬学総合研究科 研究科長 |
| 1970年3月 東京大学大学院薬学研究科博士課程 修了（薬学博士） | 2005年2月 東京大学 客員教授（現在まで） |
| 1970年4月 東京大学医科学研究所 助手（ウイルス研究部） | 2006年4月 広島国際大学薬学部 教授 |
| 1974年12月 米国テンプル大学医学部留学（～77年3月） | 2008年4月 愛媛県立医療技術大学 学長 |
| 1977年6月 米国テンプル大学医学部交換教授（～77年9月） | 2010年4月 公立大学法人愛媛県立医療技術大学 理事長・学長 |

分子生物学講義中継 番外編

# 生物の多様性と進化の驚異

| | | |
|---|---|---|
| 2010年9月1日　第1刷発行 | 著　者 | 井出利憲 |
| | 発 行 人 | 一戸裕子 |
| | 発 行 所 | 株式会社 羊 土 社 |
| | | 〒101-0052 |
| | | 東京都千代田区神田小川町2-5-1 |
| | TEL | 03（5282）1211 |
| | FAX | 03（5282）1212 |
| | E-mail | eigyo@yodosha.co.jp |
| | URL | http://www.yodosha.co.jp/ |
| ⓒ Toshinori Ide, 2010. Printed in Japan | 印 刷 所 | 株式会社 Sun Fuerza |
| ISBN978-4-7581-2014-2 | | |

本書の複写にかかる複製，上映，譲渡，公衆送信（送信可能化を含む）の各権利は（株）羊土社が管理の委託を受けています。

JCOPY ＜（社）出版者著作権管理機構 委託出版物＞
本書の無断複写は著作権法上での例外を除き禁じられています．複写される場合は，そのつど事前に，（社）出版者著作権管理機構（TEL 03-3513-6969，FAX03-3513-6979，e-mail：info@jcopy.or.jp）の許諾を得てください．

# 分子生物学講義中継
## 他巻の掲載項目一覧

## Part 1
### 教科書だけじゃ足りない絶対必要な生物学的背景から最新の分子生物学まで楽しく学べる名物講義

定価（本体3,800円＋税），264頁
ISBN978-4-89706-280-8

**1日目　系統分類から見た生物の世界**
Ⅰ．生物の分類とは　Ⅱ．大きな分類項目から追っていこう－原核生物と真核生物　Ⅲ．原生生物と多細胞化　Ⅳ．多細胞生物のはじまり　Ⅴ．ようやく身近な動物の世界へ

**2日目　DNAの系統から見た生物の世界**
Ⅰ．地質時代区分のいろは　Ⅱ．いよいよ，遺伝子からみた生物系統の世界へ　Ⅲ．原核生物と真核生物の生存戦略　Ⅳ．いろいろな系統の遺伝子解析　Ⅴ．生物とは何か

**3日目　DNAと核の基本的な構造と意味**
Ⅰ．真核生物DNAのサイズと量　Ⅱ．真核生物にはどんなDNAがあるか　Ⅲ．核の特徴　Ⅳ．細胞周期と染色体

**4日目　複製転写翻訳のメカニズム**
Ⅰ．複製　Ⅱ．転写　Ⅲ．翻訳

**5日目　生き物を制御する遺伝子発現調節**

**6日目　多様性を支える有性生殖**

**7日目　表現型から遺伝子を解析する**
Ⅰ．遺伝学のいろは　Ⅱ．体細胞遺伝学　Ⅲ．ゲノムプロジェクト

**8日目　遺伝子から個体の表現型を解析する**
Ⅰ．遺伝子がわかれば表現型が理解できるか　Ⅱ．細胞から個体表現型へ　Ⅲ．網羅的なアプローチ

おまけの問題集－自分で調べて考えてみよう！

## Part 2
### 細胞の増殖とシグナル伝達の細胞生物学を学ぼう

定価（本体3,700円＋税），166頁
ISBN978-4-89706-876-3

**1日目　生き物らしさを支えるシグナル伝達**
Ⅰ．シグナル伝達とは？　Ⅱ．代表的な細胞内シグナル伝達系　Ⅲ．視覚という1つの例

**2日目　細胞間のシグナルを伝達する因子**
Ⅰ．細胞間のシグナルを伝達する因子はたくさんある　Ⅱ．サイトカインというもの

**3日目　シグナル伝達の流れを細胞増殖を例に理解する**
Ⅰ．ヒト体内細胞の増殖　Ⅱ．増殖因子受容体からの細胞内シグナル伝達　ここまでのまとめ

**4日目　細胞をとりまく環境〜細胞接着と細胞骨格**
Ⅰ．細胞接着　Ⅱ．細胞骨格

**5日目　細胞周期を1廻りする**
Ⅰ．細胞周期概論　Ⅱ．細胞周期の各期で起きること

**6日目　細胞周期の制御と監視**
Ⅰ．タンパク質分解の重要性　Ⅱ．細胞周期の監視点　Ⅲ．細胞増殖制御の全体像と研究の進め方

# Part ③

## 発生・分化や再生のしくみと癌,老化を個体レベルで理解しよう

**分子生物学講義中継 ③**
発生・分化や再生のしくみと癌,老化を個体レベルで理解しよう

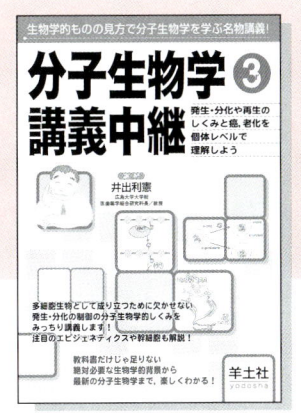

定価(本体3,900円+税),214頁
ISBN978-4-89706-877-0

### 1日目　発生・分化・形態形成で何が起きるか
Ⅰ．発生初期ではどのようなことが起きるのか　Ⅱ．発生のしくみ　Ⅲ．ボディープランを司るもの

### 2日目　エピジェネティクス　～分化を担う遺伝子発現制御
Ⅰ．エピジェネティクスとは　Ⅱ．クロマチン構造の変化とエピジェネティクス　Ⅲ．その他の転写調節とエピジェネティクス

### 3日目　幹細胞と再生のメカニズム
Ⅰ．幹細胞と再生　Ⅱ．幹細胞というもの　Ⅲ．プラナリアの再生　Ⅳ．イモリの再生もたいしたものである　Ⅴ．体性幹細胞を用いた再生医療　Ⅵ．胚性幹細胞を用いた再生医療

### 4日目　癌の原因を探る
Ⅰ．癌とは何か　Ⅱ．癌の原因

### 5日目　遺伝子からみた癌
Ⅰ．癌遺伝子というもの　Ⅱ．癌抑制遺伝子というもの　Ⅲ．アポトーシスと癌　Ⅳ．p53変異の重要性　Ⅴ．エピジェネティックな変化　Ⅵ．細胞の不死化にかかわる遺伝子

### 6日目　癌細胞から癌組織への道のり
Ⅰ．癌化の過程を調べる　Ⅱ．社会性の喪失にかかわる遺伝子　Ⅲ．転移にかかわる遺伝子　Ⅳ．免疫　Ⅴ．血管の進入　Ⅵ．癌治療と基礎研究のつながり

### 7日目　老化とは？～衰える機能と増殖能
Ⅰ．老化とは何か　Ⅱ．老化と生活習慣病　Ⅲ．生物界における老化と寿命

### 8日目　老化のメカニズム
Ⅰ．傷はいつでもでき,修復は常に不完全である　Ⅱ．老化プロセスへの遺伝子の関与　Ⅲ．ヒトの老化を司る老化時計はある

---

# Part ⓪ 上下巻

上巻：定価(本体3,600円+税),238頁
　　　ISBN978-4-89706-491-8
下巻：定価(本体3,600円+税),254頁
　　　ISBN978-4-89706-493-2

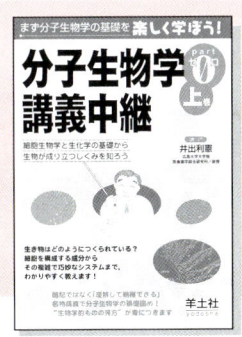

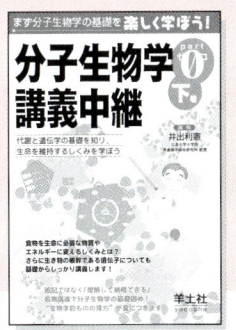

## 上巻
### 細胞生物学と生化学の基礎から生物が成り立つしくみを知ろう

- 1日目　ヒトは何からできているのか
- 2日目　驚くべき細胞の世界
- 3日目　細胞内世界の広がり
- 4日目　生体を構成するタンパク質・脂質・糖質
- 5日目　細胞膜の構造と機能
- 6日目　細胞内の膜トラフィック
- 7日目　化学反応と酵素

## 下巻
### 代謝と遺伝学の基礎を知り,生命を維持するしくみを学ぼう

- 8日目　代謝の全体像と糖の代謝
- 9日目　脂質・アミノ酸の代謝
- 10日目　生命の駆動力を生むエネルギー代謝
- 11日目　生命の情報を担う核酸とは
- 12日目　核酸の代謝
- 13日目　遺伝学・分子遺伝学の基礎
- 14日目　遺伝子はどのように働くのか

# 基本からよくわかるオススメ書籍

## 動物の形の神秘的な美しさ・多様性に魅せられる

### DNAから解き明かされる
### 形づくりと進化の不思議
（原題：FROM DNA TO DIVERSITY）

著／Sean B. Carroll, Jennifer K. Grenier, Scott D. Weatherbee
監訳／上野直人，野地澄晴

フルカラーの多彩な写真は必見！
進化メカニズム研究をリードするCarroll教授らがDNA，遺伝学，発生学，進化生物学を駆使して動物進化の謎を解き明かす！

- 定価（本体4,900円＋税）　■ B5判
- 198頁　■ ISBN4-89706-293-4

## 型破りなストーリーでやさしく解説！

### くり返し聞きたい
### 分子生物学講座

著／坂口謙吾

「メンデルの法則を化学で説明できますか？」「癌に効く抗生物質はなぜない？」等，独自の観点から分子生物学を柔らかく噛み砕いた入門書．なるべく専門用語を使わず，高校で生物を履修していない人もよくわかる！

- 定価（本体2,400円＋税）　■ A5判
- 286頁　■ ISBN978-4-7581-2011-1

## 複雑？難しい？いや，免疫学はおもしろい！

### 免疫学はやっぱりおもしろい

著／小安重夫

複雑な免疫学の世界をできるだけかみ砕き，その巧妙さをわかりやすく解説した名著が待望の改訂！　免疫学が一層おもしろくなる必読の書です．

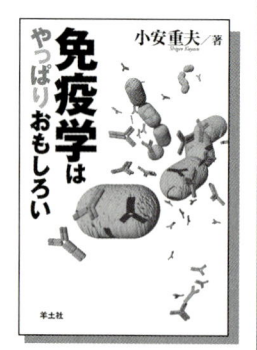

- 定価（本体2,800円＋税）　■ 四六判
- 239頁　■ ISBN978-4-7581-0724-2

## 幅広い領域がすいすい学べる！

### 重要ワードでわかる
### 分子生物学超図解ノート

著／田村隆明

幅広い領域が驚くほど効率よく理解できる，初学者必携ノート！　分子生物学の骨格がつかめる重要語句を精選，豊富な図を入れ見開き2ページで明解に解説しています．知識の補充，見直しにも役立ちます！

- 定価（本体3,800円＋税）　■ B5変型判
- 237頁　■ ISBN978-4-89706-497-0

---

発行　羊土社 YODOSHA
〒101-0052　東京都千代田区神田小川町2-5-1　TEL 03(5282)1211　FAX 03(5282)1212
E-mail: eigyo@yodosha.co.jp
URL: http://www.yodosha.co.jp/

ご注文は最寄りの書店，または小社営業部まで

## 読んでおきたいオススメ書籍

### 『実験医学』大人気連載が単行本化！

# やるべきことが見えてくる
# 研究者の仕事術
## プロフェッショナル根性論

著／島岡 要

研究者に必要なのは知識や技術力だけではない！ 時間管理力・プレゼン力など，10年後の成功を確実にするために必要な心得を，研究者ならではの視点で具体的に解説．『実験医学』の大人気連載，待望の書籍化！

- 定価（本体2,800円＋税）　A5判
- 179頁　ISBN978-4-7581-2005-0

### 科研費にまつわるノウハウを徹底解説！

# 科研費獲得の
# 方法とコツ

著／児島将康

実験医学で好評を博した連載が待望の書籍化！ 研究資金「科研費」申請において気をつけるべきポイントは？ 申請に使用した実例を用いて，応募戦略から書き方まで具体的に解説！

- 定価（本体3,500円＋税）　B5判
- 183頁　ISBN978-4-7581-2013-5

### 楽しく読めるから，よくわかる！

# 絵とき
# シグナル伝達入門
## 改訂版

文と絵／服部成介

複雑なシグナル伝達がよく理解できた，と評判の入門書が待望の改訂！「どこで」「どの因子が」「どんなふうに」細胞の性質を決めているのかを丁寧に紐解きます．がんや分子標的薬など最新知見の記述もますます充実．

- 定価（本体3,200円＋税）　A5判
- 246頁　ISBN978-4-7581-2012-8

### あの東大超人気講義が帰ってきた！

# 生命に仕組まれた
# 遺伝子のいたずら
## 東京大学超人気講義録file2

著／石浦章一

大ベストセラー「遺伝子が明かす脳と心のからくり」の続編がついに発行！ 相手の心は読めるのか？ 生命が初めて見た色は？ 長寿の遺伝子とは？ 今度も面白い講義がめじろ押し！ 科学が生命の謎を見事に解き明かしていく！

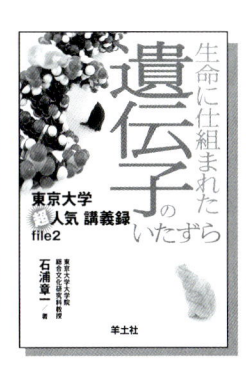

- 定価（本体1,800円＋税）　四六判
- 300頁　ISBN978-4-89706-498-7

---

発行　羊土社 YODOSHA
〒101-0052　東京都千代田区神田小川町2-5-1　TEL 03(5282)1211　FAX 03(5282)1212
E-mail：eigyo@yodosha.co.jp
URL：http://www.yodosha.co.jp/

ご注文は最寄りの書店，または小社営業部まで

# 英語関連オススメ書籍

## 真に役立つ英語力が身に付く！

### ハーバードでも通用した
# 研究者の英語術
#### ひとりで学べる英文ライティング・スキル

著／島岡　要，Joseph A. Moore

英語コミュニケーションを上達させるには？　誰もが直面する難題はライティングから解決する！　実体験に基づき，まとめる・伝える・売り込む英文作成のポイントを島岡節で解説．

- 定価（本体3,200円＋税）　■ B5判
- 183頁　■ ISBN978-4-7581-0840-9

## 論文読解にも執筆にも使える！

### ライフサイエンス
# 必須英和・和英辞典 改訂第3版

編著／ライフサイエンス辞書プロジェクト

好評書を最新の文献解析データに基づいて改訂！前書の1.7倍の収録語数でPubMed抄録の93％をカバー．英和・和英の両方を収載し論文読解にも執筆にも使える機能的な1冊．しかも発音注意語の音声も聞ける！

- 定価（本体4,800円＋税）　■ B6変型判
- 660頁　■ ISBN978-4-7581-0839-3

## 困難な英語表現をマスターする！

### 困った状況も切り抜ける
# 医師・科学者の英会話

#### 国際学会や海外ラボでの会話術と苦情，断り，抗議など厄介な対人関係に対処する表現法

著／Ann M. Körner
訳・編／瀬野悍二

**オーディオCD付き**

必ずマスターしておきたい重要フレーズを国際学会や海外ラボなどのシチュエーション別に解説．さらに日本人がとくに苦手な断り・抗議などの"言いにくいこと"を，丁寧かつ効果的に相手に伝える会話術を伝授！

- 定価（本体3,600円＋税）　■ B5変型判
- 148頁　■ ISBN978-4-7581-0834-8

## ネイティブならこう言い換える！

### ライフサイエンス英語
# 類語使い分け辞典

編／河本　健
監／ライフサイエンス辞書プロジェクト

日本人が判断しにくい類語の使い分けを，約15万件の英語科学論文データ（米英国発表分）に基づき分析．論文から引用した生の例文も満載で，必ず役立つ1冊！　シリーズも大好評！　詳細は小社ホームページへ．

- 定価（本体4,800円＋税）　■ B6判
- 510頁　■ ISBN978-4-7581-0801-0

---

発行　羊土社　YODOSHA
〒101-0052　東京都千代田区神田小川町2-5-1　TEL 03(5282)1211　FAX 03(5282)1212
E-mail：eigyo@yodosha.co.jp
URL：http://www.yodosha.co.jp/
ご注文は最寄りの書店，または小社営業部まで